駿台受験シリーズ

国公立標準問題集 CanPass 化学基礎＋化学

改訂版

犬塚壮志　著

[illegible]　閲

問題編

駿台文庫

目　次

（各章の収録大学名は出題当時のもので，五十音順に記載）

第1編　物質の状態（化学基礎）

第1章　物質の探求・構成粒子

1　《物質の分類》岐阜大学｜★★☆☆☆｜2分｜実施日［　/　］［　/　］［　/　］

物質を構成する基本成分を元素といい，ただ1種類の元素で構成されている物質を［ア］という。一方，2種類以上の元素で構成されている物質を化合物という。同じ1種類の元素でできているのに性質の異なる［ア］が存在する場合，これらを互いに［イ］であるという。

他の物質が混じっておらず，ただ1種類の物質からなるものを［ウ］といい，それぞれに融点，沸点，密度などが決まっていて固有の性質を示す。これに対して，我々の身の回りに存在する多くのものは何種類かの［ウ］が様々な割合で混じり合った［エ］として存在することが多い。溶液は［エ］の一つであり，溶媒の中に溶質が入り込んで均一な液体となったものである。

☐**問1**　［ア］～［エ］にあてはまる適切な語句を記せ。

☐**問2**　次の(1)～(5)に示す物質の組合せの中には［イ］に該当しない組合せが1つある。その番号を記せ。

(1)　ダイヤモンドとフラーレン　　(2)　赤リンと黄リン

(3)　水素と重水素　　(4)　酸素とオゾン

(5)　ゴム状硫黄と斜方硫黄

2　《物質の分離》信州大学｜★★★☆☆｜5分｜実施日［　/　］［　/　］［　/　］

次の文章は，混合物の分離と精製について記述したものである。以下の**問1～2**に答えよ。

混合物から成分物質の性質の違いを利用して純物質をとり出す操作を分離といい，とり出した物質から不純物を除き，純度をより高めることを精製という。

①　液体とその液体に溶けない固体の混合物を，ろ紙などを用いてこし分ける分離法を（　a　）という。

② 食塩水から水だけを蒸発させ，冷却して水を得る場合のように，２種類以上の物質を含む液体を加熱して生じた蒸気を冷却することにより，蒸発し易い成分を蒸発しにくい成分から分離する操作を（ b ）という。とくに，沸点の異なる２種類以上の液体の混合物から，物質の沸点の差を利用して（ b ）によって各成分に分離する方法を（ c ）と呼ぶ。

③ 固体が液体の状態を経ずに直接，蒸発する現象を（ d ）という。この現象を利用する分離法を（ d ）法という。

④ 物質によって溶媒への溶けやすさに違いがある。これを利用して，目的とする物質だけを溶かして分離する方法を（ e ）という。

⑤ 水などに溶けることのできる物質の量が温度によって変化することを利用する分離法を（ f ）という。

⑥ 物質の吸着力の違いを利用して分離・精製を行う方法を（ g ）と呼ぶ。

☑**問１**　文中の空欄（ a ）～（ g ）に適する語句を記せ。

☑**問２**　前の文中の（ a ）～（ g ）の分離・精製法に当てはまる例を，以下㈀～㈅から選び記号で記せ。ただし，（ b ）は除く。

㈀ 原油から粗製ガソリン，灯油，軽油などを分離する。

㈁ 砂粒の混ざった塩化ナトリウム水溶液から，砂粒と塩化ナトリウム水溶液を分離する。

㈂ ヨウ素の純度を上げる。

㈃ アルコールに複数の色素を溶かし，ろ紙の一端につけ液体（展開液）に浸すと，ろ紙上で色素を異なる位置に分離できる。

㈄ 茶の葉に湯を注ぐと，茶の成分が溶け出す。

㈅ 塩化ナトリウムを含む硝酸カリウムを熱水に溶かし，その溶液を冷却すると，溶解度の違いによって，硝酸カリウムが分離する。

3 《同位体》香川大学｜★★★☆☆｜3分｜実施日 / / /

今，私たちが知っている元素は100種類をこえる。ヒトには，H，C，N，O，Cl，Fe，Iなどの必要な元素とともに，大量に体内に取り入れれば健康障害を引き起こす水銀（ ア ），ヒ素（ イ ），カドミウム（ ウ ）などの元素も微量検出されている。

私たちの身の回りの自然には放射線を出す原子が存在する。例えば，自然界には炭素原子として ${}^{12}_{6}C$，${}^{13}_{6}C$，${}^{14}_{6}C$ が存在するが，このうち ${}^{14}_{6}C$ はごく僅かに放射線を出す。同じ元素記号で，質量数が異なる原子を（ エ ）といい，${}^{14}_{6}C$ のような放射線を出す原子を（ オ ）という。

☑問1 文中の（ ア ）～（ ウ ）には，適切な元素記号を記入せよ。

☑問2 文中の（ エ ）～（ オ ）には，適切な語句を記入せよ。

☑問3 自然界の酸素原子には ${}^{16}_{8}O$，${}^{17}_{8}O$，${}^{18}_{8}O$ が存在する。自然界に存在する二酸化炭素の分子は何種類存在するか，また，質量数の和が48の二酸化炭素分子は何種類存在するかを答えよ。

4 《放射性同位体》東京農工大学｜★★★☆☆｜5分｜実施日 / / /

地球の大気中では宇宙線の作用により，ごく微量の ^{14}C がほぼ一定の割合で生成されている。その一方で，^{14}C は放射線を出しながら一定の割合で減少していく。大気中では ^{14}C が生成する量と壊れる量とがつり合い，^{14}C の存在比は年代によらずほぼ一定に保たれている。 (ア) が壊れて存在比が半分になる時間を半減期といい，^{14}C の半減期は5730年である。生きている植物の ^{14}C の存在比は大気中と同じであるが，植物が枯れて取り込みが停止すると，その補給が途絶えるので時間と共に ^{14}C の存在比が低下する。この性質から，調べたい物質の中に含まれる ^{14}C の存在比を測定すれば，その物質がつくられたおよその年代を推定することができる。たとえば，掘り出した木片に含まれる ^{14}C が大気中の存在比の $\frac{1}{8}$ であったとすると，この木片がつくられたのは [(い)] 年前と推定される。

☐**問１**　[(ア)] に入る最も適切な語句あるいは数値を書け。

☐**問２**　[(い)] に入る数値を有効数字３桁で答えよ。

5

《電子配置》鹿児島大学｜★★★☆☆｜５分｜実施日［ / ］［ / ］［ / ］

次の表は，元素(ア)〜(オ)の原子の電子配置を示したものである。ただし，K，L，M は電子の属する電子殻を表す。以下の**問１〜４**に答えよ。

元素	電子殻中の電子数		
	K	L	M
(ア)	2		
(イ)	2	1	
(ウ)	2	4	
(エ)	2	8	1
(オ)	2	8	7

☐**問１**　(ア)〜(オ)のうち，たがいに同族元素のものがある，そのうち原子半径の小さいほうの元素記号を記せ。

☐**問２**　(ア)の原子は気体として存在し，他の元素と化合物をつくりにくい。その理由を記せ。

☐**問３**　(ウ)の原子の質量数が 13 であるとすると，中性子の数はいくらか答えよ。

☐**問４**　(エ)の原子が安定なイオンになったとき，それと同じ電子配置をとる原子の価電子の数はいくらか答えよ。

6 《周期律》広島大学・改｜★★★☆☆｜6分｜実施日［ / ］［ / ］［ / ］

元素を原子番号の順に並べ，性質のよく似た元素が縦の同じ列に並ぶようにして組んだ表を，元素の［ あ ］という。1，2，13～18族の元素を［ い ］とよび，3～12族の元素を［ う ］とよぶ。

一般に，同族の元素では，原子番号が大きいほど第1イオン化エネルギーは［ え ］する。同一周期の［ い ］では，原子番号が大きくなると第1イオン化エネルギーは［ お ］する傾向にある。［ う ］の最外殻電子は［ か ］個または［ き ］個で，第1イオン化エネルギーは大きく変化しない。

原子が電子を1個受け取って1価の陰イオンになるときに放出するエネルギーを［ く ］という。

一般に，貴ガス(希ガス)元素を除く同一周期の［ い ］では，原子番号が大きくなると原子の半径は［ け ］する。原子が陽イオンになると，その半径はもとの原子より［ こ ］なる。また，原子が陰イオンになると，その半径はもとの原子より［ さ ］なる。同一の電子配置をもつイオンの場合，原子番号が大きくなるほどイオンの半径は小さくなる。

☐**問1** 文章中の［ あ ］から［ さ ］に入る最も適切な語句，数字を記せ。

☐**問2** 25℃，1.013×10^5 Pa で単体が液体である元素を二つ元素名で答えよ。

☐**問3** イオン化エネルギーに関して次の問い(i)と(ii)に答えよ。

(i) 第1イオン化エネルギーが最大の元素を元素名で答えよ。

(ii) 第6周期までの元素で第1イオン化エネルギーが最小の元素を元素名で答えよ。

☐**問4** Na^+，Mg^{2+}，Al^{3+}，O^{2-}，F^- のイオンの半径が，大きいものから小さいものの順に，左からイオン式で記せ。

7 《イオン化エネルギー》愛知教育大学｜★★★☆☆｜６分｜実施日［ ／ ］［ ／ ］［ ／ ］

図に原子のイオン化エネルギーを原子番号の順に示した。イオン化エネルギーは周期的な変化を示し，同一周期の元素を比較すると18族の（　A　）で最大となっている。また，原子番号21から29までは変化が小さく，これらの元素は（　B　）とよばれている。

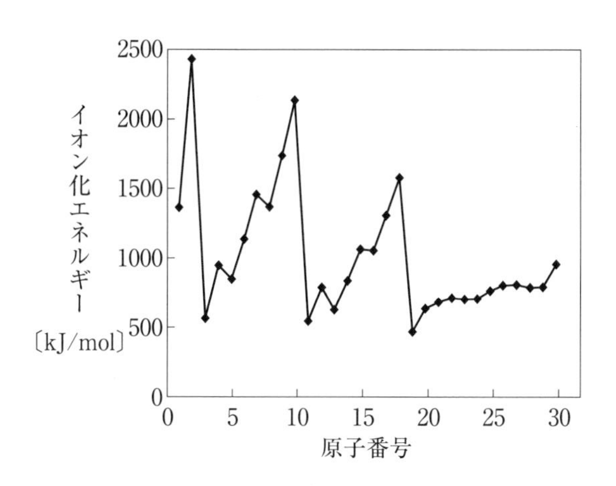

☐**問１**　AとBに入る，適切な語句を答えよ。

☐**問２**　同一周期にある元素では，族番号の増加にともない，イオン化エネルギーは細かな増減があるがほぼ増加している。この理由を述べよ。

☐**問３**　ナトリウムのイオン化エネルギーは496 kJ/molである。ナトリウムの一価の陽イオンから，さらに電子１個を取り去るために必要なエネルギーは，496 kJ/molよりも大きくなるか小さくなるかを予想し，理由とともに述べよ。

第2章　化学結合

8　《電子配置と化学結合》富山県立大学 | ★★☆☆☆ | 2分 | 実施日 / / /

次の電子配置をもつa原子からf原子について，次の**問1～4**に答えよ。ただし，ナトリウム原子の電子配置は，K殻に電子2個，L殻に電子8個，M殻に電子1個であり，これをK2－L8－M1と示すものとする。

a原子　K2　　　　b原子　K2－L1
c原子　K2－L4　　d原子　K2－L6
e原子　K2－L8－M7　　f原子　K2－L8－M8－N2

☐**問1**　化学結合を最も形成しにくい原子はどれか。a～fの記号で答えよ。
☐**問2**　b原子とd原子との間で結合を生じたときの結合の名称を答えよ。
☐**問3**　c原子とe原子との間で結合を生じたときの結合の名称を答えよ。
☐**問4**　f原子の単体中でf原子どうしを結びつけている結合の名称を答えよ。

9　《金属結合》横浜国立大学 | ★★★☆☆ | 2分 | 実施日 / / /

一般的な金属では，外部からの力によって原子の層が滑るように動き，金属の変形が起きる。金属をたたくと薄く広がる性質を［ A ］とよび，引っ張ると細い線にできる性質を［ B ］という。この性質を利用して，銅線などが作られる。また，金属は原子半径が［ C ］ほど，また価電子数が［ D ］ほど金属結合が強くなり，融点や沸点が［ E ］なる。一般に，典型元素の金属より遷移元素の金属の方が融点や沸点が［ F ］，密度の［ G ］ものが多い。

☐**問1**　AおよびBにあてはまる語句を答えよ。
☐**問2**　C～Gに該当する語句を下記の語群から選べ。

Cの語群：　　大きい　小さい
Dの語群：　　多い　　少ない

Eの語群：　高く　低く

Fの語群：　高く　低く

Gの語群：　大きい　小さい

10 《分子の極性》群馬大学｜★★☆☆☆｜3分｜実施日［ / ］［ / ］［ / ］

共有結合をしている原子が共有電子対の電子を引きつける強さの尺度を［ア］という。18族元素を除くと［ア］は大まかに言って，同一周期内では原子番号が大きいほど［イ］なる傾向にあり，同族元素間では原子番号が大きいほど［ウ］なる傾向にある。共有結合している2原子間の［ア］の差が大きいと，結合の極性が大きくなる。

二原子分子の場合は，通常，結合の極性の有無で分子全体の極性が決まるが，3原子以上からなる分子では，結合に極性があっても別の結合の極性と打ち消し合って，分子全体の極性がなくなる場合がある。

☐**問1**　空欄［ア］～［ウ］に当てはまる最も適当な語句を次の［語群］から選んで答えよ。ただし，同じものを繰り返し選んでもよい。

［語群］　自由電子　陽子　価電子　原子番号
質量　陽イオン　陰イオン　中性原子
イオン化エネルギー　電子親和力　電気陰性度
大きく　小さく　陽性　陰性

☐**問2**　次にあげる化合物のうち，下線部に当てはまる分子をすべて選び，その分子式を答えよ。

メタン　アンモニア　水　ホルムアルデヒド
二酸化炭素　ベンゼン　エタノール

11 《水分子の形と極性》金沢大学｜★★★☆☆｜5分｜実施日［ / ］［ / ］［ / ］

☐ 次の文章中の［ア］～［ク］に入る適切な語句を記せ。また，［A］に入る適切な数字を記せ。

水分子は，酸素原子と水素原子からなる。酸素原子には2個の［ア］電子，水素原子には1個の［ア］電子が存在するが，水分子では，酸素原子の［ア］電子と水素原子の［ア］電子が［イ］電子対をつくる。

［イ］電子対以外の電子対を［ウ］電子対という。水分子は［A］組の［ウ］電子対をもち，分子の形は［エ］形となる。水分子のO－H結合では，［イ］電子対は酸素原子側に偏って存在している。これは酸素原子の［オ］が水素原子に比べて大きいためである。このように，［イ］電子対がどちらかの原子側に偏っているとき，結合に［カ］があるといい，原子間の［オ］の差が大きいほど［カ］は大きくなる。水分子は［エ］形の構造のため，分子全体で電荷の偏りが生じている。このような分子を［カ］分子という。氷の結晶は，水分子間に働く［キ］結合によってダイヤモンドに似たすきまの多い網目構造をとる。このため，氷の密度は水の密度よりも［ク］。

12 《共有結合性とイオン結合性》東京農工大学｜★★★★☆｜10分｜実施日［ / ］［ / ］［ / ］

隣り合う2個の原子が価電子を共有し，電子対をつくって結びつく化学結合を，共有結合という。同じ種類の原子からなる共有結合は，2個の原子が均等に電子を出し合い，電子対を原子核の間で等しく共有している状態と考えることができる。これは，理想的な共有結合とみなせる。しかし，異なる種類の原子が共有結合を形成する場合，それぞれの原子の電気陰性度に違いがあるため，電子対は相対的にどちらかの原子に引き付けられる。電子対が完全にどちらかの原子に引き付けられているなら，2個の原子が電子対を共有しているというよりも，片方の原子からもう一方の原子に電子が移った状態，すなわちイオン結合を形成しているとみなせる。このように，異なる種類の原子からなる共有結合は少なからずイオン結合性を帯びているのであり，言い換えれば，イオン結合は少なからず共有結合性を帯びている。共有結合のイオン結合性は，結合に関わる原子の電気陰性度から判断できる。

あるイオン結合がどの程度の共有結合性を帯びているかは，次のような考え方によっても判断することができる。まず，陽イオンとなる原子が陰イオンとなる原子へ電子を完全に渡した状態を，理想的なイオン結合と考える。これに対して，陽イオンが電子を完全には手放さず，陰イオンの電子を陽イオンの方へ引き寄せていれば，陽イオンと陰イオンは部分的に電子を共有した状態とみなせる。陰イオンの電子がどれだけ陽イオン側へ引き寄せられるかは，イオンの大きさや価数に依存し，［(ア)］陽イオンは陰イオンの電子を引き寄せる能力が高く，［(イ)］陰イオンの電子は陽イオン側へ引き寄せられやすい。

☑問1　下線部に関して，電気陰性度によって共有結合のイオン結合性を判断するとき，どのような原子が結合している場合に高いイオン結合性を帯びていると考えられるかを，20字以上30字以下で説明しなさい。

☑問2　空欄(ア)(イ)に最も適した語句を以下の(a)～(d)から選び，それぞれ記号で答えなさい。また，そうなる理由をそれぞれ40字以上70字以下で書きなさい。

(a) 価数が小さくイオン半径の小さい　　(b) 価数が大きくイオン半径の小さい
(c) 価数が小さくイオン半径の大きい　　(d) 価数が大きくイオン半径の大きい

☑問3　以下の化合物の共有結合性，イオン結合性を予測し，共有結合性の高いものから順に並べなさい（最も共有結合性の高いものをいちばん左側に記しなさい）。

KF,　AlN,　MgO,　CaO

13 《水素結合》九州工業大学｜★★★☆☆｜5分｜実施日 ／ ／ ／

下の図は，同族元素の水素化合物の分子量と沸点の関係を示す。図中の2本の折れ線グラフが，左端を除いて右上がりになっている。一般に，構造がよく似ている単体や化合物では，分子量が大きくなるほど分子間力が(a)，融点や沸点が高くなる。ところが，H_2O および HF の沸点は，この傾向から考えられる値とかけ離れている。これは(b)の大きい酸素原子やフッ素原子がやや負に帯電し，やや正に帯電した水素原子をはさんで，(c)結合をするためである。(c)結合は(d)結合や(e)結合よりも弱く，切れやすい。

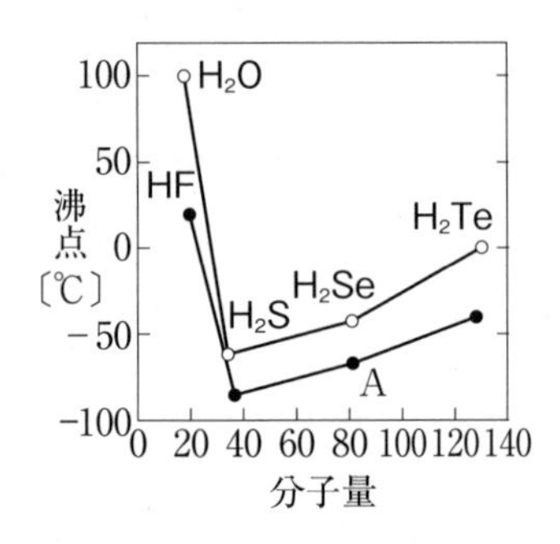

☐**問1**　文章中の空欄(a)～(e)に最も適切な語句を，下記の(ア)～(コ)から選び，記号で答えよ。

(ア) 強く　(イ) 弱く　(ウ) 極性
(エ) イオン　(オ) 電気陰性度　(カ) 水素
(キ) 酸素　(ク) 共有　(ケ) イオン化傾向
(コ) イオン化エネルギー

☐**問2**　図中のAに当てはまる適切な化合物を化学式で記せ。

14 《分子の形と結合角》愛知教育大学·改 | ★★★★☆ | 10分 | 実施日 / / /

共有結合は，2個の原子の間で価電子から構成される電子対を共有することにより形成される。共有結合を形成しているそれぞれの原子は，貴ガス(希ガス)原子に似た電子配置をとることが多い。水素原子の場合は原子核の周りに2個の価電子を，それ以外の原子の場合には原子核の周りに8個の価電子を配置する。第3周期以降の原子では，8個以上の価電子を配置することもある。

分子の最も安定な形は，中心原子周りの電子対同士を，それらの反発が最も小さくなるように配置することで求められる。電子対の数が2組の場合，反発力が最も小さくなる配置は直線型となる。電子対の数が3組の場合は三方平面型，そして，電子対の数が4組の場合は四面体型となる。このとき反発力の大小は，非共有電子対－非共有電子対間＞非共有電子対－共有電子対間＞共有電子対－共有電子対間の順である。例えば，硫化水素分子の場合，電子対の数が4組あるので，非共有電子対と共有電子対を四面体型に配置し，その結果，分子の形は折れ線型になる。

☐**問1**　炭素原子，窒素原子，酸素原子の価電子の数を答えよ。

☐**問2**　水，アンモニア，メタンの電子式をそれぞれ記せ。

☐**問3**　水，アンモニア，メタンの分子の立体的な形について，名称をそれぞれ記せ。次に，水のH－O－H角（角度α），アンモニアのH－N－H角（角度β），メタンのH－C－H角（角度γ）について，α，β，γの角度が大い方から順に不等号を用いて並べよ。また，その理由を述べよ。

☐**問4**　アンモニアに水素イオンが結合すると何という名前のイオンになるか。また，その結合を何と呼ぶか。イオンの形も記せ。

☐**問5**　ともに二重結合を有する構造をもつ，二酸化炭素と二酸化硫黄の電子式をそれぞれ記せ。

☐**問6**　二酸化炭素と二酸化硫黄の分子の形および極性の有無について，理由を付して答えよ。

第２編　物質の変化（化学基礎）

第３章　物質量

原子量は，H = 1.0，He = 4.0，C = 12，N = 14，O = 16，Na = 23，S = 32，Cl = 35.5，Fe = 56，Cu = 64とする。

15　《原子量の算出》香川大学｜★★☆☆☆｜２分｜実施日［　/　］［　/　］［　/　］

☐　炭素の同位体は ^{12}C，^{13}C，^{14}C の３種類存在し，炭素12（^{12}C）を基準としたときの相対質量はそれぞれ12.000，13.003，14.003である。自然界にはこの３種の炭素同位体がそれぞれ98.9 %，1.10 %，および極微量存在する。このうち ^{14}C は放射性であり，放射線の β 線を出して崩壊する。そして，元素の原子量は放射性でない同位体（安定同位体）の相対質量とその天然存在比から求めた平均値である。炭素の原子量を小数点以下２桁まで求めよ。

16　《式量の算出》宮崎大学｜★★★☆☆｜６分｜実施日［　/　］［　/　］［　/　］

塩素には，質量数35と37の同位体が存在する。それらの天然存在比は，それぞれ75.8 %，24.2 %である。一方，マグネシウムにも質量数24，25，26の同位体が存在し，それらの天然存在比は，それぞれ79.0 %，10.0 %，11.0 %である。次の**問１，２**に答えよ。

☐**問１**　^{35}Cl と ^{37}Cl から成る塩素分子の天然における存在割合〔%〕を小数点第１位まで求めよ。

☐**問２**　天然に存在する塩化マグネシウムの式量を小数点第１位まで求めよ。ただし，原子の相対質量として各質量数をそのまま用いるものとする。

17　《物質量①》秋田大学・改 | ★★☆☆☆ | 5分 | 実施日 / / /

空気に関する設問，**問1～4**に有効数字2桁で答えよ。

空気は体積比で8：2の窒素と酸素からなる混合気体であるとし，混合気体の体積はそれを構成する成分の気体の体積の和で表されるものとする。ただし，空気1 molとは，その中に含まれる窒素と酸素の物質量の和が1 molであることを表す。

☐**問1**　容器に0.30 molの空気が入っている。この容器中の窒素の物質量〔mol〕を求めよ。

☐**問2**　0.30 molの空気に含まれる分子数を求めよ。ただし，アボガドロ定数は $N_A = 6.0 \times 10^{23}$ /molとする。

☐**問3**　0℃，1.013×10^5 Pa（標準状態）の空気22.4 mLに含まれる酸素の物質量〔mol〕を求めよ。

☐**問4**　標準状態の空気22.4 mLに空気と反応しない気体を0.00010 mol加えた。この気体を加えた後の標準状態での混合気体の体積は何mLか答えよ。

18　《原子量の算出》岩手大学 | ★★☆☆☆ | 2分 | 実施日 / / /

☐　化学式M_2O_3で表される物質の元素の質量組成は，M：O = 9：4であった。元素Mの原子量を有効数字2桁で答えよ。

19 《アボガドロ定数の算出》京都府立大学｜★★★★☆｜8分｜実施日［ / ］［ / ］［ / ］

☐ ある脂肪酸をベンゼンに溶解した溶液を適量水に滴下し，ベンゼンがすべて蒸発すると，下図のように脂肪酸分子が水面に並び，一層の膜を形成する。これを単分子膜と呼ぶ。

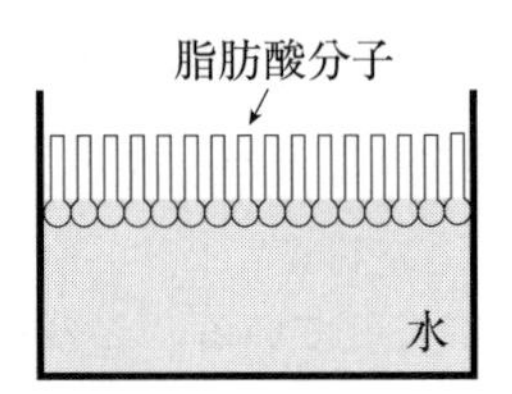

下線部の現象から，以下のようにアボガドロ定数〔/mol〕を算出することができる。空欄（　ア　）～（　ウ　）に適切な式を記入せよ。

「分子量 M の脂肪酸 X〔g〕をベンゼンに溶解させ，全体の体積を 100 mL とした。この溶液を水槽の水面に Y〔mL〕滴下して形成された単分子膜の面積は Z〔cm^2〕であった。このとき，脂肪酸1分子が水面で占める面積を S〔cm^2〕とし，分子が隙間なく並んでいるものとすると，膜を形成している脂肪酸分子の数は（　ア　）個となる。一方，滴下した脂肪酸溶液 Y〔mL〕に含まれる脂肪酸の物質量は（　イ　）mol であるので，アボガドロ定数は（　ウ　）/mol と表すことができる。」

20 《溶液の調製と濃度①》奈良教育大学·改｜★★☆☆☆｜3分｜実施日［ / ］［ / ］［ / ］

☐ **問1**　ある量の塩化水素（気体）を水に溶解させて 1.0 L とした。この塩酸の濃度を測定したところ，0.025 mol/L であることが分かった。はじめに溶解させた塩化水素の 0℃，1.013×10^5 Pa での体積〔L〕を有効数字2桁で求めよ。

☐ **問2**　酢酸 3.00 mL を水に溶解し，正確に 500 mL とした。この酢酸水溶液のモル濃度〔mol/L〕を有効数字3桁で求めよ。なお，酢酸の純度を 100％と近似し，その密度を 1.05 g/mL として計算せよ。

21 《溶液の調製と温度②》琉球大学｜★★★☆☆｜3分｜実施日［ / ］［ / ］［ / ］

☐　炭酸ナトリウム十水和物（$Na_2CO_3 \cdot 10H_2O$）を用いて，ナトリウムイオンの濃度が 0.02 mol/L の水溶液を 50 mL つくりたい。何 g の炭酸ナトリウム十水和物が必要か答えよ。値は小数第2位を四捨五入せよ。

22 《溶液の濃度単位の変換と調整》秋田大学｜★★★☆☆｜5分｜実施日［ / ］［ / ］［ / ］

質量パーセント濃度が 36.5 % の濃塩酸（密度 1.18 g/cm^3）を水で希釈して，1.00 mol/L の希塩酸を 1.00 L つくった。以下の**問1**，**2**に答えよ。ただし，計算結果は，有効数字3桁で記せ。

☐**問1**　濃塩酸のモル濃度〔mol/L〕はいくらか。

☐**問2**　希塩酸を 1.00 L つくる際に必要とした濃塩酸の体積〔mL〕はいくらか。

23 《鉄の製錬》大阪教育大学｜★★★☆☆｜4分｜実施日［ / ］［ / ］［ / ］

鉄は，溶鉱炉（高炉）に鉄鉱石（赤鉄鉱［主成分 Fe_2O_3］，磁鉄鉱［主成分 Fe_3O_4］），コークス，石灰石を入れて，約 1300 ℃ に熱した空気を吹き込み，<u>コークスによって鉄鉱石を還元することにより製造される</u>。

☐**問1**　下線部の反応を，化学反応式で記せ。ただし，鉄鉱石は Fe_2O_3 のみとする。

☐**問2**　不純物を含む赤鉄鉱 1000 kg を完全に還元したところ，495 kg の鉄が得られた。この鉄はすべて Fe_2O_3 から得られたものとしたとき，この赤鉄鉱に含まれていた Fe_2O_3 の質量%を，小数点以下を四捨五入して整数値で答えよ。

24 《オゾンの生成と混合気体の燃焼反応》横浜国立大学・改｜★★★☆☆｜6分｜実施日［ / ］［ / ］［ / ］

物質量と気体の体積との関係をもとに，以下の**問1**，**2**に答えよ。ただし，気体は理想気体で，体積はいずれも0℃，1.013×10^5 Paのものとして考えよ。

☐**問1**　56.0 Lの酸素を放電管に通したら，オゾンが生成し，体積が44.8 Lになった。この反応の反応式を記せ。また，この反応でオゾンになった酸素は何molか，有効数字2桁で示せ。

☐**問2**　H_2，O_2，Heの3種類の気体を混合し，体積268.8 L，質量216.0 gの混合気体を作った。この混合気体中でH_2の燃焼反応を行ったところ，H_2は完全燃焼し，H_2Oが生成した。生成したH_2Oを取り除くと，O_2とHeのみを含む混合気体が残り，その体積は134.4 Lとなった。最初の混合気体中に含まれていたH_2，O_2，Heの物質量の比を最も小さな整数の比で表せ。

25 《化学の基本法則》金沢大学・改｜★★★★☆｜12分｜実施日［ / ］［ / ］［ / ］

18世紀末にフランスのラボアジエは，密閉容器と天秤を用いて物質の燃焼について詳しく調べた。その結果「(a)化学変化の前後において，物質の質量の総和は変化しない」ことを見出し，これを［ ア ］の法則とした。またプルーストは，天然の炭酸銅と，実験室で合成した炭酸銅の成分の質量比が一定であることから，「(b)化合物中の成分元素の質量比は，常に一定である」とし，これを［ イ ］の法則と唱えた。19世紀に入るとすぐに，イギリスのドルトンは「(c)同じ二種類の元素からなる異なった化合物AとBにおいて，一方の元素の一定質量に結合するもう一方の元素の質量比は，簡単な整数比になる」という［ ウ ］の法則を提唱した。また，ドルトンはこれらの法則を理解するために，「(d)物質は，それ以上に分割できない粒子によって構成され，化合物はその粒子が一定の個数ずつ結合したものである」とした。この考え方は，ドルトンの［ エ ］説と呼ばれた。

同じ頃，フランスのゲーリュサックは気体どうしの反応を詳しく調べることで，

「(e)気体どうしの反応や，反応によって気体が生成するとき，それら気体の体積の間には簡単な整数比が成り立つ」という［オ］の法則を発見した。しかし，この法則はドルトンの［エ］説と矛盾する実験結果を含んでおり，物質の構成に関する新たな問題が提起された。この論争中に，イタリアのアボガドロは，いくつかの粒子が結合し一つの単位となる考え方を導入し，「気体は同温・同圧のとき，同体積中に同数の［カ］が含まれている」と提唱した。この考え方は，アボガドロの［カ］説と呼ばれ，化学における多くの基本法則を理解する上での礎となった。

☐**問1**　［ア］～［カ］に入る適切な語句を記入せよ。

☐**問2**　下線部(a)に関して，ある気体を完全燃焼させたとき，二酸化炭素44g，水蒸気27gが得られた。この気体を次の①～④より1つ選び，番号を記せ。また，この気体の燃焼前の物質量は何molか，有効数字2桁で求めよ。

①　C_2H_4　　②　CH_4　　③　C_2H_6　　④　C_3H_8

☐**問3**　下線部(b)に関して，次の①～④の中から，プルーストが唱えた法則によって説明される実験結果を1つ選び，番号を記せ。

①　亜鉛327gと酸素80gから酸化亜鉛407gが生成した。

②　蒸留水と燃焼から得た水に含まれる酸素と水素の質量比が同じだった。

③　同温・同圧の窒素1Lと水素3Lからアンモニア2Lが生成した。

④　同温・同圧の窒素1Lと酸素1L中に含まれる物質量が同じだった。

☐**問4**　下線部(c)に関して，ドルトンが提唱した法則を，一酸化炭素と二酸化炭素を例として用い，60字以内で説明せよ。

☐**問5**　下線部(e)に関して，同温・同圧の気体である水素と酸素から水蒸気が生成するとき，水素と酸素と水蒸気の体積比は2：1：2となった。この実験結果は，ゲーリュサックの発見した［オ］の法則に従っているが，下線部(d)に示されるドルトンの説と矛盾している。どのように矛盾しているか，60字以内で説明せよ。

第4章　酸・塩基

原子量は，H = 1.0，C = 12，N = 14，O = 16，Na = 23，Cl = 35.5 とする。

26 《酸・塩基の定義》茨城大学・改｜★★☆☆☆｜5分｜実施日［ / ］［ / ］［ / ］

☑問　次の文章中の［ a ］～［ e ］には最も適切な化学式を，［ ア ］～［ ク ］には最も適切な語句をそれぞれ記せ。

塩化水素［ a ］や硫酸［ b ］は，水溶液中で電離して［ ア ］を生じる。また，水酸化ナトリウム［ c ］や水酸化カルシウム［ d ］は，水溶液中で電離して，［ イ ］を生成する。アレニウスはこのような現象に基づいて酸と塩基を次のように定義した。

「酸とは，水に溶けて［ ア ］を生じる物質であり，
　塩基とは，水に溶けて［ イ ］を生じる物質である。」

水溶液中では，水素イオンは水と結合して［ ウ ］として存在している。このことを考慮して水溶液中での塩化水素の電離反応を次のように書くことができる。

塩化水素 ＋ 水 ⟶ ［ ウ ］ ＋ 塩化物イオン　……(1)

この反応式では，水素イオンが塩化水素から水分子に移動している。ブレンステッドは，このような現象に着目してアレニウスの酸と塩基の定義を次のように拡張した。

「酸とは，水素イオンを相手［ エ ］分子・イオンであり，
　塩基とは，水素イオンを相手［ オ ］分子・イオンである。」

この定義に基づくと，水溶液中での塩化水素の電離反応(1)において塩化水素は［ カ ］であり，水は［ キ ］である。

酢酸［ e ］は水溶液中で一部分が電離し，電離平衡(2)が成立する。

酢酸 ⇄ 酢酸イオン ＋ 水素イオン　……(2)

このように水に溶かした溶質のうち，電離したものの割合を［ ク ］という。

27 《弱酸と強酸の pH》信州大学・改｜★★★☆☆｜8分｜実施日 / / /

濃度が0.10 mol/L の塩酸および0.10 mol/L の酢酸水溶液がある。

☐**問1**　塩酸の pH を小数点以下 1 桁まで求めよ。ただし，塩酸は完全に電離しているものとする。

☐**問2**　0.10 mol/L の塩酸水溶液 1 mL を水で希釈して $10\,m^3$ としたときのモル濃度を求めよ。

☐**問3**　塩基性を示す水溶液中の水素イオン濃度$[H^+]$は，1×10^{-7} mol/L より小さい。**問2**でつくった溶液が塩基性とならないのはなぜか。その理由を簡潔に説明せよ。

☐**問4**　酢酸は水溶液中では，(1)式のように電離する。

$$CH_3COOH \rightleftarrows CH_3COO^- + H^+ \quad \cdots\cdots(1)$$

酢酸水溶液の pH を小数点以下 1 桁まで求めよ。この濃度での酢酸の電離度は 0.013 で，$\log 1.3 = 0.11$ とする。

28 《混合溶液の pH 計算》滋賀県立大学｜★★★☆☆｜8分｜実施日 / / /

次の**問1**～**3**の文章を読み，(　　　)内に数値を記せ。ただし，酸・塩基は水溶液中で完全に電離するものとする。

☐**問1**　pH 1.00 と pH 3.00 の塩酸を 10.0 mL ずつ混合した溶液を完全に中和するには 0.100 mol/L の水酸化ナトリウム水溶液が(　①　) mL 必要である。有効数字 3 桁で示せ。

☐**問2**　1.0×10^{-3} mol/L の硫酸 200 mL と 1.0×10^{-3} mol/L の水酸化ナトリウム水溶液 300 mL を混合したときの水溶液の水素イオンのモル濃度は(　②　) mol/L である。有効数字 2 桁で示せ。

☐**問3**　pH 4.0 の塩酸 20 mL に pH 10.0 の水酸化ナトリウム水溶液 30 mL を加え，さらに水を加えて全量を 1.0 L にした水溶液の pH は(　③　)である。有効数字 2 桁で示せ。

29 《塩の分類と性質》秋田大学 | ★★☆☆☆ | 5分 | 実施日 [/] [/] [/]

中和反応で生じた塩を分類すると，炭酸水素カリウム $KHCO_3$ のように酸のHが残っている塩を，[A]，塩化水酸化カルシウム CaCl(OH) のように，塩基のOHが残っている塩を，[B] という。これに対して，a酸のHも塩基のOHも残っていない塩を，[C] という。

塩を水に溶かしたとき，中性だけでなく酸性や塩基性を示すことがある。酢酸カリウム CH_3COOK を水に溶解すると，bその水溶液は，[D] の性質を示す。

☐**問1** 次の語群の中から，空欄 [A]～[D] に適切な語を選び答えよ。

［語　群］

塩基性塩　　触　媒　　酸　性　　正　塩

酸性塩　　中　性　　塩基性

☐**問2** 下線部aで分類される物質を次の中から2つ選び，番号で答えよ。

① H_2O_2　② NaClO　③ CH_3OH　④ $CaSO_4$　⑤ CO_2

☐**問3** 下線部bの水溶液に塩酸を添加すると CH_3COOK とは異なる塩が生じる。この化学反応式を書け。

30 《塩酸の定量》千葉大学 | ★★★☆☆ | 10分 | 実施日 [/] [/] [/]

濃度がわからない塩酸がある。この濃度を知るため，100 mL をコニカルビーカーに取り，pH を測定しながら中和滴定を行った。加えた 0.050 mol/L の水酸化ナトリウム水溶液の滴下量と pH の関係をグラフにプロットすると図のようになった。

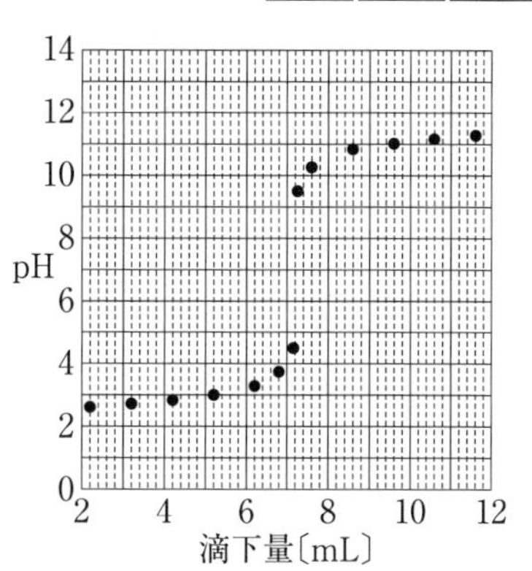

☐問1　塩酸と水酸化ナトリウム水溶液が完全に中和するときの反応を化学反応式で書け。

☐問2　中和点における水酸化ナトリウム水溶液の滴下量は何 mL か。小数点以下1桁まで答えよ。

☐問3　この塩酸の濃度は何 mol/L か。有効数字2桁で答えよ。

☐問4　この塩酸の pH を求めよ。log 2 = 0.30，log 3 = 0.48

☐問5　この中和滴定を pH 指示薬を使って行うにあたって，メチルオレンジ（変色域 3.1 − 4.4）とフェノールフタレイン（変色域 8.0 〜 9.8）を準備した。色の変化の判断が容易で中和点をより鋭敏に決定できる指示薬はどちらか。その理由を含めて述べよ。

31 《食酢の定量》宮城大学｜★★★☆☆｜10分｜実施日［ / ］［ / ］［ / ］

食酢中の酢酸の濃度を測定するために中和滴定の実験を行った。

まず，シュウ酸二水和物($H_2C_2O_4 \cdot 2H_2O$)の結晶6.3gをはかりとり，ビーカーで適量の蒸留水に溶かした後，(　ア　)に入れ，さらに蒸留水を加えて500mLとした。このシュウ酸標準溶液10mLを(　イ　)ではかりとり，(　ウ　)に入れた。指示薬を1，2滴加えた後，(　エ　)に入れた濃度未知の水酸化ナトリウム水溶液で滴定したところ，中和に要した体積は12.5mLであった。

次に，この水酸化ナトリウム水溶液を用いて食酢中に含まれる酢酸の濃度を求めた。食酢10mLを(　イ　)ではかりとり，これを(　ア　)を用いて蒸留水で正確に100mLとした。うすめた食酢溶液10mLを別の(　イ　)ではかりとり，(　ウ　)に入れ，指示薬を1，2滴加えた。次に(　エ　)に入れた上記の水酸化ナトリウム水溶液を用いて，(　ウ　)中の食酢溶液を滴定したところ，中和に要した滴定量は5.0mLであった。ただし，食酢には酸としては酢酸のみが含まれているとする。

☑問1　(　ア　)～(　エ　)に適切な器具の名称を答えよ。

☑問2　内壁が蒸留水でぬれていても，濃度の測定に影響しない器具を(　ア　)～(　エ　)から記号ですべて選べ。

☑問3　実験に用いた水酸化ナトリウム水溶液のモル濃度を求めよ。

☑問4　もとの食酢に含まれている酢酸のモル濃度を求めよ。

☑問5　もとの食酢に含まれている酢酸の質量パーセント濃度を求めよ。ただし，もとの食酢の密度を1.0g/mLとする。

☑問6　この実験に用いる指示薬として，メチルオレンジ(変色域：pH3.1～4.4)とフェノールフタレイン(変色域：pH8.0～9.8)のどちらが適切か。その理由も説明せよ。

32 《逆滴定によるアンモニアの定量》長崎県立大学 | ★★★★☆ | 6分 | 実施日 ／ ／ ／

ある食品中に含まれるタンパク質の割合を求めるために，その食品10.0gを濃硫酸とともに加熱し，その食品のタンパク質中の窒素をすべて硫酸アンモニウムとした。これに水酸化ナトリウム水溶液を加えて加熱し，発生したアンモニアを5.00×10^{-1} mol/Lの希硫酸20.0mL中に完全に吸収させた。この水溶液の残りの硫酸を中和するのに1.00×10^{-1} mol/Lの水酸化ナトリウム水溶液で中和したところ，20.0mLが必要であった。

☐**問1**　下線部で発生したアンモニア量〔mol〕はいくらになるか求めよ。答えは有効数字3桁で求めよ。

☐**問2**　食品中に含まれていたタンパク質の質量パーセント濃度はいくらになるか求めよ。答えは小数点以下第1位まで求めよ。ただし，この食品中のタンパク質の窒素含有率（質量パーセント）は16.0%であったとする。

33 《逆滴定による二酸化炭素の定量》広島大学・改 | ★★★★☆ | 6分 | 実施日 ／ ／ ／

空気中に含まれる二酸化炭素の物質量を求めるため，次の実験を行った。(a)5.0×10^{-3} mol/Lの水酸化バリウム水溶液100.0mLに0℃，1.013×10^{5} Paで空気10.0Lを通じると白濁した。これを静置して生じた沈殿をろ過して分離した。このろ液10.0mLをとり，(b)残った塩基を1.0×10^{-2} mol/Lの塩酸で滴定したところ7.0mLを要した。

☐**問1**　下線部(a)と(b)に記述される反応の化学反応式をそれぞれ記せ。

☐**問2**　下線部(a)に記述される反応で吸収させた二酸化炭素の物質量を有効数字2桁で求めよ。なお，二酸化炭素は完全に反応してすべて塩として沈殿したものとする。

☐**問3**　この空気中に含まれる二酸化炭素の体積百分率〔%〕を有効数字2桁で求めよ。

34《二段階滴定による炭酸ナトリウムの定量①》静岡県立大学｜★★★★☆｜10分｜実施日 / / /

実験

(ア)水酸化ナトリウムと炭酸ナトリウムの混合物がある。この混合物を，(イ)煮沸して冷却した40.0 mLの水に溶かし，フェノールフタレインを指示薬として(ウ)0.500 mol/Lの塩酸で滴定した。溶液が変色するのに要した塩酸の量は22.0 mLであった。この液にメチルオレンジを加え，(エ)再び同じ0.500 mol/Lの塩酸で滴定した。この滴定に要した塩酸は3.00 mLであった。

☐問1　下線部(ウ)および(エ)で起こる反応をそれぞれ化学反応式で記せ。

☐問2　下線部(イ)の煮沸の操作は，より厳密に定量するために行っている。その理由を，句読点を含め20字以内で記せ。

☐問3　実験で水酸化ナトリウムのみを中和するために消費された0.500 mol/Lの塩酸の体積〔mL〕を，有効数字2桁で答えよ。

☐問4　下線部(ア)の混合物に含まれる水酸化ナトリウムと炭酸ナトリウムはそれぞれ何gであったか，有効数字2桁で答えよ。

35《二段階滴定による炭酸ナトリウムの定量②》名古屋市立大学｜★★★★☆｜12分｜実施日 / / /

数値による解答の有効数字は3桁とせよ。

実験室に炭酸ナトリウムと炭酸水素ナトリウムの混合物があった。A君は，中和滴定によってこの混合物中の両成分の含量を求めることにした。炭酸イオンは2価の塩基であり，中和反応の際には1段階目が完結してから2段階目がはじまるため，2段階の中和滴定を行うことができる。実験室には，以下のガラス器具と指示薬があった。

ガラス器具：

コニカルビーカー　三角フラスコ　ホールピペット　駒込ピペット
ビュレット　メスシリンダー　メスフラスコ

指　示　薬：

メチルオレンジ　　　　　フェノールフタレイン

ブロモチモールブルー　　リトマス

A君は混合物17.0gを水に溶解し，[(ア)]を用いて(1)1000mLの溶液にした。[(イ)]を用いてこの溶液20.0mLを正確にコニカルビーカーに取り，[(ウ)]を用いて(2)0.100mol/Lの塩酸を滴下することで滴定を行った。指示薬[(あ)]を加えて(3)塩酸を15.6mL滴下すると，指示薬が[(a)]色から[(b)]色に変色した。さらに指示薬[(い)]を加えたのち(4)塩酸を36.4mL滴下すると，指示薬が[(c)]色から[(d)]色に変色した。

☑問1　使用したガラス器具に関する以下の各問に答えよ。

[1]　[(ア)]～[(ウ)]にあてはまるガラス器具の名称を記せ。

[2]　[(ア)]～[(ウ)]のうち，内部が純水でぬれたまま使用してもかまわないガラス器具の記号を記せ。

☑問2　指示薬に関する以下の各問に答えよ。

[1]　[(あ)]，[(い)]にあてはまる指示薬の名称を記せ。

[2]　[(a)]～[(d)]にあてはまる色を記せ。

☑問3　下線部(2)の塩酸の濃度を質量パーセント濃度で表せ。ただし，この塩酸の密度は1.00 g/cm^3 とする。

☑問4　下線部(3)と(4)の操作で起こる反応を，それぞれ化学反応式で表せ。

☑問5　下線部(1)の溶液中の炭酸ナトリウムと炭酸水素ナトリウムのモル濃度〔mol/L〕をそれぞれ求めよ。

☑問6　この混合物中に含まれる炭酸水素ナトリウムの割合を質量比〔パーセント〕で求めよ。

第５章　酸化還元

原子量は，H = 1.0，C = 12，O = 16，Na = 23，Mn = 55とする。

36《酸化還元の定義，酸化数》岩手大学・改｜★★☆☆☆｜５分｜実施日［ / ］［ / ］［ / ］

酸化還元反応においては，酸化数が①減少した原子（あるいはその原子を含む物質）は酸化され，②増加した原子（あるいはその原子を含む物質）は還元されている。電子の授受で言い換えると，酸化されている場合は電子を③失い，還元されている場合は電子を④受け取っている。例えば，電子を１個失うと，酸化数は１だけ⑤減少する。１つの酸化還元反応では，酸化と還元が常に同時に起こり，酸化数の増加量の和と酸化数の減少量の和は⑥等しい。

問１　文章中の下線①～下線⑥について，正しいものをすべて選び，番号で示せ。

問２　銅の単体と濃硝酸との反応は次式で表される。

$$Cu + 4HNO_3 \longrightarrow Cu(NO_3)_2 + 2NO_2 + 2H_2O$$

この反応では酸化数が変化している原子がある。それらすべての原子とそれらの酸化数の変化，各原子あるいはその原子を含む物質の電子の授受を表す電子e^-を含む化学反応式を，例にならって示せ。

（例）$SO_2 + 2H_2S \longrightarrow 2H_2O + 3S$

酸化数の変化　　SO_2中のS：$+4 \rightarrow 0$

　　　　　　　　H_2S中のS：$-2 \rightarrow 0$

電子e^-を含む化学反応式　　$SO_2 + 4H^+ + 4e^- \longrightarrow 2H_2O + S$

　　　　　　　　$H_2S \longrightarrow 2H^+ + S + 2e^-$

37 《酸化剤と還元剤，酸化還元反応》名古屋市立大学｜★★★☆☆｜10分｜実施日［　/　］［　/　］［　/　］

［Ⅰ］ 硫酸酸性条件下，過酸化水素水に $KMnO_4$ 水溶液を加えたときの酸化還元反応は，以下の反応式で表される。

$$\boxed{\text{a}}\,KMnO_4 + \boxed{\text{b}}\,H_2O_2 + \boxed{\text{c}}\,H_2SO_4$$
$$\longrightarrow \boxed{\text{d}}\,MnSO_4 + \boxed{\text{e}}\,O_2 + \boxed{\text{f}}\,H_2O + \boxed{\text{g}}\,K_2SO_4$$

［Ⅱ］ 硫酸酸性条件下，過酸化水素水に KI 水溶液を加えたときの酸化還元反応は，以下の反応式で表される。

$$\boxed{\text{ア}}\,KI + \boxed{\text{イ}}\,H_2O_2 + \boxed{\text{ウ}}\,H_2SO_4$$
$$\longrightarrow \boxed{\text{エ}}\,I_2 + \boxed{\text{オ}}\,H_2O + \boxed{\text{カ}}\,K_2SO_4$$

☐**問1** ［a］～［g］および［ア］～［カ］に当てはまる数字をそれぞれ記せ。ただし，係数が1のときは，1と記入すること。

☐**問2** ［Ⅰ］と［Ⅱ］のそれぞれにおいて，過酸化水素は，酸化剤と還元剤のどちらの役割を果たしているかを，それぞれ記せ。

☐**問3** ［Ⅰ］の反応の前後における，マンガンの酸化数をそれぞれ記せ。

☐**問4** 硫酸酸性条件下，KI 水溶液に $KMnO_4$ 水溶液を加えたときの反応式を記せ。

38 《過マンガン酸カリウム滴定①》筑波大学｜★★★☆☆｜10分｜実施日［　/　］［　/　］［　/　］

マンガンは，さまざまな化合物において+7から−3までの幅広い酸化数をとり，多くの酸化還元反応に関与する。自然界では，植物などの光合成における(a)水の酸化による酸素分子の生成や，体内において有害な過酸化水素を分解して無毒化する反応にも，マンガンが関与している。

マンガンを含む酸化剤として，過マンガン酸カリウム($KMnO_4$)がよく知られている。$KMnO_4$は，水質評価の指標となる化学的酸素要求量(COD)の決定を含む(b)酸化還元滴定や，多くの有用な有機化合物の合成に利用されている。

☑**問1**　下線部(a)の反応をイオンを含む化学反応式で表せ。ただし，必要であれば電子はe^-で示せ。

☑**問2**　下線部(b)に関連して，硫酸酸性条件下で，ビュレットを用いて0.50 mol/Lの$KMnO_4$水溶液を，シュウ酸1.8gを含む水溶液に滴下した。その結果，［　A　］が0℃，1.013×10^5 Paに換算して［　B　］L発生したところで，MnO_4^-イオンの色が消えなくなった。このとき，滴下した$KMnO_4$水溶液の体積は［　C　］mLであった。次の問に答えよ。ただし，この滴定実験でシュウ酸は完全に酸化されたものとする。

(i)　このときMnO_4^-イオンが示す反応を，電子(e^-)を含む化学反応式で表せ。

(ii)　［　A　］にあてはまる化合物名を記せ。

(iii)　［　B　］にあてはまる数値を有効数字2桁で求めよ。

(iv)　［　C　］にあてはまる数値を有効数字2桁で求めよ。

39《過マンガン酸カリウムの滴定②》防衛医科大学校｜★★★★☆｜12分｜実施日[/][/][/]

過マンガン酸カリウム3.05gを水1Lに溶かした過マンガン酸カリウム水溶液を用い，［滴定1］～［滴定3］を行った。

［滴定1］0.0500mol/Lシュウ酸標準水溶液10.00mLをホールピペットで，水100mLと(あ)2mol/L硫酸17mLをメスシリンダーではかりとりコニカルビーカーに入れた。この混合液を約70℃に加温し，ビュレットに満たした過マンガン酸カリウム水溶液で滴定を行った。表1に過マンガン酸カリウム水溶液の滴下量を示した。

［滴定2］0.0500mol/Lシュウ酸標準水溶液10.00mL，水100mLと1mol/L水酸化ナトリウム水溶液10mLをコニカルビーカーに入れて約70℃に加温し，過マンガン酸カリウム水溶液の滴下を始めた。しかしコニカルビーカー内の混合液は(い)すぐに濁りはじめ滴定の終点を決められなかった。

［滴定3］硫酸鉄(Ⅱ)水溶液10.00mL，水100mLと2mol/L硫酸17mLをコニカルビーカーに入れたのち加温せずに過マンガン酸カリウム水溶液で滴定を行った(表2)。

表1　［滴定1］

回数	滴下量(mL)
1回目	10.52
2回目	10.56
3回目	10.51

表2　［滴定3］

回数	滴下量(mL)
1回目	12.61
2回目	12.64
3回目	12.64

☐**問1**　下線部(あ)で，硫酸ではなく塩酸を用いるとどうなるか。説明せよ。

☐**問2**　［滴定1］～［滴定3］で起きた変化をイオンを含む化学反応式で示せ。

☐**問3**　下線部(い)で，滴定の終点を決められなかった理由を述べよ。

☐**問4**　実験で用いた過マンガン酸カリウム水溶液と硫酸鉄(Ⅱ)水溶液の各モル濃度〔mol/L〕を有効数字3桁で答えよ。

40 《COD測定》お茶の水女子大学 | ★★★★☆ | 12分 | 実施日 / / /

河川などの水質汚染の主な原因として有機物が考えられる。化学的酸素要求量(COD)は水質汚染評価の基準であり，試料1L当たりに含まれる有機物を酸化するために必要な酸素の質量〔mg〕である。ある河川のCODを求めるために次の操作①～④を順次行った。

操作①：試料20.0mLをフラスコにとり，水80mLと6mol/Lの硫酸10mLを加え，0.1mol/Lの硝酸銀水溶液数滴を添加し，振り混ぜた。

操作②：①のフラスコに5.00×10^{-3}mol/Lの過マンガン酸カリウム水溶液10.0mLを加えて振り混ぜ，直ちに沸騰水浴中で30分間加熱した。このとき，加えた過マンガン酸カリウムの量は，反応を完了させるために，試料水溶液中の有機物の量に比べ，過剰量であった。

操作③：水浴からフラスコを取り出し，1.25×10^{-2}mol/Lのシュウ酸ナトリウム($Na_2C_2O_4$)水溶液10.0mLを加えて振り混ぜ，操作②において未反応だった過マンガン酸カリウムをすべて，過剰のシュウ酸ナトリウムで還元した。このとき，二酸化炭素の発生が認められた。

操作④：この溶液の温度を50～60℃とし，5.00×10^{-3}mol/Lの過マンガン酸カリウム水溶液でわずかに赤い色がつくまで滴定したところ，その滴定量は2.09mLであった。

☑**問1**　操作①で硝酸銀水溶液を添加する理由を記せ。

☑**問2**　操作③で起こった反応の化学反応式を記せ。

☑**問3**　操作②で，試料水溶液中に含まれる有機物と反応した過マンガン酸イオンの物質量〔mol〕を求めよ。

☑**問4**　前の文章にあるCODの定義（波線部）に基づいて，この河川のCODを求めよ。

41 《ヨウ素還元滴定》京都府立大学｜★★★☆☆｜12分｜実施日 ／ ／ ／

濃度未知の過酸化水素水 10.0 mL を（　ア　）を用いて正確に測りとり，200 mL の（　イ　）に入れ，標線まで純水を加えて，正確に 200 mL の水溶液にした。この水溶液 20.0 mL を（　ア　）を用いて正確に測りとり，200 mL の三角フラスコに入れ，純水を加え 50.0 mL にした。さらに過剰のヨウ化カリウムの硫酸酸性水溶液を加え，ヨウ素を遊離させた。これに指示薬を加え，軽く混ぜながら，（　ウ　）から 0.102 mol/L のチオ硫酸ナトリウム水溶液を滴下した。溶液が青色から無色に変化したところで滴下をやめた。同様の操作を 3 回繰り返したところ，チオ硫酸ナトリウム水溶液の平均滴下量は 19.4 mL であった。ヨウ素とチオ硫酸ナトリウムの反応式は次の通りとする。

$$I_2 + 2Na_2S_2O_3 \longrightarrow 2NaI + Na_2S_4O_6$$

☐**問1**　(1)（　ア　）～（　ウ　）に適切なガラス器具はどれか。次から選んで記号で答えよ。

(2)（　ア　）～（　ウ　）のガラス器具のうち，内部が水でぬれていてもよいものはどれか。次から選んで記号で答えよ。

(a)　メスシリンダー　　(b)　駒込ピペット　　(c)　ビュレット
(d)　メスフラスコ　　(e)　コニカルビーカー　　(f)　ビーカー
(g)　ホールピペット

☐**問2**　下線部の反応式は次のように表される。［(1)］，［(2)］に係数と化学式を入れて，式を完成せよ。

$$H_2O_2 + 2H^+ + \boxed{(1)} \longrightarrow I_2 + \boxed{(2)}$$

☐**問3**　下線部の反応で，過酸化水素は酸化剤として作用するのか，それとも還元剤として作用するのか，いずれかを答えよ。

☐**問4**　この滴定に用いられる指示薬の名称を答えよ。

☐**問5**　過酸化水素水のモル濃度〔mol/L〕を有効数字 3 桁で求めよ。

☐**問6**　過酸化水素水の質量パーセント濃度〔%〕を有効数字 2 桁で求めよ。ただし，過酸化水素水の密度は 1.0 g/mL とする。

第３編　物質の状態（化学）

第６章　状態変化

42　《状態変化に伴う熱》琉球大学 | ★★★☆☆ | 12分 | 実施日 [/] [/] [/]

物質の状態変化や化学反応には，熱の出入りが伴う。

物質は，原子，分子，イオンなどの粒子から構成されており，その構成粒子の集合状態の違いによって，固体，液体，気体の３つの状態に大きく分けることができる。これを物質の三態という。物質を構成する粒子は，たえず不規則な運動を繰り返しており，これを [1] という。高温ほど [1] は活発になる。物質の三態間の状態変化は，粒子の集合状態の変化であり，粒子の [1] の激しさと粒子間に働く引力の強さとが状態変化に関係してくる。状態変化は，熱エネルギーの吸収や放出によって起こる。例えば，(a)固体が熱エネルギーを吸収すると粒子の [1] が激しくなり，やがて液体となる。また，(b)液体を構成している粒子の中で，まわりの粒子の引力に打ち勝つ運動エネルギーをもつ粒子が液体の表面から飛び出していき，このとき，周囲から熱を奪う。ところで，物質を熱すると温度が上がるが，(c)純物質が融解や沸騰を始めるとそれが終わるまでは加熱し続けても温度は変化しない。

以上のような状態変化だけでなく，化学反応の場合にも熱の出入りを伴う。熱を発生しながら進む化学反応を [2] といい，周囲から熱を吸収しながら進む反応を [3] という。このように化学反応が起こるとき，発生したり吸収したりする熱を一般に [4] という。

☐**問１**　文章中の [1] ～ [4] に最も適切な語句を記入せよ。

☐**問２**　下線部(a)や(b)のような現象が起こるときに，物質が吸収する熱をそれぞれ何というか，答えよ。

☐**問３**　下線部(c)の理由を簡潔に答えよ。

☐**問４**　物質の三態は，それぞれ，構成粒子の運動に特徴がある。

例えば，液体において，粒子は互いに自由に位置を変えることができ，[1] によってあちこちにゆれ動いて粒子同士のすき間を移動している。

固体や気体について，それぞれの構成粒子の運動はどのようなものであるか。

☐問5　一般に，粒子間に働く引力が強くなると，固体から液体，液体から気体への状態変化の起こりやすさは，どうなるか。起こりやすくなる，起こりにくくなる，のいずれかで答えよ。

☐問6　一般に，粒子間に働く引力が強くなると，物質が固体から液体，液体から気体へと状態変化を起こす場合に吸収する熱量は，どうなるか。大きくなる，小さくなる，のいずれかで答えよ。

☐問7　化学反応に伴って熱が出入りする理由を簡潔に答えよ。

43 《比熱を用いた計算》佐賀大学｜★★☆☆☆｜5分｜実施日［ / ］［ / ］［ / ］

水に関する以下の**問1～2**に答えよ。原子量は H = 1.0，O = 16 とする。

☐問1　つぎの文章中の［ア］と［イ］にあてはまる適切な語句を答えよ。

　水蒸気から水への状態変化を［ア］，その逆の変化を蒸発という。また，氷から水蒸気への状態変化を［イ］，氷から水への変化を融解という。

☐問2　圧力 1.0×10^5 Pa で，0℃の氷 10 g を 100℃の水蒸気にするためには何 kJ の熱量が必要か，有効数字2桁で答えよ。ただし，1.0×10^5 Pa において，氷の融解熱を 6.0 kJ/mol，水 1.0 g の温度を 1.0℃上げるのに必要な熱量を 4.2 J，水の蒸発熱を 41 kJ/mol とする。

44 《加熱曲線》防衛大学校｜★★★☆☆｜10分｜実施日 / / /

図は，氷1molを大気圧下(1.0×10^5 Pa)，毎分一定の熱量で加熱したときの，加熱時間と温度との関係を模式的に示している。以下の**問1**～**4**に答えよ。

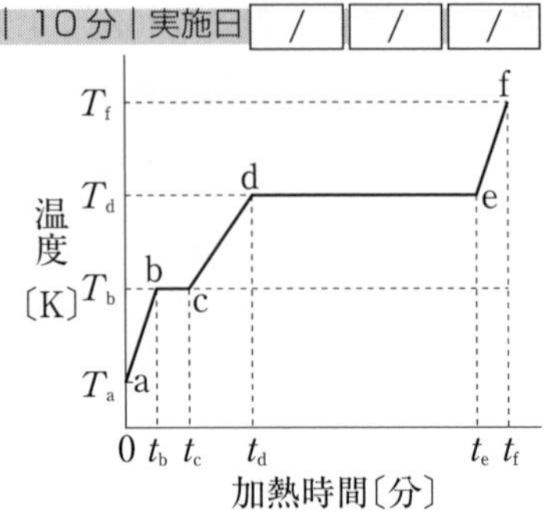

☐**問1**　図中のbc間，de間およびef間では，この物質はどのような状態で存在するか。最も適切な状態を次の(ア)～(カ)の中からそれぞれ選び，記号で答えよ。

(ア)　すべて固体　　(イ)　すべて液体　　(ウ)　すべて気体
(エ)　固体と液体　　(オ)　液体と気体　　(カ)　気体と固体

☐**問2**　図中のde間では，加熱しているにもかかわらず温度が上昇しない。この理由を「分子間力」という語句を用いて説明せよ。

☐**問3**　沸点での水の蒸発熱をQ〔kJ/mol〕とすると，水1gの温度を1K上昇させるのに必要な熱量〔kJ/(g·K)〕を与える式はどれか。次の(ア)～(エ)の中から選び，記号で答えよ。ただし，原子量はH = 1.0，O = 16とする。

(ア)　$\dfrac{18Q(t_d - t_c)}{(t_e - t_d)(T_b - T_a)}$　　(イ)　$\dfrac{Q(t_d - t_c)(T_d - T_b)}{18(t_e - t_d)}$

(ウ)　$\dfrac{Q(t_d - t_c)}{18(t_e - t_d)(T_d - T_b)}$　　(エ)　$\dfrac{Q(t_e - t_d)}{18(t_d - t_c)(T_d - T_b)}$

☐**問4**　次の記述(ア)～(エ)のうち，正しい記述をすべて選び，記号で答えよ。

(ア)　気体の状態では，すべての分子が同じ速度で激しく運動している。
(イ)　水は，外圧によらず常に100℃で沸騰する。
(ウ)　固体の状態では，物質中の粒子間に働く力が大きいため粒子はまったく動かない。
(エ)　イオン結合で結ばれてできた物質は，一般に高い融点・沸点を示す。

45　《状態図》徳島大学｜★★★☆☆｜12分｜実施日［ / ］［ / ］［ / ］

次の文章を読み，下の**問1〜5**に答えよ。数値は特に指示のない限り有効数字3桁で表すこと。原子量はH = 1.0，O = 16とする。

一般に物質は固体，液体あるいは気体の状態をとり，温度や圧力に応じてその状態を変化させる。次図は水の状態と温度および圧力との関係を模式的に表したものである（縦軸の圧力は対数目盛）。点Aは［ア］点であり，そこから延びる曲線AB，ACおよびADにより，3つの状態，すなわちⅠ，Ⅱ，Ⅲに分けられる。温度T_1とT_2は，それぞれ圧力が1気圧（$= 1.013 \times 10^5$ Pa）のときの凝固点（融点）および沸点である。高い山の上では，水の凝固点や沸点は，海面付近（1気圧）におけるそれぞれの値とは異なった値を示す。

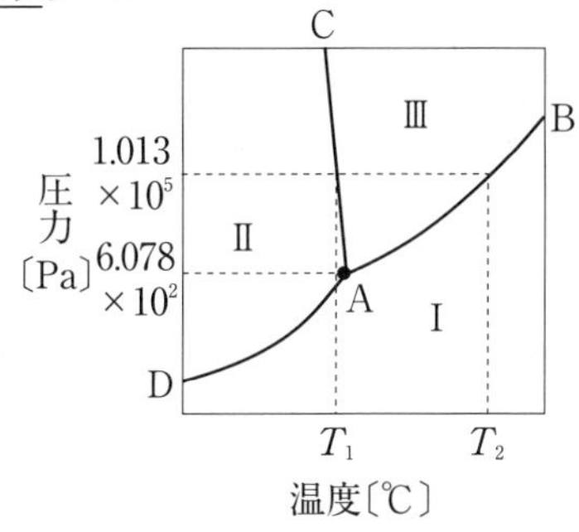

問1　問題文中の［ア］に当てはまる適切な語句を答えよ。

問2　図中の点Aおよび曲線AB上がそれぞれどのような状態であるかを答えよ。

問3　状態がⅢ→Ⅰ，Ⅱ→Ⅰ，Ⅱ→Ⅲに変化するときの状態変化の名称をそれぞれ答えよ。

問4　下線部について，高い山の上での水の凝固点と沸点をそれぞれT_FおよびT_Vとすると，これらはT_1およびT_2に比べて高くなるか，低くなるか，あるいは変わらないか。上図を踏まえつつ，150字程度で説明せよ。（英数字は2文字で1字と数えても良い。）

問5　ある温度および圧力のもとで水の状態をⅢからⅠに変化させるとき，44.0 kJ/molの熱量が必要であったとする。このとき，状態Ⅲの水100 gをすべて状態Ⅰに変化させるときに必要な熱量を求めよ。

第7章　気体

46 《気体の熱運動と大気圧》滋賀医科大学｜★★☆☆☆｜5分｜実施日［ / ］［ / ］［ / ］

物質を構成する粒子はたえず不規則な運動をくり返している。粒子のこのような運動を［　①　］といい，その運動の活発さは温度に依存する。［　①　］によって粒子が自然に散らばっていく現象を［　②　］という。

気体では，同じ温度でもすべての分子が同じ速さで運動しているのではないが，高温ほど平均の［　③　］エネルギーが大きく，［　①　］は活発である。

分子が［　①　］している理想気体において，その状態は，四つの変数［　④　］，［　⑤　］，［　⑥　］，［　⑦　］のうち三つが決まれば，定まる。

［　⑧　］の法則によると，同じ状態の気体には，気体の種類に関係なく同数の分子が含まれる。気体のモル体積は0℃，1.013×10^5 Paで22.4 Lを占め，そこに含まれる分子の数は6.0×10^{23}個である。

☐**問1**　文中の［　　］に，適切な語句を入れよ。

☐**問2**　トリチェリの水銀柱において，高さがh〔mm〕のとき，大気圧p〔Pa〕をhで表す式を示せ。

47 《気体の基本法則》岩手大学｜★★★☆☆｜3分｜実施日［ / ］［ / ］［ / ］

次の文章を読み，**問**に答えよ。ただし，気体は理想気体とする。

「一定量の気体の体積Vは，圧力Pに反比例し，絶対温度Tに比例する。」これをボイル・シャルルの法則といい，$V = k\dfrac{T}{P}$で表される。ここでkは比例定数である。ボイル・シャルルの法則とアボガドロの法則を一つにまとめると気体の体積Vは，気体の物質量nと絶対温度Tに比例し，圧力Pに反比例する。数式で表わすと$PV = nRT$となる。これを気体の状態方程式といい，Rは気体の種類に関係しない比例定数で，気体定数とよばれる。

☑問　次の(1)，(2)および(3)の法則を表すグラフとして適切なものを，図の(A)～(D)の中から選び，記号で答えよ。ただし，同じものを繰り返し選んでもよい。

(1)　ボイルの法則　　　(2)　シャルルの法則

(3)　アボガドロの法則

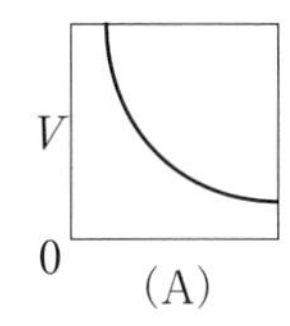

(A)

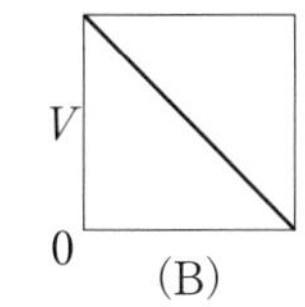

(B)

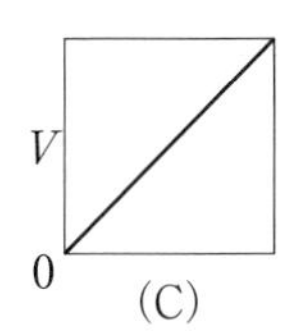

(C)

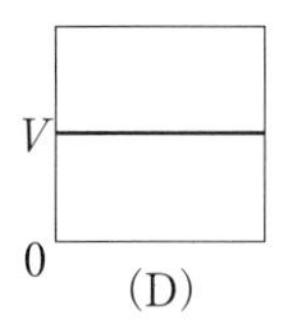

(D)

横軸は圧力P，温度T，あるいは物質量nのいずれかを示す。

48 《気体の状態方程式》熊本県立大学｜★★☆☆☆｜3分｜実施日［ / ］［ / ］［ / ］

次の文章を読み，以下の**問1～2**に答えよ。ただし，気体定数は $R = 8.3 \times 10^3$ Pa·L/(K·mol)とする。

家屋の内壁材として使用された石膏ボードが，家屋の解体によって大量に発生している。この使用済み石膏ボードを壁紙と共に産業廃棄物処理場に埋立処理すると，埋立土壌の条件によっては，有害な硫化水素が発生することがある。

☑**問1**　発生した硫化水素100Lは，温度が17℃，圧力が1.0×10^5 Paであった。この気体の温度が46℃，圧力が2.0×10^5 Paとなった場合，硫化水素の体積は何Lとなるか，計算せよ。なお，0℃は273Kとする。

☑**問2**　温度が17℃，圧力が1.0×10^5 Paの硫化水素100Lには，何molの硫化水素が含まれるか，小数点以下1桁まで求めよ。

49 《デュマ法による分子量測定》筑波大学｜★★★★☆｜10分｜実施日［ / ］［ / ］［ / ］

ある揮発性液体(化合物X)の分子量を決めるために次の実験をした。丸底フラスコの口にアルミホイルをかぶせ，細孔を1つあけた器具Aを用意した。室温(27℃)でAを天秤(てんびん)にのせたところ，表示値はM_1〔g〕となった(測定1)。このAに少量のXを入れた。次に，Aをビーカーに入れ，丸底フラスコの口付近まで水に浸した。水を加熱し沸騰させ，水の沸点(100℃)でAの温度を維持すると，Xはすべて気化し，A内の空気はすべて追い出された。加熱を止め，Aをビーカーから取り出した。Aを室温(27℃)までゆっくり冷やし，気化していたXを液化させた。このときのAを天秤にのせたところ，表示値はM_2〔g〕となった(測定2)。測定1および測定2の結果から，Aの内部に残ったXの質量を求め，Xの分子量を決定した。

下線部に関して，次の**問1～3**に答えよ。ただし，実験時の大気圧は1.0×10^5 Paであった。また，液化した化合物Xの体積は無視できるものとし，すべての気体は理想気体としてふるまうものとする。

☐**問1**　化合物Xの一部が室温（27℃）で気体として存在するために，器具A内の空気の物質量は測定1と測定2で異なる。その差に相当する空気の質量(w〔g〕)を使って測定値を補正することにより，器具A内に残ったXの質量を求めることができる。そのXの質量を表す適切な式を，次の①～④のうちから1つ選び，番号で答えよ。ただし，wは正の値である。

① $M_2 - M_1 + w$　② $\dfrac{M_1 - M_2}{w}$　③ $M_2 - M_1 - w$　④ $w(M_2 - M_1)$

☐**問2**　化合物Xの27℃（T〔K〕とする）における蒸気圧をp〔Pa〕，空気のモル質量をm〔g/mol〕，器具Aの内容積をV〔L〕，気体定数をR〔Pa・L/(mol・K)〕とする。(1)のw〔g〕を式で表せ。

☐**問3**　器具A内に残った化合物Xの質量は0.27gであった。Aの内容積を0.10Lとして，Xの分子量を有効数字2桁で求めよ。気体定数を$R = 8.3 \times 10^3$ Pa・L/(mol・K)とする。

50 《混合気体と平均分子量》金沢大学｜★★☆☆☆｜10分｜実施日 / / /

次の文章を読んで，以下の**問1～5**に答えよ。ただし，原子量は N = 14，Ar = 40とする。

窒素とアルゴンの混合気体の体積がV〔L〕のとき，窒素の分圧をP_A〔Pa〕，物質量をn_A〔mol〕とし，アルゴンの分圧をP_B〔Pa〕，物質量をn_B〔mol〕とする。また，気体定数をR〔Pa·L/(mol· K)〕，温度をT〔K〕とする。ただし，それぞれの気体は理想気体であると見なす。

□**問1**　窒素とアルゴンの混合気体の状態方程式を，V，P_A，P_B，n_A，n_B，R，Tを用いて表せ。

□**問2**　混合気体の質量〔g〕を，窒素とアルゴンの分子量およびn_A，n_Bを用いた式で示せ。

□**問3**　混合気体の質量〔g〕を，混合気体の平均分子量Mおよびn_A，n_Bを用いた式で示せ。

□**問4**　前の**問2**，**問3**で求めた式を用いて，この混合気体の平均分子量Mを求める式を示せ。

□**問5**　この混合気体の密度〔g/L〕を，M，V，n_A，n_Bを用いた式で示せ。

51 《分子式の決定と気体反応》東京農工大学 | ★★★☆☆ | 12分 | 実施日 / / /

温度を調節できる容器Aと容器BがコックCでつながっており，最初コックCは閉じられている。容器Aの体積は1.00Lで，この容器には質量1.12gの1種類の炭化水素Dが気体の状態で入っている。容器Bには酸素が入っている。これらの容器について以下の①から③の操作をおこなった。コックCの体積は無視できるとする。ただし，原子量はH=1.0，C = 12，気体定数を $R = 8.31 \times 10^3$ Pa·L/(mol·K)とする。

① 容器Aと容器Bの温度を50℃に保つと，容器Aの圧力が 1.07×10^5 Paに，容器Bの圧力が 2.15×10^5 Paになった。

② 容器Aと容器Bの温度を50℃に保ったまま，コックCを開いて十分な時間をおき気体を均一に混合させると，圧力が 1.88×10^5 Paになった。

③ コックCを閉じ容器Aの中の気体に点火して，炭化水素Dを完全燃焼させた。次に，容器内の物質を全て気化させて，十分な量の塩化カルシウム($CaCl_2$)を詰めた管を通し，残った気体を再び容器Aに戻し温度を50℃にした。

☐問1 炭化水素Dとしては次の(ア)～(エ)のどれが適当か。記号で答えよ。

(ア) CH_4　(イ) C_2H_4　(ウ) C_3H_6　(エ) C_4H_8

☐問2 容器Bの体積は何Lか。有効数字2桁で答えよ。

☐問3 ②の操作の後の酸素の分圧は何Paか。有効数字2桁で答えよ。

☐問4 ③の操作の後の容器Aの圧力は何Paか。有効数字2桁で答えよ。

52 《混合気体と気体反応①》三重大学·改 | ★★★★☆ | 12分 | 実施日 / / /

次の文章を読み，以下のただし書き(1)から(5)の指示にしたがって［ア］～［ソ］を埋めよ。原子量はH = 1.0，O = 16とする。

断面積が一定で長さが60cmである円筒容器を考える。図に示すように，左右に摩擦なく動く壁を中央に設置しA室とB室に二分する。壁を固定した状態で，体積百分率で窒素80％，酸素20％の混合気体をA室に2mol，水素をB室に1mol詰める。円筒容器は密閉され容器からの気体の漏れはなく，壁からの気体の漏れもないとする。さらに，壁および着火器にともなう体積は無視できるものとし，気体は理想気体であるとする。円筒容器の温度T〔K〕は室温程度に常に一定に保たれている。このとき，A室の圧力はB室の圧力の［ア］倍である。円筒容器の体積をV〔cm^3〕であらわし，さらに，温度T〔K〕と気体定数R〔$Pa \cdot cm^3/(K \cdot mol)$〕を用いると，A室の圧力は［イ］〔Pa〕であり，酸素の分圧は［ウ］〔Pa〕である。固定していた壁を左右に動けるようにすると，壁は［エ］室から［オ］室の方向に［カ］〔cm〕移動する。このときのA室の圧力は［キ］〔Pa〕である。

次に，壁を円筒容器から取り除き，充分な時間をかけて両室の気体を混合させる。混合後の円筒容器の圧力は［ク］〔Pa〕である。着火器を点火して円筒容器内で反応を完全に進行させた。このとき生じた反応は，［ケ］である。反応生成物の蒸気圧と体積は無視できるとすると，円筒容器内に残っている気体は窒素と［コ］であり，残っている［コ］は［サ］〔mol〕である。反応エンタルピーにともなう温度変化はなく温度T〔K〕が一定であるとすると，反応後の円筒容器の圧力は［シ］〔Pa〕に変化する。円筒容器の断面積を100 cm^2，温度を300 K，気体定数を8.31×10^3 $Pa \cdot L/(K \cdot mol)$とすると，反応後の［コ］の分圧は［ス］〔Pa〕であり，窒素の分圧は［セ］〔Pa〕である。さらに，反応生成物の質量は［ソ］〔g〕である。

□(1)　イ，ウ，キ，ク，シは，円筒容器の体積V，温度Tおよび気体定数Rを用いてあらわせ。

□(2)　ア，カ，サ，ソには数値を埋めること。

□(3)　エ，オ，コには記号または語句を埋めること。

□(4)　スとセは有効数字2桁であらわすこと。

□(5)　ケは化学反応式で示すこと。

53 《混合気体と気体反応②》島根大学｜★★★★☆｜12分｜実施日［ / ］［ / ］［ / ］

次の文章を読み，**問1～4**に答えよ。ただし，必要であれば，原子量として H ＝ 1.0，C ＝ 12.0，O ＝ 16.0 を，気体定数として $R = 8.3 \times 10^3$ Pa·L/(K·mol)を用いよ。

図のように，耐圧容器 A（容積 1.0L）と B（容積 2.0L）を，コックが付いた細いガラス管で連結させた。コックを閉じた状態で，A にエタンを 0.30g，B に酸素を 1.6g 入れて，A と B を 27℃に保った。ただし，温度による容器の体積変化とガラス管の容積は無視でき，気体はすべて理想気体として取り扱うことができるものとする。

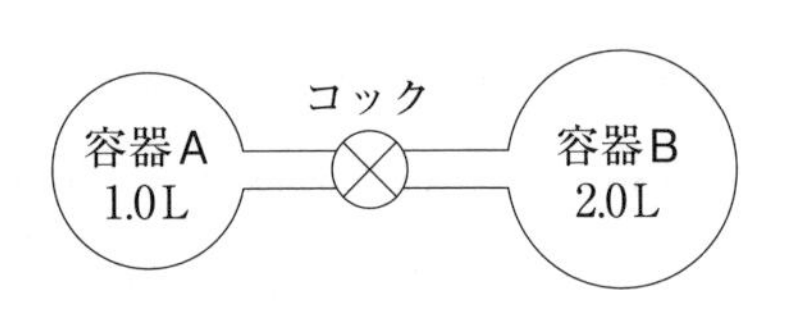

☐**問1**　容器 A と容器 B 内の気体の圧力〔Pa〕を，それぞれ有効数字 2 桁で求めよ。

☐**問2**　容器 A と容器 B を 27℃に保ったまま，コックを開けて均一な混合気体とした。このときの容器 A，B 内のエタンの分圧〔Pa〕を，有効数字 2 桁で求めよ。

☐**問3**　コックを開けたまま，容器 A を 27℃，容器 B を 227℃に保った。このときの A 内の混合気体の全圧〔Pa〕と A 内の混合気体の全物質量〔mol〕を，それぞれ有効数字 2 桁で求めよ。

☐**問4**　次に，コックを開けたまま，容器 A と容器 B を 227℃に保ち，均一な混合気体とした後，混合気体中のエタンを完全燃焼させた。燃焼後，A と B 内には気体のみが存在していた。このとき，全容器（容器 A ＋容器 B）内に存在する気体の全物質量〔mol〕と全圧〔Pa〕を，それぞれ有効数字 2 桁で求めよ。

54 《混合気体と飽和蒸気圧》お茶の水女子大学｜★★★★☆｜10分｜実施日［ / ］［ / ］［ / ］

5.00L の容器 A と 5.00L の容器 B が，図1に示すように，コックがついた細管でつながれ，全体が27℃に保たれている。

以下の**問1～2**に有効数字2桁で答えよ。ただし，気体は理想気体とし，細管でつながれた部分の体積は無視する。水の蒸気圧曲線を図2に示す。原子量として H = 1.0, N = 14, O = 16 を，気体定数として $R = 8.3 \times 10^3$ Pa·L/(K·mol)を用いよ。

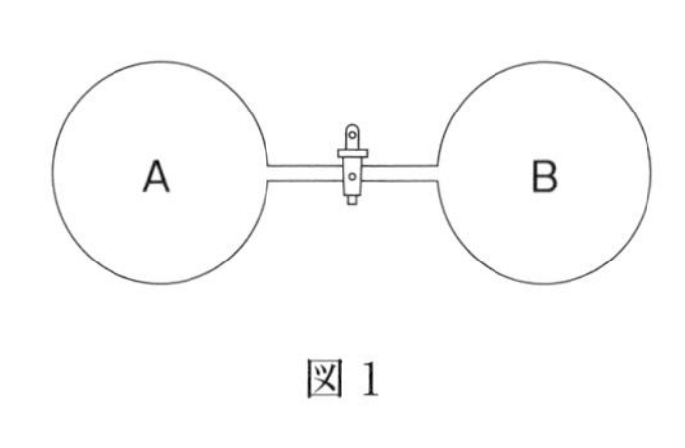

図1

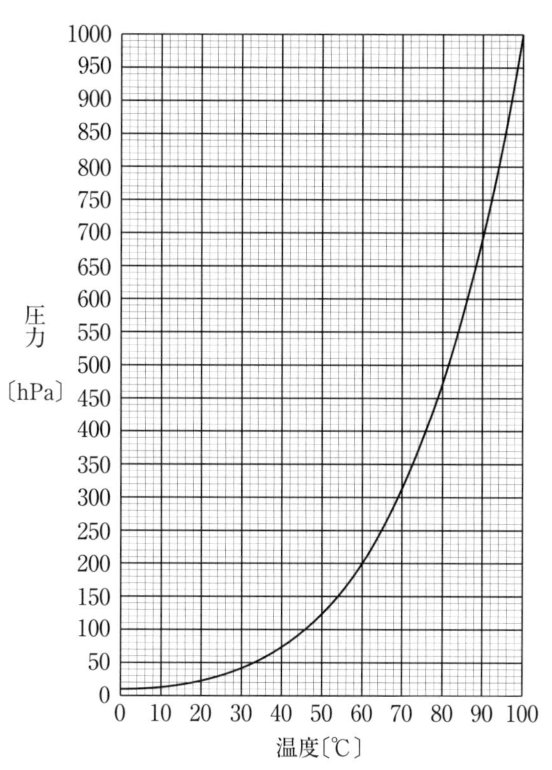

図2

☑**問1**　容器Aに1.4gの窒素のみ，容器Bに1.8gの水のみが入っている（コックは閉じられている）。このときそれぞれの容器内の圧力は何Paとなるか。また，中央のコックを開けしばらく放置したところ圧力が一定となった。このとき容器内の圧力は何Paであるか。ただし，液体状態の水の体積は無視する。

☑**問2**　中央のコックを開けた状態で，1.4gの窒素と1.8gの水が入れてある容器全体をゆっくり90℃まで暖めたところ，ある温度ですべての水が気体となった。90℃での圧力は何Paであるか。また，すべての水が気体となる温度は何℃か。図2に適当な線などを書き加えて，その温度を求めよ。

55 《水銀柱と飽和蒸気圧》信州大学｜★★★★☆｜12分｜実施日 ／ ／ ／

次の文章を読んで，以下の**問1～4**に有効数字2桁で答えよ。ただし，気体定数は $R = 8.3 \times 10^3$ Pa·L/(K·mol)を用いよ。

大気圧(1.0×10^5 Pa)下，20℃において一端を閉じた断面積 1.0 cm^2 のガラス管に水銀を満たし，水銀だめの中で倒立させたところ，管内の水銀面は，水銀だめの液面から 76 cm の高さ，ガラス管の底(管底)から 3.0 cm の位置で静止した。次に(a)微量のエタノールをスポイトを使ってガラス管の下端から注入して静置したところ，液面は 4.4 cm だけ低くなり，少量のエタノールが水銀面上に残った。(b)この装置自体の温度を 27℃まで上昇させたところで管内の水銀面上のエタノールは消え，水銀面は管底から 10 cm の位置になった。さらに(c)この温度に保ったまま管内へ微量のジエチルエーテルを注入したところ，水銀面は低下し，管底から 64 cm の位置になった。このとき水銀面上には液体は存在しなかった。

☑**問1**　この実験を水銀の代わりに水を用いて行う場合，1.0×10^5 Pa 下では，水柱は何 m になるか。ただし，水の密度を 1.00 g/cm^3，水銀の密度を 13.6 g/cm^3 とし，水の蒸発は無視できるものとする。

☑**問2**　(a)および(b)におけるエタノールの蒸気圧は何 Pa か求めよ。

☑**問3**　(b)においてガラス管内に存在するエタノール蒸気は何 mol か求めよ。

☑**問4**　(c)においてジエチルエーテルの分圧は何 Pa か求めよ。

56 《気体反応と飽和蒸気圧》埼玉大学・改｜★★★★☆｜15分｜実施日 ／ ／ ／

次図のようにコックCによって連結された耐圧密閉容器 A，B がある。容器 A，容器 B の内容積はそれぞれ 1.0 L，2.0 L である。また，容器 A 内には発火装置が内蔵されている。ここで，容器以外の連結部の内容積および発火装置の体積は無視できるとする。

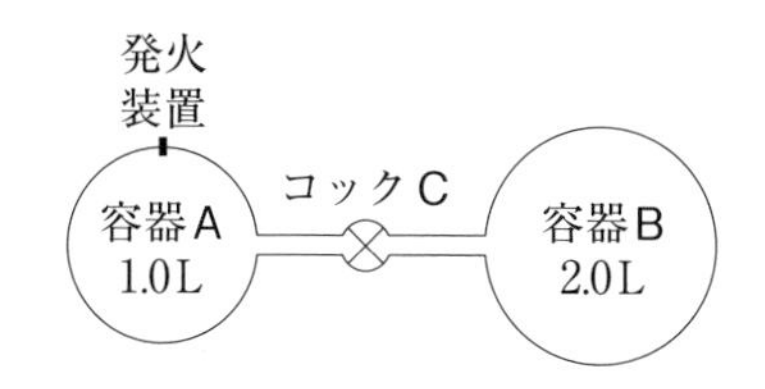

この実験装置を用いて，以下の実験を順に行った。

操作1　コックCを閉じた状態で，容器Aにメタン0.096g，容器Bに酸素0.48gを入れて，ともに27℃に保った(状態1)。

操作2　容器A，容器Bを27℃に保ったままコックCを開け，気体を混合した。やがて容器A，容器B内の混合気体は同一の組成となり，圧力も等しくなった(状態2)。

操作3　容器A内の発火装置を用いて，容器Aと容器Bの中の混合気体中のすべてのメタンを完全燃焼させた。燃焼後，容器A，容器Bを27℃に保ち平衡状態とした(状態3)。

状態1～3における気体はすべて理想気体とし，液体の体積および液体に対する気体の溶解は無視できるものとする。また，原子量はH = 1.0，C = 12，O = 16，27℃での水の飽和蒸気圧は3.6×10^3 Pa，気体定数は$R = 8.3 \times 10^3$ Pa·L/(mol·K)とする。

☑**問1**　状態1における容器A内の圧力を有効数字2桁で求めよ。

☑**問2**　状態2における混合気体の全圧を有効数字2桁で求めよ。

☑**問3**　下線部のメタンの完全燃焼によって生成した水の物質量を有効数字2桁で求めよ。

☑**問4**　状態3において，液体として存在する水の物質量を有効数字2桁で求めよ。

☑**問5**　状態3における容器内の全圧を有効数字2桁で求めよ。

物質の状態(化学)

57 《水上置換法と実在気体》広島大学・改 | ★★★★☆ | 12分 | 実施日 / / /

次の文章を読み，**問1～4**の答えを記せ。計算問題を解答する場合には有効数字に注意し，必要ならば四捨五入すること。

試験管に入れた亜鉛と希硫酸を反応させたところ，気体Aが発生した。このAをあらかじめ試験管内で十分発生させてから，水上置換によってメスシリンダーに捕集した。そのあと，メスシリンダーの中と外の水面の高さをそろえたところ，25℃，大気圧 $p_{\mathrm{atm}} = 1.010 \times 10^5$ Pa において，メスシリンダーの中の気体の体積は596 mL であった。

☑**問1**　亜鉛と希硫酸の反応の化学反応式を記せ。

☑**問2**　メスシリンダーの中のAの圧力を p_{A}，水蒸気圧を p_{W} とするとき，p_{atm}，p_{A}，p_{W} の間に成り立つ関係式を記せ。

☑**問3**　メスシリンダーに捕集されたAの物質量を有効数字3桁で求めよ。ただし，Aは理想気体とし，25℃における水の飽和蒸気圧は3.167 kPa とする。気体定数 R は 8.31×10^3 Pa·L/(mol·K)とする。

☑**問4**　気体の圧力を p〔Pa〕，体積を v〔L〕，物質量を n〔mol〕，温度を T〔K〕とするとき，$Z = \dfrac{pv}{nRT}$ と定義する。273 K におけるAの Z と p の関係を最もよく表しているものを図の㋐～㋒から選び，記号で答えよ。

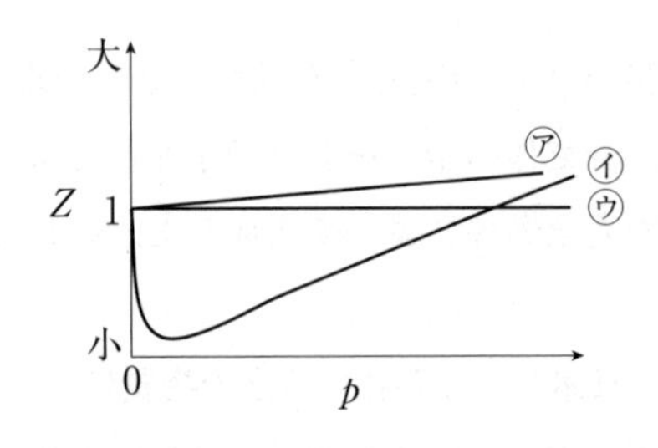

58 《実在気体》弘前大学｜★★★★☆｜12分｜実施日 / / /

物質量1molの気体に関して

$$PV = RT \quad \cdots\cdots(1)$$

という状態方程式が適用できる気体を理想気体という。

しかし実在する気体は次の二つが主な原因のために，(1)式に厳密には従わない。

(i)　分子自身が〔　ア　〕を持つため。

(ii)　分子の間に〔　イ　〕力が働くため。

これらの原因を考慮に入れて(1)式を変形し，実在気体によりよく当てはまる方程式を導き出すことにする。

まず，(i)の原因のために，実測体積 V' は気体分子が自由に動き回れる空間の体積 V よりも，分子の〔　ア　〕に比例する定数 b だけ〔　ウ　〕くなると考えられる。よって，(1)式の V を $V' - b$ に置き換えることができる。

次に，(ii)の原因のために，実測圧力 P' は〔　イ　〕力が働かない場合に比べて〔　エ　〕くなると考えられる。その程度は一定体積中の気体分子数の2乗に比例，つまり体積の2乗に反比例するので，(1)式において P は $P' + \frac{a}{V'^2}$ で置き換えることが可能である。a は〔　イ　〕力によって決まり，気体の種類によって異なる正の定数である。

以上の二つの補正を組み合わせることで，実在気体によく当てはまる状態方程式

$$\left(P' + \frac{a}{V'^2}\right)(V' - b) = RT \quad \cdots\cdots(2)$$

が得られる。

☐**問1**　〔　　　〕内のアからエに適切な語句を入れよ。

☐**問2**　a の値はその物質の蒸発熱(気化熱)にほぼ比例する。この理由を説明せよ。

☐**問3**　メタン，エタン，プロパンなどの気体では分子量が大きくなるに従い，a と b の値はどのように変化するのか。理由も説明せよ。

☐**問4**　圧力が低くなると，実在気体に対しても(1)式が十分に適用できるようになる。(i)，(ii)の原因にもとづいてこの理由を説明せよ。

第8章　固体

59　《化学結合と結晶》埼玉大学 | ★★☆☆☆ | 5分 | 実施日 / / /

次の文章に述べられている化学結合について，以下の**問1～3**に答えよ。

我々の身の回りの物質は，いずれも構成する原子間の結合によって形成されている。しかし，その結合は物質ごとに異なっている。例えば，食塩はNa原子とCl原子間の[　A　]結合によって，水のH原子とO原子，二酸化炭素のC原子とO原子の間は[　B　]結合により，また窓枠に使われているアルミニウムは[　C　]結合で構成されている。この結合の違いが，それぞれの沸点や融点，結晶の状態などを決める。

☐**問1**　本文中の[　A　][　B　][　C　]に適切な用語を答えよ。

☐**問2**　下記のa)～f)の物質を構成する原子間の結合は本文中のA～Cの結合のどれか。A～Cで答えよ。なお，一気圧で常温の状態とする。

a) ヨウ素　　b) 臭化マグネシウム
c) ナトリウム　　d) ベンゼン
e) 水銀　　f) 塩化鉄(Ⅱ)

☐**問3**　g) 食塩，h) 二酸化炭素，i) アルミニウムの結晶を構成する単位粒子間の相互作用はそれぞれ何か。以下の語群から選んでg)～i)に示せ。

[語群]

静電相互作用による引力　　自由電子による結合
電子対の共有による結合　　ファンデルワールス力

60 《結晶の性質》秋田県立大学｜★★☆☆☆｜5分｜実施日 ／ ／ ／

結晶に関する**問1〜2**に答えよ。

結晶は，それを構成する結合の様式によって，①イオン結晶，②分子結晶，③共有結合の結晶，④金属結晶に大別される。

問1　次の記述は，①〜④の結晶のうちどの結晶に関する記述か。最も適切なものを①〜④から選べ。

(ア)　熱や電気をよく伝える。

(イ)　融点が低く，昇華しやすいものもある。やわらかい。

(ウ)　非常に硬く，融点がかなり高い。水に溶けにくい。

(エ)　結合に水素結合が関与している結晶もある。

(オ)　融点は高いが，硬くてもろい。水に溶けやすい。

問2　次の物質の結晶は，①〜④の結晶のうち，いずれに分類されるか。最も適切なものを①〜④から選べ。

(カ)　Na　　(キ)　CO_2（ドライアイス）

(ク)　C（ダイヤモンド）　　(ケ)　SiO_2

(コ)　MgO　　(サ)　I_2

(シ)　NaCl　　(ス)　Be

(セ)　H_2O（氷）　　(ソ)　CaF_2

61 《金属結晶》岩手大学｜★★★☆☆｜5分｜実施日［ / ］［ / ］［ / ］

次の**問1～2**に答えよ。ただし，計算問題において，平方根はそのままでよい。

多くの金属結晶の構造は，面心立方格子，体心立方格子，六方最密構造のいずれかに分類される(図)。

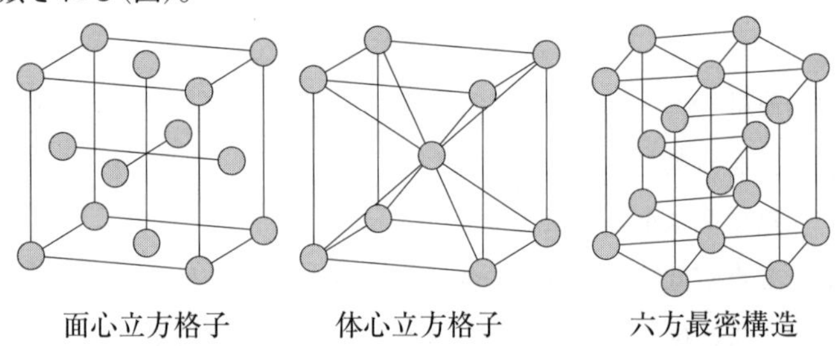

☐**問1**　金属結晶の単位格子中の原子の数，および1個の原子に接している原子の数(配位数)を，面心立方格子，体心立方格子，六方最密構造についてそれぞれ答えよ。

☐**問2**　単位格子の1辺の長さを L〔cm〕，原子の半径を r〔cm〕とした場合，面心立方格子および体心立方格子における原子の半径 r を L を用いて表せ。

62 《原子量の算出》神戸大学｜★★★☆☆｜5分｜実施日［ / ］［ / ］［ / ］

結晶構造がわかっている金属の原子半径や密度から原子量を求めることができる。着目する金属の密度を d，原子半径を r，アボガドロ数を N_A とする。また，原子は球であるとし，結晶内では最も近くにある原子どうしが接しているとする。金属の結晶が体心立方格子をとる場合，単位格子の一辺は［　ア　］である。このとき，単位格子あたりの原子の数は［　イ　］個であるので，この金属の原子量は［　ウ　］となる。また，金属の結晶が面心立方格子をとる場合は，単位格子の一辺は［エ］である。単位格子あたりの原子の数は［オ］個であるので，この金属の原子量は［カ］となる。

☐**問1**　空欄［ア］と［エ］にあてはまる数式を，次から選んで答えよ。

$\frac{\sqrt{2}}{4}r$　$\frac{\sqrt{3}}{4}r$　$\frac{1}{2}r$　r　$\frac{4\sqrt{2}}{3}r$　$\frac{4\sqrt{3}}{3}r$

$2r$　$2\sqrt{2}r$　$2\sqrt{3}r$　$4r$

☐**問2**　空欄［イ］と［オ］にあてはまる数字を答えよ。

☐**問3**　空欄［ウ］と［カ］にあてはまる数式を，次から選んで答えよ。

$\frac{1}{8}N_Adr^3$　$\frac{1}{4}N_Adr^3$　$\frac{1}{2}N_Adr^3$　N_Adr^3　$\sqrt{2}N_Adr^3$

$\frac{8\sqrt{3}}{9}N_Adr^3$　$2N_Adr^3$　$2\sqrt{2}N_Adr^3$　$\frac{16\sqrt{3}}{9}N_Adr^3$　$4\sqrt{2}N_Adr^3$

$\frac{32\sqrt{3}}{9}N_Adr^3$　$8\sqrt{2}N_Adr^3$　$\frac{64\sqrt{3}}{9}N_Adr^3$

63
《イオン結晶①》山梨大学｜★★★☆☆｜６分｜実施日［／］［／］［／］

塩化セシウム(CsCl)のイオン結晶は，単位格子の8個の隅に8個のセシウムイオン，単位格子の中央に塩化物イオンが位置する。以下の**問1〜3**に答えよ。

☐**問1**　Cs^+-Cs^+のイオン間距離をl〔cm〕とすると，Cs^+-Cl^-の距離をl〔cm〕を用いて表せ。

☐**問2**　塩化セシウムのモル質量をM〔g/mol〕，アボガドロ定数をN_A〔/mol〕として，M, N_Aおよび**問1**でのlを用いて，塩化セシウム結晶の密度d〔g/cm^3〕を表せ。

☐**問3**　セシウムイオンと塩化物イオンの配位数を書け。

物質の状態（化学）

64 《イオン結晶②》大阪教育大学｜★★★★☆｜10分｜実施日 / / /

塩化ナトリウムの結晶は，塩化物イオンとナトリウムイオンの静電気的な引力によるイオン結合によってできている。この結晶構造は，ナトリウムイオンの面心立方格子と塩化物イオンの面心立方格子からなり，単位格子は図1のように示される。

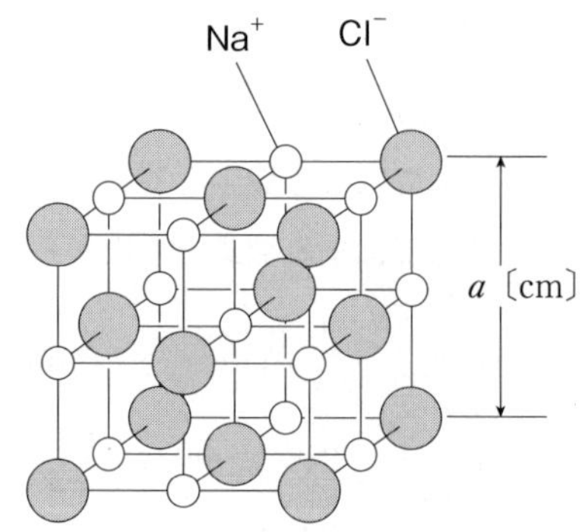

塩化ナトリウムの単位格子

☐**問1**　1個のナトリウムイオンに最も近い塩化物イオンの数を答えよ。

☐**問2**　1個のナトリウムイオンに最も近いナトリウムイオンの数を答えよ。

☐**問3**　1個の塩化物イオンに最も近い塩化物イオンの数を答えよ。

☐**問4**　単位格子に含まれるナトリウムイオンと塩化物イオンの数を，それぞれ答えよ。

☐**問5**　塩化ナトリウムの単位格子の一辺の長さを a〔cm〕，塩化ナトリウムのモル質量を M〔g/mol〕，密度を d〔g/cm^3〕として，アボガドロ定数 N_A〔/mol〕を，a，M および d などを用いて表せ。

☐**問6**　塩化ナトリウムの密度 d を測定したところ，2.0 g/cm^3 であった。単位格子の一辺の長さ a を 6.0×10^{-8} cm として，アボガドロ定数 N_A〔/mol〕を有効数字2桁で答えよ。原子量は，Na = 23.0，Cl = 35.5 とする。

65 《イオン結晶の限界半径比》東京農工大学｜★★★★☆｜5分｜実施日 ／ ／ ／

分子の形や結晶中の原子・イオンの配列は，どのような原理で決まっているのだろうか。イオン結晶や金属結晶に関しては，イオンや原子は互いになるべく密に充てんされるように配列する，という考え方がある。実際，多くの金属結晶は，原子が最密充てんされた構造かそれに近い構造をとる。また，この考え方にしたがえば，イオン結晶の構造は，結晶を構成するイオンの種類とは無関係に，陽イオンと陰イオンの相対的な大きさによって決まることになる。

☐ **問1**　下線部に関して，1個の陽イオンを6個の陰イオンが取り囲んでいる状態を考える。この配置ですべてのイオンがすき間なく充てんされるのは，陽イオンと陰イオンとが接触し，かつ陰イオンどうしも接触しているときである。このとき，陽イオンの半径を R_C，陰イオンの半径を R_A とし，$R_A > R_C$ であるとすると，陽イオンと陰イオンの半径の比 $\frac{R_C}{R_A}$ はいくらであるか，その値を求めよ。ただし，陽イオンと陰イオンは，いずれも硬くて変形しない球とする。必要ならば，$\sqrt{2} = 1.41$，$\sqrt{3} = 1.73$，$\sqrt{5} = 2.24$ として計算せよ。答えは有効数字2桁で示せ。答えだけでなく，考え方と計算過程も示せ。

☐ **問2**　もし $R_A = R_C$ であるなら，陽イオンを陰イオンが取り囲み，かつ陰イオンどうしも接触しているとき，1個の陽イオンは何個の陰イオンによって取り囲まれることになるか，その個数を答えよ。ただし，陽イオンと陰イオンは，いずれも硬くて変形しない球とする。なお，R_A と R_C の定義は**問1**と同じである。

66 《分子結晶》福井大学・改 | ★★★☆☆ | 8分 | 実施日 [/] [/] [/]

次図は，二酸化炭素の結晶構造を示したものである。図を参照して次の**問1〜3**に答えよ。ただし，原子量をC = 12，O = 16とする。

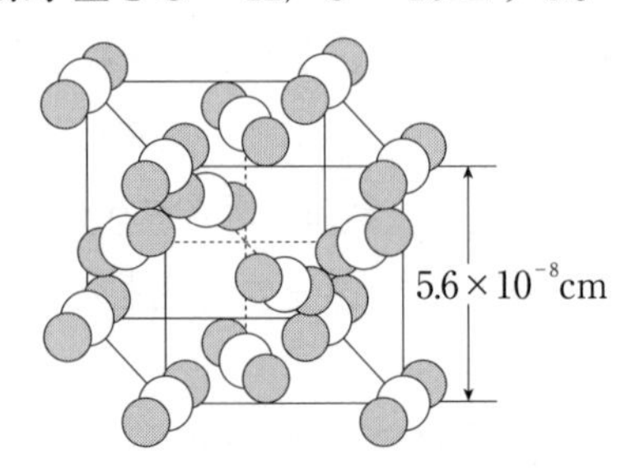

二酸化炭素の結晶構造

☐**問1**　図の二酸化炭素の結晶構造を何というか。

☐**問2**　図の単位格子の一辺の長さは，5.6×10^{-8} cm である。アボガドロ数を 6.0×10^{23} として，この結晶の密度〔g/cm^3〕を有効数字2桁で求めよ。

☐**問3**　二酸化炭素が固体から0℃, 1.013×10^5 Pa（標準状態）の気体になるとき，体積はおよそ何倍となるか。有効数字2桁で答えよ。

67 《共有結合の結晶》大阪市立大学 | ★★★★☆ | 12分 | 実施日 [/] [/] [/]

次の文章を読み，**問1〜5**に答えよ。必要であれば次の値を用いよ。

原子量C = 12，アボガドロ定数 6.0×10^{23}/mol，$\sqrt{3} = 1.73$

結晶格子の最小の繰り返し単位を単位格子という。主な単位格子の構造に，図1に示した面心立方格子がある。ダイヤモンドの結晶は図2に示す単位格子をもつが，この単位格子は面心立方格子をつくる炭素原子に，4個の炭素原子が黒色で示した位置に加わった構造である。1つの炭素原子は，最も近接した4つの炭素原子と化学結合している。すべての炭素原子が4つの化学結合をもっているが，図2では，単位格子の内側の化学結合だけを棒で表示している。黒色で示した位置にある炭素原子とそれに結合した4つの炭素原子に着目すると，それらは図3に示す立方体の中心および頂点に位置しており，正四面体を形づくっている。

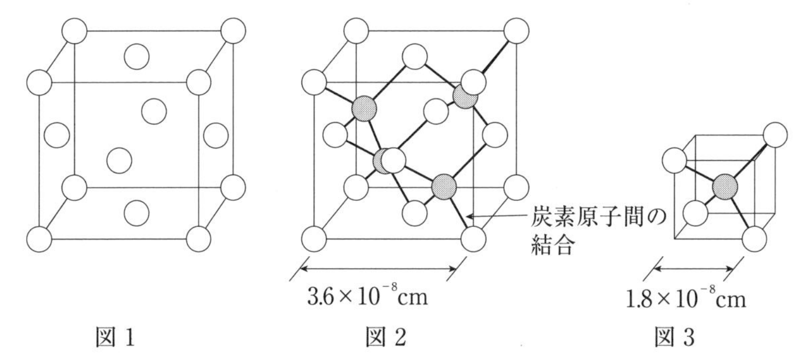

図1　　図2　　図3

☑**問1**　次の中から炭素の同素体をすべて選び，記号で答えよ。

a. 黒鉛　b. 石英　c. フラーレン　d. アセチレン
e. ベンゼン　f. メタン

☑**問2**　ダイヤモンドの単位格子に含まれる炭素原子の数を記せ。

☑**問3**　ダイヤモンドの単位格子は1辺の長さが 3.6×10^{-8} cmの立方体である。ダイヤモンドの結晶の密度は何 g/cm^3 であるか，有効数字2桁で答えよ。

☑**問4**　化学結合した炭素原子の中心間の距離は何cmであるか，有効数字2桁で答えよ。

☑**問5**　炭素と同族であるケイ素の結晶には，ダイヤモンドと同じ結晶構造をもつものがあり，その単位格子の一辺の長さは 5.4×10^{-8} cmである。この結晶における最も近接したケイ素原子の中心間の距離は，ダイヤモンドにおける化学結合した炭素原子の中心間の距離に比べて何倍となるか，有効数字2桁で答えよ。

第9章　溶液

68 《溶解のしくみ》福島県立医科大学・改｜★☆☆☆☆｜2分｜実施日［　/　］［　/　］［　/　］

☐ 次の文章の(　ア　)～(　キ　)に最も適する語句を次の語群から選び，記号で答えよ。ただし，同じものを繰り返し選んでもよい。

塩化ナトリウムの結晶は(　ア　)であり，ベンゼンのような(　イ　)溶媒には溶けないが，(　ウ　)溶媒の水には溶ける。塩化ナトリウムが水に溶けやすい理由は，次のように考えられる。塩化ナトリウムを水にいれると，塩化ナトリウムの結晶の表面から電離して，ナトリウムイオンと塩化物イオンが生じる。水分子の(　エ　)の作用によって，ナトリウムイオンと塩化物イオンが拡散し，やがて均一に混合した溶液になる。ナトリウムイオンや塩化物イオンは(　オ　)分子である水分子と(　カ　)により結びつき，安定に存在できるからである。この現象を(　キ　)という。

語　群
(a) 熱運動　(b) チンダル現象　(c) 電気泳動
(d) 共有結合の結晶　(e) 分子結晶　(f) 金属結晶
(g) イオン結晶　(h) 静電気的引力(クーロン力)　(i) 圧　力
(j) 極　性　(k) 無極性　(l) 水　和
(m) 飽　和　(n) 塩　析　(o) 透　析

69 《固体の溶解度①》三重大学｜★★☆☆☆｜5分｜実施日［　/　］［　/　］［　/　］

次の表に溶質Aの溶解度を示す。**問1～2**に答えよ。

(溶解度：水100gに溶ける溶質の質量〔g〕)

温度〔℃〕	10	20	30	40	60	80
溶質Aの溶解度	10.0	13.0	30.0	50.0	100	180

☐**問1**　60℃で溶質Aの飽和水溶液500gを作った。質量パーセント濃度はいくらか。整数値で答えよ。

☑問2　60℃における溶質Aの飽和水溶液500gを10℃まで冷却したときに析出する溶質Aの質量を求めよ。整数値で答えよ。

70 《固体の溶解度②》大分大学｜★★★☆☆｜12分｜実施日 ／ ／ ／

表は水100gに対する硫酸銅(Ⅱ)の溶解度を示している。**問1～5**に答えよ。ただしH = 1.0, O = 16.0, S = 32.0, Cu = 64.0とする。解答は有効数字3桁で答えること。

温度〔℃〕	0	20	40	60	80
溶解度〔g〕	14.0	20.2	28.7	39.9	56.0

☑問1　水200gに硫酸銅(Ⅱ)五水和物($CuSO_4 \cdot 5H_2O$)50gを溶かした。この溶液の質量パーセント濃度〔%〕を求めよ。

☑問2　硫酸銅(Ⅱ)五水和物12.5gを水に溶かして250mLにした。この溶液のモル濃度〔mol/L〕を求めよ。

☑問3　80℃で,水200gに硫酸銅(Ⅱ)五水和物を溶かして飽和溶液をつくりたい。$CuSO_4 \cdot 5H_2O$は何g必要か。

☑問4　60℃で,水300gに無水硫酸銅(Ⅱ)を90.8g溶かした溶液を20℃まで冷却した。何gの結晶硫酸銅(Ⅱ)$CuSO_4 \cdot 5H_2O$が得られるか。

☑問5　40℃の硫酸銅(Ⅱ)の飽和水溶液100gを0℃にしたとき結晶が析出しないようにするには少なくとも水何g以上を加えておけばよいか。

71 《気体の溶解度①》琉球大学・改｜★★☆☆☆｜2分｜実施日［ / ］［ / ］［ / ］

☐ 気体の溶解度として，ある温度において気体の分圧が 1.013×10^5 Pa のとき溶媒 1.00 mL に溶ける気体の体積を，0 ℃，1.013×10^5 Pa における体積〔mL〕に換算して表す方法がある。0 ℃，1.013×10^5 Pa の酸素 O_2 が 1.00 L の水と接しているとき，水に溶ける酸素の物質量は 21.8×10^{-4} mol である。このときの酸素の溶解度を上の定義に基づいて計算せよ。ただし，有効数字は3桁とする。

72 《気体の溶解度②》東京農工大学・改｜★★★☆☆｜10分｜実施日［ / ］［ / ］［ / ］

気体の水への溶解について，次の**問1～4**に答えよ。なお，すべての気体は理想気体として取り扱えるものとする。気体定数 R が必要であれば，$R = 8.31 \times 10^3$ L·Pa/(K·mol) として計算せよ。

☐**問1** ある温度 T においてヘンリーの法則が成り立つ気体が水に溶解する現象を考える。その気体が圧力 P で水に溶けるとき，その圧力での体積を V とする。気体の圧力を $2P$ にしたとき，水に溶ける気体のその圧力 $2P$ における体積を V を用いて表せ。

☐**問2** 水を 2.00×10^{-1} L 入れた容器に酸素と窒素を加え温度 40℃として十分な時間をおいたところ，この混合気体の全圧は 5.60×10^5 Pa であり，水に溶解している窒素の物質量は 2.80×10^{-4} mol であった。このときの混合気体中の窒素の分圧を有効数字2桁で求めよ。この混合気体にはヘンリーの法則が成り立ち，40℃における窒素の水への溶解度（圧力 1.01×10^5 Pa の窒素が水 1 L に溶ける物質量）は 5.18×10^{-4} mol とする。水の蒸気圧は無視できるものとする。

☐**問3** **問2**のときの混合気体中の酸素の体積割合は何％か。有効数字2桁で答えよ。

☐**問4** 水に対する気体の溶解度は，圧力が一定のとき温度が上がると大きくなるか，小さくなるか答えよ。また，そう答えた理由を20字以上40字以内で説明せよ。

73 《気体の溶解度③》千葉大学 | ★★★★☆ | 15分 | 実施日 ／ ／ ／

次の文章を読み，以下の**問1～3**に答えよ。気体定数は $R = 8.3 \times 10^3$ L･Pa/(K･mol)，原子量は C = 12，N = 14，O = 16 とする。

次の表は，分圧 1.0×10^5 Pa，温度 0 ℃および 20 ℃において，水 1.00 L に溶解する二酸化炭素と窒素の物質量を表している。

表　分圧 1.0×10^5 Pa における二酸化炭素と窒素の水 1.00 L への溶解量

	二酸化炭素	窒素
0℃	7.7×10^{-2} mol	1.0×10^{-3} mol
20℃	3.9×10^{-2} mol	6.8×10^{-4} mol

温度，圧力，体積を変えられる容器を用意し，次の操作(1)～(3)を順に続けて行った。以下では，ヘンリーの法則が成り立つとし，水の体積変化および蒸気圧は無視できるとする。

操作(1)　この容器に水 1.00 L を入れ，圧力 2.0×10^5 Pa の二酸化炭素と 20 ℃において平衡状態にした後，密閉した。このとき，容器中の気体の二酸化炭素の体積は 0.20 L であった。

操作(2)　次に，密閉状態を保ち，体積一定のまま，全体の温度を 0 ℃に冷却し，平衡状態にした。

操作(3)　さらに，容器の体積を変えずに，温度を 0 ℃に保ちながら，二酸化炭素を逃がさないように容器に気体の窒素を注入し，全圧 2.0×10^5 Pa において平衡状態にした。

☐**問1**　操作(1)の後，水に溶けている二酸化炭素の質量を有効数字 2 桁で求めよ。

☐**問2**　操作(2)を行った後の，気体の圧力および水に溶けている二酸化炭素の質量を有効数字 2 桁で求めよ。ただし，水は液体の状態を保っていたとする。

☐**問3**　操作(3)の後，水に溶けている二酸化炭素の質量を有効数字 2 桁で，水に溶けている窒素の質量を有効数字 1 桁で求めよ。

74 《蒸気圧降下》茨城大学 | ★★☆☆☆ | 8分 | 実施日 [/] [/] [/]

右の図は水の蒸気圧曲線である。次の**問1～3**に答えよ。

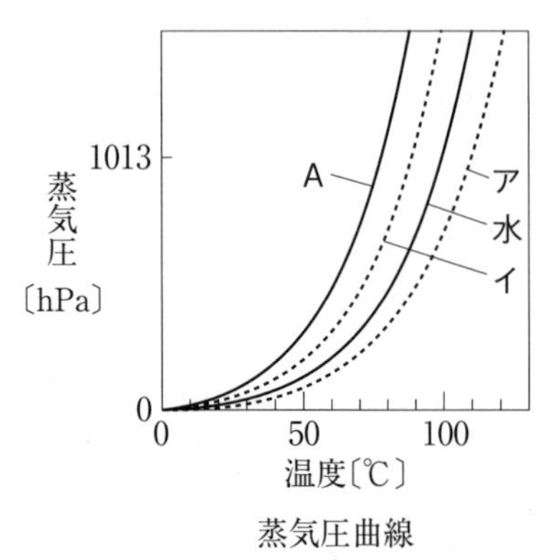

蒸気圧曲線

☐**問1** 文章中の[a]～[d]にはいる最も適切な語句を書け。

気体が液体になる現象を[a]，液体が気体になる現象を[b]という。容器に水のみを入れて密閉し，一定温度で放置しておくと，水の一部が水蒸気になるとともに，その水蒸気の一部は水にもどる。やがて[a]および[b]が起こらなくなったように見える状態になる。この状態を[c]平衡とよび，このときの圧力を[d]，あるいは単に蒸気圧という。

☐**問2** 前の図のAのような蒸気圧曲線を示す物質の沸点は水の沸点と比べて，低いかあるいは高いか。低いあるいは高いと答えよ。

☐**問3** 水に不揮発性物質を溶解したときの蒸気圧曲線は，図中のアとイのいずれになるか記号で答えよ。

75 《蒸気圧降下と沸点上昇》首都大学東京 | ★★★★☆ | 12分 | 実施日 [/] [/] [/]

純粋な溶媒に不揮発性の溶質を溶かして溶液にすると，溶液の蒸気圧は純粋な溶媒の蒸気圧よりも低くなる。これを蒸気圧降下という。この現象を利用して，溶質の分子量を決定することができる。最初に，溶液における溶媒と溶質の相対的な量として，気体の分圧の計算でも用いられるモル分率を定義する。n_A〔mol〕の溶媒Aにn_B〔mol〕の溶質Bを溶解したとき，溶媒Aと溶質Bのそれぞれのモル分率x_Aとx_Bは

$$x_A = \frac{n_A}{n_A + n_B} \qquad x_B = \frac{n_B}{n_A + n_B}$$

と表される。また，純粋な溶媒Aの蒸気圧を P_0，これに不揮発性の溶質Bを溶かした溶液の蒸気圧を P とすると，以下の関係式が成り立つことが実験的にわかっている。

$$\frac{P}{P_0} = \frac{n_A}{n_A + n_B}$$

ただし，溶質は非電解質であるとする。

☑**問1**　モル分率の単位として正しいものは，次の(ア)～(エ)のどれか，記号で答えよ。

(ア)　mol/L　　(イ)　mol/kg　　(ウ)　kg/L　　(エ)　単位はない

☑**問2**　溶媒の蒸気圧降下度を $\Delta P = P_0 - P$ と定義するとき，$\Delta P = P_0 x_B$ が成り立つことを示せ。

☑**問3**　分子量 M_A の溶媒 W_A〔g〕に，分子量 M_B の溶質 W_B〔g〕を溶かして溶液をつくる。このときの溶媒Aと溶質Bのそれぞれのモル分率 x_A と x_B を，M_A，M_B，W_A，W_B を用いて表せ。

☑**問4**　**問3**の溶質の分子量 M_B を，P_0，ΔP，M_A，W_A，W_B を用いて表せ。

☑**問5**　水の蒸気圧は20℃で 2.34×10^3 Pa である。分子量が未知のある溶質137 g を水1.00 kg に溶かしたとき，蒸気圧は17.3 Pa だけ降下した。この溶質の分子量はいくらか，有効数字3桁で答えよ。ただし，原子量は H=1.0，O = 16 とする。

☑**問6**　希薄溶液の場合には，沸点上昇度 ΔT〔K〕は蒸気圧降下度 ΔP〔Pa〕に比例して，$\Delta T = k\Delta P$ と表される。ただし，k は比例係数である。**問5**の水溶液の沸点上昇度が $\Delta T = 0.210$ K であったとき，k の値は何 K/Pa か，有効数字2桁で答えよ。

76 《凝固点降下①》香川大学 | ★★★☆☆ | 6分 | 実施日 / / /

以下の計算問題に答えよ。なお，有効数字は3桁まで求めること。また，1気圧(1013 hPa)において水1.00 kgに物質量1.00 molの不揮発性物質が溶解している場合，凝固点は1.85 K低下するものとする。

☐**問1** 水100 gに塩化カルシウムの無水物を1.00 g溶解した。塩化カルシウムは溶液中で完全に電離しているものとする。この溶液の1気圧（1013 hPa）における凝固点〔℃〕を求めよ。ただし，塩化カルシウムの式量は，$CaCl_2$ = 111とする。

☐**問2** 水50.0 gに分子量が未知の不揮発性物質Aを0.985 g溶解したところ，1気圧(1013 hPa)において水溶液の凝固点は純粋な水よりも0.0723℃低くなった。物質Aは水溶液中で電離しないとした場合，物質Aの分子量を求めよ。

77 《凝固点降下②》札幌医科大学 | ★★★★☆ | 10分 | 実施日 / / /

次の**問1～6**に答えよ。ただし，原子量はO = 16.0，Na = 23.0，Mg = 24.3，Al = 27.0，S = 32.1，Cl = 35.5，K = 39.1，Br = 79.9とする。

純粋な水を冷却して行くと，0℃で氷が析出してくる。これを凝固といい，冷却時間と温度との関係は右図のようになる。

水に少量の溶質を溶かした水溶液の場合の冷却曲線はAのようになる。水の凝固点は溶質を溶かすと下がる。この下がった量Δtを凝固点降下度という。希薄溶液の凝固点降下度は，溶質粒子の種類に無関係であるが，非電解質の場合はその物質の質量モル濃度に比例する。完全電離する電解質の場合は，溶液中のイオンの総質量モル濃度に比例する。

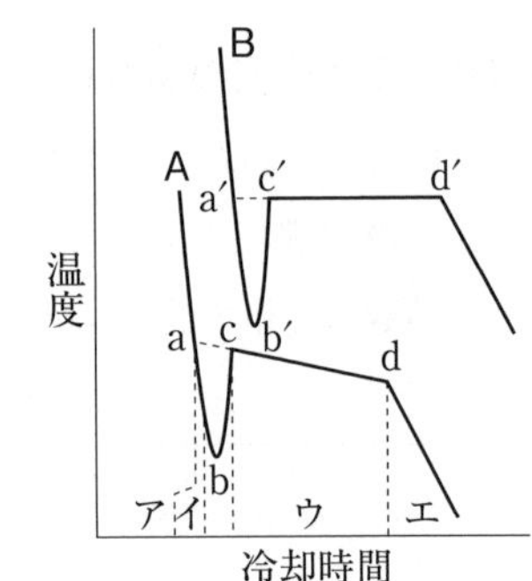

Δt と質量モル濃度との比例定数をモル凝固点降下(K_f)という。K_f は溶媒に固有のもので，水の場合は1.85 K･kg/mol である。

☐問1　図中のア～エの状態を最も適切に表しているものを，次の(あ)～(う)のうちから1つずつ選べ。

(あ)　均一な液体である。

(い)　固体と液体が混ざっている。

(う)　固体のみで液体は存在しない。

☐問2　イの状態は何と呼ばれているか。

☐問3　この水溶液の凝固点はａ～ｄのうちどれか。最も適切なものを記号で答えよ。

☐問4　純水ではc′－d′ の温度は一定であるが，溶質が溶けている場合はｃ－ｄのように，冷却とともに徐々に下がる。この理由を50字以内で記せ。

☐問5　次の(あ)～(お)の塩1ｇを水100ｇに溶解した時，凝固点が一番低いのはどれか。記号で答えよ。ただし，塩は水中で完全電離するものとする。

(あ)　NaBr　(い)　KCl　(う)　Na_2SO_4　(え)　$MgCl_2$　(お)　$Al_2(SO_4)_3$

☐問6　ある非電解質1.00ｇを水100ｇに溶解したところ，その凝固点降下度は0.102 K であった。この非電解質の分子量を有効数字3桁で求めよ。

78　《浸透圧①》愛知教育大学｜★★☆☆☆｜2分｜実施日　/　/　/

☐　希薄溶液の浸透圧は，溶質のモル濃度と絶対温度の積に比例し，溶媒や溶質の種類に関係しない。分子量 1.0×10^5 のデンプン1.00ｇを水に溶かして200 mLとした水溶液の浸透圧を測定したところ，27 ℃で125 Pa となった。一方，卵白を構成するタンパク質1.80ｇを水に溶かして250 mL とした水溶液の浸透圧を測定したところ，27 ℃で400 Pa となった。このタンパク質の分子量を有効数字2桁で求めよ。

79 《浸透圧②》富山大学・改｜★★★★☆｜10分｜実施日［ / ］［ / ］［ / ］

希薄溶液の性質に関する以下の**問1～3**に答えよ。必要があれば，以下の表の数値を用いよ。また，1気圧は1.013×10^5 Pa，気体定数は8.3×10^3 Pa･L/(K･mol)，$\sqrt{4910}\sim\sqrt{5000}=70.6$とする。

	密度〔g/cm³〕
水	1.00
水銀	13.6

図のように，半透膜を取り付けた断面積(20cm²)一定のU字管を用いて浸透圧に関する実験を行った。U字管の右側に2.5×10^{-4} mol/Lの塩化ナトリウム水溶液500 mL，左側に水500 mLを入れて実験を開始した。実験開始時の水位はU字管左右の垂直部分で同じであった。長時間放置して平衡状態になった時点で実験状態を観察したところ，右側の水位が実験開始時の水位よりもh〔cm〕高くなった。ただし，塩化ナトリウム水溶液は均一でその濃度は十分低く，浸透圧Π〔Pa〕は式(1)のように溶液中に溶けている粒子のモル濃度C〔mol/L〕に比例すると仮定する。

$\Pi = CRT$ （Rは気体定数，Tは絶対温度） ……(1)

また塩化ナトリウム水溶液の密度は水の値と同一であり，密度の温度変化は無視できると仮定する。水および塩化ナトリウム水溶液の温度は27℃であった。液面の変化はU字管の下部曲線部分ではなく左右の垂直部分で起きると仮定する。

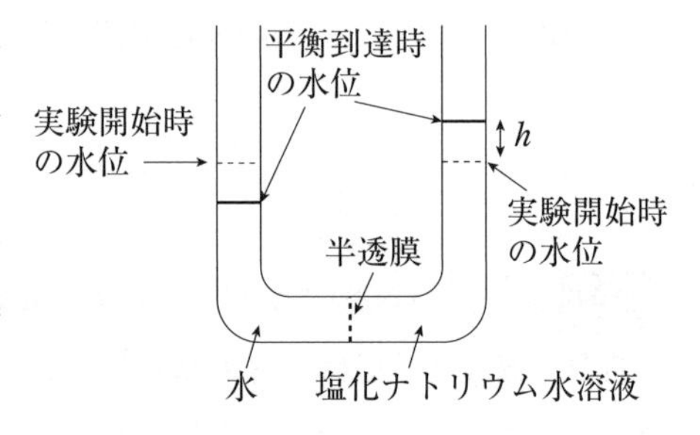

☐**問1**　式(1)左辺の浸透圧ΠはU字管左右の液面差から求まる。hを用いて浸透圧Πを表せ。

☐**問2**　U字管右側の塩化ナトリウム水溶液中に浸透する水の量を考慮し，hを用いて平衡状態における濃度 C（式(1)右辺に含まれている）を表せ。

☐**問3**　**問1**で得られた値を用いて h を求めよ。解答は得られた数値を四捨五入して，有効数字2桁で示せ。

80

《コロイド》筑波大学 | ★★★☆☆ | 8分 | 実施日 ／ ／ ／

デンプンやタンパク質を含む溶液の多くはコロイド溶液である。コロイド溶液に強い光線を当てると光の通路が明るく見える。この現象を［ア］という。また，(a)コロイド溶液を限外顕微鏡で観察すると，コロイド粒子がブラウン運動している様子がわかる。(b)コロイド溶液をセロハンの袋に入れ純水に浸しておくと，コロイド粒子と小さい分子やイオンを分離できる。このようにしてコロイド溶液を精製する操作を［イ］という。コロイド溶液に電極を浸して直流電圧をかけると，コロイド粒子はどちらかの電極のほうへ移動する。この現象を［ウ］という。また，(c)水との親和力が小さい疎水コロイドに少量の電解質を加えると沈殿が生じる。この現象を凝析という。

☐**問1**　［ア］～［ウ］に適切な語句を記せ。

☐**問2**　下線部(a)に関して，コロイド粒子がブラウン運動する理由を35字以内で述べよ。

☐**問3**　下線部(b)に関して，次の実験を行った。塩化鉄（Ⅲ）水溶液を沸騰水に加えて十分な量の水酸化鉄（Ⅲ）コロイド溶液を得た。このコロイド溶液をセロハン袋に入れ，ビーカーに入れた純水に浸した。十分に放置した後，セロハン袋の外の溶液は，酸性，中性，塩基性のいずれを示すか記せ。

☐**問4**　下線部(c)に関して，次の実験を行った。正に帯電した水酸化鉄（Ⅲ）コロイド粒子を含む一定量の溶液に，次の①～③の各物質の同一モル濃度の水溶液を加えると沈殿が生じた。最も少量で沈殿が生じたものを選び番号で答えよ。また，それを選んだ理由を30字以内で述べよ。

①　塩化ナトリウム　　②　硫酸ナトリウム　　③　硝酸カリウム

第４編　物質の変化（化学）

第 10 章　化学反応と熱

81《反応エンタルピーの定義》信州大学・改｜★★☆☆☆｜８分｜実施日［　/　］［　/　］［　/　］

以下の文章を読み，**問１～３**に答えよ。ただし，反応エンタルピーは，25 ℃，1 気圧（1.013×10^5 Pa）での値とする。

①物質が状態変化あるいは化学変化するときには熱の出入りを伴う。このとき，化学反応に伴って出入りする熱量を（　ア　）という。熱を発生する反応を発熱反応，熱を吸収する反応を吸熱反応という。一般に，物質の変化に伴って発生あるいは吸収する熱量は，変化のはじめの状態と終わりの状態だけで決まり，変化の経路には無関係である。これを（　イ　）の法則という。生成物のもつエンタルピーの総和が反応物のそれよりも（　ウ　）ときは発熱反応となり，逆に，生成物のエンタルピーの総和が反応物のそれよりも（　エ　）ときには吸熱反応となる。発熱反応を利用した②化学カイロや，吸熱反応を利用した③冷却パックなどが身近な商品として挙げられる。

☐**問１**　文中の空欄（　ア　）～（　エ　）にあてはまる適切な語句を書け。

☐**問２**　下線部①の例として，次の(1)～(4)に示す変化について，それぞれこの化学変化を化学反応式に反応エンタルピーを書き加えた式で表せ。

(1)　硫黄から三酸化硫黄（固）を生成するときの生成エンタルピーは，$\Delta H = -396$ kJ/mol である。

(2)　氷の融解エンタルピーは，$\Delta H = 6.0$ kJ/mol である。

(3)　エタンの燃焼エンタルピーは，$\Delta H = -1561$ kJ/mol である。

(4)　塩化ナトリウムの溶解エンタルピーは，$\Delta H = 3.88$ kJ/mol である。

☐**問３**　下線部②および③では，どのような反応を利用しているか，それぞれの反応について説明せよ。

82《燃焼反応における発熱量算出》大分大学・改｜★★★☆☆｜6分｜実施日 / / /

プロパン，水素および一酸化炭素の混合気体を0℃，1.013×10^5 Pa(標準状態)で2240 mL取り，これを完全燃焼させたところ，水2.34 gと二酸化炭素を生じた。この二酸化炭素の標準状態における体積は2016 mLであった。①～③の燃焼エンタルピーを付した化学反応式を用い，以下の**問1～2**に答えよ。ただし，原子量をH = 1.0，O = 16とする。

① C_3H_8(気) + $5O_2$(気) ⟶ $3CO_2$(気) + $4H_2O$(液)　$\Delta H = -2219$〔kJ〕

② H_2(気) + $\frac{1}{2}O_2$(気) ⟶ H_2O(液)　$\Delta H = -286$〔kJ〕

③ CO(気) + $\frac{1}{2}O_2$(気) ⟶ CO_2(気)　$\Delta H = -283$〔kJ〕

☐**問1**　混合気体中のプロパン，水素および一酸化炭素の物質量はそれぞれ何molか。有効数字2桁で答えよ。

☐**問2**　この実験において発生した熱量は何kJか。小数点一桁まで答えよ。

83 《燃焼反応における発熱量の比較》神戸大学・改 | ★★★☆☆ | 10分 | 実施日 / / /

家庭で使われる燃料ガスには，メタンを主成分とする天然ガスやプロパンガスがある。0℃，1.01×10^5 Pa の条件下で 1.12 L の体積のメタンおよびプロパンを，25℃，1.01×10^5 Pa の条件下で，空気中で完全燃焼させたときに発生した熱量は，メタンが 44.6 kJ，プロパンが 111 kJ であった。これより，メタンの燃焼エンタルピーは［ア］kJ/mol，プロパンの燃焼エンタルピーは［イ］kJ/mol となる。1.00 g のメタンまたはプロパンを完全燃焼させたときに，より多くの熱量が発生するのは［ウ］であり，同じ熱量を得るのに二酸化炭素の発生量がより少ないのは［エ］である。

☐問1 ［ア］と［イ］にあてはまる数字を書け。ただし，原子量を H = 1.0，C = 12 とする。

☐問2 ［イ］の数値を用いて，プロパンが完全燃焼するときの反応エンタルピーを書き加えた化学反応式を書け。

☐問3 ［ウ］と［エ］にあてはまる気体の名称を書け。

84 《反応エンタルピーとヘスの法則》札幌市立大学・改 | ★★☆☆☆ | 3分 | 実施日 / / /

☐ ベンゼン(液)の生成反応は次の化学反応式で表される。

$$6C(固) + 3H_2(気) \longrightarrow C_6H_6(液)$$

ベンゼン(液)の生成エンタルピーは何 kJ/mol か。最も適当な数値を，次の①～⑤のうちから一つ選べ。ただし，ベンゼン(液)，炭素，水素の燃焼エンタルピーをそれぞれ − 3268 kJ/mol， − 394 kJ/mol， − 286 kJ/mol とする。

① −92　② −46　③ 23　④ 46　⑤ 92

85《結合エネルギー(結合エンタルピー)とヘスの法則》茨城大学・改｜★★★☆☆｜10分｜実施日　/　/　/

1 mol の CH_4 を完全燃焼させると，891 kJ の熱量を発生し，CO_2 と液体の H_2O が生じる。

☑問1　この反応を反応エンタルピーを書き加えた化学反応式で表せ。ただし，反応エンタルピーは25℃，1気圧（1.01×10^5 Pa）での値とする。

☑問2　液体の H_2O の蒸発エンタルピーは 44.0 kJ/mol である。O－H，C＝O，および O＝O の結合エネルギー（結合エンタルピー）を，それぞれ 463 kJ/mol, 804 kJ/mol, および 498 kJ/mol とした場合，C－H の結合エネルギー（結合エンタルピー）を有効数字3桁で求めよ。

86《比熱とヘスの法則①》電気通信大学・改｜★★★☆☆｜10分｜実施日　/　/　/

以下の**問1～3**に答えよ。計算を含む問題については，有効数字2桁で答えよ。なお，原子量は次の値を用いよ。C = 12，O = 16

☑問1　1 mol のプロパンが完全燃焼したときに発生する熱量は何 kJ か。プロパン(気)，二酸化炭素(気)，水(液)の生成エンタルピーをそれぞれ－106 kJ/mol, －394 kJ/mol, －242 kJ/mol として計算せよ。

☑問2　プロパンを燃料としたコンロとやかんを用いて 1.0 kg の水を 0℃から 100℃まで加熱した。このとき放出される二酸化炭素は何 g か。ただし，コンロとやかんでお湯を沸かす場合の燃焼エンタルピーの利用効率を 20％とし，水 1 g を 1℃上昇させるのに必要な熱量を 4.2 J とせよ。

☑問3　**問2**のプロパンをメタンに替えると，二酸化炭素の排出量は何 g 増えるか，または減るか。ただし，1 mol のメタンが完全燃焼したときに発生する熱量は 804 kJ である。また，燃焼エンタルピーの利用効率は**問2**と同じとせよ。

87《比熱とヘスの法則②》熊本大学・改 | ★★★★☆ | 12分 | 実施日 / / /

反応エンタルピーについて述べた次の文を読み，以下の**問1**，**2**に答えよ。ただし，溶液1gの温度を1℃上げるのに要する熱量を4.2J，溶液の密度はすべて1.0 g/cm^{3}とする。

☐**問1** 以下のような実験を行って，希塩酸に水酸化ナトリウム水溶液を混合したときの反応エンタルピーを測定した。次の設問(1)，(2)に答えよ。ただし，容器や温度計，かくはん棒の温度上昇は無視し，溶液の温度の上昇は中和エンタルピーのみによるものとする。なお，答えは有効数字2桁で求めよ。

操作1：容器に0.60 mol/Lの希塩酸0.20 Lを入れ，溶液の温度をはかった。容器内の希塩酸と同じ温度の1.20 mol/Lの水酸化ナトリウム水溶液0.10 Lを容器内に素早く入れ，かくはん棒で十分にかき混ぜた。

操作2：水酸化ナトリウム水溶液を入れたときから，10秒ごとに溶液の温度をはかり，記録した。

操作3：記録した時間をx軸，温度をy軸としたグラフを図のように作成した。その結果，混合前の溶液の温度aは，25.0℃，測定中での最高温度bは，29.7℃，時間0秒に外挿したときの温度cは，30.3℃であった。

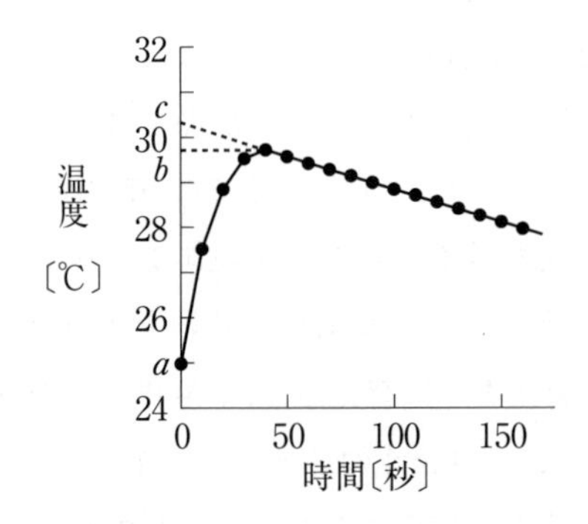

(1) この実験で発生した総熱量〔kJ〕を求めよ。

(2) この実験結果から，希塩酸と水酸化ナトリウム水溶液の中和エンタルピー

〔kJ/mol〕を求めよ。

☑**問2**　0.080 mol の固体の水酸化ナトリウムを 0.10 mol/L の希塩酸 0.50 L に溶かしたとき，エンタルピー変化の総和 ΔH〔kJ〕と反応前後の溶液の温度変化 Δt〔℃〕について，次の設問(1)〜(3)に答えよ。ただし，混合前の固体の水酸化ナトリウムと希塩酸の温度は等しく，反応によって発生した熱は，外部にもれることなく，すべて溶液の温度上昇に利用されるものと仮定する。また，反応による溶液の体積変化は無視する。

(1)　固体の水酸化ナトリウムの水への溶解エンタルピーを ΔH_1〔kJ/mol〕，中和エンタルピーを ΔH_2〔kJ/mol〕として，ΔH を ΔH_1 と ΔH_2 を使って示せ。

(2)　発生する総熱量を Q〔kJ〕とするとき，Q を Δt を使って示せ。

(3)　$\Delta H_1 = -45$ kJ/mol とし，混合前の固体の水酸化ナトリウムと希塩酸の温度が 25.0 ℃であったとすると，混合後に溶液の温度は何℃になるか，小数点第一位まで求めよ。ただし，中和エンタルピー ΔH_2 は**問1**(2)で求めた値を用いよ。

88《溶解エンタルピーとヘスの法則》千葉大学・改｜★★★☆☆｜10分｜実施日 ／ ／ ／

塩化カリウム(KCl)の結晶が，K^+(気体) + Cl^-(気体)のように，ひとつひとつのイオンに分解するときのエンタルピー変化は，717 kJ/mol である。KCl は水溶液中ではほぼ完全に電離し，その溶解エンタルピーは 17 kJ/mol である。

☑問1　次図は，状態の変化などにともなうエンタルピー変化を示している。空欄①～③は適当な数値で，空欄ⓐ～ⓓは状態を含めた化学記号でうめよ。

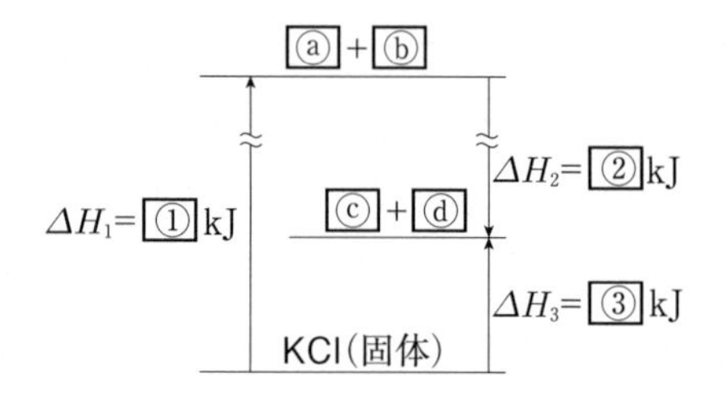

☑問2　KCl の水に対する溶解エンタルピーは，結晶がひとつひとつのイオンに分解するときのエンタルピー変化に比べて，かなり小さい。このエンタルピー差が生じる原因を，分子およびイオンの挙動から100字程度で説明せよ。

89《ボルンハーバーサイクル》岩手大学・改｜★★★☆☆｜10分｜実施日 ／ ／ ／

塩化ナトリウム(NaCl)は陽イオンと陰イオンとが交互に積み重なっているイオン結晶で，図1に示すような立方体からなる結晶構造である。このような状態をバラバラにするために必要なエネルギーを格子エネルギーという(これは，NaCl 結晶 1 mol を気体状態の Na^+ と Cl^- にバラバラにするのに必要なエネルギーを指す)。格子エネルギーを直接測定するのは困難であるが，次にあげる①～⑤のエネルギーの値から求めることが出来る。図2には，エネルギー図(ボルン・ハーバーサイクル)を示す。

① Na(固)の昇華エンタルピーは109 kJ/molである。ここで，気体のNaは単原子分子とする。

② Cl_2の結合エネルギー(結合エンタルピー)は239 kJ/molである。

③ Naの(第一)イオン化エネルギーは498 kJ/molである。

④ Clの電子親和力は353 kJ/mol(発熱)である。

⑤ NaCl結晶の生成エンタルピーは－410 kJ/molである。

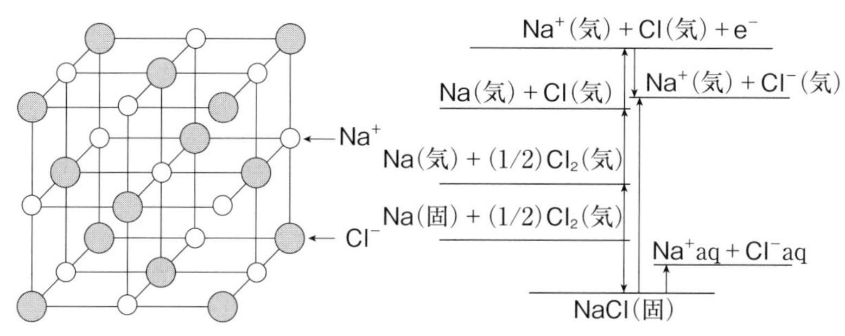

図1　NaClの結晶格子

図2　ボルン・ハーバーサイクル
((気)は気体状態,(固)は固体状態,
aqは多量の水を示す)

問1　②～⑤の内容を，①の例を参考にして反応エンタルピーを書き加えた化学反応式で示せ。

〔例〕 ①　Na(固) ⟶ Na(気)　$\Delta H = 109\,\mathrm{kJ}$

問2　NaCl結晶の格子エネルギーの値Qを，有効数字3桁(けた)で答えよ。

ただし，求める格子エネルギーを表す式は，

NaCl(固) ⟶ Na^+(気) + Cl^-(気)　$\Delta H = Q$〔kJ〕

である。

第11章　電気化学

必要があれば，原子量として H = 1.0，N = 14.0，O = 16.0，Na = 23.0，S = 32.0，Cl = 35.5，Mn = 54.9，Cu = 63.5，Zn = 64.5，Ag = 108，Pb = 207，ファラデー定数として 9.65×10^4 C/mol の値を用いよ。

90 《金属のイオン化傾向》岐阜薬科大学 | ★★★☆☆ | 8分 | 実施日 / / /

A～Gはカリウム，銀，鉄，銅，鉛，白金，マグネシウムの金属単体のいずれかである。以下の説明を読み，**問1～3**に答えよ。

(ア) 乾燥空気下では，Aのみが常温で速やかに酸化され，B，E，F，Gはおだやかに酸化される。しかし，Gは加熱により，また，B，E，Fは強熱により乾燥空気下ですみやかに酸化される。C，Dはいずれの場合も酸化されない。

(イ) Aは常温で水と反応し，Gは熱水とFは高温水蒸気と反応し気体を発生する。B，C，D，Eはどんな条件でも水と反応しにくい。

(ウ) 塩酸や希硫酸にはA，F，Gは反応して溶ける。また，B，D，Eは酸化力の強い酸には反応して溶ける。Cは王水にのみ溶ける。

(エ) Bは①塩酸や希硫酸には溶けにくい。また，水酸化ナトリウム水溶液に溶け，水素を発生する。

(オ) B，E，Fの酸化物は炭素や一酸化炭素で還元される。

(カ) Fは希硝酸と反応するが，②濃硝酸とは反応しない。

☑**問1**　A～Gに相当する金属を元素記号で記せ。

☑**問2**　下線部①の理由を説明せよ。

☑**問3**　下線部②の理由を説明せよ。

91 《ダニエル電池》茨城大学・改 | ★★★☆☆ | 12分 | 実施日 / / /

電池に関する次の文章を読み，以下の**問1～6**に答えよ。

素焼き板で仕切られた水槽，8.00 g の亜鉛板，8.00 g の銅板，1 mol/L 硫酸亜鉛水溶液500 mL，1 mol/L 硫酸銅(Ⅱ)水溶液500 mL を用いて電池をつくった。図のように電球をつないだところ，金属板Aから金属板Bに導線を介して電流が流れた。このとき金属板Aと金属板Bの間で発生する電位差を，電池の［ア］という。また，導線に電子を送り出す極を［イ］極，導線から電子が流れ込む極を［ウ］極といい，このように電池の両極を導線でつないで電流を流すことを，電池の［エ］という。

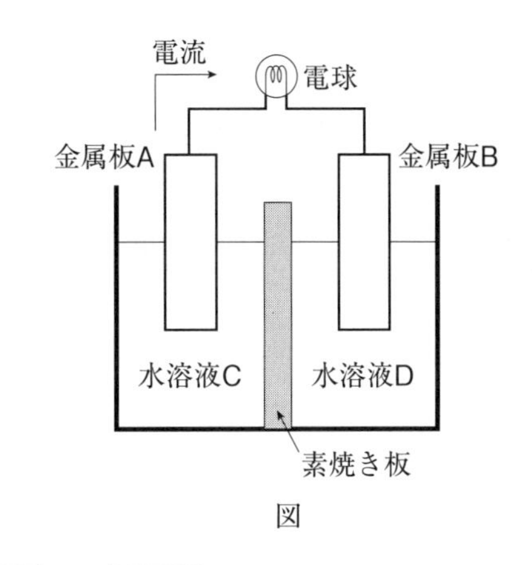

図

☑**問1**　文章中の［ア］から［エ］にあてはまる適切な語句を書け。

☑**問2**　図の金属板A，金属板B，水溶液C，水溶液Dとしてもっとも適切なものは何か，それぞれ化学式で書け。

☑**問3**　金属板Aと金属板Bの表面でおこる反応を，電子 e^- を含む化学反応式でそれぞれ書け。

☑**問4**　図の素焼き板の役割2つを簡潔に説明せよ。

☑**問5**　1.00 A の電流が64分20秒間流れたとき，金属板Aは何 g になるか。有効数字3桁で答えよ。

☑**問6**　ダニエル電池 Zn | $ZnSO_4$ 水溶液 | $CuSO_4$ 水溶液 | Cu の起電力は 1.10 V，ダニエル型電池 Zn | $ZnSO_4$ 水溶液 | $NiSO_4$ 水溶液 | Ni の起電力は 0.51 V である。これより，ダニエル型電池 Ni | $NiSO_4$ 水溶液 | $CuSO_4$ 水溶液 | Cu の起電力を求めよ。

92 《鉛蓄電池》群馬大学・改｜★★★☆☆｜10分｜実施日［ / ］［ / ］［ / ］

以下の説明を読み，**問1～4**に答えよ。

自動車用電源に使われる鉛蓄電池は代表的な二次電池であり，正極に酸化鉛(Ⅳ)，負極に鉛，電解液に完全充電状態での密度が約1.3 g/cm^{3}の希硫酸を用いており，放電すると両電極の表面に水に不溶な硫酸鉛(Ⅱ)が形成される。

☐**問1** 負極および正極における放電時の反応を電子e^-を含む化学反応式で示せ。

☐**問2** 電流5.00 Aで放電を行い，9.65×10^4 Cの電気量を取り出した。このとき何秒を要したかを求めよ。また負極および正極の質量変化は何gか。それぞれ求めよ。

☐**問3** 鉛蓄電池の放電を行った時，電解液の希硫酸の密度はどのように変化するか。理由とともに答えよ。

☐**問4** はじめの電解液の希硫酸の体積が1.00 L，濃度5.00 mol/L，密度1.28 g/cm^{3}のとき，**問2**の放電を行った後の硫酸の質量パーセント濃度〔%〕はいくらか。

93　《燃料電池》千葉大学｜★★★★☆｜12分｜実施日［　/　］［　/　］［　/　］

水に電気エネルギーを加えて電気分解すると，気体の酸素と水素が発生する。これに対して，片方の電極で水素を，他方の電極で酸素を反応させると，温和な条件で電気エネルギーを取り出せる。この装置を燃料電池といい，クリーンなエネルギー源として宇宙船や自動車などで利用されている。図の燃料電池では，電解液に水素イオン源としてリン酸水溶液を使い，十分量の酸素と水素が白金触媒をつけた多孔質電極をへだてて電解液と接触している。

計算問題では数値は有効数字2桁で答えよ。

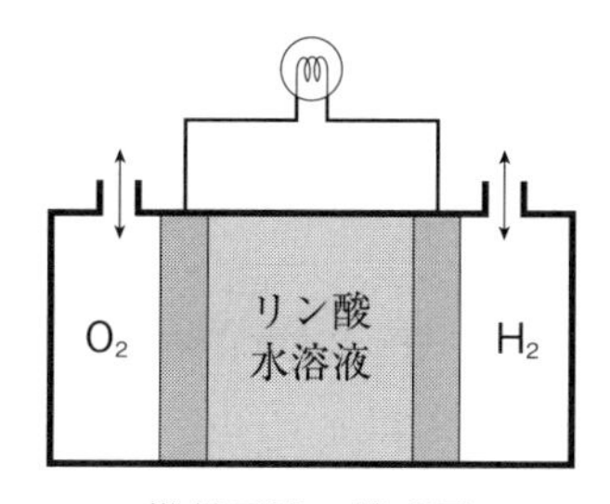

燃料電池の模式図

☐**問1**　図の燃料電池で，負極になるのは水素または酸素と接触する電極のどちら側か。また，負極で起こる化学反応を電子 e^- を含む反応式でかけ。

☐**問2**　この燃料電池の性能を測定すると，25℃で電圧1.0Vと出力12W（ワット）が得られた。ここでWは電流×電圧で定義され，1W＝1A（アンペア）·V＝1J（ジュール）/s（秒）である。

(1)　燃料電池を5分間使うと，何Jの電気エネルギーが得られるか。

(2)　このとき消費される水素ガスの物質量は何molか。

☐**問3**　一般に，水素1molが酸素と爆発的に反応して液体の水になるとき，25℃で286kJの熱エネルギーが出ることが知られている。図の燃料電池で水素1molが反応して得られる電気エネルギーは，水素1molが酸素と爆発的に反応して出る熱エネルギーの何%か。

94 《電気分解》愛媛大学｜★★☆☆☆｜6分｜実施日 / / /

白金電極を用いて，塩化銅(Ⅱ)水溶液を電気分解した。**問1～2**に答えよ。なお，電気分解の効率は100％とする。

☐**問1**　陽極および陰極で起こった反応を，電子 e^- を含む化学反応式で答えよ。

☐**問2**　0.500 A の電流で 40.0 分間電気分解した結果，水溶液中には塩化銅（Ⅱ）がまだ残っていた。陽極および陰極の質量は，それぞれ何 g 増加したか。ただし，減少した場合は負の数値で答えよ。また，変化がない場合は 0 g と答えよ。

95 《陽イオン交換膜法》秋田大学｜★★★☆☆｜12分｜実施日 / / /

次の文章を読み，**問1～3**に答えよ。

水酸化ナトリウムは塩化ナトリウム水溶液を電気分解することで得られる。図は，イオン交換膜法により水酸化ナトリウム水溶液を作る実験装置を模式的に表したものである。

いま，陽イオン交換膜で仕切られた右側の室(陰極室)に鋼製の陰極板を，左側の室(陽極室)に炭素製の陽極板を設置し，あらかじめ陰極室に濃度 5.00×10^{-3} mol/L の水酸化ナトリウム水溶液を，陽極室に飽和食塩水をそれぞれ 500 mL 満たしている。

次に，実験装置に直流の電流を流すと，陽極と陰極で電気分解反応が起こり，これと同時に，陽極室から陰極室にむけて陽イオン交換膜を通して Na^+ のみが，陽極室と陰極室における電荷の増減をうち消すように移動する。

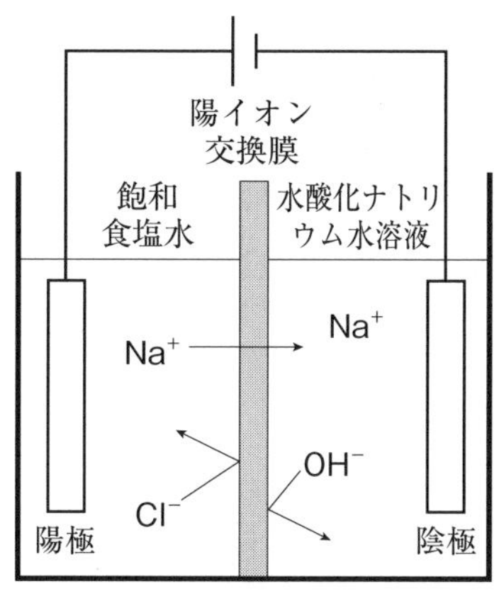

イオン交換膜法の模式図

☑**問1**　この実験における電気分解反応を正しく記述するために，次の［ア］～［オ］にあてはまる化学式（係数も含む）を書け。

（陽極）［ア］⟶［イ］+ $2e^-$

（陰極）［ウ］+ $2e^-$ ⟶［エ］+［オ］

☑**問2**　いま，0.200 A の電流で 80 分 25 秒間電気分解を行った。実験を通して流れた電気量は何 C か求めよ。なお，計算結果は有効数字 3 桁で記せ。

☑**問3**　**問2**の条件で電気分解を行った後に得られる水酸化ナトリウム水溶液のモル濃度〔mol/L〕を有効数字 3 桁でもとめよ。ただし，陽極および陰極を流れる電流のすべてが電気分解反応に使われ，実験前後における溶液の体積変化は無視できるとする。

96《並列電解槽の電解》大分大学・改 | ★★★☆☆ | 12分 | 実施日 [/] [/] [/]

図のように2つの電解槽Ⅰ，Ⅱを並列につなぎ，スイッチSを入れ，電気分解を行った。電解槽Ⅰの電極a，bは白金，電解槽Ⅱの電極c，dには銅板を使用した。実験後，電流計Aの測定と電気分解の通電時間から，7720Cの電気量が流れ，電解槽Ⅱの陰極の質量が1.27g増加したことがわかった。以下の**問1～4**に答えよ。

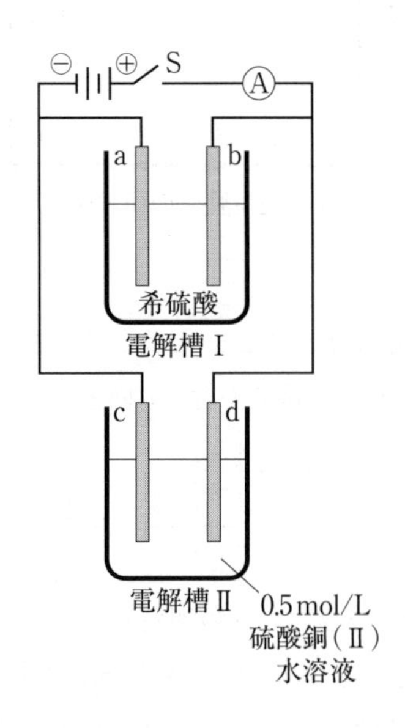

☐**問1**　流れた電子の物質量は何molか。

☐**問2**　電極a，b，c，dにおける変化を電子e^-を含む化学反応式で表せ。

☐**問3**　電解槽Ⅰに流れた電気量は何Cか。

☐**問4**　電極bで発生する気体の体積は0℃，1.013×10^5 Paで何mLか。

97《直列電解槽の電解》信州大学・改｜★★★★☆｜15分｜実施日［ / ］［ / ］［ / ］

次の図のように回路を作り，電極に白金板を用いて NaCl 水溶液と $AgNO_3$ 水溶液を電気分解した。このとき電極Ⅰと電極Ⅱの間には隔膜をおき，電極付近の溶液が互いに混じり合わないようにした。0.500A の一定電流を流して電気分解したところ，電極Ⅳの質量は 2.16 g 増加しており，また電極Ⅲとを浸した溶液の体積は 200 mL あった。

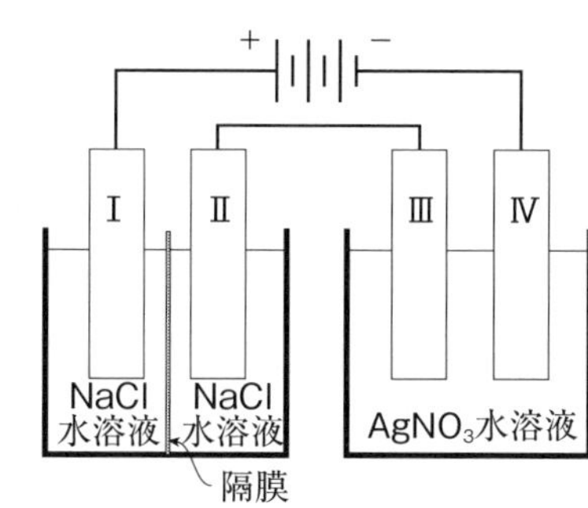

以下の**問1〜6**に答えよ。なお，計算問題の答えは有効数字3桁まで求めよ。ただし，**問5**については整数値で答えよ。気体定数は $R = 8.31 \times 10^3$ L・Pa/(mol・K) とする。

☐**問1**　Ⅰ，Ⅱ，Ⅲ，Ⅳの各電極上で主として起こる反応を，電子 e^- を含む化学反応式で示せ。

☐**問2**　この電気分解に使われた電気量は何 C か。

☐**問3**　電気分解には何分間かかったか。

☐**問4**　電極Ⅰで生成する気体は温度 273 K, 圧力 8.00×10^5 Pa で何 L を占めるか。ただし，生成する気体は水溶液に溶けないものとする。

☐**問5**　電極ⅢとⅣを浸した溶液の pH はいくらか。

☐**問6**　電極Ⅱを浸した溶液全体を中和するためには濃度 0.500 mol/L の1価の酸の溶液が何 mL 必要か。

第12章　反応速度

98　《H_2O_2の分解速度》宮崎大学｜★★★☆☆｜8分｜実施日［ / ］［ / ］［ / ］

☑ 次の反応速度に関する文章を読んで，空欄［ア］～［キ］に最も適当な数値を有効数字2桁で書け。

少量の酸化マンガン(Ⅳ)MnO_2に0.95 mol/L 過酸化水素H_2O_2水溶液を10.0 cm^3加え，20℃に保ちながら，その分解反応により発生したO_2を捕集した。

$$2H_2O_2 \longrightarrow 2H_2O + O_2$$

反応時間の経過とともに発生したO_2の物質量は，図のようになった。0～120秒で分解したH_2O_2の物質量は［ア］molであるので，過酸化水素水溶液の体積変化がないものとすると，120秒における過酸化水素のモル濃度$[H_2O_2]$は［イ］mol/Lになる。また，240秒における$[H_2O_2]$は［ウ］mol/Lになる。したがって，120～240秒の$[H_2O_2]$の変化量$\Delta[H_2O_2]$は［エ］mol/Lとなり，H_2O_2分解の反応速度は［オ］mol/(L·s)になる。また，120～240秒の$[H_2O_2]$の平均値は［カ］mol/Lとなるので，反応速度定数は［キ］/sになる。

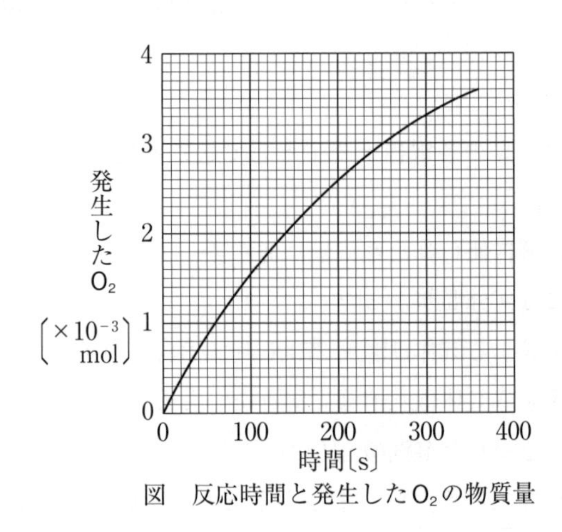

図　反応時間と発生したO_2の物質量

99　《速度式の決定》弘前大学｜★★★☆☆｜8分｜実施日［　/　］［　/　］［　/　］

反応速度 v と反応物の濃度との関係は実験から求められる。

$$A + B \longrightarrow C$$

上記の反応について，反応速度式は，

$$v = k[A]^x[B]^y$$

の形で表される。k は〔　ア　〕と呼ばれ，反応物の濃度には関係しない値であり，〔　イ　〕が一定ならば，一定の値を示す。上記の反応について実験を行い，その結果を表にまとめた。表から，この反応における k は〔　ウ　〕，x は〔　エ　〕，y は〔　オ　〕であることがわかった。

表　反応物の濃度および反応速度の関係

Aの濃度〔mol/L〕	Bの濃度〔mol/L〕	Cの生成速度〔mol/(L・s)〕
0.10	0.10	2.0
0.10	0.30	6.0
0.40	0.10	32

☐**問1**　〔　　〕内のアおよびイに適切な語を入れよ。

☐**問2**　〔　　〕内のウからオに適切な数値を入れよ。

☐**問3**　Aの濃度が0.20 mol/L，Bの濃度が0.30 mol/LのときのCの生成速度を有効数字2桁で求めよ。

100 《N_2O_5の分解速度》横浜国立大学｜★★★★☆｜10分｜実施日 / / /

次の実験に関する文章を読み，下記の**問1～3**に答えよ。

〔実験〕 五酸化二窒素の気体の分解反応 $2N_2O_5 \longrightarrow 4NO_2 + O_2$ について，反応を開始してからの N_2O_5 の濃度を600秒ごとに測定したところ，ある温度で表のような結果が得られた。これを用いて各時間間隔(600秒)について N_2O_5 の分解速度 v と，そのときの平均の N_2O_5 の濃度 $\overline{[N_2O_5]}$ を計算した。その結果，(A)600秒ごとの分解速度 v をそのときの平均の濃度 $\overline{[N_2O_5]}$ で割った値はほぼ一定となり，分解速度は平均の濃度に比例することがわかった。これを反応速度式で表すと［①］となり，比例係数 k(反応速度定数と呼ばれる)の数値を計算すると［②］となり，その単位は［③］で表される。またこの反応では，(B)N_2O_5 の濃度が半分になるまでの時間(半減期と呼ばれる)は，N_2O_5 の濃度によらず一定であることが知られている。

表 N_2O_5 の分解反応における N_2O_5 の濃度の時間変化

時間〔s〕	N_2O_5 の濃度$[N_2O_5]$〔mol/L〕
0	1.24×10^{-2}
600	0.92×10^{-2}
1200	0.68×10^{-2}
1800	0.50×10^{-2}
2400	0.37×10^{-2}
3000	0.28×10^{-2}

☐**問1** 下線部(A)に関して，各時間間隔(600秒)の N_2O_5 分解速度を平均の濃度で割った値がほぼ一定であることを，2つの時間間隔0－600秒と1200－1800秒について示せ。

☐**問2** ［①］～［③］に適当な式，数値，または単位を入れよ。数値は有効数字2桁で示せ。

☐**問3** 下線部(B)に関して，N_2O_5 の半減期は濃度によらず1370秒であった。N_2O_5 の濃度が，時間0秒での濃度の $\frac{1}{8}$ になるのに要する時間〔秒〕を求めよ。

101 《アレニウスの式》筑波大学｜★★★☆☆｜6分｜実施日［　/　］［　/　］［　/　］

反応の速度定数 k は，気体定数 R〔J/(K·mol)〕，絶対温度 T〔K〕および活性化エネルギー E〔J/mol〕を使って，以下の式(1)で表すことができる。

$$k = A \cdot e^{-\frac{E}{RT}} \quad \cdots\cdots(1)$$

ただし，A は比例定数，e は自然対数の底である。この式は，E が［ア］ほど，また T が［イ］ほど，k が大きくなることを意味している。次に，式(1)の両辺の自然対数をとると，以下の式(2)が得られる。

$$\log_e k = \boxed{ウ} + \log_e A \quad \cdots\cdots(2)$$

したがって，横軸に T^{-1}，縦軸に $\log_e k$ をとると直線関係が得られ，その傾きから E を求めることができる。また，$T = x$ から $T = 2x$ に変化すると，速度定数は［エ］倍となる。

☐**問1**　［ア］および［イ］にそれぞれ当てはまる語句の組合せを次の(a)～(d)から選び，記号で答えよ。

(a)　ア：大きい，　イ：大きい
(b)　ア：小さい，　イ：大きい
(c)　ア：大きい，　イ：小さい
(d)　ア：小さい，　イ：小さい

☐**問2**　［ウ］および［エ］にあてはまる適切な式を記せ。

102 《エステルの分解速度》静岡大学｜★★★★☆｜12分｜実施日[/][/][/]

次の文章を読み，下の**問1～3**に答えよ。なお，数値はすべて有効数字2桁で記せ。ただし，原子量はH = 1.0，C = 12，O = 16とする。

酢酸エチルは水と混合しただけではほとんど反応が起こらないが，酸性水溶液中では水素イオンの触媒作用によって次のような加水分解反応が進行する。

$$CH_3COOC_2H_5 + H_2O \longrightarrow CH_3COOH + C_2H_5OH$$

この反応では酢酸エチルに対して水を大過剰に存在させておくと，加水分解反応の速度は酢酸エチルの濃度のみに比例する。そこで，次のような酢酸エチルの加水分解反応に関する実験を行った。

実験　フラスコ内で密度0.90 g/mLの酢酸エチル2.0 mLを1.0 mol/Lの塩酸98 mLとすばやく混合し，完全に均一な反応溶液100 mLとした。この反応溶液を40 ℃に保ちながら，混合した瞬間(反応時間0分)から20分ごとにピペットで反応溶液5.0 mLを取り出した。この溶液を0.50 mol/L水酸化ナトリウム水溶液を用いてすみやかに中和滴定し，下表の結果を得た。ただし，滴定中に反応は進行しないものとする。また，反応の進行にともなう体積変化，および逆反応は無視できる。

反応時間〔分〕	0	20	40	60
水酸化ナトリウム水溶液の滴下量〔mL〕	V_0	10.10	10.34	10.56

☑**問1**　下線部における比例定数は，一般に擬一次反応速度定数とよばれる。次の①～④のように反応条件を変化させたとき，この定数の値が大きくなるものを一つ選び，番号で記せ。

① 反応溶液の温度を上げる。

② 反応溶液の温度を下げる。

③ 酢酸エチルの反応開始時の濃度(初濃度)を2倍にする。

④ 酢酸エチルの初濃度を$\frac{1}{2}$にする。

☑**問2**　下線部のようになる理由を35字以内で述べよ。

☑**問3**　酢酸エチルの加水分解反応は，反応時間0分で開始しておらず，反応溶液中の塩酸のみが水酸化ナトリウム水溶液によって中和される。反応時間0分の滴定量 V_0〔mL〕を求めよ。

☑問4　酢酸エチルの初濃度 C_0〔mol/L〕を求めよ。

☑問5　反応開始から t 分後までに分解した酢酸エチルの濃度を C_t〔mol/L〕とする。反応開始 t 分後の水酸化ナトリウム水溶液の滴定量を V_t〔mL〕としたとき，C_t を V_0 と V_t を用いて表せ。

☑問6　反応時間0分から20分までの酢酸エチルの平均加水分解速度〔mol/(L·min)〕を求めよ。

☑問7　酢酸エチルの加水分解反応が完了するまで十分に時間をおいてから反応液の滴定を行ったところ，水酸化ナトリウム水溶液の滴定量は11.85 mLであった。反応時間0分から60分までに加水分解した酢酸エチルの割合〔%〕を求めよ。

第13章　化学平衡

103 《平衡定数》福岡教育大学・改｜★★☆☆☆｜6分｜実施日 / / /

ある温度で，a〔mol〕の気体Aと$2a$〔mol〕の気体Bを体積Vの容器中で反応させたところ，気体Cをx〔mol〕生成して平衡状態になった。この反応の化学反応式に正反応の反応エンタルピーを書き加えた式は，次式で表される。以下の**問1～3**に答えよ。

$$\mathrm{A + 2B \rightleftarrows 2C} \quad \Delta H = Q\text{〔kJ〕} \quad (Q < 0)$$

☑**問1**　平衡時の気体AおよびBは何molか。aとxを用いて示せ。

☑**問2**　この反応の平衡定数KをaとxとVを用いて表せ。また，その平衡定数の単位を示せ。

☑**問3**　正反応（右向きの反応）の速度をv_1，逆向きの反応（左向きの反応）の速度をv_2とすると，それぞれの反応速度式は，実験より次式で表されることがわかった。

$$v_1 = k_1[\mathrm{A}][\mathrm{B}]^2, \quad v_2 = k_2[\mathrm{C}]^2$$

この反応が平衡状態にあるとき，平衡定数Kを速度定数k_1およびk_2を用いて表せ。

104 《HIの合成》千葉大学・改｜★★★☆☆｜12分｜実施日 / / /

体積が一定の容器に1.00 molの水素H_2および1.00 molのヨウ素I_2を入れて，温度をt_1〔℃〕に保ったところ，$H_2 + I_2 \rightleftarrows 2HI$で表される反応が起き，次のグラフのようにヨウ化水素が生成した。ヨウ化水素が1.60 molに達したところで平衡状態になった。ただし，水素，ヨウ素，ヨウ化水素はすべて気体である。

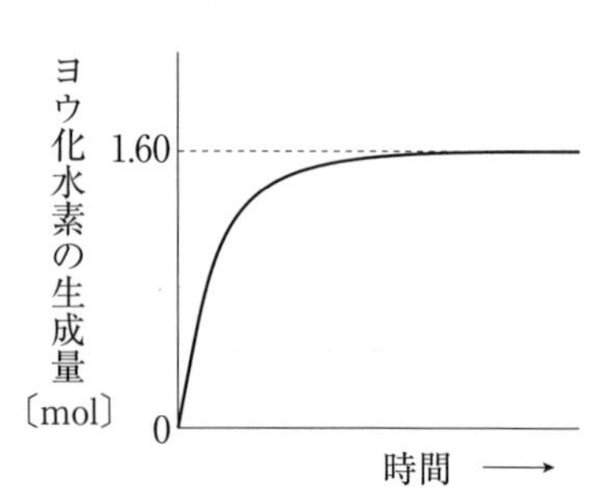

☑問1　ヨウ化水素の生成反応の速さを v_1，分解反応の速さを v_2 とした場合，v_1 と v_2 は平衡状態に近づくにつれてそれぞれどうなるか。正しいものを次から1つずつ選んで記号で答えよ。同じ記号を2度選んでもよい。

(a)　速くなる　　(b)　遅くなる　　(c)　変わらない

また，平衡状態での v_1 と v_2 の関係を式で示せ。

☑問2　この反応の温度 t_1〔℃〕における平衡定数を求めよ。有効数字は2桁とせよ。

☑問3　この平衡状態の容器の温度を t_1〔℃〕に保ったまま水素1.00 molを追加した。新たな平衡状態に達したときに存在するヨウ化水素の物質量を求めよ。有効数字は2桁とせよ。なお，必要ならば次の数値を用いよ。$\sqrt{6} = 2.45$

☑問4　この新しい平衡状態の容器の温度を t_2〔℃〕に上げると，平衡定数は温度を上げる前に比べて（(a)　大きくなる　(b)　小さくなる　(c)　変わらない）。

(a)〜(c)の中から正しいものを1つ選び記号で答え，その理由を60字以内で述べよ。ただし，ヨウ化水素が生成する反応は発熱反応である。

☑問5　最初の文章で述べた実験を，触媒である白金粉末を入れて行った場合，平衡状態に達する時間は白金粉末がない場合に比べて（(a)　長くなる　(b)　短くなる　(c)　変わらない）。また，平衡状態でのヨウ化水素の生成量は1.60 molと比べて（(a)　大きくなる　(b)　小さくなる　(c)　変わらない）。

それぞれ(a)〜(c)の中から正しいものを1つ選び記号で答えよ。また，その理由を，“活性化エネルギー”の語句を用いて，45字以内で述べよ。

105 《N_2O_4の解離》名古屋市立大学・改 | ★★★☆☆ | 8分 | 実施日 / / /

四酸化二窒素 N_2O_4(無色気体)と二酸化窒素 NO_2(赤褐色気体)の平衡は，次の化学反応式に正反応の反応エンタルピーを書き加えた式で表される。

$$N_2O_4 \rightleftarrows 2NO_2 \quad \Delta H = 57\,\text{kJ}$$

この平衡について，以下の**問1**，**2**に答えよ。なお，気体は理想気体とみなす。

☐**問1**　四酸化二窒素を試験管に入れ，ゴム栓で蓋をして，320 K に保ったところ，平衡に達した。この試験管を氷冷水で冷却すると，色はどう変化するか。理由とともに句読点を含めて80字以内で記せ。ただし，NO_2 は3字，N_2O_4 は4字とする。

問2　体積 V_0〔L〕の四酸化二窒素 n_0〔mol〕から，n〔mol〕分が解離して平衡に達した。この変化の間，温度 T〔K〕および圧力 P〔Pa〕は一定であったが，体積は V_1〔L〕になった。

☐ (a)　平衡状態において，四酸化二窒素が解離している割合 $\dfrac{n}{n_0}$ を解離度 α とする。α，n_0，V_1 を用いて，濃度平衡定数 K_c を式で表せ。

☐ (b)　V_0 と α を用いて，V_1 を式で表せ。

☐ (c)　α と P を用いて，圧平衡定数 K_p を式で表せ。ただし，気体A，B，C，D間において $a\text{A} + b\text{B} \rightleftarrows c\text{C} + d\text{D}$ の可逆反応が平衡状態にあるとき，平衡時のA，B，C，Dそれぞれの分圧を p_A，p_B，p_C，p_D とすると，圧平衡定数 $K_p = \dfrac{{p_C}^c \cdot {p_D}^d}{{p_A}^a \cdot {p_B}^b}$ であるとする。

☐ (d)　濃度平衡定数 K_c，気体定数 R，温度 T を用いて，圧平衡定数 K_p を式で表せ。

106 《NH_3の合成》東京農工大学 | ★★★★☆ | 15分 | 実施日 / / /

図は，窒素にその3倍の物質量の水素を加え，化学平衡の状態となったときの窒素，水素，およびアンモニアの分圧の合計(全圧)と，温度およびアンモニアの体積百分率〔%〕の理想的な関係を示したものである。次の**問1～5**に答えよ。なお，気体はすべて理想気体として取り扱えるものとする。また，数値で解答する場合には，有効数字2桁で答えよ。

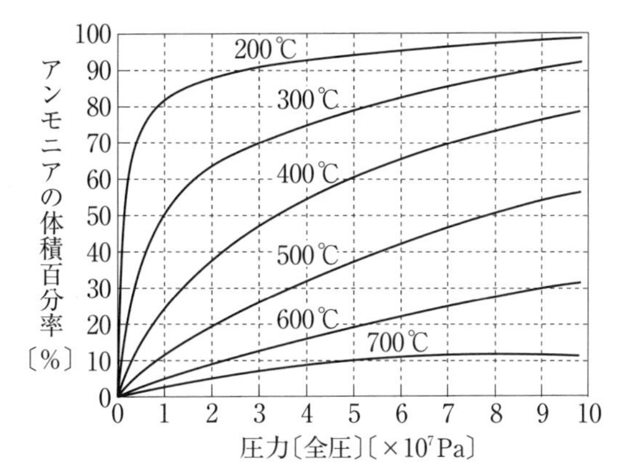

窒素，水素，およびアンモニアの分圧を合計した圧力(全圧)と，温度，および窒素，水素，およびアンモニア中のアンモニアの体積百分率(%)の関係
(出典：Alfred T. Larson, *Journal of the American Chemical Society* 誌，46巻，367ページ，1924年より一部改編)

☐**問1**　窒素分子と水素分子からアンモニアが生成する反応を化学反応式で示せ。

☐**問2**　温度400℃，全圧 6.0×10^7 Pa において平衡状態にあった反応系に，さらに窒素とその3倍の物質量の水素を加え，体積と温度を変えずに全圧 8.0×10^7 Pa の新しい平衡状態とした。この平衡状態における窒素，水素，およびアンモニア中のアンモニアの体積百分率〔%〕を答えよ。

☐**問3**　温度500℃，全圧 2.0×10^7 Pa において平衡状態にあった反応系に，ヘリウムを加えて体積と温度を変えずに全圧 8.0×10^7 Pa の新しい平衡状態とした。この平衡状態における窒素，水素，およびアンモニア中のアンモニアの体積百分率〔%〕を答えよ。

☐**問4**　一般に気体間の平衡反応では，平衡状態における濃度のかわりに分圧を用いて平衡定数 K_p を表すことができる。**問1**の化学反応式からこの反応の平衡定数 K_p を求める式を，窒素，水素，およびアンモニアの分圧を用いて示せ。ただし，窒素，水素，およびアンモニアの分圧をそれぞれ $P(N_2)$，$P(H_2)$，および $P(NH_3)$ とする。

☐**問5**　温度400℃，全圧 5.0×10^7 Pa における平衡状態での平衡定数 K_p を求めよ。なお，平衡定数の単位も書くこと。

物質の変化(化学)

107 《エステルの合成》宮城大学 | ★★★☆☆ | 8分 | 実施日 / / /

酢酸とエタノールからエステル(酢酸エチル)を生成する反応は可逆反応である。通常は触媒として酸を加える。

$$CH_3COOH + CH_3CH_2OH \rightleftarrows CH_3COOCH_2CH_3 + H_2O \quad \cdots\cdots ①$$

酢酸 1.6 mol とエタノール 1.0 mol を混合し，硫酸をわずかに加えた。この反応が平衡状態になったとき，酢酸エチルの生成量は 0.80 mol であった。

☑**問1** ①の反応が平衡状態になったときの平衡定数を有効数字2桁で求めよ。

☑**問2** 最初に酢酸 2.0 mol とエタノール 1.0 mol で反応を開始し，平衡定数が**問1**と同じとすると生成する酢酸エチルの物質量を有効数字2桁で求めよ。ただし $\sqrt{3} = 1.7$ とする。

☑**問3** ①の式で示される反応において，酢酸エチルの生成量をより多くするためにはどのようにすればよいか説明せよ。

108 《メタノールの合成》岐阜大学·改 | ★★★★☆ | 15分 | 実施日 / / /

一酸化炭素と水素との混合気体を一定の条件の下で適当な触媒を用いて反応させると，次の化学反応に従ってメタノールが生成する。

$$CO\,(g) + 2H_2\,(g) \rightleftarrows CH_3OH\,(g)$$

ここで(g)は気体状態を表し，また，この反応は可逆反応である。いま，一酸化炭素と水素を体積比 1 : 2 で混合した気体を 5 MPa，10 MPa および 20 MPa の圧力で種々の温度において反応させ，平衡に達したときのメタノールの体積百分率を測定して次図の結果を得た。なお，$1\,MPa = 1.0 \times 10^6\,Pa$ である。

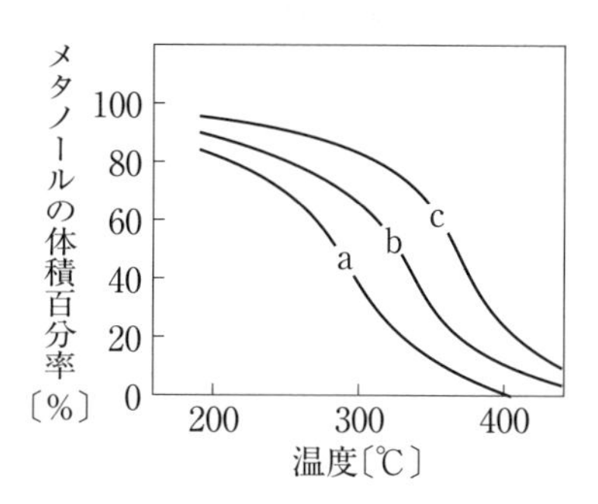

☐**問1**　図に示した曲線a，b，cのうち，20 MPaの場合の測定結果により得られた曲線はどれか記号で答えよ。また，その選択理由を50字以内で記せ。

☐**問2**　この正反応が発熱反応であるか吸熱反応であるかは，図からも判断できる。発熱反応と吸熱反応のどちらであるか。また，その判断理由を40字以内で記せ。

☐**問3**　一酸化炭素と水素を体積比1：2で混合した気体は5 MPaの圧力で，ある温度のとき平衡状態に達し，体積百分率で20%のメタノールを含む。このときの温度はおよそ何℃か。次の(ア)～(ウ)から選び，記号で答えよ。

(ア)　327 ℃　　(イ)　367 ℃　　(ウ)　407 ℃

☐**問4**　**問3**の混合気体の温度を変えないで20 MPaに圧縮すると，圧縮前に比べてその密度はどのように変化するか。次の(ア)～(ウ)から選び，記号で答えよ。

(ア)　4倍になる　　(イ)　4倍より大きい　　(ウ)　4倍より小さい

☐**問5**　このメタノール合成反応は触媒を用いることにより効率的に進行する。触媒を用いた場合と用いない場合を比較した際，異なるものを次の(ア)～(オ)から全て選び，記号で答えよ。

(ア)　反応エンタルピー　　(イ)　反応速度
(ウ)　生成物の化学構造　　(エ)　平衡に達した時の生成物の量
(オ)　活性化エネルギー

109 《水のイオン積》三重大学｜★★☆☆☆｜6分｜実施日 ／ ／ ／

わずかではあるが純粋な水も電気伝導性を示すことが知られている。これは，水分子の一部が電離してイオンを生じ，電離平衡の状態になっていることによる。

［ア］の法則から，電離定数 $K = \frac{[H^+][OH^-]}{[H_2O]}$ の関係式が得られるが，25℃の温度条件下における H^+ と OH^- の濃度は，$[H^+] = [OH^-] = 1.0 \times 10^{-7}$ mol/L にすぎない。このように水はごくわずかしか電離していないので，水の濃度 $[H_2O]$ は一定であるとみなせる。したがって，K と $[H_2O]$ の積 K_W の値も，温度が変わらなければ一定となり，$[H^+]$ と $[OH^-]$ の積に等しくなる。この K_W は一般に，水の［イ］と呼ばれる。

K_W の値は，25℃では $K_W = (1.0 \times 10^{-7}\ \text{mol/L})^2 = 1.0 \times 10^{-14}\ (\text{mol/L})^2$ となるが，この関係は純粋な水ばかりでなく酸や塩基が溶けた水溶液でも成り立つ。この場合，たとえば，水に酸を溶かすと，水素イオン濃度 $[H^+]$ が［ウ］するが，$[OH^-]$ は［エ］し，逆に水に塩基を溶かすと，$[OH^-]$ は［ウ］し，$[H^+]$ は［エ］する。このように，水に酸や塩基を加えたとき，$[H^+]$ と $[OH^-]$ の値は，一方が［ウ］すると他方は［エ］して，結果的に水の［イ］は一定に保たれる。したがって，水溶液の酸性，塩基性の程度は，$[H^+]$ または $[OH^-]$ のどちらか一方で表すことが可能となる。ところが，酸や塩基の水溶液の $[H^+]$ および $[OH^-]$ は非常に広い範囲で変化する。そこで水溶液の $[H^+]$ の側に注目し，その値を，常用対数 $\log_{10}$ を用いた式で定義される水素イオン指数 pH で表すと，簡単な数値となりその比較が容易になる。

☑**問1**　文章中の［ア］～［エ］に適切な語句を記せ。

☑**問2**　水素イオン指数 pH の定義式を示せ。また，25℃で，水酸化ナトリウム 0.10 g を水に溶かして 250 mL にした水溶液の pH の値を求めよ。ただし，原子量は H = 1.0，O = 16，Na = 23 とする。

110 《弱酸の電離平衡》広島大学｜★★★☆☆｜8分｜実施日 / / /

次の文章を読み，**問1～2**に答えよ。必要ならば次の値を用いよ。

$\sqrt{5} = 2.24$，$\log_{10}2 = 0.301$，$\log_{10}3 = 0.477$，$\log_{10}6 = 0.778$，$\log_{10}9 = 0.954$

酢酸は水溶液中で，式①のように CH_3COO^- と H^+ に電離する。

$$CH_3COOH \rightleftarrows CH_3COO^- + H^+ \qquad \cdots\cdots①$$

①の反応の平衡定数 $K_a = \dfrac{[CH_3COO^-][H^+]}{[CH_3COOH]} = 2.70 \times 10^{-5}\,mol/L$（25 ℃）

☐**問1**　次の文章中の［あ］から［え］に入る最も適切な式，数値を記せ。数値は有効数字3桁で答えよ。

K_a を酢酸の電離度 α と濃度 c〔mol/L〕を用いて表すと

$K_a =$［あ］　……②

となる。酢酸のような弱酸では電離度 α は濃度に依存して変わる。電離度 α が1に比べて著しく小さいときは，式②は次のように簡略化できる。

$K_a =$［い］　……③

$c = 2.70 \times 10^{-1}\,mol/L$ のとき式③を用いると α は［う］と計算される。また，$c = 5.40 \times 10^{-4}\,mol/L$ のとき式③を用いると α は［え］と計算される。

☐**問2**　$5.40 \times 10^{-4}\,mol/L$ 酢酸水溶液に関して，次の問い(i)と(ii)に答えよ。

(i)　式②を用いて電離度 α を求めよ。有効数字3桁で答えよ。

(ii)　この水溶液のpHを求めよ。有効数字3桁で答えよ。

111 《希薄な強酸の電離平衡》新潟大学 | ★★★☆☆ | 8分 | 実施日 [/] [/] [/]

濃度が 1.00×10^{-7} mol/L の硝酸水溶液がある。この水溶液の水素イオン濃度[H^+]を求めたい。ただし，水溶液中での硝酸の電離度は1とし，水のイオン積 K_W は 1.00×10^{-14} mol^2/L^2 とする。次の**問1～4**に答えよ。なお，$\sqrt{2} = 1.41$，$\sqrt{3} = 1.73$，$\sqrt{5} = 2.24$ とする。

☐**問1**　K_W を[H^+]と水酸化物イオン濃度[OH^-]とを用いた式で書け。

☐**問2**　この水溶液では陽イオンの濃度と陰イオンの濃度とが等しい。この関係を式で書け。

☐**問3**　**問1**と**問2**で得られた式を用いて，[H^+]に関する二次方程式を求めよ。

☐**問4**　硝酸が電離して生じる陰イオンの濃度は，硝酸の濃度と同じと考えられる。このことを考慮して，**問3**で得られた二次方程式から，この水溶液の[H^+]を mol/L 単位で求めよ。ただし，有効数字2桁とする。

112 《多価の強酸の電離平衡》茨城大学・改 | ★★★★☆ | 5分 | 実施日 [/] [/] [/]

次の文章を読み，下の**問**に答えよ。

硫酸は水中で次のように電離をする。

$$H_2SO_4 \longrightarrow H^+ + HSO_4^- \quad \cdots\cdots(1)$$

$$HSO_4^- \rightleftarrows H^+ + SO_4^{2-} \quad \cdots\cdots(2)$$

(A)(1)式は完全に進行すると考えてよいが，(2)式は完全には進まない。硫酸中の SO_4^{2-} の濃度を求めるには，HSO_4^- の電離平衡を考えればよい。

☐**問**　0.100 mol/L の硫酸について，(1)式で H_2SO_4 は完全に電離し，(2)式の電離定数を 1.00×10^{-2} mol/L としたときの水素イオン濃度〔mol/L〕を計算し，有効数字2桁で答えよ。ただし，$\sqrt{1.61} = 1.26$ とする。

113 《緩衝液》千葉大学｜★★★★☆｜12分｜実施日 / / /

次の文章を読み，以下の**問1～3**に答えよ。なお，必要があれば以下の数値を用いよ。

$\sqrt{280} = 17$，$\log 1.7 = 0.23$，$\log 4.2 = 0.62$，$\log 28 = 1.45$

酢酸 CH_3COOH は，水溶液中では次のような電離平衡の状態になっている。

$$CH_3COOH \rightleftarrows H^+ + CH_3COO^-$$

☐**問1**　電離前の酢酸の濃度を c〔mol/L〕，電離定数を K_a としたとき，電離平衡における酢酸の電離度 α を c と K_a を用いて表せ。ただし，酢酸の電離度は1に比べて極めて小さく，$1 - \alpha \fallingdotseq 1$ と見なすこととする。

☐**問2**　25℃での酢酸の K_a を 2.8×10^{-5} mol/L として，0.10 mol/L の酢酸の水溶液の電離度 α を有効数字2桁で求めよ。またそのときの pH を小数第1位まで求めよ。

☐**問3**　25℃において，酢酸とその塩である酢酸ナトリウム CH_3COONa の濃度が，それぞれ c_a〔mol/L〕および c_s〔mol/L〕となるように調製した混合水溶液がある。

(1)　$c_a = c_s = 0.10$ mol/L のとき，この混合水溶液の pH はいくらになるか。小数第1位まで求めよ。ただし，酢酸ナトリウムは水溶液中で完全に電離しており，混合水溶液中の酢酸イオンはほとんど酢酸ナトリウムからのものと見なし，また電離していない酢酸の濃度は調製した酢酸の濃度と等しいものとする。

(2)　混合水溶液の pH を 4.0 に調節したければ，酢酸ナトリウムと酢酸の混合濃度比 $\dfrac{c_s}{c_a}$ をいくらにすればよいか。有効数字2桁で求めよ。

(3)　(1)の混合水溶液 200 mL に 0.20 mol/L の希塩酸 20 mL を加えると，混合水溶液の pH はいくらになるか。小数第1位まで求めよ。

(4)　この混合水溶液には，その中へ強酸や強塩基の水溶液がわずかに混入しても，混合水溶液の pH の値をほぼ一定に保つ働きがある。このような働きを何というか。

114 《緩衝作用》徳島大学 | ★★☆☆☆ | 3分 | 実施日 / / /

次の文章中の[　ア　]にあてはまる語句を，[　1　]～[　4　]にあてはまる化学式をかけ。

生体ではpHがほとんど変化しないように，CO_2が利用されている。生体内でCO_2が次のように反応し，炭酸・重炭酸[　ア　]系が形成される。

$$CO_2 + H_2O \rightleftarrows H_2CO_3 \rightleftarrows H^+ + HCO_3^-$$

この系では，[　1　]がH^+を放出し，[　2　]がH^+を受けとることにより，[　ア　]作用が形成されている。

さらに，生体内で[　ア　]作用を行う主要なイオンは，$H_2PO_4^-$とHPO_4^{2-}である。これらのうち，[　3　]がH^+を放出し，[　4　]がH^+を受けとって，[　ア　]作用が形成されている。

115 《塩の加水分解》岐阜大学 | ★★★☆☆ | 10分 | 実施日 / / /

次の文を読み，以下の**問1～6**に答えよ。計算結果は，特に指定のない限り有効数字2桁で示せ。

(a)塩を水に溶かすと[ア]や[イ]を示すことが多い。これは，塩が電離して生じたイオンが水と反応して[ウ]または[エ]を生じる結果である。

たとえば，酢酸ナトリウムの場合を考えてみよう。

$$CH_3COONa \longrightarrow CH_3COO^- + Na^+ \quad \cdots\cdots ①$$

$$H_2O \rightleftarrows H^+ + OH^- \quad \cdots\cdots ②$$

①に表されているように，酢酸ナトリウムは[オ]と弱酸の塩であるが，水溶液中で電離して[カ]と[キ]を生じる。(b)[カ]は水溶液中の[エ]と反応しない。一方，[キ]は水の電離によって生じた[ウ]と反応して[ク]である[ケ]を生じる。この反応の結果，[コ]の電離平衡は右に移動し，過剰の[エ]が生成するので，[イ]の水溶液となる。これらの反応は結果として次のように1つのイオンを含む反応式③で表される。

｛　　　　　　A　　　　　　｝　　　　　　　　　　……③

したがって，③の可逆反応に対する平衡定数 K_h は，

$$K_h = \frac{[CH_3COOH][OH^-]}{[CH_3COO^-]} \quad \cdots\cdots ④$$

となる。水の［　サ　］$K_W = [H^+][OH^-]$ と［　ケ　］の電離定数 K_a を用いて変形すると，K_h は

K_h = ｛　　　B　　　｝　　　　　　　　　　……⑤

となり，K_h の値はこれから求められる。

☐**問1**　上の文中の［　ア　］～［　サ　］に適する語句を次の中から選べ。

酢酸	酢酸イオン	酢酸ナトリウム	強酸
弱酸	強塩基	弱塩基	酸性
中性	塩基性	水	ナトリウムイオン
水素イオン	水酸化物イオン	電離定数	イオン積

☐**問2**　下線部(a)の原因となる反応を何と呼ぶか。

☐**問3**　イオンを含む反応式③の｛　A　｝を記せ。

☐**問4**　下線部(b)の理由を述べた次の文中の［　シ　］，［　ス　］に適する語句を記せ。

［　カ　］を含む塩基は［　シ　］塩基であり，［　ス　］が大きいので，水溶液中で［　カ　］と［　エ　］が結合することはない。

☐**問5**　｛　B　｝を K_W と K_a で表せ。

☐**問6**　25℃において酢酸の K_a は 2.8×10^{-5} mol/L である。また，$K_W = 1.0 \times 10^{-14}$ 〔mol/L〕^{2} として，0.28 mol/L の酢酸ナトリウム水溶液の水素イオン濃度を求めよ。

物質の変化（化学）

116 《アンモニアの電離平衡総合》金沢大学 | ★★★★☆ | 15分 | 実施日 [/] [/] [/]

アンモニアを水に溶かすと，次のように電離して平衡状態に達する。

$$NH_3 + H_2O \rightleftarrows NH_4^+ + OH^- \quad \cdots\cdots ①$$

平衡状態での各成分のモル濃度を$[NH_3]$，$[H_2O]$，$[NH_4^+]$，$[OH^-]$と表すと，この電離平衡の平衡定数は

$$K = \frac{[NH_4^+][OH^-]}{[NH_3][H_2O]} \quad \cdots\cdots ②$$

と表される。また，アンモニアの電離定数K_bは(　ア　)となる。ここで，アンモニアの初濃度をc〔mol/L〕，電離度をαとして，K_bを表すと(　イ　)となる。アンモニアは弱塩基なので，αの値が1に比べて非常に小さい。このとき，K_bはcとαを用いて(　ウ　)と表される。(　ウ　)より，式①の平衡状態における水酸化物イオンの濃度$[OH^-]$は，cとK_bを用いて(　エ　)と表される。また，水のイオン積K_Wを用いると，式①の平衡状態における水素イオン濃度$[H^+]$は(　オ　)と表される。

一方，塩化水素とアンモニアの中和で生じる塩化アンモニウムを水に溶かすと，次のように電離して平衡状態に達する。

$$NH_4Cl \rightleftarrows NH_4^+ + Cl^- \quad \cdots\cdots ③$$

電離したNH_4^+の一部は水と反応して，次のような平衡状態に達し，その結果，水溶液は［　A　］を示す。

$$NH_4^+ + H_2O \rightleftarrows (\text{　カ　}) + (\text{　キ　}) \quad \cdots\cdots ④$$

式④の平衡において，$K_h = \dfrac{[(\text{　カ　})][(\text{　キ　})]}{[NH_4^+]}$を加水分解定数という。

[(　キ　)]の代わりに$[H^+]$で表すと，(a)<u>K_hはK_bとK_Wを用いて表すことができる</u>。(b)<u>アンモニアと塩化アンモニウムの混合水溶液は，緩衝液として用いられる</u>。

☑問1　(　ア　)～(　キ　)に入る適切な式または化学式を記入せよ。

☑問2　［　A　］に入る適切な語句を次のカッコの中から一つ選び記入せよ。

〔強酸性，　弱酸性，　中性，　弱塩基性，　強塩基性〕

☑問3　アンモニアは水溶液中では，式①の電離平衡が成り立っている。この水溶液に水酸化ナトリウム水溶液を加えたとき，平衡は左右どちらに移動するか，または移動しないかを，理由とともに45字以内で答えよ。

☑問4　下線部(a)に関して，K_h を K_b と K_W を用いて記入せよ。

☑問5　下線部(b)に関して，0.20 mol/L のアンモニア水 100 mL と 0.20 mol/L の塩化アンモニウム水溶液 300 mL を混合した。この混合水溶液の pH を有効数字2桁で求めよ。ただし，アンモニアの電離定数は $K_b = 1.8 \times 10^{-5}$ mol/L，水のイオン積は $K_W = 1.0 \times 10^{-14}$〔mol/L〕^{2} とする。log 2 = 0.30，log 3 = 0.48

117　《硫化物沈殿》岐阜薬科大学・改｜★★★★☆｜10分｜実施日［ / ］［ / ］［ / ］

Cd^{2+}，Zn^{2+} および Fe^{2+} をそれぞれ 1.00×10^{-3} mol/L ずつ含む水溶液に硫化水素 H_2S を通じて，金属イオンの分離，確認を行う。この際，硫化水素の溶解度は 25 ℃，1.013×10^5 Pa のもとで pH によらず 1.00×10^{-1} mol/L とする。この実験に関する以下の**問1～5**に答えよ。計算結果は有効数字3桁で答えよ。

☑問1　硫化水素水溶液では，次に示す2段階の電離平衡が成り立つ。金属イオンを含む水溶液に，pH = 1 で硫化水素を飽和させたときの S^{2-} のモル濃度を求めよ。

$$H_2S \rightleftarrows H^+ + HS^- \qquad K_1 = 1.00 \times 10^{-7}$$

$$HS^- \rightleftarrows H^+ + S^{2-} \qquad K_2 = 1.00 \times 10^{-14}$$

☑問2　**問1**で沈殿する金属硫化物は何か，化学式で記せ。また，その金属イオンの溶液中の濃度〔mol/L〕を求めよ。ただし，CdS，ZnS および FeS の溶解度積〔mol/L〕^{2} はそれぞれ 5.00×10^{-28}，1.00×10^{-22} および 4.00×10^{-19} とする。

☑問3　硫化水素を飽和させながら，前の水溶液の pH を変化させた。FeS が沈殿し始めるときの pH を求めよ。log 2 = 0.301

☑問4　Zn^{2+} の濃度が 1.00×10^{-4} mol/L の水溶液 1.00 L に硫化水素を飽和させるとき，水溶液の pH をいくらにすれば Zn^{2+} の 90% が ZnS として沈殿するか。

118 《モール法》筑波大学・改 | ★★☆☆☆ | 6分 | 実施日 / / /

塩化物イオンの濃度を求める次の実験を行った。

(実験)濃度不明の塩化ナトリウム水溶液25.0 mLをコニカルビーカーにとり，指示薬として適量のクロム酸カリウム水溶液を加え，0.100 mol/Lの硝酸銀水溶液をビュレットから滴下した。まず，溶解度の小さい白色の塩化銀が沈殿し，滴下し始めてから全体で23.3 mL滴下したとき，赤褐色(暗赤色)のクロム酸銀の沈殿が生じた。塩化物イオンがすべて反応したことは，このクロム酸銀の沈殿が生成したことから判断した。

☐**問1**　銀イオンとクロム酸イオンの反応をイオンを含む化学反応式で表せ。

☐**問2**　この実験で用いた塩化ナトリウム水溶液のモル濃度〔mol/L〕を有効数字3桁で求めよ。

☐**問3**　クロム酸イオンは水溶液を酸性にすると橙赤色のイオンになる。この橙赤色のイオンを化学式で記せ。

119 《AgClの溶解平衡》滋賀県立大学 | ★★★★★ | 12分 | 実施日 / / /

次の文章を読んで，**問1～5**に答えよ。解答の数値は有効数字2桁で示せ。必要であれば$\sqrt{10}=3.16$を用いよ。

(a)ビーカーに水50 mLを入れさらに1.00×10^{-3} molの塩化銀を入れ十分にかくはんしたが，塩化銀はほとんど溶解せず上澄み液と沈殿に分かれた。難溶性である塩化銀が水に溶解している場合には，水溶液中の銀イオン濃度と塩化物イオン濃度の関係は，①式で表される。

$$K_{sp}=[Ag^+][Cl^-] \quad \cdots\cdots①$$

ここで$K_{sp}=1.00\times10^{-10}$〔mol/L〕^{2}，$[Ag^+]$は銀イオンのモル濃度〔mol/L〕，$[Cl^-]$は塩化物イオンのモル濃度〔mol/L〕である。

下線部(a)のビーカーに，水酸化ナトリウム水溶液50 mLを入れてpH 10.5としたが，目で見たかぎりでは新たな変化は見られなかった。次に，(b)アンモニア蒸気を水溶液に吸収させると塩化銀が溶解した。すべての塩化銀が溶解したところでアンモニア蒸気の吸収を止めた。このとき，水溶液の体積変化はなく100 mLであった。ここで進行する反応は次の2段階の反応と考えられる。

$$AgCl \rightleftarrows Ag^+ + Cl^- \quad \cdots\cdots②$$

$$Ag^+ + 2NH_3 \rightleftarrows [Ag(NH_3)_2]^+ \quad \cdots\cdots③$$

③式で表される反応式の平衡定数は $K_c = 1.00 \times 10^7$〔mol/L〕$^{-2}$ とする。

つぎに，(c)下線部(b)で得た溶液を硝酸で酸性にしたところ，ふたたび塩化銀の沈殿が生じた。

☐**問1**　下線部(a)で水に溶解している銀イオンの物質量〔mol〕を求めよ。

☐**問2**　下線部(b)においてアンモニア蒸気の吸収を止めたときの，溶液中の塩化物イオンのモル濃度〔mol/L〕を求めよ。

☐**問3**　すべての塩化銀を溶解させたときのアンモニアの吸収量（x〔mol〕）を用いて K_c を表せ。ただし，pH 10.5においては，水に吸収させたアンモニアがアンモニウムイオンになる量を無視できるとする。

☐**問4**　下線部(b)で吸収させたアンモニアの物質量〔mol〕を求めよ。

☐**問5**　下線部(c)で塩化銀の沈殿が生じた理由を化学平衡の移動を用いて説明せよ。

第5編　無機物質

第15章　金属元素

原子量は，H = 1.0，C = 12，N = 14，O = 16，Na = 23，Al = 27，Cl = 35.5，Fe = 56とする。

120　《アルカリ金属》富山大学｜★★★☆☆｜10分｜実施日［　/　］［　/　］［　/　］

塩化ナトリウムは化学工業の原料として重要な化合物であり，塩素，塩酸，水酸化ナトリウム，硫酸ナトリウム，炭酸ナトリウムなどの製造原料として利用される。このうち炭酸ナトリウムはガラス製造の原料や医薬品などとして広く用いられる化合物である。

炭酸ナトリウムは，工業的には次の反応式(1)で表される（　あ　）法によって製造される。

$$2NaCl + CaCO_3 \longrightarrow Na_2CO_3 + CaCl_2 \quad \cdots\cdots(1)$$

（　あ　）法は，主に5つの反応から成り立っており，このうち，4つの反応は以下の通りである。すなわち，(a)塩化ナトリウム飽和水溶液に（　A　）及び（　B　）を反応させ，中間体である（　C　）と塩化アンモニウムを得る。続いて(b)得られた（　C　）を熱分解し，炭酸ナトリウムと（　B　）を得る。ここで，下線部(a)で用いる（　B　）は，(c)炭酸カルシウムの熱分解及び下線部(b)の反応から得られる生成物を利用する。また，（　A　）は，(d)塩化アンモニウムと水酸化カルシウムとの反応により回収し再利用される。この様に，（　あ　）法において原料に用いられる化合物は，塩化ナトリウム，炭酸カルシウム，（　A　）及び水であるが，（　A　）と水は反応式(1)に現れない。

☐問1　本文中（　あ　）に当てはまる炭酸ナトリウムの工業的製法の名称を記せ。

☐問2　(i)　下線部(a)～(d)の反応は，それぞれ以下の反応式で表される。下式の［A］～［C］に最も適した化学式を記せ。なお，次式の［A］～［C］は，本文中の化合物（　A　）～（　C　）の化学式とそれぞれ同じである。

(a)　$NaCl$ + ［A］ + ［B］ + $H_2O \longrightarrow$ ［C］ + NH_4Cl

(b)　2［C］ $\longrightarrow Na_2CO_3$ + ［B］ + H_2O

(c)　$CaCO_3 \longrightarrow CaO$ + ［B］

(d)　$2NH_4Cl + Ca(OH)_2 \longrightarrow 2$ [A] $+ CaCl_2 + 2H_2O$

(ii)　反応式(1)が成り立つためには，反応(a)～(d)の他にもう一つの反応が必要である。その反応式を記せ。ただし，反応式(a)～(d)に現れる化合物を用いて表すこと。

☐**問3**　式(1)の反応によって炭酸ナトリウム371kgを製造するために必要な塩化ナトリウムの質量〔kg〕を有効数字3桁で求めよ。

121

《2族》東京農工大学｜★★☆☆☆｜6分｜実施日 [/] [/] [/]

次の文章(い)～(は)を読んで，**問1～2**に答えよ。

(い)　マグネシウムMgとカルシウムCaは，どちらも周期表の2族の元素であるが，化学的に互いに異なる性質が見られる。例えば，この二つの元素の単体のうち，[(ア)]は，常温の水とはほとんど反応しないが，もう一方の元素は，常温の水だけでなく冷水とも反応して水素を発生する。また，[(イ)]は橙赤色の炎色反応を示すが，もう一方の元素は炎色反応を示さない。また，化合物では，[(ウ)]の硫酸塩が，もう一方の元素の硫酸塩に比べて水によく溶ける，といった違いがある。

(ろ)　[(エ)]は，さらし粉やしっくいの原料などとして利用される。[(エ)]の水溶液は，石灰水と呼ばれる。この石灰水に二酸化炭素を通じると，[(オ)]が生成して溶液が白濁するが，さらに二酸化炭素を通じ続けると，[(カ)]が生じて電離し，溶液は無色透明になる。

(は)　組成式$CaSO_4$・[(キ)]H_2Oの焼きセッコウは，水と混合しながら練ると，発熱をしながら膨張し，硬化して組成式$CaSO_4$・[(ク)]H_2Oのセッコウとなる。

☐**問1**　空欄(ア)～(ウ)には，適切な元素としてマグネシウムまたはカルシウムのどちらかが当てはまる。適切な元素を元素記号（MgまたはCa）で答えよ。

☐**問2**　空欄(エ)～(カ)に当てはまる適切な組成式と，空欄(キ)，(ク)に当てはまる適切な数値とを答えよ。

122 《13族》群馬大学｜★★★☆☆｜10分｜実施日［ / ］［ / ］［ / ］

ホウ素，アルミニウムおよびガリウムは，周期表で［ あ ］族に属する元素である。

原子番号5のホウ素には，$_a$［ ア ］の数の違いにより質量数11および10の［ イ ］が存在し，それらの天然存在比はそれぞれ80.1％および19.9％である。

アルミニウムの原子核には，陽子が［ い ］個含まれている。アルミニウムは容易に3個の電子を放出して Al^{3+} イオンになるが，$_b$$Al^{4+}$ イオンにはなりにくい。$_c$アルミニウムは，酸の水溶液にも強塩基の水溶液にも溶ける。このような性質を持つ元素を，［ ウ ］元素と呼ぶ。しかし，濃硝酸や濃硫酸には溶けにくい。これは，表面にち密な酸化物被膜ができるためで，このような状態を［ エ ］という。

☐**問1**　空欄［ ア ］～［ エ ］に当てはまる最も適当な語句を記せ。また，空欄［ あ ］～［ い ］に入る数字を記せ。

☐**問2**　ホウ素，アルミニウムおよびガリウムの元素記号を記せ。

☐**問3**　質量数11および10のホウ素の相対質量をそれぞれ11.0および10.0として，下線部aからホウ素の原子量を有効数字3桁で求めよ。

☐**問4**　下線部bで，Al^{4+} イオンになりにくい理由を30字以内で述べよ。

☐**問5**　下線部cで，アルミニウム単体を塩酸および水酸化ナトリウム水溶液に加えたときに起こる反応を，それぞれ化学反応式で記せ。

123 《アルミニウム》名古屋工業大学・改｜★★★★☆｜15分｜実施日［ / ］［ / ］［ / ］

アルミニウムは，地殻中に化合物として含まれ，酸素，ケイ素に次いで多く存在する元素であり，［ ア ］個の価電子をもち，［ ア ］価の陽イオンとなる。アルミニウムは溶融塩電解（融解塩電解）により生成される。原料となるボーキサイトには不純物として，二酸化ケイ素と酸化鉄が含まれている。ボーキサイトを濃い水酸化ナトリウム水溶液で処理をすると，酸化鉄は固体のままで残る。酸化

鉄をろ過により除いた後に加水分解を行うと，二酸化ケイ素由来の成分は反応しないが，アルミニウム由来の成分は反応して沈殿が生じる。生じた沈殿を焼成することにより無色結晶の［イ］が得られる。その後，融解させた氷晶石（Na_3AlF_6）に［イ］を混合してから炭素電極を用いて溶融塩電解を行う。［ウ］極では，一酸化炭素および二酸化炭素が発生し，アルミニウムは［エ］極に析出する。アルミニウムの電解精錬は大量に電力を使うが，電気炉を利用したアルミニウム屑のリサイクルは，鉄や銅のリサイクルに比べて少ないエネルギーで済むという利点がある。

☑**問1**　文中の空欄［ア］～［エ］に当てはまる語または数字を記せ。ただし，［イ］については，化学式で記すこと。

☑**問2**　二酸化ケイ素と水酸化ナトリウムとの反応，および焼成により［イ］が生じる反応の化学反応式をそれぞれ記せ。

☑**問3**　溶融塩電解において，氷晶石と［イ］を混合する理由を1行（15.1 cm）で記せ。

☑**問4**　一定の電流を流して溶融塩電解を行ったところ，発生した一酸化炭素と二酸化炭素の混合気体の質量は3.12 kgであり，300 K，1.0×10^5 Paにおける混合気体の体積は2490 Lであった。以下の(1)～(4)に答えよ。(2)～(4)は解答に至る導出過程も記すこと。ただし，発生した一酸化炭素と二酸化炭素は，すべて電気分解によって生じたものであり，酸素は発生していなかった。

(1)　［ウ］極で一酸化炭素と二酸化炭素が発生する反応を，各々について電子e^-を含む反応式で記せ。

(2)　［ウ］極の炭素の質量の減少量〔kg〕を求め，3桁目を四捨五入して有効数字2桁で記せ。気体定数は$R = 8.3 \times 10^3$ Pa·L/(mol·K)とする。

(3)　発生した二酸化炭素の物質量〔mol〕を求め，3桁目を四捨五入して有効数字2桁で記せ。

(4)　生成したアルミニウムの質量〔kg〕を求め，3桁目を四捨五入して有効数字2桁で記せ。

124 《鉄》防衛医科大学校｜★★★☆☆｜8分｜実施日［ / ］［ / ］［ / ］

鉄は現代社会にとって必要不可欠なものであるとともに，人体の生理機能を支える重要な元素でもある。

鉄の製錬は溶鉱炉とよばれる装置の中にFe_2O_3を主成分とする鉄鉱石，コークス，［ ア ］を入れ，溶鉱炉の下部から熱風を送り込むことにより行われる。酸素とコークスの反応によって生成した一酸化炭素はFe_2O_3をFe_3O_4に還元し，続いてFe_3O_4をFeOに，FeOをFeに還元する。このようにして得られた鉄は［ イ ］といわれ，約4％の炭素を含んでおり液体として溶鉱炉から取り出される。

鉄は湿った空気中では酸化され，赤さび(Fe_2O_3)を生じる。また，鉄は希硫酸や塩酸には水素を発生して溶けるが，濃硝酸中では金属表面に緻密な酸化被膜が生じた［ ウ ］といわれる状態となり反応は進行しない。

☐問1　［ ア ］～［ ウ ］に適切な語句を記せ。

☐問2　下線部の化学反応式を記せ。

☐問3　1.0t（トン）のFe_2O_3を一酸化炭素で還元してFeにするには何tの炭素Cが必要か答えよ。

☐問4　水溶液中のFe^{3+}と反応して濃青色の沈殿を生じる化合物は何か。化合物名と化学式を記せ。

125 《銅》九州工業大学・改｜★★★☆☆｜10分｜実施日［　/　］［　/　］［　/　］

遷移元素の単体を得るには，天然鉱石中の酸化物を還元する。銅の場合，高温炉で黄銅鉱を還元して得られる(A)硫化銅(Ⅰ)を，転炉で酸素を吹き込み加熱すると，微量の不純物を含む粗銅を得ることができる。(B)粗銅と純銅を電極として，硫酸銅(Ⅱ)溶液を電気分解すると純銅が得られる。このとき，(C)粗銅に含まれる元素Xは硫酸銅(Ⅱ)溶液中で沈殿し，元素Zは溶解する。元素Xを含む化合物は写真の感光剤に使われている。

この元素Xと元素Zのイオンを共に含む水溶液に塩酸を加えると，Xを含む白色の沈殿を生じる。沈殿を取り除いた後，アンモニアで塩基性にし，硫化水素を通じるとZを含む白色の沈殿が生じる。このZを含む沈殿は，溶液を酸性にすると溶解する。

☑問1　下線部(A)に関連して，硫化銅(Ⅰ)から銅を得る反応を化学反応式で記せ。

☑問2　下線部(B)について，陽極および陰極で主に起こる反応を電子 e^- を含む化学反応式で記せ。

☑問3　粗銅に微量含まれる元素X，Zおよび銅をイオン化傾向の大きさの順に並べるとどうなるか，下線部(B)および(C)の挙動を考慮し，最も適切なものを，以下の(a)〜(f)の中から選択して記号で答えよ。

(a)　元素X＞元素Z＞銅　　(b)　元素Z＞元素X＞銅
(c)　元素X＞銅＞元素Z　　(d)　元素Z＞銅＞元素X
(e)　銅＞元素X＞元素Z　　(f)　銅＞元素Z＞元素X

☑問4　元素XおよびZは何か，以下に示した元素の中から最も適切なものをそれぞれ選択して，元素記号で答えよ。

カルシウム，　鉄，　亜鉛，　銀，　金

126 《陽イオンの系統分離》富山県立大学｜★★★☆☆｜10分｜実施日［ / ］［ / ］［ / ］

次図の金属イオンを含有する工場廃水がある。資源回収のため各金属をそれぞれ取り出したい。なお，各操作において，試薬は完全に反応が終了するまで加えるものとする。また，廃水中の有機物の干渉等の影響は無視し各反応は理論通りに進むと仮定する。

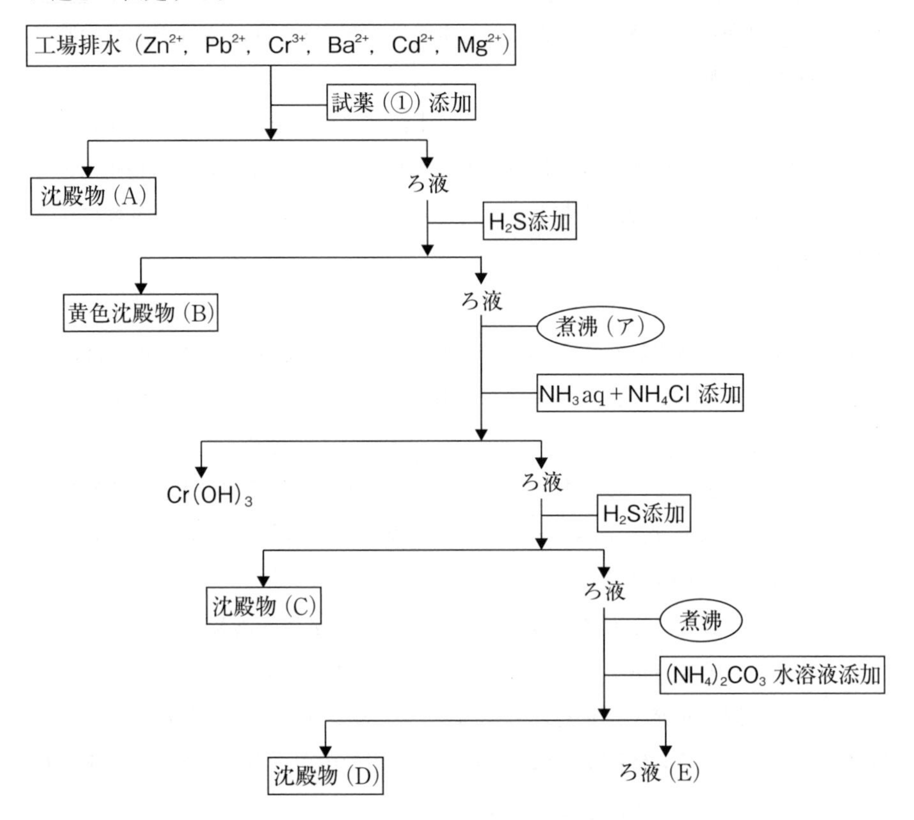

☐問1　（①）に入る適当な試薬は何か答えよ。

☐問2　図中の沈殿物(A)～(D)を化学式で答えよ。

☐問3　煮沸(ア)はなぜ必要なのかを20字程度で答えよ。

☐問4　ろ液(E)中に残存しているイオンは何か答えよ。

127《イオンの定性分析①》埼玉大学·改｜★★★☆☆｜10分｜実施日［　/　］［　/　］［　/　］

水溶液A～Dは，Al^{3+}，Fe^{2+}，Zn^{2+}，Ag^{+}のうちから，それぞれ1つの異なる金属イオンを含む。次の**1**～**4**の文章を読み，**問1**～**3**に答えよ。

1．水溶液Aにアンモニア水を加えていくと白色沈殿が生成した。(ア)この沈殿は水酸化ナトリウム水溶液を過剰に加えると溶け，水溶液は無色になった。また，この沈殿は過剰のアンモニア水を加えると錯イオンEを生じて溶け，水溶液は無色になった。この無色の水溶液に硫化水素を通すと，白色の沈殿が生成した。

2．水溶液Bにアンモニア水を加えると緑白(淡緑)色の沈殿が生成した。(イ)水溶液Bを硫酸酸性にして過マンガン酸カリウム水溶液を加えると，過マンガン酸イオンの赤紫色が消えた。また，水溶液Bにヘキサシアニド鉄(Ⅲ)酸カリウム水溶液を加えると濃青色の沈殿が生成した。

3．水溶液Cにアンモニア水を加えると白色ゲル状沈殿が生成した。この沈殿は過剰の水酸化ナトリウム水溶液を加えると溶けるが，過剰のアンモニア水を加えても溶けなかった。

4．水溶液Dにアンモニア水を加えていくと褐色の沈殿が生成した。この沈殿は過剰のアンモニア水を加えると錯イオンFを生じて溶け，水溶液は無色になった。また，(ウ)水溶液Dにクロム酸カリウム水溶液を加えると赤褐色の沈殿を生じた。

☐**問1**　水溶液A～Dに含まれる金属イオンは何か。それぞれイオン式で答えよ。

☐**問2**　錯イオンEと錯イオンFの形状を次の語群から1つ選んで記号で答えよ。

〔語　群〕

(あ)　直　線　　　(い)　折れ線形(二等辺三角形)

(う)　三角すい形　　　(え)　正四面体

(お)　正八面体

☐**問3**　下線部(ア)～(ウ)の反応を，化学反応式またはイオンを含む化学反応式で書け。

128《イオンの定性分析②》大阪教育大学·改｜★★★★☆｜12分｜実施日 / / /

ある学生が，以下に示す陽イオンと陰イオンそれぞれ一種類ずつからなる無水塩を水に溶かし，0.10 mol/L の濃度の水溶液 A ～ F を作った。

〔陽イオン〕 Li^+，Na^+，NH_4^+，Mg^{2+}，Zn^{2+}，Fe^{3+}，Al^{3+}，Cu^{2+}，Ag^+

〔陰イオン〕 Cl^-，Br^-，NO_3^-，SO_4^{2-}

これらの水溶液 A ～ F について，以下の実験(ア)～(キ)を行った。

(ア) 水溶液 A ～ D に銅板を浸しておくと，A では銅板の質量が増加し，B ～ D では変化しなかった。なお，析出した固体はすべて銅板に付着しているものとする。

(イ) 水溶液 A ～ D に鉛板を浸しておくと，A では鉛板の質量がわずかに増加し，C では減少し，B と D では変化しなかった。なお，析出した固体はすべて鉛板に付着しているものとする。

(ウ) 水溶液 A の少量を C ～ F に加えると，D で淡黄色沈殿が，F で白色沈殿が生じた。C と E では沈殿が生じなかった。

(エ) 硝酸バリウム水溶液を水溶液 A ～ F に加えると，B で白色沈殿が生じた。A と C ～ F では沈殿が生じなかった。

(オ) 白金線を水溶液 D に浸した後，ガスバーナーの外炎で熱すると，赤色の炎が見られた。

(カ) 水溶液 A ～ F にアンモニア水を加えると，A と F で褐色，C で青白色，B で白色沈殿が生じた。さらに加え続けると，A と C の沈殿は溶けたが，B と F では溶けなかった。なお，D と E では沈殿が生じなかった。

(キ) 水溶液 B，D，E および F に水酸化ナトリウム水溶液を加えると，B と F で沈殿が生じた。さらに加え続けると，B の沈殿は溶けたが，F では溶けなかった。なお，D と E では沈殿が生じなかった。また，E からは刺激臭がしたが，B，D および F からはしなかった。

☑問1 水溶液 A ～ F を作るために用いた無水塩を化学式で記せ。（例：NaCl）

☑問2 実験(ウ)の水溶液Dで沈殿が生じる反応を，イオンを含む化学反応式で記せ。

☑問3 実験(カ)の水溶液Aで沈殿が生じる反応を，イオンを含む化学反応式で記せ。

☐問4　実験(カ)の水溶液Cで沈殿が生じる反応と，その沈殿が溶ける反応を，それぞれイオンを含む化学反応式で記せ。

☐問5　実験(イ)の水溶液Aで，鉛板の質量が a〔g〕増加したとき，溶液中に溶け出した鉛イオン(Ⅱ)の物質量 M〔mol〕を a などを含む式で表せ。なお，鉛のモル質量を W_{Pb}〔g/mol〕とし，その他のモル質量が必要な場合は同様に記すこと（例：W_{Na}）。

129

《錯イオン》静岡大学｜★★★★☆｜8分｜実施日［ / ］［ / ］［ / ］

白金は単体としてだけではなく，化合物としてもさまざまな用途で使われている。たとえば，医薬品として有名な白金化合物としてシスプラチンは $Pt(NH_3)_2Cl_2$ の化学式で表される化合物で，効果の大きい抗がん剤として知られている。

☐問1　下線部のシスプラチンは，4つの配位子をもつ白金化合物である。この化合物の正式な名称は，錯イオンの命名に用いられる規則を使って，

シス［(あ)］［(い)］［(あ)］クロリド白金(［(う)］)

と表記される。空欄［(あ)］に適当な数詞を，［(い)］に配位子名を，［(う)］に価数を記せ。

☐問2　1種類の配位子だけからなる4配位型の遷移金属化合物(錯イオンなど)は，多くの場合，2種類の立体構造のうちいずれかをとる。それら2種類の立体構造名を例にならって記せ。(例：直線型，三角錐(すい)型)

☐問3　**問1**で述べた正式な名称の先頭の「シス」は，シスプラチンが次図に示す2つの異性体のうち，シス形であることを表している。このことから，シスプラチンは，**問2**で答えた2つの立体構造のうち，どちらの構造をとっていると考えられるか。また，そう考えた理由を，模式図を使って簡潔に説明せよ。なお，配位子の種類が変わることによる立体構造の変化は，無視できるものとする。

シス形
H_3N　Cl
　Pt
H_3N　Cl

トランス形
H_3N　Cl
　Pt
Cl　NH_3

無機物質

130 《人間生活と無機化学》長崎大学｜★★★☆☆｜10分｜実施日 [/] [/] [/]

地殻に含まれている鉱石は，セラミックスや金属などの製造に利用される。セラミックスは，原料を加熱処理によって焼き固めてつくられる製品の総称であり，ガラスやセメント，やきものなどが代表例である。植木鉢やタイルなどのやきものは，原料としておもに粘土が用いられ，成形されたのちに焼き固めることで製品がつくられる。約1400℃で焼き固められるものを［ア］器といい，たたくと澄んだ音がし，吸水性もなく，やきものの中でも比較的硬い。セラミックスのおもな原料は，天然のケイ酸塩であり，窓ガラスに使用されるソーダガラスは，けい砂と石灰石，炭酸ナトリウムの混合物を融解してつくられる。また，近年の科学技術の進歩にともない，ケイ酸塩以外にも金属酸化物や炭化物，窒化物などの高純度原料を使用し，人工骨などの生体関連材料や熱やガスなどを感知するセンサーがつくられている。このような窯業製品を［イ］セラミックスという。

金属の酸化物や硫化物が含まれる鉱石から金属の単体を取り出すことを［ウ］という。たとえば，鉄は，鉄鉱石を溶鉱炉の中で［エ］と石灰石を加えて還元することで得られる。金属は，展性や延性を示すことから，箔や板，建築材料に利用される。また，金属には電気伝導性や熱伝導性があり，これらの伝導性が最も大きい金属は［オ］である。金属の中には，ある温度以下になると電気抵抗がゼロになるものがある。この現象を［カ］とよび，医療診断機器やリニアモーターカーに利用されている。

金属は，使用しているうちに化学反応を起こして，表面から酸化物や水酸化物，炭酸塩など，単体ではない状態に変わっていくことがある。これを腐食という。腐食の代表例はさびであり，鉄は酸素や水などと反応してさびを生じる。金属の腐食を防ぐために，金属製品の表面を他の金属などでおおう方法がある。これをめっきという。鉄のめっき製品としてはブリキやトタンが代表例である。

☐**問1**　文章中の［ア］～［カ］に適切な語句を記せ。

☐**問2**　合金は，融解させた金属に，他の金属元素の単体や非金属元素の単体を混ぜて凝固させたものであり，金属単体では得られない優れた特性を持つことができる。合金の代表例である青銅，ステンレス鋼，ジュラルミンの主要な成分元素を(a)〜(j)から，1つずつ選び，記号で答えよ。

(a)　Sn − Pb　(b)　Ni − Cr　(c)　Cu − Zn
(d)　Cu − Zn − Al　(e)　Fe − Cr − Ni　(f)　Cu − Ni
(g)　Al − Cu − Mg　(h)　Bi − Pb − Sn　(i)　Cu − Sn
(j)　Fe − Co − W

☑**問3**　下線部のブリキとトタンのめっきに用いられている金属名をそれぞれ記せ。

☑**問4**　下線部のブリキとトタンを鉄が露出するまで傷つけ，黄色のヘキサシアニド鉄（Ⅲ）酸カリウムと塩化カリウムの混合水溶液をそれぞれの傷口に滴下したところ，一方だけが青変した。この青変した製品は，ブリキとトタンのどちらかを答えよ。また，2つの製品を比較して，一方が青変した理由を90字以内で述べよ。

第16章 非金属元素

131

《炭素》宮崎大学・改 | ★★★☆☆ | 8分 | 実施日 / / /

黒鉛，ダイヤモンド，フラーレンのように，それ以上別の成分に分けることができない純物質を［ア］という。黒鉛は光沢のある(a)(無色透明，灰黒色，白色)の結晶で，軟らかく，電気や熱を(b)(伝えない，よく伝える)のに対して，ダイヤモンドは多数の炭素原子がすべて［イ］結合で結びついた(c)(無色，灰黒色，白色)の結晶で，きわめて硬く，電気を(d)(通さない，よく通す)。フラーレンはC_{60}，C_{70}などの分子式をもつ球状分子で，1985年に発見された。このように，同じ元素の［ア］で性質の異なる物質を互いに［ウ］という。酸素の［ウ］には，［エ］がある。

周期表14族の非金属元素には，炭素と［オ］がある。炭素原子は［カ］殻に［キ］個の価電子をもっている。炭素の原子価は［キ］であり，［キ］個の水素と［イ］結合を形成しメタン分子となる。メタンは空気より(e)(軽い，重い)無色無臭の気体で，天然ガスの主成分として多量に産出され，都市ガスに利用されている。メタンは水に溶けにくいが，［ク］にはよく溶ける。①メタンを完全燃焼させると二酸化炭素と水を生じる。

二酸化炭素は無色無臭の気体で，空気中に体積で約(f)(4，0.4，0.04，0.004)％含まれる。二酸化炭素は水に少し溶けて［ケ］となり，(g)(強い酸性，弱い酸性，中性，弱い塩基性，強い塩基性)を示す。実験室では，②炭酸カルシウムに希塩酸を作用させてつくる。二酸化炭素の固体は［コ］点が－79℃と低いので冷却剤として用いられる。③二酸化炭素を石灰水に吹き込むと白色沈殿が生じる。この反応は二酸化炭素の検出に利用される。④二酸化炭素を過剰に吹き込むと，沈殿は溶けて透明になる。

☐問1 文章中の空欄［ア］～［コ］に適する語句，数値あるいは文字を記せ。

☐問2 (a)～(g)の（　　）の中から適切なものを選び，語句や数値で記せ。

☐問3 文中の下線部①～④の反応を化学反応式で書け。

☐**問4**　②の反応において，二酸化炭素を発生させることができる装置の名称と捕集方法を答えよ。

132

《ケイ素》香川大学 | ★★★☆☆ | 8分 | 実施日 [/] [/] [/]

何千年もの間人類は砂を有効利用してきた。ガラスは砂から作られる。レンズ，望遠鏡，眼鏡など，様々な有用な道具がガラスから作られた。地球の地殻の構成元素として2番目に多いのが，ガラスの中に含まれているシリコン(ケイ素)である。シリコンの単体は天然には存在しないため，電気炉で(ア)二酸化ケイ素をコークス(炭素)で還元して作る。反応で得られるシリコンは，まだ不純物を含んでいるため，半導体の材料などに用いられる超高純度シリコンを作るためには未精製のシリコンを，十分量の Cl_2 と反応させて $SiCl_4$ にして精製する。

二酸化ケイ素は(イ)フッ化水素酸と反応する。また，(ウ)二酸化ケイ素は水酸化ナトリウムと反応してケイ酸塩になる。できたケイ酸塩に水を加えて加熱すると粘性の大きな液体になる。この粘性の大きな液体を水ガラスといい，強酸を加えると化合物Aが得られる。Aをさらに乾燥して脱水するとシリカゲルと呼ばれるものができる。

☐**問1**　下線部(ア)〜(ウ)の反応の化学反応式を書け。

☐**問2**　化合物Aを作る際に使用することができる酸の化学式を1つ書け。また，この反応の化学反応式を書け。

☐**問3**　シリカゲルは，乾燥剤等によく使用される。シリカゲルのどのような性質を利用して乾燥剤に用いるのか。簡単に説明せよ。

133 《窒素》三重大学・改｜★★★☆☆｜12分｜実施日［ / ］［ / ］［ / ］

硝酸 HNO_3 は［ア］法で工業的に製造される。この方法では，まず(a)［イ］を［ウ］に酸化し，次に(b)［ウ］を［エ］に酸化する。さらに(c)［エ］を［オ］と反応させて作られる。硝酸は，強い酸性を示す無色，揮発性の液体である。濃硝酸は，［カ］や［キ］で分解しやすいので，褐色の瓶に入れて保存される。また，(d)濃硝酸は，強い［ク］を持ち，銀や銅と反応して［エ］を発生する。一方，(e)鉄やニッケルと反応させると，表面にち密な酸化物の被膜を生じ，これ以上反応しない。硝酸は，染料，医薬，火薬などの製造に広く用いられる。

［イ］は［ケ］法で工業的に製造される。この方法では，(f)［コ］と［サ］から直接合成される。その際，Fe_3O_4 を主成分とする触媒が用いられる。［イ］は肥料や硝酸の原料として重要である。

［コ］は，乾燥空気の体積の約［シ］%を占めており，［ス］と同じく，液体にした空気を分留して得られる。［コ］は常温では化学的に安定であるが，ガソリンエンジンやディーゼルエンジン中では一部酸化され，［セ］とよばれる光化学スモッグの原因物質が発生する。この物質を低減するためガソリンエンジンやディーゼルエンジンの排気口には，触媒コンバータとよばれる［セ］を再び［コ］に変換する装置が取り付けられている。

☑問1　［ア］～［セ］に適当な語句または数字を記せ。

☑問2　下線部(a)～(c)の化学反応を一つの化学反応式にまとめて記せ。

☑問3　下線部(a)の反応を促進するために用いられている物質を元素名で記せ。

☑問4　下線部(d)の化学反応式を銅の場合について記せ。

☑問5　下線部(e)のような状態を何と呼ぶか答えよ。

☑問6　下線部(f)の化学反応式を記せ。

☑問7　［イ］を用いて肥料となる尿素を製造する化学反応式を記せ。

☑問8　濃度63.0%の硝酸1.00kgをつくりたい。気体のアンモニアは0℃，1.013×10^5 Paでは何L必要か、有効数字3桁で求めよ。ただし、気体のアンモニアは理想気体とする。ただし，原子量は H = 1.0, N = 14, O = 16 とする。

134 《リン》和歌山大学｜★★★☆☆｜10分｜実施日［　/　］［　/　］［　/　］

リン酸カルシウムを含む鉱石，ケイ砂(二酸化ケイ素)，コークスを混合して電気炉中で約1400℃に熱すると，リン酸カルシウムとケイ砂が反応して(　ア　)ができる。次に，(　ア　)がコークスによって(　イ　)されてリンの単体(P_4)になる。リンは気体となって発生するが，空気中では自然発火するので水中で捕集される。この反応の全行程を一つの化学反応式で示すと，次のようになる。

$$(\ a\ )Ca_3(PO_4)_2 + (\ b\ )SiO_2 + (\ c\ )C \longrightarrow (\ d\ )P_4 + (\ e\ )CaSiO_3 + (\ f\ )CO$$

リンの単体にはいくつかの同素体があり，その代表的なものに(　ウ　)と(　エ　)がある。(　ウ　)は毒性が強く，空気中で酸化されやすいので，(　オ　)の中で保存する。(　ウ　)を空気を断って加熱すると，(　エ　)が得られる。(　エ　)は空気中で安定であり，毒性が少ない。

(A)リンは空気中で燃焼すると(　ア　)になる。(　ア　)は白色の粉末で，吸湿性が極めて強く，脱水剤や乾燥剤として用いられる。(B)(　ア　)に，水を加えて加熱すると，じょじょに反応して(　カ　)になる。(　カ　)は水に溶けて，中程度の強さの酸性を示す。

リンは，原子番号7の元素(　キ　)，原子番号19の元素(　ク　)とともに肥料の3要素とよばれ，(C)リン酸カルシウムを硫酸で処理して水に溶けやすいリン酸二水素カルシウムに変えてリン肥料として使われる。

☐問1　(　ア　)～(　ク　)に当てはまる化合物の名称，あるいは語句を答えよ。

☐問2　下線(A)，(B)，(C)を化学反応式で示せ。

☐問3　係数(　a　)～(　f　)に適当な数字を入れて化学反応式を完成せよ。

☐問4　(　カ　)のように，分子中に酸素原子を含む酸を何というか答えよ。また，(　カ　)以外の例を一つあげて，その化学式と化合物名を書け。

☐問5　リンの単体（P_4）は正四面体の分子である。その立体構造を図示せよ。

135 《酸素》千葉大学・改｜★★★☆☆｜10分｜実施日 / / /

酸素は空気や水，有機化合物を構成する元素として地球上に広く存在しており，地殻中に最も多く含まれる元素である。空気中ではO_2として乾燥空気中の体積の約［ア］割を占めている。実験室では酸化マンガン(Ⅳ)などを触媒とした［イ］の水溶液の分解でO_2を発生させることができる。酸素は活性が高く，さまざまな元素と反応して①酸化物をつくる。

酸素O_2の同素体にはオゾンO_3がある。②オゾンはO_2中で放電を行うか，O_2に［ウ］を当てると生じる。③オゾンは水で湿らせたヨウ化カリウムデンプン紙で検出できる。大気圏には④オゾン層があり，太陽光に含まれる［ウ］を吸収する役割がある。近年，冷媒，洗浄等に使用されてきたフロンが，このオゾン層を破壊し，地上に届く［ウ］が増加して生ずる健康影響が懸念されている。南半球上空では［エ］と呼ばれているオゾン層の薄い部分が発見された。

☐問1　文中の［ア］～［エ］に適切な語句，化学式または数字を書け。

☐問2　下線部①の物質は，酸性酸化物，塩基性酸化物，両性酸化物に大別される。CO_2，Na_2O，Al_2O_3，CaO，SO_3の5種の酸化物を分類せよ。

☐問3　下線部②の方法により，0℃，1.013×10^5 Pa(標準状態)において，1.0Lの酸素O_2中でオゾンを生成させたところ，体積が8.0%減少した。生成したオゾンの体積は標準状態で何Lか。有効数字2桁で答えよ。

☐問4　下線部③の方法において，オゾンによりヨウ化カリウムデンプン紙は何色になるか。また，その際にどのような反応が起こっているか，化学反応式で書け。

☐問5　下線部④について，超音速ジェット機から排出されるNOもオゾン層の破壊を引き起こすと考えられている。どのような反応が起こっているか，化学反応式で書け。

136 《硫黄》愛知教育大学｜★★★☆☆｜10分｜実施日［ / ］［ / ］［ / ］

工業的に硫酸をつくるには，酸化バナジウム(Ⅴ)を触媒として二酸化硫黄を空気中の酸素と反応させ，生成した三酸化硫黄を濃硫酸に吸収させて［ ア ］硫酸にし，これに水を反応させて得る。この方法を，［ イ ］法という。硫酸は無色の重い液体で不揮発性である。また，硫酸の濃度によって程度は異なるが，強酸性，脱水作用，酸化作用などの性質を示す。

☐**問1**　文中の空欄［ ア ］，［ イ ］に適切な語句を記せ。

☐**問2**　次のⅰ)～ⅳ)の反応を化学反応式で示せ。ただし，ⅰ)については化学反応式中に硫酸を記す必要はない。

ⅰ)　濃硫酸を約170℃に加熱し，エタノールを反応させると気体が発生する。

ⅱ)　塩化ナトリウムに濃硫酸を加えて加熱すると気体が発生する。

ⅲ)　炭素と熱濃硫酸を反応させると気体が発生する。

ⅳ)　硫化鉄(Ⅱ)と希硫酸を反応させると気体が発生する。

☐**問3**　濃硫酸と水を混合して希硫酸をつくるとき，水をかき混ぜながら濃硫酸を少しずつ加えるのと，濃硫酸をかき混ぜながら水を少しずつ加えるのでは，どちらの方法が適切か。理由とともに記せ。

☐**問4**　硫酸の製造原料に黄鉄鉱(FeS_2)60.0 kgを用いると，密度1.84 g/cm^3の濃硫酸(98.0 %)を何Lつくることができるか，小数第1位まで求めよ。ただし，原子量はH = 1.0，O = 16，S = 32，Fe = 56とする。なお，FeS_2は次式のように完全に反応するものとする。

$$4FeS_2 + 11O_2 \longrightarrow 2Fe_2O_3 + 8SO_2$$

無機物質

137 《ハロゲン》宮崎大学 | ★★☆☆☆ | 6分 | 実施日 / / /

フッ素は価電子を[ア]個もち，1価の陰イオンになりやすい。フッ化物イオンは，貴ガス(希ガス)の[イ]と同じ電子数であり，電子配置は[ウ]構造となるので安定である。

ハロゲンの単体の中でも①フッ素が最も強い酸化力をもち，水と激しく反応する。このようにフッ素は極めて反応性が高く，危険なガスの1つである。②単体の塩素を無色の臭化水素水溶液に通じると，溶液は赤褐色に変化する。また，③単体のヨウ素は硫化水素と反応して，酸性物質と薄黄色の微粉末を生じる。

フッ化水素，塩化水素，臭化水素およびヨウ化水素の中で酸の強さが最も弱いのは[エ]である。塩化水素をアンモニアガスと接触させると塩化アンモニウムの白煙を生じる。組成式 Cl_2O_7 で表される塩素の酸化物を水に溶かすと過塩素酸 $HClO_4$ が生成する。過塩素酸において，塩素の酸化数は[オ]である。

☐**問1**　文章中の空欄[ア]～[オ]に入る最も適当な語句，物質名または数値を書け。

☐**問2**　下線部①～③の反応を化学反応式で書け。

138《気体の発生実験》名古屋工業大学｜★★★☆☆｜6分｜実施日［　/　］［　/　］［　/　］

下のア～カは，様々な気体が発生する反応について記述したものである。

ア　銅に希硝酸を加える

イ　銅に濃硫酸を加えて加熱する

ウ　食塩に濃硫酸を加えて加熱する

エ　濃塩酸に酸化マンガン(Ⅳ)を加えて加熱する

オ　過酸化水素水に酸化マンガン(Ⅳ)を加える

カ　塩化アンモニウムに水酸化カリウム水溶液を加える

☑**問1**　ア～カの反応で発生する気体の化学式を記せ。

☑**問2**　ア～カの反応で発生する気体の捕集法として水上置換が好ましくないものをすべて選び，その記号を記せ。

☑**問3**　塩化カルシウムは中性の乾燥剤であり，ほとんどの気体の乾燥に用いることができるが，一部使用できない気体がある。ア～カの反応で発生する気体のうち，塩化カルシウムを乾燥剤として使用できないものがあればその記号を記せ。無い場合は「無し」と記すこと。

第６編　有機化合物

第17章　脂肪族化合物

原子量は，H = 1.0，C = 12，N = 14，O = 16，Na = 23とする。

139 《脂肪族化合物の反応①》弘前大学｜★★★☆☆｜６分｜実施日 ／ ／ ／

下図は，エチレンを出発物質として，種々の有機化合物を合成する一般的な経路を示したものである。

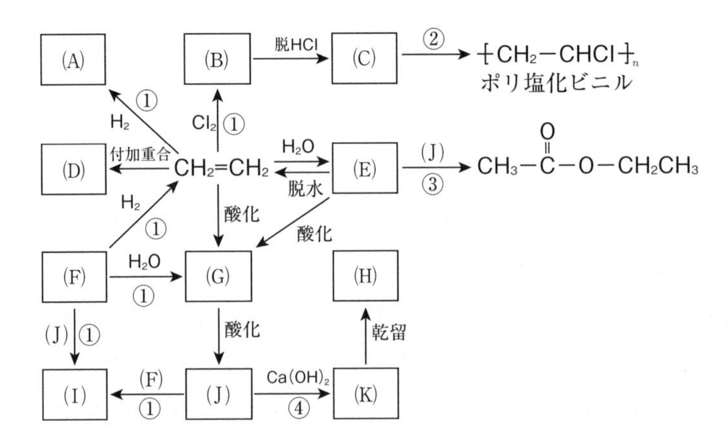

☑問１　(A)から(K)に入る適切な構造式を記せ。

☑問２　①から④に入る適切な語を(a)から(h)の中から一つ選び，その記号を書け。

(a)　中和　(b)　還元　(c)　エステル化　(d)　付加

(e)　重合　(f)　置換　(g)　スルホン化　(h)　加水分解

☑問３　(G)にアンモニア性硝酸銀水溶液を加えると金属が析出する。析出する金属とこの反応の名称を記せ。

☐問4　(H)の水溶液にヨウ素と水酸化ナトリウム水溶液を少量加えて温めると，特有の臭気をもつ黄色結晶が析出する。析出する黄色結晶とこの反応の名称を記せ。

☐問5　刺激臭のある無色の液体(J)の純粋なものは冬期に凝固するため，何と呼ばれているか。その名称を記せ。

140 《脂肪族化合物の反応②》名古屋市立大学 | ★★★☆☆ | 8分 | 実施日 ／ ／ ／

従来のロケット推進剤よりも安全かつ軽量な燃料として期待されるプロピンは，分子式 C_3H_4 のアルキンである。プロピンに段階的に水素を付加させると，プロペンを経由してプロパンとなる。プロピン，プロペン，プロパンの中で，燃焼させた際に最も多くのすすが出るのは［(ア)］である。

(1)プロピンを鉄触媒存在下に高温で加熱すると，アセチレンの場合と同様に芳香族化合物が得られる。また，(2)プロピンに水を付加させる際，触媒を使い分けることによって2種類の化合物をいずれも選択的につくることができる。

プロペンに同じ物質量の塩素を暗所で反応させると化合物Aが得られる。化合物Aに対し，紫外線照射下で過剰量の塩素を作用させた場合，反応が完全に進行すると化合物Bが生成する。

☐問1　文章中の［(ア)］に当てはまる適切な化合物名を記せ。

☐問2　下線部(1)の反応により生成すると考えられる芳香族化合物の構造式をすべて記せ。

☐問3　下線部(2)で得られる2種類の化合物の構造式を記せ。

☐問4　化合物AとBの構造式を記せ。

141 《炭化水素の異性体》長崎大学｜★★★☆☆｜8分｜実施日 / / /

次の文章を読み，**問1**～**問4**に答えよ。解答で構造式を示す場合は，例にならって記せ。

（例）（3-アミノ-4-ヒドロキシフェニル基（ベンゼン環に H_2N と HO が結合）の構造式）$-\overset{\overset{O}{\|}}{C}-CH=CH-CH_3$

アルケンは，炭素原子間に二重結合を1個もつ鎖状の不飽和炭化水素である。その炭素原子間の二重結合は，単結合とは違い，それを軸にして回転できない。そのため，例えば，3–ヘキセンの場合，2個のアルキル基である［ア］基が，二重結合をはさんで同じ側にある［イ］形と，反対側にある［ウ］形の二つの異性体が存在する。このような立体異性体を［エ］異性体という。

☐**問1** ［ア］～［エ］に入る適切な語句を記せ。

☐**問2** 炭素数5のアルケンについて，すべての構造異性体を構造式で記せ。また，それらの異性体に触媒を用いて完全に水素を付加させると，何種類の化合物が生成するか記せ。

☐**問3** 炭素数4のアルケンに触媒を用いて水を付加させると，不斉炭素原子をもつ化合物Aが生成した。化合物Aを構造式で記せ。

☐**問4** アルケンB 0.30 mol と炭素数6のアルカン 0.20 mol の混合物を完全燃焼させるのに酸素が 5.5 mol 必要であった。アルケンBの分子式を記せ。

142 《C_4H_8 の構造決定》千葉大学｜★★★★☆｜10分｜実施日 / / /

炭素と水素からなる化合物A，B，Cは互いに構造異性体の関係にある。①化合物A，B，Cそれぞれについて，5.0×10^{-4} mol を完全に燃焼させたところ，生成した水の質量は 36.0 mg，二酸化炭素の質量は 88.0 mg であった。化合物AおよびBに水を付加させると，化合物Dが共通して得られた。化合物Cに水を付加させると化合物Eが得られた。また，化合物Eは酸化剤と反応しなかった。化合物A，B，Cをオゾン分解すると，化合物Aからは化合物F，化合物Bからは化合物GとH，化合物Cからは化合物GとIが得られた。②化合物Fは，工業的には触媒を用いたエチレンの酸化により製造される。一方，化合物Iは，工業的にはベンゼンとプロペン(プロピレン)を出発原料とするクメン法によりフェノールと同時に合成される。

(注)　オゾン分解とはアルケンをオゾンと反応させた後，亜鉛で還元することにより，二重結合が開裂してカルボニル化合物が生成する反応である。

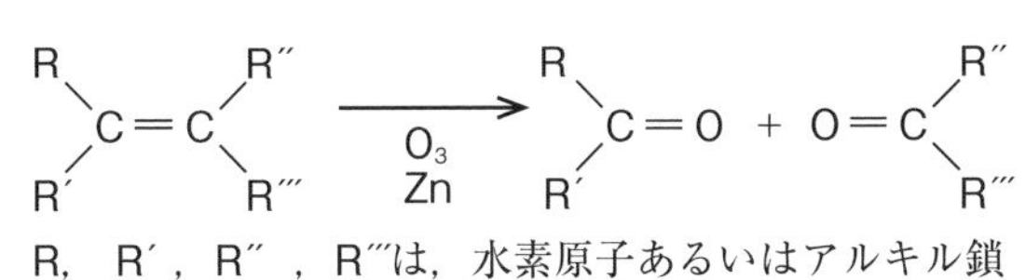

R，R′，R″，R‴は，水素原子あるいはアルキル鎖

問1　一般に，有機化合物の元素分析には図に示す装置が使用される。図の［ア］～［ウ］に使用される物質の名称と働きを答えよ。

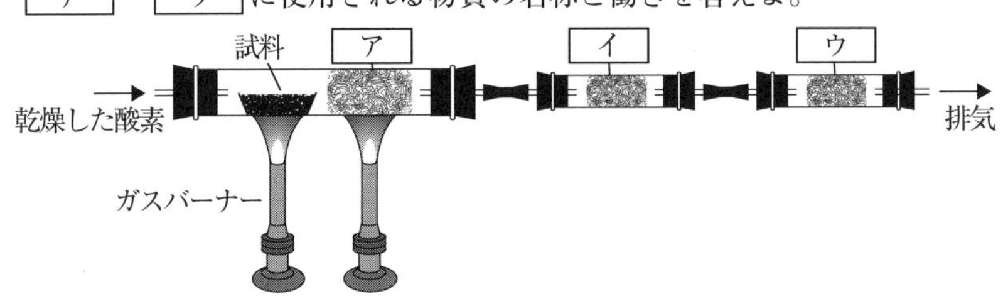

問2　下線部①に関して，化合物A，B，Cの分子式を求めよ。

問3　化合物A～Iの構造式をかけ。ただし，立体異性体は考慮しなくてよい。

問4　化合物A～Iのうち，ヨードホルム反応と銀鏡反応の両方に陽性を示すすべての化合物を記号で答えよ。

問5　下線部②に関して，化合物Fは下記の三つの反応を組合せて合成されている。各化学反応式について，a～oに当てはまる適切な係数を答えよ。係数が1の場合には，1と書け。また，化合物Fを生成するこれら三つの反応を一つの化学反応式にまとめて書け。

$$a\,\mathrm{H_2C{=}CH_2} + b\,\mathrm{H_2O} + c\,\mathrm{PdCl_2} \longrightarrow d\,\mathrm{F} + e\,\mathrm{HCl} + f\,\mathrm{Pd}$$

$$g\,\mathrm{Pd} + h\,\mathrm{CuCl_2} \longrightarrow i\,\mathrm{PdCl_2} + j\,\mathrm{CuCl}$$

$$k\,\mathrm{CuCl} + l\,\mathrm{HCl} + m\,\mathrm{O_2} \longrightarrow n\,\mathrm{CuCl_2} + o\,\mathrm{H_2O}$$

143《C_4H_8O の構造決定》鳥取大学｜★★★★☆｜10分｜実施日［ / ］［ / ］［ / ］

一般に，アルケンを低温でオゾンと反応させた後，亜鉛で還元すると，下図のように二重結合が開裂してカルボニル化合物が得られる。これをオゾン分解という。

$$\begin{matrix} R_1 & & R_3 \\ & C=C & \\ R_2 & & R_4 \end{matrix} \xrightarrow[\text{2) Zn}]{\text{1) } O_3} \begin{matrix} R_1 & \\ & C=O \\ R_2 & \end{matrix} + \begin{matrix} & R_3 \\ O=C & \\ & R_4 \end{matrix}$$

（R_1，R_2，R_3，R_4 はアルキル基または水素原子）

化合物A（分子量102）は，炭素，水素，酸素からなる光学活性物質である。化合物Aを金属ナトリウムと反応させると［ ア ］が発生した。また，濃硫酸で処理すると［ イ ］反応が起こり，炭素と水素からなる化合物B（分子量84）が得られた。これらのことから，化合物Aには［ ウ ］が存在することがわかった。化合物Bはシス－トランス異性体の混合物として存在した。化合物Bをオゾン分解したところ，2種のカルボニル化合物，化合物C（分子量72）と化合物D（分子量44）が得られた。化合物Cと化合物Dの元素分析を行ったところ，化合物Cの質量組成は炭素：66.7％，水素：11.2％，化合物Dの質量組成は炭素：54.5％，水素：9.1％であった。化合物C，Dにヨウ素と水酸化ナトリウム水溶液を加えて温めると，特有の臭気をもつ黄色結晶が生じた。この反応を［ エ ］反応と呼ぶ。化合物Dはフェーリング試薬を還元したが，化合物Cは還元しなかった。

☐**問1**　［ ア ］には気体の名前が，［ イ ］，［ エ ］には反応名が，［ ウ ］には官能基の名前が入る。当てはまる適切な名称を書け。

☐**問2**　化合物C，Dの分子式を記せ。

☐**問3**　化合物C，Dの構造式を記せ。また，化合物Dの名称を書け。

☐**問4**　化合物Bの2種の幾何異性体の構造式を，幾何異性の違いがわかるように記せ。

☐**問5**　化合物Aは光学活性物質である。不斉炭素原子の右肩に＊印をつけて，化合物Aの構造式を記せ。

144 《$C_4H_{10}O$ の構造決定》徳島大学 | ★★★★☆ | 10分 | 実施日 ／ ／ ／

$C_4H_{10}O$ からなる化合物A～Eに関し，次のような実験をおこなった。

〔実験1〕　化合物A，B，C，Dはナトリウムと反応し気体を発生した。Eはナトリウムと反応しなかった。

〔実験2〕　沸点はAが最も高く，続いてB，C，D，Eの順であった。

〔実験3〕　エタノールに濃硫酸を加え130～140℃で加熱するとEが得られた。

〔実験4〕　Dに濃硫酸を加え熱すると化合物Fを生じ，Fは臭素を加えると反応して臭素の赤褐色が脱色した。

☐**問1**　化合物A～Eに対応する構造式を書け。

☐**問2**　化合物Fと塩化水素との反応は，主生成物として化合物G（沸点51℃），副生成物として化合物H（沸点69℃）を与えた。FからGとHをそれぞれ与える下記の反応経路に適切な構造式を書け。また，Gを主生成物として与える理由を述べよ。

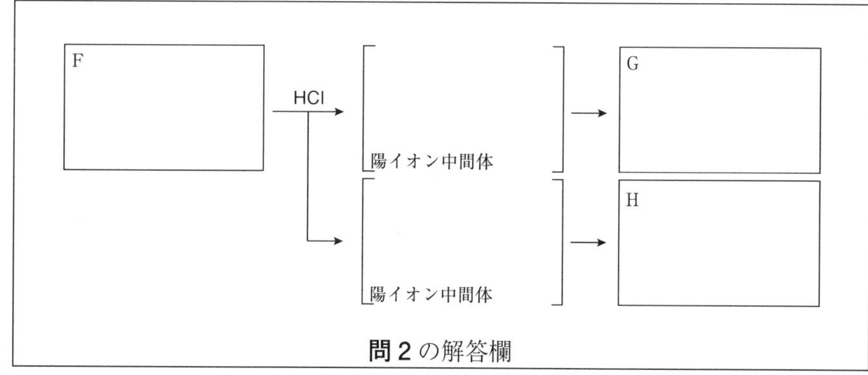

問2の解答欄

☐**問3**　化合物A～Eについて，ヨードホルム反応を示す化合物のヨードホルム反応式を書け。

☐**問4**　化合物A～Eについて，不斉炭素原子を持つ化合物はどれか記号を答えよ。該当するものが複数ある場合はすべて答えよ。

☐**問5**　化合物Eに含まれる化学的性質を特徴づける官能基は何か答えよ。

145《$C_5H_{12}O$の構造決定》金沢大学·改 | ★★★★☆ | 12分 | 実施日 [/] [/] [/]

$C_5H_{12}O$ の分子式で表される化合物 A，B，C，D，E，F がある。化合物 A，B，C，D，E，F は，いずれも(a)金属ナトリウムと反応し，水素が発生した。化合物 B，D，F には不斉炭素原子があるが，化合物 A，C，E には不斉炭素原子はない。また，化合物 A，B，C の炭化水素基には枝分かれがないが，化合物 D，E，F には枝分かれがあることがわかった。塩基性水溶液でヨウ素と作用させると，化合物 B，F は特異臭をもつ黄色沈殿を生じた。二クロム酸カリウムの硫酸酸性水溶液を用い酸化を行ったところ，化合物 A，B，C，D，F は容易に酸化されたが，化合物 E は酸化されにくかった。化合物 A，D の酸化により得られた化合物に(b)アンモニア性硝酸銀水溶液を作用させると，銀が析出した。

☐**問1** 化合物 A，B，C，D，E，F の構造式を記入せよ。ただし，不斉炭素原子に＊印を付けよ。

☐**問2** 下線部(a)において，0.30 g の金属ナトリウムを 10 g の化合物 A に加えたとき，発生する水素の 0℃，1.013×10^5 Pa の体積は何 L か，有効数字 2 桁で求めよ。

☐**問3** 下線部(b)の反応の名称を記入せよ。また，この反応はどのような官能基を検出するのに有効であるか。官能基名を記入せよ。

☐**問4** 化合物 B を濃硫酸で脱水すると，分子式 C_5H_{10} のアルケンが生成する。生成するアルケンには 3 種類の異性体が存在する。それらの構造式をすべて記入せよ。

☐**問5** C_5H_{10} の分子式で表される環式炭化水素の異性体の構造式をすべて記入せよ。ただし，立体異性体は区別しなくてよい。

☐**問6** 化合物 E の炭素に結合している水素原子 1 つを塩素原子で置換したときに生じる化合物のうち，不斉炭素原子を有する化合物の構造式をすべて記入せよ。ただし，不斉炭素原子に＊印を付けよ。

146《エステルの合成実験》京都教育大学・改｜★★★☆☆｜8分｜実施日 / / /

A君とB君は「酢酸(沸点118℃)とエタノール(沸点78℃)との混合物は酢酸エチル(沸点77℃)と水を生成して平衡に達する」ことを確かめるために，次の2つの実験を行った。

実験Ⅰ：乾いた試験管に酢酸とエタノールを各々$2\,cm^3$ずつ取り，よく振った後，濃硫酸を1滴加えた。これに沸騰石を入れて試験管を数分間加熱し，水を$10\,cm^3$加えた。

実験Ⅱ：(1)酢酸エチル$2\,cm^3$を試験管にとり，1 mol/Lの水酸化ナトリウム水溶液を$5\,cm^3$加え，これに沸騰石を入れて試験管を十数分間加熱した。その後，水が$10\,cm^3$入ったビーカーに試験管の内容物を移し，(2)3 mol/Lの硫酸を酸性になるまで加えた。

☐**問1**　実験Ⅰにおける濃硫酸の役割は何か。

☐**問2**　実験Ⅰで生成したエステルをできるだけ純粋に取り出す方法を50字以内で書け。

☐**問3**　実験ⅠをしていたB君は誤って酢酸，エタノール，濃硫酸，および水を一度に混ぜて加熱した。A君と同様に，B君は数分後エステルを合成できるか，それともできないか。その理由も書け。

☐**問4**　実験Ⅰで酢酸エチルが生じる変化を化学反応式で表せ。

☐**問5**　実験Ⅱの下線(1)・(2)で起こった反応は，イオンを含む化学反応式で以下のように書くことができる。

（　ア　）～（　ウ　）にあてはまる分子またはイオンを記入し，化学反応式を完成せよ。

下線(1)　$CH_3COOC_2H_5 + OH^- \longrightarrow$（　ア　）+（　イ　）

下線(2)　（　ア　）+ $H^+ \longrightarrow$（　ウ　）

☐**問6**　実験Ⅱの反応は，実験Ⅰの反応の逆反応であることを説明せよ。

147《$C_4H_8O_2$ の構造決定》首都大学東京｜★★★★☆｜10分｜実施日［　/　］［　/　］［　/　］

共通の分子式 $C_4H_8O_2$ をもつ化合物AとBについて次の実験を行った。以下の問いに答えよ。構造式は例にならって示せ。

(例)

$$\begin{matrix} H & & & & (\text{ベンゼン環}) \\ & \diagdown & & \diagup & \\ & & C=C & & \\ & \diagup & & \diagdown & \\ H & & & & CH_3 \end{matrix}$$

$$\begin{matrix} & & OH & & \\ & & | & & \\ CH_3CH_2 & - & CH & - & COOH \end{matrix}$$

実験1　化合物Aを加水分解すると，化合物CとDが得られた。

実験2　化合物Cに濃硫酸を加えて約160℃で加熱するとエチレンが得られた。また，Cを硫酸酸性溶液中で二クロム酸カリウムによって酸化すると刺激臭のする化合物Eが発生し，さらに酸化を続けると化合物Dが得られた。

実験3　化合物Dを十酸化四リン(五酸化二リン)の存在下で加熱すると化合物Fが得られた。

実験4　化合物Dのカルシウム塩を熱分解すると，化合物Gが得られた。化合物Gは揮発性の液体で，(a)〔　ア　〕水溶液と〔　イ　〕を加えて温めると黄色結晶が生成した。

実験5　化合物Bを加水分解すると，化合物HとIが得られた。化合物Hは刺激臭のあるカルボン酸で，(b)アンモニア性硝酸銀溶液を還元した。

実験6　化合物Iを酸化すると，化合物Gが得られた。

☐**問1**　化合物A～Iの構造式を示せ。

☐**問2**　下線部(a)の〔　ア　〕と〔　イ　〕にあてはまる語句をいれ，この反応で生じた黄色結晶の構造式を示せ。また，この反応の名称を答えよ。

☐**問3**　下線部(b)の反応の名称を答えよ。

☐**問4**　化合物C～Iの中には，化合物Hと同様にアンモニア性硝酸銀溶液を還元する性質をもつ化合物がある。その化合物の名称を答えよ。

☐**問5**　化合物Cに濃硫酸を加えて約130℃で加熱したときに得られる化合物の名称を答えよ。また，そのときの反応式を，構造式を用いて示せ。

148 《$C_5H_{10}O_2$ の構造決定》埼玉大学｜★★★★☆｜10分｜実施日［ / ］［ / ］［ / ］

①分子式が $C_5H_{10}O_2$ のエステルの1つである酪酸メチルは，硫酸の存在下，直鎖構造をもつカルボン酸と，アルコールとの縮合反応から合成できる。分子式が $C_5H_{10}O_2$ のエステルには複数の異性体が存在し，化合物Aもその1つである。Aを加水分解したところ，カルボン酸Bと，分子式が C_3H_8O のアルコールCが得られた。Bに五酸化二リン(十酸化四リン)を加えて加熱すると，2分子のBから水1分子がとれて，化合物Dが生成した。②還元性をもつ化合物Eは，硫酸酸性二クロム酸カリウム溶液を用いてCを酸化すると得られた。Eをさらに酸化するとカルボン酸が生成した。

☐**問1**　下線部①の化学反応式を，構造式を用いて示せ。また，この反応における硫酸の働きを10字程度で説明せよ。

☐**問2**　1.02×10^{-1} g の酪酸メチルを完全燃焼させた。この化学反応式を，分子式を用いて書け。また，完全燃焼に必要な酸素の体積は，標準状態（0℃，1.01×10^5 Pa）で何Lか。有効数字3桁で求めよ。

☐**問3**　化合物Aの加水分解生成物である，カルボン酸BおよびアルコールCの化合物名を書け。また，Aの構造式を示せ。

☐**問4**　分子式が C_3H_8O に対応する，アルコールCを除いた異性体の構造式を，すべて示せ。

☐**問5**　化合物Dの構造式を示せ。

☐**問6**　下線部②において，化合物Eが還元性を示す原因となる官能基の名称を書け。

149 《油脂とセッケン》群馬大学｜★★☆☆☆｜10分｜実施日 / / /

脂質は，タンパク質や糖類とともに栄養素として不可欠な物質である。単純脂質の一種である油脂は，高級脂肪酸と3価アルコールである［ア］のエステルであり，生体内において［イ］と呼ばれる酵素により加水分解される。

また，a 油脂に水酸化ナトリウム水溶液を加えて熱すると加水分解が起こり［ア］と［ウ］が得られる。この反応をけん化という。

［ウ］は，セッケンとも呼ばれ，親水性部分と疎水性部分をもつ界面活性剤である。高濃度のセッケン水中では［エ］と呼ばれるコロイド粒子が形成される。b このセッケン水に少量の油を入れ，激しくかき混ぜると油が水の中に分散する。この現象を［オ］という。

☐問1　空欄［ア］～［オ］に当てはまる最も適切な語句を記せ。

☐問2　下線部aの反応を化学反応式で記せ。ただし，油脂を構成する脂肪酸の炭化水素基部分はRで示せ。

☐問3　下線部bで水の中に分散した油の様子を表す図として最も適切なものを次の(A)～(D)から1つ選び，記号で答えよ。

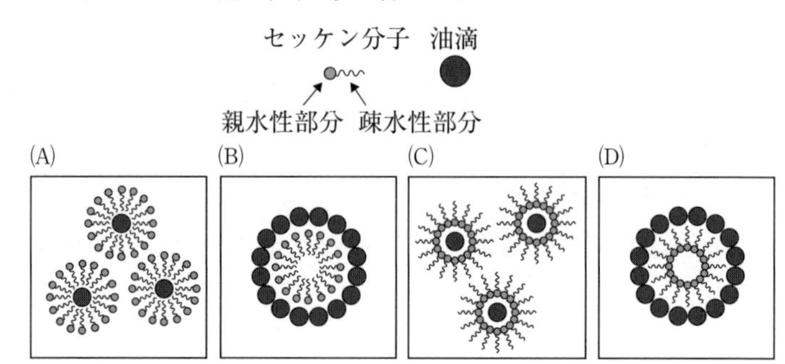

150 《油脂の構造決定》岐阜大学｜★★★★☆｜12分｜実施日 / / /

計算結果は，特に指定のない限り整数値で示せ。

油脂を構成する脂肪酸の種類を決定するために以下の実験Ⅰから実験Ⅲを行った。

〔実験Ⅰ〕 油脂Xに水酸化ナトリウム水溶液を加えて加熱し，十分に反応させた。これに塩酸を加えて酸性とし，有機溶媒を用いて抽出したところ，脂肪酸Aと脂肪酸B(物質量比で1：2)の混合物Cが得られた。

〔実験Ⅱ〕 4.40 gの油脂Xに触媒を用いて完全に水素を付加したところ，0℃，1.013×10^5 Paに換算して560 mLの水素が消費され，油脂Yへと変化した。この油脂Yを実験Ⅰと同様に処理したところ，1種類の脂肪酸Dが得られた。得られた脂肪酸Dのうち14.2 mgを完全燃焼させたところ，二酸化炭素39.6 mgと水16.2 mgが生じた。

〔実験Ⅲ〕 一般に，アルケンを硫酸酸性の過マンガン酸カリウム溶液中で熱すると，下記の式のような反応が起こり，二重結合が酸化切断され2つのカルボン酸が生じる。この反応はすべての二重結合に起こり，混合物Cからは4種類のカルボン酸E，F，G，H(物質量比で1：2：2：3)が生成した。化合物Eと化合物Fは1価カルボン酸で，炭素原子数はそれぞれ9と6であり，化合物Gと化合物Hは2価カルボン酸で，炭素原子数はそれぞれ3と9であった。

$$R_1-CH=CH-R_2 \xrightarrow[H_2SO_4\text{水溶液}]{KMnO_4,\ \text{加熱}} R_1-COOH + HOOC-R_2$$

☑問1　13.2 gの油脂Xをけん化するのに，2.00 mol/Lの水酸化ナトリウム水溶液を22.5 mL必要とした。油脂Xの分子量を求めよ。

☑問2　実験Ⅰの下線部の操作をする理由を40字程度で記せ。

☑問3　1分子の油脂Xに含まれるC=C結合の数を求めよ。

☑問4　脂肪酸Dの示性式を示せ。

☑問5　脂肪酸Aおよび脂肪酸Bは直鎖状で，二重結合を含む脂肪酸である。脂肪酸Aと脂肪酸Bの可能な構造式をすべて示せ。

☑問6　油脂Xは不斉炭素原子を含んでいる。不斉炭素原子には＊を付して，油脂Xの可能な構造式をすべて示せ。

☑問7　油脂Xは常温で液体である。その理由を50字以内で記せ。

151《ベンゼンの構造》宇都宮大学・改｜★★★☆☆｜10分｜実施日 ／ ／ ／

仮想的なベンゼン(図1)と，実際のベンゼン(図2)に関して，以下の**問1～3**に答えよ。

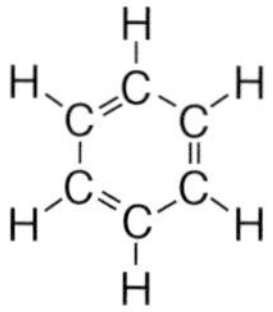

図1 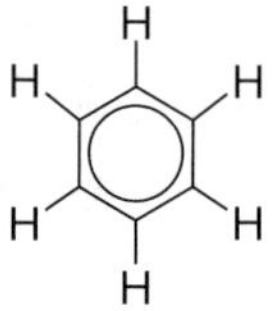　図2

☐**問1**　シクロヘキセン(C_6H_{10})に水素を付加させてシクロヘキサン(C_6H_{12})を作るとき，その反応の反応エンタルピーは－120kJ/molである。この事実をもとにして，仮想的なベンゼン(図1，単結合と二重結合が3つずつ交互に固定された環状分子)に水素を付加させてシクロヘキサン(C_6H_{12})を得る反応の反応エンタルピーを予想し，次式(式1)を完成させよ。

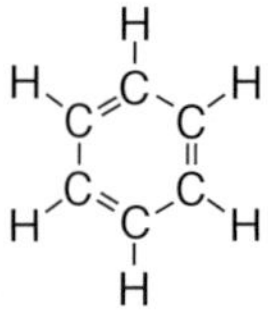

(図1の構造)(液) + ☐ H_2(気) ⟶ C_6H_{12}(液)　ΔH = ☐ kJ
……(式1)

☐**問2**　実際のベンゼン(図2)に水素を付加させてシクロヘキサン(C_6H_{12})を作るとき，その反応の反応エンタルピーはいくらか。次式をもとにして求めよ。

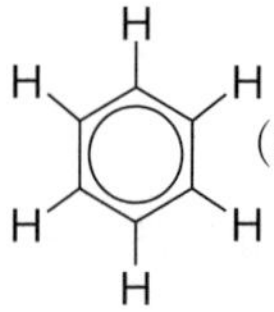

(図2の構造)(液) + $7.5O_2$(気) ⟶ $6CO_2$(気) + $3H_2O$(液)　ΔH = －3268kJ
……(式2)

C_6H_{12}(液) + $9O_2$(気) ⟶ $6CO_2$(気) + $6H_2O$(液)　ΔH = －3920kJ ……(式3)

H_2(気) + $0.5O_2$(気) ⟶ H_2O(液)　ΔH = －286kJ　……(式4)

☑問3　**問1**と**問2**から求められる反応エンタルピーの差が，「単結合と二重結合の平均化」の影響である。仮想的なベンゼン（図1）に水素を付加するのと，実際のベンゼン（図2）に水素を付加するのでは，どちらの反応エンタルピーが，どれだけ小さいか答えよ。

152《芳香族化合物の反応①》大阪教育大学｜★★☆☆☆｜5分｜実施日［ / ］［ / ］［ / ］

☑問1　ベンゼンと塩素の反応を，次の(1)，(2)の条件で行った。(1)，(2)で進行する反応を化学反応式で記せ。

なお，有機化合物は，以下の例にならって示性式で示すこと。

示性式の例　（ベンゼン環）$-SO_3H$

(1)　ベンゼンと塩素の混合物に紫外線を照射した。

(2)　ベンゼンと鉄粉の混合物に塩素を吹き込んだ。

☑問2　トルエンを酸化すると安息香酸が得られる。今，安息香酸あるいは安息香酸ナトリウムのどちらか一方だけが入っている試薬びんがある。この試薬びんに入っているのがどちらであるのかを区別するための実験手順を述べよ。さらに，その実験手順で得られた結果から，区別できる理由についても述べよ。

153《芳香族化合物の反応②》防衛大学校｜★★☆☆☆｜6分｜実施日［ / ］［ / ］［ / ］

下の反応経路図を参考にして，次の**問1～5**に答えよ。ただし，化合物B～Jはすべて異なる化合物とする。

化合物Aは，触媒の存在下で化合物Bと化合物Cの反応から得られる。この化合物Aを酸化すると化合物Dが得られ，その化合物Dを硫酸で分解させると，医薬・合成樹脂等の原料となる化合物Eと，有機溶媒として有用な化合物Fが得られる。化合物Eは，塩化鉄(Ⅲ)水溶液を加えると，呈色する。

化合物Eを水酸化ナトリウムで中和後，得られた化合物を高温・高圧下で二酸化炭素と反応させ，これを硫酸と反応させると化合物Iが得られる。化合物Iをメタノールと濃硫酸で反応させると，消炎鎮痛剤として有用な化合物Jがつくられる。

化合物Fは，化合物Cを酸化することによっても得られる。また，化合物Hの乾留や化合物Gの酸化によっても得ることができる。

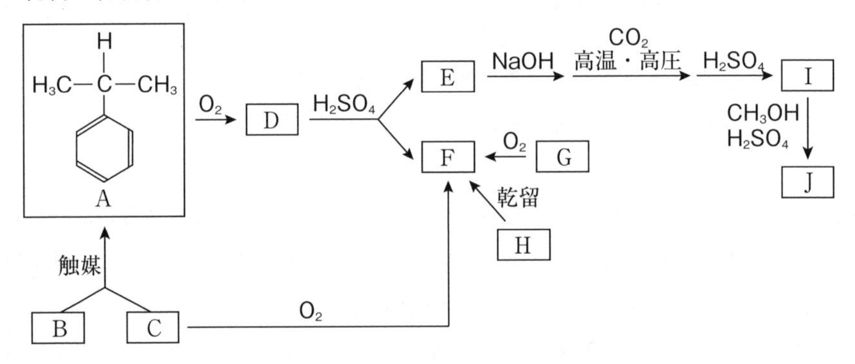

問1　化合物B～Fの構造式を示せ。

問2　化合物G～Jの化合物名を答えよ。

問3　化合物BとCから化合物EとFがつくられる方法の名称を答えよ。

問4　下線部の呈色反応を示さない化合物はどれか。以下から該当するものをすべて選び，記号で答えよ。

(a) o-クレゾール　(b) ベンジルアルコール　(c) 1-ナフトール

問5　化合物Iから化合物Jをつくる化学反応式をかけ。

154 《医薬品の合成実験》金沢大学 | ★★★☆☆ | 8分 | 実施日 / / /

次の文章は，アセトアニリドの合成法を示す。この文章を読んで，**問1～4**に答えよ。なお，ベンゼンの密度は0.88 g/cm^{3}とする。

(a)濃硝酸に同体積の濃硫酸を冷やしながら加え，そこにベンゼンを少しずつ加えて振り混ぜ，約60 ℃で10分間加熱する。加熱後，反応液を多量の冷水中に注ぐと，黄色の油状の化合物Aが底に沈むので，これを分離する。

(b)化合物Aにスズと塩酸を加えて加熱すると，化合物Bの塩酸塩が生じる。(c)これに水酸化ナトリウム水溶液を加えると，化合物Bが遊離する。

(d)化合物Bに無水酢酸を徐々に加え，反応させることによりアセトアニリドが生じる。アセトアニリドは，水を用いた再結晶により精製することができる。

☐**問1**　化合物AおよびBの物質名を記入せよ。

☐**問2**　下線部(a)，(b)，(c)，(d)で起こる反応を化学反応式で記入せよ。

☐**問3**　下線部(b)の反応で，スズはどのような働きをしているかを30字以内で説明せよ。

☐**問4**　ベンゼンから化合物A，化合物Aから化合物B，化合物Bからアセトアニリドが生成するそれぞれの反応において，ベンゼン，化合物A，化合物Bが，91%，80%，60%反応したとすると，得られるアセトアニリドの質量はいくらになるか。有効数字2桁で求めよ。ここで，ベンゼンは10 mLを反応に用い，反応により生成した化合物は全量回収できるとし，得られた化合物A，化合物Bは全量を次の反応に使用したとする。また，原子量はH = 1.0，C = 12，N = 14，O = 16とする。

155 《染料の合成実験》群馬大学 | ★★★☆☆ | 8分 | 実施日 / / /

ベンゼンおよびその誘導体は，分子内にベンゼン環と呼ばれる独特の構造を持ち，芳香族化合物と呼ばれる。一般的に，ベンゼンは，付加反応を受けにくく，置換反応を受けやすい。ベンゼンに［ア］と［イ］の混合物(混酸)を加えて約60℃で反応させると，ニトロベンゼンが得られる。一方，ベンゼンを［イ］とともに加熱すると，［ウ］が生じる。［ウ］は水に溶けて，強い酸性を示す。

アニリンおよびその誘導体は，染料，医薬品や高分子材料などを製造する際の工業用原料として広く利用されている。ニトロベンゼンを用いて，アニリンを次の方法によって合成した。$_a$試験管にニトロベンゼンとスズ Sn を取り，よく振り混ぜながら濃塩酸を少しずつ加えた後，70℃の温浴で熱したところ，ニトロベンゼンの油滴が無くなった。この溶液を三角フラスコに移し，弱塩基性になるまで水酸化ナトリウム水溶液を加えると，油状のアニリンが遊離した。アニリンは，弱塩基性の化合物である。

☐**問1** 空欄［ア］，［イ］に当てはまる最も適切な試薬名を記せ。また，空欄［ウ］に当てはまる化合物名を記せ。

☐**問2** 下線 a の反応におけるスズの役割を 10 字以内で述べよ。

☐**問3** アニリンに関する記述として誤っているものを，次の①～⑤のうちから2つ選び，それらの番号を記せ。

① 純粋なものは無色であるが，空気中に放置しておくと徐々に褐色になる。

② さらし粉水溶液を加えると赤紫色を呈する。

③ 塩化鉄(Ⅲ)水溶液を加えると青紫色～赤紫色を呈する。

④ 塩基性水溶液中でヨウ素と反応し，ヨードホルムの黄色沈殿が生成する。

⑤ 硫酸酸性にした二クロム酸カリウム水溶液によって酸化すると，水に不溶の黒色物質に変化する。

☐**問4** 次図は，アニリンを出発物質として赤橙色染料スダンⅠ(オイルオレンジ)を合成する経路を示したものである。空欄［エ］，［オ］に該当する化合物の構造式を記せ。

NH_2（ベンゼン環）　$\xrightarrow{NaNO_2,\ HCl}$　［エ］　$\xrightarrow{［オ］}$　OH（ナフタレン環）—N=N—（ベンゼン環）　+ NaCl

スダンⅠ
（オイルオレンジ）

☐**問5**　アニリンを水に加えるとわずかに溶けて一部が電離し，水酸化物イオンを生成する。

5.0 × 10^{-2} mol/L アニリン水溶液の電離度 α と水酸化物イオンの濃度 $[OH^-]$ を，有効数字2桁で答えよ。ただし，アニリンの電離定数 K_b は 5.0 × 10^{-10} mol/L とし，電離度 α は1よりも十分に小さいものとする。

156《芳香族化合物の分離》埼玉大学 | ★★★☆☆ | 8分 | 実施日 / / /

安息香酸，アニリン，フェノール，p－キシレンの混合物に対して，以下のフローチャートに従った実験操作を行い，それぞれを分離した。**問1，2**に答えよ。

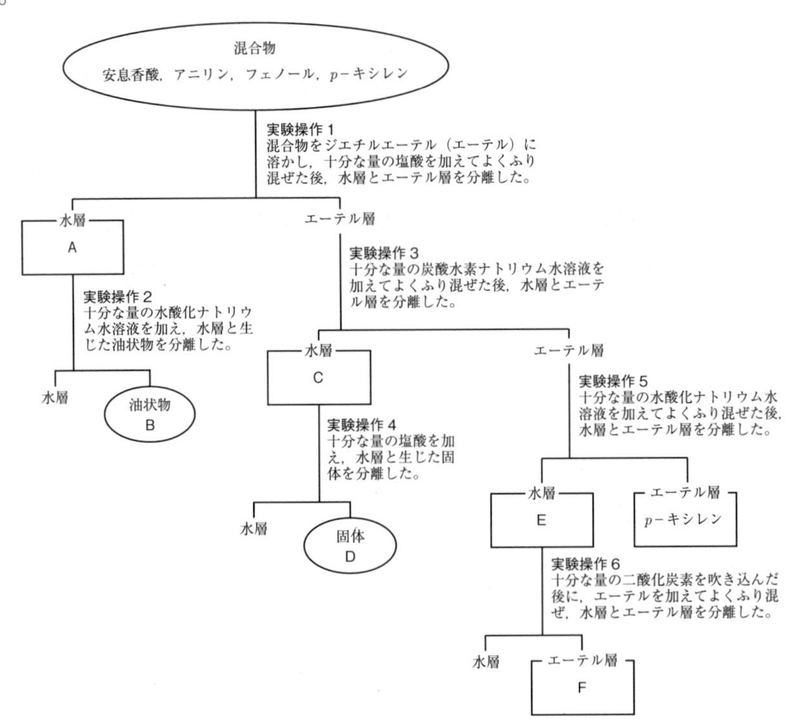

☐**問1** 化合物A～Fの構造式を書け。

☐**問2** 実験操作1，3，5，6は分液ろうとを用いて行った。

(1) これらの実験操作では，有機溶媒としてエーテルを用いた。エーテルの代わりにエタノールやメタノールを用いることはできない。その理由を述べよ。

(2) 実験操作3において，エーテル層と水層をふり混ぜる際にガスが発生したので，ふり混ぜてはコックを開く操作をひんぱんに繰り返し行った。このときに発生したガスは何か，化学式で答えよ。

157《C_7H_8O の構造決定》首都大学東京・改｜★★★☆☆｜8分｜実施日 / / /

以下の**問1～5**に答えよ。構造式は例にならって示せ。

（例）

$$\mathrm{H_2C{=}C(CH_3)(C_6H_5)} \qquad \mathrm{CH_3CH_2{-}CH(OH){-}COOH}$$

共通の分子式 C_7H_8O をもつ無色の芳香族化合物A～Eについて以下の実験を行った。

実験1　A～Eに塩化鉄(Ⅲ)溶液を加えて反応させたところ，A，B，Dだけが青色の呈色反応を示した。

実験2　A～Eの沸点を測定したところ，Cが最も低い値を示した。

実験3　A，B，Dを構成するベンゼン環に結合している水素原子1個を塩素原子で置換したところ，微量生成物も含めてA，Dからは4種類，Bからは2種類の異性体が得られた。

実験4　Aを無水酢酸でアセチル化したのちに酸化し，さらに酸触媒を用いて加水分解すると，化合物Fが得られた。この化合物Fを濃硫酸の存在下でメタノールと反応させてエステル化した化合物Gは消炎剤(湿布薬)として用いられる。

以下の問いに答えよ。

☑**問1**　A～Eの化合物の構造式を示せ。

☑**問2**　化合物A，B，DとC，Eを区別できる実験1にかわる方法を40字以内で説明せよ。

☑**問3**　A～Eの化合物の中で，Cが最も低い沸点を示す理由を40字以内で説明せよ。

☑**問4**　化合物Cを他の4種類の化合物と区別できる実験2にかわる方法を40字以内で説明せよ。

☑**問5**　化合物F，Gの名称と構造式を答えよ。

158 《$C_8H_{10}O$ の構造決定》静岡県立大学 | ★★★★☆ | 12分 | 実施日 [/] [/] [/]

分子式 $C_8H_{10}O$ で表される芳香族化合物 A，B，C がある。

1) 化合物 A，B，C は，いずれもナトリウムと激しく反応した。

2) 化合物 A，B，C は，いずれも塩化鉄(Ⅲ)水溶液に対して呈色反応を示さなかった。

3) 穏やかに酸化すると，化合物 A からは化合物 D，化合物 B からは化合物 E，化合物 C からは化合物 F が得られた。

4) 化合物 D および化合物 F は銀鏡反応を示すが，化合物 E は示さなかった。

5) 化合物 A および化合物 B を濃硫酸と加熱すると，いずれからも化合物 G が得られた。化合物 G を付加重合させると高分子化合物が得られた。

6) 化合物 C および化合物 F を酸化剤を用いて十分に酸化すると，化合物 H が得られた。

7) 化合物 H を加熱すると分子内で水分子がとれて，化合物 I が得られた。

☑問1 化合物 A ～ I の構造式を記せ。

☑問2 不斉炭素原子を持つ化合物は A ～ I のうちどれか，記号で示せ。

☑問3 化合物 G を付加重合させて得られる高分子化合物の名称を記せ。

☑問4 化合物 A, B, C のうち，水酸化ナトリウム水溶液とヨウ素を作用させると，黄色沈殿を生じるのはどれか，記号で示せ。また，このとき生じた黄色沈殿の構造式を記せ。

159《$C_{12}H_{14}O_2$の構造決定》大阪府立大学・改｜★★★★☆｜8分｜実施日 / / /

炭素，水素および酸素からなる芳香族化合物Aがある。Aの元素分析を行なったところ，質量の組成は炭素75.8 %，水素7.4 %，酸素16.8 %であった。また，Aの分子量は190であった。Aに臭素を作用させると，臭素の赤褐色が消失した。(a)Aは酸により容易に加水分解されて，メタノールと弱酸性を示すBが生成した。また，(b)Bをオゾン分解*するとアセトンとCが生成し，Cにアンモニア性硝酸銀水溶液を加えて温めると，銀が生じた。Cを酸化して得られるDを加熱すると，分子内で容易に脱水し，Eが生成した。

*オゾン分解：アルケンの炭素－炭素二重結合を分解し，2分子のカルボニル化合物を与える反応

(例) C_6H_5-CH_2(CH$_3$)C=CH(CH_2—CH_3) —オゾン分解→ C_6H_5-CH_2(CH$_3$)C=O ＋ O=C(H)CH_2—CH_3

□問1　化合物Aの分子式を求めよ。ただし，原子量はH = 1.0，C = 12，O = 16とする。

□問2　下線部(a)の実験からわかる，化合物Aに含まれる構造を示せ。また，下線部(b)の実験からわかる，化合物Bに含まれる構造を示せ。解答は例にならって示せ。

(例) R-C(=O)-H　　R－OH

□問3　化合物A，B，C，DおよびEの構造式を例にならって示せ。

(例) CH_3—C(=O)—CH=C(CH_2—CH_3)—(ベンゼン環)—OH

160《$C_{10}H_{12}O_2$ の構造決定》名古屋市立大学｜★★★★☆｜8分｜実施日 ／ ／ ／

有機化合物の構造決定に関する次の文章を読み，**問1～6**に答えよ。原子量は，H = 1，C = 12，O = 16とする。

炭素，水素，酸素のみからなる化合物Aおよび化合物Bがある。

芳香族エステルである化合物Aを8.2mgとり完全燃焼させたところ，22.0mgの二酸化炭素と，5.4mgの水が生じた。この結果から化合物Aの組成式を求めると［あ（組成式）］となる。次に410mgの化合物Aをベンゼン5.00gに溶解させて凝固点を測定したところ，純粋なベンゼンと比較して凝固点が2.56K下がっていた。この結果から，化合物Aの分子量は［い（数値）］で，分子式は［う（分子式）］と決定できた。

化合物Aを水酸化ナトリウム水溶液とともにけん化すると，水溶液の上層に油状物質である化合物Cが遊離した。化合物Cはベンゼンの二置換体で，硫酸酸性の二クロム酸カリウムで弱く酸化すると，分子式が$C_8H_8O_2$で表せる酸性物質である化合物Dが生成した。また化合物Cに過マンガン酸カリウム水溶液を加えて加熱した後，室温に冷却して希塩酸を加えると，白色結晶として化合物Eが生成した。(a)化合物Eを融点付近まで加熱すると，水を失って分子式が$C_8H_4O_3$で表せる酸無水物の化合物Fとなった。

化合物Aと同じ分子式で芳香族エステルである(b)化合物Bをけん化すると均一な水溶液が得られた。この水溶液に希塩酸を十分に加えて強酸性にすると，油状の化合物Gが遊離した。化合物Gは分子量が108の酸性物質で，さらに過マンガン酸カリウムで強く酸化し，室温で強酸性にすると，分子量が138の酸性を示す化合物Hとなった。化合物Gおよび化合物Hに塩化鉄(Ⅲ)水溶液を加えると，化合物Gでは青色，化合物Hでは赤紫色を呈した。また化合物Gのベンゼン環の水素原子の1つを塩素原子に置換した化合物には，2種類の異性体が存在することがわかった。

☑問1　[あ]～[う]に括弧内の指示に従い，適切な組成式，数値および分子式を記せ。ただし化合物Aはベンゼン中で単分子として存在し，ベンゼンのモル凝固点降下は5.12 K･kg/molとする。

☑問2　下線部(a)について化合物Eから化合物Fが生成される変化を反応式で表せ。

☑問3　化合物Cおよび化合物Dの構造式を記せ。

☑問4　化合物Aの構造式を記せ。

☑問5　化合物Hの構造式を記せ。

☑問6　下線部(b)について，化合物Bがけん化されて化合物Gの塩が生成される変化を反応式で表せ。

161 《芳香族化合物の反応③》筑波大学·改 | ★★★★☆ | 8分 | 実施日 / / /

9つの炭素原子からなる化合物の一群Pがある。化合物群Pに属する化合物は，五員環(5つの炭素原子からなる環状の構造)を2つ持ち，他の環状の構造を持たない。しかも，2つの五員環が1つの炭素原子のみを共有してつながっている。図1に，化合物群Pに属する化合物の一例を示す。なお図中で，五員環をつなぐ炭素原子から伸びる4本の結合のうち，実線で示す2本の結合は紙面上に，くさび形太線(◀)で示す結合は紙面の手前に，くさび形破線(|||||||)で示す結合は紙面の奥に，それぞれ存在する。

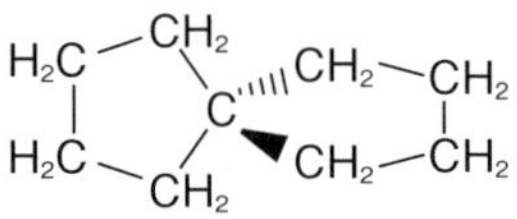

H_2C — CH_2 — C — CH_2 — CH_2
H_2C — CH_2 — C — CH_2 — CH_2

図1

分子式が C_9H_{12} で表され，化合物群Pに属する化合物について，以下の問に答えよ。ただし，図1の構造式にならって記すこと。

☐**問1**　水素原子の数が互いに異なる2種類の五員環を持つ化合物の構造式を1つ示せ。

☐**問2**　水素原子を1つだけ塩素原子に置き換えるとすると，3種類以下の異性体を与える化合物の構造式を1つ示せ。

☐**問3**　鏡像異性体(光学異性体)を持つ化合物の構造式を1つ示せ。

162 《$C_9H_{11}NO$の構造決定》神戸大学｜★★★☆☆｜8分｜実施日［　/　］［　/　］［　/　］

次の実験①～④についての文章を読んで，**問1～5**に答えよ。

① 分子式$C_9H_{11}NO$の化合物A 1molを加水分解すると，化合物Bと化合物Cが1molずつ得られた。

② 化合物Bは，ニトロベンゼンの還元により得られる生成物と同じ化合物で，さらし粉溶液を加えると赤紫色を呈した。

③ 化合物Cは，アルコールである化合物Dを硫酸酸性の二クロム酸カリウムで酸化すると得られた。

④ 化合物Dには，同じ分子式の2つの構造異性体EおよびFが存在する。Eはナトリウムを加えると水素が発生したが，Fは発生しなかった。また，Eを酸化すると化合物Gが得られた。

☑**問1**　化合物A～Dの構造式を書け。

☑**問2**　実験②の還元反応においてニトロベンゼン50mgを試験管に入れ，スズと濃塩酸を加えて加熱した。しばらくすると試験管中の油滴が消えた。加熱をやめNaOH水溶液を加えると，再び油滴が生成した。下線部で起こっている化学反応式を書け。この時，ニトロベンゼンが82%反応したとすると得られる化合物Bの質量を有効数字2桁で答えよ。ただし，原子量はH = 1.0，C = 12，N = 14，O = 16とする。

☑**問3**　化合物FおよびGの構造式と名称を書け。

☑**問4**　化合物D，E，Fを沸点が低い順番に並べよ。

☑**問5**　化合物Eに濃硫酸を加えて加熱したとき，反応温度により異なる生成物が得られた。比較的低い温度では酸化剤にも還元剤にも反応しない化合物Hが，また，より高温では付加重合を起こす化合物Iがそれぞれ主に得られた。化合物H，Iの構造式を書け。

第19章　糖・アミノ酸・医薬品・染料

163《グルコース》大阪府立大学・改 | ★★☆☆☆ | 5分 | 実施日 / / /

グルコース($C_6H_{12}O_6$)は，水溶液中では，鎖状構造と環状構造が混在した平衡状態にある。鎖状構造にはホルミル基(アルデヒド基)があるため，グルコースの水溶液は[ア]性を示す。したがって，フェーリング液にグルコースを加えて加熱すると，[イ]色の①沈殿が生じる。環状構造にはα－グルコースとβ－グルコースの立体異性体が存在する。多数のα－グルコースが脱水縮合して結合した高分子のうち，植物中に貯蔵されているものをデンプンという。

生物は，主にグルコースを分解してエネルギーを獲得している。酸素がある場合，おだやかな燃焼と言えるような反応が起こり，グルコースは最終的に[ウ]と[エ]になる。一方，酸素のない条件下では，たとえば酵母菌の場合，エタノールと二酸化炭素に分解してエネルギーを得ている。②この過程をアルコール発酵という。

☑問1　空欄[ア]～[エ]に適切な語句を入れよ。

☑問2　下線部①について，沈殿する化合物の化学式を記せ。

☑問3　下線部②について，グルコースをアルコール発酵させたときの化学反応式を記せ。

164 《フルクトース》京都府立大学 | ★★★☆☆ | 6分 | 実施日 [/] [/] [/]

☐**問1**　フルクトース分子は結晶中では(a)のような構造をとっているが，水溶液中では(　b　)と(　c　)の構造と平衡状態になっている。フルクトースが還元性を示すのは(　b　)のような構造になるためである。(a)，(　b　)，(　c　)の3つの構造が水溶液中で平衡状態になっている様子を，構造式を用いて図示せよ。また，(　b　)の構造で還元性を示す部分を□で囲め。

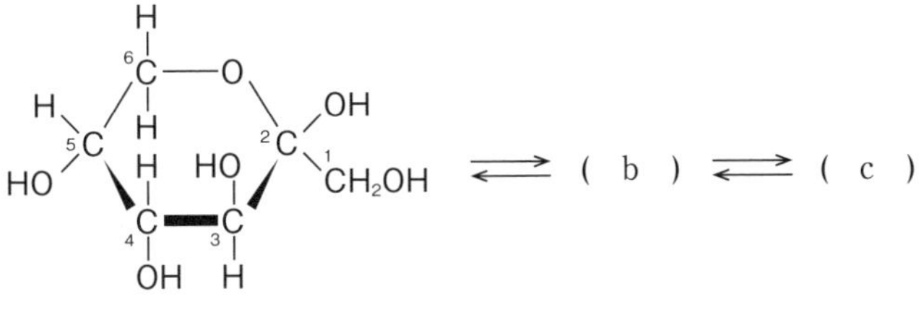

(a)　⇄　(　b　)　⇄　(　c　)

問1の解答欄

☐**問2**　以下の文中の(　ア　)～(　ウ　)にあてはまる語句を書け。

グルコース，ガラクトースはいずれも分子式(　ア　)で表される単糖類である。水溶液中では(　イ　)基を生じるので，還元性を示す。また，(　ウ　)基を多く持つので水に溶けやすい。

☐**問3**　糖の還元性を検出する一般的な試験方法の名称を2つあげ，還元される物質中の原子の元素記号と，観察される現象を示せ。

有機化合物

165 《糖類の反応》新潟大学・改 | ★★★☆☆ | 8分 | 実施日 / / /

グルコース，マルトース，スクロース，ラクトース，セロビオース，フルクトースの6種類の糖の1%水溶液が10mLずつある。これらの溶液を2種類，10mLずつ混ぜ合わせて(ア)，(イ)，(ウ)の3種類の試料を20mLずつ得た。これらの試料を2mLずつ試験管に取り分け，実験1～4を行って次のような結果を得た。なお，フェーリング液の還元反応は，フェーリング液を十分量加えて反応を完全に進行させ，反応性の糖の物質量〔mol〕に比例した量の生成物が生じるものとする。

実験1　それぞれの試験管にフェーリング液を加えて加熱すると，(ア)，(イ)，(ウ)はおよそ2：1：0.5の質量比で赤色沈殿を生じた。

実験2　それぞれの試験管に，サトウキビから精製される二糖を加水分解するインベルターゼを加えて十分に酵素反応をさせた後，実験1と同じようにフェーリング液の還元反応を行ったところ，(ウ)の試験管だけ実験1より多い量の，(ア)と(イ)は実験1と同じ量の赤色沈殿を生じた。

実験3　それぞれの試験管にマルターゼを加えて十分に酵素反応をさせた後，実験1と同じようにフェーリング液の還元反応を行ったところ，(イ)だけ実験1より多い量の，(ア)と(ウ)は実験1と同じ量の赤色沈殿を生じた。

実験4　それぞれの試験管に希硫酸を加えて加熱し，グリコシド結合を完全に加水分解した。この加水分解物に含まれる糖を分析したところ，(ア)，(イ)，(ウ)のいずれからも2種類の単糖が検出された。

□問1　(ア)～(ウ)に含まれる糖の名称を答えよ。

□問2　実験1で生じた赤色沈殿の化学式を書け。

166 《スクロースの反応》宮崎大学 | ★★★★☆ | 8分 | 実施日 [/] [/] [/]

スクロースに酵素インベルターゼを作用させると，以下のような反応が起こった。

$C_{12}H_{22}O_{11}$(スクロース) + [ア]

$\xrightarrow[\text{インベルターゼ}]{}$ $C_6H_{12}O_6$(グルコース) + $C_6H_{12}O_6$(フルクトース)

インベルターゼはこの化学反応の触媒として働いて反応速度を大きくするが，それは反応の[イ]が小さくなることに由来している。

スクロース 13.1 mg にインベルターゼを 10 分間作用させた後に反応を止めた。この反応で，2.34 mg のグルコースが生成した。反応液の体積は 5.00 cm^3 で体積変化がないものとすると，生成したグルコースの物質量は[ウ]mol であるので，モル濃度$[C_6H_{12}O_6]$は[エ]mol/L になる。一方，スクロースのモル濃度の変化量の絶対値 $|\Delta[C_{12}H_{22}O_{11}]|$ は[オ]mol/L となり，スクロースの分解の反応速度は，[カ]mol/(L･s)になる。

スクロースのモル濃度$[C_{12}H_{22}O_{11}]$は，反応前では[キ]mol/L，10 分反応後では[ク]mol/L であるので，0～10 分の$[C_{12}H_{22}O_{11}]$の平均値は[ケ]mol/L となる。したがって，$[H_2O]$を一定とすると，反応速度定数は[コ]/s になる。

また，10 分反応後の反応液中のスクロース，グルコース，フルクトースの質量の合計は[サ]mg である。

☑ **問 1**　空欄[ア]に最も適当な化学式を書け。

☑ **問 2**　空欄[イ]に最も適当な語句を書け。

☑ **問 3**　空欄[ウ]～[サ]に最も適当な数値を有効数字 3 桁で書け。ただし，原子量は H = 1.0，C = 12，O = 16 とする。

有機化合物

167 《アミノ酸》秋田県立大学・改 | ★★★☆☆ | 5分 | 実施日 / / /

アミノ酸に関する次の文章を読み，**問1～4**に答えよ。

分子中にアミノ基とカルボキシ基をもつ化合物をアミノ酸と呼び，特に，これら2つの官能基が同一の炭素原子に結合しているものは［(ア)］という。生物体内のタンパク質を構成するアミノ酸は約20種類であり，(a)アミノ酸(A)を除いてL型とD型の鏡像異性体(光学異性体)が存在する。20種類のうち，生体内で合成されないアミノ酸は［(イ)］と呼ばれ，体外から摂取する必要がある。［(イ)］の種類と数は，生物によって異なる。

アミノ酸分子中のアミノ基は塩基性，カルボキシ基は酸性を示すので，アミノ酸は酸と塩基の両方の性質を示す化合物である。アミノ酸が結晶をつくるときは，水素イオンがカルボキシ基からアミノ基に移った(b)［(ウ)］イオンの構造をとっている。水溶液中でアミノ酸は，陽イオン，陰イオン，［(ウ)］イオンが互いに平衡状態にあり，pHの変化によりその組成が変わる。これらの平衡混合物の電気量が全体として0になっているときのpHを［(エ)］という。(c)そのようなpHのアミノ酸水溶液に直流電極を浸したとき，アミノ酸は陽極・陰極のどちらの電極にも移動しない。

☐**問1**　文章中の［(ア)］～［(エ)］の空欄に当てはまる語句を記せ。ただし，同じ記号の欄には同じ語句が当てはまる。

☐**問2**　下線部(a)のアミノ酸(A)が光学異性体をもたない理由を簡潔に記せ。

☐**問3**　下線部(b)のときのアミノ酸(A)の構造式を記せ。

☐**問4**　下線部(c)のアミノ酸水溶液のpHがほぼ中性であるとき，陽極側にアミノ酸を移動させるには，アミノ酸水溶液を酸性と塩基性のどちらにすれば良いか。また，その理由を簡潔に記せ。

168 《アミノ酸の分離》静岡県立大学・改 | ★★★★☆ | 8分 | 実施日 / / /

生体にとって重要な成分であるアミノ酸は，カルボキシ基とアミノ基を持つ分子である。アミノ酸の検出に利用される(　ア　)反応は，アミノ酸の(　イ　)基に基づく赤紫〜青紫色を呈する反応である。

アミノ酸は，水溶液中ではカルボキシ基とアミノ基が水素イオンの授受を行い，(　ウ　)性イオンの構造になる。アミノ酸の一つであるグリシンは，(　ウ　)性イオン構造BおよびイオンA構造AとCが(　エ　)状態で存在し，それらの存在比は水溶液のpHに応じて変化する。水溶液のpHを酸性から塩基性に変化させるにしたがって，イオン構造AからB，さらにBからCに変化するので，水素イオンの電離は二段階で起こる。それぞれの電離定数をK_1およびK_2で表すと，$pK_1 = -\log K_1 = 2.34$，$pK_2 = -\log K_2 = 9.60$となる。

$$\underset{\text{A}}{H_3N^+-CH_2-COOH} \underset{H^+}{\overset{OH^-}{\rightleftharpoons}} \underset{\text{B}}{H_3N^+-CH_2-COO^-} \underset{H^+}{\overset{OH^-}{\rightleftharpoons}} \underset{\text{C}}{H_2N-CH_2-COO^-}$$

☑**問1**　空欄(　ア　)〜(　エ　)に適切な語句を記せ。

☑**問2**　グリシン水溶液のpHを1.34および3.34としたとき，イオン構造Aの存在比はそれぞれいくらか。有効数字2桁で求めよ。

☑**問3**　イオン構造AとCの存在比が等しくなるグリシン水溶液のpHを小数点以下2桁まで求めよ。

☑**問4**　次の化合物D〜Hが同じ濃度で溶けている混合水溶液がある。この水溶液のpHを2.0に調整した後，強酸性陽イオン交換樹脂が詰まっている①カラムにそそぎ，pH2.0の緩衝液を十分に流した。次に②このカラムにpH7.0の緩衝液を十分に流した。

D　H_2N-CH_2-COOH　　　E　$CH_3CO-NH-CH_2-COOH$

F　$H_2N-CH(CH_3)-COOH$　　　G　$H_2N-CH_2-COOCH_3$

H　$H_2N-CH_2-CONH_2$

1)　下線部①の流出液に含まれる化合物すべてを記号で記せ。

2)　下線部②の流出液に含まれる化合物すべてを記号で記せ。

有機化合物

169 《アミノ酸の立体構造と反応》千葉大学・改 | ★★★★☆ | 10分 | 実施日 [/] [/] [/]

Ⅰ

アミノ酸の立体的な構造を紙面に表示するにはいくつかの表現法がある。図1に示すグリシンの表現Aにおいて，くさび形結合は紙面手前方向に向かう結合であり，破線形結合は紙面奥方向へ向かう結合を示している。Bの表現では十字線の交点には炭素原子が存在することを表し，横向きの結合はいずれも交点より紙面手前方向に向かう結合を示す。一方，縦向きの結合はいずれも交点より紙面奥方向へ向かう結合を示している。L−アラニンを表現Aで表示すると図2のようになる。

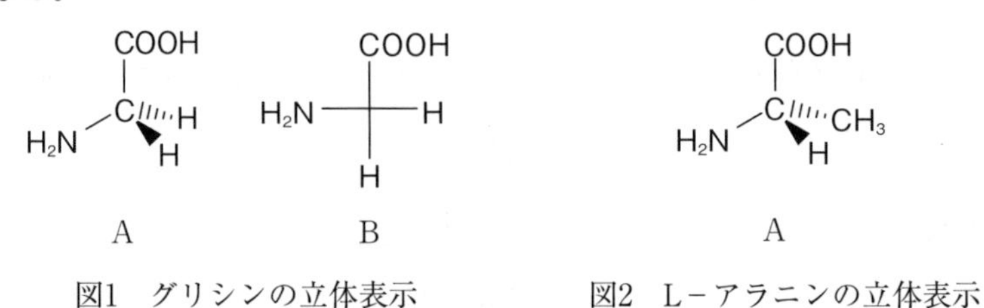

図1　グリシンの立体表示　　　図2　L−アラニンの立体表示

Ⅱ

L−アラニンを出発物として以下の操作(1)〜(4)を行った。

操　作

(1) L−アラニンをメタノールに溶解し，酸を触媒として反応させ，W(分子量103)を得た。

(2) Wをグリシンと反応させ，脱水縮合体X(分子量160)を得た。

(3) Xの含水メタノール溶液に水酸化ナトリウムを加え，加水分解した。反応液を中和後，ジペプチドYを得た。

(4) L−アラニンとグリシンを脱水縮合し，同じ分子量のジペプチドYとZを得た。

☐**問1**　L−アラニンを表現Bで表した場合，図3中の[1]，[2]に当てはまる原子または原子団を書け。

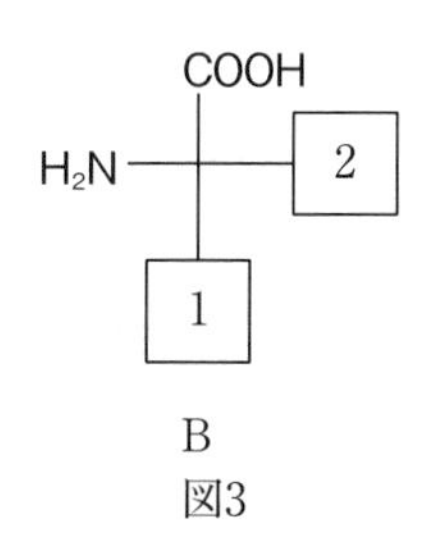

B
図3

☐**問2**　L－アラニンの鏡像異性体（光学異性体）D－アラニンの構造を A および B の表現方法を用いて表せ。

☐**問3**　X, Y, Z の構造式を例にしたがって書け。ただし，立体異性体は無視する。

例　グリシルグリシン

$$\begin{array}{ccccccccccc} & & \mathrm{H} & & & & \mathrm{H} & & \mathrm{H} & & \\ & & | & & & & | & & | & & \\ \mathrm{H_2N} & - & \mathrm{C} & - & \mathrm{C} & - & \mathrm{N} & - & \mathrm{C} & - & \mathrm{C} - \mathrm{OH} \\ & & | & & \| & & & & | & & \| \\ & & \mathrm{H} & & \mathrm{O} & & & & \mathrm{H} & & \mathrm{O} \end{array}$$

☐**問4**　(ア)～(オ)で示される化合物の組合せのうち，ジペプチド Y および Z と同様な関係にある化合物の組合せを二つ選び，記号で答えよ。

(ア)　L－アラニンとD－アラニン

(イ)　シス－2－ブテンとトランス－2－ブテン

(ウ)　エタノールとジメチルエーテル

(エ)　プロパンとブタン

(オ)　o－キシレンとp－キシレン

170《ペプチドの決定①》熊本県立大学・改 | ★★★☆☆ | 8分 | 実施日 / / /

炭素，水素，窒素，酸素からなるジペプチドAがある。その化合物の分子量を測定したところ146であった。また，ジペプチドAの元素分析を行ったところ，炭素，水素および窒素の質量百分率はそれぞれ，C：41.1％，H：6.8％，N：19.2％であり，残りは酸素であった。ジペプチドAを加水分解したところ，2種類のα－アミノ酸Bおよびα－アミノ酸Cが得られた。α－アミノ酸Bには鏡像異性体（光学異性体）が存在しないが，α－アミノ酸Cには鏡像異性体が存在する。

☐問1　ジペプチドAの組成式および分子式を求めよ。ただし，原子量はH＝1.0，C＝12，N＝14，O＝16とする。

☐問2　α－アミノ酸Bおよびα－アミノ酸Cの分子式を示せ。

☐問3　ジペプチドAの可能な構造式をすべて示せ。ただし，鏡像異性体は考慮しないものとする。

171 《ペプチドの決定②》大阪市立大学・改 | ★★★★☆ | 10分 | 実施日 / / /

次のα－アミノ酸とペプチドに関する文章，および，操作1～3を読み，下の**問1～3**に答えよ。なお，原子量は，H = 1.0，C = 12.0，O = 16.0，N = 14.0とし，すべての反応は完全に進行するものとする。

同一の炭素原子にアミノ基，カルボキシ基，水素原子が結合した化合物をα－アミノ酸という。2個のα－アミノ酸の縮合により生じたアミド結合をペプチド結合という。2個のα－アミノ酸が縮合して生じた化合物はジペプチド，3個のα－アミノ酸が縮合して生じた化合物はトリペプチドという。ペプチド結合を加水分解するとアミノ基とカルボキシ基が生じる。

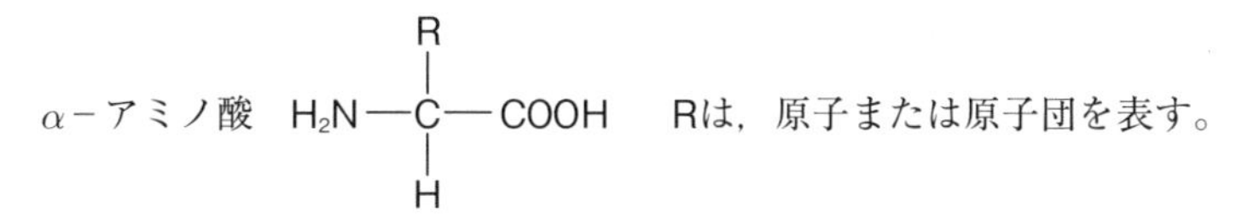

操作1　分子量が150以下であるジペプチドAとメタノールの混合物を酸性条件下で加熱すると，エステル化反応が進行し化合物Bが得られた。

操作2　Bのペプチド結合のみを酵素を用いて加水分解するとα－アミノ酸Cと化合物Dが得られた。CとDの分子量は同じであった。

操作3　Dに水酸化ナトリウム水溶液を加えて加熱するとEとメタノールが生成した。この溶液を塩酸で中和するとEからα－アミノ酸Fが得られた。

☐**問1**　A，C，D，E，Fの構造式を書け。

☐**問2**　C，D，Fのうち，鏡像異性体（光学異性体）が存在するものをすべて選び，その記号を記せ。

☐**問3**　ジペプチドAの代わりにトリペプチドGを用いて操作1を行い，得られた化合物のペプチド結合のみを酵素を用いて加水分解するとCとDのみが得られた。このとき，2.17 gのGからCは何g生成するか，小数第2位までの値で答えよ。

172 《医薬品①》岡山大学｜★★★☆☆｜10分｜実施日 / / /

生薬は，私たちが病気の治療のために，経験的に自然界の植物，動物，鉱物などを薬として利用したものである。ヤナギの樹皮は解熱作用の生薬として知られており，その薬効成分がサリチル酸であることがわかった。しかしながら，サリチル酸は胃腸障害などの副作用があるため，これを硫酸酸性条件で無水酢酸と反応させて(　ア　)化することで副作用の少ない①解熱鎮痛剤が開発された。一方，同条件で無水酢酸の代わりにメタノールと反応させると(　イ　)結合により，筋肉痛や関節痛に対する②外用塗布剤として利用される化合物が生成する。

(　ウ　)は，アオカビから発見された最初の抗生物質である。(　ウ　)は，細菌がもつ細胞壁の合成を阻害して効果を示すので，細胞壁をもたないヒトには影響が少ない。したがって，(　ウ　)は細菌に対して強い(　エ　)を示すといえる。抗生物質は細菌の感染症の治療に多大な貢献を果たしてきたが，細菌の中には突然変異などにより抗生物質が効かない(　オ　)が出現するという問題が生じている。

サルファ剤は，染料の一種プロントジルが抗菌作用をもつことから発見された抗菌物質で，③スルファニルアミドの骨格をもつ。これは細菌の生命活動に必須な(　カ　)の一種である葉酸の合成を阻害することで抗菌効果を示す。葉酸はヒトにおいても必須な物質であるが，ヒトはこれを体内で合成できず食物から摂取しているので，サルファ剤の影響をほとんど受けない。このため，サルファ剤も(　エ　)を示す。

□問1　(　ア　)～(　カ　)に入る適切な語句を記せ。

□問2　下線部①の解熱鎮痛剤および下線部②の外用塗布剤の構造式をそれぞれ記せ。

□問3　下線部③の構造式を次の中から一つ選び，記号で記せ。

(a) $HO-C_6H_4-NH-C(=O)-O-CH_3$

(b) $H_2N-C_6H_4-SO_2NH_2$

(c) $HO-C(=O)-C_6H_4-C(=O)-OH$

(d) $H_2N-C_6H_4-NH_2$

(e) $C_6H_5CH_2-C(=O)-NH-CH-CH-S-C(CH_3)_2-CH(COOH)-N-C(=O)$ （4員環：C(=O)–N–CH–CH、5員環：N–CH(COOH)–C(CH_3)_2–S–CH）

173 《医薬品②》佐賀大学・改 | ★★★☆☆ | 10分 | 実施日 / / /

身近な医薬品に関する次の文章を読み，以下の**問1～8**に答えよ。なお，構造式は例にならって解答せよ。

例

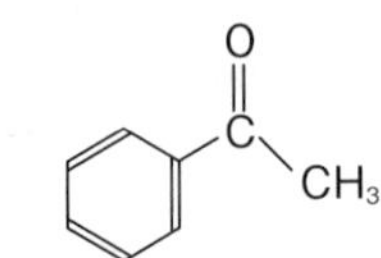

最も多用されている解熱鎮痛剤である①アセチルサリチル酸(アスピリン)は，サリチル酸と無水酢酸より合成できる。また，子供用の解熱鎮痛剤には，一例として，アセトアミノフェンが用いられ，これは次のように合成することができる。まず，②フェノールを希硫酸中，硝酸ナトリウムと反応させると，*o*−ニトロフェノールと*p*−ニトロフェノールが生成する。このうち，*p*−ニトロフェノールを取り出し，塩酸中で［ ア ］と反応させた後中和すると，*p*−アミノフェノールが得られる。*p*−アミノフェノールと無水酢酸を反応させることで，アセトアミノフェンが合成される。一方，アセチルサリチル酸やアセトアミノフェン同様によく用いられる医薬品である，消炎鎮痛剤のイブプロフェンは，以下のような構造をしている。

イブプロフェン

☐**問1**　下線部①の反応の化学反応式を書け。

☐**問2**　アセチルサリチル酸の性質で正しいものはどれか。以下の選択肢より全て選べ。

(a)　塩化鉄(Ⅲ)水溶液に加えると，色が変化する。

(b)　臭素と混ぜると，臭素の色が消える。

(c)　水酸化ナトリウム水溶液とヨウ素を加えて加熱すると，黄色沈殿が生じる。

(d)　アンモニア性硝酸銀水溶液に加えて加熱すると，銀が析出する。

(e)　水酸化ナトリウム水溶液中で反応して，サリチル酸のイオンを与える。

☐**問3**　下線部②の反応の化学反応式を書け。

☐**問4**　［ ア ］にあてはまる適切な試薬名を答えよ。

☐**問5**　アセトアミノフェンの構造式を書け。

☑問6　イブプロフェンには不斉炭素原子がある。イブプロフェンの一対の鏡像異性体（光学異性体）を，立体構造がわかるように書け。

☑問7　イブプロフェンの分子式を書け。

☑問8　イブプロフェン 1.0 g を酸化銅（Ⅱ）と混ぜ，乾燥した酸素を送り込んで完全燃焼させて発生した気体を，まず塩化カルシウム管，ついでソーダ石灰管に吸収させたとき，それぞれの管の質量の増加量を求めよ。ただし，原子量は H = 1.0，C = 12，O = 16 とする。

174 《染料①》金沢大学 | ★★★☆☆ | 3分 | 実施日 [/] [/] [/]

一般に物質が色づいて見えるのは，その物質が白色光の一部の光を吸収し，残りの光を反射するためである。このような色を示す物質を色素という。色素は染料と [ア] に分けられ，染料は天然染料と合成染料に分けられる。合成染料は，石油を原料として合成される染料で，－N＝N－で表される [イ] 基をもつ色素が代表的である。染料は，（Ⅰ）直接染料，（Ⅱ）分散染料，（Ⅲ）媒染染料，（Ⅳ）建染め染料（還元染料）が代表例として挙げられる。加賀友禅[※1]での染色では地染め[※2]などに（Ⅲ）媒染染料が用いられており，古来の技術と現在の技術を融合して新しい伝統を築いている。着物の繊維としては，絹や木綿といった天然繊維が古来より用いられているが，ポリエステルやナイロンなどの合成繊維の着物も登場している。

[※1] 江戸中期に金沢周辺にて確立した染色技術。加賀五彩と呼ばれる艶麗（えんれい）な色が特長。

[※2] 模様や柄以外の色，着物の地となる色に染色すること。

☐問1 [ア] と [イ] に入る適切な語句を記入せよ。

☐問2 （Ⅰ）直接染料，（Ⅱ）分散染料，（Ⅲ）媒染染料，（Ⅳ）建染め染料の説明として適切なものを，次の⑴～⑷からそれぞれ一つずつ選び，数字で記入せよ。

⑴ 水に不溶であり，界面活性剤を用い，水中で微粒子状にして染色する。

⑵ 染料の水溶液に繊維を浸す。分子間力で色素と繊維が結合する。

⑶ 水に不溶であるが，発酵させるなどして水溶性にし，繊維に浸したのちに空気で酸化して元の染料に戻す。インジゴ色素による藍染めなどが代表例として挙げられる。

⑷ 金属塩溶液であらかじめ繊維を処理し，次に染料の水溶液に浸す。用いる金属塩の種類で発色が変わる。

175 《染料②》岐阜大学 | ★★★★☆ | 10分 | 実施日 [/] [/] [/]

次の文を読み，以下の**問1**から**問6**に答えよ。計算結果は有効数字3桁で示せ。

化合物Aは染料の原料として用いられている芳香族炭化水素であり，ベンゼンと同様な反応をする。この化合物Aを160℃で濃硫酸と加熱すると，2位に［ア］反応が起こり，化合物Bが得られる。化合物Bの固体を水酸化ナトリウムとともに［イ］し，これを水に溶かして塩酸を加えると，化合物Cが得られる。

ベンゼンに濃硝酸と濃硫酸の混合液(混酸)を作用させて［ウ］すると，化合物Dが得られる。化合物Dをスズと塩酸で［エ］し，水酸化ナトリウム水溶液を加えると化合物Eが得られる。化合物Eの希塩酸溶液を十分に冷却し，亜硝酸ナトリウムを加えて［オ］すると，化合物Fの水溶液が得られる。この化合物Fの水溶液を，化合物Cの水酸化ナトリウム水溶液に加えると，化合物Cの1位に［カ］反応が起こり化合物Gが得られる。

☐**問1** 化合物A 2.50gをベンゼン100gに溶かしたところ，溶液の凝固点はベンゼンの凝固点よりも1.00℃だけ低くなった。ベンゼンのモル凝固点降下を5.12K・kg/molとし，化合物Aの分子量を求めよ。また化合物Aの分子式を記せ。ただし，原子量はH = 1.0，C = 12とする。

☐**問2** 文中の［ア］～［カ］の反応の名称をそれぞれ記せ。

☐**問3** 次の(1)～(5)に該当する化合物を，文中の化合物A～Eの中から重複なく1つずつ選び，A～Eの記号と化合物名をそれぞれ記せ。

(1) さらし粉水溶液で赤紫色を示す。　(2) 水溶液は強酸性を示す。

(3) 淡黄色で水より重い液体である。

(4) 塩化鉄(Ⅲ)水溶液を加えると緑色になる。

(5) 無色の固体で昇華性がある。

☐**問4** 文中の下線部について，この反応の化学反応式を示せ。

☐**問5** 化合物Fの水溶液を加熱するとどのような反応が起こるか，化学反応式で示せ。

☐**問6** 化合物Gの構造式を示せ。

有機化合物

第7編　高分子化合物

第20章　合成高分子化合物

原子量はH = 1.0，C = 12，N = 14，O = 16，S = 32，Cl = 35.5とする。

176　《高分子概論①》愛媛大学｜★★★☆☆｜5分｜実施日［ / ］［ / ］［ / ］

樹脂や繊維などの石油を原料とする合成高分子化合物が，数多く開発されている。高分子化合物は，分子量と構造の違いにより様々な性質を示すことから，それらの平均分子量や重合度を調べることは重要である。ただし，水のモル凝固点降下を$K_f = 1.85\ \mathrm{K \cdot kg/mol}$，気体定数を$R = 8.3 \times 10^3\ \mathrm{Pa \cdot L/(K \cdot mol)}$とする。

☐**問1**　平均分子量20000の非電解性水溶性高分子化合物0.100 gを，水100 gに溶解させた。この溶液の凝固点降下度を有効数字3桁で答えよ。その結果から，凝固点降下法を用いて高分子化合物の平均分子量を推定することが困難である理由を示せ。

☐**問2**　図1に示すポリスチレン0.45 gを含むトルエン溶液200 mLを調製した。溶液の温度が20℃のとき，この溶液の浸透圧は50 Paであった。このポリスチレンの平均分子量と重合度を有効数字2桁で答えよ。

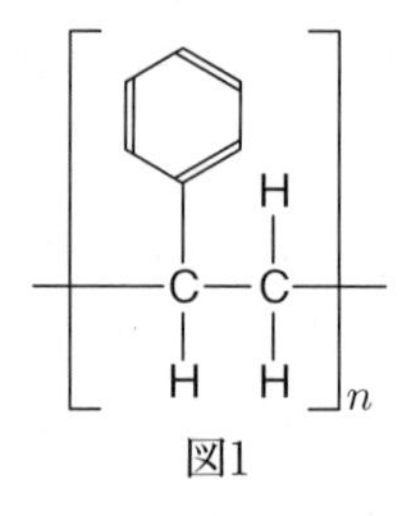

図1

177　《高分子概論②》東京農工大学｜★★★☆☆｜8分｜実施日［ / ］［ / ］［ / ］

☐　高分子化合物の平均分子量Mは，その溶液の浸透圧Πにより求めることができる。Mを求める式として，Πと溶液中の高分子化合物の濃度Cの関係を示すファント・ホッフの式が知られているが，この式はCの値が極めて低い希薄溶液でしか成り立たない。そのため，Mは下記の(1)式により求められることが多い。

$$\frac{\Pi}{C} = \frac{RT}{M}(1+AC) \quad \cdots\cdots(1)$$

ここで，Rは気体定数，Tは絶対温度，Aは高分子と溶媒の種類により異なる係数である。ある高分子化合物の300Kにおける種々の濃度Cに対する浸透圧Πの値を表1に示す。Cと$\dfrac{\Pi}{C}$の関係を示すグラフを，Mを求めるために必要な情報が読み取れるように解答欄の方眼紙に描き，この高分子化合物のMをモル質量の単位で有効数字2桁で求めよ。なお，気体定数は8.31×10^3 Pa･L/(K･mol)とし，グラフには単位も書くこと。

※「ファント・ホッフ」は「ファントホッフ」と同一である。

表1　CとΠの関係

C (g/L)	3.00	6.00	9.00	12.0
Π (Pa)	135	290	465	660

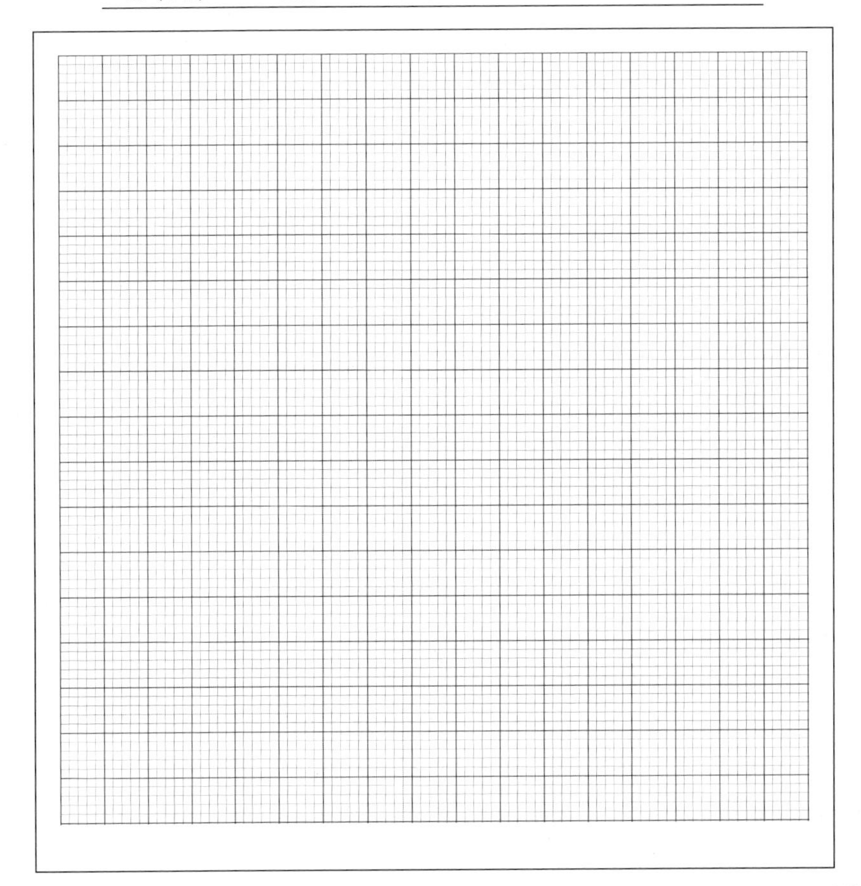

178 《ナイロンの合成実験》岐阜薬科大学｜★★★★☆｜15分｜実施日 / / /

人工的な方法で直鎖状の高分子を合成し，それを繊維状にしたものを合成繊維という。高分子の合成反応は大別して2種に分けられる。その一つは，ナイロンの合成反応のように，①ふたつ以上の官能基をもつ単量体が反応し，水などの簡単な分子を脱離しながら重合する反応であり，他の一つは，ポリエチレンの合成反応のように，②不飽和結合をもつ単量体が結合を開いて重合する反応である。ナイロン66は，アジピン酸とヘキサメチレンジアミンの重合によって合成される繊維であり，その分子内に多くの［ア］結合を持つ。絹や羊毛などの動物繊維は分子内に［ア］結合と同じ構造をもつが，動物繊維内のこの構造は特に［イ］結合と呼ばれている。ナイロンは，③その分子内の［ア］結合の割合が動物繊維内の［イ］結合の割合に比べ少ないため，動物繊維とは異なる特性を持つ。実験室でナイロン66を合成する場合，アジピン酸のかわりに反応性が大きい④アジピン酸ジクロリドを使い，ヘキサメチレンジアミンと重合させると加熱や加圧が不要になる。

いま，実験室で，以下のようにしてナイロン66を合成した。

〔操作1〕 ⑤ビーカーに1.00gのヘキサメチレンジアミンをとり，50.0mLの水酸化ナトリウム水溶液に溶かしA液をつくった。

〔操作2〕 別のビーカーに1.50gのアジピン酸ジクロリドをとり，10.0mLのヘキサンに溶かしB液をつくった。

〔操作3〕 ⑥A液とB液を反応させ，ナイロン66を合成した。

以下の**問1〜9**に答えよ。計算結果は有効数字3桁で答えよ。

☐**問1** 下線部①，下線部②の重合反応を何というか。

☐**問2** ［ア］と［イ］に入る適切な語句を記せ。

☐**問3** 下線部③に示すナイロンの特性を記せ。

☐**問4** 下線部④によりナイロン66を合成する場合の化学反応式を記せ。

☐**問5** 下線部⑤のA液を水酸化ナトリウム水溶液にする理由を記せ。

☐**問6** 下線部⑥について，操作上の注意点を説明せよ。

☑問7　下線部⑥の操作によってどのような様子でナイロン66ができてくるかを説明せよ。

☑問8　下線部⑥のようにしてA液とB液を全て反応させたときに，理論上何gのナイロン66が得られるか。

☑問9　あるナイロン66に含まれるアミノ基の量を測定したところ，ナイロン66 100g中に2.50×10^{-3}molのアミノ基の存在が確認された。このナイロン66の重合度を求めよ。ただし，このナイロン66の重合度はすべて同一であるとする。

179 《ビニロン》千葉大学｜★★★★☆｜12分｜実施日［　/　］［　/　］［　/　］

有機化合物の多様性は非常に幅広く，私たちの生活の営みに様々なかたちで役立っている。しかしながら，現代の化学では，これらの有用な化合物を合成する際に，毒性の強い廃棄物を出さず，より効率的な合成工程を見いだすなどの工夫が求められている。

たとえばアセトアルデヒドは，古くはアセチレンを原料として，［(ア)］を用いて水を付加させることで合成されたが，①近年では，エチレンを原料に，塩化パラジウム(Ⅱ)と塩化銅(Ⅱ)を［(イ)］に用いて，合成されている。こうして得られるアセトアルデヒドは，医薬品などを開発する際の重要な原料となる。

一方，エチレン並びに，置換基を有するアルケンを［(ウ)］重合して得られるポリマーは，包装材や容器，建材，さらには衣類などに用いられている。たとえば，②塩化ビニルを［(ウ)］重合して得られるポリ塩化ビニルは，水道パイプや電気絶縁体に利用されている。

また，下図に示すビニロンは日本で開発に成功した有名な合成繊維である。③このビニロンの合成では，まず酢酸ビニルを［(ウ)］重合させてポリ酢酸ビニルに導き，［(エ)］することでポリビニルアルコールを得ている。④そののちに，ホルムアルデヒドでエーテル結合を形成(アセタール化)することによりビニロンが合成されている。

このようにポリマー上の置換基は，利用目的に応じた特性を得るために重要である。

$$\left[\mathrm{CH_2-CH(OH)}\right]_n \xrightarrow{\mathrm{HCHO}} \cdots\mathrm{-CH_2-CH(OH)-}\cdots\mathrm{-CH_2-CH-CH_2-CH-}\cdots \ (\text{2つのCHが }\mathrm{O-CH_2-O}\text{ で結合})$$

ポリビニルアルコール　　　　　　　　　　　　　ビニロン

☑問1　［(ア)］～［(エ)］に適切な語句または化合物名を入れよ。

☑問2　下線部①に関して，必要な試薬を補って化学反応式を書け。

☑問3　下線部②の化合物をエチレンから合成する過程を化学反応式で書け。

☑問4　下線部③に関して，必要な試薬を補ってアセチレンと酢酸から酢酸ビニルを合成する化学反応式を書け。

☐**問5**　下線部③に関して，ポリビニルアルコールを得るために，ビニルアルコールを直接重合させない理由を簡潔に答えよ。

☐**問6**　下線部④の操作によって，水との親和性に関してどのような変化が期待できるか。簡潔に答えよ。

☐**問7**　ポリビニルアルコールに含まれるヒドロキシ基の40%をホルムアルデヒドで処理してビニロンにした場合，ビニロン中の炭素が質量にして何%含まれているか答えよ。ただし，有効数字は2桁とせよ。

180《合成繊維の構造決定》名古屋工業大学・改｜★★★★☆｜12分｜実施日［ / ］［ / ］［ / ］

高分子化合物は，付加重合，縮合重合，開環重合などにより合成されるが，一般的な有機化合物と同様に，親水性のヒドロキシ基やカルボキシ基を有する高分子化合物は水に溶解しやすい。

分子式が$C_4H_6O_2$の化合物A，B，C，Dがある。Aは水に溶解して酸性を示したが，B，C，Dはエステル結合を有しており，ほとんど水に溶解しなかった。A～Dにニッケルを触媒として水素の付加を行ったところ，A，C，Dは反応したが，Bは反応しなかった。触媒を用いてAに水を付加させると，構造異性体であるアルコールEとアルコールFの混合物が得られた。Eには鏡像異性体(光学異性体)が存在しないが，Fには存在する。EとFに硫酸酸性の過マンガン酸カリウムを作用させると，Eは反応しなかったが，Fは酸化され化合物Gが生じた。Gには鏡像異性体は存在しない。

A～Dを適当な触媒を用いて重合させ，各々から高分子化合物H，I，J，Kを得た。生じた高分子化合物の各々に多量の水酸化ナトリウム水溶液を加えたところ，室温ではHのみが溶解し，I，J，Kは溶解しなかった。しかし，十分な時間加熱すると，I，J，Kも反応して均一な溶液となった。I，J，Kから生じたこれら3つの溶液を冷却後，希塩酸を滴下して中和した。高分子化合物は通さない半透膜でできた3つの袋の中に中和後の各溶液を入れ，流水を用いて十分に透析を行った。透析後に調べてみると，Iから生じた溶液を入れた半透膜の袋中には水以外の物質は存在していなかったが，J，Kから生じた溶液からは，水に溶解する高分子化合物L，Mがそれぞれ袋中に残っていた。Mをホルムアルデヒドで処理するとビニロンが得られる。また，Iから得られた溶液において，下線部の操作で透析された化合物について調べたところ，Fと同じ化合物であった。

Lは酸性の官能基をもち，化合物Nを重合することにより直接得ることも可能であるが，単量体の重合によってMを直接合成することはできず，上で述べた方法を用いる必要がある。このように，水に溶けにくい単量体からでも，有機化学反応を利用することで，水に溶解する高分子化合物を得ることができる。

☑問1　化合物A，B，C，Dの構造式を記せ。不斉炭素原子が存在する場合は，炭素の上または下に＊を付けて記すこと。

☑問2　高分子化合物I，L，Mの繰り返し単位の構造式を記せ。

☑問3　化合物E，G，Nの構造式を記せ。

181

《合成樹脂①》名古屋市立大学｜★★☆☆☆｜3分｜実施日［ / ］［ / ］［ / ］

高分子化合物を合成して樹脂状にしたものを，合成樹脂またはプラスチックとよぶ。次のア～キは代表的な合成樹脂である。

ア：エポキシ樹脂　　　イ：フッ素樹脂

ウ：シリコーン樹脂(ケイ素樹脂)　　　エ：ポリスチレン

オ：アミノ樹脂　　　カ：ポリエチレン

キ：フェノール樹脂

合成樹脂の中には，加熱すると軟らかくなり，自由に形を変えられるものがある。この性質を熱可塑性といい，この性質をもつ合成樹脂を熱可塑性樹脂という。この樹脂は，鎖状構造をもつ高分子化合物で，［ a ］重合で合成されるものが多い。

これに対して，加熱すると重合が進み，立体的網目状構造が発達する合成樹脂もある。この樹脂を［ b ］性樹脂といい，［ c ］重合で合成されるものが多い。

☑問1　文中の［ a ］～［ c ］にあてはまる最も適切な語句を答えよ。

☑問2　合成樹脂ア～キの中から熱可塑性樹脂をすべて選び，記号で答えよ。

☑問3　合成樹脂ア～キの中からホルムアルデヒドを原料(単量体)として合成される樹脂をすべて選び，記号で答えよ。

182 《合成樹脂②》三重大学・改｜★★★☆☆｜15分｜実施日［ / ］［ / ］［ / ］

高分子化合物は，［ア］と呼ばれる構造単位が多数結合した物質で，［ア］から高分子化合物を得る反応を［イ］と呼び，得られた高分子化合物をポリマーと呼ぶ。［ア］の繰り返しの数が［ウ］であり，ふつう n で表す。［イ］は，その反応様式によって，［エ］や［オ］に分類される。ポリエチレンやポリプロピレンは，［ア］の［エ］によって製造される。一方，［オ］では，水などの小さな分子がとれて結合が形成される。ポリエチレンには，高圧で合成する低密度ポリエチレンと(A)塩化チタンなどの金属化合物を用いて常圧で合成する高密度ポリエチレンが製造されている。ポリエチレンは，(B)加熱するとやわらかくなり，容易に加工できる性質を持っている。

☐問1　文章中の［ア］から［オ］に最も適切な語句を答えよ。

☐問2　分子量 M_1 と M_2 の2種類の分子が1：1の物質量比で反応し，水がとれて［オ］が進行した。［ウ］を n として，生成する高分子化合物の分子量を M_1，M_2 および n を用いて示せ。

☐問3　テレフタル酸とエチレングリコールから［オ］が進行するとペットボトルの原料が得られる。この物質の構造式を示せ。

☐問4　下線部(A)のような，反応に関係するがそれ自身は変化しない物質は何と呼ばれるか。

☐問5　下線部(A)のような物質を用いてポリマーを製造するとき，反応速度，活性化エネルギー，反応熱（反応エンタルピー）はそれぞれ下線部(A)のような物質を用いないときと比べて，どのような変化を受けるかを示せ。

☐問6　下線部(B)のような性質を持つ高分子化合物は，何と呼ばれるか。

☐問7　下線部(B)のような性質は，高分子化合物のどのような構造に由来するか，10字以内で答えよ。

☐問8　ポリエチレンの分子量を 1.0×10^6 と仮定したとき，ポリエチレン1.0 g中に含まれる高分子の数はいくらになるか，有効数字2桁で答えよ。ただし，アボガドロ定数を $N_A = 6.0 \times 10^{23}$/mol とする。

☐問 9　ポリエチレンは，一定の融点や密度を示さない。その理由を 20 字以内で説明せよ。

183《生分解性プラスチック》大分大学･改｜★★★☆☆｜5 分｜実施日［　/　］［　/　］［　/　］

化合物Ａは，次図に示すような構造の生分解性プラスチックである。Ａを水酸化ナトリウム水溶液でけん化すると化合物Ｂが生じる。Ｂの溶液を酸性にすると化合物Ｃが生じる。Ｃには不斉炭素原子が１個存在する。化合物Ｄは，Ｃ２分子が脱水してできた環状化合物であり，Ｄを開環重合することによりＡが得られる。化合物Ａは，Ｃの縮合重合によっても合成することができる。

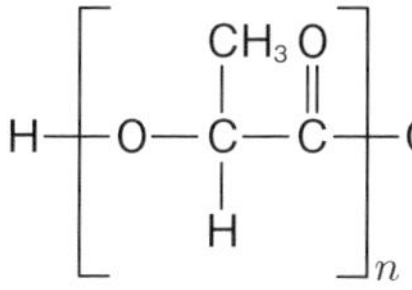

$$H\text{—}\left[\text{O—}\underset{\underset{\displaystyle H}{|}}{\overset{\overset{\displaystyle CH_3}{|}}{C}}\text{—}\overset{\overset{\displaystyle O}{\|}}{C}\right]_n\text{—OH}$$

☐問 1　化合物ＢおよびＤの構造式を書け。

☐問 2　化合物Ｃの１対の鏡像異性体（光学異性体）の立体構造を書け。

☐問 3　下線部について，n 個のＣ分子から化合物Ａが生じる化学反応式を書け。なお，化合物は構造式で示せ。

184 《陽イオン交換樹脂》富山県立大学｜★★★☆☆｜10分｜実施日 / / /

次の文章を読んで，**問1～4**に答えよ。

合成高分子化合物は低分子の(　ア　)が多数結合したものである。(　ア　)から水などの簡単な分子がとれて高分子化合物となる反応を(　イ　)という。例えば，ヘキサメチレンジアミンとアジピン酸から(　ウ　)が合成できる。他方，ビニル化合物が結合して高分子化合物となる反応を(　エ　)という。例えば，スチレンとp－ジビニルベンゼンからポリスチレン樹脂が合成できる。ポリスチレン樹脂を濃硫酸と反応させるとポリスチレンスルホン酸樹脂が得られる。

下線の反応

CH＝CH₂ (benzene ring) ＋ CH＝CH₂ (benzene ring) CH＝CH₂ ⟶ ----CH—CH₂—CH—CH₂---- / ----CH—CH₂----

スチレン　　p－ジビニルベンゼン　　ポリスチレン樹脂

問1　文中の(　ア　)～(　エ　)に適当な語句を記入せよ。

問2　下線部の反応により，スチレン104gに物質量比（モル比）で8：1になるようにp－ジビニルベンゼンを混合し，ポリスチレン樹脂を得た。反応は完全に行われたとして，何gのポリスチレン樹脂が得られるか。小数第一位まで求めよ。

問3　**問2**で得られたポリスチレン樹脂を濃硫酸と反応させるとスルホン化（スルホ基：$-SO_3H$の導入）が起こる。スルホン化により樹脂の質量は何g増えるか。ただし，濃硫酸によりスチレン構造部分のベンゼン環のパラ位のみが40％スルホン化されたとして計算し，整数値で答えよ。

問4　**問3**で得られたポリスチレンスルホン酸樹脂は，多くのスルホ基を持つため陽イオン交換樹脂として利用できる。グリシンを含む混合液を酸性とし，この樹脂を詰めたガラス管に流したところ，グリシンが吸着した。その後，ガラス管に流す溶液を塩基性にすると，グリシンが流れ出した。

H_2N-CH_2-COOH　グリシン

☐(1)　酸性および塩基性におけるグリシンのイオン状態を示せ。構造式の記入例は，CH_3COO^-とする。

☐(2)　グリシンが酸性でポリスチレンスルホン酸樹脂に吸着し，塩基性では流れ出す理由を 50 字程度で説明せよ。

185 《合成高分子の構造決定》大阪府立大学・改 | ★★★☆☆ | 3 分 | 実施日 [/] [/] [/]

☐**問**　スチレンと 1,3−ブタジエンを共重合して得られるスチレン−ブタジエンゴム 18.7 g に，適当な触媒を用いて水素を付加させたところ，0 ℃，1.013×10^5 Pa (標準状態)において 5.60 L の水素を必要とした。このスチレン−ブタジエンゴムの分子量が 3.74×10^4 であったとすると，このスチレン−ブタジエンゴム 1 分子の中にベンゼン環は何個含まれるか。ただし，この水素の付加反応において，水素はベンゼン環には付加しないものとする。また，標準状態での気体 1 mol の体積を 22.4 L とし，計算にはスチレン−ブタジエンゴムの両末端の構造は考慮しなくてよい。

186 《合成ゴム①》熊本大学｜★★★☆☆｜12分｜実施日［ / ］［ / ］［ / ］

ゴムはゴムノキの樹液から得られる天然ゴムと，人工的に作り出された合成ゴムに大別される。天然ゴムは，イソプレンが付加重合した［ア］形の構造をもつ a)ポリイソプレンである。合成ゴムとしては，ブタジエンを付加重合して得られる b)ブタジエンゴムや，クロロプレンから得られる c)クロロプレンゴム，スチレンとブタジエンを共重合して得られる d)スチレン－ブタジエンゴムなどが挙げられる。

☐問1　文中の［ア］に適切な語句を記せ。

☐問2　下線部 a)，b)，c)，d)の構造式を記せ。

☐問3　平均分子量 133000 のスチレン－ブタジエンゴムにおいて，スチレンとブタジエンの構成単位の数が 1：3 の割合である場合，1 分子中に平均すると，スチレン構成単位がいくつ含まれるか整数値で答えよ。

☐問4　ゴムに 5～8％の硫黄を加えて，140℃に熱する処理を加硫という。加硫するとゴムの弾性が高くなる理由を，分子構造に基づいて説明せよ。

187 《合成ゴム②》富山大学・改｜★★★★☆｜10分｜実施日［ / ］［ / ］［ / ］

高分子の構造には，線状(鎖状)や枝分かれ状など，さまざまな構造があり，分子の構造と材料の性質には深い関わりがある。また，線状高分子を主成分とする繊維やプラスチックは，分子の配列が［①］な結晶部分と，［②］な無定形部分からなり，分子の形状も材料の性質に影響を与える。同じ単量体を重合させることによって得られる高分子でも，分子の構造や形状，結合の様式によって材料の硬さが異なる。代表的な高分子である天然ゴム(生ゴム)は，［③］形ポリイソプレンが主成分である。グッタペルカ(グタペルカ)は，［④］形ポリイソプレンからなり，虫歯治療用の充填剤やカメラを傷から守るための保護膜として使用されている。

上記のゴムの例を参考にすると，高分子の構造と形状の組合せのうち，線状の高分子が［　⑤　］形状になったとき，最も硬い高分子材料が得られると考えられる。

☐**問1**　［　　］内に当てはまる語句として適切なものを各語句群から選び，対応する選択肢を○で囲め。

①　規則的で高密度　　規則的で低密度　不規則で高密度　不規則で低密度

②　規則的で高密度　　規則的で低密度　不規則で高密度　不規則で低密度

③　α　　β　　シス　　トランス

④　α　　β　　シス　　トランス

⑤　折れ曲がった　直線的に伸びた

☐**問2**　下線部のように考えられる理由について，「分子間力」と関連させて80字以内で説明せよ。

☐**問3**　高分子の構造と形状を下線部のようにする方法以外に，高分子材料を硬くする方法を一つ答えよ。

☐**問4**　天然ゴムの糸におもりをぶら下げて引っ張った状態にすると，ゴムの中の高分子は比較的伸びた形状になる。この状態のゴム糸を加熱すると，全体の長さがどのように変化するか，適切なものを下記の選択肢から選び，その記号を記せ。また，そのような変化が起こる理由について，「分子の熱運動」と関連させて80字以内で説明せよ。

［選択肢］

(あ)　伸びる　　　(い)　そのまま　　　(う)　縮む

第21章　多糖類・タンパク質

原子量はH = 1.0，C = 12，N = 14，O = 16とする。

188　《多糖類》千葉大学｜★★★☆☆｜12分｜実施日［ / ］［ / ］［ / ］

グルコースは，水溶液中で3種類の異性体A，B，Cの［ア］状態として存在する。異性体Bは，構造中に［イ］基をもつため，還元性を示す。

①グルコース(異性体A)が脱水縮合した多糖がデンプンである。デンプンは，［D］とよばれる直鎖状のものと，［E］とよばれる枝分かれをしたものからなる。通常，デンプンには，［D］が20～25％含まれ，残りは［E］である。もち米では，デンプンのほぼ100％が［E］である。

日本酒醸造の過程では，コウジカビが生産する酵素によって，米のデンプンがグルコースにまで変換される。この過程を糖化という。さらに，②グルコースは酵母の生産する酵素群チマーゼによって［F］と二酸化炭素へと変換される。この過程をアルコール発酵という。

最近では，資源の有効利用方法の1つとして，廃木材から［F］を製造する技術が実用化されつつある。この場合，次のような方法が知られている。まず，廃木材に希酸を加えて長時間加熱することで，セルロースや他の多糖をグルコースおよびその他の単糖にまで糖化する。その後，反応液を中和し，これに微生物を作用させて［F］を得る。

☑問1　文中の［ア］と［イ］に適切な語句を書け。

☑問2　文中の［D］～［F］にあてはまる物質名を書け。

☑問3　図に示した下線部①の構造に従って，異性体BとCの構造式を書け。

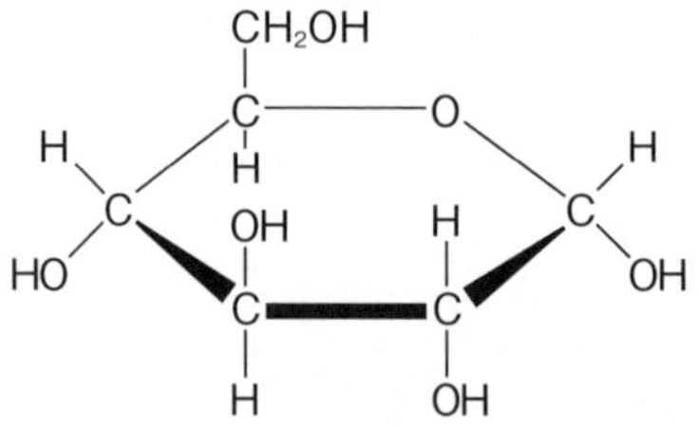

図　グルコース(異性体A)

☐**問4**　下線部②の反応式を書け。

☐**問5**　デンプンとセルロースの構造の違いを60字程度で説明せよ。また，デンプンとセルロースを区別するための反応の名称を書け。

☐**問6**　分子量が5.67×10^5のセルロースは，何分子のグルコースが脱水縮合してできたものか。有効数字3桁で求めよ。

☐**問7**　分子量5.67×10^5のセルロース405 gがすべてグルコースに加水分解され，さらに，そのすべてがアルコール発酵によって［　F　］と二酸化炭素になったとすると，何gの［　F　］が得られるか。有効数字3桁で求めよ。

189　《セルロース》名古屋市立大学｜★★★☆☆｜3分｜実施日［ / ］［ / ］［ / ］

☐

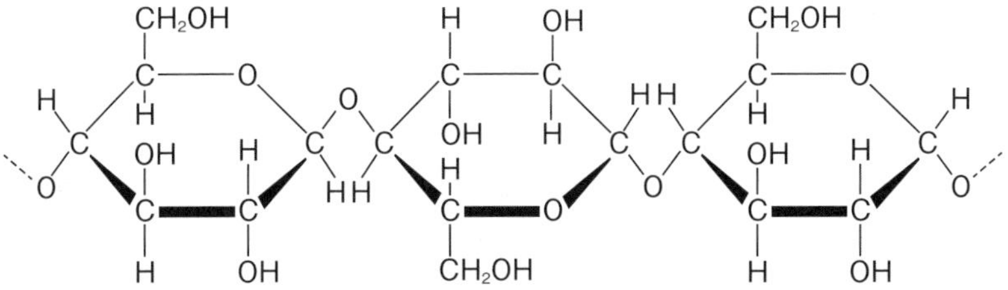

化合物A

化合物Aの水溶液に濃硝酸と濃硫酸の混液を加えると，ヒドロキシ基の一部が硝酸エステル（$-ONO_2$）化される。この反応により18.0 gの化合物Aから28.0 gの生成物が得られた。硝酸エステル化されたヒドロキシ基の割合〔パーセント〕を求めよ。ただし，化合物Aの重合度は高く，ポリマー末端のヒドロキシ基は無視できるものとする。

190《アミロペクチンの枝分かれ》弘前大学｜★★★★☆｜10分｜実施日 ／ ／ ／

多糖の構造解析に用いられる方法に完全メチル化法がある。これは多糖のヒドロキシ基の水素をすべてメチル基に置換する（－OH基をすべて－OCH_3基にする）ものである。このような処理をした多糖を希硫酸中で加熱するとグリコシド結合（単糖どうしの結合）が加水分解され，グリコシド結合に関与していたヒドロキシ基が現れる。しかし，グリコシド結合に関与していなかったヒドロキシ基の水素はすべてメチル基に置換されたままである。

図1はアミロペクチンの構造の一部を示している。アミロペクチンを完全メチル化した後に希硫酸で加水分解したところ，図2に示すメチル基の数がそれぞれ4個，3個および2個の3種類の化合物(a)，(b)および(c)を得た。このとき(a)，(b)および(c)の分子量はそれぞれ236，222および208である。

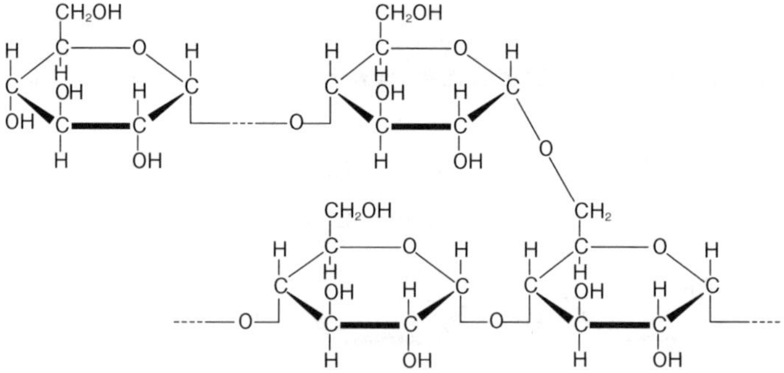

図1

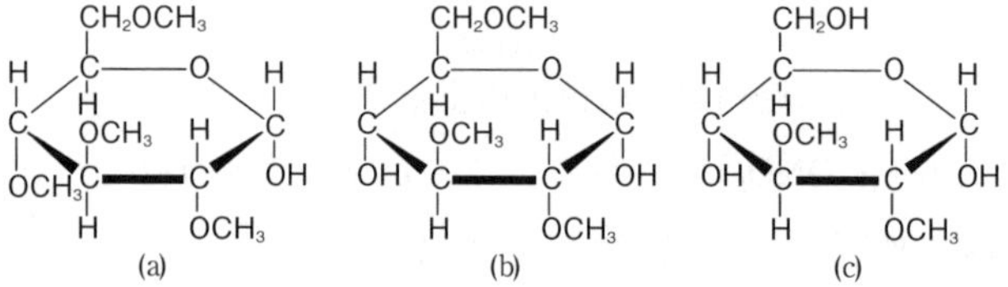

(a)　(b)　(c)

図2

☐**問1**　このアミロペクチン2gを用いたとき，(a)，(b)および(c)はそれぞれ0.145g，2.398gおよび0.128g生成した。このときの(a)，(b)および(c)の分子数の比を，(c)を1として整数で示せ。

☑問2　このアミロペクチンの枝分かれ1つに対して(c)が1つ存在している。このアミロペクチンはグルコース何分子あたりに1つの枝分かれが存在していると考えられるか。整数値で答えよ。

☑問3　このアミロペクチンの分子量が4.05×10^5であるとすると，何個のグルコースから構成されていることになるか。また，このアミロペクチンの1分子あたりに存在する枝分かれの個数を求めよ。有効数字3桁で答えよ。

191　《タンパク質》秋田大学・改｜★★☆☆☆｜2分｜実施日 / / /

タンパク質は a が縮合重合し，長くつながった鎖状構造をしている。 a のみからなるタンパク質を b といい， a のほかに糖，リン酸，色素などを含むタンパク質を c という。また，タンパク質が溶解した水溶液に熱を加えたり，酸・塩基，アルコール，重金属イオンなどを添加したりすると，タンパク質が凝固するなどして，その性質が変化することがある。このような現象をタンパク質の d という。

☑問1　文章中の a ～ d にあてはまる適切な語句を入れよ。

☑問2　 b に該当するタンパク質を次の①～⑤から2つ選び，番号で記せ。

①　ヘモグロビン　　②　カゼイン　　③　コラーゲン
④　ケラチン　　⑤　ミオグロビン

☑問3　タンパク質の代表的な二次構造には、①ポリペプチド鎖内のペプチド結合どうしによって形成される分子内水素結合が規則的に関与し，1つのポリペプチド鎖が3.6個のアミノ酸単位で1回転する構造と，②ポリペプチド鎖間のペプチド結合どうしによって形成される分子間水素結合が関与し，波状に折れ曲がったポリペプチド鎖が平行に並んだ構造がある。①，②の構造の名称をそれぞれ答えよ。

☑問4　タンパク質の三次構造の安定化に関与するシステイン側鎖どうしでつくる結合の名称を記せ。

192 《ペプチドの決定①》長崎大学｜★★★☆☆｜5分｜実施日 ／ ／ ／

水素，炭素，窒素，酸素からなるトリペプチドがある。このトリペプチドをエタノールによりエステル化すると，その分子量が28.0だけ増えた。また，このトリペプチドの1.395gを水に溶解し，中和滴定をしたところ，0.200mol/Lの水酸化ナトリウム溶液25.0 cm^3を要した。さらにこのトリペプチド0.100molを加水分解したところ，0.100molのフェニルアラニンともう一種類のアミノ酸0.200molが得られた。次の**問1～2**に答えよ。

フェニルアラニン　$C_6H_5-CH_2-CH(NH_2)-COOH$

□**問1**　このトリペプチドの分子量を求めよ。

□**問2**　フェニルアラニン以外のもう一種類のアミノ酸の構造式を記せ。

193 《ペプチドの決定②》帯広畜産大学｜★★★★☆｜12分｜実施日 ／ ／ ／

天然高分子化合物Xがある。(a)このXの水溶液に希水酸化ナトリウム水溶液を加えて塩基性にしたのち，少量の硫酸銅(Ⅱ)水溶液を加えると，Cu^{2+}の錯イオンが生成して赤紫色になった。また，(b)このXの水溶液に濃硝酸を加えて加熱すると黄色になった。さらにアンモニア水などを加えて塩基性にすると橙黄色になった。この反応はXの分子中に含まれる化学構造の［ A ］が［ B ］化されるために起こるものである。さらに，このXの水溶液に水酸化ナトリウム水溶液を加えて加熱し，酸を加えて中和したのちに酢酸鉛(Ⅱ)水溶液を加えると［ C ］色沈殿が生じた。これはXの構成［ D ］に［ E ］を含むものがあるためである。Xは多数の［ D ］が［ F ］結合で結合した構造をもつ鎖状高分子化合物である。［ G ］以外のα－［ D ］には［ H ］異性体が存在し，天然には［ I ］型が存在する。［ D ］は酸と塩基の両方の性質を示す両性化合物である。［ D ］水溶液を［ J ］性にすると［ D ］分子内の双性イオンの$-COO^-$が$-COOH$に変わり陽イオンになる。また，［ K ］性にすると$-NH_3^+$が$-NH_2$

にかわり陰イオンになる。いま(c)X の水溶液 40 mL をとり，X をケルダール法で分解し含有する窒素をすべてアンモニアにした。これを 0.50 mol/L の硫酸 60 mL に吸収させたのち，残っている酸を 1.0 mol/L の水酸化ナトリウム溶液で中和したところ 42 mL を要した。X 0.25 g を 20 mL の水に溶かした溶液の浸透圧を測定したところ，30 ℃で 505 Pa であった。以上の実験結果から次の問いに答えよ。

☑**問1**　下線部分(a)と(b)の反応名を書け。

☑**問2**　［A］～［K］に適切な語句を入れて文章を完成せよ。

☑**問3**　下線部分(c)の X の水溶液 40 mL に含まれる窒素は全部で何 mg であるか。有効数字 2 桁で答えよ。

☑**問4**　X の窒素含有率を 15％とすると，下線部分(c)の X の水溶液には何％の X が含まれているか。有効数字 2 桁で答えよ。ただし，下線部分(c)の X の水溶液の密度を $1.05\ g/cm^3$ とする。

☑**問5**　X の分子量を有効数字 2 桁で答えよ。ただし，浸透圧 Π は van't Hoff の式に従い $\Pi = CRT$ で表せるとする。また，R は気体定数 8.3×10^3 Pa･L/(mol･K)，T は絶対温度，そして C はモル濃度とする。

☑**問6**　下線部分(b)の反応が生じる［D］を 2 つ答えよ。

高分子化合物

194 《ペプチドの決定③》名古屋工業大学｜★★★★☆｜12分｜実施日 / / /

原子量は，H = 1.0，C = 12，N = 14，O = 16，S = 32とする。

天然に存在するα－アミノ酸はタンパク質の構成物質であるが，ジペプチドやトリペプチドには生理作用を示すものがあり，様々な分野で利用されている。

人工甘味料として知られるアスパルテームは，牛乳に含まれるベンゼン環を含む必須アミノ酸A(分子量165)のメチルエステルとカルボキシ基を2つもつ分子量133の酸性アミノ酸Bとがペプチド結合で結びついているジペプチドであり，高温でエステル結合が［ イ ］されやすく，安定性に劣ることが食品添加物としての欠点である。アミノ酸水溶液では，陽イオンと陰イオンの電荷が釣り合って，電気的に中性になるpHが存在し，これを［ ロ ］と呼ぶ。アミノ酸Aの［ ロ ］は，アミノ酸Bの［ ロ ］よりも［ ハ ］い。

アミノ酸C，アミノ酸D，アミノ酸Eを構成アミノ酸とするグルタチオンと呼ばれる分子式$C_{10}H_{17}N_3O_6S$(分子量307)のトリペプチドがあり，生体内で抗酸化物質の1つとして働いている。グルタチオンを構成するアミノ酸Cはアミノ酸Bと同様にカルボキシ基を2つもつ酸性アミノ酸であり，側鎖中のカルボキシ基がアミノ酸Dのアミノ基と縮合している。アミノ酸Dに水酸化ナトリウムを加えて加熱し，酸で中和してから，酢酸鉛(Ⅱ)水溶液を加えると黒色沈殿が生じる。なお，アミノ酸Dのカルボキシ基にはアミノ酸Eがペプチド結合でつながっている。

☐問1　文中の空欄［ イ ］から［ ハ ］に当てはまる適当な語句を記せ。

☐問2　下線部で生じる黒色沈殿の名称を記せ。

☐問3　アミノ酸A～Eの名称を記せ。

☐問4　グルタチオンは，酸化されると2量体になり，2量体を還元することにより元の形に戻る。グルタチオンの構造式を例にならって記せ。

```
                 OH
                 |
例  CH2=CH-CH-C-NH-CH3
                     ||
                     O
```

195 《ペプチドの決定④》群馬大学・改 | ★★★★☆ | 12分 | 実施日 / / /

問　ペプチドの末端にアミノ基がある方をN末端，カルボキシ基がある方をC末端と呼ぶ。ペプチドAは，11個のα-アミノ酸が直鎖状につながった鎖状ペプチドであり，その一次構造の一部が図1に示されている(図1中の番号はN末端側から数えたときのα-アミノ酸の位置を表す)。ペプチドAの一次構造を調べた結果，以下に示す7種類のアミノ酸が含まれており，(a)～(c)のことが分かった。これらの結果に基づいてペプチドAの一次構造を推定し，N末端から数えて2，7，10番目に位置するα-アミノ酸を表1中の略号で答えよ。

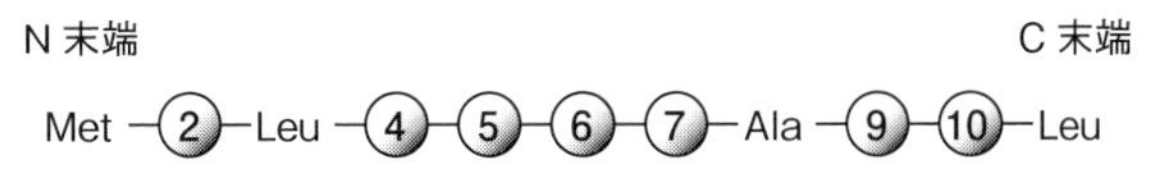

図1　ペプチドAの一次構造

表1　ペプチドAに含まれるα－アミノ酸の名称，略号，固有の置換基Rの構造式および含まれている個数

名称	略号	置換基R	個数
メチオニン	Met	$-(CH_2)_2-S-CH_3$	1
グルタミン酸	Glu	$-(CH_2)_2-COOH$	1
チロシン	Tyr	$-CH_2-C_6H_4-OH$	1
ロイシン	Leu	$-CH_2-CH(CH_3)-CH_3$	3
リシン	Lys	$-(CH_2)_4-NH_2$	3
アラニン	Ala	$-CH_3$	1
フェニルアラニン	Phe	$-CH_2-C_6H_5$	1

(a)　芳香族アミノ酸のカルボキシ基側のペプチド結合のみを切断する加水分解酵素をペプチドAに作用させると，分解生成物として3種類の鎖状ペプチドを与えた。そのうちの2つは，4個のアミノ酸からなるペプチドであった。

(b)　N末端から数えて2，6，9番目に位置するアミノ酸中の側鎖には，ニンヒドリンと反応する官能基が含まれていた。

(c)　N末端から数えて4，5番目に位置するアミノ酸中の側鎖には，水溶液中で水素イオンが電離して弱酸性を示す官能基が含まれていた。

第22章　生命の化学

196　《酵素①》愛知教育大学｜★★☆☆☆｜３分｜実施日［／］［／］［／］

酵素は化学反応速度を大きくする［ア］である。酵素は化学反応の［イ］を低下させる働きがあるが，化学反応の［ウ］には影響しない。大部分の酵素は［エ］を主成分としている。インベルターゼはスクロースを分解する酵素である。スクロースは［オ］を示さないが，$_a$分解生成物は［オ］を示す。この性質を利用してインベルターゼの［ア］活性を測定することができる。希塩酸でスクロースを分解するとき，反応速度は温度が高くなるほど［カ］なるが，インベルターゼによるスクロースの分解には［キ］温度がある。これはインベルターゼが高温では［ク］するからである。$_b$最も高い活性を示すpHを［ケ］という。インベルターゼの［ケ］は4.5付近である。インベルターゼはスクロース以外の二糖には働かない。これは酵素が高い［コ］をもつからである。

☐**問１**　［ア］～［コ］に最も適切な語句を記せ。

☐**問２**　下線部aの分解生成物は何とよばれるか。

☐**問３**　下線部aの分解生成物の［オ］を調べる方法を一つ挙げて，反応の原理を説明せよ。

☐**問４**　下線部bの［ケ］は酵素の種類によって異なる。タンパク質分解酵素ペプシンの［ケ］は約２である。生体内でペプシンの働く場所と［ケ］との関連を述べよ。

197

《酵素②》三重大学｜★★★☆☆｜2分｜実施日 ／ ／ ／

3種類のタンパク質A，B，Cがある。それぞれのタンパク質は，次の性質をもつ。BおよびCはAに対して各々1：1のモル比で結合するが，BとCは互いに結合しない。BとCが同時に存在する場合，AはBまたはCのどちらか一方にしか結合できず，その際，Aに対する結合はCが優先する。Aは酵素活性を有し，BがAに結合すると酵素活性が失われる。一方，CがAに結合しても酵素活性には影響を及ぼさない。タンパク質A，B，Cは，水に対して高い溶解性を有し，分子量は，それぞれ3.5×10^4，1.5×10^5，1.6×10^5とする。

☐**問1**　酵素と基質（酵素が働く物質）の関係は，その高い特異性からどのように例えられるか。10字以内で答えよ。

☐**問2**　下線部から，BはAのどの部位に結合すると考えられるか。

☐**問3**　10mLの緩衝液に3.5mgのAと4.5mgのBを加えた場合，Aの酵素活性は何％失われるか。有効数字2桁で答えよ。

☐**問4**　**問3**の条件にあらかじめ12.8mgのCを加えておいた場合，Aの酵素活性は何％になるか。有効数字2桁で答えよ。

☐**問5**　**問4**の条件に基質を加え約40℃に加温した場合，Aは10分間に何molの基質を分解することができるか。有効数字2桁で答えよ。ただし，約40℃の条件において，1.0mgのAは，1分間に1.3×10^{-6}molの基質を分解できるものとする。

198 《酵素③》埼玉大学｜★★★☆☆｜8分｜実施日 / / /

次の文章を読み，**問1～5**に答えよ。数値で解答する場合には，指定された有効数字に注意すること。また，各問題では副反応などは起こらないものとして解答せよ。

酵素は，おもにタンパク質から構成される物質で，生体内で起こる化学反応を触媒する。酵素の働きによって，通常では進行しにくい化学反応が速やかに進むようになる。これは，酵素の作用によって反応の［ア］エネルギーが小さくなることに由来している。

酵素反応はpHの影響を受けやすく，①触媒作用に適したpHは酵素の種類によって異なる。また，②酵素反応は温度の影響も受けやすく，多くの酵素が60℃以上で働きを失う。ビタミン類などの低分子量の有機化合物が酵素に結合して，酵素の働きを助ける場合もある。これらの物質を［イ］という。

酵素が働きかける物質は基質と呼ばれ，酵素は特定の基質のみに作用する。たとえば，カタラーゼという酵素は［ウ］だけを基質とする。この性質を酵素の［エ］という。それは酵素の［オ］に，立体構造が合う基質だけが結合するからである。このような酵素と基質の関係は，鍵と鍵穴の関係にたとえられる。

酵素反応では，まず酵素Eに基質Sが結合して酵素－基質複合体E·Sが形成される。次に，酵素の［オ］において基質が生成物Pに変化した後，生成物は速やかに酵素から離れる。このような酵素反応は，一般に次の式で表される。

$$E + S \rightleftarrows E\cdot S \longrightarrow E + P$$

③酵素の濃度が一定の場合，酵素反応の反応速度は基質濃度に依存する。基質濃度が低いときは，反応速度は基質濃度の上昇にしたがって大きくなる。しかし，基質濃度が高くなってくると，基質を結合した酵素の割合が増えてくるので，反応速度の伸びは次第に低下していく。ほとんどすべての酵素が酵素－基質複合体を形成したとき，反応速度はほぼ最大値で一定となる。

☑問1　空欄 ア ～ オ に相当する適切な化学用語または物質名をそれぞれ1つずつ書け。

☑問2　下線部①に関連して，唾(だ)液に含まれるアミラーゼと胃液に含まれるペプシンが働くのに適したpHを，次の中からそれぞれ1つずつ選んで書け。

〔pH〕

1～2　3～5　6～8　9～11

☑問3　下線部②に関連して，多くの酵素が60℃以上で働きを失う理由を20字程度で書け。

☑問4　下線部②に関連して，酵素反応の反応速度は温度の変化によってどのような影響を受けるか。反応速度と温度の関係を図示せよ。

☑問5　下線部③に関連して，酵素反応の反応速度と基質濃度[S]の関係を図示せよ。

199 《核酸①》長崎大学｜★★★☆☆｜2分｜実施日 / / /

細胞中には核酸という高分子化合物が存在しており，遺伝情報の伝達に中心的な役割を果たしている。核酸は，塩基，五炭糖（ペントース），リン酸からなるヌクレオチドどうしが多数重合したポリヌクレオチドであり，DNAとRNAの2種類がある。五炭糖は，DNAでは［ア］，RNAでは［イ］である。DNAとRNAは，それぞれ4種類の塩基を含み，そのうち3種類は両者で共通であるため，DNAとRNAを合わせて5種類の塩基がある。塩基部分の構造を図1の(a)～(e)に示す。DNAはポリヌクレオチド鎖どうしが塩基対を形成し，［ウ］構造をとっている。図2に塩基(a)アデニンと(c)の間で形成される塩基対を示した。図2中の点線は塩基間で形成される［エ］結合を示している。

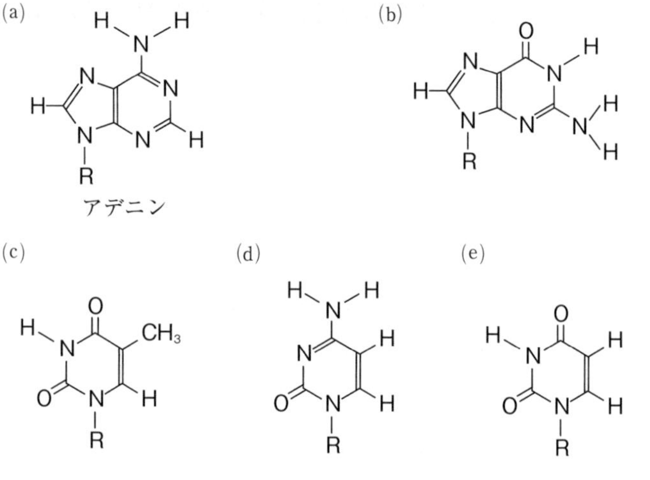

図1　核酸に存在する5種類の塩基部分の構造（Rは五炭糖を示す）

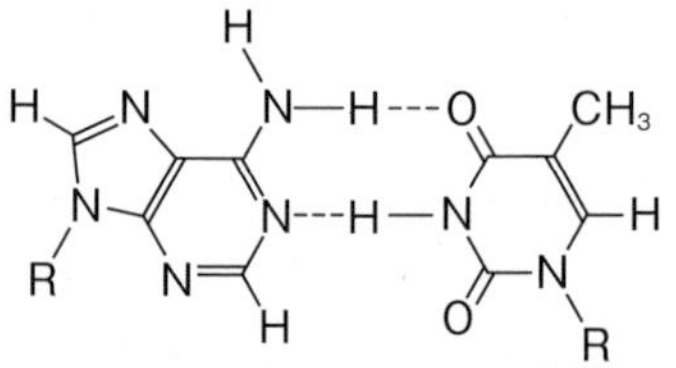

図2　塩基(a)と(c)間の塩基対構造

☐**問1**　文章中の［ア］～［エ］に適切な語句を記せ。

☑問2　塩基(c)以外にも，塩基(a)と塩基対を形成できるものがある。(a)，(b)，(d)，(e)の中から1つ選び，記号で記せ。

200

《核酸②》金沢大学｜★★★☆☆｜6分｜実施日［ / ］［ / ］［ / ］

次のヒトの遺伝情報に関する文章を読み，**問1～3**に答えよ。

ヒトのDNAの基本構造は塩基，［ 1 ］，［ 2 ］からなる［ 3 ］が縮合重合して［ 4 ］となったものである。DNAは立体的に［ 5 ］構造で，この構造は4種の塩基のうちの［ 6 ］と［ 7 ］の［ 8 ］結合，および［ 9 ］と［ 10 ］の［ 8 ］結合によって形成されている。［ 5 ］構造をとることによって細胞分裂するときDNAは正確に増幅される。これをDNAの［ 11 ］という。DNAに基づいてタンパク質が合成されるとき遺伝情報が1本鎖の［ 12 ］に塩基配列の形で伝えられる。これを遺伝情報の［ 13 ］という。［ 12 ］は細胞の核から出て［ 14 ］に付着し，タンパク質の合成の場が作られる。［ 12 ］の<u>3つの塩基の並ぶ順序</u>である［ 15 ］に対応したアミノ酸が［ 16 ］によって［ 14 ］上に運び込まれて，アミノ酸とアミノ酸が［ 17 ］結合し，20種類のアミノ酸からタンパク質が作られる。これを遺伝情報の［ 18 ］という。このようにして作られたタンパク質は，細胞の主要な成分となって組織を構成するとともに，生体内の化学反応の触媒を担う［ 19 ］として重要な役割を果たしている。例えば，すい液に含まれる［ 20 ］は油脂の加水分解を行っている。

☑問1　［ 1 ］～［ 20 ］に最も適切な語句を記入せよ。

☑問2　下線部の「3つの塩基の並ぶ順序」という箇所を「2つの塩基の並ぶ順序」に変えると，正確な遺伝情報の［ 18 ］に支障を来たすかどうか，理由とともに60字以内で答えよ。

高分子化合物

201 《核酸③》香川大学 | ★★★☆☆ | 8分 | 実施日 / / /

次の文章を読み，各問いに答えよ。計算問題では，有効数字2桁まで求めよ。

核酸は，リン酸，塩基，(　ア　)からなるヌクレオチドという構成単位が連なった高分子化合物であり，DNAと(　イ　)がある。DNAと(　イ　)では(　ア　)の種類が異なり，DNAでは(　ウ　)，(　イ　)では(　エ　)である。DNAを構成する塩基はA，G，T，Cの略号で示した4種類である。2本の鎖状のDNA分子は，一方の鎖中の塩基と，他方の鎖中の塩基との間で塩基対を形成し，(　オ　)構造と呼ばれる立体構造をとる。

問1　文章中の(　ア　)～(　オ　)に，適切な語句を入れよ。

問2　下線部について，A，G，T，Cの略号で示される塩基の名称をそれぞれ示せ。

問3　ある生物由来の2本鎖DNA分子の塩基組成を調べたところ，Aの割合は30%であった。このDNAのG，T，Cの割合はそれぞれ何%か求めよ。

問4　上記**問3**の2本鎖DNA分子は，2.0×10^6 塩基対から構成されていた。A，G，T，Cの塩基を含むヌクレオチドの分子量を，それぞれ300，320，290，280とした場合，この2本鎖DNAの分子量はいくらになるか求めよ。ただし，ここで与えたヌクレオチドの分子量は，DNA鎖を構成している各ヌクレオチド単位のものとする。

202 《核酸④》東京農工大学 | ★★★☆☆ | 5分 | 実施日 / / /

生物は遺伝情報をDNAに保存しているが，その情報はRNAに移されてからタンパク質の合成に使われる。DNAとRNAは核酸であり，窒素原子を含む塩基と糖(ペントース)およびリン酸部分から成るヌクレオチドどうしがリン酸エステル結合したポリヌクレオチドである。RNAの構成成分であるペントース部分はリボースで，その分子式は $C_5H_{10}O_5$ である。DNAのペントース部分は［(ア)］であり，その分子式は［(イ)］である。RNAではリボース部分の［(ウ)］が，DNA

の場合，(エ) に代わっているために，RNAとDNAのペントース部分の化学式に違いが生じる。このためにRNAを (オ) ，DNAを (カ) と呼んでいる。

RNAとDNAを構成する塩基はどちらも4種類あるが，アデニン，グアニン，シトシンの3種類は共通である。残りの1種類は，RNAではウラシル，DNAではチミンである。核酸の遺伝情報は，4種類の塩基がどのような順序でつながっているかという，塩基配列で示される。アデニンを含むヌクレオチドをAという記号で表し，以下同様にグアニン，シトシン，ウラシル，チミンを含むヌクレオチドをそれぞれG，C，U，Tとすると，DNAやRNAは，例えば図1の核酸の略図に示したAGCAのように，左側から直列にヌクレオチドを並べた塩基配列によって表記できる。

DNAは，(キ) と呼ばれる構造を形成するが，この構造の中でアデニンと (ク) ，グアニンと (ケ) との間で水素結合による塩基対がつくられている。アデニンはウラシルとの間でも塩基の対を形成することができる。RNAの塩基配列はDNAの塩基配列に従って決まる。

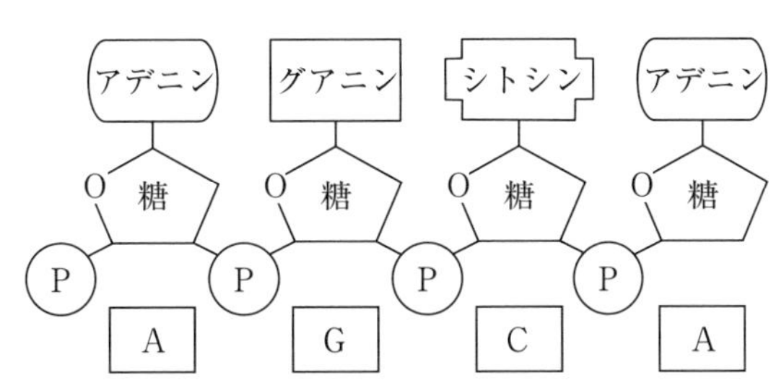

左から塩基配列をAGCAと表記する。Pはリン酸基
図1　核酸の略図

☐**問1**　空欄(ア)，(ウ)～(ケ)にあてはまる適切な語句を書け。

☐**問2**　空欄(イ)にあてはまる分子式を書け。

問3　前の文章で述べている塩基配列について，(1)，(2)の問いに答えよ。

☐(1)　すべて異なる塩基を含むヌクレオチド4個からなるDNAの塩基配列は，図1のように左から並べる場合，何通りあるか，数値で書け。

☐(2)　DNAの塩基配列AGTCTTGTAGCTで決められるRNAの塩基配列を記号で書け。

— MEMO —

駿台受験シリーズ

国公立標準問題集 改訂版
CanPass
化学基礎＋化学

犬塚壮志　著
三門恒雄　校閲

駿台文庫

はじめに

私は，自分の受験生時代，実は化学が大嫌いでした。高３生の春の模試の偏差値は30台で，いわゆる落ちこぼれでした。なぜ，化学が嫌いだったのかというと，それは単に問題が全然解けなかったからです。一応，巷の受験生っぽく参考書と問題集を買って，それなりに勉強はしたつもりではいました。しかし，当時わかりやすいといわれていた参考書を読んである程度理解できても，なかなか問題が解けるようにならなかったもどかしさを今でも覚えています。また，購入した問題集を数回繰り返しやってみたものの，模試や過去問になると手も足も出なくて非常に悔しい思いをしたことも覚えています。結局，問題集の解説を読んで理解したつもりでいても，他の問題を解く力としては備わっていなかったのです。今でこそ，この原因(後述します)はわかりますが，当時はどうして良いのかわかりませんでした。そのため，とりあえず予備校に行って教えを乞おうと思い，意を決して門を叩いたのが駿台予備学校でした(笑)。

私の学力が伸びなかったのには，問題集の解説を読んで理解したつもりでも，その解き方，つまり根本的な理解を伴った汎用的な解法として身に付いてなかった事に最大の原因があります。その問題の解説はわかっても，その解き方を他の類題に汎用させることができていなかったのです。恐らく，化学が得意な人は，問題集の解説を一度読んだら，それをすぐにでも他の問題に汎用できるのでしょうけど，私はそれがまったくできませんでした。単に「こうやって解く」だけでなく，「この類いの問題は，このパターンだから，こういうやり方で解け！」みたいな過保護ともいうべき解説のようなものが当時の私には必要でした。

結局，予備校の講義を通してそういったことを学ぶ事ができたのですが，問題集だけでそういった本質的な理解や汎用的な解答力を身に付けることができないものかとここ数年ずっと考えていました。なぜなら，私の出身地のような田舎では近所に塾・予備校などは少なく，地方出身者にとっては問題集や参考書が受験勉強の命綱になるといっても過言ではないのです。そういった思いで作り上げたのが本書なのです。ですので，詳しくは【本書の特長と利用法】を読んでほしいのですが，本書は解説に「参考書的要素」と「汎用的な解法」をできるだけ多く盛り込みました。そのため，通常の問題集よりも解説はずっとぶ厚くなってしまいました(笑)。ただ，本書の解説を上手に使うことで，必ず他の多くの問題を解けるようになります。ぜひ，本書を上手く活用し，たくさんの化学の問題が解ける楽しみを知ってください！

◆謝辞

本書の刊行にあたり，たくさんの方々にお世話になりました。駿台文庫の松永正則さんと中越邁さんには，本書の執筆の機会を与えていただき，企画・編集の面で大変お世話になりました。駿台文庫・編集課のチームの皆様には，私の原稿がギリギリになってしまったのにも関わらず，迅速かつ丁寧な組版・校正をしていただき本当に助かりました。心より感謝申し上げます。同じ化学科の三門恒雄先生には本書のご校閲をしていただき，本当にお世話になりました。三門先生にお手伝いしていただけていなかったら，本書をこのクオリティで完成させることができませんでした。この場を借りて厚く御礼申し上げます。本当にありがとうございました。そして，駿台予備学校の同期や諸先輩方，校舎のスタッフ・職員さんに支えていただいているからこそこの仕事を続けることができていると思っています。本当に，本当にありがとうございます。実家の福岡にいる両親にも，私をここまで育ててくれた御礼をこの場で言わせてください。本当にありがとう。いつまでも２人仲良く健康で長生きしてください。いつも支えてくれる妻にも心より感謝です。埼玉にお住まいのお義父さん，お義母さんも，ずっとずっと元気でいてください。そして，この本を手にとってくれているキミたち受験生の合格したときの笑顔が見たくて私はこの仕事を頑張ることができています。受験勉強はつらいことも多いかとは思いますが，最後の最後まで精一杯に後悔のないよう頑張ってくださいね！

犬塚壮志

本書の特長と利用法

◆特長

・人気の高い標準レベル国公立大学の問題のみを厳選・掲載した問題集です。

・200問以上の問題で，やや多めだと思うかもしれません。しかし，この問題数で入試標準レベルの問題パターンをほぼ網羅できています。そのため，私立大学(特に記述形式で出題する大学)にも十分に対応可能です。

・すべての大問に問題レベルと解答時間の目安が付記されています。

・問題は，執筆者側の都合の良い改作はできるだけ控え，原作(オリジナル)のまま掲載することを心掛けました。これは，できるだけ実際の入試問題を実体験してもらうためです。

・解説は，通常の問題集の解説に比べてかなり詳しいものになっています。本書の解説は参考書に近いくらい丁寧に書いたつもりでいます。

・「はじめに」でも書きましたが，本書の最大の特徴として，解説にはできるだけ‘汎用的な解法’を載せるようにしました。

・解説には，ページのリンク「⇒P.○○」を随所に入れ，単元ごとの‘つながり’を強化できるようにしました。

◆利用法

・構成は「**解答**→ **解説** → **重要ポイント**」になっています。

・問題ごとに付記されている解答時間の目安は，初見で解くにはかなりタイトに感じるかと思います。この時間は，繰り返し解いていく中で，入試直前までにその解答時間内に解けるようになれば良いということを指した時間です。

・まずは，できるだけ‘速く解く’を意識して問題を解いてください。化学が苦手な人は，まずは★3つ(★★★☆☆)までの問題を頑張って解けるようになってください。★3つの問題の正答率が80％くらいを超えたら，★4つ(★★★★☆)の問題にもチャレンジしてください。

・問題にもよりますが，解答時間の目安の倍の時間(例えば解答時間の目安が10分であれば20分)をかけても解けない場合は，**解答**・**解説**を見て，解けなかった問題をその場ですぐに真似して解いてみてください。そして，数日以内にもう一度自力で解けるかチャレンジしてください。解けないようなら，この作業を自力で解けるようになるまで繰り返し行ってください。

・**解説**を読んで，不足している知識があった場合には，教科書に戻って知識の確認を行う事も忘れないでください。

・この問題集を進めていく中で，問題を解いていくのが難しく感じるようでしたら『化学頻出 スタンダード問題230選』(駿台文庫)をやってみてください。また，この問題集のほとんどの問題が解答時間内に解けるようになり，より上のレベルの問題演習が必要な場合は『理系標準問題集 化学』や『新理系の化学問題100選』(ともに駿台文庫)にチャレンジすると良いかと思います。

・最後に。大学受験の目的はあくまで自分が受ける大学の入試問題で合格点を超える事です。ですので，キミ自身が受ける過去問の演習は絶対に忘れないようにしてください！

目　次

第４編　物質の変化（化学）

第5編　無機物質

第6編　有機化合物

第7編　高分子化合物

（各章の収録大学名は出題当時のもので，五十音順に記載）

第１章　物質の探求・構成粒子

1　解答

問１　ア　単体　　イ　同素体　　ウ　純物質　　エ　混合物

問２　(3)

解説

問１ ⇒ 重要ポイント 1°

物質の分類に関する問題。混合物と化合物の違いについて正確に理解しておくこと。なお，混合物と化合物の見分け方として，１つの化学式で表せるかどうかで判断する方法が一般的である。例えば，「水」であれば「H_2O」という化学式があるが，代表的な溶液の一つである「塩酸」という物質は１つの化学式で表すことができない(塩酸は水 H_2O と塩化水素 HCl の混合物)。

問２ ⇒ 重要ポイント 2°

同じ元素からなる単体でも外観や性質の異なるものどうしを互いに同素体という(同素体どうしは互いに変化し合うこともある)。代表的な同素体は 重要ポイント 2° にまとめておく。なお，本問(3)の「水素 ^1H と重水素 ^2H」は互いに同位体(⇒ P.4)の関係である。

重要ポイント

1°　物質の分類

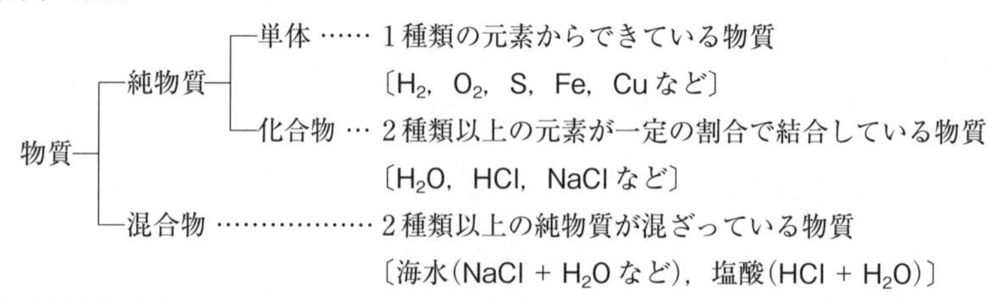

2°　代表的な同素体

元素	物質名　　( )内は化学式
硫黄 S	単斜硫黄 (S_8)，斜方硫黄 (S_8)，ゴム状硫黄 (S)
炭素 C	ダイヤモンド (C)，黒鉛 (C)，フラーレン (C_{60} など)
酸素 O	酸素 (O_2)，オゾン (O_3)
リン P	黄リン (P_4)，赤リン (P)

2　解答

	(a)	(b)	(c)	(d)	(e)	(f)	(g)
問１	ろ過	蒸留	分留	昇華	抽出	再結晶	クロマトグラフィー
問２	(イ)	—	(ア)	(ウ)	(オ)	(カ)	(エ)

解説

問1，2　物質の分離においては，混合物中の物質どうしにおいて，どのような性質の違いにより分離され得るのかを明確にすることが重要。

(a)　塩化ナトリウムは水に溶けると Na^+ と Cl^- に電離する。これらのイオンはろ紙の目を通過することができるが，砂粒は粒子の大きさが大きいため通過することができない。これにより分離することができる。この方法をろ過という。

混合物
ろうと
ろ紙
ろ液

(b)　例えば食塩水（塩化ナトリウム水溶液）から塩化ナトリウム NaCl と水 H_2O を分離する際，食塩水を加熱することで H_2O のみ蒸気として取り出すことができる。この蒸気を冷却することで，食塩水から NaCl と H_2O を分離することができる。この方法を蒸留という。

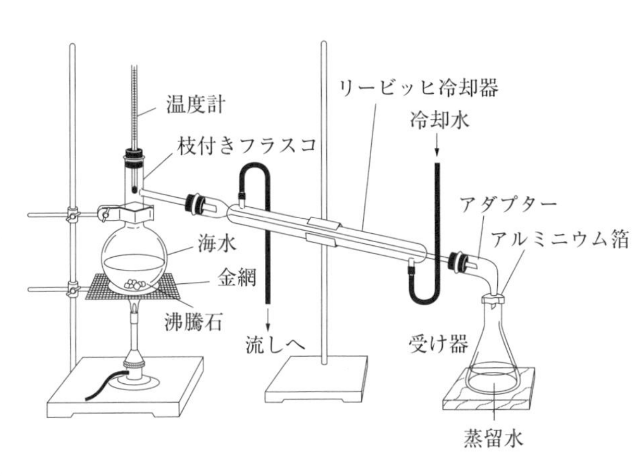

注意

(1)　温度計の球部は，枝付きフラスコの枝分かれの位置に置く（蒸気の温度を測るため）。

(2)　枝付きフラスコ内の液量は，半分以下にする。

(3)　突沸を防ぐため，枝付きフラスコ内には沸騰石を入れる。

(4)　リービッヒ冷却器の冷却水は，下から上へ流す（冷却効率を上げるため）。

(5)　内圧が上がり受け器が破損する危険があるため，密栓しない。受け器の部分はアルミニウム箔か綿でふたをする。

(c)　原油（石油）のように2種類上の液体の混合物から沸点の差を利用して各成分に分離する方法を分留（分別蒸留）という。沸点の違いにより石油ガス，ナフサ，灯油，軽油，重油，残油に分けられる。

石油ガス
低
↑
温
度
↓
高
ナフサ
灯油
軽油
重油
加熱した原油

(d)　例えばヨウ素に砂粒が混ざっている場合，ヨウ素の純度を上げ精製するためにはヨウ素の昇華（固体から直接気体になる状態変化）を利用する。加熱により気体になったヨウ素を冷却することで純粋なヨウ素を得ることができる。

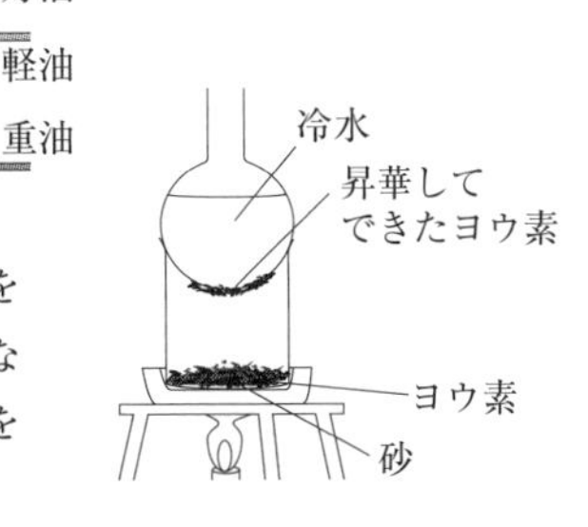

(e) 溶媒に対する溶けやすさ(溶解度)の違いを利用して，目的とする物質だけを溶かして分離する方法を抽出という。例えば，茶の葉の成分のうち水に溶けやすい物質は，お湯に葉を浸すことでその成分がお湯に溶け出してくる。

(f) 温度によって水などに対する溶けやすさ(溶解度)が変化することを利用して分離する方法を再結晶(または再結晶法)という。例えば，塩化ナトリウム NaCl を不純物として含む硝酸カリウム KNO_3 の混合物を熱水に溶かし，その溶液を冷却することで，(温度変化による溶解度の差が大きい) KNO_3 が先に析出してくる。これにより NaCl を含まない純粋な KNO_3 を得ることができる。

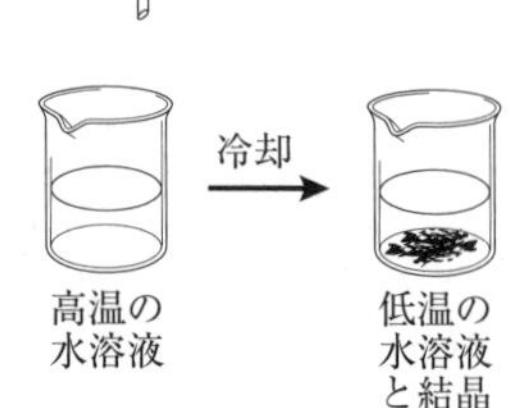

(g) 液体に溶けた物質が吸着剤のすき間をぬって移動するとき，物質によって移動の速度に差が生じる。これを利用して混合物を各成分に分ける方法をクロマトグラフィーという。次図はペーパークロマトグラフィーである。

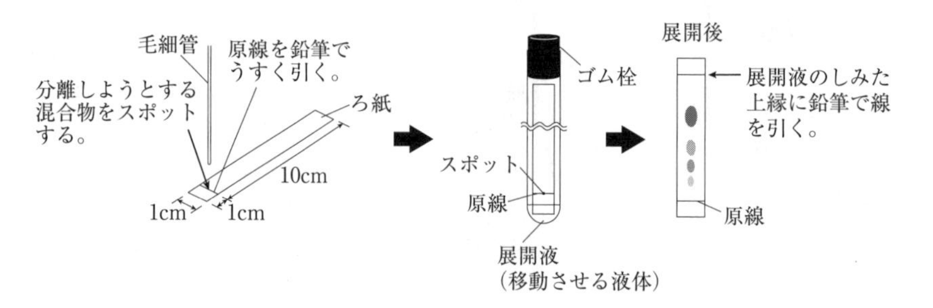

3 解答

問1 ア Hg イ As ウ Cd
問2 エ 同位体 オ 放射性同位体
問3 自然界 18種類 質量数の和48 4種類

解説

問2 エ 原子番号(陽子の数)が同じだが，(中性子の数が異なることで)質量数が異なる原子を同位体という。

オ $^{14}_{6}C$ のように放射線を出す性質(放射能)をもつ同位体を放射性同位体という。これに対して放射線を出さない同位体を安定同位体という。

問3 CO_2 分子中の2つの O 原子は区別できないため，C 原子1個と O 原子2個の組合せとして次ページのような樹形図を書くと考えやすい。

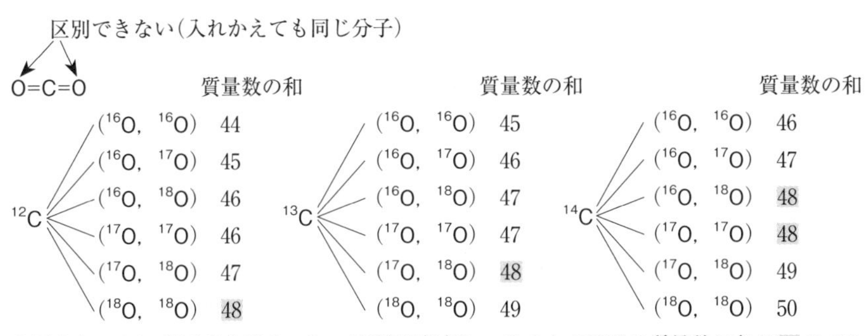

上図より，CO_2 分子は合計 $6 \times 3 = \underline{18}$ 種類存在し，その中で原子の質量数の和が 48 の CO_2 は $\underline{4}$ 種類存在する。

4 解答

問１　原子核

問２　1.72×10^4

解説

問２　^{14}C の半減期は初期濃度によらない(1次反応)ので，^{14}C が大気中の存在比の $\frac{1}{8} = \left(\frac{1}{2}\right)^3$ になったとき，半減期の３回分の時間が経過したことがわかる。よって，

$$5730 \times 3 = 17190 \fallingdotseq \underline{1.72 \times 10^4}〔年〕$$

参考　実際には ^{14}C は次式のように β 線を出しながら ^{14}N に変化していく。このように β 線を出しながら原子番号が１つ大きい原子に変わっていく変化を β 壊変という(原子核中の中性子１つが陽子１つに変化しているため原子番号が１増加する)。

$$^{14}_{6}C \longrightarrow {}^{14}_{7}N + e^- \ (\beta線)$$

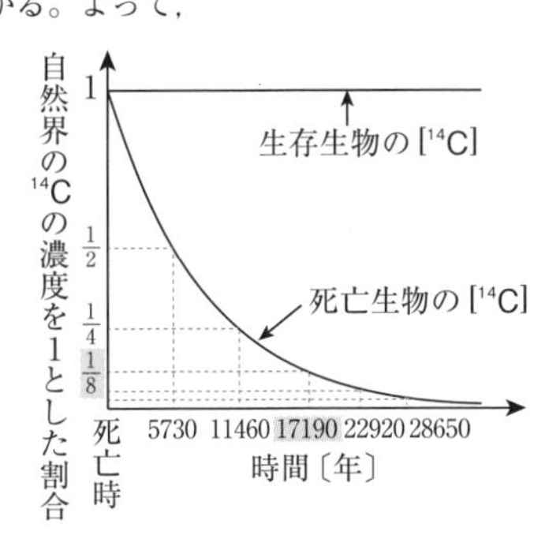

5 解答

問１　Li

問２　最外殻電子が閉殻(K殻２個)で安定な電子配置をとるため他の原子と結合しにくい。

問３　7

問４　0

解説

問1 ⇒ 重要ポイント 1°，2°

「原子の電子数の総和＝原子番号」のため，本問の電子配置より，(ア)〜(オ)の元素は以下のように決まる。

(ア) $_{2}He$　(イ) $_{3}Li$　(ウ) $_{6}C$　(エ) $_{11}Na$　(オ) $_{17}Cl$

これらの中で同族元素は $_{3}Li$ と $_{11}Na$ である(本問の電子配置より，価電子の数がともに1であることからも同族元素であることがわかる)。

また，原子半径は同族元素では周期表の下にいくほど大きくなる。これは周期表の下にいくほど電子の入った電子殻が増えるためである。よって，Li と Na で原子半径が小さいほうの元素は Li である。

問2 貴ガス(希ガス)元素である He や Ne は，各電子殻が最大収容数まで電子でいっぱいに満たされている状態(この状態を閉殻構造という)で，非常に安定な電子配置である。そのため，最外殻電子は化学結合には用いられず，他の元素と化合物をつくりにくい。なお，その他の貴ガス元素であるアルゴン Ar やクリプトン Kr は最外殻電子が8個であり(この状態をオクテットという)，閉殻構造と同じように非常に安定である。

問3 ⇒ 重要ポイント 3°

(ウ) $^{13}_{6}C$ の陽子の数は原子番号と同じ6であるため，中性子の数は 13 − 6 = 7 となる。

問4 (エ) $_{11}Na$ が安定なイオンになるとき，最外殻の電子1個を放出してネオン $_{10}Ne$ と同じ電子配置となる。$_{10}Ne$ は最外殻に8個の電子をもつが，貴ガス元素のため価電子の数は 0 とする。

重要ポイント

1° 元素の原子番号と原子内の電子の数

原子番号＝陽子の数＝電子の数

2° 原子の大きさ

同族 ⇒下に向かうほど電子の入った電子殻が増加するため，原子は大きくなる。

同周期 ⇒右に向かうほど原子核の正電荷が増加するため，電子を引きつける力が強まり，原子は小さくなる(貴ガスは測定方法が異なるため，別枠で考える)。

【典型元素の原子半径】

単位：nm（10^{-9} m）

	1	2	13	14	15	16	17	18
1	H 水素 0.30							He ヘリウム 1.40
2	Li リチウム 1.52	Be ベリリウム 1.11	B ホウ素 0.81	C 炭素 0.77	N 窒素 0.74	O 酸素 0.74	F フッ素 0.72	Ne ネオン 1.54
3	Na ナトリウム 1.86	Mg マグネシウム 1.60	Al アルミニウム 1.43	Si ケイ素 1.17	P リン 1.10	S 硫黄 1.04	Cl 塩素 0.99	Ar アルゴン 1.86

小（上）↕大（下）　大 ←→ 小

3°　原子番号と質量数の関係

質量数＝陽子の数（原子番号）＋中性子の数

6 解答

問1　あ 周期表　い 典型元素　う 遷移元素　え 減少　お 増加　か 1　き 2
く 電子親和力　け 減少　こ 小さく　さ 大きく　（か・きは順不同）

問2　臭素，水銀

問3　(i)　ヘリウム　(ii)　セシウム

問4　O^{2-}，F^{-}，Na^{+}，Mg^{2+}，Al^{3+}

解説

問1 ⇒ 重要ポイント

え　同族の元素では，原子番号が大きくなるほど電子殻が増え原子核と最外殻の電子との距離が広がり，原子核が電子殻の電子を引きつける力が弱くなる。そのため，（第1）イオン化エネルギーは減少する。

お　同一周期（最外殻が同じ）の元素では，原子番号が大きくなる（陽子の数が増加する）ほど核電荷が大きくなり，電子殻の電子を引きつける力が強くなる。そのため，イオン化エネルギー（⇒ P.8）は増加する。

か，き　遷移元素は，原子番号が増加すると内側の電子殻に電子が収容されていくため，最外殻の電子は1または2個のままである。

け　貴ガスを除く同一周期（最外殻が同じ）の元素では，原子番号が大きくなる（陽子の数が増加する）ほど核電荷が大きくなり，電子殻の電子を引きつける力が強くなる。そのため，原子半径は減少する（⇒ P.6）。

こ　原子が陽イオンになるときは，最外殻電子を失うため，運動する電子の拡がりが小さくなり，原子状態のときよりも小さくなる。

さ　原子が陰イオンになるときは，電子が加わるため，陽イオンのときとは異なり，運動する電子の拡がりが大きくなり，原子状態のときよりも大きくなる。

問2　常温常圧で単体が液体であるものは臭素 Br_2 と水銀 Hg のみである。なお，常温常圧で単体が気体であるものは，貴ガス（ヘリウム He，ネオン Ne，アルゴン Ar，クリプトン Kr，キセノン Xe，ラドン Rn）と水素 H_2，窒素 N_2，酸素 O_2，フッ素 F_2，塩素 Cl_2 の計11種類である。

問3　(i)　7 問1 A 解説 参照（⇒ P.8）

(ii)　同一周期では左にいく（陽子の数が減少する）ほど，同族では下にいく（最外殻電子と原子核が遠くなる）ほど原子核が電子を引きつける力が弱くなり，（第1）イオン化エネルギーは減少する。そのため，第6周期までの元素の中で周期表の一番左下に位置するセシウム Cs のイオン化エネルギーが最小となる。

問4　Na^{+}，Mg^{2+}，Al^{3+}，O^{2-}，F^{-} はすべて Ne と同じ電子配置である。そのため，イオンの大

きさは核電荷で決まる。原子番号が大きい(陽子の数が多い)元素のイオンほど核電荷が大きく，最外殻の電子を引きつける力が強くなり，イオン半径は小さくなる。そのため，イオンの大きさは以下のような順になる。

$_{8}O^{2-} > {}_{9}F^{-} > {}_{11}Na^{+} > {}_{12}Mg^{2+} > {}_{13}Al^{3+}$

重要ポイント

電子親和力：(気体状の)原子が最外殻に電子1個を受け取って1価の陰イオンになるときに放出されるエネルギー。

7 解答

問1　A　貴ガス(希ガス)　　B　遷移元素

問2　陽子の数が増えることで核電荷が大きくなり，最外殻の電子を引きつける力が強くなるため。

問3　大きくなる。(理由)ナトリウム原子から電子1個を取り去るとネオンと同じ非常に安定な電子配置をとる。そのため，さらに電子1個を取り去るためには496 kJ/molよりも大きなエネルギーが必要となる。

解説

問1 ⇒ **重要ポイント**

A　同一周期では右にいく(陽子の数が増加する)ほど，同族では上にいく(最外殻と原子核が近くなる)ほど原子核が電子を引きつける力が強くなり，(第1)イオン化エネルギーは増加する。そのため，周期表の同一周期では一番右に位置する18族の貴ガスのイオン化エネルギーが最大となる。

B　遷移元素は，原子番号の増加とともに電子が内側の電子殻に収容されていく。その電子の負電荷と原子核で増加した陽子の正電荷が打ち消し合って最外殻の電子を引きつける力(これを有効核電荷という)は典型元素どうしの変動と比べると大きく変わらない。そのため，遷移元素のイオン化エネルギーは原子番号が大きくなっても微増程度である。

重要ポイント

(第1)イオン化エネルギー：(気体状の)原子の最外殻から電子1個を取り去って1価の陽イオンにするために必要な最小のエネルギー。

第2章　化学結合

8 解答

問1　a　　問2　イオン結合
問3　共有結合　　問4　金属結合

解説 ⇒ 重要ポイント

まず，電子の総数（＝原子番号）からa～fの各原子を決定する。

a. $_{2}$He　b. $_{3}$Li　c. $_{6}$C　d. $_{8}$O　e. $_{17}$Cl　f. $_{20}$Ca

問1　貴ガス（希ガス）であるaのHeの電子配置は閉殻構造となっているため，他の原子と化学結合を形成しにくい。

問2　金属元素であるbのLiと非金属元素であるdのOは，イオン結合により酸化リチウムLi_2Oをつくる。

問3　非金属元素どうしであるcのCとeのClは，共有結合により四塩化炭素CCl_4をつくる。

問4　金属元素であるfのCa原子どうしは，原子間で金属結合を形成する。

重要ポイント 原子間の結合

原子間の結合は，一般に非金属元素と金属元素の組合せにより決まる。

化学結合
- 非金属元素どうし → 共有結合
- 非金属元素 ＋ 金属元素 → イオン結合
- 金属元素どうし → 金属結合

注意　アンモニウム塩には，非金属元素どうしのイオン結合をもつものがある。
例　NH_4Cl

9 解答

問1　A　展性　　B　延性
問2　C　小さい　D　多い　E　高く　F　高く　G　大きい

解説

問2　C　金属は原子半径が小さいほど，（正電荷をもつ）原子核が最外殻電子を引きつける力が強くなる。

D　金属原子1つあたりの自由電子（最外殻電子）の数が多いほど金属結合は強くなる。

E　金属結合が強くなるほど，沸点や融点が高くなる。なお，金属の融点は水銀Hgが－39℃と最も低く，タングステンWが3410℃と最も高い。

F　遷移元素の原子は最外殻電子だけでなく，内側の電子殻に収容されている電子の一部も自由電子となり金属結合に関与するため，融点や沸点が高くなる。

G　同一周期の1族や2族の典型元素の金属に比べ，遷移元素の金属の原子半径は(原子番号が大きいので)小さくなる。そのため，原子量が増加するにしたがい金属結晶の体積は小さくなり，固体単位体積あたりの質量，つまり密度は大きくなる傾向がある。

10 解答

問1　ア　電気陰性度　　イ　大きく　　ウ　小さく

問2　CH_4，CO_2，C_6H_6

解説

問1　ア　共有結合している原子が共有電子対を引きつける強さの尺度を電気陰性度という。

イ　一般に，貴ガス(希ガス)を除いて周期表上の右上に位置する元素ほど電気陰性度は大きい。そのため，同一周期では原子番号が大きくなる(右にいく)ほど電気陰性度は大きくなる。

ウ　同族では原子番号が大きくなる(下にいく)ほど電気陰性度は小さくなる。

問2 ⇒ 重要ポイント

本問の選択肢中の各分子の構造と極性の有無は以下のようになる。

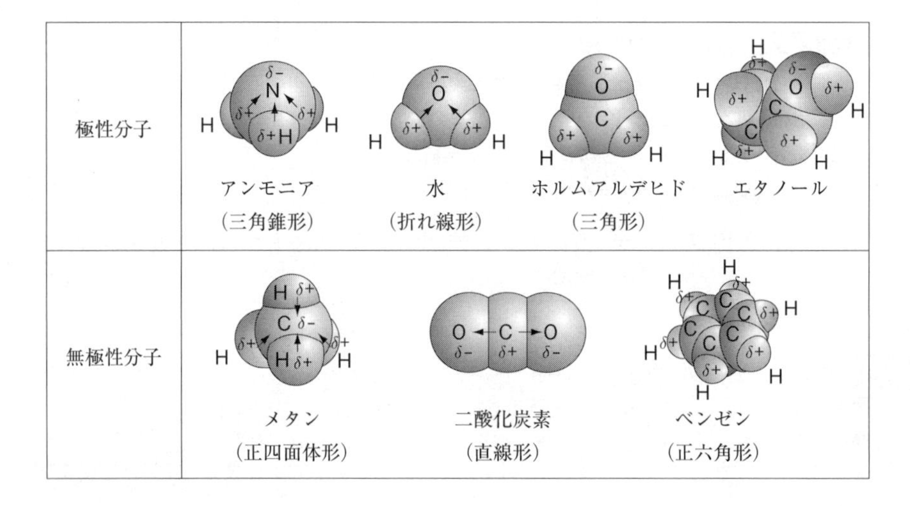

重要ポイント 分子の形と極性

① 分子の形の推定手順

Step1　分子の電子式を書く。

Step2　中心の原子から(非共有電子対も含め)電子対が何方向に伸びているかをカウントする(多重結合は束ねて1方向と考える)。

Step3　電子対どうしが最も離れ合う方向に電子対を配置することで分子構造を決める。

方向数	2方向	3方向	4方向
電子式			
実際の立体的な配置	直線形	(正)三角形	(正)四面体

② 分子の極性

電気陰性度の異なる原子間の共有結合において，共有電子対の偏りが生じる。その状態を結合に極性があるといい，電荷の偏りを生じる現象を分極という。

［分子の極性の有無］

Step1　分子の形を書き，電気陰性度から原子間における結合の極性の有無を判断。

Step2　結合極性がある場合 { 分子全体で打ち消し合わない場合 ⇒ 極性分子
　　　　　　　　　　　　　　分子全体で打ち消し合う場合 ⇒ 無極性分子

11 解答

ア　不対　　イ　共有　　ウ　非共有　　エ　折れ線（または，二等辺三角）
オ　電気陰性度　　カ　極性　　キ　水素　　ク　小さい（または，低い）　　A　2

解説

ア～エ，A

以下のように$_{ア}$不対電子を２個もつO原子と不対電子を１個もつH原子が，お互いの不対電子を出し合って$_{イ}$共有電子対をつくることでH_2O分子になる。また，H_2O分子には２組の共有電子対以外に，$_{A}$２組の$_{ウ}$非共有電子対がある。そのため，これらの電子対が反発し，$_{エ}$折れ線（または二等辺三角）形となる。

【H_2O分子】

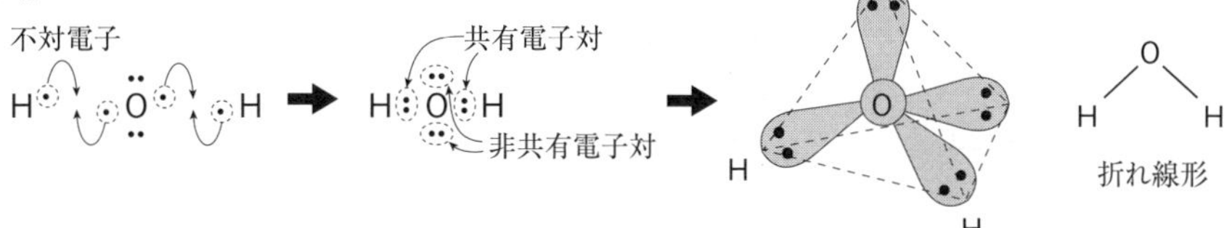

オ・カ

O原子の$_{オ}$電気陰性度はH原子に比べて大きいため，O－H結合では，共有電子対はO原子側に偏る。この状態を，結合に$_{カ}$極性があるといい，原子間の電気陰性度の差が大きいほど結合の極性は大きくなる。また，H_2Oは折れ線形のため，O－H結合の極性は打ち消し合うことはないので，分子全体で電荷の偏りが生じている。このような分子を極性分子という。

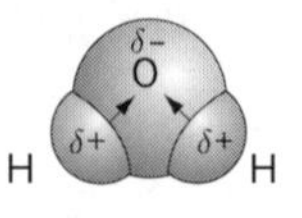
δ−
O
δ+
δ+
H
H
水
（折れ線形）

キ・ク

H_2O分子は分子間で$_{キ}$水素結合を形成する。氷の結晶では1つのH_2O分子の周りに4つのH_2O分子が配置されるような構造をつくっている。このため，すき間の多い構造となっており，氷は液体の水よりも密度が$_{ク}$小さい。（水素結合については 13 重要ポイント を参照のこと）

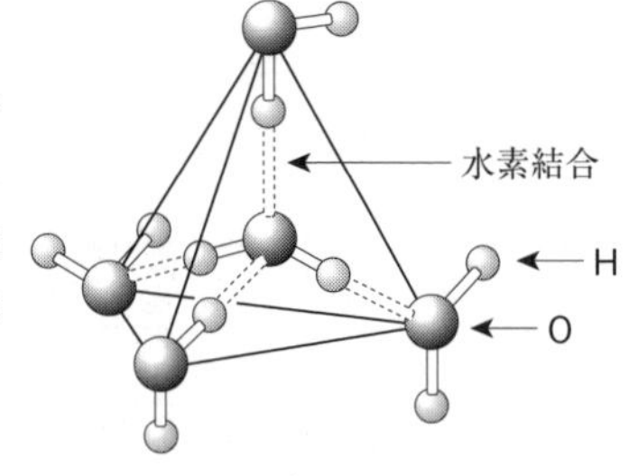
水素結合
H
O

［H_2Oの温度による密度変化］

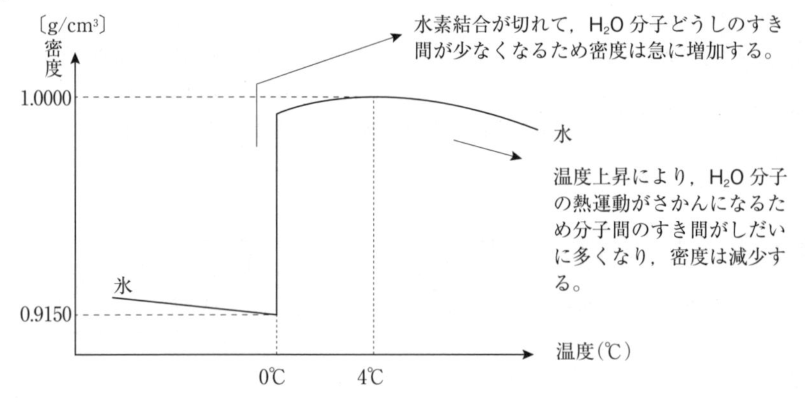
〔g/cm³〕
密度
1.0000
0.9150
水素結合が切れて，H₂O分子どうしのすき間が少なくなるため密度は急に増加する。
水
温度上昇により，H₂O分子の熱運動がさかんになるため分子間のすき間がしだいに多くなり，密度は減少する。
氷
温度(℃)
0℃
4℃

12 解答

問1 共有結合している2種類の原子の電気陰性度の差が大きい場合。

問2 (ア) (b)　　(イ) (d)

(ア)の理由　電子を引きつける力は，電荷の積の絶対値に比例し，粒子間距離の2乗に反比例するため。

(イ)の理由　価数が大きくなると放出した電子と残っている電子が反発する。また，イオン半径が大きくなると原子核が電子を引きつける力が弱くなる。

問3 AlN，MgO，CaO，KF

解説

問1 共有結合をしている2つの原子間において，その原子の電気陰性度に大きな差があると，共有電子対はどちらか一方の原子に偏る（下図ではXのほうが電気陰性度が大きい）。そのため，共有結合している原子に電荷の偏りが生じる。これを結合に極性があるといい，電荷の偏りがあることを分極しているという（負に偏っている場合は$\delta-$，正に偏っている場合は$\delta+$と表記する）。つまり，分極の度合いが大きくなればイオンに近づくため，電気陰性度の差が大きい原子間では共有結合のイオン結合性は大きくなる（共有電子対が片方の原子に完全に移って分極した状態がイオン結合と考えることができる）。

$$\mathrm{X:Y} \quad \Rightarrow \quad \overset{\delta-}{\mathrm{X}} - \overset{\delta+}{\mathrm{Y}}$$

問2⇒ **重要ポイント**

(ア)　イオン結合は陽イオンと陰イオンの間に働くクーロン力だが，イオン間距離が近い，つまりイオン半径が小さく，かつ価数が大きいほど陰イオンのe^-を引きつける力（クーロン力）が強い。

(イ)　価数が大きくなると，放出したe^-と残っているe^-が反発し，放出したe^-は陽イオンに引き寄せられやすくなる。また，イオン半径が大きくなると，原子核がe^-を引きつける力（クーロン力）が弱くなる。

問3　電気陰性度は，貴ガス（希ガス）を除き，周期表の右上が大きい。また，**問1**より，2つの原子間の電気陰性度の差が大きいほどイオン結合性が大きくなり，逆に，電気陰性度の差が小さいほど共有結合性が大きくなる。本問における化合物の元素を周期表上で考えると以下のようになる。

電気陰性度 →（大）

	1	2	13	14	15	16	17
1							
2					N	O	F
3		Mg	Al				
4	K	Ca					

（小）←

以上より，電気陰性度の差が小さい，つまり，周期表上での互いの距離が近い化合物は以下のような順になる。

$$\mathrm{AlN} > \mathrm{MgO} > \mathrm{CaO} > \mathrm{KF}$$

重要ポイント　クーロンの法則

クーロン（フランス）は，「電荷をもった粒子間に働く斥力（反発する力），または引力（引きつけ合う力）はそれぞれの電荷の積に比例し，距離の2乗に反比例する」ことを発見した。電荷の符号が同じときは斥力となり，符号が異なるときには引力となる。下図において，陽イオンの価数をZ_+，陰イオンの価数をZ_-，その距離をrとおくと，クーロン力fは比例定数kを用いて次式で表される（この式は覚える必要はないが，式の意味は理解しておくこと）。

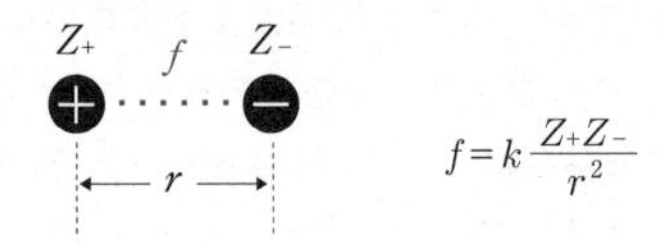

また，イオン間距離（r）よりも，電荷の積（Z_+Z_-）の影響のほうが大きくなる（下図）。以上のことから各イオンの電荷とその大きさがわかれば融点の高低が推定できる。

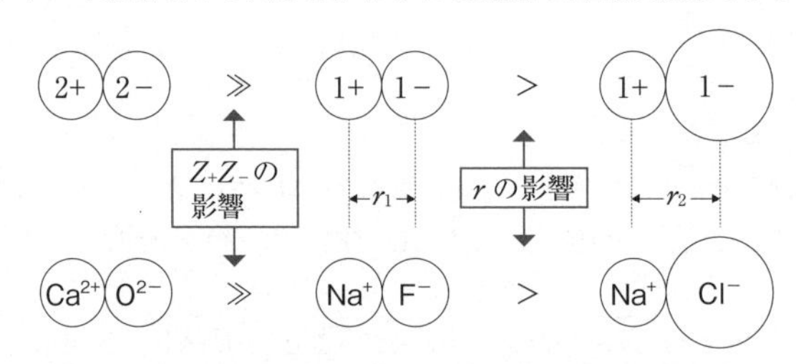

例	酸化カルシウム CaO	フッ化ナトリウム NaF	塩化ナトリウム NaCl
イオン間距離	0.240nm	0.231nm	0.282nm
融点	2572℃	993℃	800℃

13 解答

問1　a (ア)　b (オ)　c (カ)　d，e (エ)，(ク)（順不同）

問2　HBr

解説

問1⇒ 重要ポイント

分子間力は，分子量が大きくなるほど$_a$強くなり，沸点や融点は高くなる。しかし，H_2OやHFは$_b$電気陰性度の大きいO原子やF原子とH原子との間に$_c$水素結合を形成するため，沸点は分子量から予測される値とかけ離れる。また，水素結合は$_d$共有結合や$_e$イオン結合よりは弱い。

問2　ハロゲン化水素は，分子量が小さい順にHF，HCl，HBr，HIとなる。

重要ポイント 水素結合

電気陰性度の非常に大きいF原子，O原子，N原子と共有結合している（大きく正に帯電した）H原子と，大きく負に帯電したF，O，N原子間に働く分子間力を水素結合という。水素結合は，ファンデルワールス力のような一般の分子間力よりも結合力がかなり強いため，水素結合している物質の沸点は，分子量から考えられる値よりも異常に高い。

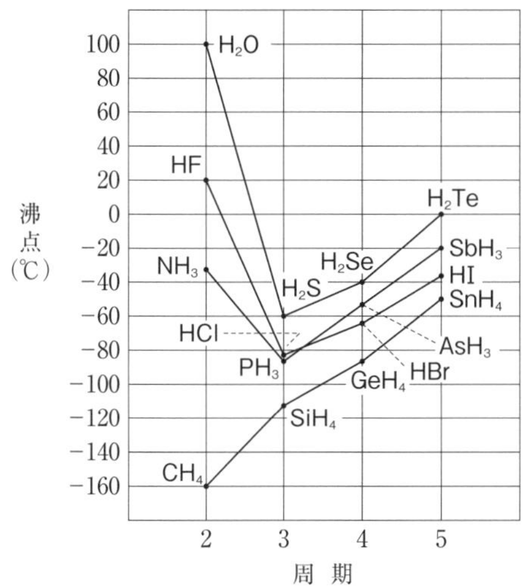

14，15，16，17 族の水素化合物の沸点

δ−　δ+　δ−
F — H --- (X) —

δ−　δ+　δ−
— O — H --- (X) —

δ−　δ+　δ−
— N — H --- (X) —
水素結合

（X＝F，O，N）

［水素結合を形成する代表的な分子］

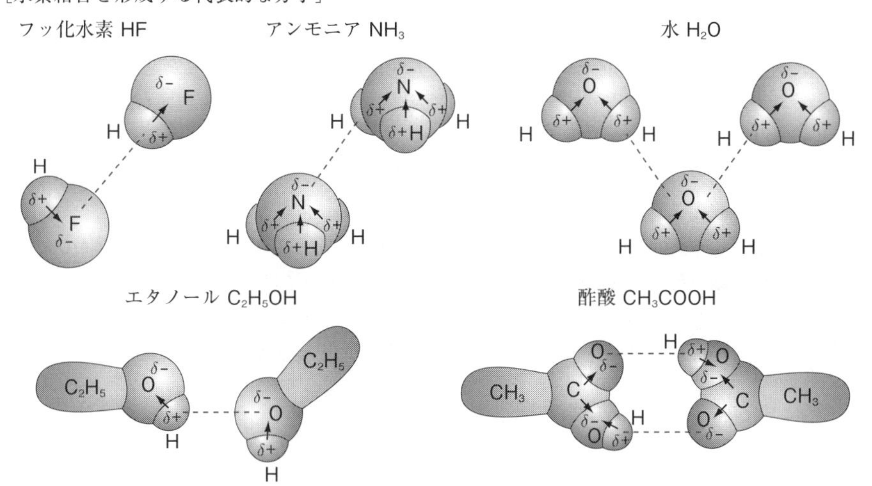

14 解答

問1　炭素原子　4　　窒素原子　5　　酸素原子　6

問2　水　H:Ö:H　　アンモニア　H:N̈:H（下にH）　　メタン　H:C:H（上下にH）

問3　水　折れ線形(または，二等辺三角形)　アンモニア　三角すい形　メタン　正四面体形

角度　$\gamma > \beta > \alpha$　(理由)非共有電子対どうしの大きな反発により，共有電子対の結合角が押しつぶされてしまう。そのため，非共有電子対が多くなるほど結合角は小さくなる。

問4　イオンの名称　アンモニウムイオン　　結合の名称　配位結合

イオンの形

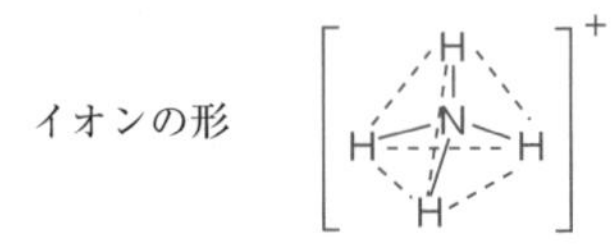

問5　二酸化炭素　O::C::O　　二酸化硫黄　O::S:O:

問6　二酸化炭素は直線形のため，CとOの原子間の結合の極性は打ち消され無極性分子となる。一方，二酸化硫黄は折れ線形のため，SとOの原子間の結合の極性は打ち消されず極性分子となる。

解説

問2，5　共有電子対により結合している各原子の電子配置は，貴ガスと同じ安定な電子配置となる。そのため，各原子の周りに8個の電子が配置されるように電子式を記す(ただし，H原子の場合は2個)。

問3　非共有電子対は共有電子対よりも空間的に大きな体積を占める。そのため，電子対どうしの反発は，非共有電子対－非共有電子対間＞非共有電子対－共有電子対間＞共有電子対－共有電子対間の順となる。CH_4 の4組の共有電子対をできるだけ離して配置すると正四面体形になり，H－C－Hの結合角(γ角)は109.5°となる。一方で，非共有電子対を2組もつ H_2O のH－O－Hの結合角(α角)は非共有電子対どうしの大きな反発により押されてせばめられ109.5°よりも小さくなってしまう(実際には104°)。よって，結合角の大小は以下の順になる。

メタン CH_4　反発(小)　γ角 (109.5°)　＞　アンモニア NH_3　β角 (107°)　＞　水 H_2O　反発(大)　α角 (104°)

問6　以下のように，CO_2 は直線形であり，SO_2 は折れ線形となる。(実際には SO_2 は共鳴構造をとっておりS＝OとS→Oの結合は区別がつかず等価な結合である。そのため，SO_2 は二等辺三角形ともいえる。)

$\delta-$ ← $\delta+$ → $\delta-$
O＝C＝O

SO_2：S（$\delta+$），O（$\delta-$），O（$\delta-$）　非共有電子対　配位結合

第３章　物質量

15　解答

12.01

解説 ⇒ 重要ポイント

題意より，放射性同位体である ^{14}C の存在を無視すると，C 元素の原子量は以下のようにして求めることができる。

$$\underbrace{12.000 \times \frac{98.9}{100}}_{^{12}C} + \underbrace{13.003 \times \frac{1.10}{100}}_{^{13}C} = 12.011\cdots \fallingdotseq \underline{12.01}$$

（実際には，上記の計算は $12.000 + (13.003 - 12.000) \times \frac{1.10}{100} = 12.011\cdots \fallingdotseq 12.01$ と計算すると楽である。）

重要ポイント 原子量の算出

原子量＝（各同位体の相対質量×存在比）の総和

16　解答

問１　36.7 %　　問２　95.3

解説

問１　^{35}Cl と ^{37}Cl からなる塩素 Cl_2 分子をつくるとき，質量の異なる ^{35}Cl と ^{37}Cl を並べていく順番は $^{35}Cl \rightarrow {}^{37}Cl$ と $^{37}Cl \rightarrow {}^{35}Cl$ の 2 通りがある（35g と 37g の球が入った袋から無造作に球を１つずつ順番に２個選ぶ方法を考えると良い）。よって，それぞれの原子の存在比を考慮すると $^{35}Cl^{37}Cl$ と $^{37}Cl^{35}Cl$ の塩素分子が存在する割合〔%〕の合計（$^{35}Cl^{37}Cl$ と $^{37}Cl^{35}Cl$ は同じ分子）は，

$$\left(\underbrace{\frac{75.8}{100}}_{^{35}Cl} \times \underbrace{\frac{24.2}{100}}_{^{37}Cl} \times 2\right) \times \underbrace{100}_{\text{百分率〔\%〕へ}} = 36.68\cdots \fallingdotseq \underline{36.7}\ 〔\%〕$$

問２　$MgCl_2$ の式量は各元素の原子量の総和で求めることができる。各元素の原子量は，

$$Mg : \underbrace{24 \times \frac{79.0}{100}}_{^{24}Mg} + \underbrace{25 \times \frac{10.0}{100}}_{^{25}Mg} + \underbrace{26 \times \frac{11.0}{100}}_{^{26}Mg} = 24.32$$

$$Cl : \underbrace{35 \times \frac{75.8}{100}}_{^{35}Cl} + \underbrace{37 \times \frac{24.2}{100}}_{^{37}Cl} = 35.484$$

以上より，$MgCl_2$: $24.32 + 35.484 \times 2 = 95.28\cdots \fallingdotseq \underline{95.3}$

物質の変化（化学基礎）

17 解答

問1 0.24 mol　**問2** 1.8×10^{23}　**問3** 2.0×10^{-4} mol　**問4** 25 mL

解説 ⇒ 重要ポイント

問1

$$0.3\,[\text{mol}] \times \frac{8}{8+2} = \underline{0.24}\,[\text{mol}]$$

（$\frac{8}{8+2}$：窒素の割合）

問2 6.0×10^{23}〔個/~~mol~~〕× 0.3〔~~mol~~〕= $\underline{1.8 \times 10^{23}}$〔個〕

問3

$$\frac{22.4 \times 10^{-3}\,[\cancel{\text{L}}]}{22.4\,[\cancel{\text{L}}/\text{mol}]} \times \frac{2}{8+2} = \underline{2.0 \times 10^{-4}}\,[\text{mol}]$$

（左の項：空気〔mol〕，$\frac{2}{8+2}$：酸素の割合）

問4 22.4〔L/~~mol~~〕× 0.00010〔~~mol~~〕× 10^3 + 22.4〔mL〕= 24.64 ≒ $\underline{25}$〔mL〕

（0.00010〔mol〕までが L，× 10^3 で mL）

重要ポイント 単位計算について

単位は文字式と同じ取り扱いができる。つまり，異なる単位をもつ数値計算をする場合，それらの和や差をとることはできないが，積と商は求めることができる。

適切な例　10〔g〕÷ 5〔L〕= 2〔g/L〕

不適切な例　10〔g〕+ 5〔L〕= 解なし

このような単位計算により，立式をスムーズに行えるようにすることが大切。例えば，モル質量が18〔g/mol〕の物質が36〔g〕あったときの物質量〔mol〕を求めるには，g と g/mol の2つの単位から mol が残るように $\frac{\cancel{\text{g}}}{\cancel{\text{g}}/\text{mol}}$ = mol という計算を行えばよい。よって，以下のような立式になる。

$$\frac{36\,[\cancel{\text{g}}]}{18\,[\cancel{\text{g}}/\text{mol}]} = 2\,[\text{mol}]$$

18 解答

54

解説

元素Mの原子量を x とおき，この酸化物 M_2O_3 を 100 g もってきたとすると，化合物中において「各元素の原子の物質量比＝組成式の原子数比」なので，

$$\text{M}[\text{mol}] : \text{O}[\text{mol}] = \frac{100\,[\cancel{\text{g}}] \times \frac{9}{9+4}}{x\,[\cancel{\text{g}}/\text{mol}]} : \frac{100\,[\cancel{\text{g}}] \times \frac{4}{9+4}}{16\,[\cancel{\text{g}}/\text{mol}]} = 2 : 3$$

（分子：M〔g〕，O〔g〕）

$$\therefore\ x = \underline{54}$$

別解　上記の比例式において，比をとったときに打ち消し合うものをあらかじめ考慮しておくと，M原子とO原子の物質量〔mol〕について次式のような比例式をすぐに立式できる。

$$\mathrm{M}\,〔\mathrm{mol}〕:\mathrm{O}\,〔\mathrm{mol}〕=\frac{9}{x}:\frac{4}{16}=2:3 \qquad \therefore\ x=\underline{54}$$

19 解答

ア $\dfrac{Z}{S}$　イ $\dfrac{XY}{100M}$　ウ $\dfrac{100MZ}{SXY}$

解説

ア $\dfrac{\text{単分子膜の全面積〔cm}^2\text{〕}}{\text{ある脂肪酸1分子あたりの面積〔cm}^2\text{/個〕}}=\dfrac{Z\,〔\mathrm{cm}^2〕}{S\,〔\mathrm{cm}^2/\text{個}〕}=\underline{\dfrac{Z}{S}}〔\text{個}〕$

イ $\dfrac{X\,〔\mathrm{g}〕}{M\,〔\mathrm{g/mol}〕}\times\dfrac{Y\,〔\mathrm{mL}〕}{100\,〔\mathrm{mL}〕}=\underline{\dfrac{XY}{100M}}〔\mathrm{mol}〕$

採取による減少率

ウ　アボガドロ定数〔/mol〕は1mol中の粒子の個数を表す定数のため，便宜的に単位を〔個/mol〕として考えることができる。よって，ア・イの結果より，

$$\frac{\text{脂肪酸の個数〔個〕}}{\text{脂肪酸の物質量〔mol〕}}=\frac{\dfrac{Z}{S}〔\text{個}〕}{\dfrac{XY}{100M}〔\mathrm{mol}〕}=\underline{\frac{100MZ}{SXY}}〔\text{個/mol}〕$$

参考　単分子膜の形成のしくみ

ステアリン酸のような高級脂肪酸とよばれる物質は，下図のように，分子内に疎水性の炭化水素基部分と，親水性のカルボキシ基－COOH部分をもつ。そのため，カルボキシ基部分は（一部電離し）水和して水に溶けるが，炭化水素基部分は溶けないため空気中に突き出るような状態で一層に並ぶ。このようにして単分子膜ができる。

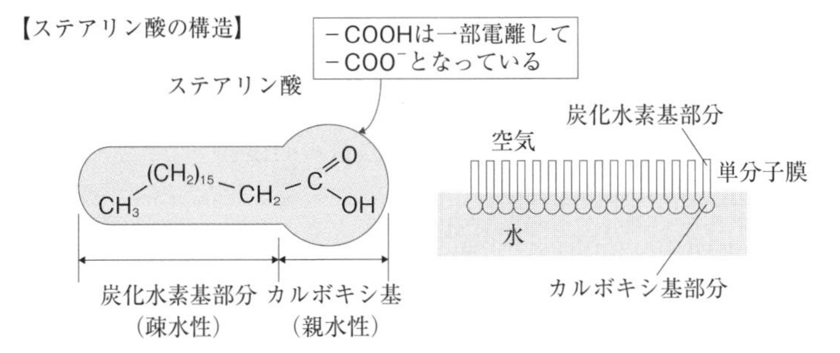

20 解答

問 1 0.56 L　　**問 2** 0.105 mol/L

解説 ⇒ 重要ポイント

問 1　$0.025〔\text{mol/L}〕\times 1.0〔\text{L}〕\times 22.4〔\text{L/mol}〕= \underline{0.56}〔\text{L}〕$

問 2　$$\frac{\dfrac{1.05〔\text{g/mL}〕\times 3.0〔\text{mL}〕}{60〔\text{g/mol}〕}}{0.500〔\text{L}〕} = \underline{0.105}〔\text{mol/L}〕$$

重要ポイント 代表的な溶液の濃度

①質量パーセント濃度：溶液中の溶質の質量の割合〔%〕を表した濃度

$$質量パーセント濃度〔\%〕= \frac{溶質の質量〔g〕}{溶液（= 溶媒 + 溶質）の質量〔g〕}\times 100$$

②モル濃度：溶液 1 L 中の溶質の物質量〔mol〕で表した濃度

$$モル濃度〔\text{mol/L}〕= \frac{溶質の物質量〔\text{mol}〕}{溶液の体積〔\text{L}〕}$$

③質量モル濃度：溶媒 1 kg 中の溶質の物質量〔mol〕で表した濃度

$$質量モル濃度〔\text{mol/kg}〕= \frac{溶質の物質量〔\text{mol}〕}{溶媒の質量〔\text{kg}〕}$$

21 解答

0.1 g

解説

$Na_2CO_3 \cdot 10H_2O$ を水に溶かすと，次式のように電離する。

$$Na_2CO_3 \cdot 10H_2O \longrightarrow 2\,Na^+ + CO_3^{2-} + 10H_2O$$

ここで，必要な $Na_2CO_3 \cdot 10H_2O$（= 286）を x〔g〕とおくと，Na^+ の物質量〔mol〕について，

$$\frac{x〔\text{g}〕}{286〔\text{g/mol}〕}\times 2 = 0.02〔\text{mol/L}〕\times \frac{50}{1000}〔\text{L}〕$$

$$\therefore\quad x = 0.143 \fallingdotseq \underline{0.1}〔\text{g}〕$$

22 解答

問1　11.8 mol/L　　**問2**　84.7 mL

解説

問1 ⇒ **重要ポイント** 1°

この濃塩酸を1 L（= 1000 cm^3）もってきたとすると，

$$\frac{\dfrac{1.18\,[\cancel{g}/\cancel{cm^3}] \times 1000\,[\cancel{cm^3}] \times \dfrac{36.5}{100}}{36.5\,[\cancel{g}/mol]}}{1\,[L]} = \underline{11.8}\,[mol/L]$$

（濃塩酸〔g〕，HCl〔g〕，HCl〔mol〕）

問2 ⇒ **重要ポイント** 2°

必要な濃塩酸の体積を V〔mL〕とおくと，希釈前後のHCl〔mol〕の物質量は変わらないため，**問1**の結果から，

$$\underbrace{11.8\,[mol/\cancel{L}] \times \frac{V}{1000}\,[\cancel{L}]}_{\text{希釈前のHCl[mol]}} = \underbrace{1.00\,[mol/\cancel{L}] \times 1.00\,[\cancel{L}]}_{\text{希釈後のHCl[mol]}}$$

$$\therefore\ V = 84.74\cdots \fallingdotseq \underline{84.7}\,[mL]$$

重要ポイント

1°　質量%からmol/Lへ濃度単位の変換

濃度単位を変換する際は，その溶液1 L（= 1000 cm^3）あたりで考える（通常は密度〔g/cm^3〕と質量%が与えられていることが多い）。

Step1　その密度に1000 cm^3 をかけることで溶液の質量〔g〕を求める。

Step2　次に，その値に質量 % × $\frac{1}{100}$ をかけることで溶質のみの質量〔g〕が求まる。

Step3　最後に，その値を溶質のモル質量〔g/mol〕で割ることで，溶質の物質量〔mol〕が求まる（ここで求めた値は溶液1 Lあたりの物質量〔mol〕のため，これがモル濃度〔mol/L〕となる）。

2°　溶液の希釈

溶液の希釈前後で，下図のように溶質の量（物質量〔mol〕や質量〔g〕）自体は変わらないため，「希釈前の溶質の量＝希釈後の溶質の量」の形の方程式を作る。

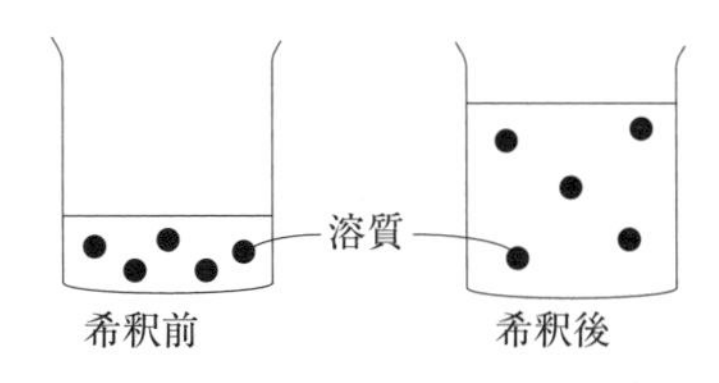

23 解答

問1　$2Fe_2O_3 + 6C + 3O_2 \longrightarrow 4Fe + 6CO_2$　問2　71 %

解説

問1

$$
\begin{array}{lll}
 & 2C + O_2 \longrightarrow 2CO & \times 3 \\
+) & Fe_2O_3 + 3CO \longrightarrow 2Fe + 3CO_2 & \times 2 \\
\hline
 & 2Fe_2O_3 + 6C + 3O_2 \longrightarrow 4Fe + 6CO_2 &
\end{array}
$$

問2　赤鉄鉱中の Fe_2O_3 の質量%を x〔%〕とおくと，得られた Fe の物質量〔mol〕について，

$$\underbrace{\frac{1000 \times 10^3\,[\text{g}] \times \frac{x}{100}}{160\,[\text{g/mol}]}}_{Fe_2O_3\,[\text{mol}]} \times \underbrace{\frac{4}{2}}_{\text{係数比}} = \frac{495 \times 10^3\,[\text{g}]}{56\,[\text{g/mol}]}$$

（$1000 \times 10^3\,[\text{g}] \times \frac{x}{100}$：$Fe_2O_3$〔g〕）

$\therefore\ x = 70.7\cdots \fallingdotseq \underline{71}$〔%〕

別解　Fe_2O_3 と Fe の物質量〔mol〕に関する比例式を立てて解く。

Fe_2O_3〔mol〕：Fe〔mol〕＝ 2：4

（$1000 \times 10^3\,[\text{g}] \times \frac{x}{100}$：$Fe_2O_3$〔g〕）

$$\Leftrightarrow\ \frac{1000 \times 10^3\,[\text{g}] \times \frac{x}{100}}{160\,[\text{g/mol}]} : \frac{495 \times 10^3\,[\text{g}]}{56\,[\text{g/mol}]} = 2 : 4$$

$\therefore\ x = 70.7\cdots \fallingdotseq \underline{71}$〔%〕

24 解答

問1　$3O_2 \longrightarrow 2O_3$，1.5 mol　　問2　7：11：3

解説

問1　0 ℃，1.013×10^5 Pa において，O_3 になった O_2 の体積を x〔L〕とおくと，

	$3O_2$	$\rightleftarrows$ $2O_3$	
反応前	56.0	0	（単位：L）
変化量	$-x$	$+\frac{2}{3}x$	
反応後	$56.0 - x$	$\frac{2}{3}x$	

よって，反応後の気体の総体積〔L〕について，

$$(56.0 - x) + \frac{2}{3}x = 44.8 \qquad \therefore\ x = 33.6\ [\text{L}]$$

以上より，O_3 になった O_2 の物質量〔mol〕は，

$$\frac{33.6\,[\text{L}]}{22.4\,[\text{L/mol}]} = \underline{1.5}\,[\text{mol}]$$

問2　最初の混合気体中に H_2 が x〔mol〕，O_2 が y〔mol〕，He が z〔mol〕含まれていたとすると，

［反応前の混合気体の総体積について］

$$22.4〔L/\cancel{mol}〕\times(x+y+z)〔\cancel{mol}〕=268.8〔L〕$$

$$\Leftrightarrow\quad x+y+z=12.0\quad\cdots①$$

［反応前の混合気体の総質量について］

$$2.0〔g/\cancel{mol}〕\times x〔\cancel{mol}〕+32〔g/\cancel{mol}〕\times y〔\cancel{mol}〕+4.0〔g/\cancel{mol}〕\times z〔\cancel{mol}〕=216〔g〕$$

$$\Leftrightarrow\quad x+16y+2z=108\quad\cdots②$$

［反応後の気体の総体積について］

この燃焼反応では，H_2 と O_2 が以下のように反応する。

	$2H_2$	+ O_2	$\longrightarrow$ $2H_2O$	
反応前	x	y	0	（単位：mol）
変化量	$-x$	$-\frac{1}{2}x$	$+x$	
反応後	0	$y-\frac{1}{2}x$	x	

題意より，生成した H_2O は取り除かれるため，反応後の気体の総体積について，

$$22.4〔L/\cancel{mol}〕\times\left\{\underbrace{\left(y-\frac{1}{2}x\right)}_{O_2}+\underbrace{z}_{He}\right\}〔\cancel{mol}〕=134.4〔L〕$$

$$\Leftrightarrow\quad -x+2y+2z=12.0\quad\cdots③$$

よって，①式〜③式より，

$$x=4〔mol〕,\ y=\frac{44}{7}〔mol〕,\ z=\frac{12}{7}〔mol〕$$

以上より，

$$x:y:z=4:\frac{44}{7}:\frac{12}{7}=\underline{7:11:3}$$

25　解答

問1　ア　質量保存　　イ　定比例　　ウ　倍数比例　　エ　原子
　　　オ　気体反応　　カ　分子

問2　③，0.50 mol

問3　②

問4　一定質量の炭素と結合している酸素の質量を，一酸化炭素と二酸化炭素で比較すると簡単な整数比(1：2)になっている。

問5　同温・同圧の酸素1体積から水蒸気2体積が生成するためには，酸素原子が二つに分割されなければならない点。

解説

問1⇒ **重要ポイント**

化学の基本法則について，主なものは重要ポイントにまとめてあるので，法則名，内容，提唱者をセットで覚えておこう。

問2　まず，生成した CO_2 と H_2O の質量から，この炭化水素中のC原子とH原子の物質量〔mol〕比(＝組成比)を求める。

$$\frac{44\,[\text{g}] \times \frac{12}{44}}{12\,[\text{g/mol}]} : \frac{27\,[\text{g}] \times \frac{2}{18}}{1\,[\text{g/mol}]} = 1 : 3$$

（C原子〔g〕，H原子〔g〕）

よって，この炭化水素の組成式は CH_3 となる。本問中の選択肢の中でこの組成式と一致するのは③の C_2H_6(エタン)である。

また，C_2H_6 は次式のように完全燃焼し CO_2 が生成する。

$$2\,C_2H_6 + 7O_2 \longrightarrow 4\,CO_2 + 6H_2O$$

以上より，CO_2 が 44 g 生成するときの C_2H_6 の物質量〔mol〕は，

$$\frac{44\,[\text{g}]}{44\,[\text{g/mol}]} \times \frac{2}{4} = \underline{0.50}\,[\text{mol}]$$

（CO_2〔mol〕，係数比）

問3　プルーストが提唱した「定比例の法則」(重要ポイント参照のこと)に該当するものは②である。蒸留水であれ，燃焼反応から得た水であれ，ともに同一の「水」であるため，その水に含まれる水素と酸素の質量比はともに同じである。

なお，①は Zn と O_2 に関する反応において，反応前後で物質の総質量は変わらないという実験であるため，「質量保存の法則」の説明である。③は N_2 と H_2 の反応に関する気体どうしの体積の関係についての実験なので，「気体反応の法則」の説明である(実際には様々な体積で最も簡単な整数比になることを証明する実験結果を得なければならない)。④は同温・同圧・同体積において N_2 も O_2 も同じ物質量(個数)の分子を含むという実験であるため，「分子説(またはアボガドロの法則)」を説明する実験である。

問4　例えば12 gの炭素に結合している酸素の質量は，ある酸化物A(一酸化炭素)では16 g，ある酸化物B(二酸化炭素)では32 gであったとき，結合している酸素の質量比は16〔g〕: 32〔g〕= 1 : 2と簡単な整数比になる。これにより「倍数比例の法則」が成り立つことがわかる。

問5　ドルトンの「原子説」で述べられているように，水素も酸素も(気体)原子で存在するとした場合，次図のように酸素1体積から水蒸気が2体積生成するためには，酸素原子が分割されなければならない。これは「原子説」における「物質はそれ以上分割できない微小な粒子からなり，この粒子を原子とよぶ」と矛盾してしまう。

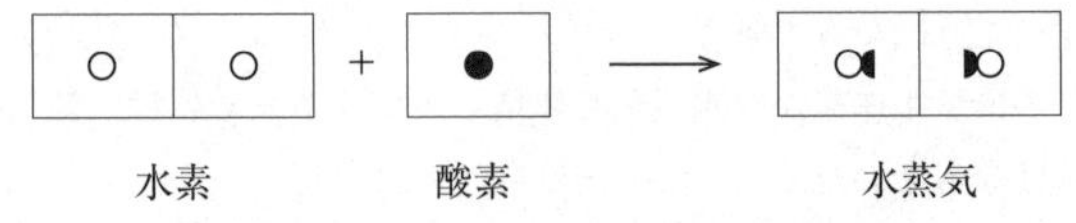

水素　　酸素　　水蒸気

そのため，実際には水素も酸素も，原子として存在しているのではなく，それぞれ分子として存在し，次図のように反応し水蒸気が生成する。これが「分子説」の考え方である。

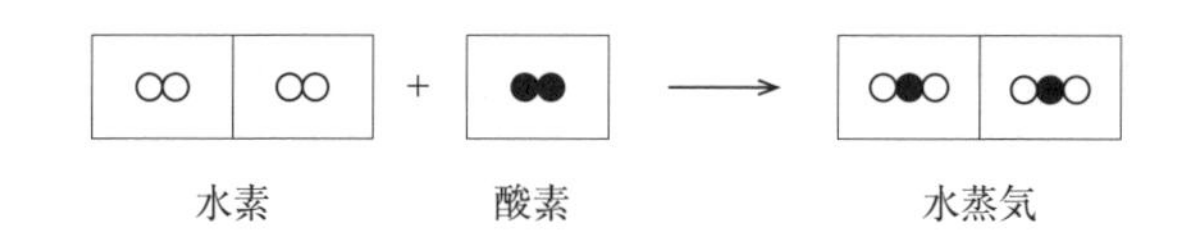

重要ポイント 化学の基本法則

・質量保存の法則…ラボアジエ(フランス)は，1774年に「化学反応の前後において，物質の質量の総和は変化しない」という質量保存の法則を確立した。

・定比例の法則…プルースト(フランス)は，1799年に「同一の化合物であれば，その化合物を構成している元素の質量の比は常に一定である」という法則を提唱した。

・原子説と倍数比例の法則…ドルトン(イギリス)は，1803年に質量保存の法則や定比例の法則を説明するために，次のような原子説と倍数比例の法則を発表した。

[原子説]

(1)　物質はそれ以上分割できない微小な粒子からなり，この粒子を原子とよぶ。

(2)　各元素に対応する原子が存在し，同種の原子はすべて同じ大きさ・質量・性質をもつ。

(3)　化合物は，2種類以上の原子が一定の割合で結合してできている。

(4)　化学変化では，原子と原子の結合のしかたが変わるだけで，新たに原子が生成したり，消滅したりすることはない。

[倍数比例の法則]

ドルトンは原子説を説明するために，「2種類の元素A，Bからなる化合物が2種類以上あるとき，これらの化合物の間では，一定質量のAと結合しているBの質量の比が簡単な整数比になる」という法則を発見した。

・気体反応の法則…ゲーリュサック(フランス)は，1808年に「気体どうしの反応では，反応に関係する気体の体積比は，同温・同圧のもとで簡単な整数比になる」という法則を発見した。

・分子説…アボガドロ(イタリア)は，1811年に「すべての気体は気体の種類によらず，同じ温度・同じ圧力であれば，同じ体積の中に同じ個数の分子が含まれている」という分子説を提唱し，これが後にアボガドロの法則とよばれるようになった。

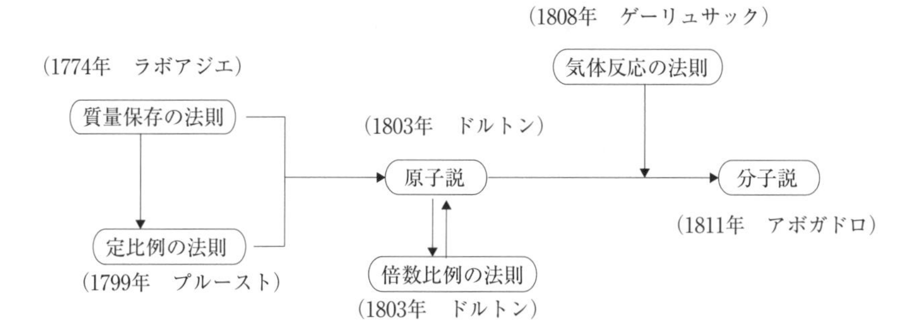

第4章　酸・塩基

26 解答

a HCl　b H_2SO_4　c $NaOH$　d $Ca(OH)_2$　e CH_3COOH

ア　水素イオン　イ　水酸化物イオン　ウ　オキソニウムイオン

エ　に与える　オ　から受け取る　カ　酸　キ　塩基　ク　電離度

解説 ⇒ 重要ポイント

ウ～キ．塩化水素 HCl が水溶液中で H^+ を H_2O に与えることでウオキソニウムイオン H_3O^+ が生成する。このとき，HCl は H^+ を相手エに与えているためカ酸として，H_2O は H^+ を相手オから受け取っているためキ塩基としてはたらいているといえる。

$$\underset{\text{酸}}{HCl} + \underset{\text{塩基}}{H_2O} \longrightarrow Cl^- + H_3O^+$$

（HCl から H_2O へ H^+ が移る）

重要ポイント 酸と塩基の定義

アレニウスの定義…アレニウス（スウェーデン）は，1884年に「水溶液中で電離して H^+ を生じる物質が酸であり，OH^- を生じる物質が塩基である」と提唱した。

ブレンステッド・ローリーの定義…ブレンステッド（デンマーク）とローリー（イギリス）は，1923年に「酸とは相手に H^+ を与える物質で，塩基とは相手から H^+ を受け取る物質である」と提唱した。

27 解答

問1　1.0

問2　1.0×10^{-8} mol/L

問3　H_2O から電離する H^+ もあるので，$[H^+]$ は 1×10^{-7} mol/L 以下になることはない。

問4　2.9

解説 ⇒ 重要ポイント

問1　題意より，HCl は完全に電離するため，0.10 mol/L の塩酸中には H^+ は 0.10 mol/L 存在する（次式）。

	HCl	$\longrightarrow$	H^+	+	Cl^-	
変化量	-0.10		$+0.10$		$+0.10$	（単位：mol/L）

よって，$[H^+] = 0.10 = 1.0 \times 10^{-1}$〔mol/L〕

$\therefore\ pH = -\log[H^+] = -\log(1.0 \times 10^{-1}) = \underline{1.0}$

問 2 ⇒ 重要ポイント 1°

$1\,m^3 = 1 \times 10^3\,L = 1 \times 10^6\,mL$ より，希釈後の塩酸の濃度 $[HCl]_{希釈}$ は，

$$[HCl]_{希釈} = 0.10\,〔mol/L〕 \times \underbrace{\frac{1\,〔mL〕}{10 \times 10^6\,〔mL〕}}_{希釈率} = \underline{1.0 \times 10^{-8}}\,〔mol/L〕$$

問 3　次式のように H_2O も電離し，わずかながら H^+ を放出する。HCl から放出される H^+ が 1.0×10^{-8} mol/L のような小さな値のとき，次式のように H_2O から生じる H^+ の濃度を無視できなくなる。このため，（25 ℃で中性は pH ＝ 7 のため）$[H^+]$ は 1×10^{-7} mol/L 以下になることはなく，**問 2** の溶液は塩基性にはならない。

$$H_2O \rightleftarrows H^+ + OH^-$$

問 4 ⇒ 重要ポイント 2°

$$[H^+] = 0.10 \times 0.013 = 1.3 \times 10^{-3}\,〔mol/L〕$$

$$\therefore\ pH = -\log[H^+] = -\log(1.3 \times 10^{-3}) = 3 - \log 1.3 = 3 - 0.11 = 2.89 \fallingdotseq \underline{2.9}$$

重要ポイント

1°　希釈率について

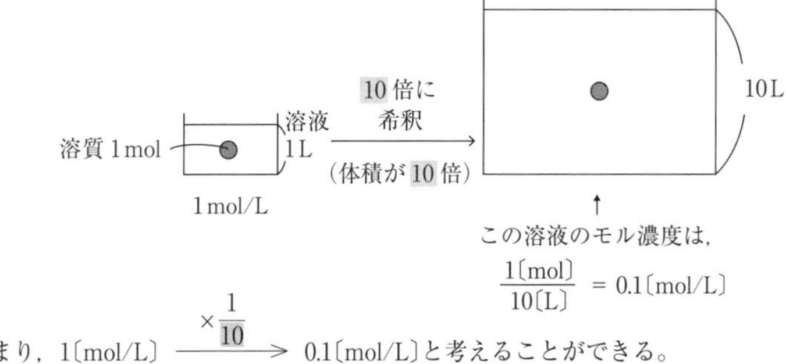

$$\frac{1〔mol〕}{10〔L〕} = 0.1〔mol/L〕$$

つまり，$1〔mol/L〕 \xrightarrow{\times \frac{1}{10}} 0.1〔mol/L〕$ と考えることができる。

以上より，

$$（希釈後のモル濃度）=（希釈前のモル濃度）\times \frac{元の体積}{希釈後の体積}$$

2°　電離度（α）と弱酸の水素イオン濃度 $[H^+]$ について

・$電離度(\alpha) = \dfrac{電離している電解質の物質量〔mol〕}{電離前の電解質の物質量〔mol〕}$

・1 価の弱酸の水溶液中の水素イオン濃度

$$[H^+] = C（モル濃度）\times \alpha（電離度）$$

28 解答

問 1　10.1 mL　　**問 2**　2.0×10^{-4} mol/L

問 3　8.0

解説

問1 ⇒ 重要ポイント 1°

pH = 1.00 ⇔ $[H^+] = 1.00 \times 10^{-1}$ mol/L，pH = 3.00 ⇔ $[H^+] = 1.00 \times 10^{-3}$ mol/L より，必要なNaOH水溶液の体積を x〔mL〕とおくと，

$$\underbrace{1.00 \times 10^{-1}〔mol/L〕\times \frac{10.0}{1000}〔L〕 + 1.00 \times 10^{-3}〔mol/L〕\times \frac{10.0}{1000}〔L〕}_{混合した塩酸中のH^+の合計〔mol〕} = \underbrace{0.100〔mol/L〕\times \frac{x}{1000}〔L〕\times \underset{価数}{1}}_{NaOHが放出するOH^-〔mol〕}$$

$$\therefore \quad x = \underline{10.1}〔mL〕$$

問2 ⇒ 重要ポイント 2°

$$残[H^+] = \frac{\overbrace{1.0 \times 10^{-3}〔mol/L〕\times \frac{200}{1000}〔L〕\times 2}^{H_2SO_4が放出するH^+〔mol〕} - \overbrace{1.0 \times 10^{-3}〔mol/L〕\times \frac{300}{1000}〔L〕\times 1}^{NaOHが放出するOH^-〔mol〕}}{\frac{200 + 300}{1000}〔L〕}$$

（分子全体：残 H^+〔mol〕）

$$= \underline{2.0 \times 10^{-4}}〔mol/L〕$$

問3 ⇒ 重要ポイント 2°・3°

$$\begin{cases} pH = 4.0 \quad \Leftrightarrow \quad [H^+] = 1.0 \times 10^{-4}\,mol/L \\ pOH = 14 - pH = 14 - 10.0 = 4.0 \quad \Leftrightarrow \quad [OH^-] = 1.0 \times 10^{-4}\,mol/L \end{cases}$$

$$残[OH^-] = \frac{\overbrace{1.0 \times 10^{-4}〔mol/L〕\times \frac{30}{1000}〔L〕\times 1}^{NaOHが放出するOH^-〔mol〕} - \overbrace{1.0 \times 10^{-4}〔mol/L〕\times \frac{20}{1000}〔L〕\times 1}^{HClが放出するH^+〔mol〕}}{1.0〔L〕}$$

（分子全体：残 OH^-〔mol〕）

$$= 1.0 \times 10^{-6}〔mol/L〕$$

$$\therefore \quad pH = 14 - pOH = 14 - (-\log[OH^-]) = 14 + \log(1.0 \times 10^{-6}) = \underline{8.0}$$

重要ポイント

1° 中和点における量的関係

$$酸が放出するH^+の物質量〔mol〕= 塩基が\begin{cases} 放出するOH^-の物質量〔mol〕\\ 受け取るH^+の物質量〔mol〕\end{cases}$$

2° 強酸（強塩基）の不完全中和における $H^+(OH^-)$ 濃度を求める際は，残っている $H^+(OH^-)$ の物質量〔mol〕に注目する。

3° $pH(= -\log[H^+])$ と $pOH(= -\log[OH^-])$ の関係

25℃において，水のイオン積 $K_W = 1.0 \times 10^{-14}〔mol/L〕^2$ において，

$$[H^+][OH^-] = 1.0 \times 10^{-14}〔mol/L〕^2$$

この両辺の常用対数をとり，-1 をかけると

$$-\log[H^+][OH^-] = -\log(1.0 \times 10^{-14})$$

$$\Leftrightarrow \quad -(\log[H^+] + \log[OH^-]) = 14$$

$\Leftrightarrow$ $(-\log[H^+])+(-\log[OH^-]) = 14$

$\Leftrightarrow$ $pH + pOH = 14$

29 解答

問1　A　酸性塩　B　塩基性塩　C　正塩　D　塩基性

問2　②，④

問3　$CH_3COOK + HCl \longrightarrow CH_3COOH + KCl$

解説

問1 ⇒ 重要ポイント 1°・2°

D.　酢酸カリウム CH_3COOK は弱酸である酢酸 CH_3COOH と強塩基である水酸化カリウム KOH からなる塩である。そのため，CH_3COOK から電離した CH_3COO^- は水溶液中の H_2O と反応し，OH^- が生成する（次式）。そのため，CH_3COOK の水溶液の性質（液性）は塩基性となる。これを塩の加水分解という。

$$CH_3COO^- + H_2O \rightleftarrows CH_3COOH + OH^-$$

H^+

問2　正塩は② NaClO と④ $CaSO_4$ である。なお，① H_2O_2，③ CH_3OH，⑤ CO_2 は塩ではない。

問3　弱酸由来の塩である CH_3COOK に強酸である塩酸を加えると，弱酸である CH_3COOH が遊離し，強酸由来の塩である KCl が生じる（次式）。

$$CH_3COOK + HCl \longrightarrow KCl + CH_3COOH$$

弱酸由来の塩　強酸　強酸由来の塩　弱酸

重要ポイント

1°　塩の分類

塩は化学式に含まれる酸の H（H^+ となり得る H）や塩基 OH（OH^- となり得る OH）の有無で分類される。なお，この分類と塩の水溶液の性質（液性）は直接結びつかない。

分類	化学式の形	代表的な塩
正塩	酸の H も塩基の OH も残っていない	NaCl　CH_3COONa　NH_4Cl　$CaCl_2$　Na_2CO_3　$CuSO_4$
酸性塩	酸の H が残っている	$NaHCO_3$　$NaHSO_4$　Na_2HPO_4　NaH_2PO_4
塩基性塩	塩基の OH が残っている	CaCl(OH)　MgCl(OH)　CuCl(OH)

2°　塩の水溶液の性質（液性）の簡易判別法

正塩の水溶液の液性は，以下のような手順で簡単に決定できる。

Step1　中和前の酸と塩基をそれぞれ割り出す。

Step2　以下のパターンによって塩の水溶液の液性を決定する。

パターン1　強酸 ＋ 強塩基　の正塩　⇒　中性

パターン2　強酸 ＋ 弱塩基　の正塩　⇒　酸性

パターン3　弱酸 ＋ 強塩基　の正塩　⇒　塩基性

パターン4　弱酸 ＋ 弱塩基　の正塩　⇒　判断不可(弱酸と弱塩基の電離度による)

※ 酸性塩(化学式中に酸のHがある)の場合

⇒ Case1　強酸由来であればH^+は電離すると考える。例 $NaHSO_4$

　 Case2　弱酸由来であればH^+は電離しないと考える。例 $NaHCO_3$

3°　塩の反応 ～弱酸・弱塩基遊離反応～

弱酸(または弱塩基)由来の塩に強酸(または強塩基)を加えると，弱酸(または弱塩基)が遊離する。

パターン1　弱酸由来の塩 ＋ 強酸 → 強酸由来の塩 ＋ 弱酸

パターン2　弱塩基由来の塩 ＋ 強塩基 → 強塩基由来の塩 ＋ 弱塩基

［反応式の作成法］

Step1　酸(or 塩基)と塩の電離式を書く。

Step2　それぞれ電離した陽イオンと陰イオンで新しいペアを作る。ただし，そのペア(化合物)の電荷は±0になるよう電離式を整数倍し，たし合わせる。

例 炭酸カルシウムと塩酸の反応

$$
\begin{array}{lll}
 & CaCO_3 \longrightarrow Ca^{2+} + CO_3^{2-} & \\
+) & HCl \longrightarrow H^+ + Cl^- & \times 2 \\
\hline
 & CaCO_3 + 2HCl \longrightarrow CaCl_2 + CO_2 + H_2O & \\
 & \qquad\qquad\qquad\qquad (H_2CO_3) &
\end{array}
$$

30 解答

問1　$HCl + NaOH \longrightarrow NaCl + H_2O$　　問2　7.2 mL

問3　3.6×10^{-3} mol/L　　問4　2.4

問5　急激なpH変化があるところに，フェノールフタレインの変色域が入っているため。

解説

問2　強酸であるHClと強塩基であるNaOHの中和点はpHがちょうど7になる(生成するNaClが加水分解しないため)。よって，本問の図のプロットされた点をなめらかな曲線で結ぶと右図のようになる。以上より，中和点(pH = 7)におけるNaOH水溶液の滴下量は7.2 mLと読み取ることができる。

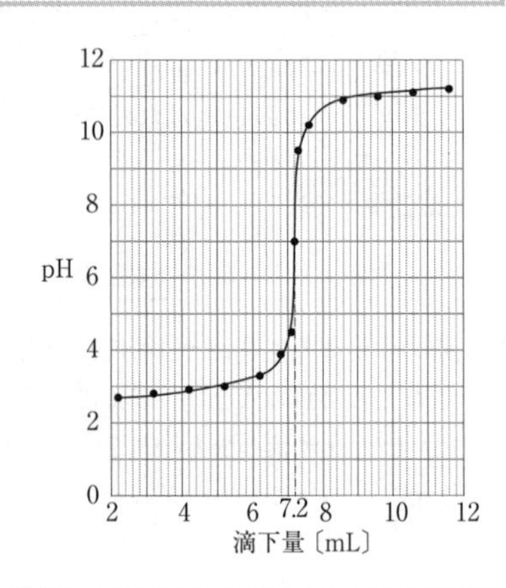

問3　**問2**の結果より中和までに加えたNaOH水溶液の滴下量は7.2 mLなので，塩酸のモル濃度をx〔mol/L〕とおくと，

$$\underbrace{x\,[\mathrm{mol/L}] \times \frac{100}{1000}\,[\mathrm{L}] \times 1}_{\text{HClが放出する}\mathrm{H^+}\,[\mathrm{mol}]} = \underbrace{0.050\,[\mathrm{mol/L}] \times \frac{7.2}{1000}\,[\mathrm{L}] \times 1}_{\text{NaOHが放出する}\mathrm{OH^-}\,[\mathrm{mol}]}$$

（1：価数）

$$\therefore\ x = \underline{3.6 \times 10^{-3}}\,[\mathrm{mol/L}]$$

問4　塩酸は強酸のため電離度は1(完全電離する)と考えてよい。よって，**問3**の結果より，

$$[\mathrm{H^+}] = 3.6 \times 10^{-3} = 2^2 \times 3^2 \times 10^{-4}\,[\mathrm{mol/L}]$$

$$\therefore\ \mathrm{pH} = -\log[\mathrm{H^+}] = -\log(2^2 \times 3^2 \times 10^{-4}) = -2\log 2 - 2\log 3 + 4$$

$$= -2 \times 0.30 - 2 \times 0.48 + 4 = 2.44 \fallingdotseq \underline{2.4}$$

問5　メチルオレンジ(変色域3.1～4.4)とフェノールフタレイン(変色域8.0～9.8)の各変色域を本問の図に帯状に記すと右図のようになる。中和点を鋭敏に決定するためには，中和点付近で生じる急激なpH変化(これをpHジャンプという)の範囲内に，指示薬の変色域が入っている必要がある。よって，今回の滴定においては，右図よりフェノールフタレインのほうが鋭敏に中和点を判定しやすい。

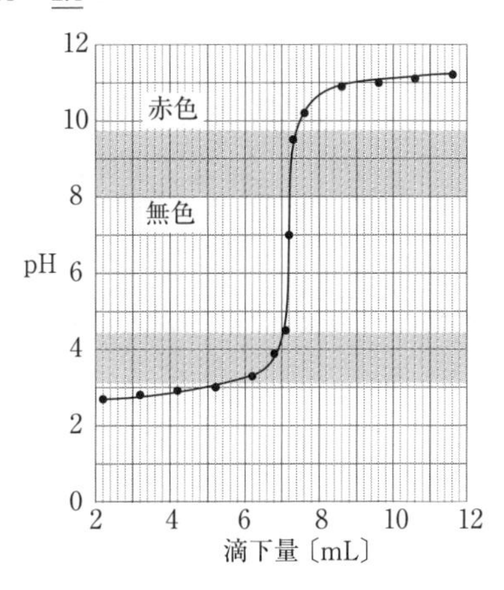

31 解答

問1　ア　メスフラスコ　　イ　ホールピペット
　　ウ　コニカルビーカー(または，三角フラスコ)　　エ　ビュレット

問2　ア，ウ

問3　1.6×10^{-1} mol/L

問4　8.0×10^{-1} mol/L

問5　4.8 %

問6　フェノールフタレイン　(理由)中和点のpHが塩基性側にずれるため，塩基性側に変色域をもつフェノールフタレインが適する。

解説

問1⇒ **重要ポイント** 1°

ア　シュウ酸標準溶液をつくる際には，メスフラスコを用いる。

イ　シュウ酸標準溶液10 mLを測り取る際には，ホールピペットを用いる。

ウ　中和反応を行わせる場となる器具は，コニカルビーカーまたは三角フラスコである。

エ　水酸化ナトリウム水溶液を滴下し，滴下量の測定をするために用いる器具はビュレットである。

問2　内壁が蒸留水でぬれていても，濃度の測定に影響しない器具は，器具に測り取った溶質の物質量が確定していればよい場合である。つまり，メスフラスコやコニカルビーカーは正確に測り取った溶質の物質量が確定しているため，その中が蒸留水でぬれていても定量に影響はない。一方，ホールピペットやビュレットは滴定に用いる溶液の正確な体積測定が求められるので，器具に溶液を入れる際，蒸留水でぬれているとその溶液が薄まってしまい正確な定量ができなくなってしまう。

問3⇒ 重要ポイント 2°

NaOH水溶液のモル濃度をx〔mol/L〕とおくと，$H_2C_2O_4 \cdot 2H_2O = 126$より，

$H_2C_2O_4 \cdot 2H_2O$〔mol〕＝ $H_2C_2O_4$〔mol〕

$$\underbrace{\frac{6.3\,[\text{g}]}{126\,[\text{g/mol}]} \times \underset{\text{採取による減少率}}{\frac{10\,[\text{mL}]}{500\,[\text{mL}]}} \times \underset{\text{価数}}{2}}_{H_2C_2O_4\text{が放出する}H^+[\text{mol}]} = \underbrace{x\,[\text{mol/L}] \times \frac{12.5}{1000}[\text{L}] \times \underset{\text{価数}}{1}}_{\text{NaOHが放出する}OH^-[\text{mol}]}$$

$$\therefore\quad x = \underline{1.6 \times 10^{-1}}\,[\text{mol/L}]$$

問4　もとの食酢に含まれている酢酸のモル濃度をx〔mol/L〕とおくと，**問3**の結果より，

$$\underbrace{x\,[\text{mol/L}] \times \frac{10}{1000}[\text{L}] \times \underset{\text{採取による減少率}}{\frac{10\,[\text{mL}]}{100\,[\text{mL}]}} \times \underset{\text{価数}}{1}}_{CH_3COOH\text{が放出する}H^+[\text{mol}]} = \underbrace{1.6 \times 10^{-1}\,[\text{mol/L}] \times \frac{5.0}{1000}[\text{L}] \times \underset{\text{価数}}{1}}_{\text{NaOHが放出する}OH^-[\text{mol}]}$$

$$\therefore\quad x = \underline{8.0 \times 10^{-1}}\,[\text{mol/L}]$$

問5　もとの食酢1Lあたりで考えると，その質量パーセント濃度〔%〕は

$$\frac{CH_3COOH\,[\text{g}]}{\text{食酢}\,[\text{g}]} \times 100 = \frac{\overbrace{8.0 \times 10^{-1}\,[\text{mol/L}] \times 1\,[\text{L}]}^{CH_3COOH[\text{mol}]} \times 60\,[\text{g/mol}]}{1.0\,[\text{g/mL}] \times 1000\,[\text{mL}]} \times 100 = \underline{4.8}\,[\%]$$

（分子全体の上に CH_3COOH〔g〕）

問6　中和により生成する酢酸ナトリウムCH_3COONaから電離した酢酸イオンCH_3COO^-が次式のように加水分解し，中和点は塩基性側にずれる。そのため，指示薬は塩基性に変色域をもつフェノールフタレインが適切である（右の滴定曲線より，メチルオレンジを用いると中和点になる前に色が変わってしまうことがわかる）。

$$CH_3COO^- + H_2O \rightleftarrows CH_3COOH + OH^-$$

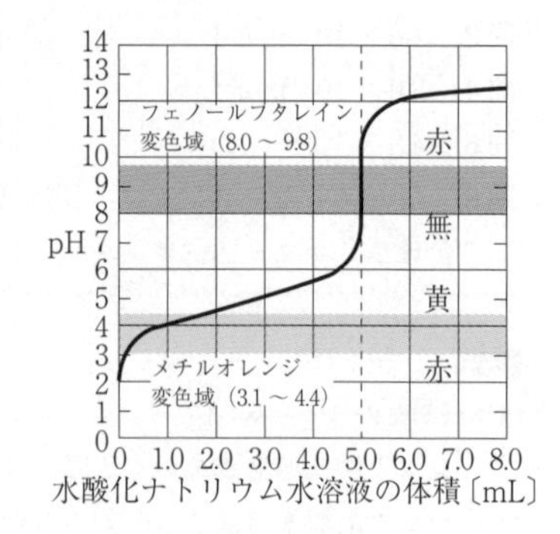

重要ポイント

1°　滴定器具

名称	メスフラスコ	ホールピペット	ビュレット	コニカルビーカー(左) 三角フラスコ（右）
概形				
使用目的	正確な体積の溶液調製に用いる。	少量の溶液の体積を正確に測り取る。	滴下量の体積を正確に測定する。	反応の場
洗浄とその直後の使用法	蒸留水で濡れたままでよい。	あらかじめ使用する溶液で内壁を洗う（共洗い）。	あらかじめ使用する溶液で内壁を洗う（共洗い）。	蒸留水で濡れたままでよい。

2°　水和物の計算

水和物 1 単位の中に無水塩も 1 単位存在する。よって，次式が成り立つ。

水和物の物質量〔mol〕= 無水塩の物質量〔mol〕

32　解答

問 1　1.80×10^{-2} mol　　**問 2**　15.8 %

解説

問 1 ⇒ 重要ポイント 1°

発生した NH_3 の物質量を x〔mol〕とおくと，本問では酸と塩基について次のような線分図における関係がある。

塩基：NH_3，x〔mol〕／ NaOH aq，1.00×10^{-1} mol/L，$\frac{20.0}{1000}$ L

酸：H_2SO_4 aq，5.00×10^{-1} mol/L，$\frac{20.0}{1000}$ L

よって，上の線分図より次式が成り立つ。

$$\underbrace{5.00 \times 10^{-1}〔\text{mol/L}〕\times \frac{20.0}{1000}〔\text{L}〕\times \underset{\text{価数}}{2}}_{H_2SO_4\text{が放出する}H^+〔\text{mol}〕} = \underbrace{x〔\text{mol}〕\times \underset{\text{価数}}{1}}_{NH_3\text{が受け取る}H^+〔\text{mol}〕} + \underbrace{1.00 \times 10^{-1}〔\text{mol/L}〕\times \frac{20.0}{1000}〔\text{L}〕\times \underset{\text{価数}}{1}}_{NaOH\text{が放出する}OH^-〔\text{mol}〕}$$

$$\therefore \quad x = \underline{1.8 \times 10^{-2}}〔\text{mol/L}〕$$

問 2 ⇒ 重要ポイント 2°

この食品中に含まれていた N 原子の物質量〔mol〕と発生した NH_3 の物質量〔mol〕は等しいので，食品中に含まれていたタンパク質の質量パーセント濃度を x〔%〕とおくと，**問 1** の結果より，

$$\underbrace{\frac{10.0\,[\text{g}] \times \overbrace{\frac{x}{100}}^{\text{タンパク質[g]}} \times \overbrace{\frac{16.0}{100}}^{\text{N 原子[g]}}}{14\,[\text{g/mol}]}}_{\text{N 原子[mol]}} = \underbrace{1.80 \times 10^{-2}\,[\text{mol}]}_{NH_3\text{ の物質量[mol]}}$$

$\therefore\ x = 15.75 \fallingdotseq \underline{15.8}$〔%〕

重要ポイント

1° 逆滴定のしくみ

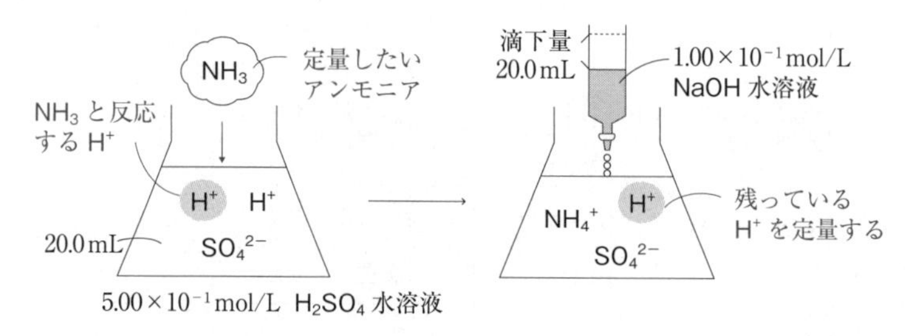

2° 食品中に含まれる N 原子の物質量〔mol〕と発生する NH_3 の物質量〔mol〕との関係

次図より，食品中に N 原子が 1 つ含まれているとき，NH_3 は 1 分子発生する。よって，「N 原子の物質量〔mol〕= 発生する NH_3 の物質量〔mol〕」の関係がある。

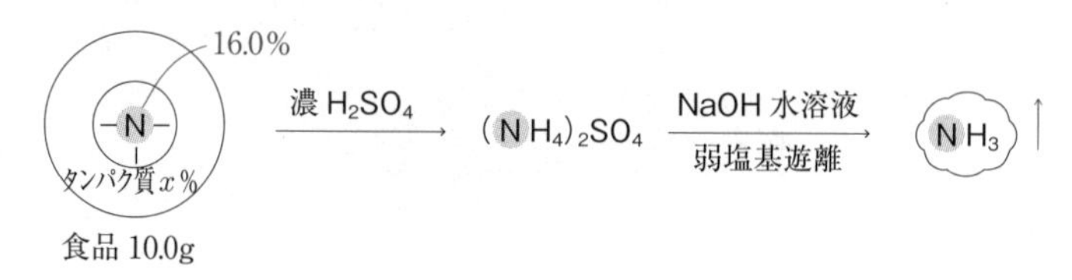

33 解答

問 1 (a) $Ba(OH)_2 + CO_2 \longrightarrow BaCO_3 + H_2O$

(b) $Ba(OH)_2 + 2HCl \longrightarrow BaCl_2 + 2H_2O$

問 2 1.5×10^{-4} mol

問 3 3.4×10^{-2} %

解説

問 1 ⇒ 重要ポイント 1°

(a) 酸性酸化物である CO_2 は，H_2O と反応させることで H_2CO_3 とし，$Ba(OH)_2$ と中和反応

させる。

$$
\begin{array}{llllll}
 & CO_2 + H_2O & (\longrightarrow H_2CO_3) & \longrightarrow & 2H^+ + CO_3^{2-} \\
+) & Ba(OH)_2 & & \longrightarrow & Ba^{2+} + 2OH^- \\
\hline
 & Ba(OH)_2 + CO_2 + \cancel{H_2O} & & \longrightarrow & BaCO_3 + \cancel{2}H_2O \\
\Rightarrow & Ba(OH)_2 + CO_2 & & \longrightarrow & BaCO_3 + H_2O
\end{array}
$$

問2⇒ 重要ポイント 2°

空気10.0L中に含まれるCO_2の物質量をx〔mol〕とおくと，本問の滴定では次の線分図に示す関係がある。

酸：CO_2, x〔mol〕，HCl aq，1.0×10^{-2}mol/L，$\frac{7.0}{1000}$L × $\frac{100.0〔mL〕}{10.0〔mL〕}$（本来の必要量）

塩基：$Ba(OH)_2$ aq，5.0×10^{-3}mol/L，$\frac{100.0}{1000}$L

よって，上の線分図より次式が成り立つ。

$$
\underbrace{x〔mol〕\times 2}_{\text{価数}} + \underbrace{1.0\times10^{-2}〔mol/\cancel{L}〕\times\left(\frac{7.0}{1000}\times\frac{100.0}{10.0}\right)〔\cancel{L}〕\times 1}_{\text{価数}} = \underbrace{5.0\times10^{-3}〔mol/\cancel{L}〕\times\frac{100.0}{1000}〔\cancel{L}〕\times 2}_{\text{価数}}
$$

（左から順に：H_2CO_3が放出するH^+〔mol〕，HClが放出するH^+〔mol〕，$Ba(OH)_2$が放出するOH^-〔mol〕）

$$\therefore \quad x = \underline{1.5\times10^{-4}}〔mol〕$$

問3　この空気10.0L中に含まれるCO_2の体積百分率〔%〕は，

$$
\frac{CO_2〔L〕}{空気〔L〕}\times100 = \frac{22.4〔L/\cancel{mol}〕\times1.5\times10^{-4}〔\cancel{mol}〕}{10.0〔L〕}\times100 = 3.36\times10^{-2}
$$

$$\fallingdotseq \underline{3.4\times10^{-2}}〔\%〕$$

重要ポイント

1°　酸化物の中和反応

酸化物の中和の反応式を書いていくときには，いったんH_2Oと反応させてオキソ酸（一般に，非金属元素の酸化物の場合）または水酸化物（一般に，金属元素の酸化物の場合）にし，それを電離させた電離式からつくっていくと書きやすい。例えば，酸化カルシウムと塩酸の反応式は以下のように作成する。

$$
\begin{array}{llllll}
 & CaO + H_2O & (\longrightarrow Ca(OH)_2) & \longrightarrow & Ca^{2+} + 2OH^- & \\
+) & HCl & & \longrightarrow & H^+ + Cl^- & \times 2 \\
\hline
 & CaO + 2HCl + \cancel{H_2O} & & \longrightarrow & CaCl_2 + \cancel{2}H_2O & \\
\Rightarrow & CaO + 2HCl & & \longrightarrow & CaCl_2 + H_2O &
\end{array}
$$

2° 逆滴定のしくみ

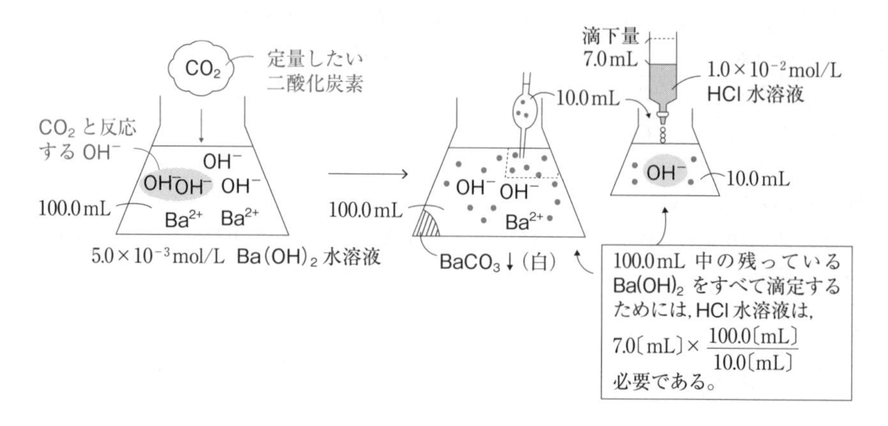

34 解答

問1 (ウ) $NaOH + HCl \longrightarrow NaCl + H_2O$

$Na_2CO_3 + HCl \longrightarrow NaHCO_3 + NaCl$

(エ) $NaHCO_3 + HCl \longrightarrow CO_2 + H_2O + NaCl$

問2 水に溶けているCO_2を追い出すため。

問3 19 mL

問4 水酸化ナトリウム：0.38 g　　炭酸ナトリウム：0.16 g

解説 ⇒ 重要ポイント

問1 塩酸を加えていくと，第1中和点(フェノールフタレインが変色)までは$NaOH$とNa_2CO_3がHClと反応する。このときNa_2CO_3はすべてが$NaHCO_3$に変化した時点で終点となる。そして，第1中和点から第2中和点(メチルオレンジが変色)までは(Na_2CO_3から生じた)$NaHCO_3$のみがHClと反応し，(HCO_3^-がH^+を受け取って)H_2CO_3になる(すぐにCO_2とH_2Oに分解する)。

問2 空気と接している水は，空気中のCO_2が溶解している。水に溶けたCO_2は$NaOH$と反応してNa_2CO_3を生じるので，塩酸の滴下量に影響を与えてしまう。そのため，前処理として加熱をすることで水に溶けているCO_2を追い出しておく必要がある(温度が高くなると気体の溶解度は小さくなる)。

問3 問1の反応式より，「反応したNa_2CO_3〔mol〕：生成した$NaHCO_3$〔mol〕＝1：1」となる。つまり，第1中和点から第2中和点までに加えた塩酸3.00 mLは$NaHCO_3$の中和に用いられたが，第1中和点までのNa_2CO_3の中和にも同じ量の塩酸を要していることになる。よって，

NaOH の中和に要した塩酸は 22.0 − 3.00 = 19.0〔mL〕となる。

問 4　混合物中に含まれていた NaOH を x〔g〕とおくと，**問 3** の結果より，NaOH のみを中和するのに用いた塩酸の体積は 19.0 mL であるため，

$$\underbrace{0.500\,[\text{mol/L}] \times \frac{19.0}{1000}\,[\text{L}] \times \underset{\text{価数}}{1}}_{\text{HCl が放出する H}^+[\text{mol}]} = \underbrace{\frac{x\,[\text{g}]}{40\,[\text{g/mol}]} \times \underset{\text{価数}}{1}}_{\text{NaOH が放出する OH}^-[\text{mol}]} \qquad \therefore\ x = \underline{0.38}\,[\text{g}]$$

また，混合物中に含まれていた Na_2CO_3 を y〔g〕とおくと，Na_2CO_3 を中和するために第 1 中和点までに用いた塩酸は 3.00 mL なので，

$$\underbrace{0.500\,[\text{mol/L}] \times \frac{3.00}{1000}\,[\text{L}] \times \underset{\text{価数}}{1}}_{\text{HCl が放出する H}^+[\text{mol}]} = \underbrace{\frac{y\,[\text{g}]}{106\,[\text{g/mol}]} \times \underset{\text{価数}}{1}}_{\text{Na}_2\text{CO}_3\text{ が第 1 中和点までに受け取る H}^+[\text{mol}]} \qquad \therefore\ y = 0.159 \fallingdotseq \underline{0.16}\,[\text{g}]$$

（右辺の 1：$CO_3^{2-} + H^+ \rightarrow HCO_3^-$ の反応における H^+ の受け取る数）

重要ポイント　二段階滴定のしくみ（NaOH と Na_2CO_3 の混合物の場合）

$OH^- \rightarrow CO_3^{2-} \rightarrow HCO_3^-$ の順に H^+ を受け取っていく（この順は塩基としての強さとして覚えておく）。このことから滴定曲線の概形は次図のようになる。この滴定曲線から，どの塩基に塩酸を何 mL ずつ要したかがわかる。

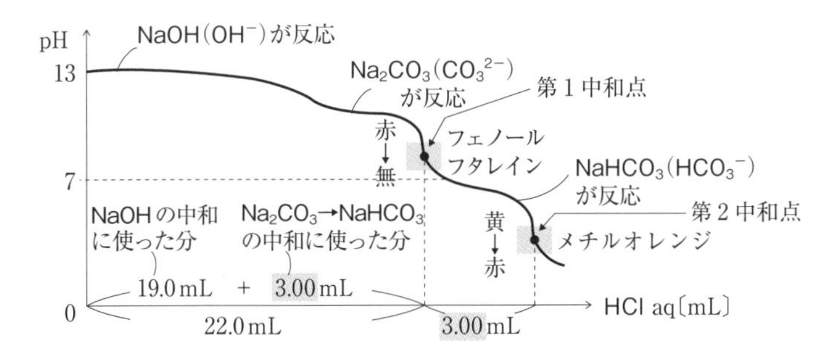

参考　実際は「Na_2CO_3 + HCl ⟶ $NaHCO_3$ + NaCl」の反応は pH が 12 くらいから始まるため，「NaOH + HCl ⟶ NaCl + H_2O」の反応が 90 % 程度終わったところで，「Na_2CO_3 + HCl ⟶ $NaHCO_3$ + NaCl」の反応が少しずつ起こり始める。そのため，「NaOH + HCl ⟶ NaCl + H_2O」の反応が事実上終わるのは，「Na_2CO_3 + HCl ⟶ $NaHCO_3$ + NaCl」の反応の途中であり，「NaOH + HCl ⟶ NaCl + H_2O」の反応のみが単独で終わる点は存在しない。

35 解答

問1 [1] (ア) メスフラスコ (イ) ホールピペット (ウ) ビュレット
[2] (ア)

問2 [1] (あ) フェノールフタレイン (い) メチルオレンジ
[2] (a) 赤 (b) 無 (c) 黄 (d) 赤

問3 3.65×10^{-1} %

問4 (3) $Na_2CO_3 + HCl \longrightarrow NaHCO_3 + NaCl$
(4) $NaHCO_3 + HCl \longrightarrow CO_2 + H_2O + NaCl$

問5 炭酸ナトリウム 7.80×10^{-2} mol/L
炭酸水素ナトリウム 1.04×10^{-1} mol/L

問6 51.4 %

解説 ⇒ 重要ポイント

問1⇒P.33参照

(1) (ア)溶液の調製には<u>メスフラスコ</u>を用いる。(イ)少量の溶液を正確な体積で測り取るには<u>ホールピペット</u>を用いる。(ウ)滴下に必要な器具は<u>ビュレット</u>である。

(2) メスフラスコは，水を加えて溶液を調製するため，内部が水でぬれたまま用いてもかまわない。

問3 この塩酸1L(= 1000 cm^3)あたりで考えると，

$$\frac{HCl〔g〕}{塩酸〔g〕} \times 100 = \frac{\overbrace{0.100〔mol/L〕\times 1〔L〕}^{HCl〔mol〕} \times 36.5〔g/mol〕}{1.00〔g/cm^3〕\times 1000〔cm^3〕} \times 100 = \underline{3.65 \times 10^{-1}}〔\%〕$$

（上の式の分子全体：HCl〔g〕）

問4 この混合溶液中にはNa_2CO_3(CO_3^{2-})と$NaHCO_3$(HCO_3^-)の2種類の塩(ここでは塩基として考える)がある。このとき，H^+の受け取りやすさ(塩基としての強さ)は$CO_3^{2-} \rightarrow HCO_3^-$の順である。そのため，第1中和点までは$Na_2CO_3$のみが塩酸と反応し，いったん中和が完了する(第1中和点)。そして，その反応で生成した$NaHCO_3$と元から入っていた$NaHCO_3$が第1中和点を過ぎてから反応する。

問5 第1中和点までに用いた塩酸15.6 mLはNa_2CO_3の中和($Na_2CO_3 \rightarrow NaHCO_3$)に要した量である。また，**問4**(3)の反応式より，「反応したNa_2CO_3〔mol〕：生成した$NaHCO_3$〔mol〕= 1：1」であるため，第1中和点から第2中和点までに加えた塩酸36.4 mLのうち，Na_2CO_3から生成した$NaHCO_3$の中和に要した塩酸量はNa_2CO_3の中和($Na_2CO_3 \rightarrow NaHCO_3$)に要した塩酸量と同じ15.6 mLである。よって，元から入っていた$NaHCO_3$だけの中和に要した塩酸は36.4 − 15.6 = 20.8〔mL〕となる。以上より，混合溶液中のNa_2CO_3のモル濃度をx〔mol/L〕，$NaHCO_3$のモル濃度をy〔mol/L〕とおくと，

$$\underbrace{0.100〔mol/L〕\times \frac{15.6}{1000}〔L〕\times \underset{価数}{1}}_{HClが放出するH^+〔mol〕} = \underbrace{x〔mol/L〕\times \frac{20.0}{1000}〔L〕\times \underset{価数}{1}}_{Na_2CO_3が第1中和点までに受け取るH^+〔mol〕} \quad \therefore \quad x = \underline{7.80 \times 10^{-2}}〔mol/L〕$$

$$\underbrace{0.100\,〔\text{mol/}\cancel{\text{L}}〕\times\frac{20.8}{1000}〔\cancel{\text{L}}〕\times \underset{\text{価数}}{1}}_{\text{HClが放出するH}^+〔\text{mol}〕} = \underbrace{y\,〔\text{mol/}\cancel{\text{L}}〕\times\frac{20.0}{1000}〔\cancel{\text{L}}〕\times \underset{\text{価数}}{1}}_{\text{元から入っていたNaHCO}_3\text{が受け取るH}^+〔\text{mol}〕} \quad \therefore \quad y = \underline{1.04\times10^{-1}}〔\text{mol/L}〕$$

問6　混合物中に含まれていた$NaHCO_3$の質量〔g〕は，1000 mL（= 1 L）の溶液にしたことに注意すると，**問5**の結果より，

$$\overbrace{1.04\times10^{-1}〔\cancel{\text{mol}}/\cancel{\text{L}}〕\times 1〔\cancel{\text{L}}〕}^{\text{NaHCO}_3〔\text{mol}〕}\times 84.0〔\text{g}/\cancel{\text{mol}}〕= 8.736〔\text{g}〕$$

以上より，混合物中の$NaHCO_3$の質量パーセント〔%〕は

$$\frac{\text{NaHCO}_3〔\text{g}〕}{\text{混合物}〔\text{g}〕}\times100 = \frac{8.736〔\text{g}〕}{17.0〔\text{g}〕}\times100 = 51.38\cdots = \underline{51.4}〔\%〕$$

重要ポイント　二段階滴定のしくみ（Na_2CO_3と$NaHCO_3$の混合物の場合）

CO_3^{2-} → HCO_3^-の順にH^+を受け取っていく（この順は塩基としての強さとして覚えておく）。このことから滴定曲線の概形は次図のようになる。この滴定曲線から，混合物中のNa_2CO_3と$NaHCO_3$の中和に塩酸を何mLずつ要したかがわかる。

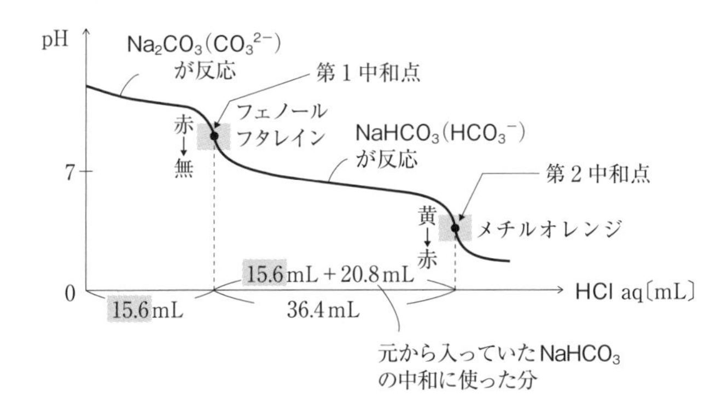

第５章　酸化還元

36　解答

問１　③，④，⑥

問２　酸化数　Cu 中の Cu：0 → ＋2

HNO$_3$ 中の N：＋5 → ＋4

反応式　$Cu \longrightarrow Cu^{2+} + 2e^-$

$HNO_3 + H^+ + e^- \longrightarrow NO_2 + H_2O$（または，$NO_3^- + 2H^+ + e^- \longrightarrow NO_2 + H_2O$）

解説

問１ ⇒ 重要ポイント １°

酸化還元の定義と酸化数に関する問題である。本問の文章の下線部に誤りがある箇所を正しく言い換えると，以下のようになる。

①，②　酸化還元反応においては，酸化数が①増加した原子（あるいはその原子を含む物質）は酸化され，②減少した原子（あるいはその原子を含む物質）は還元されている。

③，④　電子の授受で言い換えると，酸化されている場合は電子を③失い，還元されている場合は電子を④受け取っている。

⑤　電子を１個失うと，酸化数は１だけ⑤増加する。

⑥　１つの酸化還元反応では，酸化と還元が常に同時に起こり，酸化数の増加量の和と酸化数の減少量の和は⑥等しい。

以上より，上記の文章と本問の文章を比較して下線部に誤りのない正しい記述となっているものは③，④，⑥である。なお，⑥について，酸化還元反応においてある原子が失う e$^-$ の総数と別の原子が受け取る e$^-$ の総数は必ず等しくなるため，１つの酸化還元反応では酸化数の増加量の和と酸化数の減少量の和は必ず等しくなる。

問２ ⇒ 重要ポイント ２°

酸化数の変化について，求めたい原子の酸化数を x とおいて，以下のように方程式を立てて求めていく。

反応前　Cu　⟶　反応後　Cu(NO$_3$)$_2$

0　　$x + (-1) \times 2 = 0$　$\therefore x = +2$

反応前　HNO$_3$　⟶　反応後　NO$_2$

$(+1) + x + (-2) \times 3 = 0$　$\therefore x = +5$　　$x + (-2) \times 2 = 0$　$\therefore x = +4$

各物質の電子 e$^-$ を含む化学反応式は次のように作成する。

Cu について

Step1　$Cu \longrightarrow Cu^{2+}$

Step2　$Cu \longrightarrow Cu^{2+} + 2e^-$

HNO$_3$ について

Step1　$HNO_3 \longrightarrow NO_2$

Step2　$HNO_3 \longrightarrow NO_2 + H_2O$

Step3　$HNO_3 + H^+ \longrightarrow NO_2 + H_2O$

Step4　$HNO_3 + H^+ + e^- \longrightarrow NO_2 + H_2O$

重要ポイント

1°　酸化還元の定義を以下の表にまとめておく。特に電子 e^- の授受による定義は必ず覚えておこう。

	酸素原子 O	水素原子 H	電子 e^-	酸化数
酸化（される）	結びつく	失う	失う	増加
還元（される）	失う	結びつく	受け取る	減少

2°　酸化数の求め方 ～代数的方法～

酸化数の決定は以下の手順で行っていく。

Step0　単体中の原子：0

単原子イオン：電荷（多原子イオンでは，各原子の酸化数の合計がそのイオンの電荷に等しくなる）

化合物：化合物中の各原子の酸化数の合計は0

［化合物中の原子の酸化数］

Step1　アルカリ金属（Li，Na，Kなど）：＋1

アルカリ土類金属（Ca，Baなど）：＋2

フッ素F：－1

Step2　水素：＋1

Step3　酸素：－2

Step4　F以外のハロゲン（ハロゲン化物中）：－1

硫黄（硫化物中）：－2

3°　電子 e^- を含む化学反応式の作成手順を以下にまとめておく。

Step1　酸化剤・還元剤が，何から何に変化するかを書く（暗記）。

Step2　両辺の酸素原子Oと水素原子H以外の原子の数を，係数を入れることで合わせる。

Step3　両辺の酸素原子Oの数を H_2O で合わせる。

Step4　両辺の水素原子Hの数を H^+ で合わせる。

Step5　両辺の電荷（イオンの電荷の合計）を電子 e^-（電荷：-1）で合わせる。

37　解答

問1　a 2　b 5　c 3　d 2　e 5　f 8　g 1

ア 2　イ 1　ウ 1　エ 1　オ 2　カ 1

問2　［Ⅰ］還元剤　［Ⅱ］酸化剤

問3　反応前　＋7　反応後　＋2

問4　$2KMnO_4 + 10KI + 8H_2SO_4 \longrightarrow 2MnSO_4 + 5I_2 + 8H_2O + 6K_2SO_4$

解説

問1⇒ 重要ポイント 1°

［I］ この反応の化学反応式は，以下の手順で作成する。

Step1 酸化剤 $MnO_4^- + 8H^+ + 5e^- \longrightarrow Mn^{2+} + 4H_2O$ ……①

還元剤 $H_2O_2 \longrightarrow O_2 + 2H^+ + 2e^-$ ……②

Step2 ①式×2＋②式×5でe^-を消去し，整理する。

$$2MnO_4^- + 5H_2O_2 + 16H^+ \longrightarrow 2Mn^{2+} + 5O_2 + 8H_2O + 10H^+$$

$$\Rightarrow\ 2MnO_4^- + 5H_2O_2 + 6H^+ \longrightarrow 2Mn^{2+} + 5O_2 + 8H_2O$$

Step3 左辺にある反応物のMnO_4^-にはK^+，H^+にはSO_4^{2-}を対のイオンとしてたし合わせ整理する。

$$\begin{array}{lllllllll} & 2MnO_4^- & + 5H_2O_2 & + 6H^+ & \longrightarrow 2Mn^{2+} & + 5O_2 & + 8H_2O & & \\ +) & 2K^+ & & 3SO_4^{2-} & \quad 2SO_4^{2-} & & & 2K^+\ SO_4^{2-} & \\ \hline & 2KMnO_4 & + 5H_2O_2 & + 3H_2SO_4 & \longrightarrow 2MnSO_4 & + 5O_2 & + 8H_2O & + K_2SO_4 & \end{array}$$

［II］ この反応の化学反応式は，以下の手順で作成する。

Step1 $2I^- \longrightarrow I_2 + 2e^-$ ……①

$H_2O_2 + 2H^+ + 2e^- \longrightarrow 2H_2O$ ……②

Step2 ①式＋②式でe^-を消去し，整理する。

$$2I^- + H_2O_2 + 2H^+ \longrightarrow I_2 + 2H_2O$$

Step3 左辺にある反応物のI^-にはK^+，H^+にはSO_4^{2-}を対のイオンとしてたし合わせ整理する。

$$\begin{array}{llllllll} & 2I^- & + H_2O_2 & + 2H^+ & \longrightarrow I_2 & + 2H_2O & & \\ +) & 2K^+ & & SO_4^{2-} & & & 2K^+\ SO_4^{2-} & \\ \hline & 2KI & + H_2O_2 & + H_2SO_4 & \longrightarrow I_2 & + 2H_2O & + K_2SO_4 & \end{array}$$

問2⇒ 重要ポイント 2°

［I］ H_2O_2はO_2に変わり，そのときO原子の酸化数は−1から0に増加している。そのため，e^-を放出する還元剤としてはたらいていることがわかる。

［II］ H_2O_2はH_2Oに変わり，そのときO原子の酸化数は−1から−2に減少している。そのため，e^-を受け取る酸化剤としてはたらいていることがわかる。

問4

この反応の化学反応式は，以下の手順で作成する。

Step1 酸化剤 $MnO_4^- + 8H^+ + 5e^- \longrightarrow Mn^{2+} + 4H_2O$ ……①

還元剤 $2I^- \longrightarrow I_2 + 2e^-$ ……②

Step2 ①式×2＋②式×5でe^-を消去し，整理する。

$$2MnO_4^- + 10I^- + 16H^+ \longrightarrow 2Mn^{2+} + 5I_2 + 8H_2O$$

Step3　左辺にある反応物の MnO_4^- と I^- にそれぞれ K^+ を，H^+ には SO_4^{2-} を対のイオンとしてたし合わせ整理する。

$$
\begin{array}{llllllll}
 & 2MnO_4^- & + 10I^- & + 16H^+ & \longrightarrow & 2Mn^{2+} & + 5I_2 + 8H_2O & \\
+) & 2K^+ & 10K^+ & 8SO_4^{2-} & & 2SO_4^{2-} & & 12K^+ \ 6SO_4^{2-} \\
\hline
 & 2KMnO_4 & + 10KI & + 8H_2SO_4 & \longrightarrow & 2MnSO_4 & + 5I_2 + 8H_2O & + 6K_2SO_4
\end{array}
$$

重要ポイント

1°　酸化還元反応式の作成手順を以下にまとめておく。

Step1　酸化剤と還元剤の電子 e^- を含む化学反応式をそれぞれ書く。

Step2　２つの電子 e^- を含む化学反応式の e^- の係数を等しくするようにそれぞれ実数倍し，たし合わせることで e^- を消去する(⇒イオンを含む反応式ができる)。

Step3　反応物の各イオンの対のイオンを両辺に加えて化合物にする。

2°　酸化還元反応では，次図のように還元剤から酸化剤に e^- が移動する。つまり，反応の前後で酸化数が増加している原子を含む物質は還元剤としてはたらき，酸化数が減少している原子を含む物質は酸化剤としてはたらいているといえる。

	還元剤	$\xrightarrow{}$ e^-	酸化剤
酸化数	UP		DOWN

38　解答

問１　$2H_2O \longrightarrow O_2 + 4H^+ + 4e^-$

問２　(i)　$MnO_4^- + 8H^+ + 5e^- \longrightarrow Mn^{2+} + 4H_2O$

(ii)　二酸化炭素　(iii)　0.90　(iv)　16

解説

問１　H_2O の(酸化を表す)電子 e^- を含む化学反応式は，題意より O_2 が生成することから，次の手順で作成していく。

Step1　$H_2O \longrightarrow O_2$

Step2　$2H_2O \longrightarrow O_2$

Step3　$2H_2O \longrightarrow O_2 + 4H^+$

Step4　$2H_2O \longrightarrow O_2 + 4H^+ + 4e^-$

問２　(i)　MnO_4^- の(還元を表す)電子 e^- を含む化学反応式は次の手順で作成していく。

Step1　$MnO_4^- \longrightarrow Mn^{2+}$

Step2　$MnO_4^- \longrightarrow Mn^{2+} + 4H_2O$

Step3　$MnO_4^- + 8H^+ \longrightarrow Mn^{2+} + 4H_2O$

Step4　$MnO_4^- + 8H^+ + 5e^- \longrightarrow Mn^{2+} + 4H_2O$

(ii)，(iii)　$H_2C_2O_4$ は MnO_4^- に酸化されて CO_2 を発生する。また，$H_2C_2O_4$ の電子 e^- を含む化学反応式は次の手順で作成していく。

Step1　$H_2C_2O_4 \longrightarrow CO_2$

Step2　$H_2C_2O_4 \longrightarrow 2CO_2$

Step3　$H_2C_2O_4 \longrightarrow 2CO_2 + 2H^+$

Step4　$H_2C_2O_4 \longrightarrow 2CO_2 + 2H^+ + 2e^-$

よって，発生したCO_2の体積〔L〕は，

$$\frac{1.8\,[\text{g}]}{90\,[\text{g/mol}]} \times 2 \times 22.4\,[\text{L/mol}] = 0.896 \fallingdotseq \underline{0.90}\,[\text{L}]$$

（$H_2C_2O_4$〔mol〕，CO_2〔mol〕）

別解　$H_2C_2O_4$のイオン反応の係数比より，発生するCO_2の体積をx〔L〕とおくと，

$H_2C_2O_4$〔mol〕：CO_2〔mol〕＝1：2

$$\Leftrightarrow\ H_2C_2O_4[\text{mol}] : CO_2[\text{mol}] = \frac{1.8\,[\text{g}]}{90\,[\text{g/mol}]} : \frac{x\,[\text{L}]}{22.4\,[\text{L/mol}]}$$

$$\therefore\ x = 0.896 \fallingdotseq \underline{0.90}\,[\text{L}]$$

(iv)⇒ 重要ポイント

滴下した$KMnO_4$水溶液の体積をv〔mL〕とおくと，滴定の終点で次式が成り立つ。

$$\underbrace{\frac{1.8\,[\text{g}]}{90\,[\text{g/mol}]} \times \overset{\text{価数}}{2}}_{H_2C_2O_4\text{が放出する}e^-[\text{mol}]} = \underbrace{0.50\,[\text{mol/L}] \times \frac{v}{1000}\,[\text{L}] \times \overset{\text{価数}}{5}}_{MnO_4^-\text{が受け取る}e^-[\text{mol}]}$$

$$\therefore\ v = \underline{16}\,[\text{mL}]$$

重要ポイント　酸化還元滴定の当量点で成り立つ式

還元剤の物質量〔mol〕×価数＝酸化剤の物質量〔mol〕×価数
（還元剤が放出するe^-〔mol〕＝酸化剤が受け取るe^-〔mol〕）

※ 価数…酸化剤・還元剤1 molあたりが受け渡しするe^-の物質量〔mol〕の値に相当する数

39 解答

問1　塩酸中のCl^-が過マンガン酸カリウム水溶液中のMnO_4^-に酸化され，正確な定量ができなくなってしまう。

問2　滴定1　$2MnO_4^- + 5H_2C_2O_4 + 6H^+ \longrightarrow 2Mn^{2+} + 10CO_2 + 8H_2O$

滴定2　$2MnO_4^- + 3C_2O_4^{2-} + 4H_2O \longrightarrow 2MnO_2 + 6CO_2 + 8OH^-$

滴定3　$MnO_4^- + 5Fe^{2+} + 8H^+ \longrightarrow Mn^{2+} + 5Fe^{3+} + 4H_2O$

問3　水に難溶な黒(褐)色のMnO_2が生じてしまい，滴定の終点が判断しにくくなるため。

問4　過マンガン酸カリウム水溶液　1.90×10^{-2} mol/L

硫酸鉄(Ⅱ)水溶液　1.20×10^{-1} mol/L

解説

問1⇒ 重要ポイント

次式のように，塩酸中のCl^-は過マンガン酸カリウム水溶液中のMnO_4^-に酸化され，過マンガン酸カリウム水溶液の滴下量に誤差を生じさせてしまう。

$2Cl^- \longrightarrow Cl_2 + 2e^-$

なお，溶液を酸性にする際，硝酸も用いることができない。なぜなら，硝酸は次式のように酸化剤としてはたらき，溶液中の $H_2C_2O_4$ を酸化してしまい過マンガン酸カリウム水溶液の滴下量が変わってしまうためである。

希硝酸…$HNO_3 + 3H^+ + 3e^- \longrightarrow NO + 2H_2O$

濃硝酸…$HNO_3 + H^+ + e^- \longrightarrow NO_2 + H_2O$

問2　各物質の反応式は以下のようになる。

（酸性下）　$MnO_4^- + 8H^+ + 5e^- \longrightarrow Mn^{2+} + 4H_2O$　……①

（塩基性下）　$MnO_4^- + 2H_2O + 3e^- \longrightarrow MnO_2 + 4OH^-$　……②

（この式は $MnO_4^- + 4H^+ + 3e^- \longrightarrow MnO_2 + 2H_2O$ を一度作成し，その両辺に $4OH^-$ を加えて作成する）

$H_2C_2O_4 \longrightarrow 2CO_2 + 2H^+ + 2e^-$　…③

$Fe^{2+} \longrightarrow Fe^{3+} + e^-$　…④

滴定1では①式×2＋③式×5，滴定3では①式＋④式×5により e^- を消去し作成する。また，滴定2では②式×2＋③式×3より e^- を消去し，さらに，（塩基性下のため）両辺に $2OH^-$ を加え $H_2C_2O_4$ を中和し作成する。

問3　下図のように，酸性下で過マンガン酸カリウム水溶液を滴定していくと，還元剤が残っている間は（MnO_4^- が Mn^{2+} となり）反応溶液中は無色のままである。これが当量点に達すると，MnO_4^- が反応せずに残るため，溶液が赤紫色になる（実際は淡桃色に見える）。これにより滴定の終点を判断する。

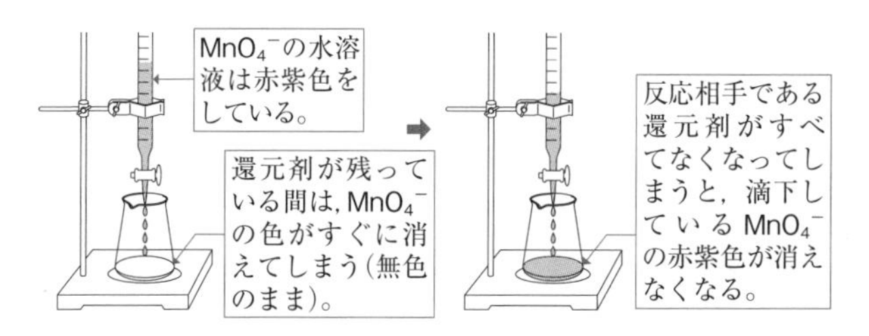

MnO4⁻の水溶液は赤紫色をしている。
還元剤が残っている間は，MnO4⁻の色がすぐに消えてしまう（無色のまま）。
反応相手である還元剤がすべてなくなってしまうと，滴下しているMnO4⁻の赤紫色が消えなくなる。

一方，本問のように，あらかじめ溶液を酸性下にしておかないと，**問2**の②式の反応が起こり，水に難溶な黒（褐）色の MnO_2 が生成する。これが反応溶液中に拡散し，終点の判断が困難となる。

問4　滴定1において，$KMnO_4$ 水溶液の平均滴下量は，$\frac{10.52 + 10.56 + 10.51}{3} = 10.53$〔mL〕なので，滴下した $KMnO_4$ 水溶液のモル濃度を x〔mol/L〕とおくと，滴定の終点では次式が成り立つ。

$$\underbrace{0.0500\,[\text{mol/L}] \times \frac{10.0}{1000}\,[\text{L}] \times \underset{\text{価数}}{2}}_{H_2C_2O_4\text{が放出する}e^-\,[\text{mol}]} = \underbrace{x\,[\text{mol/L}] \times \frac{10.53}{1000}\,[\text{L}] \times \underset{\text{価数}}{5}}_{MnO_4^-\text{が受け取る}e^-\,[\text{mol}]}$$

$$\therefore\ x = 1.899\cdots \times 10^{-2} \fallingdotseq \underline{1.90 \times 10^{-2}}\,[\text{mol/L}]$$

また，滴定3において，$KMnO_4$ 水溶液の平均滴下量は，$\frac{12.61 + 12.64 + 12.64}{3} = 12.63$〔mL〕

なので，$FeSO_4$水溶液のモル濃度をy〔mol/L〕とおくと，滴定の終点では次式が成り立つ。

$$\underbrace{y\,[\mathrm{mol/\cancel{L}}] \times \frac{10.0}{1000}[\cancel{\mathrm{L}}] \times \boxed{1}_{\text{価数}}}_{Fe^{2+}\text{が放出する}e^-\text{〔mol〕}} = \underbrace{1.899 \times 10^{-2}\,[\mathrm{mol/\cancel{L}}] \times \frac{12.63}{1000}[\cancel{\mathrm{L}}] \times \boxed{5}_{\text{価数}}}_{MnO_4^-\text{が受け取る}e^-\text{〔mol〕}}$$

$$\therefore\ y = 1.199\cdots \times 10^{-1} \fallingdotseq \underline{1.20 \times 10^{-1}}\,[\mathrm{mol/L}]$$

重要ポイント

過マンガン酸カリウム滴定で溶液を希硫酸で酸性にする理由

① 硫酸を用いる理由…塩酸や硝酸では$KMnO_4$水溶液の滴下量に影響を与えてしまう。

② 酸性にする理由…水に難溶な黒色のMnO_2が生成し，終点が判断しにくくなる。

40 解答

問1 試料溶液中の塩化物イオンを取り除き，過マンガン酸カリウム水溶液の滴定誤差をなくすため。

問2 $2KMnO_4 + 5Na_2C_2O_4 + 8H_2SO_4$
$\longrightarrow 2MnSO_4 + 10CO_2 + 8H_2O + K_2SO_4 + 5Na_2SO_4$

問3 1.05×10^{-5} mol　**問4** 20.9 mg/L

解説

問1 Cl^-は次式のように還元剤として働く。

$$2Cl^- \longrightarrow Cl_2 + 2e^-$$

試料溶液にCl^-が含まれていると$KMnO_4$と反応してしまい，滴定の誤差が生じてしまう。そのため，滴定前に試料溶液に$AgNO_3$水溶液を加えることで次式のように$AgCl$の沈殿として取り除くことが必要である。

$$Cl^- + Ag^+ \longrightarrow AgCl\downarrow$$

問2 操作③で起こる反応の反応式は，次式のように作成する。

$$\begin{array}{l} \text{酸化剤}\ (MnO_4^- + 8H^+ + 5e^- \longrightarrow Mn^{2+} + 4H_2O) \times 2 \\ +)\ \text{還元剤}\ (C_2O_4^{2-} \longrightarrow 2CO_2 + 2e^-) \times 5 \\ \hline 2MnO_4^- + 5C_2O_4^{2-} + 16H^+ \longrightarrow 2Mn^{2+} + 10CO_2 + 8H_2O \\ +)\ 2K^+ \quad 10Na^+ \quad 8SO_4^{2-} \quad\quad 2SO_4^{2-} \quad\quad 2K^+\ 10Na^+\ 6SO_4^{2-} \\ \hline 2KMnO_4 + 5Na_2C_2O_4 + 8H_2SO_4 \longrightarrow 2MnSO_4 + 10CO_2 + 8H_2O + K_2SO_4 + 5Na_2SO_4 \end{array}$$

問3 ⇒ **重要ポイント**

試料溶液中の有機物と反応したMnO_4^-の物質量〔mol〕は，**問2**の反応より

$$\underbrace{5.00 \times 10^{-3}\,[\mathrm{mol/\cancel{L}}] \times \frac{10.0 + 2.09}{1000}[\cancel{\mathrm{L}}]}_{\text{全}KMnO_4\text{〔mol〕}} - \underbrace{1.25 \times 10^{-2}\,[\mathrm{mol/\cancel{L}}] \times \frac{10.0}{1000}[\cancel{\mathrm{L}}] \times \boxed{\frac{2}{5}}}_{Na_2C_2O_4\text{と反応した}KMnO_4\text{〔mol〕}}$$

$$= 1.045 \times 10^{-5} \fallingdotseq \underline{1.05 \times 10^{-5}}\,[\mathrm{mol}]$$

問4 滴定で用いた$KMnO_4$の物質量〔mol〕とO_2の物質量〔mol〕の関係は，次式のように各物質の電子e^-を含む化学反応式のe^-の係数をそろえることで導くことができる。

$$\begin{cases} \boxed{1}\ MnO_4^- + 8H^+ + 5e^- \longrightarrow Mn^{2+} + 4H_2O \\ \boxed{\frac{5}{4}}\ O_2 + 5H^+ + 5e^- \longrightarrow \frac{5}{2} H_2O \end{cases}$$

$$(O_2 + 4H^+ + 4e^- \longrightarrow 2H_2O) \quad \times \frac{5}{4}$$

よって，$KMnO_4$〔mol〕：O_2〔mol〕= $\boxed{1}$: $\boxed{\frac{5}{4}}$ となるため，**問3**の結果よりCOD〔mg/L〕は次式で求まる。

$$\text{COD〔mg/L〕} = \frac{\overbrace{1.045 \times 10^{-5}\,\text{〔mol〕} \times \frac{5}{4}}^{O_2\text{〔mol〕}} \overbrace{\times 32\,\text{〔g/mol〕}}^{O_2\text{〔g〕}} \overbrace{\times 10^3}^{O_2\text{〔mg〕}}}{\frac{20.0}{1000}\,\text{〔L〕}} = \underline{20.9}\ \text{〔mg/L〕}$$

重要ポイント

COD測定では，線分図で考えると還元剤と酸化剤に以下のような量的関係がある。試料水の酸化に用いた$KMnO_4$の物質量〔mol〕に注目することが重要。

還元剤：試料水，20.0 mL ｜ $Na_2C_2O_4$ aq, 1.25×10^{-2} mol/L, $\frac{10.0}{1000}$ L
酸化剤：$KMnO_4$ aq, 5.00×10^{-3} mol/L, $\frac{10.0}{1000}$ L ｜ $\frac{2.09}{1000}$ L

41 解答

問1 (1)(ア) g　(イ) d　(ウ) c　(2) d　**問2** ① $2I^-$　② $2H_2O$　**問3** 酸化剤
問4 デンプン　**問5** 0.989 mol/L　**問6** 3.4 %

解説

問1 (1)　(ア) 10.0 mLという少量の溶液の体積を正確に測り取る器具は<u>g</u>のホールピペットである。
(イ)正確な体積により溶液を調製する器具は<u>d</u>のメスフラスコである。
(ウ)滴下し，その滴下量を正確に測定する器具は<u>c</u>のビュレットである。

(2)　水にぬれていていてもよい器具は，水を加えていく器具である<u>d</u>のメスフラスコである。ちなみに，既定の量を測り取ったあとに(滴下する溶液で)濃度が変わってもよい場合に使用する器具としてeのコニカルビーカーも水にぬれたまま用いてよい。

問2，3　H_2O_2は酸化剤としても還元剤としても働くが，KI中のI^-が(e^-を放出する)還元剤としてしかはたらかないため，H_2O_2のはたらきは<u>酸化剤</u>と決まる(反応式作成法は**問5**の**解説**参照)。

$$H_2O_2 + 2H^+ + {}_{(1)}\underline{2I^-} \longrightarrow I_2 + {}_{(2)}\underline{2H_2O}$$

問4　**問5**の**解説**より，ヨウ素還元滴定で用いる指示薬は<u>デンプン</u>である。

問5 ⇒ **重要ポイント**

Step1　定量する濃度未知の過酸化水素 H_2O_2 水を過剰量のヨウ化カリウム KI の硫酸酸性水溶液に通じると，KI 中の I^- が H_2O_2 に酸化されヨウ素 I_2 になる。

$$
\begin{array}{lll}
\text{酸化剤} & H_2O_2 + 2H^+ + 2e^- & \longrightarrow 2H_2O \\
+)\ \text{還元剤} & 2I^- & \longrightarrow I_2 + 2e^- \\
\hline
 & H_2O_2 + 2H^+ + 2I^- & \longrightarrow I_2 + 2H_2O \\
 & 1\text{mol} & \quad 1\text{mol}
\end{array}
$$

Step2　ここに指示薬としてデンプン水溶液を加え（I_2 に反応して青紫色に呈色），そこに 0.102 mol/L チオ硫酸ナトリウム $Na_2S_2O_3$ 標準溶液を滴下していく。遊離した I_2 が $Na_2S_2O_3$ により還元され I^- に戻り，溶液の色が青紫色から無色になったときを終点とする（次式）。この平均滴下量 19.4 mL から，はじめに加えた H_2O_2 水の濃度を決定する。

$$
\begin{array}{llll}
\text{酸化剤} & I_2 + 2e^- & \longrightarrow 2I^- & \\
+)\ \text{還元剤} & 2S_2O_3^{2-} & \longrightarrow & S_4O_6^{2-} + 2e^- \\
\hline
 & I_2 + 2S_2O_3^{2-} & \longrightarrow 2I^- & + S_4O_6^{2-} \\
+) & 4Na^+ & \quad 2Na^+ & \quad 2Na^+ \\
\hline
 & I_2 + 2Na_2S_2O_3 & \longrightarrow 2NaI & + Na_2S_4O_6 \\
 & 1\text{mol} \quad 2\text{mol} & &
\end{array}
$$

ここで，過酸化水素水のモル濃度を x〔mol/L〕とおき，上記の化学反応式の係数を追っていくと，H_2O_2 と $Na_2S_2O_3$ の物質量〔mol〕について，次式が成り立つ。

$$H_2O_2\text{〔mol〕} : Na_2S_2O_3\text{〔mol〕} = 1 : 2$$

$$\Leftrightarrow\ x\ \text{〔mol/L〕} \times \frac{10.0}{1000}\text{〔L〕} \times \underbrace{\frac{20.0\text{〔mL〕}}{200\text{〔mL〕}}}_{\text{採取により減少した割合}} : 0.102\ \text{〔mol/L〕} \times \frac{19.4}{1000}\text{〔L〕} = 1 : 2$$

$$\therefore\ x = 0.9894 \fallingdotseq \underline{0.989}\text{〔mol/L〕}$$

問6　この H_2O_2 水を 1.0 L もってきたとすると，H_2O_2 の質量パーセント濃度〔%〕は，

$$\frac{H_2O_2\text{〔g〕}}{\text{過酸化水素水〔g〕}} \times 100 = \frac{\overbrace{0.989\text{〔mol/L〕} \times 1\text{〔L〕}}^{H_2O_2\text{〔mol〕}} \times 34\text{〔g/mol〕}}{1.0\text{〔g/mL〕} \times 1000\text{〔mL〕}} \times 100 = 3.36\cdots \fallingdotseq \underline{3.4}\text{〔%〕}$$

重要ポイント　ヨウ素還元滴定（ヨードメトリー）の仕組み

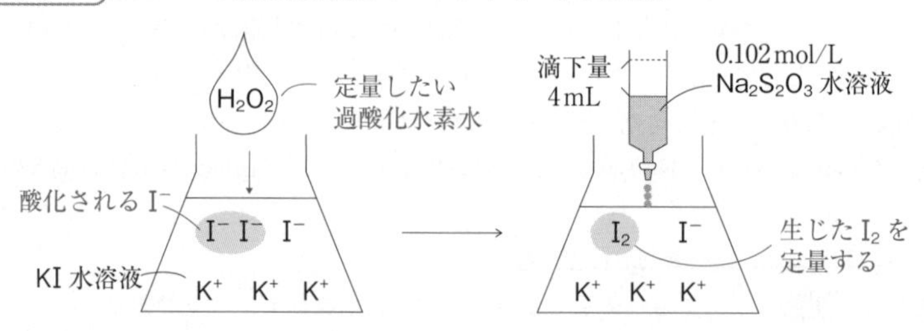

第6章　状態変化

42 解答

問1　1 熱運動　2 発熱反応　3 吸熱反応　4 反応エンタルピー

問2　(a) 融解熱(融解エンタルピー)　(b) 蒸発熱(蒸発エンタルピー)

問3　加えた熱エネルギーが物質の状態変化のみに用いられ，温度上昇には用いられないため。

問4

固体　粒子は一定の位置に固定され，熱運動によりその位置を中心としてわずかに振動をしている。

気体　粒子は熱運動により空間を自由に飛び回っている。

問5　起こりにくくなる

問6　大きくなる

問7　化学反応の前後では物質のもつ化学エネルギーが異なるため，その差のエネルギーが熱として出入りする。

解説

問1 ⇒ 重要ポイント 1°

4. 主な反応エンタルピーに生成エンタルピー，燃焼エンタルピー，溶解エンタルピー，中和エンタルピーがある(⇒ P.98 参照)。

問2　(a) 固体が液体になる(融解)ときに吸収する熱を融解熱(融解エンタルピー)という。

(b) 液体が気体になる(蒸発)ときに吸収する熱を蒸発熱(蒸発エンタルピー)という。

問3　沸騰しているとき，液体に加えた熱エネルギーは，粒子間の引力を切断し気体になるために使われるため，温度上昇は起こらない。

問4 ⇒ 重要ポイント 2°

問5　粒子間に働く引力が強くなると，その引力を断ち切るためにより多くのエネルギーが必要となるため，固体から液体，液体から気体への状態変化は起こりにくくなる。一方，粒子間に働く引力が強くなると，安定化のエネルギーが大きくなるため，液体から固体，気体から液体への状態変化は起こりやすくなる。

問6　粒子間に働く引力が強くなると，その引力を断ち切るためにより多くのエネルギーが必要となる。そのため，物質が吸熱方向の状態変化を起こす場合に吸収する熱量も大きくなる。また，粒子間に働く引力が強くなると，安定化のエネルギーが大きくなるため，物質が発熱方向の状態変化を起こす場合に発生する熱量も大きくなる。

問7　化学反応に伴って熱が放出される反応を発熱反応といい，熱が吸収される反応を吸熱反応という。

重要ポイント

1°　物質を構成している粒子は，その温度に応じた運動エネルギーをもち，絶えず熱運動している。

右図のように，同じ温度でもすべての粒子が同じ速さで運動しているわけではないが，高温になる($T_1 \rightarrow T_2$)ほど粒子の平均の運動エネルギー(E)が大きくなるので，熱運動も活発になる。

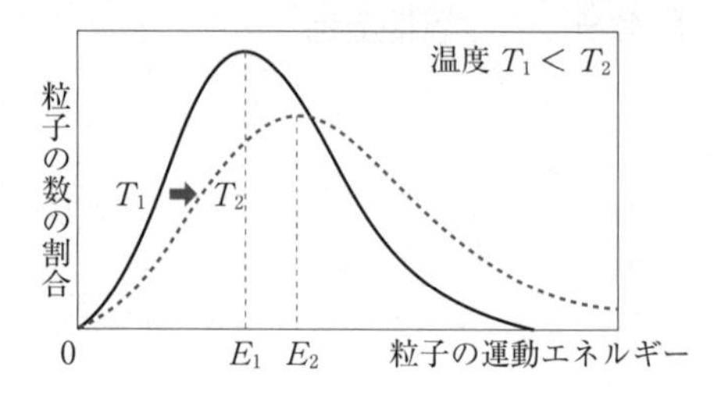

2°　物質の三態とエネルギー

すべての物質の粒子間には引力が働いている。そして，物質の状態は，この粒子間に働く引力による安定化のエネルギー(E_1)と熱運動のエネルギー(E_2)の大小で決まる。

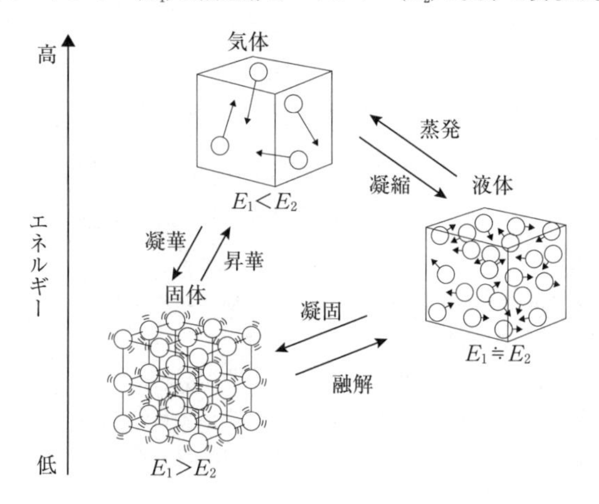

43 解答

問1　ア　凝縮　　イ　昇華

問2　$3.0 \times 10\,\text{kJ}$

解説

問2　状態やその変化により必要な熱量が異なるため，各状態に分けて熱量計算をする必要がある。

$$\underbrace{6.0\,[\text{kJ/mol}] \times \frac{10}{18}\,[\text{mol}]}_{\text{融解に必要な熱量[kJ]}} + \underbrace{4.2 \times 10^{-3}\,[\text{kJ/(g}\cdot\text{℃)}] \times 10\,[\text{g}] \times (100-0)\,[\text{℃}]}_{\text{水温上昇に必要な熱量[kJ]}}$$

$$+ \underbrace{41\,[\text{kJ/mol}] \times \frac{10}{18}\,[\text{mol}]}_{\text{沸騰時の蒸発に必要な熱量[kJ]}} = 30.3\cdots \fallingdotseq \underline{3.0 \times 10}\,[\text{kJ}]$$

44 解答

問1　bc間　(エ)　de間　(オ)　ef間　(ウ)

問2　加えられた熱は，液体分子の分子間力を断ち切り気体分子にするためにすべて使われるため。

問3　(ウ)　**問4**　(エ)

解説

問1 ⇒ 重要ポイント

問3　水の比熱をx〔kJ/(g・K)〕，加熱により加えた熱量をq〔kJ/分〕とおく。

cd間において，水温上昇で加えた熱量について，

$$x〔\mathrm{kJ/(g\cdot K)}〕\times 18〔\mathrm{g}〕\times(T_\mathrm{d}-T_\mathrm{b})〔\mathrm{K}〕=q〔\mathrm{kJ/分}〕\times(t_\mathrm{d}-t_\mathrm{c})〔分〕\quad\cdots\cdots①$$

また，de間において，蒸発(沸騰時において)させるために加えた熱量について，

$$Q〔\mathrm{kJ/mol}〕\times 1〔\mathrm{mol}〕=q〔\mathrm{kJ/分}〕\times(t_\mathrm{e}-t_\mathrm{d})〔分〕\quad\cdots\cdots②$$

よって，①式，②式よりqを消去すると，

$$x=\frac{Q(t_\mathrm{d}-t_\mathrm{c})}{18(t_\mathrm{e}-t_\mathrm{d})(T_\mathrm{d}-T_\mathrm{b})}〔\mathrm{kJ/(g\cdot K)}〕$$

問4

(ア)誤り。　同じ温度でも各分子の運動速度は異なる(⇒P.50参照)。

(イ)誤り。　沸騰は「大気圧(外圧)＝蒸気圧」となったときに起こる現象である。そのため，大気圧(外圧)が1.013×10^5 Paのとき水は100℃で沸騰するが，その圧力よりも小さいとき水は100℃よりも低い温度で沸騰する(⇒P.52参照)。

(ウ)誤り。　固体状態では，粒子は一定の位置に固定されてはいるが，熱運動によりその位置を中心としてわずかに振動や回転をしている。そのため，まったく動かないわけではない。

(エ)正しい。イオン結合は陽イオンと陰イオンの間に形成されるもので，比較的強い結合である。そのため，イオン結合で結ばれた物質の沸点や融点は一般に高い(⇒P.72参照)。

重要ポイント　水の温度による状態変化(外圧は一定)

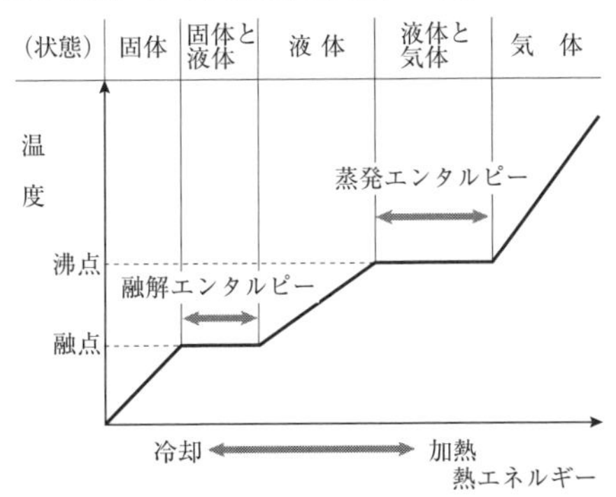

45 解答

問1　三重

問2　点A　固体，液体，気体が平衡状態で共存する状態

曲線AB　気体と液体が平衡状態で共存する状態

問3　Ⅲ→Ⅰ　蒸発　　Ⅱ→Ⅰ　昇華　　Ⅱ→Ⅲ　融解

問4　高い山の上での気圧は，海面付近における気圧よりも低くなる。したがって，本問中の状態図の大気圧を示す点線は，高い山の上では1気圧より下方側へとシフトする。この点線と曲線ACおよび曲線ABとの交点がそれぞれ凝固点および沸点に対応するので，T_FはT_1よりも高温になり，T_VはT_2よりも低温になる。

問5　244〔kJ〕

解説 ⇒ 重要ポイント

問1　曲線AB(蒸気圧曲線)，曲線AC(融解曲線)，曲線AD(昇華圧曲線)の交点を三重点という。

問2　点Aは三重点のため，固体，液体，気体が平衡状態で共存している。

曲線ABは蒸気圧曲線のため，気体と液体が平衡状態で共存している。

問3　状態Ⅰは気体，状態Ⅱは固体，状態Ⅲは液体である。そのため，Ⅲ→Ⅰは蒸発，Ⅱ→Ⅰは昇華，Ⅱ→Ⅲは融解である。

問4　高い山の上では，気圧は1.013×10^5 Paよりも小さい。そのため，状態図における大気圧の点線は下側にシフトする(右図)。それにともない，シフトしたその点線と曲線AC(融解曲線)との交点である凝固点は$T_F > T_1$となり，曲線AB(蒸気圧曲線)との交点である沸点は$T_V < T_2$となる。

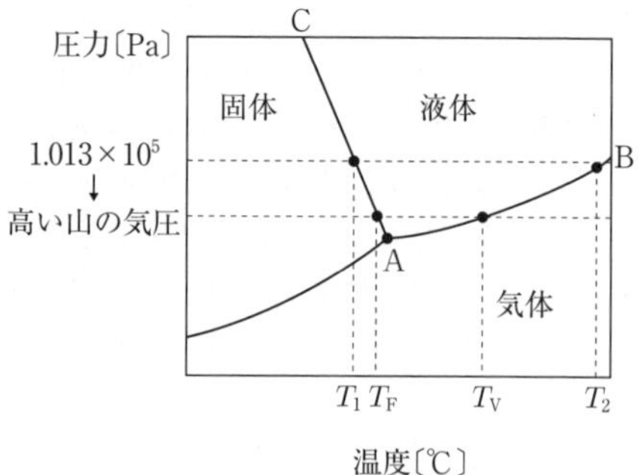

問5　100 gの水を蒸発(Ⅲ→Ⅰ)させるときに必要な熱量〔kJ〕は，

$$44.0\,[\text{kJ/mol}] \times \frac{100}{18}\,[\text{mol}] = 244.4\cdots \fallingdotseq 244\,[\text{kJ}]$$

重要ポイント 水の状態図

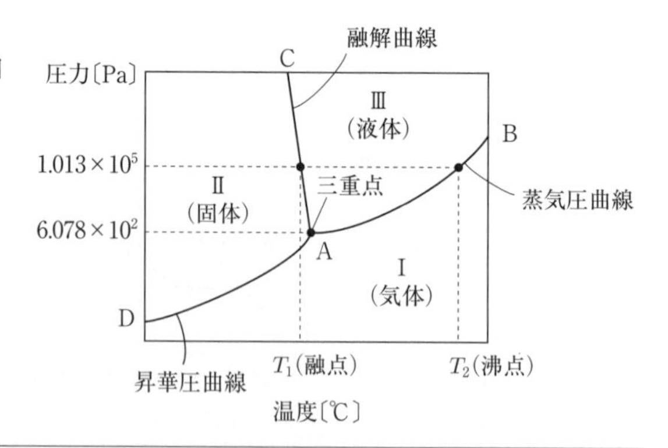

第７章　気体

46 解答

問１　① 熱運動　② 拡散　③ 運動　④ 圧力
⑤ 物質量　⑥ 体積　⑦ (絶対)温度　⑧ アボガドロ
④〜⑦は順不同

問２　$p = \frac{1.013h}{760} \times 10^5$〔Pa〕

解説

問１　①〜③ ⇒ P.49-50参照
⑧ ⇒ P.55参照

問２⇒ 重要ポイント

1.013×10^5 Paの圧力は高さ760 mmの水銀柱の圧力に等しいため，水銀柱の高さがh〔mm〕のときの大気圧p〔Pa〕は，

$$1.013 \times 10^5〔\mathrm{Pa}〕: 760〔\mathrm{mmHg}〕= p〔\mathrm{Pa}〕: h〔\mathrm{mmHg}〕$$

$$\therefore\ p = \frac{1.013h}{760} \times 10^5〔\mathrm{Pa}〕$$

重要ポイント Hg柱と大気圧の関係

試験管にHgを満たしてそれを逆さに立てると，Hgが下に落ちてくるが，管外の液面から760 mm(＝76 cm)のところで止まる。これは，Hg柱の底面に大気により押し戻す力(大気圧)が働いているためである。

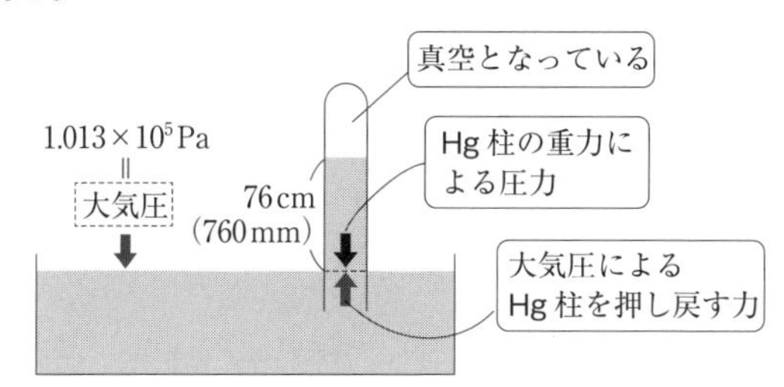

47 解答

(1)　A　(2)　C　(3)　C

解説

(1) ⇒ 重要ポイント 1°

ボイルの法則では，体積Vと圧力Pの積が一定，つまりVとPが反比例の関係にある。よって，この関係を表すグラフは(A)となる。（なお，横軸は圧力Pである。）

(2) ⇒ **重要ポイント** 2°

シャルルの法則では，体積Vと絶対温度Tは正比例の関係にある。よって，この関係を表すグラフは(C)となる。（なお，横軸は絶対温度Tである。）

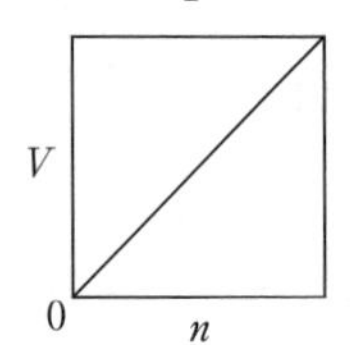

(3) ⇒ **重要ポイント** 3°

アボガドロの法則では，体積Vと物質量nは正比例の関係にある。よって，この関係を表すグラフは(C)となる。（なお，横軸は物質量nである。）

重要ポイント

1° ボイルの法則

ボイル（イギリス）は，1662年に「温度一定のとき，一定量の気体の体積は，圧力に反比例する」ことを発見した。これをボイルの法則といい，次式で表される。

$PV = k$（一定） ⇔ $P_1V_1 = P_2V_2$ （P：圧力　V：（気体が動く）体積）

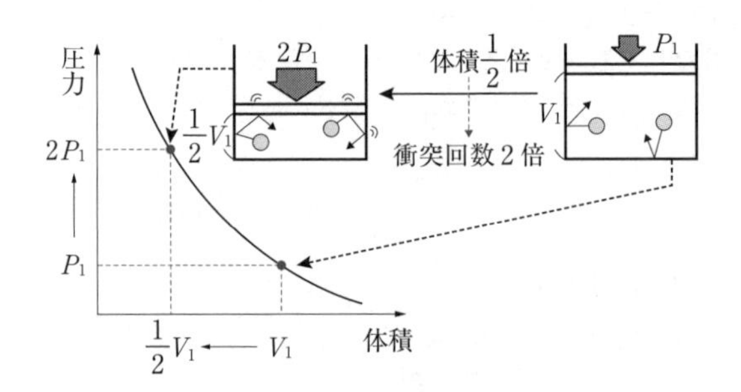

2° シャルルの法則

シャルル（フランス）は，1787年に「圧力一定のとき，一定量の気体の体積は，絶対温度に比例する」ことを発見した。これをシャルルの法則といい，次式で表される。

$$\frac{V}{T} = k\text{（一定）} \Leftrightarrow \frac{V_1}{T_1} = \frac{V_2}{T_2}$$

（T：絶対温度　V：（気体が動く）体積）

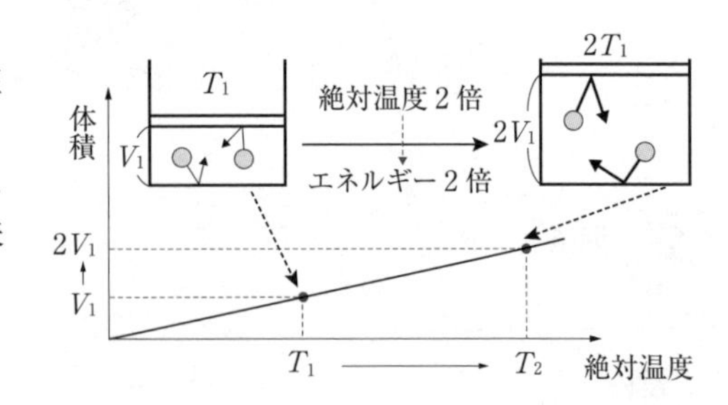

3°　アボガドロの法則

アボガドロ(イタリア)は，1811年に「すべての気体は気体の種類によらず，同じ温度・同じ圧力であれば，同じ体積の中に同じ個数の分子が含まれている」ことを発見した。これをアボガドロの法則という。

48 解答

問１　55L　　**問２**　4.2mol

解説

問１⇒ 重要ポイント

この気体について(変動しない文字を○で囲うと)

$$PV = ⓝⓇT \Leftrightarrow \frac{PV}{T} = ⓝⓇ = k(\text{一定})$$

$$\Leftrightarrow \frac{P_1V_1}{T_1} = \frac{P_2V_2}{T_1}$$ (これをボイル・シャルルの法則という)より，

$$\frac{(1.0\times10^5)\times100}{17+273} = \frac{(2.0\times10^5)\times V}{46+273}$$

$$\therefore\quad V = \underline{55}〔\text{L}〕$$

問２　含まれる硫化水素の物質量をn〔mol〕とすると，気体の状態方程式より，

$$PV = nRT$$

$$\Leftrightarrow\quad n = \frac{PV}{RT} = \frac{(1.0\times10^5)\times100}{(8.3\times10^3)\times(17+273)} = 4.15\cdots \fallingdotseq \underline{4.2}〔\text{mol}〕$$

重要ポイント　気体の諸法則の導き方

Step1　気体の状態方程式「$PV = nRT$」において，変化の前後で変わらない量(つまり定数)となるものを見つけて，丸(○)で囲む。(実験装置がヒントとなることもある)。

Step2　変数と定数を分離し，公式化する。

49 解答

(1)　①　　(2)　$w = \dfrac{mpV}{RT}$　　(3)　84

解説 ⇒ 重要ポイント

(1)　冷却後の容器内には化合物Xの飽和蒸気が含まれているため，その分の空気(つまりw〔g〕分)が追い出されて軽くなってしまっている。そのため，冷却前にすべてが気体となっていた化合物Xの質量はM_2とM_1の差に追い出された空気の質量を加えればよい。よって，器具A

内に残った化合物Xの質量は「$M_2 - M_1 + w$」で求めることができる。

(2) M_2を測定したとき(重要ポイントの状態3)のXの蒸気圧p〔Pa〕に相当する空気の質量が追い出されたので，その追い出された空気の質量w〔g〕は，気体の状態方程式より，

$$pV = \frac{w}{m}RT$$

$$\Leftrightarrow \quad w = \frac{mpV}{RT} \text{〔g〕}$$

(3) 加熱により化合物Xがすべて気体となっているとき(重要ポイントの状態2)，その圧力は大気圧と等しくなっているので(大気圧を超えた分の圧力相当量の化合物Xはアルミホイルの細孔から飛び出していく)，気体Xの分子量をM，質量をw'〔g〕とおくと，気体の状態方程式より，

$$PV = \frac{w'}{M}RT$$

$$\Leftrightarrow \quad M = \frac{w'RT}{PV} = \frac{0.27 \times (8.3 \times 10^3) \times (100 + 273)}{(1.0 \times 10^5) \times 0.10} = 83.5\cdots \fallingdotseq \underline{84}$$

重要ポイント 分子量測定のしくみ(この測定方法をデュマ法という)

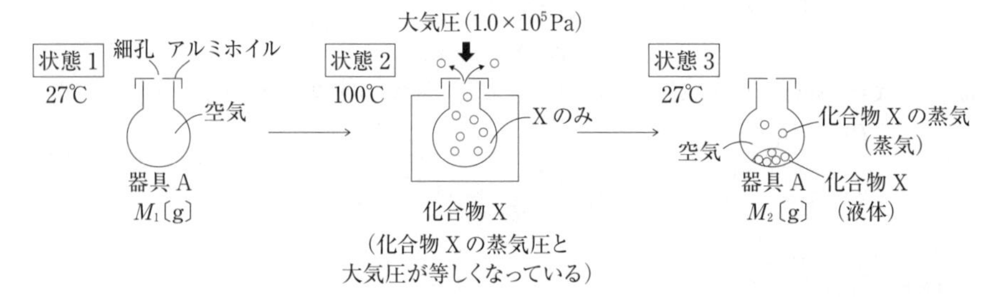

50 解答

問1 $(P_A + P_B)V = (n_A + n_B)RT$

問2 $28n_A + 40n_B$

問3 $(n_A + n_B)M$

問4 $M = \dfrac{28n_A + 40n_B}{n_A + n_B}$

問5 $\dfrac{(n_A + n_B)M}{V}$

解説

問1 N_2について，

$$P_AV = n_ART \quad \cdots①$$

同様にして，Ar について，

$$P_B V = n_B RT \quad \cdots ②$$

よって，①式＋②式より，

$$\underline{(P_A + P_B)V = (n_A + n_B)RT}$$

別解 全圧を P_{all}〔Pa〕，全物質量を n_{all}〔mol〕とおくと，混合気体について，気体の状態方程式より，

$$P_{all}V = n_{all}RT$$

$$\Leftrightarrow \quad \underline{(P_A + P_B)V = (n_A + n_B)RT}$$

問2　$N_2 = 28$，$Ar = 40$ より，混合気体の総質量〔g〕は，

$$28〔g/mol〕\times n_A〔mol〕+ 40〔g/mol〕\times n_B〔mol〕= \underline{28n_A + 40n_B}〔g〕$$

問3　平均分子量を M とおくとき，混合気体の平均モル質量は M〔g/mol〕となるので，

$$M〔g/mol〕\times (n_A + n_B)〔mol〕= \underline{(n_A + n_B)M}〔g〕$$

問4　混合気体の総質量〔g〕について，**問2**，**3** の結果より，

$$28n_A + 40n_B = (n_A + n_B)M \qquad \underline{M = \frac{28n_A + 40n_B}{n_A + n_B}}$$

問5　この混合気体の密度〔g/L〕は，**問3** の結果より，

$$\frac{総質量〔g〕}{体積〔L〕} = \underline{\frac{(n_A + n_B)M}{V}}〔g/L〕$$

51 解答

問1　(イ)　　**問2**　3.0 L

問3　1.6×10^5 Pa　　**問4**　1.3×10^5 Pa

解説

問1　この炭化水素の分子量を M とおくと，気体の状態方程式より，

$$PV = \frac{w}{M}RT$$

$$\Leftrightarrow \quad M = \frac{wRT}{PV} = \frac{1.12 \times (8.31 \times 10^3) \times (50 + 273)}{(1.07 \times 10^5) \times 1.00} \fallingdotseq 28$$

よって，本問の選択肢の中で，この分子量に該当する炭化水素は(イ)の C_2H_4 である。

問2⇒ **重要ポイント**

容器Bの体積を V_B〔L〕，混合後の C_2H_4 の分圧を $P_{C_2H_4}$，O_2 の分圧を P_{O_2} とおくと，各気体について，気体の状態方程式(変動しない文字を○で囲う)より，

$PV = ⓝⓇⓉ \Leftrightarrow PV = k$(一定) $\Leftrightarrow P_1V_1 = P_2V_2$ より，

$$\begin{cases} C_2H_4 : (1.07 \times 10^5) \times 1.00 = P_{C_2H_4} \times (1.00 + V_B) \quad \therefore \quad P_{C_2H_4} = \dfrac{1.07 \times 10^5 \times 1.00}{1.00 + V_B}〔Pa〕\cdots ① \\ O_2 : (2.15 \times 10^5) \times V_B = P_{O_2} \times (1.00 + V_B) \quad \therefore \quad P_{O_2} = \dfrac{2.15 \times 10^5 V_B}{1.00 + V_B}〔Pa〕\cdots ② \end{cases}$$

よって，この混合気体の全圧を P_{all} とおくと，ドルトンの分圧の法則より，

$$P_{all} = P_{C_2H_4} + P_{O_2}$$

$$\Leftrightarrow \ 1.88 \times 10^5 = \frac{1.07 \times 10^5}{1.00 + V_B} + \frac{2.15 \times 10^5 V_B}{1.00 + V_B} \qquad \therefore \ V_B = \underline{3.0}\,[\mathrm{L}]$$

問3　**問2**の結果を②式に代入すると，

$$P_{O_2} = \frac{2.15 \times 10^5 V_B}{1.00 + V_B} = \frac{2.15 \times 10^5 \times 3.0}{1.00 + 3.0} = 1.61\cdots \times 10^5 \fallingdotseq \underline{1.6 \times 10^5}\,[\mathrm{Pa}]$$

問4　**問3**と同様に，**問2**の結果を①式に代入すると，

$$P_{C_2H_4} = \frac{1.07 \times 10^5}{1.00 + V_B} = \frac{1.07 \times 10^5}{1.00 + 3.0} \fallingdotseq 0.267 \times 10^5\,[\mathrm{Pa}]$$

ここで，混合気体の燃焼反応について，

	C_2H_4	+ $3O_2$	$\longrightarrow$ $2CO_2$	+ $2H_2O$	
反応前	0.267	1.61	0	0	（単位：10^5 Pa）
変化量	− 0.267	− 0.267 × 3	+ 0.267 × 2	+ 0.267 × 2	係数比
反応後	0	0.809	0.534	0.534	

操作③により生成した H_2O は $CaCl_2$ 管に吸収されるため，残った気体の全圧 P_{all}〔Pa〕は，

$$P_{all} = P_{O_2} + P_{CO_2}$$

$$= (0.809 \times 10^5) + (0.534 \times 10^5) = 1.34\cdots \times 10^5 \fallingdotseq \underline{1.3 \times 10^5}\,[\mathrm{Pa}]$$

重要ポイント ドルトンの分圧の法則

気体Aと気体Bからなる混合気体において，各気体の分圧をそれぞれ P_A，P_B，全圧を P_{all} とおくと，次式のような関係がある。これを，ドルトンの分圧の法則といい，1801年にドルトン(イギリス)が発見した。

$$P_{all} = P_A + P_B$$

52 解答

ア	2	イ	$\frac{4RT}{V}$	ウ	$\frac{4RT}{5V}$
エ	A	オ	B	カ	10
キ	$\frac{3RT}{V}$	ク	$\frac{3RT}{V}$	ケ	$2H_2 + O_2 \longrightarrow 2H_2O$
コ	水素	サ	0.2	シ	$\frac{9RT}{5V}$
ス	8.3×10^4	セ	6.6×10^5	ソ	14.4

解説

ア　V, T一定のとき，モル比＝圧力比となるため，

$$\frac{\text{A室の圧力}}{\text{B室の圧力}}=\frac{\text{A室の気体の物質量〔mol〕}}{\text{B室の気体の物質量〔mol〕}}=\frac{2\text{〔mol〕}}{1\text{〔mol〕}}=\underline{2}\text{〔倍〕}$$

イ　円筒容器の体積がV〔cm^3〕のとき，A室の体積は，$V\times\frac{30\text{〔cm〕}}{30+30\text{〔cm〕}}=\frac{V}{2}$〔cm^3〕となる。

よって，A室の圧力P_Aは，気体の状態方程式より，

$$P_A\frac{V}{2}=2RT\qquad\therefore\quad P_A=\underline{\frac{4RT}{V}}\text{〔Pa〕}$$

ウ　⇒ **重要ポイント**

A室のO_2の分圧をP_{O_2}，モル分率をx_{O_2}とおくと，O_2はA室に20％含まれているため，イの結果より，

$$P_{O_2}=P_A\times x_{O_2}$$
$$=\frac{4RT}{V}\times\frac{20}{100}=\underline{\frac{4RT}{5V}}\text{〔Pa〕}$$

エ～カ　壁が動けるようになると，A室とB室の圧力が等しくなる。よって，P, T一定となり，モル比＝体積比となる。ここで，A室の体積をV_A〔cm^3〕，B室の体積をV_B〔cm^3〕とおくと，

$$\frac{V_A\text{〔cm}^3\text{〕}}{V_B\text{〔cm}^3\text{〕}}=\frac{\text{A室の気体の物質量〔mol〕}}{\text{B室の気体の物質量〔mol〕}}=\frac{2\text{〔mol〕}}{1\text{〔mol〕}}\qquad\therefore\quad V_A:V_B=2:1$$

よって，A室の長さは，$60\text{〔cm〕}\times\frac{2}{2+1}=40\text{〔cm〕}$となる。

以上より，壁は$_{\text{エ}}$<u>A</u>室から$_{\text{オ}}$<u>B</u>室のほうへ40 － 30 ＝$_{\text{カ}}$<u>10</u>〔cm〕移動する。

キ　壁が10cm移動した後のA室の体積は$V\times\frac{40\text{〔cm〕}}{60\text{〔cm〕}}=\frac{2}{3}V$〔L〕となる。ここで，壁が移動した後のA室の圧力を$P_A{}'$とおき，気体の状態方程式(変動しない文字を○で囲う)と，イの結果より，

$PV=ⓝⓇⓉ\Leftrightarrow PV=k(\text{一定})\Leftrightarrow P_1V_1=P_2V_2$より，

$$\frac{4RT}{V}\times\frac{V}{2}=P_A{}'\times\frac{2}{3}V\qquad\therefore\quad P_A{}'=\underline{\frac{3RT}{V}}\text{〔Pa〕}$$

ク　混合気体の全圧P_{all}〔Pa〕は，気体の状態方程式より，

$$P_{all}V=n_{all}RT$$
$$\Leftrightarrow\quad P_{all}=\frac{n_{all}RT}{V}=\frac{(2+1)RT}{V}=\underline{\frac{3RT}{V}}\text{〔Pa〕}$$

別解　A室とB室の気体を同圧で混合したため圧力変化はなく，キで求めたA室の圧力をそのまま解答としてよい。

ケ～サ　O_2の物質量〔mol〕は，$2\text{〔mol〕}\times\frac{20}{100}=0.4\text{〔mol〕}$である。

ここで，混合気体の燃焼反応について，

	$2H_2$	+ O_2	$\longrightarrow$ $2H_2O$	
反応前	1	0.4	0	（単位：mol）
変化量	− 0.4 × 2	− 0.4	+ 0.4 × 2	
反応後	0.2	0	0.8	

よって，コ水素がサ0.2 mol 残る。

シ　題意より生成した H_2O の蒸気圧と体積は無視できるため，反応後の混合気体（未反応の N_2 は $2〔\mathrm{mol}〕\times \dfrac{80}{100} = 1.6〔\mathrm{mol}〕$）の全圧 P_{all}'〔Pa〕は，気体の状態方程式より，

$$P_{\mathrm{all}}' V = n_{\mathrm{all}}' RT$$

$$\Leftrightarrow \quad P_{\mathrm{all}}' = \frac{n_{\mathrm{all}}' RT}{V} = \frac{(0.2 + 1.6)RT}{V} = \frac{1.8RT}{V} = \underline{\frac{9RT}{5V}}〔\mathrm{Pa}〕$$

ス　H_2 の分圧を P_{H_2}〔Pa〕，モル分率を x_{H_2} とおくと，サより，

$$P_{H_2} = \frac{n_{H_2}RT}{V} = \frac{0.2 \times (8.31 \times 10^3) \times 300}{\underbrace{(60 \times 100)}_{\mathrm{cm^3}} \times \underbrace{10^{-3}}_{\mathrm{L}}}$$

$$= 8.31 \times 10^4 \fallingdotseq \underline{8.3 \times 10^4}〔\mathrm{Pa}〕$$

セ　N_2 の分圧を P_{N_2}〔Pa〕，モル分率を x_{N_2} とおくと，シより，

$$P_{N_2} = \frac{n_{N_2}RT}{V} = \frac{1.6 \times (8.31 \times 10^3) \times 300}{\underbrace{(60 \times 100)}_{\mathrm{cm^3}} \times \underbrace{10^{-3}}_{\mathrm{L}}}$$

$$= 6.64\cdots \times 10^5 \fallingdotseq \underline{6.6 \times 10^5}〔\mathrm{Pa}〕$$

ソ　ケの反応において H_2O は 0.8 mol 生成したので，その質量〔g〕は，

$$18〔\mathrm{g/\cancel{mol}}〕\times 0.8〔\mathrm{\cancel{mol}}〕= \underline{14.4}〔\mathrm{g}〕$$

重要ポイント モル分率と分圧

モル分率とは，混合気体の全物質量〔mol〕に対する各成分気体の物質量〔mol〕の割合（比率）のことである（次式は気体 A のモル分率 x_A を表す式）。

$$x_A = \frac{n_A}{n_{\mathrm{all}}} = \frac{V_A}{V_{\mathrm{all}}} = \frac{P_A}{P_{\mathrm{all}}}$$

また，モル分率 x_A を用いて混合気体中の気体 A の分圧 P_A は，混合気体の全圧 P_{all} を用いて次式のように表すことができる。

$$P_A = P_{\mathrm{all}} \times x_A$$

53 解答

問1　A室　2.5×10^4 Pa　　B室　6.2×10^4 Pa

問2　8.3×10^3 Pa

問3　全圧　6.8×10^4 Pa　　容器A内の総物質量 2.7×10^{-2} mol

問4　全容器内の総物質量　6.5×10^{-2} mol　　全圧　9.0×10^4 Pa

解説

問1　エタン C_2H_6 と酸素 O_2 の物質量〔mol〕はそれぞれ，C_2H_6：$\dfrac{0.30\,〔g〕}{30\,〔g/mol〕} = 0.010$〔mol〕，

O_2：$\dfrac{1.6\,〔g〕}{32\,〔g/mol〕} = 0.050$〔mol〕となる。よって，容器A内の圧力を P_A〔Pa〕，容器B内の圧力を P_B〔Pa〕とおくと，気体の状態方程式より，

$$P_A = \frac{n_{C_2H_6}RT}{V} = \frac{0.010 \times (8.3 \times 10^3) \times (27 + 273)}{1.0} = 2.49 \times 10^4 \fallingdotseq \underline{2.5 \times 10^4}〔Pa〕$$

$$P_B = \frac{n_{O_2}RT}{V} = \frac{0.050 \times (8.3 \times 10^3) \times (27 + 273)}{2.0} = 6.22\cdots \times 10^4 \fallingdotseq \underline{6.2 \times 10^4}〔Pa〕$$

問2　混合後の C_2H_6 の分圧を $P_{C_2H_6}$〔Pa〕とおくと，気体の状態方程式（変動しない文字を○で囲う）より，

$$PV = \textcircled{n}\textcircled{R}\textcircled{T} \Leftrightarrow PV = k(\text{一定}) \Leftrightarrow P_1V_1 = P_2V_2 \text{ より，}$$

$$(2.49 \times 10^4) \times 1.0 = P_{C_2H_6} \times (1.0 + 2.0) \qquad \therefore \ P_{C_2H_6} = \underline{8.3 \times 10^3}〔Pa〕$$

問3　容器A，Bで温度が異なる場合，両容器の圧力（P〔Pa〕とおく）は等しくなるが，含まれる気体の物質量〔mol〕は異なる。よって，右図のように，容器A，Bに含まれる気体の物質量をそれぞれ n_A〔mol〕，n_B〔mol〕とおき，気体の状態方程式より，

27℃	227℃
n_A〔mol〕 P〔Pa〕	n_B〔mol〕 P〔Pa〕
容器A：1.0L	容器B：2.0L

$$\begin{cases} n_A = \dfrac{PV_A}{RT_A} = \dfrac{P \times 1.0}{R \times (27 + 273)} = \dfrac{P}{300R}〔Pa〕 & \cdots ① \\[2ex] n_B = \dfrac{PV_B}{RT_B} = \dfrac{P \times 2.0}{R \times (227 + 273)} = \dfrac{2P}{500R}〔Pa〕 \end{cases}$$

ここで，混合前後で気体の総物質量〔mol〕は変わらないため，

$$n_{C_2H_6} + n_{O_2} = n_A + n_B$$

$$\Leftrightarrow \ 0.010 + 0.050 = \frac{P}{300R} + \frac{2P}{500R}$$

$$\therefore \ P = \frac{90}{11}R = \frac{90}{11} \times (8.3 \times 10^3) = 6.79\cdots \times 10^4 \fallingdotseq \underline{6.8 \times 10^4}〔Pa〕$$

また，容器A内の総物質量〔mol〕は，①式より，

$$n_A = \frac{P}{300R} = \frac{\frac{90}{11}R}{300R} = 2.72\cdots \times 10^{-2} \fallingdotseq \underline{2.7 \times 10^{-2}}〔\text{mol}〕$$

問4　混合気体の燃焼反応について，

$$C_2H_6 \quad + \quad \frac{7}{2}O_2 \longrightarrow 2CO_2 \quad + \quad 3H_2O$$

	C_2H_6	$\frac{7}{2}O_2$	$2CO_2$	$3H_2O$	
反応前	0.010	0.050	0	0	（単位：mol）
変化量	−0.010	$-0.010 \times \frac{7}{2}$	+0.010 × 2	+0.010 × 3	■係数比
反応後	0	0.015	0.020	0.030	

よって，全容器内に存在する気体の総物質量n_{all}〔mol〕は，

$$n_{all} = n_{O_2} + n_{CO_2} + n_{H_2O}$$
$$= 0.015 + 0.020 + 0.030 = \underline{6.5 \times 10^{-2}}〔\text{mol}〕$$

また，題意より，生成したH_2Oは気体として存在していることがわかるため，残った気体の全圧P_{all}〔Pa〕は，気体の状態方程式より，

$$P_{all}V = n_{all}RT$$

$$\Leftrightarrow \quad P_{all} = \frac{n_{all}RT}{V} = \frac{(6.5 \times 10^{-2}) \times (8.3 \times 10^3) \times (227 + 273)}{1.0 + 2.0}$$

$$= 8.99\cdots \times 10^4 \fallingdotseq \underline{9.0 \times 10^4}〔\text{Pa}〕$$

54 解答

問1　容器A内の圧力　2.5×10^4 Pa　　容器B内の圧力　3.6×10^3 Pa
　　気体混合後の容器内の圧力　1.6×10^4 Pa

問2　圧力　4.5×10^4 Pa　水がすべて気体になるときの温度　68℃（±2℃でも可）

解説

問1⇒ 重要ポイント

窒素N_2と水H_2Oの物質量〔mol〕はそれぞれ，N_2：$\frac{1.4〔\cancel{g}〕}{28〔\cancel{g}/\text{mol}〕} = 0.050〔\text{mol}〕$，

H_2O：$\frac{1.8〔\cancel{g}〕}{18〔\cancel{g}/\text{mol}〕} = 0.10〔\text{mol}〕$となる。

［混合前］

容器A内の圧力をP_A〔Pa〕とおくと，気体の状態方程式より，

$$P_A = \frac{n_{N_2}RT}{V} = \frac{0.050 \times (8.3 \times 10^3) \times (27 + 273)}{5.00} = 2.49 \times 10^4 \fallingdotseq \underline{2.5 \times 10^4}〔\text{Pa}〕$$

また，容器B内でH_2O 0.10 molがすべて気体として存在していると仮定すると，そのときの圧力$\widetilde{P}_B$〔Pa〕は，気体の状態方程式より，

$$\widetilde{P}_B = \frac{n_{H_2O}RT}{V} = \frac{0.10 \times (8.3 \times 10^3) \times (27 + 273)}{5.00} \fallingdotseq 4.98 \times 10^4 \text{〔Pa〕}$$

ここで，27℃におけるH_2Oの飽和蒸気圧は，蒸気圧曲線より36 hPa = 3.6×10^3 Paと読み取ることができるため，仮定したH_2Oの圧力$\widetilde{P}_B$(= 4.98×10^4 Pa)が飽和蒸気圧をオーバーしてしまっていることがわかる。よって，実際のH_2Oは一部凝縮し，気液平衡となっている。以上より，容器B内の圧力P_Bは，

$$P_B = P_{飽} = \underline{3.6 \times 10^3}\text{〔Pa〕}$$

［混合後］

混合後のN_2の分圧をP_{N_2}〔Pa〕とおくと，気体の状態方程式(変動しない文字を○で囲う)より，

$PV = ⓝⓇⓉ \Leftrightarrow PV = k$(一定) $\Leftrightarrow P_1V_1 = P_2V_2$ より，

$$(2.49 \times 10^4) \times 5.00 = P_{N_2} \times (5.00 + 5.00) \qquad \therefore \ P_{N_2} \fallingdotseq 1.24 \times 10^4 \text{〔Pa〕}$$

また，混合後H_2O 0.10 molがすべて気体として存在していると仮定すると，そのときの圧力$\widetilde{P}_{H_2O}$〔Pa〕は，N_2と同様に，(注．H_2Oでは，5.00Lのときもすべて気体としたときの圧力を用いる。)

$$(4.98 \times 10^4) \times 5.00 = \widetilde{P}_{H_2O} \times (5.00 + 5.00) \qquad \therefore \ \widetilde{P}_{H_2O} = 2.49 \times 10^4 \text{〔Pa〕}$$

ここで，27℃におけるH_2Oの飽和蒸気圧は3.6×10^3 Paであることから，仮定したH_2Oの圧力$\widetilde{P}_B$(= 2.49×10^4 Pa)が飽和蒸気圧をオーバーしてしまっていることがわかる。よって，混合後の実際のH_2Oは一部凝縮し，気液平衡となっている。以上より，H_2Oの分圧P_{H_2O}〔Pa〕は，

$$P_{H_2O} = P_{飽} = 3.6 \times 10^3 \text{〔Pa〕}$$

以上より，

$$P_{all} = P_{N_2} + P_{H_2O}$$
$$= (1.24 \times 10^4) + (3.6 \times 10^3) = 1.60\cdots \times 10^4 \fallingdotseq \underline{1.6 \times 10^4}\text{〔Pa〕}$$

問2　容器内を90℃まで暖めたとき，題意よりH_2Oはすべて気体として存在しているため，気体の状態方程式より，

$$P_{all}V = n_{all}RT$$

$$\Leftrightarrow \ P_{all} = \frac{n_{all}RT}{V} = \frac{(0.050 + 0.100) \times (8.3 \times 10^3) \times (90 + 273)}{5.00 + 5.00}$$

$$= 4.51\cdots \times 10^4 \fallingdotseq \underline{4.5 \times 10^4}\text{〔Pa〕}$$

また，このときのH_2Oの分圧P_{H_2O}〔Pa〕は，

$$P_{H_2O} = P_{all} \times x_{H_2O}$$

$$= 4.51 \times 10^4 \text{〔Pa〕} \times \frac{0.10\text{〔mol〕}}{0.050 + 0.10\text{〔mol〕}} \fallingdotseq 3.00\cdots \times 10^4 \text{〔Pa〕} = 300 \text{〔hPa〕}$$

よって，H_2Oがすべて気体として存在しているとしたとき，温度と圧力の関係は右図のグラフの直線(-----)のようになる。この直線と蒸気圧曲線の交点の温度(約$\underline{68℃}$)となったときH_2Oはすべて気体になる。

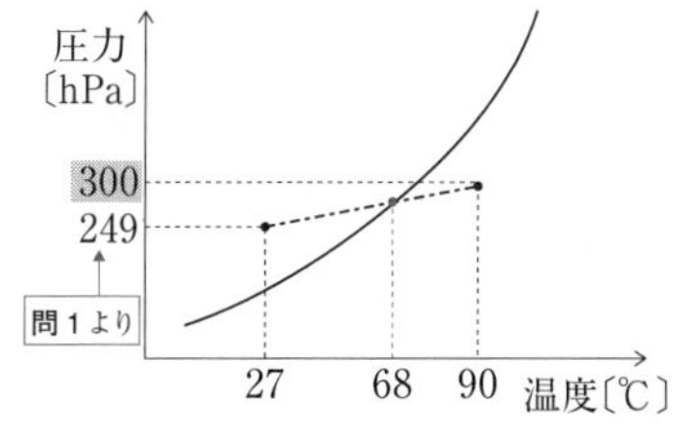

参考 上記の結果より，混合後の H_2O は右図のようなふるまいをする。

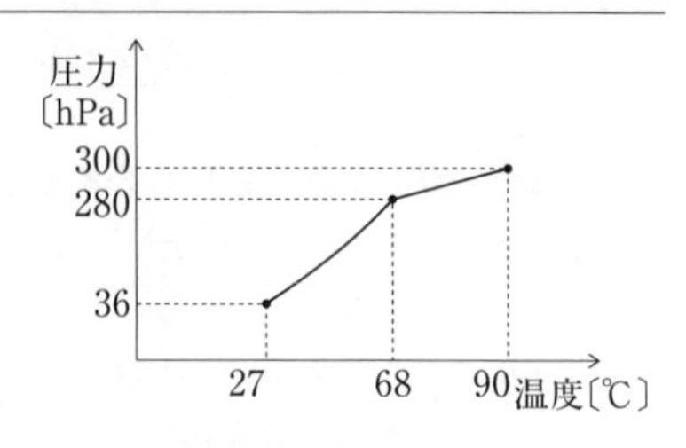

重要ポイント 状態判定

H_2O など凝縮する可能性のある物質が出題された場合，以下の手順でその物質の状態を判定する。その結果により飽和蒸気圧となるかならないかが判断できる（以下は H_2O の場合）。

Step1 存在する（or 生成した）H_2O がすべて気体として存在していると仮定し，状態方程式など気体の諸法則から仮の圧力として $\widetilde{P}_{H_2O}$ を求める。

Step2 設定された温度において，Step1 で算出した圧力 $\widetilde{P}_{H_2O}$ と与えられた蒸気圧や蒸気圧曲線から読み取った蒸気圧とを大小比較する。

Step3 以下のパターンに分け，飽和蒸気圧（$P_{飽}$）を用いるかどうか判断する。

- **Case1** $\widetilde{P} \leqq P_{飽}$ ⇒ すべて気体状態で存在している（仮定は正しく，圧力は $\widetilde{P}$ に一致）。
- **Case2** $\widetilde{P} > P_{飽}$ ⇒（仮定は間違っており）気体は一部凝縮し，気液平衡となっている（圧力は $P_{飽}$ を示す）。

55 解答

問1 1.0×10 m

問2 (a) 5.8×10^3 Pa (b) 9.2×10^3 Pa

問3 3.7×10^{-5} mol

問4 7.9×10^4 Pa

解説 今回の実験の流れを以下に示す。

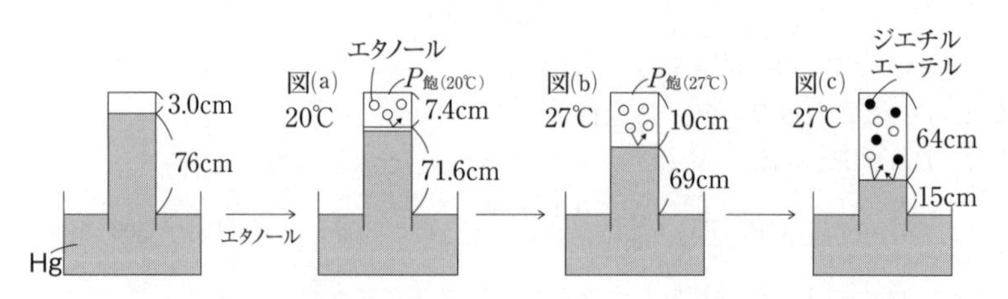

問1 Hg柱 76 cm を水柱での高さ h〔m〕（$= 1.0 \times 10^2 h$〔cm〕）に変換すると，

$$\underbrace{13.6〔g/cm^3〕\times 76〔cm〕}_{水銀柱の圧力〔g/cm^2〕} = \underbrace{1.00〔g/cm^3〕\times (1.0 \times 10^2 h)〔cm〕}_{水柱の圧力〔g/cm^2〕}$$

$$\therefore \quad h = 1.03\cdots \times 10 \fallingdotseq \underline{1.0 \times 10}〔m〕$$

問2⇒ **重要ポイント**

(a)　図(a)において，エタノール(○)によりHg柱は4.4 cm押し下げられたことから，エタノールの蒸気圧はHg柱4.4 cmの高さ分に相当する。よって，20℃におけるエタノールの飽和蒸気圧を$P_{飽(20℃)}$〔Pa〕とおくと，

$$76〔cmHg〕: 1.0 \times 10^5〔Pa〕= 4.4〔cmHg〕: P_{飽(20℃)}〔Pa〕$$

$$\therefore \quad P_{飽(20℃)} = 5.78\cdots \times 10^3 \fallingdotseq \underline{5.8 \times 10^3}〔Pa〕$$

(b)　(a)と同様にして，図(b)において，エタノールによりHg柱は7(= 10 − 3) cm押し下げられたことから，エタノールの蒸気圧はHg柱7 cmの高さ分に相当する。よって，27℃におけるエタノールの飽和蒸気圧を$P_{飽(27℃)}$〔Pa〕とおくと，

$$76〔cmHg〕: 1.0 \times 10^5〔Pa〕= 7〔cmHg〕: P_{飽(27℃)}〔Pa〕$$

$$\therefore \quad P_{飽(27℃)} = 9.21\cdots \times 10^3 \fallingdotseq \underline{9.2 \times 10^3}〔Pa〕$$

問3　題意より，図(b)においてエタノールはすべて気体となったため，気体の状態方程式より，

$$n = \frac{P_{飽(27℃)}V}{RT} = \frac{(9.21 \times 10^3) \times \left(10 \times \dfrac{1.0}{1000}\right)}{(8.3 \times 10^3) \times (27 + 273)}$$

$$= 3.69\cdots \times 10^{-5} \fallingdotseq \underline{3.7 \times 10^{-5}}〔mol〕$$

問4　図(c)において，混合気体の全圧をP_{all}〔cmHg〕とおくと，

$$P_{all} = P_{大気圧} - 水銀柱〔mmHg〕$$
$$= 76 - 15 = 61〔cmHg〕$$

また，エタノール(○)の分圧を$P_{エタノール}$〔cmHg〕とおくと，気体の状態方程式(変動しない文字を○で囲う)より，

$$PV = ⓝⓇⓉ \Leftrightarrow PV = k(一定) \Leftrightarrow P_1V_1 = P_2V_2 より，$$

$$7 \times (10 \times 1.0) = P_{エタノール} \times (64 \times 1.0) \qquad \therefore \quad P_{エタノール} \fallingdotseq 1.09〔cmHg〕$$

よって，ジエチルエーテル(●)の分圧〔mmHg〕は，

$$61 - 1.09 \fallingdotseq 59.9〔cmHg〕$$

以上より，ジエチルエーテルの分圧を$P_{エーテル}$〔Pa〕とおくと，

$$76〔cmHg〕: 1.0 \times 10^5〔Pa〕= 59.9〔cmHg〕: P_{エーテル}〔Pa〕$$

$$\therefore \quad P_{エーテル} = 7.88\cdots \times 10^4 \fallingdotseq \underline{7.9 \times 10^4}〔Pa〕$$

重要ポイント Hg柱の取り扱い

右図において，Hg柱の真空部分に気体Xを封入すると，気体Xの圧力分だけHg柱が押し下げられる。このとき，次式から気体Xの圧力〔cmHg〕を算出することができる。

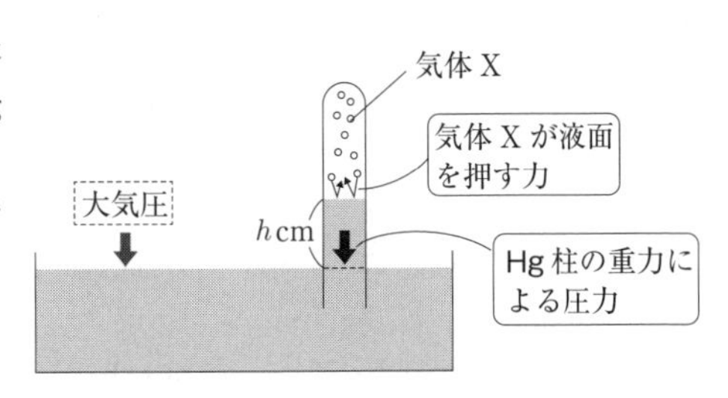

$$P_{大気圧} = 水銀柱〔mmHg〕+ P_X$$

$$\Leftrightarrow \quad P_X = P_{大気圧} - 水銀柱〔mmHg〕$$

56 解答

問1 1.5×10^4 Pa　**問2** 1.7×10^4 Pa

問3 1.2×10^{-2} mol　**問4** 7.7×10^{-3} mol

問5 1.1×10^4 Pa

解説

問1　メタン CH_4 の物質量〔mol〕は $\dfrac{0.096\,〔g〕}{16\,〔g/mol〕} = 0.0060$〔mol〕となる。よって，容器A内の圧力を P_A〔Pa〕とおくと，気体の状態方程式より

$$P_A = \frac{n_{CH_4}RT}{V} = \frac{0.0060 \times (8.3 \times 10^3) \times (27 + 273)}{1.0} = 1.49\cdots \times 10^4 \fallingdotseq \underline{1.5 \times 10^4}〔Pa〕$$

問2　酸素 O_2 の物質量〔mol〕は $\dfrac{0.48\,〔g〕}{32\,〔g/mol〕} = 0.015$〔mol〕となる。よって，気体混合後の容器内の全圧を P_{all}〔Pa〕とおくと，気体の状態方程式より，

$$P_{all} = \frac{n_{all}RT}{V} = \frac{(0.0060 + 0.015) \times (8.3 \times 10^3) \times (27 + 273)}{1.0 + 2.0}$$

$$= 1.74\cdots \times 10^4 \fallingdotseq \underline{1.7 \times 10^4}〔Pa〕$$

問3　混合気体の燃焼反応について，

	CH_4	+ $2O_2$	$\longrightarrow$ CO_2	+ $2H_2O$	
反応前	0.60	1.5	0	0	（単位：10^{-2}mol）
変化量	−0.60	−0.60 × 2	+0.60 × 1	+0.60 × 2	▨ 係数比
反応後	0	0.30	0.60	1.2	

よって，生成した H_2O の物質量〔mol〕は $\underline{1.2 \times 10^{-2}\,\text{mol}}$ となる。

問4　27℃で H_2O 1.2×10^{-2} mol がすべて気体として存在していると仮定すると，そのときの圧力 $\widetilde{P}_{H_2O}$〔Pa〕は，気体の状態方程式より，

$$\widetilde{P}_{H_2O} = \frac{n_{H_2O}RT}{V} = \frac{(1.2 \times 10^{-2}) \times (8.3 \times 10^3) \times (27 + 273)}{1.0 + 2.0} = 9.96 \times 10^3〔Pa〕$$

ここで，27℃における H_2O の飽和蒸気圧は 3.6×10^3 Pa なので，仮定した H_2O の圧力 $\widetilde{P}_{H_2O}$（$= 9.96 \times 10^3$Pa）が飽和蒸気圧をオーバーしてしまっていることがわかる。よって，実際の H_2O は一部凝縮し，気液平衡となっている。ここで，気体として存在している H_2O の物質量 $n_{H_2O(気)}$〔mol〕は，気体の状態方程式より，

$$n_{H_2O(気)} = \frac{P_{飽}V}{RT} = \frac{(3.6 \times 10^3) \times (1.0 + 2.0)}{(8.3 \times 10^3) \times (27 + 273)} \fallingdotseq 4.33 \times 10^{-3}〔mol〕$$

以上より，凝縮している H_2O の物質量 $n_{H_2O(液)}$〔mol〕は，

$$n_{H_2O(液)} = n_{H_2O(全)} - n_{H_2O(気)}$$

$$= (1.2 \times 10^{-2}) - (4.33 \times 10^{-3}) = 7.67 \times 10^{-3} \fallingdotseq \underline{7.7 \times 10^{-3}}〔mol〕$$

別解 T, V一定なので，凝縮している H_2O の物質量〔mol〕は，

$$1.2\times10^{-2}\,[\text{mol}]\times\underbrace{\frac{9.96\times10^3-3.6\times10^3\,[\text{Pa}]}{9.96\times10^3\,[\text{Pa}]}}_{\text{凝縮している }H_2O\text{ の割合}}=7.66\times10^{-3}\fallingdotseq7.7\times10^{-3}\,[\text{mol}]$$

問5　気体燃焼後の容器内の全圧 P_{all}'〔Pa〕は，気体の状態方程式より，

$$P_{all}'=P_{O_2}+P_{CO_2}+P_{H_2O}$$

$$=\frac{(n_{O_2}+n_{CO_2})\ RT}{V}+P_{飽}$$

$$=\frac{(0.30\times10^{-2}+0.60\times10^{-2})\times(8.3\times10^3)\times(27+273)}{1.0+2.0}+3.6\times10^3$$

$$=1.10\cdots\times10^4\fallingdotseq\underline{1.1\times10^4}\,[\text{Pa}]$$

57 解答

問1　$Zn + H_2SO_4 \longrightarrow ZnSO_4 + H_2$　　**問2**　$p_A + p_W = p_{atm}$

問3　2.35×10^{-2} mol　　**問4**　㋐

解説

問1　H_2 よりイオン化傾向が大きい Zn を H^+ を含む希硫酸に加えると，次式のように Zn が H^+ に e^- を渡し H_2 が発生する。

$$\underline{Zn + H_2SO_4 \longrightarrow ZnSO_4 + H_2}\uparrow$$

$$(Zn + 2H^+ + SO_4^{2-} \longrightarrow Zn^{2+} + SO_4^{2-} + H_2)$$

（$2e^-$）

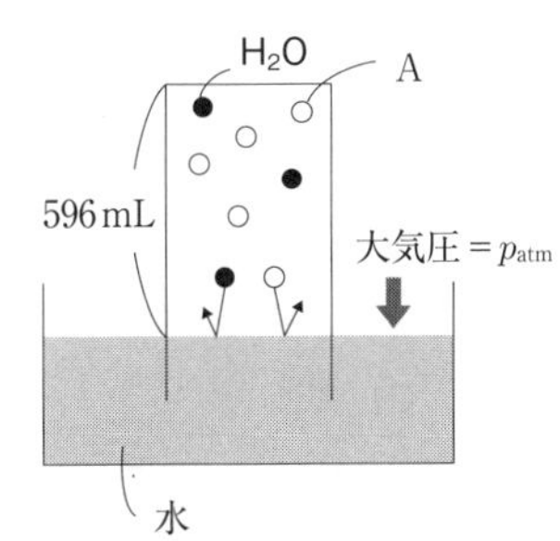

問2　右図より，A の分圧 p_A〔Pa〕と水蒸気圧 p_W〔Pa〕の和は大気圧 p_{atm} に等しい。よって，次式の関係が成り立つ。

$$\underline{p_A + p_W = p_{atm}}$$

問3　A の物質量 n_A〔mol〕は気体の状態方程式より，**問2**の結果から，

$$n_A=\frac{p_AV}{RT}=\frac{(p_{atm}-p_W)V}{RT}=\frac{(1.010\times10^5-3.167\times10^3)\times\dfrac{596}{1000}}{(8.31\times10^3)\times(25+273)}$$

$$=2.354\times10^{-2}\fallingdotseq\underline{2.35\times10^{-2}}\,[\text{mol}]$$

問4⇒ **重要ポイント**

理想気体では気体の状態方程式が成り立つので，

$$pv=nRT$$

$$\Leftrightarrow\quad Z=\frac{pv}{nRT}=1$$

よって，理想気体は図の㋒になる。そのため，実在気体は（理想気体の状態方程式が成り立

たないので)この㋒の直線からずれてしまう。なお，H_2 は分子量が小さく分子間力が弱いので，理想気体に比較的近い。そのため，H_2 の Z と p の関係を表しているのは図の㋐となる。

重要ポイント 実在気体におけるグラフのずれ

① 上にずれる理由

同圧の高圧条件下で比較すると，実在気体は分子自身の体積の影響によって理想気体よりも体積(v)が大きくなる(右図)。そのため

$Z=\dfrac{pv}{nRT}$ の値が1よりも大きくなる。

② 下にずれる理由

同体積の低圧条件下で比較すると，実在気体は分子間力が働くため，理想気体よりも圧力(p)が小さくなる(右図)。そのため $Z=\dfrac{pv}{nRT}$ の値が1よりも小さくなる。

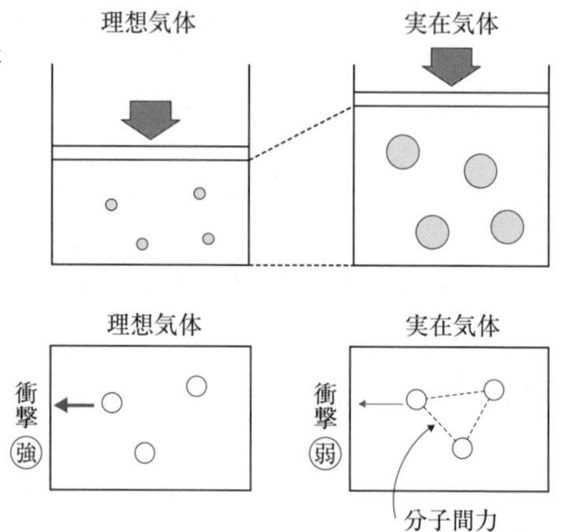

58 解答

問1 ア 体積　イ 分子間　ウ 大き　エ 小さ

問2 分子間力の大きい物質ほど蒸発(気化)しにくく，その蒸発熱(気化熱)は大きいため。

問3 分子量が大きくなるほど分子間力が強くなるので，a は大きくなる。また，一般に分子量の大きい分子ほどその体積も大きくなるので，b も大きくなる。

問4 低圧条件下だと，分子間の平均距離が大きくなり，分子間力の影響が小さくなる。また気体が動ける空間が広がることで，分子自身の占める体積が相対的に小さくなるため。

解説

問1 ⇒ **重要ポイント** 1°

ア．ウ．実在気体は自身に$_ア$体積があるため，理想気体に比べて自由に動き回れる体積に自身の体積の分が加わり，全体の体積が$_ウ$大きくなる(右図)。

イ．エ．実在気体には$_イ$分子間力が働くため，理想気体に比べて壁に衝突する力(圧力)が$_エ$小さくなってしまう。

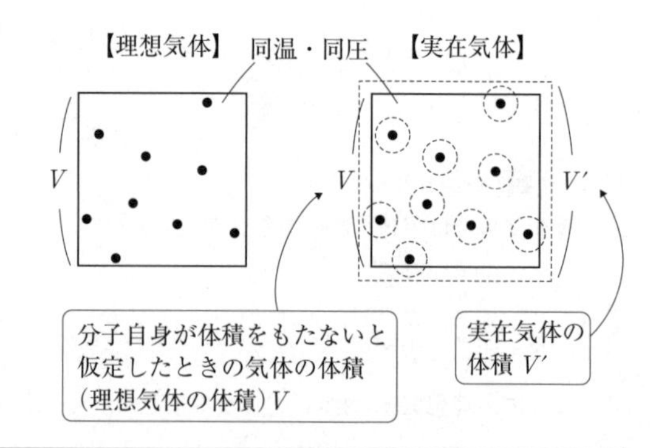

問4 ⇒ 重要ポイント 2°

実在気体が理想気体に近づく条件は，高温・低圧である。

重要ポイント

1°　理想気体と実在気体の違い

理想気体は，分子間に分子間力が働かず，分子自身の体積も0と考えた仮想の気体である。しかし，実際に存在する気体は分子間力も分子自身に固有の体積もある。これを実在気体といい，厳密には理想気体の状態方程式が成り立たない。以下の表に理想気体と実在気体の違いをまとめておく。

	理想気体	実在気体
分子間力	働かない	働く
分子自身の体積	なし	あり
状態方程式	$PV = nRT$	ファンデルワールスの式 $\left\{P' + \left(\frac{n}{V}\right)^2 a\right\}(V' - nb) = nRT$※

※ 本問では$n = 1$のときの関係式となっている。

2°　実在気体が理想気体に近づく条件

❶　高温

実在気体は分子間力が働いているため，高温にすることで分子の熱運動を活発にし，分子間力の影響を小さくすることができる。

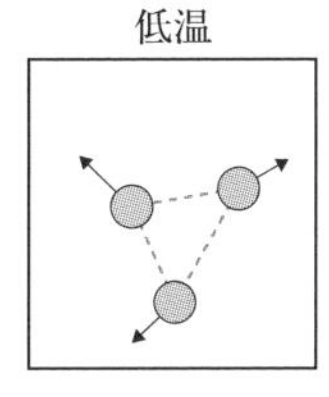

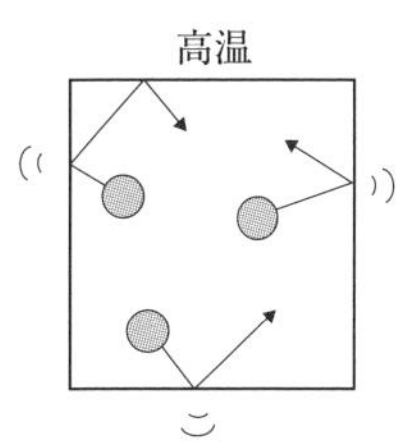

❷　低圧

圧力を低くすると，気体の体積が膨張し，分子どうしの距離が広がる。それにより分子間力の影響が小さくなる。また，体積の膨張により分子自身の体積の影響も小さくなる。

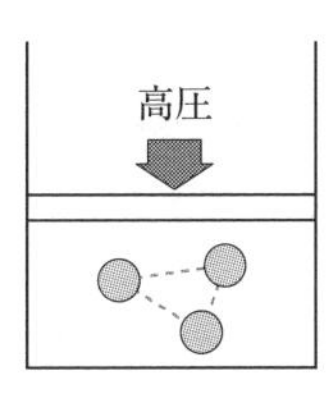

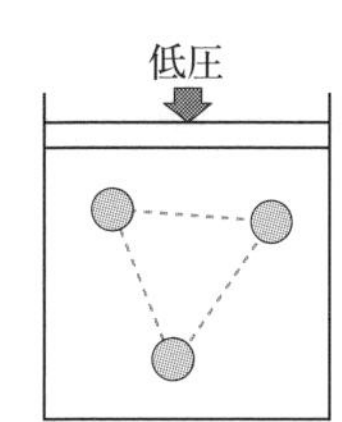

第8章 固体

59 解答

問1 A イオン B 共有 C 金属

問2 (a) B (b) A (c) C (d) B (e) C (f) A

問3 (g) 静電相互作用による引力 (h) ファンデルワールス力

(i) 自由電子による結合

解説

問1 ⇒ 重要ポイント 1°

A 金属元素であるNa原子と非金属元素であるCl原子は，イオン結合を形成する。

B 非金属元素どうしであるH_2O中のH原子とO原子，CO_2中のC原子とO原子は，共有結合を形成する。

C 金属元素であるAl原子どうしは，原子間で金属結合を形成する。

問2 ⇒ 重要ポイント 1°

選択肢の物質を化学式に直し，構成元素の組み合わせにより原子間の結合を決定する。

	化学式	構成元素	
		非金属元素	金属元素
A. イオン結合	b) $MgBr_2$	Br	Mg
	f) $FeCl_2$	Cl	Fe
B. 共有結合	a) I_2	I	—
	d) C_6H_6	C，H	—
C. 金属結合	c) Na	—	Na
	e) Hg	—	Hg

問3 ⇒ 重要ポイント 2°

g) 塩化ナトリウムNaClの結晶中では，ナトリウムイオンNa^+と塩化物イオンCl^-がたがいに静電気的な引力で結びついている(このような陽イオンと陰イオンとの静電気的な引力(クーロン力)での結びつきをイオン結合という)。

h) 二酸化炭素CO_2の結晶中では，CO_2分子どうしはファンデルワールス力により結合している。

i) アルミニウムAlの結晶中では，自由電子によりAl原子どうしが結合している。

重要ポイント

1° 原子間の結合

化学結合
- 非金属元素どうし ⇒ 共有結合
- 非金属元素＋金属元素 ⇒ イオン結合
- 金属元素どうし ⇒ 金属結合

注意 アンモニウム塩には，非金属元素どうしのイオン結合をもつものがある。

例 NH_4Cl

2°　結晶を構成する粒子間に働く引力

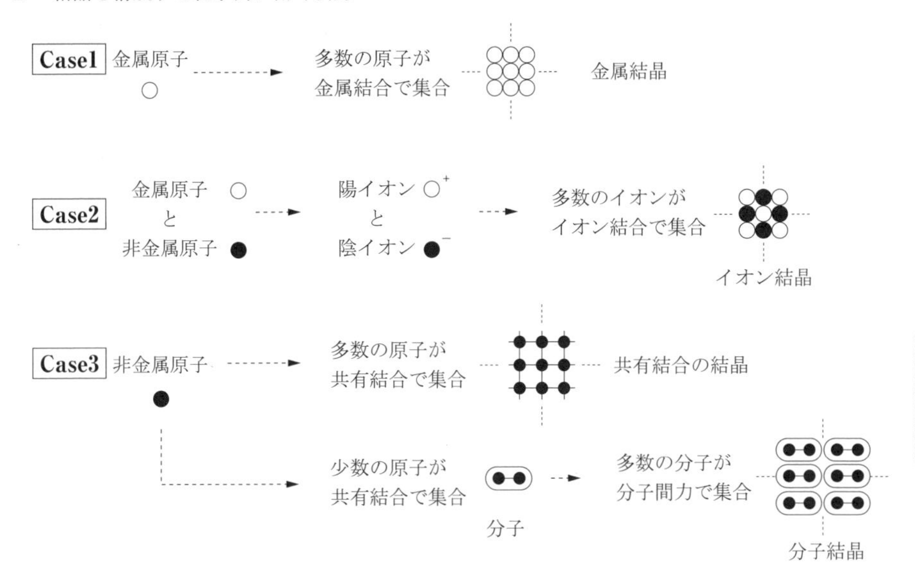

60 解答

問1　(ア)　④　(イ)　②　(ウ)　③　(エ)　②　(オ)　①

問2　(カ)　④　(キ)　②　(ク)　③　(ケ)　③　(コ)　①

(サ)　②　(シ)　①　(ス)　④　(セ)　②　(ソ)　①

解説 ⇒ 重要ポイント

①～④の結晶を**問1**，**2**ごとに以下の表にまとめておく。

	①イオン結晶	②分子結晶	③共有結合の結晶	④金属結晶
問1（性質）	(オ)融点は高いが，硬くてもろい。水に溶けやすいものが多い。	(イ)融点が低く，昇華するものがある。やわらかい。 (エ)水素結合を形成する結晶もある。	(ウ)非常に硬く，融点がかなり高い。水に難溶。	(ア)熱や電気をよく伝える。
問2（具体例）	(コ) MgO (シ) NaCl (ソ) CaF_2	(キ) CO_2（ドライアイス） (サ) I_2 (セ) H_2O（氷）	(ク) C（ダイヤモンド） (ケ) SiO_2	(カ) Na (ス) Be

重要ポイント 結晶のまとめ

	金属結晶	イオン結晶	分子結晶	共有結合の結晶
結晶の構成単位粒子	原子(陽イオンと自由電子)	陽イオンと陰イオン	分子	原子
構成単位粒子間の引力	金属結合(弱～強)	クーロン引力(強)	分子間力(弱)	共有結合(かなり強)
融点	低～高(幅広い)	高い	一般に低い	極めて高い
電気伝導性	極めて高い	極めて低い(水溶液や融解液は高い)	極めて低い	一般に低い
その他の性質	○展・延性あり ○熱伝導性高い	○硬い ○砕けやすい	○やわらかく，弱い	○極めて硬い
物質例(化学式)	Al　Fe　Cu (組成式)	NaCl　CaF_2 ZnS　$CuSO_4$ (組成式)	I_2　CO_2　H_2O $H_2C_2O_4$ (分子式)	ダイヤモンド(C) 二酸化ケイ素(SiO_2) ケイ素(Si) 炭化ケイ素 SiC (組成式)

61 解答

問1　面心立方　原子　4個　　配位数　12個

　　　体心立方　原子　2個　　配位数　8個

　　　六方最密　原子　2個　　配位数　12個

問2　面心立方格子　$r=\frac{\sqrt{2}}{4}L$〔cm〕　　体心立方格子　$r=\frac{\sqrt{3}}{4}L$〔cm〕

解説

問1⇒ **重要ポイント**

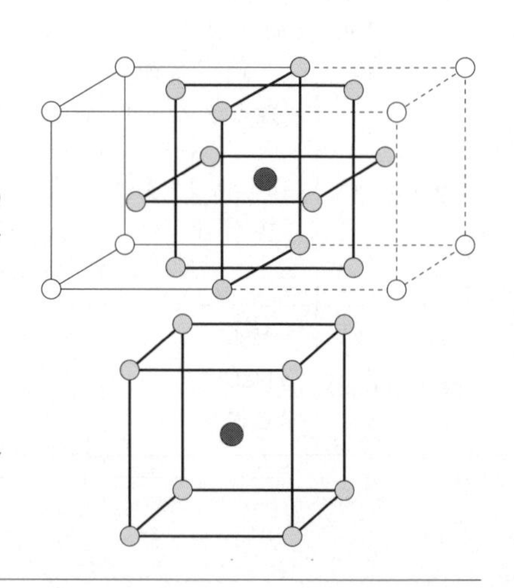

［面心立方格子の配位数］

右図のように単位格子を2つ並べて考えると，ある1個の粒子(図の●)は，上下・左右・前後の太線に示した合計3つの正方形の各頂点に位置する粒子(●)に囲まれていることがわかる。

(正方形の)頂点4個×3つ＝12個

［体心立方格子の配位数］

単位格子の中心の原子(体心)は，単位格子の各頂点に位置する粒子(●)8個に囲まれていることがわかる。

［六方最密構造の配位数］

右図のように六角柱を2つ縦に重ねて考えると，ある1個の粒子(図の●)は，正六角形上の粒子6個(図の●)，上下の六角柱内部の計6個の粒子(図の●)の合計 12 個の粒子に囲まれていることがわかる。

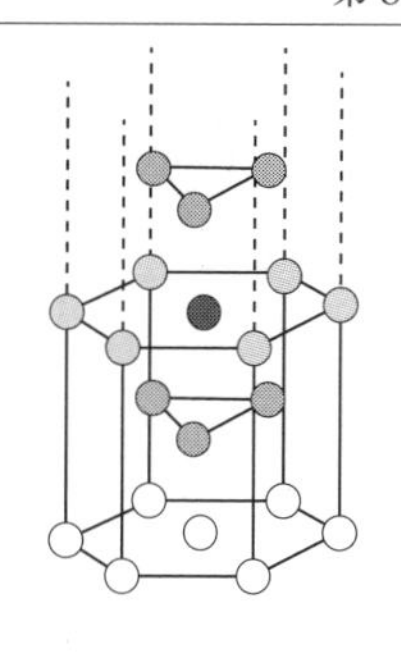

問2

［面心立方格子の L と r の関係］

面心立方格子では，立方体の面の対角線で原子が密に接している。そのため，右図より球の半径 r と単位格子の一辺 L の関係は，

$$4r = \sqrt{2}L \quad \Leftrightarrow \quad r = \frac{\sqrt{2}}{4}L$$

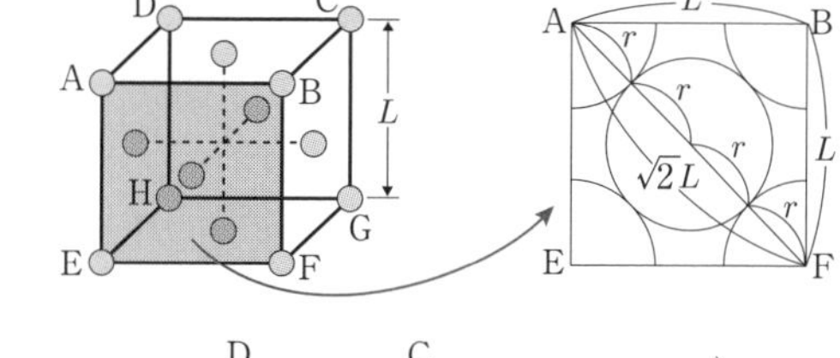

［体心立方格子の L と r の関係］

体心立方格子では，立方体の対角線(体対角線という)で原子が密に接している。そのため，右図より球の半径 r と単位格子の一辺 L の関係は，

$$4r = \sqrt{3}L \quad \Leftrightarrow \quad r = \frac{\sqrt{3}}{4}L$$

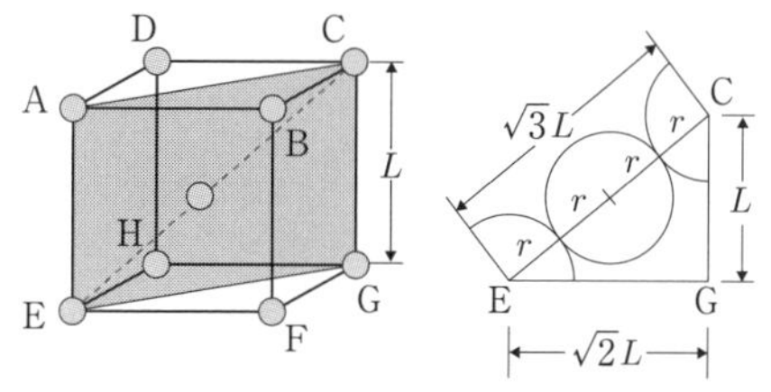

重要ポイント 金属結晶の単位格子のまとめ

結晶構造の例	体心立方格子 Na，K など	面心立方格子 Cu，Ag，Al など	六方最密構造 Be，Mg，Zn など
結晶中での原子の配置			
原子の位置			
単位格子	90°　90°　$\frac{1}{8}$	90°　90°　$\frac{1}{8}$　$\frac{1}{2}$	120°　120°　90°　$\frac{1}{2}$　$\frac{1}{6}$　合わせて1つ　単位格子
配位数	8	12	12

単位格子中の原子の数	頂点：$\frac{1}{8}\times 8 = 1$〔個〕 体心：1〔個〕 よって，$1 + 1 = 2$〔個〕	頂点：$\frac{1}{8}\times 8 = 1$〔個〕 面心：$\frac{1}{2}\times 6 = 3$〔個〕 よって，$1 + 3 = 4$〔個〕	六角柱中の原子数 頂点：$\frac{1}{6}\times 12 = 2$〔個〕 上下面心：$\frac{1}{2}\times 2 = 1$〔個〕 側面：$1\times 3 = 3$〔個〕 よって， $(2 + 1 + 3)\times\frac{1}{2} = 2$〔個〕

62 解答

問1　ア　$\frac{4\sqrt{3}}{3}r$　　エ　$2\sqrt{2}r$

問2　イ　2　　オ　4

問3　ウ　$\frac{32\sqrt{3}}{9}N_A d r^3$　　カ　$4\sqrt{2}N_A d r^3$

解説

問1　詳しくは 61 の**問1** **解説**（⇒ P.72-73）参照のこと。各単位格子の一辺の長さを a とおく。

［体心立方格子］

$$4r = \sqrt{3}a \quad \Leftrightarrow \quad a = \underline{\frac{4\sqrt{3}}{3}r}$$

［面心立方格子］

$$4r = \sqrt{2}a \quad \Leftrightarrow \quad a = \underline{2\sqrt{2}r}$$

問2　61 の 重要ポイント 参照のこと。

問3

［体心立方格子］

問2より体心立方格子中には原子が2個含まれているので，**問1**の結果より，

$$d\,[\mathrm{g/cm^3}] = \frac{\dfrac{M\,[\mathrm{g/mol}]}{N_A\,[\text{個}/\mathrm{mol}]}\times n\,[\text{個}]}{a^3\,[\mathrm{cm^3}]}$$

（$\frac{M}{N_A}$：g/個，$\times n$：g）

$$\Leftrightarrow \quad M = \frac{N_A a^3 d}{n} = \frac{N_A\left(\frac{4\sqrt{3}}{3}r\right)^3 d}{2} = \underline{\frac{32\sqrt{3}}{9}N_A d r^3}$$

［面心立方格子］

問2より面心立方格子中には原子が4個含まれているので，**問1**の結果より，

$$d\,[\text{g/cm}^3] = \frac{\dfrac{M\,[\text{g/mol}]}{N_A\,[\text{個/mol}]} \times n\,[\text{個}]}{a^3\,[\text{cm}^3]}$$

$$\Leftrightarrow \quad M = \frac{N_A a^3 d}{n} = \frac{N_A (2\sqrt{2}\,r)^3 d}{4} = \underline{4\sqrt{2}\,N_A d r^3}$$

63 解答

問1 $\dfrac{\sqrt{3}}{2}l$

問2 $d = \dfrac{M}{N_A l^3}$

問3 Cs^+　8　　Cl^-　8

解説 ⇒ 重要ポイント

問1 Cs^+－Cs^+のイオン間距離lは，単位格子の一辺の長さと等しいので，Cs^+－Cl^-の距離をxとおくと，右図より，次式が成り立つ。

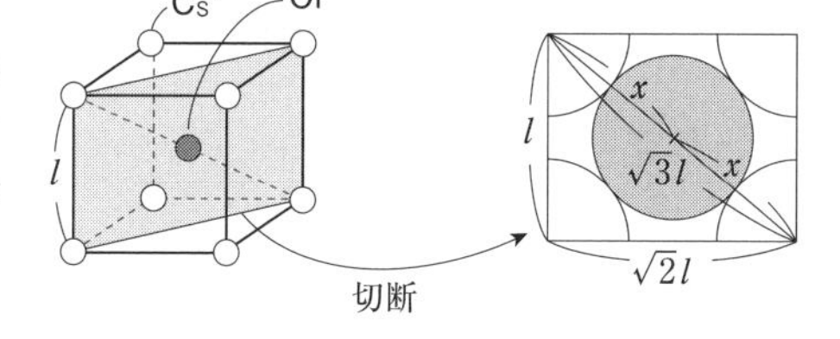

$$2x = \sqrt{3}\,l \quad \Leftrightarrow \quad x = \underline{\frac{\sqrt{3}}{2}l}$$

問2 右図より，単位格子中に含まれる各イオンは以下のように求まる。

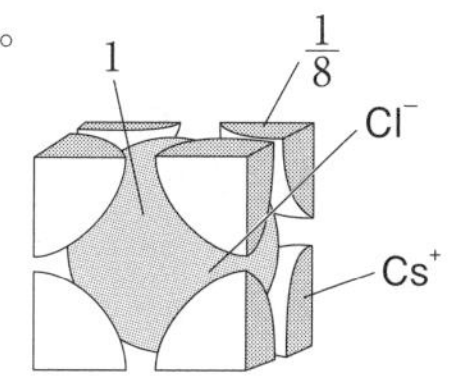

Cs^+：$\underbrace{\frac{1}{8} \times 8}_{\text{各頂点}} = 1$〔個〕

Cl^-：$\underbrace{1 \times 1}_{\text{体心}} = 1$〔個〕

よって，この単位格子にはCs^+とCl^-が1個ずつ含まれているため，CsClとして1セット含まれているといえる。以上より，密度d〔g/cm³〕は，**問1**の結果より，

$$d\,[\text{g/cm}^3] = \frac{\dfrac{M\,[\text{g/mol}]}{N_A\,[\text{個/mol}]} \times n\,[\text{個}]}{l^3\,[\text{cm}^3]} = \frac{\dfrac{M}{N_A} \times 1}{l^3}$$

$$\Leftrightarrow \quad \underline{d = \frac{M}{N_A l^3}}\,[\text{g/cm}^3]$$

問3 配位数とは最近接粒子数のことなので，次ページ左図よりCl^-(●)に最も近いCs^+(○)は各頂点に位置する$\underline{8}$個である。また，次ページ右図よりCs^+(○)に最も近いCl^-(●)も各頂点に位置する$\underline{8}$個である。

［Cl^-(●)の配位数］

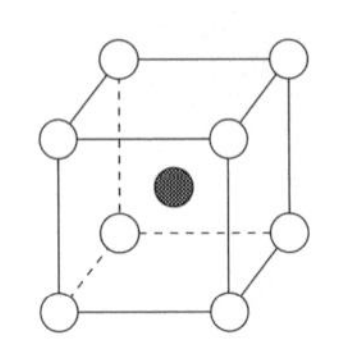

［Cs^+(○)の配位数］

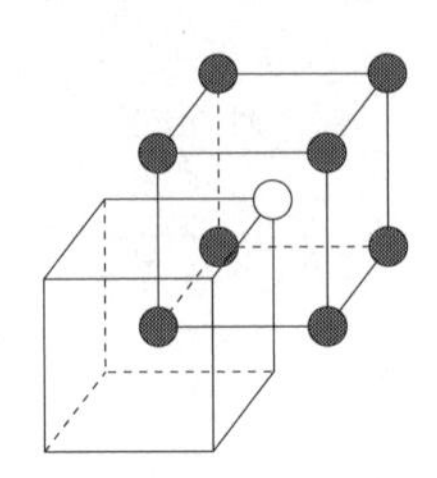

重要ポイント 塩化セシウム CsCl の単位格子

右図のように，CsCl では粒子が体心立方格子の位置に配置されている。これは Cs^+ イオンおよび Cl^- イオンがそれぞれ単純立方格子(立方体の頂点のみに粒子が位置しているもの)をなしているためである。

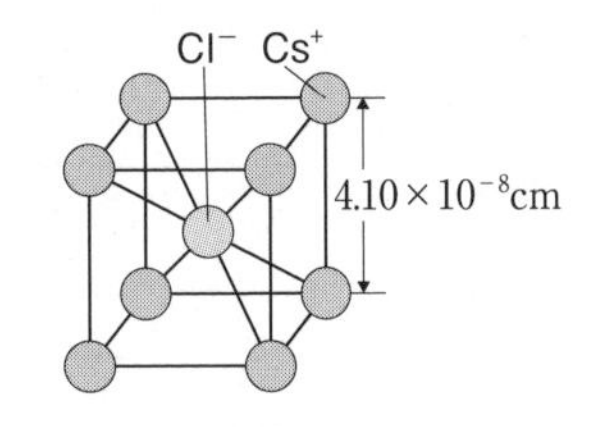

64 解答

問1　6　　　問2　12

問3　12　　　問4　ナトリウムイオン　4個　　塩化物イオン　4個

問5　$N_A = \dfrac{4M}{a^3 d}$　　　問6　5.4×10^{23}/mol

解説 ⇒ **重要ポイント**

問1　右図より，体心の Na^+(●)に注目すると，その Na^+ に最も近い Cl^-(◍)は上下・左右・前後の計6個である。

問2　右図より，体心の Na^+(●)に注目すると，その Na^+ に最も近い Na^+(◍)は各辺心に位置する12個である(Na^+ は面心立方格子をとっているため，その配位数と考えても良い)。

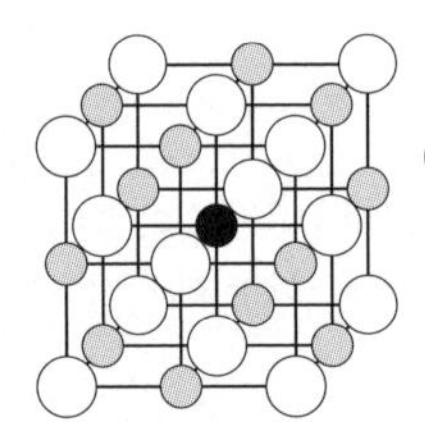

問3　Na^+ と同様，Cl^- も面心立方格子をとっている。そのため，Cl^- に最も近い Cl^- も12個である。

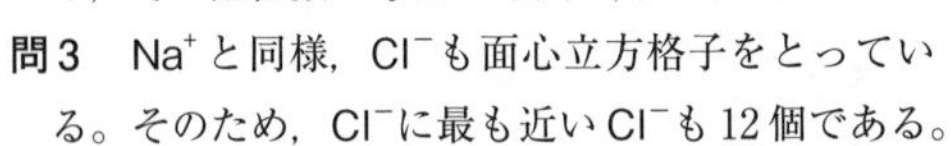

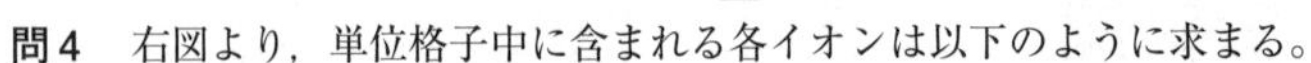

問4　右図より，単位格子中に含まれる各イオンは以下のように求まる。

$$Na^+ : \underbrace{1 \times 1}_{\text{体心}} + \underbrace{\frac{1}{4} \times 12}_{\text{各辺心}} = 4〔個〕$$

$$Cl^- : \underbrace{\frac{1}{2} \times 6}_{\text{各面心}} + \underbrace{\frac{1}{8} \times 8}_{\text{各頂点}} = 4〔個〕$$

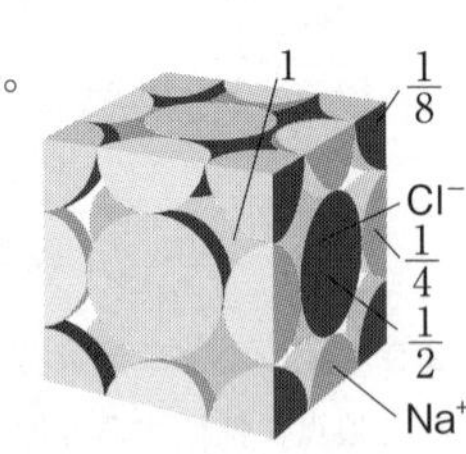

問5　問4より，この単位格子にはNa^+とCl^-が4個ずつ含まれているため，NaClで1セット(1単位)とすると，単位格子あたりNaClは4セット(4単位)含まれていることになる。

よって，密度d〔g/cm^3〕について，

$$d〔\mathrm{g/cm^3}〕 = \frac{\dfrac{M〔\mathrm{g/mol}〕}{N_A〔個/\mathrm{mol}〕} \times n〔個〕}{a^3〔\mathrm{cm^3}〕}$$

$$\Leftrightarrow \quad N_A = \frac{nM}{a^3 d} = \underline{\frac{4M}{a^3 d}}$$

問6　問5の結果より，

$$N_A = \frac{4M}{a^3 d} = \frac{4 \times 58.5}{(6.0 \times 10^{-8})^3 \times 2.0} = 5.41\cdots \times 10^{23} \fallingdotseq \underline{5.4 \times 10^{23}}〔/\mathrm{mol}〕$$

重要ポイント　塩化ナトリウムNaClの単位格子

右図のように，NaClはNa^+イオンとCl^-イオンがそれぞれ面心立方格子をなしている。

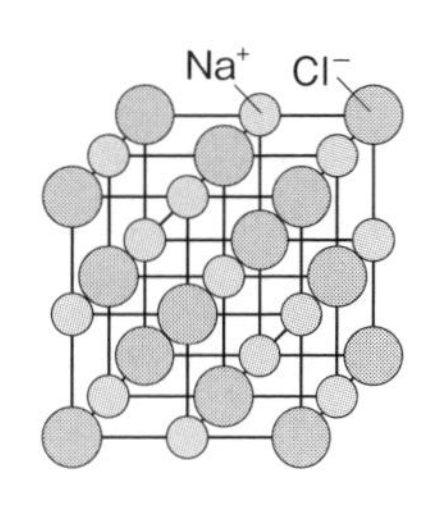

65 解答

問1　0.41　　　**問2**　12個

解説

問1　本問において1個の陽イオンを6個の陰イオンが取り囲んでいる状態というのは，反対電荷イオンの配位数が6のNaCl型の単位格子のことである(⇒P.76)。

ここで，陽イオン(●)と陰イオン(◯)とが接触し，かつ陰イオン(◯)どうしも接触しているときは右図のようになる。よって，

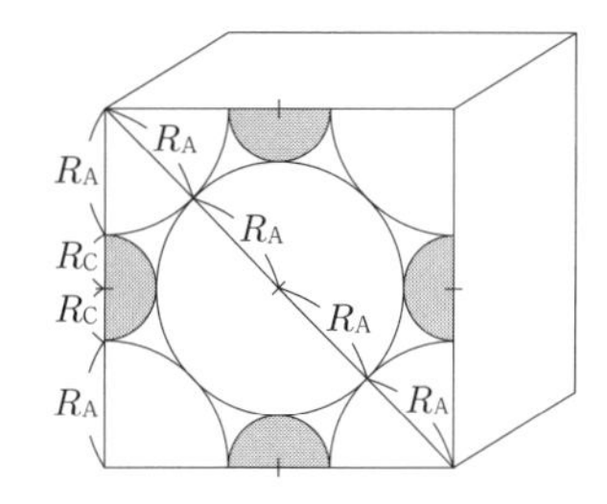

$$2(R_A + R_C) \times \sqrt{2} = 4R_A$$

$$\Leftrightarrow \quad \frac{R_C}{R_A} = \sqrt{2} - 1 = \underline{0.41}$$

参考　CsCl型の限界半径比

陽イオンと陰イオンとが接触し，かつ陰イオンどうしも接触しているときの$\dfrac{R_C}{R_A}$をイオン結晶の限界半径比という。CsCl型

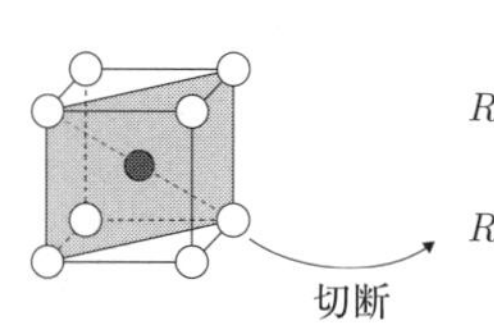

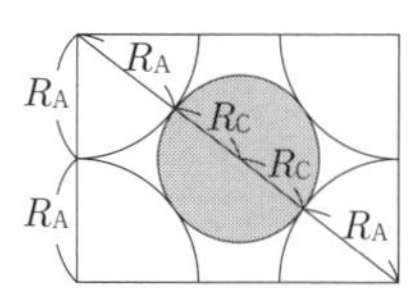

の限界半径比は，前ページの図より，

$$2R_A \times \sqrt{3} = 2(R_A + R_C)$$

$$\Leftrightarrow \quad \frac{R_C}{R_A} = \sqrt{3} - 1 = 0.73$$

問 2⇒ **重要ポイント**

$R_A = R_C$のとき，つまりすべてのイオン半径が同じ場合なので，金属結晶と同じ構造であると考えて良い。また，金属結晶において，原子が最も充填された構造は，面心立方格子(立方最密構造)または六方最密構造であり，いずれの場合も1つの粒子を取り囲む粒子の数(配位数)は12個である(⇒ P.72-73)。

重要ポイント 最密構造(最密充填構造)

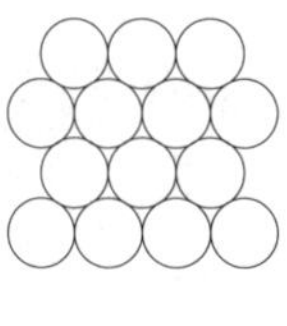

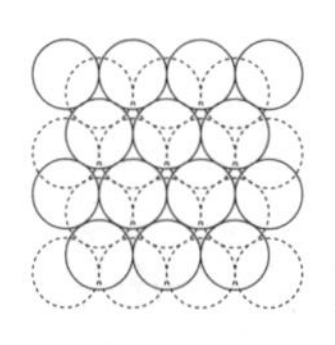

面心立方格子と六方最密構造は原子がもっとも密に配列した構造をしていて，これを最密構造(または最密充填構造)という。球をもっとも密に配列するには，球を平面上に並べ右上図のような層にする。そして，その上にさらに球を密に並べていくには，3個の球が接してできる中央のくぼみに次の層の球を乗せる(右下図)。これをくり返してできる最密構造には以下の二つのパターンがある。

パターン1は六方最密構造であり，パターン2は向きを変えると立方最密構造(面心立方格子)になる。この二つのパターンは，層の積み方が異なっており，パターン1(六方最密構造)ではA，B，A，B，……の2層のくり返しとなっている。それに対し，パターン2(立方最密構造)ではA，B，C，A，B，C，……の3層のくり返しとなっている。

パターン1 六方最密構造

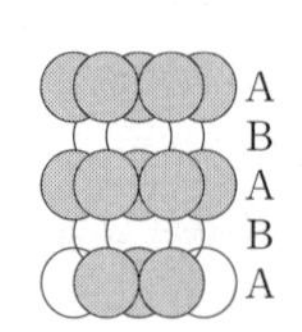

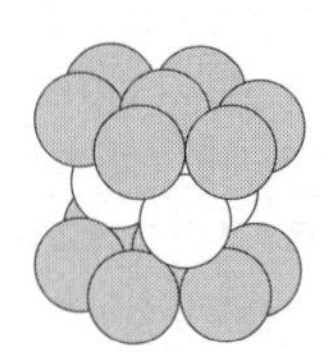

パターン2 立方最密構造

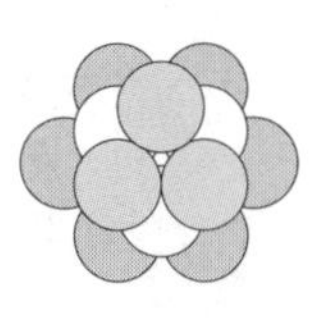

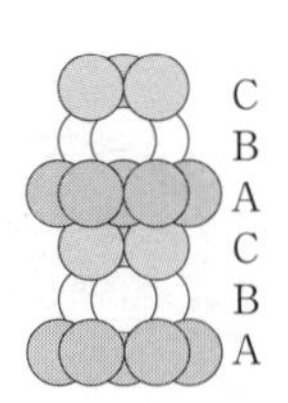

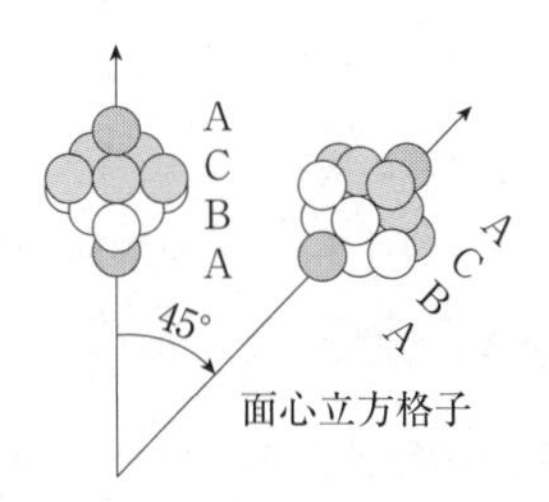

66 解答

問1　面心立方格子　　**問2**　1.7 g/cm^3　　**問3**　8.5×10^2 倍

解説

問1　CO_2分子は立方体の各頂点と面の中心に位置しているため，面心立方格子をとっていることがわかる。

問2　面心立方格子中には4個の分子が含まれているため（⇒ P.74），この結晶の単位格子の一辺の長さa〔cm〕，二酸化炭素のモル質量をM〔g/mol〕，この結晶の密度をd〔g/cm^3〕とすると，

$$d\,〔\mathrm{g/cm^3}〕 = \frac{\dfrac{M〔\mathrm{g/mol}〕}{N_A〔個/\mathrm{mol}〕} \times n〔個〕}{a^3〔\mathrm{cm^3}〕}$$

$$= \frac{nM}{a^3N_A} = \frac{4 \times 44}{(5.6 \times 10^{-8})^3 \times (6.0 \times 10^{23})} = 1.67\cdots \fallingdotseq 1.7\,〔\mathrm{g/cm^3}〕$$

問3　この二酸化炭素の結晶をV〔cm^3〕もってきたとすると，それが気体になったときの標準状態での体積〔cm^3〕は，

$$\frac{1.67〔\mathrm{g/cm^3}〕 \times V〔\mathrm{cm^3}〕}{44〔\mathrm{g/mol}〕} \times 22.4〔\mathrm{L/mol}〕 = 0.850\cdots V〔\mathrm{L}〕 \fallingdotseq 8.5 \times 10^2 V〔\mathrm{cm^3}〕$$

よって，二酸化炭素が固体から標準状態の気体になるとき，体積は8.5×10^2倍となる。

67 解答

問1　a，c　　**問2**　8個　　**問3**　3.4 g/cm^3

問4　1.6×10^{-8} cm　　**問5**　1.5倍

解説

問1　炭素の同素体（⇒ P.169）は，aの黒鉛とcのフラーレンである。なお，bの石英はSiO_2，dのアセチレンはC_2H_2，eのベンゼンはC_6H_6，fのメタンはCH_4で表される。

問2　右上図のように，ダイヤモンドはC原子が正四面体の頂点方向に共有結合した構造が立体的に積み重なっている。これを単位格子で切り出すと右下図のようになる。この単位格子の原子配列は，面心立方格子に，その単位格子を8等分してできた小さい立方体の体心1つおきにC

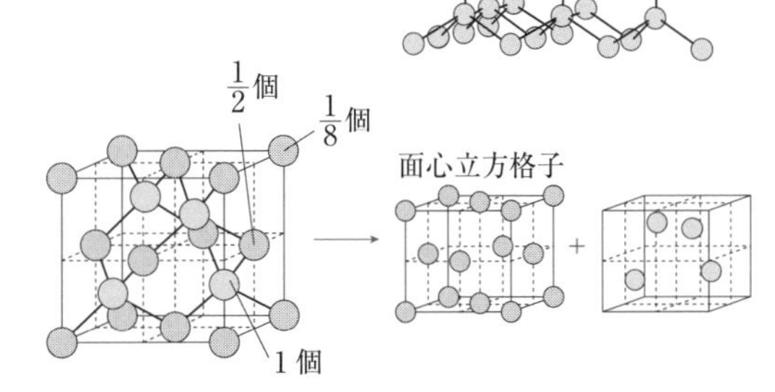

原子が配置された構造である。そのため，ダイヤモンドの単位格子中に含まれるC原子の個数は，

$$\underbrace{\frac{1}{8}\times 8}_{\text{各頂点}}+\underbrace{\frac{1}{2}\times 6}_{\text{各面心}}+1\times 4=\underline{8}\text{〔個〕}$$

問3　この結晶の単位格子の一辺の長さa〔cm〕，炭素のモル質量をM〔g/mol〕，この結晶の密度をd〔g/cm^3〕とすると，**問2**の結果より，

$$d\,[\text{g/cm}^3]=\frac{\dfrac{M\,[\text{g/mol}]}{N_A\,[\text{個/mol}]}\times n\,[\text{個}]}{a^3\,[\text{cm}^3]}$$

$$=\frac{nM}{a^3N_A}=\frac{8\times 12}{(3.6\times 10^{-8})^3\times(6.0\times 10^{23})}=3.42\cdots\fallingdotseq\underline{3.4}\,[\text{g/cm}^3]$$

問4　次図のように，単位格子を8等分してできた小さい立方体を切り出して考える。C原子の中心間距離をl〔cm〕とおくと，

$$2l=\frac{\sqrt{3}}{2}a\quad\Leftrightarrow\quad l=\frac{\sqrt{3}}{4}a$$

$$=\frac{1.73}{4}\times(3.6\times 10^{-8})=1.55\cdots\times 10^{-8}\fallingdotseq\underline{1.6\times 10^{-8}}\,[\text{cm}]$$

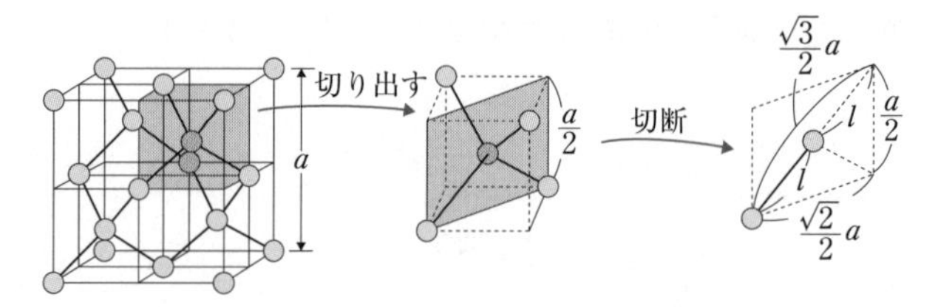

問5　ダイヤモンドの結晶の単位格子の一辺の長さをa_C，C原子間距離をl_{C-C}とおき，ケイ素の結晶の単位格子の一辺の長さをa_{Si}，Si原子間距離をl_{Si-Si}とおくと，**問4**より，

$$\frac{l_{Si-Si}}{l_{C-C}}=\frac{\dfrac{\sqrt{3}}{4}a_{Si}}{\dfrac{\sqrt{3}}{4}a_C}=\frac{a_{Si}}{a_C}=\frac{5.4\times 10^{-8}}{3.6\times 10^{-8}}=\underline{1.5}\,[\text{倍}]$$

第9章　溶液

物質の状態（化学）

68 解答

(ア) (g)　(イ) (k)　(ウ) (j)　(エ) (a)　(オ) (j)　(カ) (h)　(キ) (l)

解説

(ア)〜(ウ) ⇒ 重要ポイント

塩化ナトリウム NaCl は Na^+ と Cl^- とがイオン結合することによりできた(ア)イオン結晶であり，ベンゼンのような(イ)無極性溶媒には溶けにくいが，水のような(ウ)極性溶媒には溶けやすい。

(エ)〜(キ) NaCl の結晶は水中で表面から電離して Na^+ と Cl^- を生じる。これらのイオンは水分子の(エ)熱運動の作用で水中に拡散していく。水中の Na^+ のまわりには，H_2O 分子中の負の電荷を帯びた酸素原子が引きつけられる。一方，水中の Cl^- のまわりには，H_2O 分子中の正の電荷を帯びた水素原子が引きつけられる。このようにイオンと(オ)極性分子である水分子との間に(カ)静電気的引力（クーロン力）が働き，イオンが水分子に囲まれる現象を(キ)水和という。

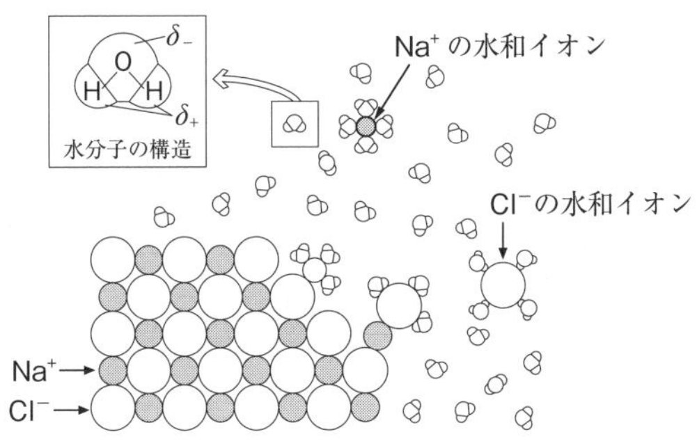

重要ポイント 溶媒の種類と溶質の溶解性

溶媒は極性の有無（大小）によって以下のように分類される。

- 極性溶媒：極性の大きな分子からなる溶媒。
  （例）水 H_2O，エタノール C_2H_5OH
- 無極性溶媒：無極性分子からなる溶媒。
  （例）ベンゼン C_6H_6，ジエチルエーテル $C_2H_5OC_2H_5$

また，溶質と溶媒分子の極性が似たものどうしがよく混じり合う（よく溶ける）。

溶媒＼溶質	イオン結晶・極性分子	無極性分子
極性溶媒	溶けやすい	溶けにくい
無極性溶媒	溶けにくい	溶けやすい

69 解答

問1　50％　　**問2**　225 g

解説

問1　60℃の飽和水溶液はその量によらずすべて同じ質量パーセント濃度である。よって，60℃における溶解度基準の飽和水溶液を用いると，

$$\frac{溶質〔g〕}{溶媒+溶質〔g〕}\times 100=\frac{100〔g〕}{100+100〔g〕}\times 100=\underline{50}〔\%〕$$

問2⇒ **重要ポイント**

溶媒量一定で単純に冷却することで得られる結晶の析出量の算出では，溶解度基準の飽和水溶液を作り，それを冷却したとき得られる析出量を用いて比例式(分数式の等式)を立てる。

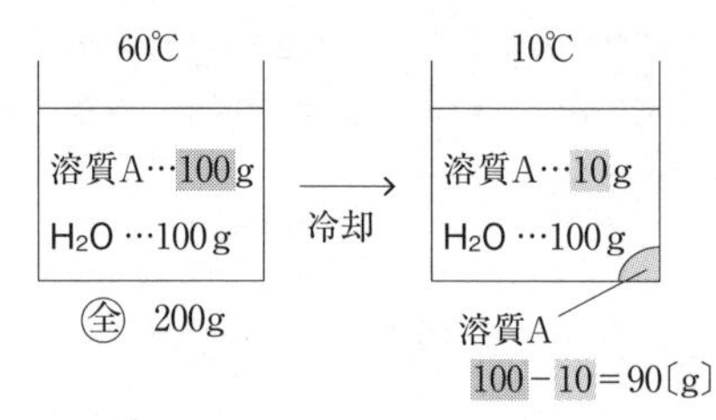

飽和水溶液500gを冷却したときに得られる溶質Aの質量をx〔g〕とおくと，左図より，

溶液：溶質(析出量)＝200：90
＝500：x
∴　$x=\underline{225}$〔g〕

別解　飽和水溶液500gに溶けている溶質Aの質量をx〔g〕とおくと，上図より，

$$\frac{溶質}{溶液}=\frac{100}{200}=\frac{x〔g〕}{500}\qquad \therefore\ x=250〔g〕$$

ここで，溶質Aの析出量をy〔g〕とおくと，

$$\frac{溶質}{溶液}=\frac{250-y}{500-y}=\frac{10}{100+10}\qquad \therefore\ y=\underline{225}〔g〕$$

重要ポイント　固体の溶解度の計算解法

T〔℃〕における溶解度がa〔g/100g水〕とすると，

解法1 ⇒ 問題文に合わせて質量に関する比例式をつくる。

- **パターン1**　溶媒：溶質＝100：a＝□：□
- **パターン2**　溶液：溶質＝(100＋a)：a＝□：□

解法2 ⇒ 問題文に合わせて質量に関する分数式の等式をつくる。

- **パターン1**　$\dfrac{溶質}{溶媒}=\dfrac{a}{100}=\dfrac{□}{□}$
- **パターン2**　$\dfrac{溶質}{溶液}=\dfrac{a}{100+a}=\dfrac{□}{□}$

※　上記のパターン以外にも析出量などを直接求められる場合もあるため，臨機応変に立式ができるように練習する。

70 解答

問1　12.8％　　問2　2.00×10^{-1} mol/L
問3　255 g　　問4　53.2 g　　問5　81.5 g（または，81.6）

解説 ⇒ 重要ポイント

問1　$CuSO_4 \cdot 5H_2O$（＝250）50 g 中に含まれる $CuSO_4$（＝160）は，

$$50\,[\mathrm{g}] \times \frac{160}{250} = 32\,[\mathrm{g}]$$

となる。よって，水 200 g に $CuSO_4 \cdot 5H_2O$ 50 g を溶かした溶液の質量パーセント濃度は，

$$\frac{32\,[\mathrm{g}]}{200 + 50\,[\mathrm{g}]} \times 100 = \underline{12.8}\,[\%]$$

問2　$CuSO_4 \cdot 5H_2O$〔mol〕＝ $CuSO_4$〔mol〕より，

$CuSO_4 \cdot 5H_2O$〔mol〕＝ $CuSO_4$〔mol〕

$$\frac{\dfrac{12.5\,[\mathrm{g}]}{250\,[\mathrm{g/mol}]}}{0.250\,[\mathrm{L}]} = \underline{2.00 \times 10^{-1}}\,[\mathrm{mol/L}]$$

問3　必要な $CuSO_4 \cdot 5H_2O$ の質量を x〔g〕とおくと，$CuSO_4 \cdot 5H_2O$ 中の水和水$\left(x\,[\mathrm{g}] \times \dfrac{90}{250}\right)$が溶媒に加わることに注意すると，

$$溶媒：溶質 = \left(200 + x \times \frac{90}{250}\right) : x \times \frac{160}{250}$$

$$= 100 : 56.0 \qquad \therefore\ x = 255.4\cdots = \underline{255}\,[\mathrm{g}]$$

問4　水 300 g に無水硫酸銅（Ⅱ）$CuSO_4$ 90.8 g 溶かした溶液を 20 ℃まで冷却したときに得られる $CuSO_4 \cdot 5H_2O$ の質量を x〔g〕とおくと，次図のようになる。

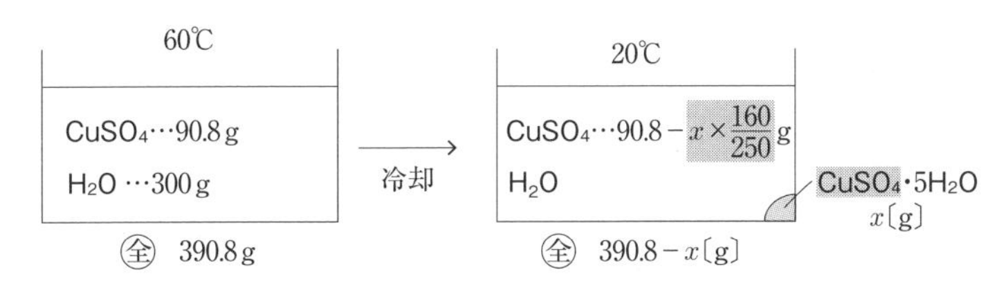

よって，上図より，

$$溶液：溶質 = (390.8 - x) : \left(90.8 - \frac{160}{250}x\right)$$

$$= (100 + 20.2) : 20.2 \qquad \therefore\ x = 53.24\cdots = \underline{53.2}\,[\mathrm{g}]$$

問5　40 ℃の飽和水溶液 100 g 中に含まれる $CuSO_4$ の質量を x〔g〕とおくと，

$$溶液：溶質 = 100 : x$$

$$= (100 + 28.7) : 28.7 \qquad \therefore\ x \fallingdotseq 22.29\,[\mathrm{g}]$$

ここで，0 ℃にしたとき結晶が析出しないようにするために加える水の最低質量を y〔g〕と

おくと，0℃にしたときに飽和水溶液になることから，

$$溶液：溶質 = (100 + y) : 22.29 = (100 + 14.0) : 14.0 \qquad \therefore\ y = 81.50\cdots = \underline{81.5}〔\mathrm{g}〕$$

重要ポイント 量的計算における水和物の取り扱い

① 物質量 ⇒ 無水塩〔mol〕= 水和物〔mol〕

② 質量 ⇒ 水和水（結晶水）の質量〔g〕は分けて考える。

71 解答

4.88×10^{-2} mL

解説

0℃，1.013×10^5 Pa において，すべての気体は 1 mol あたり 22.4 L を占めるため，

$$22.4〔\mathrm{L/mol}〕\times 21.8 \times 10^{-4}〔\mathrm{mol}〕\times \frac{1.00〔\mathrm{mL}〕}{1000〔\mathrm{mL}〕} = 4.88 \times 10^{-5}〔\mathrm{L}〕= \underline{4.88 \times 10^{-2}}〔\mathrm{mL}〕$$

L

1.00 L → 1.00 mL へ

72 解答

問1 V

問2 2.7×10^5 Pa

問3 51 %

問4 小さくなる （理由）気体の溶解は発熱のため，温度を上げると吸熱方向に平衡が移動する。（または，分子の熱運動が活発になり溶液から飛び出しやすくなるため。）

解説 ⇒ 重要ポイント

問1 温度と溶媒量が一定のとき，溶かしたときの圧力で気体の体積を測定すると常に一定である。そのため，圧力 P で溶かしたとき圧力 P の下での体積が V だった場合，圧力 $2P$ で溶かしたとき圧力 $2P$ の下での体積 V' も $\underline{V}$ となる。

$$\left(V' = \frac{2nRT}{2P} = \frac{nRT}{P} = V\right)$$

問2 混合気体中の N_2 の分圧を P_{N_2}〔Pa〕とおくと，

$$5.18 \times 10^{-4}〔\mathrm{mol}〕\times \frac{P_{N_2}〔\mathrm{Pa}〕}{1.01 \times 10^5〔\mathrm{Pa}〕} \times \frac{2.00 \times 10^{-1}〔\mathrm{L}〕}{1.00〔\mathrm{L}〕} = 2.80 \times 10^{-4}〔\mathrm{mol}〕$$

圧力比　水量比

$$\therefore\ P_{N_2} = 2.72\cdots \times 10^5 \fallingdotseq \underline{2.7 \times 10^5}〔\mathrm{Pa}〕$$

問3　O_2 の分圧を P_{O_2}〔Pa〕とおくと，**問2**の結果より

$$P_{O_2} = (5.60 \times 10^5) - (2.72 \times 10^5) = 2.88 \times 10^5 \text{〔Pa〕}$$

ここで，混合気体において，温度一定のとき「(体積比) = (分圧比)」より，

$$\frac{\text{酸素の体積}}{\text{混合気体の総体積}} \times 100 = \frac{P_{O_2}\text{〔Pa〕}}{P_{all}\text{〔Pa〕}} \times 100 = \frac{2.88 \times 10^5\text{〔Pa〕}}{5.60 \times 10^5\text{〔Pa〕}} \times 100 = 51.4\cdots \fallingdotseq \underline{51}\text{〔\%〕}$$

問4　水に溶ける気体Xの溶解平衡は，溶解熱 Q〔kJ/mol〕を用いると次式で表される。

$$\text{X(気)} + \text{aq} \rightleftarrows \text{X aq} \quad \Delta H = -Q\text{〔kJ〕}$$

つまり，気体Xの溶解には，水和などによる発熱がともなう。よって，ルシャトリエの原理(⇒ P.130)により，温度が上がると吸熱方向に平衡が移動する。よって，上式は左方向，すなわち溶解度が小さくなる方向へ平衡が移動する。

重要ポイント ヘンリーの法則

ヘンリー(イギリス)は，1803年に「一定温度で，一定量の溶媒に接している気体の溶解度は，その気体の圧力(分圧)に比例する」ことを発見した。なお，混合気体では各成分気体の分圧に比例する。この法則は，水への溶解度が小さく，かつ水と反応しない気体について，圧力のあまり高くない場合によく成り立つ(溶解度の非常に大きいアンモニア NH_3 や塩化水素 HCl などでは成り立たない)。

［計算解法］～体積算出の場合～

パターン1 溶かした気体の体積を0℃，1.013×10^5 Paに換算した場合

⇒ 溶かした圧力と水量に比例する。

⇒ 溶解度に圧力比と水量比をかける。

溶解量 = 溶解度 × 圧力比 × 水量比

パターン2 溶かした気体の体積を溶かしたときの圧力で測定した場合

⇒ (溶解時の圧力で測定した場合の体積は，溶解度基準の圧力での体積と同じであるため)

水量のみに比例する。

⇒ 溶解度に水量比のみをかける。

溶解量 = 溶解度 × 水量比

73 解答

問1　3.4 g

問2　圧力　1.1×10^5 Pa　　質量　3.7 g

問3　二酸化炭素　3.7 g　　窒素　3×10^{-2} g

解説 ⇒ **重要ポイント**

問1　20℃において，水相に溶解している CO_2 の物質量を $n_{溶}$〔mol〕，気相に残っている CO_2 の物質量を $n_{気}$〔mol〕とおくと，操作(1)終了後は次図のような状態となっている。これより，$n_{溶}$

〔mol〕と $n_{気}$〔mol〕はそれぞれ次式のように求まる。

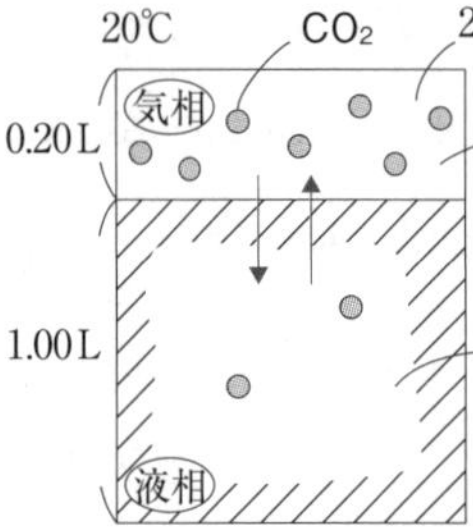

20℃　CO_2　2.0×10^5 Pa

気相　0.20 L

液相　1.00 L

$$n_{気} = \frac{PV}{RT} = \frac{(2.0 \times 10^5) \times 0.20}{(8.3 \times 10^3) \times (20 + 273)} = \frac{40}{8.3 \times 293}\text{〔mol〕}$$

$$n_{溶} = 3.9 \times 10^{-2}\text{〔mol〕} \times \underbrace{\frac{2.0 \times 10^5\text{〔Pa〕}}{1.0 \times 10^5\text{〔Pa〕}}}_{圧力比} \times \underbrace{\frac{1.00\text{〔L〕}}{1.00\text{〔L〕}}}_{水量比} = 7.8 \times 10^{-2}\text{〔mol〕}$$

よって，溶解している CO_2 の質量〔g〕は，

$$44\text{〔g/mol〕} \times 7.8 \times 10^{-2}\text{〔mol〕} = 3.43 \cdots \fallingdotseq \underline{3.4}\text{〔g〕}$$

問2　0℃において，CO_2 の圧力を $P_{CO_2} (= p \times 10^5)$〔Pa〕とおき，水相に溶解している CO_2 の物質量を $n_{溶}'$〔mol〕，気相に残っている CO_2 の物質量を $n_{気}'$〔mol〕とおくと，操作(2)終了後は次図のような状態となっている。これより，$n_{溶}'$〔mol〕と $n_{気}'$〔mol〕はそれぞれ p を用いて次式のように表される。

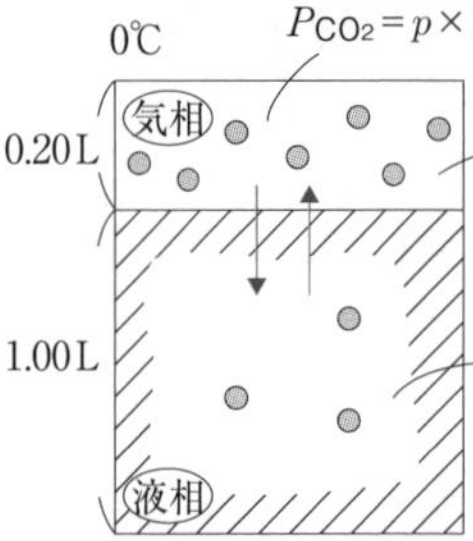

0℃　$P_{CO_2} = p \times 10^5$ Pa

気相　0.20 L

液相　1.00 L

$$n_{気}' = \frac{P_{CO_2}V}{RT} = \frac{(p \times 10^5) \times 0.20}{(8.3 \times 10^3) \times (0 + 273)} = \frac{20p}{8.3 \times 273}\text{〔mol〕}$$

$$n_{溶}' = 7.7 \times 10^{-2}\text{〔mol〕} \times \underbrace{\frac{p \times 10^5\text{〔Pa〕}}{1.0 \times 10^5\text{〔Pa〕}}}_{圧力比} \times \underbrace{\frac{1.00\text{〔L〕}}{1.00\text{〔L〕}}}_{水量比} = 7.7 \times 10^{-2} p\text{〔mol〕}$$

ここで，気相と液相を合わせた CO_2 の総物質量〔mol〕は一定であるから，**問1** より，

$$n_{気} + n_{溶} = n_{気}' + n_{溶}' \quad \text{（物質収支の条件式）}$$

$$\Leftrightarrow \quad \frac{40}{8.3 \times 293} + (7.8 \times 10^{-2}) = \frac{20p}{8.3 \times 273} + (7.7 \times 10^{-2})\,p \qquad \therefore \quad p = 1.09 \cdots$$

以上より，$P_{CO_2} = 1.09 \cdots \times 10^5 \fallingdotseq \underline{1.1 \times 10^5}$〔Pa〕

また，溶解している CO_2 の質量〔g〕は，

$$44\text{〔g/mol〕} \times \underbrace{(7.7 \times 10^{-2} \times 1.09)}_{n_{溶}'}\text{〔mol〕} = 3.69 \cdots \fallingdotseq \underline{3.7}\text{〔g〕}$$

問3　気体の溶解量は，（温度一定のとき）他の気体の影響を受けないとしてよい。よって，CO_2 の溶解量は，操作(2)終了時と同量の $\underline{3.7}$ g となる。また，溶解している N_2 の質量〔g〕は，

$$1.0 \times 10^{-3}\text{〔mol〕} \times 28\text{〔g/mol〕} \times \underbrace{\frac{\overset{P_{all}}{2.0 \times 10^5} - \overset{P_{CO_2}}{1.1 \times 10^5}\text{〔Pa〕}}{1.0 \times 10^5\text{〔Pa〕}}}_{圧力比} \times \underbrace{\frac{1.00\text{〔L〕}}{1.00\text{〔L〕}}}_{水量比}$$

$$= 2.5 \times 10^{-2} \fallingdotseq \underline{3 \times 10^{-2}}\text{〔g〕}$$

重要ポイント 密閉容器中の気体の溶解平衡～平衡圧がわかっていない場合～

密閉容器中にある量の気体と水を封入し，溶解平衡となったときの容器中の圧力（これを平衡圧という）と気相または液相に存在している気体量を算出させる場合，以下の手順に従って平衡圧（$p \times 10^5$ Pa）を求めていくとよい。

［計算解法の手順］

Step1　気相の圧力を $p \times 10^5$ Pa とおく。

Step2　気相と液相に存在する物質量〔mol〕を，p を用いて表す。

- 気相…気体の状態方程式（$PV = nRT$）を用いる。
- 液相…ヘンリーの法則を用いる（0℃，1.013×10^5 Pa でないときは，ヘンリー使用後に $PV = nRT$ を用いることもある）。

Step3　物質収支の条件（⇒ P.152）を用いて p を求める（次式）。

$$n_{全} = n_{気相} + n_{液相}$$

74 解答

問1　a 凝縮（または，液化）　b 蒸発（または，気化）　c 気液（または，蒸発）　d 飽和蒸気圧

問2　低い

問3　ア

解説

問1　容器に水のみを入れて密閉し，一定温度で放置しておくと，いくつかの分子が液体中で分子間力に打ち勝って液体表面から気体となって飛び出し水蒸気になる（これを(b)蒸発という）。しかし，気体となった分子のうち，運動エネルギーが小さいものは液面に衝突したときに液体分子との間に働く引力で液体に戻ってしまう（これを(a)凝縮という）。そして，しばらく放置していると，単位時間あたりに気体になる分子と液体に戻る分子の数が等しくなる。このように，分子の蒸発する速度と凝縮する速度が等しくなって，見かけ上，凝縮および蒸発が起こらなくなった状態を(c)気液平衡（または蒸発平衡）という。このときに水蒸気が示す圧力を(d)飽和蒸気圧，あるいは単に蒸気圧という。

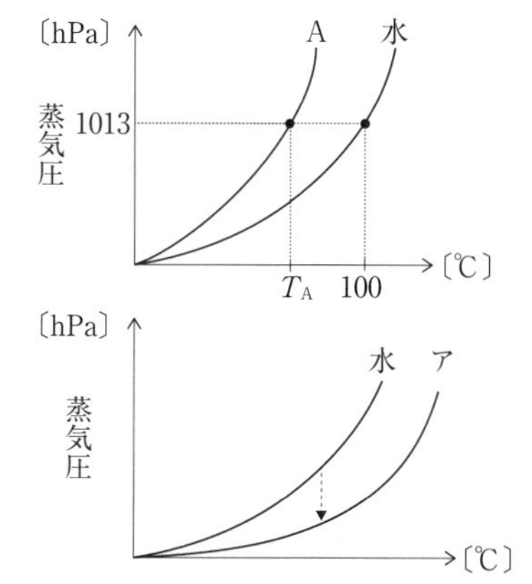

問2⇒ **重要ポイント** 1°

物質Aの飽和蒸気圧が大気圧（1013 hPa）になるときの温度，すなわち沸点を T_A〔℃〕とおくと，右図より，T_A〔℃〕は水の沸点である100℃より低いことがわかる。

問3⇒ **重要ポイント** 2°

水に不揮発性の物質を溶解させると，蒸気圧降下が起こり，蒸気圧曲線が下方にシフトする。よって，不揮発性物質を溶かしたときの蒸気圧曲線はアとなる。

重要ポイント

1° 沸騰と沸点

液体を加熱していくと，液体の内部から気泡が出てくる。これは液体の蒸気圧が外圧（大気圧）に打ち勝つためである。この現象を沸騰といい，沸騰が起こるときの温度を沸点という。沸点は物質によって固有の値である。なお，以下に蒸発と沸騰の違いを記す。

蒸発：温度によらず，液体の表面から液体分子が気化する現象。
沸騰：沸点に達したときに，液体の内部からも気化が起こる現象。

2° 蒸気圧降下

蒸発は液体表面から起こるため，不揮発性物質を溶かした水溶液の表面から蒸発する H_2O 分子の数は，不揮発性物質が表面に並んでいる分，純水よりも少なくなってしまう。つまり，蒸発する H_2O 分子が少なくなり蒸気圧は純水よりも小さくなる。これを蒸気圧降下という。

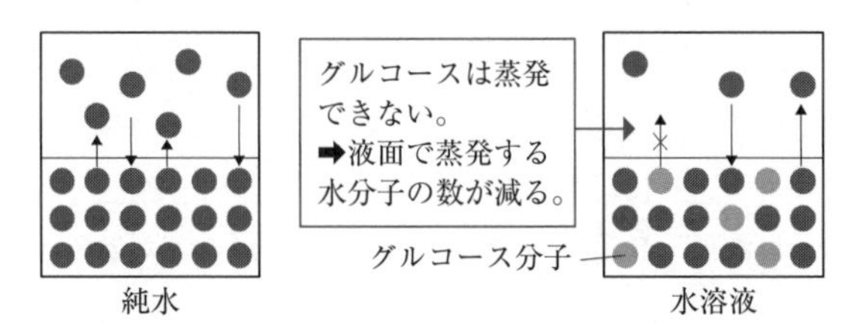
グルコースは蒸発できない。
➡液面で蒸発する水分子の数が減る。
グルコース分子
純水
水溶液

75 解答

問1 (エ)

問2 （解説参照）

問3 $x_A = \dfrac{M_B W_A}{M_A W_B + M_B W_A}$，$x_B = \dfrac{M_A W_B}{M_A W_B + M_B W_A}$

問4 $M_B = \dfrac{(P_0 - \Delta P) M_A W_B}{\Delta P W_A}$

問5 331

問6 1.2×10^{-2} K/Pa

解説 ⇒ **重要ポイント**

問1 モル分率は$\dfrac{\text{mol}}{\text{mol}}$であるから，単位はない。

問2 本問の与式より，$\dfrac{P}{P_0} = \dfrac{n_A}{n_A + n_B}$

$$\Leftrightarrow \quad P = P_0 \frac{n_A}{n_A + n_B}$$となる。

よって，$\Delta P = P_0 - P$に代入すると，

$$\Delta P = P_0 - P_0 \frac{n_A}{n_A + n_B}$$
$$= P_0\left(1 - \frac{n_A}{n_A + n_B}\right)$$
$$= P_0 \frac{n_B}{n_A + n_B}$$
$$= P_0 x_B$$

問3

$$n_A = \frac{W_A〔\text{g}〕}{M_A〔\text{g/mol}〕} = \frac{W_A}{M_A}〔\text{mol}〕,\quad n_B = \frac{W_B〔\text{g}〕}{M_B〔\text{g/mol}〕} = \frac{W_B}{M_B}〔\text{mol}〕$$ より，

$$\begin{cases} x_A = \dfrac{n_A}{n_A + n_B} = \dfrac{\frac{W_A}{M_A}}{\frac{W_A}{M_A} + \frac{W_B}{M_B}} = \underline{\dfrac{M_B W_A}{M_A W_B + M_B W_A}} \\ x_B = \dfrac{n_B}{n_A + n_B} = \dfrac{\frac{W_B}{M_B}}{\frac{W_A}{M_A} + \frac{W_B}{M_B}} = \underline{\dfrac{M_A W_B}{M_A W_B + M_B W_A}} \end{cases}$$

問4　**問3**の結果より，

$$\Delta P = P_0 x_B = P_0 \times \frac{M_A W_B}{M_A W_B + M_B W_A}$$
$$\Leftrightarrow\quad \Delta P\,(M_A W_B + M_B W_A) = P_0 M_A W_B$$
$$\Leftrightarrow\quad \Delta P M_A W_B + \Delta P M_B W_A = P_0 M_A W_B$$
$$\Leftrightarrow\quad \Delta P M_B W_A = P_0 M_A W_B - \Delta P M_A W_B$$
$$\Leftrightarrow\quad M_B = \frac{(P_0 - \Delta P)\,M_A W_B}{\Delta P W_A}$$

問5　この溶質の分子量を M とおくと，**問4**の結果より，

$$M = \frac{(2.34 \times 10^3 - 17.3) \times 137 \times 18}{17.3 \times (1.00 \times 10^3)} = 331.0\cdots \fallingdotseq \underline{331}$$

問6　本問の与式より，

$$\Delta T = k\Delta P$$
$$\Leftrightarrow\quad k = \frac{\Delta T}{\Delta P} = \frac{0.210〔\text{K}〕}{17.3〔\text{Pa}〕} = 1.21\cdots \times 10^{-2} \fallingdotseq \underline{1.2 \times 10^{-2}}〔\text{K/Pa}〕$$

重要ポイント ラウールの法則

ラウール(フランス)は，1887年に「不揮発性物質(蒸発しにくく，蒸気圧が無視できるほど小さい物質)が溶けた希薄溶液では，その溶液の蒸気圧は溶液中の溶媒のモル分率に比例する」ことを発見した(ここでいうモル分率とは，溶媒を N〔mol〕，溶質を n〔mol〕としたときの $\dfrac{N}{N+n}$

のことである)。これをラウールの法則といい，溶液の蒸気圧を P，もとの純溶媒の蒸気圧を P_0 とすると次式のような関係がある。

$$P = \frac{N}{N+n}P_0$$

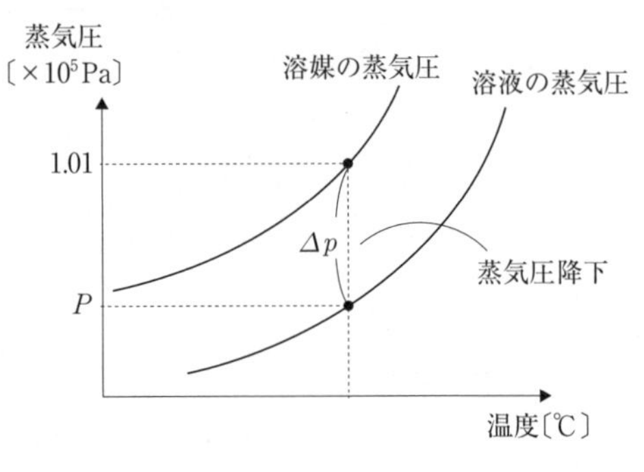

ここで，右図のように，純溶媒と溶液の蒸気圧の差(= $P_0 - P$)が蒸気圧降下度 Δp となるため，次式のような関係がある。

$$\Delta p = P_0 - P = P_0 - \frac{N}{N+n}P_0$$

$$= \frac{n}{N+n}P_0$$

よって，Δp は溶質のモル分率$\left(= \frac{n}{N+n}\right)$に比例することがわかる。

76 解答

問1 －0.500℃　　**問2** 504

解説 ⇒ 重要ポイント

問1 題意より，$CaCl_2$ は完全電離するので，次式より粒子数は 3 倍になる。

$$CaCl_2 \longrightarrow 1\,Ca^{2+} + 2\,Cl^-$$

よって，この水溶液の凝固点降下度を ΔT_f とすると，

$$\Delta T_f = K_f\,m$$

$$= 1.85\,〔K \cdot kg/mol〕 \times \frac{\frac{1.00〔g〕}{111〔g/mol〕} \times 3}{0.100〔kg〕} = 0.500〔K〕$$

（分子の $\frac{1.00〔g〕}{111〔g/mol〕}$ は $CaCl_2$〔mol〕）

よって，凝固点は 0 － 0.500 = <u>－0.500</u>〔℃〕

問2 物質 A の分子量を M_A とおくと，

$$\Delta T_f = K_f m$$

$$\Leftrightarrow\ 0.0723〔K〕 = 1.85〔K \cdot kg/mol〕 \times \frac{\frac{0.985〔g〕}{M_A〔g/mol〕}}{0.0500〔kg〕}$$

（分子の $\frac{0.985〔g〕}{M_A〔g/mol〕}$ は mol）

$$\therefore\ M = 504.0\cdots \fallingdotseq \underline{504}$$

重要ポイント 凝固点降下度の算出

純溶媒と溶液の凝固点の差を凝固点降下度といい，よく ΔT_f で表す。この凝固点降下度は沸点上昇度と同様に溶質の種類に関係なく，その溶液の質量モル濃度に比例する。また，非電解質の

1 mol/kg 溶液の凝固点降下度をモル凝固点降下といい，溶媒の種類により固有の値となる。よって，非電解質を溶かした質量モル濃度 m〔mol/kg〕の凝固点降下度 ΔT_f〔K〕は，モル凝固点降下を K_f〔K・kg/mol〕とすると，次式で表される。

$$\Delta T_f = K_f m$$

77 解答

問1　ア　(あ)　イ　(あ)　ウ　(い)　エ　(う)

問2　過冷却状態(または，過冷却)　**問3**　a

問4　希薄水溶液では凝固により溶媒だけが減少し，溶液の質量モル濃度が増加していくため。

問5　(え)　**問6**　1.81×10^2

解説

問1　ア・イ．まだ凝固は始まっていないため，均一な液体である。

ウ．点bから凝固が始まっているため，ウの状態では固体と液体が混じっている。

エ．溶液は点dで完全に凝固するため，エの状態では固体のみで液体は存在しない。

問2　凝固点を過ぎても凝固しないイの状態を過冷却状態(または過冷却)という。

問3　直線c－dを延長していき，冷却曲線とぶつかる点aを(凝固前の)水溶液の凝固点としている。

問4　純水のほうでは冷却しても凝固するまで(c′－d′)は温度が一定である。これは凝固するときに発生する熱と冷却によって奪われる熱が等しくなるためである。一方，水溶液では水(溶媒)から先に凝固していく。それに伴い，c－dでは水溶液の質量モル濃度が大きくなっていくため，凝固点降下がより進行し温度が下がっていく。

問5　各塩は次式のように電離するため，電離後の溶質粒子の物質量〔mol〕はイオンの総数で考える。

(あ)　$NaBr \longrightarrow 1\,Na^+ + 1\,Br^-$　より，$\dfrac{1\text{〔g〕}}{102.9\text{〔g/mol〕}} \times 2 \fallingdotseq \dfrac{1}{51}$〔mol〕

(い)　$KCl \longrightarrow 1\,K^+ + 1\,Cl^-$　より，$\dfrac{1\text{〔g〕}}{74.6\text{〔g/mol〕}} \times 2 \fallingdotseq \dfrac{1}{37}$〔mol〕

(う)　$Na_2SO_4 \longrightarrow 2\,Na^+ + 1\,SO_4^{2-}$　より，$\dfrac{1\text{〔g〕}}{142.1\text{〔g/mol〕}} \times 3 \fallingdotseq \dfrac{1}{47}$〔mol〕

(え)　$MgCl_2 \longrightarrow 1\,Mg^{2+} + 2\,Cl^-$　より，$\dfrac{1\text{〔g〕}}{95.3\text{〔g/mol〕}} \times 3 \fallingdotseq \dfrac{1}{32}$〔mol〕

(お)　$Al_2(SO_4)_3 \longrightarrow 2\,Al^{3+} + 3\,SO_4^{2-}$　より，$\dfrac{1\text{〔g〕}}{342.3\text{〔g/mol〕}} \times 5 \fallingdotseq \dfrac{1}{68}$〔mol〕

ここで，凝固点降下度 ΔT_f〔K〕は質量モル濃度 m〔mol/kg〕に比例するため，凝固点が一番低いものは m〔mol/kg〕が最大のものである。また，溶媒量が一定のとき(ここでは水 100 g)は，電離後の粒子の総物質量〔mol〕が最大のものが，凝固点が一番低くなる。よって，イオンの総物質量〔mol〕が最大の(え) $MgCl_2$ の水溶液が，凝固点が最も低い。

問6 ある非電解質の分子量を M とおくと，

$$\Delta T_f = K_f\, m$$

$$\Leftrightarrow\quad 0.102\,[\mathrm{K}] = 1.85\,[\mathrm{K\cdot kg/mol}] \times \frac{\dfrac{1.00\,[\mathrm{g}]}{M\,[\mathrm{g/mol}]}}{0.100\,[\mathrm{kg}]}$$

（mol）

$$\therefore\quad M = 1.813\cdots \times 10^2 \fallingdotseq \underline{1.81 \times 10^2}$$

78 解答

4.5×10^4

解説 ⇒ 重要ポイント

デンプン水溶液とタンパク質水溶液の両溶液間において，ファントホッフの法則より（変動しない文字を○で囲う），

$$\Pi V = \text{ⓝ}\text{Ⓡ}\text{Ⓣ} \Leftrightarrow \frac{\Pi V}{n} = \text{Ⓡ}\text{Ⓣ}\, k(\text{一定}) \Leftrightarrow \frac{\Pi_1 V_1}{n_1} = \frac{\Pi_2 V_2}{n_2}$$ より，

このタンパク質の分子量を M とおくと，

$$\underbrace{\frac{125 \times 200}{\dfrac{1.00\,[\mathrm{g}]}{1.0 \times 10^5\,[\mathrm{g/mol}]}}}_{\text{デンプン水溶液}} = \underbrace{\frac{400 \times 250}{\dfrac{1.80\,[\mathrm{g}]}{M\,[\mathrm{g/mol}]}}}_{\text{タンパク質水溶液}} \quad \therefore\quad M = \underline{4.5 \times 10^4}$$

（デンプン〔mol〕，タンパク質〔mol〕）

重要ポイント ファントホッフの法則

希薄溶液の浸透圧 Π〔Pa〕は溶液のモル濃度 C〔mol/L〕と絶対温度 T〔K〕に比例することが知られていて，これは次式のように表せる（これをファントホッフの法則という）。

$$\Pi = CRT \qquad \cdots(*)$$

このときの R は溶媒や溶質の種類とは無関係で，気体定数と等しくなる。また，溶液の体積を V〔L〕，溶質の物質量を n〔mol〕とすると，$C = \dfrac{n}{V}$〔mol/L〕より，(＊)式は次のように変形できる。

$$\Pi = \frac{n}{V}RT \Leftrightarrow \Pi V = nRT$$

79 解答

問1 $\Pi = 2.0 \times 10^2 h$〔Pa〕　**問2** $C = \dfrac{1}{160(25+h)}$〔mol/L〕

問3 5.2

解説 ⇒ **重要ポイント**

問1　水位がh〔cm〕変化したとき，両溶液の液面差は$2h$〔cm〕となることに注意し，この水溶液柱の高さをHg柱での高さ(x〔cm〕)に変換すると，圧力を与える単位面積あたりの質量〔g/cm^2〕について次式が成り立つ。

$$\underbrace{1.00\,[\mathrm{g/cm^3}] \times 2h\,[\mathrm{cm}]}_{\text{水溶液柱の質量〔g/cm}^2\text{〕}} = \underbrace{13.6\,[\mathrm{g/cm^3}] \times x\,[\mathrm{cm}]}_{\text{Hg柱の質量〔g/cm}^2\text{〕}} \qquad \therefore\ x = \frac{h}{6.8}\,[\mathrm{cm}]$$

よって，このHg柱の圧力〔cmHg〕を浸透圧Π〔Pa〕に変換すると，

$$1.013 \times 10^5\,[\mathrm{Pa}] : 76\,[\mathrm{cmHg}] = \Pi\,[\mathrm{Pa}] : \frac{h}{6.8}\,[\mathrm{cmHg}]$$

$$\therefore\ \Pi = 1.96\cdots \times 10^2 h \fallingdotseq \underline{2.0 \times 10^2 h}\,[\mathrm{Pa}]$$

問2　水の浸透後のNaCl水溶液の体積〔L〕は，

$$(\underbrace{500\,[\mathrm{mL}]}_{\text{初め}} + \underbrace{20\,[\mathrm{cm^2}] \times h\,[\mathrm{cm}]}_{\text{浸透により増加した量}}) \times 10^{-3} = (500 + 20h) \times 10^{-3}\,[\mathrm{L}]$$

よって平衡状態におけるNaCl水溶液の濃度C〔mol/L〕は，

$$C = \frac{2.5 \times 10^{-4}\,[\mathrm{mol/L}] \times \frac{500}{1000}\,[\mathrm{L}]}{(500 + 20h) \times 10^{-3}\,[\mathrm{L}]} = \underline{\frac{1}{160(25+h)}}\,[\mathrm{mol/L}]$$

（分子は〔mol〕）

問3　NaClの電離後は粒子の数が2倍になる($\mathrm{NaCl} \longrightarrow 1\,\mathrm{Na^+} + 1\,\mathrm{Cl^-}$)ことに注意すると，問1，問2より，

$$\Pi = CRT$$

$$\Leftrightarrow\ 2.0 \times 10^2 h = \left(\frac{1}{160(25 + h)} \times 2\right) \times (8.3 \times 10^3) \times (27 + 273)$$

$$\therefore\ h = 5.15\cdots \fallingdotseq \underline{5.2}\,[\mathrm{cm}]$$

重要ポイント　浸透圧(Π)による液面差の算出

Step1　生じた液面差(or変化した水位)を未知数(よくh〔cm〕を用いる)でおき，与えられた水溶液と水銀Hgの密度を用いてh〔cm〕をHg柱の高さに換算する。

Step2　h〔cm〕を含んだHg柱の高さ(圧力単位でcmHg)を，浸透圧Π〔Pa〕に変換する。

Step3　ファントホッフ$\left(\Pi V = \frac{w}{M}RT\right)$の式に条件の数値とともに代入し，$h$〔cm〕を求める(水溶液の体積$V$〔L〕を$h$〔cm〕を用いて表すため，最終的には$h$〔cm〕の2次方程式を解くことになる)。

80 解答

問1 ア　チンダル現象　　イ　透析　　ウ　電気泳動

問2 熱運動している溶媒分子がコロイド粒子に不規則に衝突するため。

問3 酸性

問4 ②　　(理由)コロイド粒子の電荷と反対符号で価数が最大のイオンを含むため。

解説

問1 ア　コロイド溶液に横から強い光線を当てると，光の通路が明るく光って見える。この現象をチンダル現象といい，これはコロイド粒子が分子やイオンよりも大きく，光を散乱させるためである。

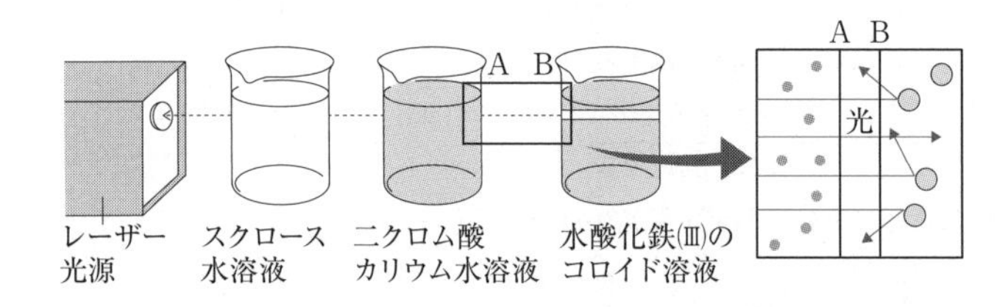

イ　セロハンなどの半透膜は，分子やイオンは通すがコロイド粒子のように大きい粒子は通すことができない。これを利用して，不純物として分子やイオンなどを含むコロイド溶液をセロハン袋に入れ流水中に浸しておくと，小さい不純物はセロハン膜を通り抜けて袋の外に出ていくので，袋の中にコロイド粒子だけを残すことができる。このようにしてコロイド溶液を精製する方法を透析という。

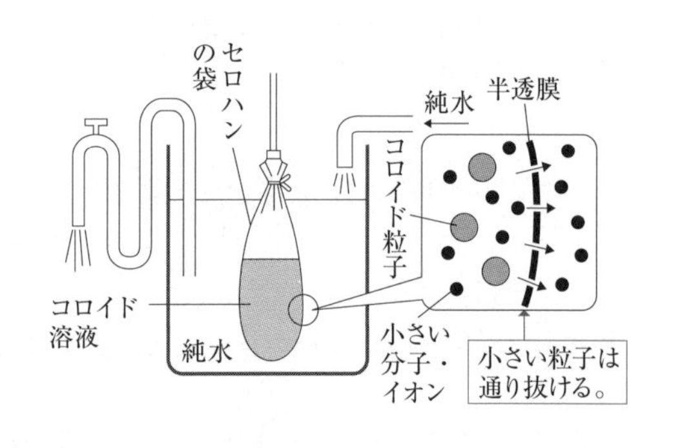

ウ　コロイド溶液に電極を浸して直流電圧をかけると，コロイド粒子が一方の極に移動する。この現象を電気泳動といい，コロイド粒子が正または負の電荷を帯びていて，反対電荷の電極に引き寄せられるためである。酸化水酸化鉄(Ⅲ) FeO(OH)コロイドは正に帯電しているため，その溶液に電圧をかけると陰極に移動する。

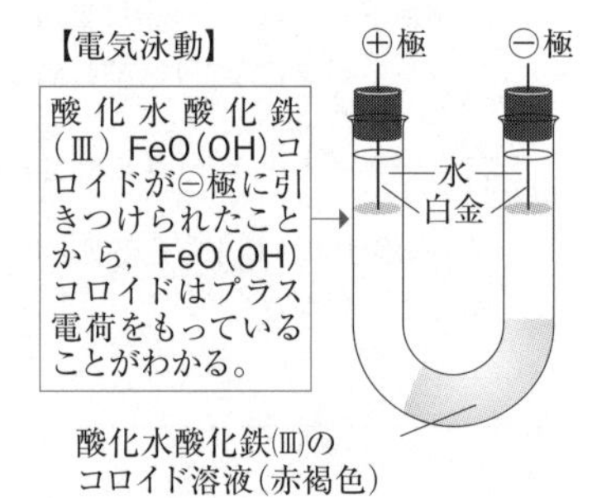

問2　コロイド溶液を限外顕微鏡で見ると，コロイド粒子が不規則な運動を繰り返しているのが観察できる。この現象をブラウン運動といい，これは水などの溶媒分子(これを分散媒という)が熱運動してコロイド粒子に衝突しているためである。

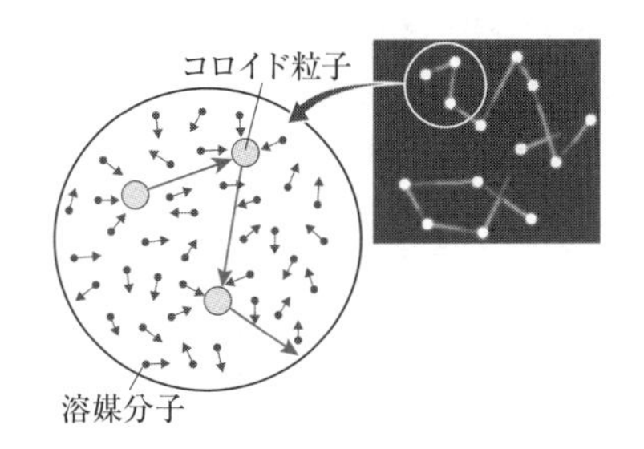

問3⇒ 重要ポイント 1°

塩化鉄(Ⅲ)$FeCl_3$水溶液を沸騰水に加えると，酸化水酸化鉄(Ⅲ) FeO(OH)コロイドが生成する。そして，H^+とCl^-のみがセロハン膜を通り抜けるため，セロハン袋の外はH^+により酸性を示す。

問4⇒ 重要ポイント 2°

酸化水酸化鉄(Ⅲ) FeO(OH)コロイドは疎水コロイドであり，少量の電解質を加えると沈殿する(これを凝析という)。凝析させるとき，コロイド粒子の電荷と反対符号の電荷で，価数の大きいイオンほどその効果は高い(これを凝析効果という)。酸化水酸化鉄(Ⅲ) FeO(OH)コロイドは正に帯電しているため，負の電荷で，価数の最も大きいSO_4^{2-}を含む②の硫酸ナトリウムNa_2SO_4を用いるとよい。

重要ポイント

1°　コロイドの製法

コロイドの製法は，そのコロイドによってさまざまである。そのため，ここでは入試で出題頻度が最も高い酸化水酸化鉄(Ⅲ) FeO(OH)コロイドの製法についてみておく。

Step1　コロイド溶液の調製

沸騰水に塩化鉄(Ⅲ)$FeCl_3$の飽和水溶液を一気に加えると，赤褐色の酸化水酸化鉄(Ⅲ) FeO(OH)のコロイド溶液が得られる。

Step2　コロイド溶液の精製 ～透析の利用～

ここで得られたコロイド溶液には，酸化水酸化鉄(Ⅲ)FeO(OH)コロイド以外にも不純物としてH^+やCl^-が含まれている。ここからの不純物を取り除くために前ページにあるような透析という操作を利用して精製する。なお，セロハン袋の外にH^+が移動したことはBTB液で黄色になることで確認することができる。また，Cl^-が移動したことは硝酸銀水溶液を加えて，AgClの白色沈殿が生じることで確認できる(右上図)。

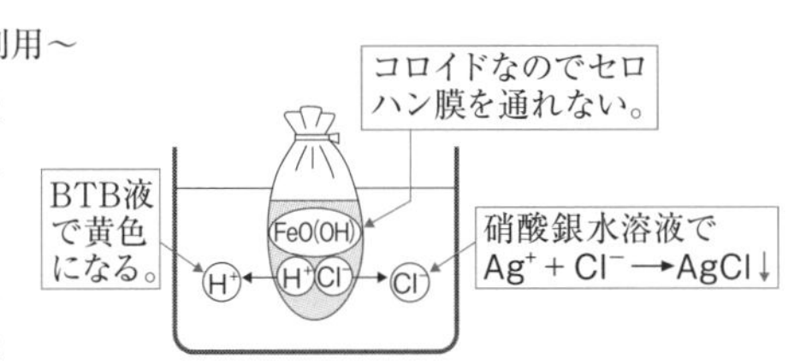

2°　凝析と塩析

［凝析］

疎水コロイドの溶液に少量の電解質を加えると沈殿が生じる。この現象を凝析という。疎水コロイドはもともと水和している水分子が少ないが，コロイド粒子自身がもつ電荷の反発によって水中に分散できている。ここに少量の電解質を加えていくと，コロイド粒子の反対符号のイオンによりコロイド粒子どうしの反発が打ち消され，大きな固まりとなって沈殿してしまう(下図は負に帯電した疎水コロイドの凝析)。

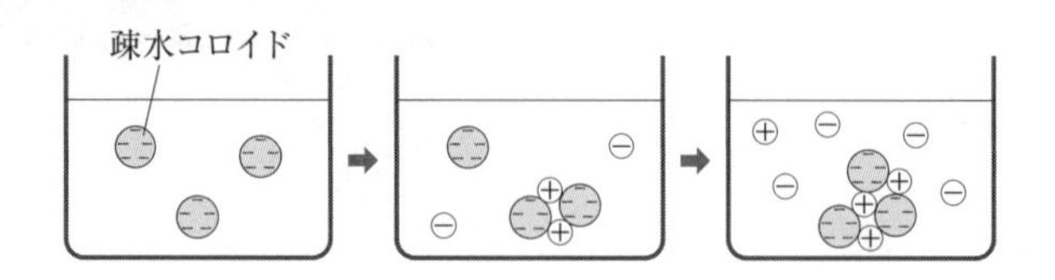

［塩析］

親水コロイドの溶液は，少量の電解質を加えても沈殿は生じないが，多量の電解質を加えると沈殿が生じる。この現象を塩析という。親水コロイドはもともとその表面に－OHや－COOHなどの親水性の原子団をもち，多数の水分子が水和して水中では安定である。ここに多量の電解質を加えると，このコロイドに水和している水分子が取り除かれ，さらにコロイド粒子どうしの電荷の反発も打ち消され，大きな固まりとなって沈殿してしまう(次図は負に帯電した親水コロイドの塩析)。

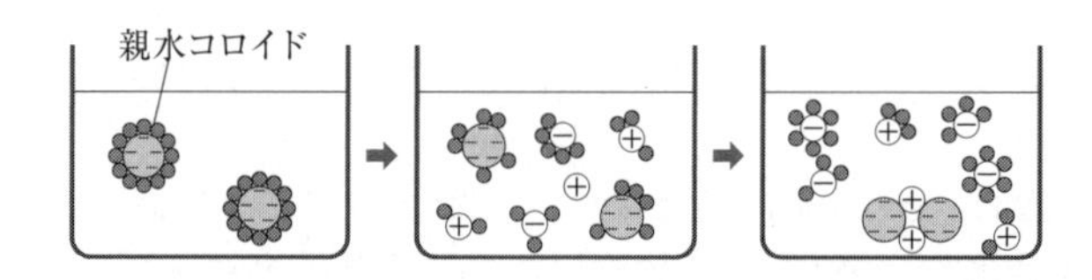

なお，疎水コロイドに親水コロイドを加えると，疎水コロイドの粒子が親水コロイドに取り囲まれ，沈殿しにくくなる(次図)。このような働きを保護作用といい，このような親水コロイドを保護コロイドという。

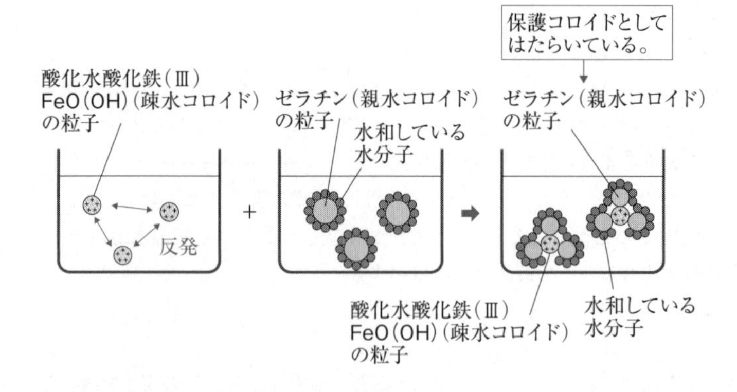

第10章　化学反応と熱

81 解答

問1　ア　反応エンタルピー(反応熱)　　イ　ヘス　　ウ　小さい　　エ　大きい

問2　(1)　S(固)＋$\frac{3}{2}$$O_2$(気) ⟶ SO_3(固)　ΔH = − 396 kJ

(2)　H_2O(固) ⟶ H_2O(液)　ΔH = 6.0 kJ

(3)　C_2H_6(気)＋$\frac{7}{2}$$O_2$(気) ⟶ $2CO_2$(気)＋$3H_2O$(液)　ΔH = − 1561 kJ

(4)　NaCl(固)＋aq ⟶ NaCl aq　ΔH = 3.88 kJ
(または，NaCl(固)＋aq ⟶ Na^+aq＋Cl^-aq　ΔH = 3.88 kJ)

問3　②　鉄と酸素から酸化鉄が生成する際などに発生する熱を利用。
③　硝酸アンモニウムなどの溶質が水に溶ける際の変化が吸熱であることを利用。

解説

問1⇒ 重要ポイント 1°

ウ　発熱反応では，反応物が生成物に変化するとき熱を放出するので，生成物がもつエンタルピーの総和は反応物がもつエンタルピーの総和よりも小さくなる(右図)。

エ　吸熱反応では反応物が生成物に変化するとき熱を吸収するので，生成物がもつエンタルピーの総和は反応物がもつエンタルピーの総和よりも大きくなる(右図)。

高 エンタルピー 低　反応物　➡発熱　生成物

高 エンタルピー 低　生成物　⬅吸熱　反応物

問2⇒ 重要ポイント 2°

(1)　三酸化硫黄 SO_3 の構成元素の単体である S(固)と O_2(気)から SO_3(固)1mol が生成する際の式となる。また，SO_3(固)の係数を1としておくことに注意する。

(2)　「融解」は固体から液体になる状態変化であり，(エンタルピーの高い状態に変化し)熱の吸収を伴う。

(3)　エタン C_2H_6(気)1 mol が O_2(気)と反応して CO_2(気)と H_2O(液)が生成する際の式となる。特に断りがない限りは，H_2O の状態は 25℃,1 気圧の状態である液体として記す。また，C_2H_6(気)の係数を1としておくことに注意する。

(4)　塩化ナトリウム NaCl(固)1 mol が多量の水(aq)に溶解する際の式となる。強電解質(電離度が大きい電解質)の場合は，水和イオンの状態(例えば Na^+aq)で記してもよい。

問3

②　化学カイロには鉄の粉末が入っており，これが空気中の O_2 と反応すると発熱する。

③　硝酸アンモニウム NH_4NO_3 の水への溶解は吸熱反応であるため，NH_4NO_3 を水に溶解させることで外部から熱を奪い，その冷却効果を利用する。

重要ポイント

1° ヘスの法則

ヘス(スイス)は，1840年に「物質が変化するときに出入りする熱量は，反応前の状態と反応後の状態で決まり，反応の経路や方法には無関係である」というヘスの法則(または総熱量保存の法則)を発見した。つまり，ある物質が別の物質に変化するときに，どのような経路で進もうが，そのときの反応エンタルピーの総和は必ず等しくなる。

2° 反応エンタルピーと状態変化に伴うエンタルピー変化

[反応エンタルピー]

反応エンタルピーにはいくつか種類があり，重要なものは以下の4つ。これらの反応エンタルピーの定義をしっかり押さえ，この定義に従い基準物質(以下の例で　　となっている)に注目して係数を書き入れることが重要である。

・生成エンタルピー：生成物1molがその成分元素の単体から生じるときのエンタルピー変化 ΔH($\Delta H < 0$ は発熱，$\Delta H > 0$ は吸熱)。

例 $\frac{1}{2}N_2$(気) + $\frac{3}{2}H_2$(気) ⟶ 1 NH_3(気)　$\Delta H = -46\,kJ$

※ 基準物質(上の例ではNH_3)の係数を「1」にするため，他の物質の係数が分数になることがある。

・燃焼エンタルピー：物質1molが酸素と反応して完全燃焼するときのエンタルピー変化(発熱)。

例 1 C_4H_{10}(気) + $\frac{13}{2}O_2$(気) ⟶ $4CO_2$(気) + $5H_2O$(液)　$\Delta H = -2856\,kJ$

・溶解エンタルピー：物質1molを多量の溶媒に溶かしたときのエンタルピー変化(発熱または吸熱)。

例 1 NaOH(固) + aq ⟶ NaOHaq　$\Delta H = -45\,kJ$

※ aq(aqua)は多量の水を表し，化学式の後ろに付いている場合には(希薄)水溶液を表す。

・中和エンタルピー：水溶液中で，酸が放出した水素イオンH^+と塩基が放出した水酸化物イオンOH^-が中和して水1molが生じるときのエンタルピー変化(発熱)。

例 H^+aq + OH^-aq ⟶ 1 H_2O(液)　$\Delta H = -56.5\,kJ$

[状態変化に伴うエンタルピー変化]

熱の出入りは化学変化だけでなく，物質の状態が変わる状態変化(物理変化)のときにもある。蒸発に伴うエンタルピー変化を蒸発エンタルピー(吸熱)，凝縮に伴うエンタルピー変化を凝縮エンタルピー(発熱)，融解に伴うエンタルピー変化を融解エン

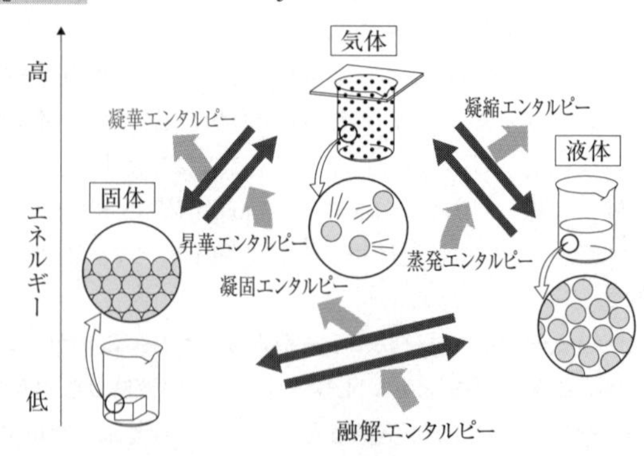

タルピー(吸熱)，凝固に伴うエンタルピー変化を凝固エンタルピー(発熱)，昇華に伴うエンタルピー変化を昇華エンタルピー(吸熱)，凝華に伴うエンタルピー変化を凝華エンタルピー(発熱)という。ミクロな視点でみると，粒子の(熱)運動が活発になるほどエンタルピーは高くなっていく。

たとえば，水の蒸発エンタルピーは 44 kJ/mol のため，H_2O(液体)の蒸発は次式のように表される。なお，「蒸発」は液体から気体になる状態変化であり，(エンタルピーの高い状態に変化するので)熱の吸収を伴う。

例　1 H_2O(液) $\longrightarrow$ H_2O(気)　$\Delta H = 44$ kJ

82 解答

問 1　プロパン　2.0×10^{-2} mol　　水素　5.0×10^{-2} mol　　一酸化炭素　3.0×10^{-2} mol

問 2　67.2 kJ

解説

問 1　この混合気体中の C_3H_8 を x〔mol〕，H_2 を y〔mol〕，CO を z〔mol〕とおく。

［総体積について］

$$22.4\ 〔\mathrm{L/\cancel{mol}}〕\times(x+y+z)〔\cancel{\mathrm{mol}}〕=2240\times10^{-3}\ \mathrm{L}$$

$$\Leftrightarrow\quad x+y+z=0.10 \qquad \cdots\cdots(1)$$

［生成した H_2O の総質量と CO_2 の総体積について］

$$C_3H_8 + 5O_2 \longrightarrow 3CO_2 + 4H_2O$$

変化量　$-x$　　$+3x$　　$+4x$　(単位：mol)

$$H_2 + \frac{1}{2}O_2 \longrightarrow H_2O$$

変化量　$-y$　　$+y$　(単位：mol)

$$CO + \frac{1}{2}O_2 \longrightarrow CO_2$$

変化量　$-z$　　$+z$　(単位：mol)

H_2O：　$18\ 〔\mathrm{g/\cancel{mol}}〕\times(4x+y)〔\cancel{\mathrm{mol}}〕=2.34\ \mathrm{g}$

$$\Leftrightarrow\quad 4x+y=0.13\ \mathrm{mol} \qquad \cdots\cdots(2)$$

CO_2：　$22.4\ 〔\mathrm{L/\cancel{mol}}〕\times(3x+z)〔\cancel{\mathrm{mol}}〕=2016\times10^{-3}\ \mathrm{L}$

$$\Leftrightarrow\quad 3x+z=0.090 \qquad \cdots\cdots(3)$$

よって，(1)式〜(3)式より，$x = \underline{2.0\times10^{-2}}$〔mol〕，$y = \underline{5.0\times10^{-2}}$〔mol〕，$z = \underline{3.0\times10^{-2}}$〔mol〕

問 2 ⇒ **重要ポイント**

この燃焼反応におけるエンタルピー変化の総和〔kJ〕は，

$$\underbrace{-2219〔\mathrm{kJ/\cancel{mol}}〕\times0.020〔\cancel{\mathrm{mol}}〕}_{C_3H_8\text{ のエンタルピー変化〔kJ〕}}+\underbrace{-286〔\mathrm{kJ/\cancel{mol}}〕\times0.050〔\cancel{\mathrm{mol}}〕}_{H_2\text{ のエンタルピー変化〔kJ〕}}+\underbrace{-283〔\mathrm{kJ/\cancel{mol}}〕\times0.030〔\cancel{\mathrm{mol}}〕}_{CO\text{ のエンタルピー変化〔kJ〕}}$$

$$=-67.17 \fallingdotseq -67.2\ \mathrm{kJ}$$

よって，発生した総熱量は $\underline{67.2}$ kJ

物質の変化(化学)

重要ポイント 反応エンタルピーを用いた熱量計算

エンタルピー変化 ΔH〔kJ〕＝反応エンタルピー〔kJ/mol〕×基準物質の物質量〔mol〕
（$\Delta H > 0$ 吸熱，$\Delta H < 0$ 発熱）

※ ここでいう「基準物質」とは，反応エンタルピーの定義において1molと定められている物質のことである。例えば，燃焼エンタルピーであれば燃焼する物質，生成エンタルピーであれば生成する物質，溶解エンタルピーであれば溶解する物質，中和エンタルピーであればH_2O(液)である。

83 解答

問1 ア −892　　イ −2220

問2 C_3H_8(気)＋$5O_2$(気) ⟶ $3CO_2$(気)＋$4H_2O$(液)　$\Delta H = -2220$〔kJ〕

問3 ウ メタン　　エ メタン

解説

問1 ア メタンCH_4の燃焼エンタルピーをΔH_1〔kJ/mol〕とおくと，次式が成り立つ。

$$\Delta H_1〔\text{kJ/mol}〕\times \frac{1.12}{22.4}〔\text{mol}〕= -44.6〔\text{kJ}〕\qquad \therefore\ \Delta H_1 = \underline{-892}〔\text{kJ/mol}〕$$

イ プロパンC_3H_8の燃焼エンタルピーをΔH_2〔kJ/mol〕とおくと，次式が成り立つ。

$$\Delta H_2〔\text{kJ/mol}〕\times \frac{1.12}{22.4}〔\text{mol}〕= -111〔\text{kJ}〕\qquad \therefore\ \Delta H_2 = \underline{-2220}〔\text{kJ/mol}〕$$

問2 プロパンC_3H_8(気)1molがO_2(気)と反応してCO_2(気)とH_2O(液)が生成する際の式となる。特に断りがない限りは，H_2Oの状態は25℃,1気圧の状態である液体として記す。

問3 ウ 1.00gのメタンCH_4(＝16)またはプロパンC_3H_8(＝44)を完全燃焼させたときに発生する熱量〔kJ〕の大小関係は，**問1**の結果より，以下のようになる（$\Delta H < 0$なので発熱量は正負の符号を除いた絶対値で比較する）。

$$\underbrace{892〔\text{kJ/mol}〕\times \frac{1.00}{16}〔\text{mol}〕}_{CH_4\text{の燃焼による発熱量〔kJ〕}} > \underbrace{2220〔\text{kJ/mol}〕\times \frac{1.00}{44}〔\text{mol}〕}_{C_3H_8\text{の燃焼による発熱量〔kJ〕}}$$

よって，<u>メタン</u>の方が多い。

エ 1.00kJの熱量を得るのに発生するCO_2の物質量〔mol〕の大小関係は，**問1**の結果より，以下のようになる（ウと同様に正負の符号を除いた絶対値で比較する）。

$$\underbrace{\frac{1.00〔\text{kJ}〕}{892〔\text{kJ/mol}〕}\times 1}_{C_1H_4\text{からの}CO_2〔\text{mol}〕} < \underbrace{\frac{1.00〔\text{kJ}〕}{2220〔\text{kJ/mol}〕}\times 3}_{C_3H_8\text{からの}CO_2〔\text{mol}〕}$$

よって，<u>メタン</u>の方が少ない。

84 解答

④

解説 ⇒ 重要ポイント

ベンゼン C_6H_6(液)の生成反応は次式で表される。

$6C$(固) + $3H_2$(気) ⟶ C_6H_6(液)　$\Delta H = x$〔kJ〕　……(＊)

また，与えられた燃焼エンタルピーより，これを書き加えた各物質の化学反応式は以下のようになる。

C_6H_6(液) + $\frac{15}{2}O_2$(気) ⟶ $6CO_2$(気) + $3H_2O$(液)　$\Delta H = -3268$〔kJ〕　……(1)

C(固) + O_2(気) ⟶ CO_2(気)　$\Delta H = -394$〔kJ〕　……(2)

H_2(気) + $\frac{1}{2}O_2$(気) ⟶ H_2O(液)　$\Delta H = -286$〔kJ〕　……(3)

ここで，(＊)式 = (2)式 × 6 + (3)式 × 3 − (1)式

⇔　$x = (-394 \times 6) + (-286 \times 3) - (-3268) = 46$〔kJ〕

別解　(反応エンタルピー) = (左辺物質の燃焼エンタルピーの総和) − (右辺物質の燃焼エンタルピーの総和)より，

$x = \{(-394 \times 6 + (-286 \times 3)\} - (-3268) = 46$〔kJ〕

重要ポイント

複数の反応エンタルピーが与えられている場合の計算解法❶ ～化学反応式の消去法による反応エンタルピーの算出～

Step1　反応エンタルピーの定義をふまえ，求めたい反応エンタルピーを書き加えた化学反応式を作る。

Step2　材料(データ)の化学反応式を反応エンタルピーとともにすべて書き出す。

Step3　Step1の式の化学式で，Step2の材料の式に1回しか登場しないものを同じ印でマークする。

Step4　それぞれの物質で，係数を見て係数をそろえる。左右の同じ辺どうしの場合は足し算をし，異なる辺どうしの場合は引き算をする。

Step5　不必要な項が残っていないか確認し，残っていた場合は使わなかった材料の式で消す。

※　数多くの反応エンタルピーが問題で与えられている場合，使用しない式(ダミー)の見分け方。

⇒　求めたい反応エンタルピーと与えられた反応エンタルピーを書き加えた化学反応式のうち1回しか登場しない項(化学式)を含む式は絶対に使用しない(正確に言うと使用できない)。

複数の反応エンタルピーが与えられている場合の計算解法❷ ～公式の利用～

Case1　燃焼エンタルピーの利用

ΔH = (左辺物質の燃焼エンタルピーの総和) − (右辺物質の燃焼エンタルピーの総和)

Case2　生成エンタルピーの利用

ΔH =（右辺物質の生成エンタルピーの総和）−（左辺物質の生成エンタルピーの総和）

※ 単体の生成エンタルピーは0 kJ/molとする。

85 解答

問1　CH_4(気) + $2O_2$(気) ⟶ CO_2(気) + $2H_2O$(液)　$\Delta H = -\ 891$ kJ

問2　415 kJ/mol

解説

問1　メタン CH_4(気)が O_2(気)と反応して CO_2(気)と H_2O(液)が生成する際の式となる。

問2⇒ 重要ポイント

C－Hの結合エネルギーを x〔kJ/mol〕とおくと，与えられた結合エネルギーを用いて，下図のようなエンタルピー図を作成できる。よって，図より，

$$4x + 2 \times (498) = \{804 \times 2 + 2 \times (463) \times 2\} + 2 \times (44.0) - 891$$

$$\therefore\quad x = 415.2\cdots \fallingdotseq \underline{415}〔\text{kJ/mol}〕$$

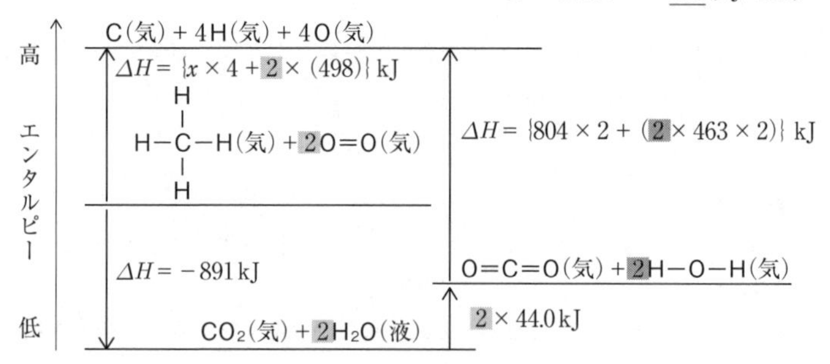

重要ポイント　結合エネルギーとその計算解法

［結合エネルギー］

気体分子内の特定の共有結合1 molを切断するために必要なエネルギーを結合エネルギーという。

［計算解法］〜エンタルピー図の利用〜

Step1　求めたい反応エンタルピーを書き加えた化学反応式を作る（または求めたい結合エネルギーを含む物質が関係する反応エンタルピーを問題文からピックアップする）。

Step2　Step1の式，または問題で与えられた反応エンタルピー（を書き加えた化学反応式）がある場合には，それを構造式を用いてエンタルピー図に書き込む（発熱・吸熱が判断できない場合は発熱と仮定する）。

Step3　Step2で書き込んだ分子や化合物を，結合エネルギーを用いてバラバラの原子状態にする。このとき，原子状態は不安定なので，そのエンタルピーは分子や化合物より上の方に記す。また，分子や化合物は気体状態にする。

Step4　作成したエンタルピー図から2つの反応経路のエンタルピー変化のそれぞれの総和

をイコールでつなぎ，求めたいエンタルピー変化を含む一次方程式を立て（ヘスの法則の利用），それを解く。

86 解答

問1　2.0×10^{3} kJ　　**問2**　1.4×10^{2} g　　**問3**　2.1×10 g 減る

解説

問1　プロパン C_3H_8（気）の燃焼反応は以下の燃焼エンタルピーを書き加えた化学反応式で表される（本問で与えられている H_2O の生成エンタルピーは液体状態のもので，かつ蒸発エンタルピーや凝縮エンタルピーは与えられていないため，生成する H_2O は液体状態とする）。

$$C_3H_8(気) + 5O_2(気) \longrightarrow \underline{3}\ CO_2(気) + \underline{4}\ H_2O(液)\quad \Delta H = x\,[kJ] \quad\cdots\cdots(*)$$

また，与えられた生成エンタルピーより，各物質の生成エンタルピーを書き加えた化学反応式は以下のようになる（解法はP.101参照）。

$$3C(固) + 4H_2(気) \longrightarrow C_3H_8(気)\quad \Delta H = -106\,kJ \quad\cdots\cdots①$$

$$C(固) + O_2(気) \longrightarrow CO_2(気)\quad \Delta H = -394\,kJ \quad\cdots\cdots②$$

$$H_2(気) + \frac{1}{2}O_2(気) \longrightarrow H_2O(液)\quad \Delta H = -242\,kJ \quad\cdots\cdots③$$

ここで，（＊）式＝－ ①式 ＋ ②式 × $\underline{3}$ ＋ ③式 × $\underline{4}$

$\Leftrightarrow\ x = -(-106) + (-394\times3) + (-242\times4) = -2044 \fallingdotseq -2.0\times10^{3}$ kJ

よって，発生する熱量は $\underline{2.0\times10^{3}}$ kJ

別解　（反応エンタルピー）＝（右辺物質の生成エンタルピーの総和）－（左辺物質の生成エンタルピーの総和）より，

$x = \{-394\times3 + (-242\times4)\} - (-106 + 0\times5) = -2044 \fallingdotseq -2.0\times10^{3}$ kJ

よって，発生する熱量は $\underline{2.0\times10^{3}}$ kJ

問2⇒ **重要ポイント**

C_3H_8 から放出される CO_2 の質量を x[g]とおくと，利用できる熱量と必要な熱量[kJ]が等しいことから，**問1**の結果より，

$$\underbrace{\frac{x\,[g]}{44\,[g/mol]}}_{CO_2[mol]}\times\underbrace{\frac{1}{3}}_{C_3H_8[mol]}\times2044\,[kJ/mol]\times\underbrace{\frac{20}{100}}_{利用効率} = 4.2\times10^{-3}\,[kJ/(g\cdot℃)]\times(1.0\times10^{3})\,[g]\times(100-0)\,[℃]$$

左辺：C_3H_8 の燃焼により発生した熱量のうち利用できた分[kJ]
右辺：水温上昇に必要な熱量[kJ]

$\therefore\ x = 1.356\times\cdots10^{2} \fallingdotseq \underline{1.4\times10^{2}}$ [g]

問3　CH_4 から放出される CO_2 の質量を y〔g〕とおくと，利用できる熱量と必要な熱量〔kJ〕が等しいことから，

CO_2〔mol〕＝ CH_4〔mol〕

$$\frac{y\,[\text{g}]}{44\,[\text{g/mol}]} \times 804\,[\text{kJ/mol}] \times \frac{20}{100} = 4.2 \times 10^{-3}\,[\text{kJ/(g}\cdot{}^\circ\text{C)}] \times (1.0 \times 10^3)\,[\text{g}] \times (100 - 0)\,[{}^\circ\text{C}]$$

（$\frac{20}{100}$：利用効率）

左辺：CH_4 の燃焼により発生した熱量のうち利用できた分〔kJ〕
右辺：水温上昇に必要な熱量〔kJ〕

$$\therefore\quad y \fallingdotseq 1.149 \times 10^2\,[\text{g}]$$

よって，プロパンからメタンに替えると

$1.356 \times 10^2 - 1.149 \times 10^2 = 2.07 \times 10 \fallingdotseq \underline{2.1 \times 10}$〔g〕減る。

重要ポイント　比熱と比熱を用いた計算解法

［比熱］　1gの物質を1℃（1K）だけ温度上昇するのに必要な熱量〔J〕

⇒　単位：〔J/(g・℃)〕となるが，（反応エンタルピー〔kJ/mol〕とつなげることが多いため）与えられた比熱はすぐに「○ × 10^{-3}〔kJ/(g・℃)〕」の形に直すと良い。

［計算解法］　⇒　比熱と反応エンタルピーを用いて，出入りする熱量〔kJ〕について方程式を作成する。

Step1　実験データなどを次式に代入(温度変化が未知数になることもある)。

熱量〔kJ〕＝比熱 × 10^{-3}〔kJ/(g・℃)〕× 物質の質量〔g〕× 温度変化〔℃〕

Step2　「熱量〔kJ〕＝反応エンタルピー〔kJ/mol〕× 物質量〔mol〕」で熱量を求め，上式で算出した熱量〔kJ〕と等式で結ぶ(出入りする熱量は必ず等しくなるため)。

※　反応エンタルピー ΔH〔kJ/mol〕や物質量〔mol〕を求めることが多いため，それらを未知数として文字でおき，方程式をつくる場合がほとんど（$\Delta H < 0$ のとき発熱量 $|\Delta H|$）。

87 解答

問1　(1)　6.7 kJ　　(2)　−56 kJ/mol

問2　(1)　$0.080\,\Delta H_1 + 0.050\,\Delta H_2$〔kJ〕　　(2)　$2.1\Delta t$〔kJ〕　　(3)　28.0℃

解説

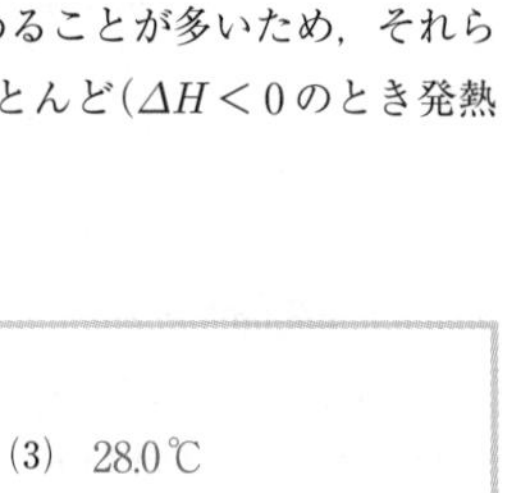

問1　(1)　外界に逃げた熱を補正するため，右図のようにグラフの温度が直線的に下がっているところの傾きを延長し，時間＝0秒のときの温度を求める(このようなグラフ上の操作を外挿という)。

また，希塩酸と NaOH 水溶液の混合溶液の質量〔g〕は，

$$1.0\,[\text{g/cm}^3] \times (0.20 \times 10^3)\,[\text{cm}^3] + 1.0\,[\text{g/cm}^3] \times (0.10 \times 10^3)\,[\text{cm}^3] = 300\,[\text{g}]$$

（希塩酸の質量〔g〕＋ NaOH 水溶液の質量〔g〕）

よって，この実験で発生した総熱量〔kJ〕は，

4.2×10^{-3}〔kJ/(g・℃)〕× 300〔g〕× (30.3 − 25.0)〔℃〕= 6.67… ≒ 6.7〔kJ〕

(2) HCl と NaOH の各物質量〔mol〕は以下のようになる。

HCl：0.60〔mol/L〕× 0.20〔L〕= 0.12〔mol〕
NaOH：1.20〔mol/L〕× 0.10〔L〕= 0.12〔mol〕

よって，生成する H_2O の物質量〔mol〕も，次式より 0.12 mol となる。

$$NaOH + HCl \longrightarrow NaCl + H_2O \quad \Delta H = x\text{〔kJ〕}$$

変化量　−0.12 mol　−0.12 mol　　+0.12 mol

以上より，中和エンタルピーを x〔kJ/mol〕($x < 0$) とおくと，(1)の結果より，

x〔kJ/mol〕× 0.12〔mol〕= − 6.67〔kJ〕　∴ x = −55.5… ≒ −56〔kJ/mol〕

問2　(1) HCl の物質量〔mol〕は，0.10〔mol/L〕× 0.50〔L〕= 0.050〔mol〕

よって，生成する H_2O の物質量〔mol〕は，次式より 0.050 mol となる。

$$NaOH + HCl \longrightarrow NaCl + H_2O$$

変化量　−0.050 mol　−0.050 mol　　+0.050 mol（NaOH は 0.030 mol 残る）

以上より，エンタルピー変化の総和 ΔH〔kJ〕は，

$\Delta H = \Delta H_1$〔kJ/mol〕× 0.080〔mol〕+ ΔH_2〔kJ/mol〕× 0.050〔mol〕

（前項：NaOH(固)の溶解によるエンタルピー変化〔kJ〕　後項：中和によるエンタルピー変化〔kJ〕）

= $0.080\,\Delta H_1 + 0.050\,\Delta H_2$〔kJ〕

(2) 題意より，反応による溶液の体積変化は無視できるため，希塩酸と NaOH(固)の混合溶液の質量〔g〕は，

1.0〔g/cm³〕× (0.50×10^3)〔cm³〕= 500〔g〕

よって，温度上昇が Δt〔℃〕のとき，発生する総熱量 Q〔kJ〕は，

$Q = 4.2 \times 10^{-3}$〔kJ/(g・℃)〕× 500〔g〕× Δt〔℃〕= $2.1\Delta t$〔kJ〕

(3) ΔH_1 = −45 kJ/mol のとき，問1(2)，問2(1)，(2)の結果と，$\Delta H = -Q$ より，

$0.080\,\Delta H_1 + 0.050\,\Delta H_2 = -2.1\Delta t$

⇔ $0.080 \times (-45) + 0.050 \times (-56) = -2.1\Delta t$　∴ Δt ≒ 3.04〔℃〕

以上より，混合後の溶液の温度〔℃〕は，

25.0 + 3.04 = 28.04 ≒ 28.0〔℃〕

88 解答

問1　① 717　② −700　③ 17

(a) K^+(気体)　(b) Cl^-(気体)　(c) K^+aq　(d) Cl^-aq

((a)と(b)，(c)と(d)は順不同)

問2　このエンタルピー差は気体イオンが水和するときに発生する熱量に相当する。水分子がイオンに水和するとき多量の熱量の発生があり，この熱量が結晶を気体イオンにするのに必要な熱量と同程度の大きさになるため，KCl(固)の溶解に必要な熱量は小さくなる。

解説 ⇒ 重要ポイント

問1 与えられたエンタルピー変化(格子エネルギーが717 kJ/mol，溶解エンタルピーが17 kJ/mol)より，下図のような図を作成できる。よって，図より，

$\Delta H_3 = \Delta H_1 + \Delta H_2$

$17 = 717 + \Delta H_2 \quad \therefore \Delta H_2 = 17 - 717 = \underline{-700}$ kJ

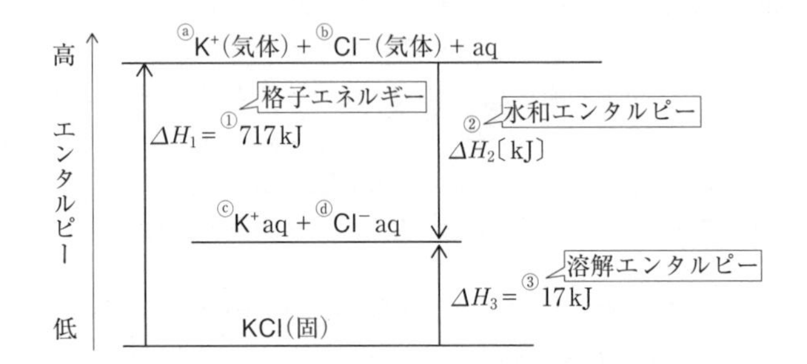

問2 本問で述べているエンタルピー差は，気体イオンが水和するときに発生する熱量に相当する。水分子は極性をもち，水溶液中ではイオンと反対の電荷を持つ部分を向けて水分子がイオンに水和する(水和の反応は次式で表される)。

K^+(気体) + Cl^-(気体) + aq ⟶ K^+aq + Cl^-aq

このときに，イオンと水分子の間に働く静電的引力によって，多量の熱量の発生がある(**問1**よりこの熱量は700 kJ)。この熱量が，結晶をバラバラの気体イオンにするのに必要な熱量(格子エネルギーの717 kJ/mol)と，同程度の大きさになるため，KClの溶解に必要な熱量は小さくなる。

重要ポイント

[格子エネルギー]

イオン結晶1 molをバラバラの気体イオンにするのに必要なエネルギー。

[格子エネルギーと水和エンタルピー・溶解エンタルピーの関係]

次式のようなエンタルピー変化を書き加えた化学反応式が与えられていたとすると，格子エネルギーと溶解エンタルピー，水和エンタルピーには下図のような2パターンがある(溶解反応が発熱のときと吸熱のとき)。

格子エネルギー：AB(固) ⟶ A^+(気) + B^-(気)　ΔH_1〔kJ〕($\Delta H_1 > 0$)

水和エンタルピーの和：A^+(気) + B^-(気) + aq ⟶ A^+(aq) + B^-(aq)　ΔH_2〔kJ〕($\Delta H_2 < 0$)

溶解エンタルピー：AB(固) + aq ⟶ A^+(aq) + B^-(aq)　ΔH_3〔kJ〕

($\Delta H_3 > 0$ または < 0)

必ず発熱(水和して安定化するため)

このとき，もちろん格子エネルギーを求めることもあるが，格子エネルギーを用いて溶解エンタルピーの正負(発・吸熱)を判断したり，溶解エンタルピーの値を求めたりするような問題もある。

パターン 1　($\Delta H_1 = x,\ \Delta H_2 = -y,\ x > y > 0$)

　ヘスの法則 $\Delta H_3 = \Delta H_1 + \Delta H_2 = x - y > 0$ ⇒ 溶解エンタルピー(ΔH_3)は吸熱

パターン 2　($\Delta H_1 = x,\ \Delta H_2 = -y,\ y > x > 0$)

　ヘスの法則 $\Delta H_3 = \Delta H_1 + \Delta H_2 = x - y < 0$ ⇒ 溶解エンタルピー(ΔH_3)は発熱

パターン 1 溶解反応が吸熱($\Delta H_3 > 0$)

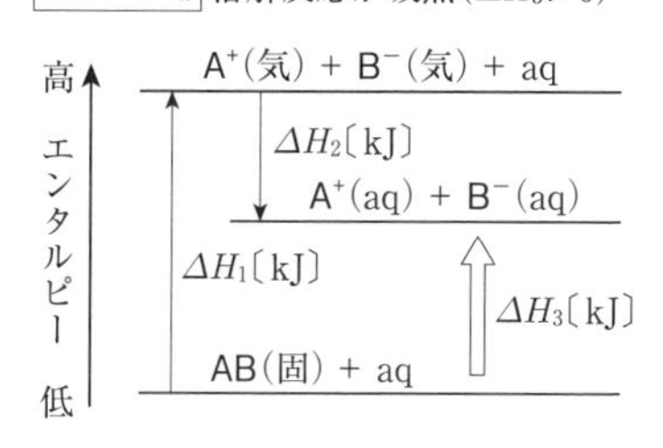

パターン 2 溶解反応が発熱($\Delta H_3 < 0$)

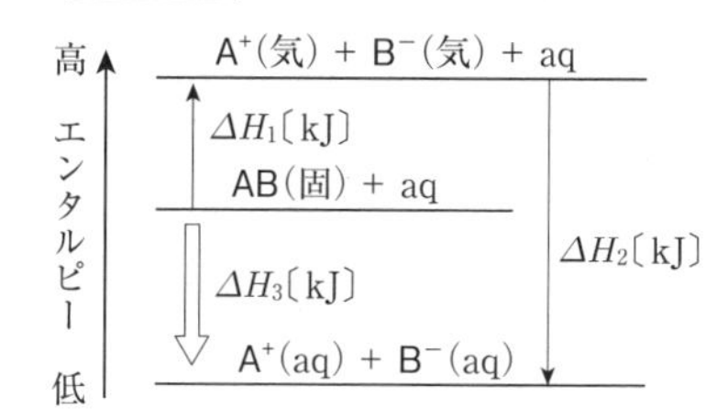

89 解答

問 1　② Cl_2(気) ⟶ 2Cl(気)　$\Delta H = 239$ kJ

　③ Na(気) ⟶ Na^+(気) + e^-　$\Delta H = 498$ kJ

　④ Cl(気) + e^- ⟶ Cl^-(気)　$\Delta H = -353$ kJ

　⑤ Na(固) + $\frac{1}{2}$ Cl_2(気) ⟶ NaCl(固)　$\Delta H = -410$ kJ

問 2　784 kJ

解説

問 1 ⇒ **重要ポイント**

② 分子からバラバラの気体原子にするとき吸熱が生じるため，結合エネルギー(結合エンタルピー)について ΔH は正の値で記す。

③ 気体原子から電子 e^- 1 個を取り去る(バラけさせる)ため，(第一)イオン化エネルギーについて ΔH は正の値で記す。

④ 気体原子に電子 e^- 1 個をくっつけるとき発熱が生じるため，電子親和力について ΔH は負の値で記す。

⑤ 生成エンタルピーは構成元素の単体から化合物 1 mol が生成するときのエンタルピー変化である。－符号がついている生成エンタルピーは発熱である。

問 2　与えられた①～⑤のデータより，下のような図を作成することができる(各数値はエンタルピー変化を表す)。よって，ヘスの法則より，

$$-410 + Q = 109 + \frac{1}{2} \times 239 + 498 - 353$$

$$\therefore\ Q = 783.5 \fallingdotseq \underline{784}\text{〔kJ/mol〕}$$

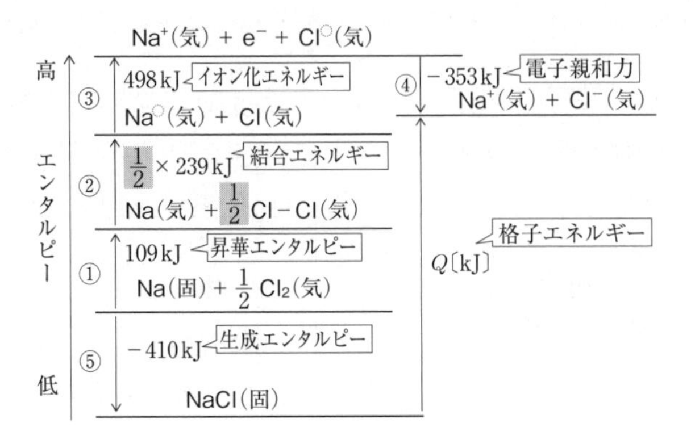

重要ポイント イオン化エネルギーと電子親和力

原子が電子を受け渡しするときにもエネルギーの出入り(エンタルピー変化)がある。具体的には，原子から電子e^-を奪い取り1価の陽イオンにするときに必要なイオン化エネルギーと，原子に電子e^-をくっつけたときに放出される電子親和力がある。これを，バラバラ・カタマリのイメージでエネルギー(エンタルピー)図にすると次のようになる(エネルギーの大小関係は「バラバラ＞カタマリ」)。

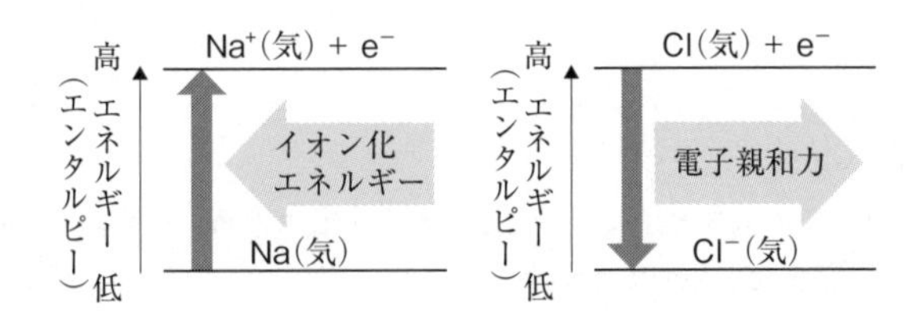

一般に，陽イオンになるときはエネルギーを吸収し，e^-が取れて(バラけて)エネルギー状態は高くなる(吸熱反応となる)。一方，陰イオンになるときはe^-がくっついて(カタマって)エネルギーを放出するので，エネルギー状態は低くなる(発熱反応となる)。

第11章　電気化学

90　解答

問1　A　K　　B　Pb　　C　Pt　　D　Ag　　E　Cu　　F　Fe　　G　Mg

問2　金属の表面が難溶性の塩である $PbCl_2$ や $PbSO_4$ でおおわれ，反応が止まってしまうため。

問3　金属の表面にち密な酸化皮膜ができて，直ちに反応が止まってしまうため。

解説

問1　代表的な金属のイオン化列とその反応性を以下に記す(本問で決定する金属元素は○で囲っておく)。

イオン化列　大 ←→ 小						
Li K Ca Na	Mg	Al Zn Fe	Ni Sn Pb	(H_2) Cu Hg	Ag	Pt Au
冷水と反応						
熱水と反応						
高温の水蒸気と反応						
希酸（希 HCl，希 H_2SO_4）と反応						
酸化力のある酸（濃 HNO_3，希 HNO_3，熱濃 H_2SO_4）と反応						
王水（濃 HNO_3：濃 HCl = 1：3）と反応						
加熱により空気と反応						

また，説明文(ア)～(カ)を金属A～Gに振り分けると以下のようになる。

A
- (ア)　常温の空気中で速やかに酸化される。
- (イ)　常温で水と反応する。
- (ウ)　希 HCl や希 H_2SO_4 に溶ける。

以上より，カリウム K とわかる。

B
- (ア)　空気中でおだやかに酸化される。
- (イ)　水と反応しない。
- (ウ)　(希 HCl や希 H_2SO_4 に溶けないが)酸化力の強い酸には溶ける。
- (エ)　希 HCl や希 H_2SO_4 に溶けない。
- (エ)　NaOH 水溶液に溶ける。→両性元素
- (オ)　酸化物が C や CO で還元される。

以上より，鉛 Pb とわかる。

C
- (ア)　空気で酸化されない。
- (イ)　水と反応しない。
- (ウ)　王水にのみ溶ける。

以上より，白金 Pt とわかる。

D
- (ア) 空気で酸化されない。
- (イ) 水と反応しない。
- (ウ) (希 HCl や希 H_2SO_4 に溶けないが)酸化力の強い酸には溶ける。

以上より，銀 Ag とわかる。

E
- (ア) 空気中でおだやかに酸化される。
- (ウ) (希 HCl や希 H_2SO_4 に溶けないが)酸化力の強い酸には溶ける。
- (オ) 酸化物が C や CO で還元される。

以上より，銅 Cu とわかる。

F
- (ア) 空気中でおだやかに酸化される。
- (イ) 高温水蒸気と反応する。
- (ウ) 希 HCl や希 H_2SO_4 に溶ける。
- (オ) 酸化物が C や CO で還元される。

以上より，鉄 Fe とわかる。

G
- (ア) 空気中でおだやかに酸化される。
- (イ) 熱水と反応する。
- (ウ) 希 HCl や希 H_2SO_4 に溶ける。

以上より，マグネシウム Mg とわかる。

問2 鉛 Pb に希塩酸や希硫酸を加えると，以下の反応が起こって，表面を難溶性の塩化鉛(Ⅱ) $PbCl_2$ や硫酸鉛(Ⅱ) $PbSO_4$ がおおってしまい，反応が停止してしまう。

$$Pb + H_2SO_4 \longrightarrow PbSO_4 + H_2$$
$$Pb + 2HCl \longrightarrow PbCl_2 + H_2$$

反応ストップ！
Pb
水に難溶の $PbCl_2$ や $PbSO_4$ がまわりをおおうので，内部の Pb は反応しない。
希 HCl あるいは希 H_2SO_4

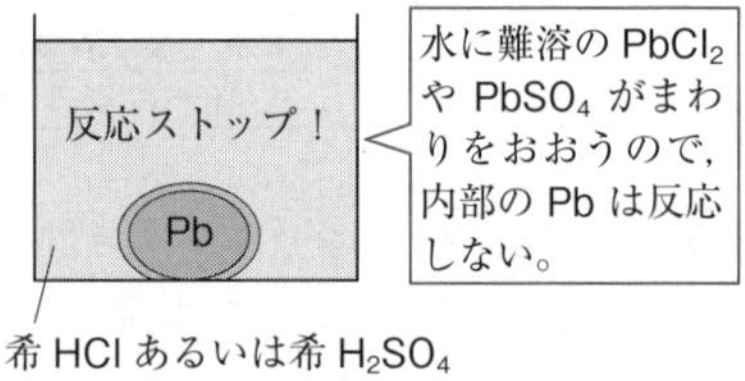

問3 Al，Fe，Ni などは酸化力の非常に強い濃硝酸には溶けない。これは，濃硝酸によって酸化されてできた酸化皮膜が金属表面をおおってしまい，内部の金属を保護し反応が停止してしまうためである。このように，化学的に安定になった状態を不動態という。

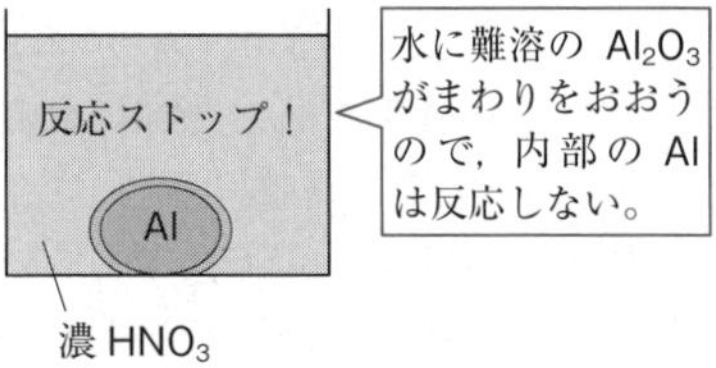

反応ストップ！
Al
水に難溶の Al_2O_3 がまわりをおおうので，内部の Al は反応しない。
濃 HNO_3

91 解答

問1　ア　起電力　　イ　負　　ウ　正　　エ　放電

問2　金属板A　Cu　　金属板B　Zn　　水溶液C　$CuSO_4$　　水溶液D　$ZnSO_4$

問3　金属板A：$Cu^{2+} + 2e^- \longrightarrow Cu$　　金属板B：$Zn \longrightarrow Zn^{2+} + 2e^-$

問4　2つの電解液の混合を防ぐ。(または，電解液中で酸化剤と還元剤の直接的な接触を防ぐ。)

イオンの移動を可能にすることで，電解液の電気的な中性を保つ。

問5　9.27 g　　**問6**　0.59 V

解説

問1⇒ 重要ポイント 1°

ア　電池の両極間における電位差の最大値を起電力という。起電力は，負極の還元剤が正極にある酸化剤にe^-を渡すときの勢いというイメージ。

エ　外部電源を用いてその電池の起電力より大きな電圧をかけて放電と逆向きの電流を流すと，放電の逆反応が起きる。これを充電という。

問2　電流が金属板Aから金属板Bに流れたことから，電子e^-はその逆の金属板Bから金属板Aに流れたことがわかる。つまり，金属板Bがe^-を放出する負極となる。イオン化傾向は$Zn > Cu$のため，Znがe^-を放出しZn^{2+}となって溶け出す。つまり，金属板B(負極)が亜鉛Zn，水溶液Dが硫酸亜鉛水溶液となり，金属板A(正極)が銅Cu，水溶液Cが硫酸銅(Ⅱ)水溶液となる。

問3　問2の結果より，この電池は右図のように反応する。よって，各金属板の電子e^-を含む化学反応式は次式のようになる。

金属板A(正極)：$Cu^{2+} + 2e^- \longrightarrow Cu$

金属板B(負極)：$Zn \longrightarrow Zn^{2+} + 2e^-$

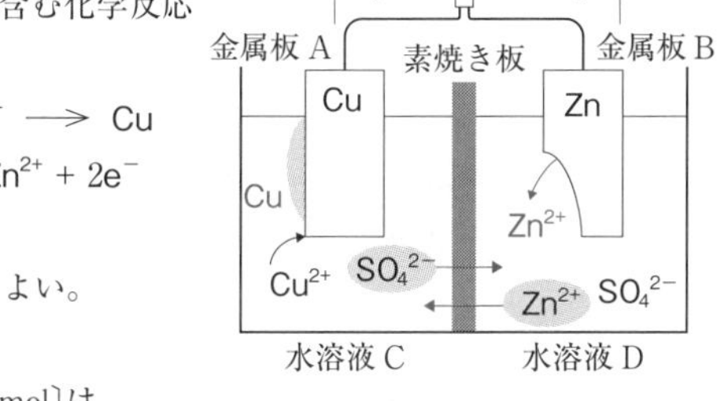

問4⇒ 重要ポイント 1°

素焼き板の替わりに隔膜を用いてもよい。

問5⇒ 重要ポイント 2°

この放電により流れたe^-の物質量〔mol〕は，

$$e^- = \frac{\overset{A}{1.00} \times (\overset{s}{64 \times 60 + 20})〔C〕}{9.65 \times 10^4〔C/mol〕} = 0.0400〔mol〕$$

よって，金属板Aにおいて，$Cu^{2+} + \boxed{2}\,e^- \longrightarrow \boxed{1}\,Cu$より，

$$0.0400〔mol〕 \times \frac{1}{2}\,(Cu〔mol〕) \times 63.5〔g/mol〕 = 1.27〔g〕$$

以上より，放電後の金属板Aの質量〔g〕は，$8.00 + 1.27 = $ 9.27〔g〕

問6　ダニエル型電池の起電力は，反応している金属単体と金属(陽)イオンのイオン化傾向の差

で決まる(この差が大きくなるほど，起電力も大きくなる)。ここで，Zn，Ni，Cuのそれぞれのイオン化傾向とそれらの金属を用いた電池の起電力の関係を以下に記す。

イオン化傾向 ◀ (大) Zn 0.51 V Ni Cu (小)
1.10 V

よって，上図より，Ni | $NiSO_4$ 水溶液 | $CuSO_4$ 水溶液 | Cu の起電力は，

1.10 − 0.51 = <u>0.59</u>〔V〕

重要ポイント

1°　電池の基本構造

電池とは e^- を放出する還元剤と，e^- を受け取る酸化剤を空間的に分離し，かつ電子導体とイオン導体でつながれた構造をもつ(次図)。ここでいう電子導体とは導線であり，イオン導体というのは素焼き板(または塩橋)である。

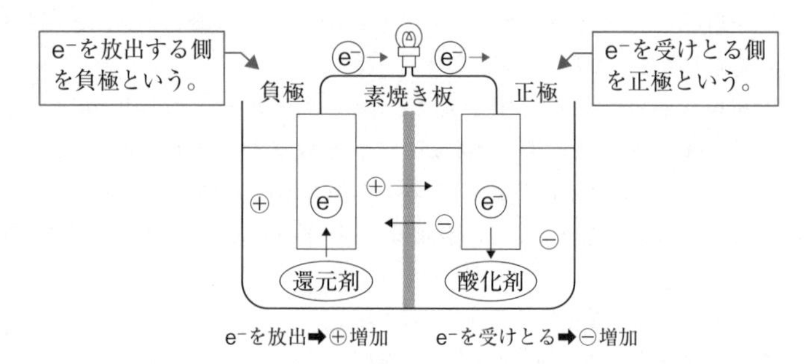

素焼き板の働きとしては，還元剤と酸化剤を空間的に分離し電解液中で直接反応することを防いでいる(溶液中で直接 e^- のやり取りがなされたら外部に電気エネルギーを取り出せない)。また，放電により負極側は正電荷が増加し，正極側は負電荷が増加するため，電解液中のイオンの移動を可能にして電気的なバランスを保つという働きもある。

2°　電気量計算

[電気量]

1アンペア(A)の電流が1秒(s)間流れたときに流れる電気量を1クーロン(C)としている。つまり，i〔A〕の電流が t〔s〕間流れたときに流れる電気量を Q〔C〕とすると，次式が成り立つ。

Q〔C〕= i〔A〕× t〔s〕

[ファラデー定数]

電子1 molのもつ電気量〔C〕の絶対値はおよそ 9.65×10^4 C で，この値をファラデー定数 F という。

$F = 9.65 \times 10^4$〔C/mol〕

[ファラデーの法則]

電子1個がもつ電気量は一定のため，通じた電気量〔C〕と変化する物質の物質量は常に比例する。これは1833年にファラデー(イギリス)が発見したもので，ファラデーの法則とよ

ばれる。

［計算の流れ］

電気化学の計算の流れは以下のようになる。

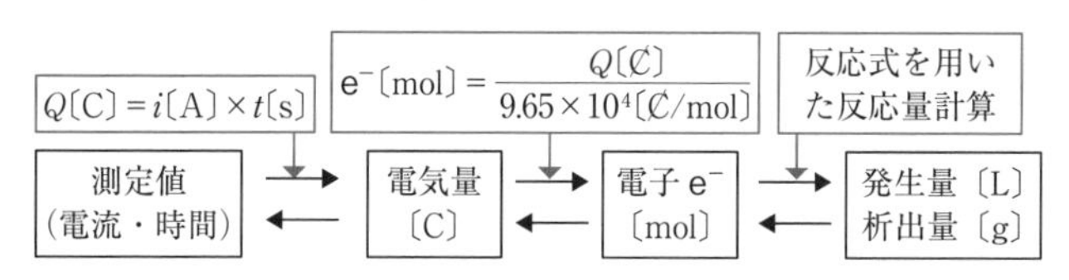

92 解答

問1　負極　$Pb + SO_4^{2-} \longrightarrow PbSO_4 + 2e^-$

正極　$PbO_2 + SO_4^{2-} + 4H^+ + 2e^- \longrightarrow PbSO_4 + 2H_2O$

問2　要した時間　1.93×10^4 秒　　負極　48 g 増加　　正極　32 g 増加

問3　放電にともない電解液の体積はあまり変化しないが，電解液中のモル質量が大きい H_2SO_4 が減少し，モル質量の小さい H_2O が増加するため，密度は小さくなる。

問4　32.7 %

解説

問1　鉛蓄電池は，鉛 Pb 板と酸化鉛 PbO_2 板を希 H_2SO_4 に浸している。イオン化傾向が Pb > H_2 のため，Pb が酸化されて陽イオンの Pb^{2+} となる。このとき Pb が電子 e^- を放出するため，Pb 板が負極となり，PbO_2 板が正極になる。ただし，正極にやってきた e^- は，希 H_2SO_4 中の H^+ ではなく PbO_2 が受け取り還元されて Pb^{2+} となる。さらに，両極板で生じた Pb^{2+} と，電解液中の SO_4^{2-} とで難溶性の硫酸鉛(Ⅱ)$PbSO_4$ をつくり，両極板上で析出して付着する(右図)。各極における電子 e^- を含む化学反応式は，以下のように，両極とも Pb^{2+} になる電子 e^- を含む化学反応式を書き(作り方は P.41 参照)，そのあと両辺に SO_4^{2-} をたし合わせると作成しやすい。

負極：$Pb + SO_4^{2-} \longrightarrow PbSO_4 + 2e^-$　……①

（$Pb \longrightarrow Pb^{2+} + 2e^-$）　両辺に SO_4^{2-}

正極：$PbO_2 + SO_4^{2-} + 4H^+ + 2e^- \longrightarrow PbSO_4 + 2H_2O$　……②

（$PbO_2 + 4H^+ + 2e^- \longrightarrow Pb^{2+} + 2H_2O$）　両辺に SO_4^{2-}

問2　放電した時間を t〔s〕とおくと，

$$5.00〔A〕\times t〔s〕= 9.65\times10^4〔C〕\qquad \therefore\ t = \underline{1.93\times10^4〔s〕}$$

また，このとき流れたe^-の物質量〔mol〕は，

$$e^- = \frac{9.65 \times 10^4 〔\cancel{C}〕}{9.65 \times 10^4 〔\cancel{C}/mol〕} = 1.00〔mol〕$$

［負極の質量変化］

負極において，$Pb + SO_4^{2-} \longrightarrow PbSO_4 + 2e^-$より，

SO_4分増加

よって，e^-が2 mol流れたとき増加した分の質量は，$SO_4 = 96$より96 gとなる。以上より，負極で増加した質量をx〔g〕とおくと，

$$e^-〔mol〕: 増加SO_4〔g〕= 2〔mol〕: 96〔g〕$$
$$= 1.00〔mol〕: x〔g〕 \qquad \therefore \quad x = \underline{48}〔g〕$$

［正極の質量変化］

正極において，$PbO_2 + SO_4^{2-} + 4H^+ + 2e^- \longrightarrow PbSO_4 + 2H_2O$より，

SO_2分増加

よって，e^-が2 mol流れたとき増加した分の質量は，$SO_2 = 64$より64 gとなる。以上より，正極で増加した質量をy〔g〕とおくと，

$$e^-〔mol〕: 増加SO_2〔g〕= 2〔mol〕: 64〔g〕$$
$$= 1.00〔mol〕: y〔g〕 \qquad \therefore \quad y = \underline{32}〔g〕$$

問3　①式＋②式より両辺の$2e^-$を消去し，H^+とSO_4^{2-}をH_2SO_4にすると，鉛蓄電池の放電における全体の反応の反応式は以下のようになる。

$$Pb + PbO_2 + 2H_2SO_4 \longrightarrow 2PbSO_4 + 2H_2O$$

（$2e^-$：PbからPbO₂へ）

よって，放電を行うと，電解液中の$H_2SO_4(= 98)$が減少し，$H_2O(= 18)$が増加する。つまり，（電解液の体積〔cm^3〕はあまり変化しないので）モル質量〔g/mol〕の大きいH_2SO_4が減少し，モル質量〔g/mol〕の小さいH_2Oが増加するため，電解液の密度〔g/cm^3〕は小さくなる。

問4

全体の反応において，$Pb + PbO_2 + 2H_2SO_4 \longrightarrow 2PbSO_4 + 2H_2O$より，（$2e^-$）

流れたe^-〔mol〕＝減少H_2SO_4〔mol〕＝増加H_2O〔mol〕となる。**問2**より流れたe^-の物質量は1.00 molなので，H_2SO_4とH_2Oの質量変化は，

$$\begin{cases} 減少H_2SO_4〔g〕: 98〔g/\cancel{mol}〕\times 1.00〔\cancel{mol}〕= 98〔g〕 \\ 増加H_2O〔g〕: 18〔g/\cancel{mol}〕\times 1.00〔\cancel{mol}〕= 18〔g〕 \end{cases}$$

以上より，放電後の希硫酸の質量パーセント濃度〔%〕は，

$$\frac{H_2SO_4〔g〕}{希硫酸〔g〕} \times 100 = \frac{\overbrace{5.00〔\cancel{mol}/\cancel{L}〕\times 1.00〔\cancel{L}〕\times 98〔g/\cancel{mol}〕}^{放電前} \overbrace{-98}^{減少H_2SO_4}}{1.28〔g/\cancel{cm^3}〕\times (1.00 \times 10^3)〔\cancel{cm^3}〕\underbrace{-98}_{減少H_2SO_4}\underbrace{+18}_{増加H_2O}} \times 100$$

$$= 32.66 \cdots \fallingdotseq \underline{32.7}〔\%〕$$

93 解答

問1　水素　　$H_2 \longrightarrow 2H^+ + 2e^-$

問2　(1)　3.6×10^3 J　　(2)　1.9×10^{-2} mol

問3　68 %（または，67 %）

解説

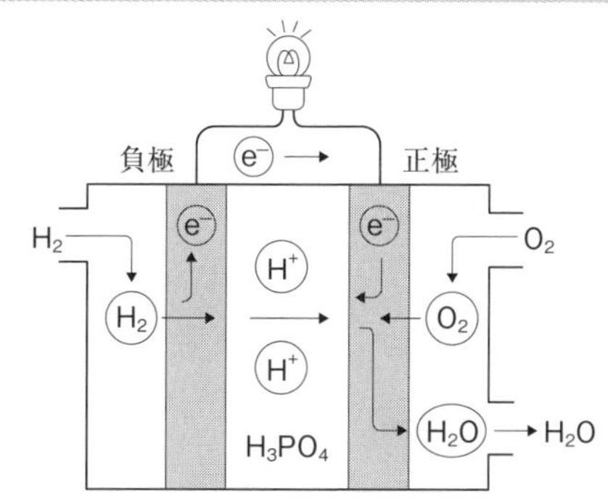

問1　水素や天然ガスなどの燃料(還元剤)と酸素など(酸化剤)を用いて，燃焼のときに放出されるエネルギーを電気エネルギーとして効率よく取り出す装置を燃料電池という。燃料電池には複数の種類があるが，代表的な燃料電池が，燃料に水素 H_2 を用いた「水素－酸素燃料電池」である。この燃料電池は，リン酸 H_3PO_4 を電解液として，水素と酸素を用いている。ここで，燃料である H_2 は H^+ になり e^- を放出するため負極として働き，O_2 はその e^- を受け取るため正極として働く(次式)。なお，負極で放出された H^+ は電解液中を移動し，正極の O_2 と反応して H_2O になる。

$$\begin{cases} \text{負極}：H_2 \longrightarrow 2H^+ + 2e^- \\ \text{正極}：O_2 + 4H^+ + 4e^- \longrightarrow 2H_2O \end{cases}$$

問2　(1)　得られる電気エネルギーを Q〔J〕とおくと，1 W ＝ 1 J(ジュール)/s(秒)より，

$$12〔\mathrm{W}〕 = \frac{Q〔\mathrm{J}〕}{5 \times 60〔\mathrm{s}〕} \qquad \therefore\ Q = \underline{3.6 \times 10^3}〔\mathrm{J}〕$$

(2)　流れた電流を i〔A〕とおくと，1 W ＝ 1 A(アンペア)･V より，

$$12〔\mathrm{W}〕 = i〔\mathrm{A}〕 \times 1.0〔\mathrm{V}〕 \qquad \therefore\ i = 12〔\mathrm{A}〕$$

よって，流れた e^- の物質量〔mol〕は，

$$e^- = \frac{\overset{\mathrm{A}}{12} \times (5 \times \overset{\mathrm{s}}{60})〔\cancel{\mathrm{C}}〕}{9.65 \times 10^4〔\cancel{\mathrm{C}}/\mathrm{mol}〕} \fallingdotseq 0.0373〔\mathrm{mol}〕$$

よって，負極において，$1\,H_2 \longrightarrow 2H^+ + 2\,e^-$ より，消費された H_2 の物質量〔mol〕は，

$$0.0373〔\mathrm{mol}〕 \times \frac{1}{2} = 0.0186\cdots \fallingdotseq \underline{1.9 \times 10^{-2}}〔\mathrm{mol}〕$$

問3　問2の結果より，

$$\frac{\text{電気エネルギー}〔\mathrm{kJ}〕}{\text{熱エネルギー}〔\mathrm{kJ}〕} \times 100 = \frac{(3.6 \times 10^3) \times 10^{-3}〔\mathrm{kJ}〕}{286〔\mathrm{kJ}/\cancel{\mathrm{mol}}〕 \times 0.0186〔\cancel{\mathrm{mol}}〕} \times 100 = 67.6\cdots \fallingdotseq \underline{68}〔\%〕$$

94 解答

問1　陽極　$2Cl^- \longrightarrow Cl_2 + 2e^-$　　　陰極　$Cu^{2+} + 2e^- \longrightarrow Cu$

問2　陽極　0 g　　　陰極　0.395 g

解説 ⇒ 重要ポイント

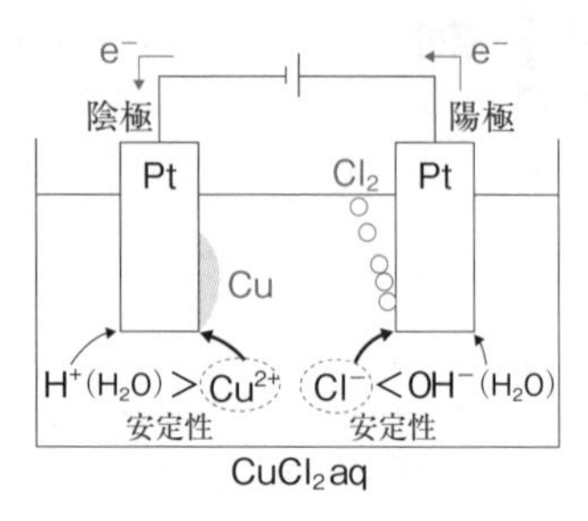

問1　右図のように，陽極ではCl^-がe^-を奪われ(酸化され)，陰極ではCu^{2+}がe^-を受け取る(還元される)。よって，各極板の反応は次式のようになる。

$$\begin{cases} 陽極：2Cl^- \longrightarrow Cl_2\uparrow + 2e^- \\ 陰極：Cu^{2+} + 2e^- \longrightarrow Cu \end{cases}$$

問2　問1より，陽極の反応はCl_2の発生なので，極板自体の質量変化はなく，増加量は0gである。また，流れたe^-の物質量〔mol〕は，

$$e^- = \frac{\overset{A}{0.500} \times (\overset{s}{40.0} \times 60)〔C〕}{9.65 \times 10^4〔C/mol〕} = \frac{12}{965}〔mol〕$$

よって，陰極において，$Cu^{2+} + 2e^- \longrightarrow 1Cu$より，析出したCuの質量〔g〕は，

$$\frac{12}{965}〔mol〕\times \overset{Cu〔mol〕}{\frac{1}{2}} \times 63.5〔g/mol〕= 0.3948\cdots \fallingdotseq 0.395〔g〕$$

重要ポイント 電気分解における極板反応式の作成方法

Step0　簡単な回路図を書き，陽極・陰極・e^-の流れる向きをその図に書き込む。

【陽極】

Step1　電極板の材質を見る。

⇒ イオン化傾向がAg以上(例 Cu)の金属電極の場合，極板自体が酸化される(一般に溶解する)。

例
$$\begin{cases} Ag \longrightarrow Ag^+ + e^- \\ Cu \longrightarrow Cu^{2+} + 2e^- \end{cases}$$

Step2　(電極板が反応しない場合)電解液中の陰イオンを書き出し(H_2Oの電離により生じるOH^-も)，陰イオンを陽極に近づける。

Step3　近づけた陰イオンを用いて，電子e^-を含む化学反応式を書く(直流電源の正極にe^-を送るため，右辺にe^-がくる)。

※　複数の陰イオンがある場合の選別の仕方

多原子イオン(NO_3^-，SO_4^{2-})＞OH^-(H_2O)＞ハロゲン化物イオン(Cl^-＞Br^-＞I^-)

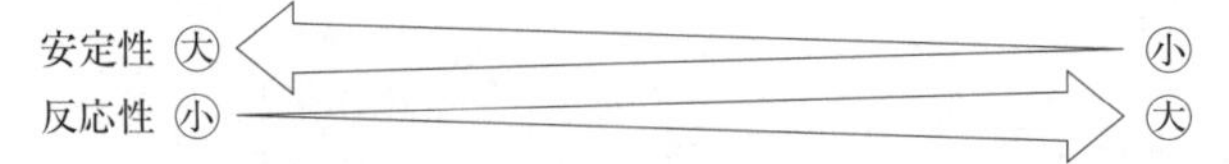

なお，OH^-が反応する場合は，電解質により以下の2式を書き分けられるように。

$$\begin{cases} 4OH^- \longrightarrow O_2\uparrow + 2H_2O + 4e^- \\ 2H_2O \longrightarrow O_2\uparrow + 4H^+ + 4e^- \end{cases}$$

両辺に$+4H^+$

(強塩基性のとき 例 NaOH aq)
(中・酸性のとき)

【陰極】

Step1　電解液中の陽イオンを書き出し(H_2O の電離により生じる H^+ も)，陽イオンを陰極に近づける。

Step2　近づけた陽イオンを用いて，電子 e^- を含む化学反応式を書く(直流電源の負極から e^- を受け取るため，左辺に e^- がくる)。

※　複数の陽イオンがある場合の選別の仕方

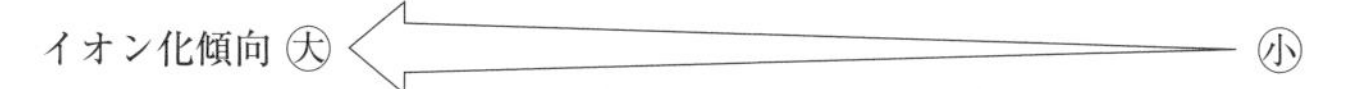

Li^+　K^+　Ca^{2+}　Na^+　Mg^{2+}　Al^{3+}　Zn^{2+}　Fe^{2+}　Ni^{2+}　Sn^{2+}　Pb^{2+}　$H^+(H_2O)$　Cu^{2+}　Hg^+　Ag^+

安定性 大 ⟵ 小

反応性 小 ⟶ 大

なお，H^+ が反応する場合は，電解質により以下の2式を書き分けられるように。

$$\begin{cases} 2H^+ + 2e^- \longrightarrow H_2\uparrow & \text{(強酸性のとき　例　} H_2SO_4\text{ aq)} \\ 2H_2O + 2e^- \longrightarrow H_2\uparrow + 2OH^- & \text{(中・塩基性のとき)} \end{cases}$$

両辺に $+2OH^-$

参考　H^+ が少ない場合(中・塩基性のとき)，イオン化傾向が中程度の金属(Zn～Pb)のイオンがあるときには，この金属イオンが析出する可能性がある(競合反応というものが起こる)。なお，Al よりもイオン化傾向が大きい金属は，水溶液中では析出しない(H_2O があるので)。

問1　ア　$2Cl^-$　　イ　Cl_2　　ウ　$2H_2O$　　エ，オ　$2OH^-$，H_2(順不同)

問2　965 C(または，9.65×10^2 C)　　**問3**　2.50×10^{-2} mol/L

解説

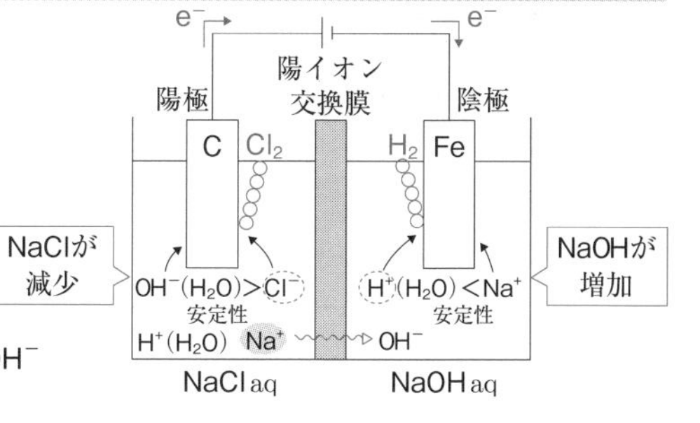

問1　右図のように，陽極では Cl^- が e^- を奪われ(酸化され)，陰極では H_2O が e^- を受け取る(還元される)。よって，各極板の反応は次式のようになる。

$$\begin{cases} \text{陽極}: 2Cl^- \longrightarrow Cl_2\uparrow + 2e^- \\ \text{陰極}: 2H_2O + 2e^- \longrightarrow H_2\uparrow + 2OH^- \\ \quad (2H^+ + 2e^- \longrightarrow H_2\uparrow) \end{cases}$$

問2　流れた電気量〔C〕は，

$$0.200\text{〔A〕}\times(80\times60+25)\text{〔s〕}=\underline{965}\text{〔C〕}$$

問3　問2の結果より，流れた e^- の物質量〔mol〕は，

$$e^- = \frac{965\,[\cancel{C}]}{9.65 \times 10^4\,[\cancel{C}/\text{mol}]} = 0.0100\,[\text{mol}]$$

ここで，陰極室において，（陽極室からNa^+が移動してくるため）「増加したNaOH〔mol〕＝生成したOH^-〔mol〕」なので，「$2H_2O + 2e^- \longrightarrow H_2 + 2OH^-$」より，増加したNaOHの物質量〔mol〕は0.0100 molとなる。よって，電気分解後の陰極室のNaOH水溶液のモル濃度〔mol/L〕は，

$$\frac{\overbrace{5.00 \times 10^{-3}\,[\text{mol/L}] \times 0.500\,[\text{L}]}^{\text{初めからあったNaOH〔mol〕}} + \overbrace{0.0100\,[\text{mol}]}^{\text{増加したNaOH〔mol〕}}}{0.500\,[\text{L}]} = \underline{2.50 \times 10^{-2}}\,[\text{mol/L}]$$

96 解答

問1　8.00×10^{-2} mol

問2　a　$2H^+ + 2e^- \longrightarrow H_2$　　b　$2H_2O \longrightarrow O_2 + 4H^+ + 4e^-$

c　$Cu^{2+} + 2e^- \longrightarrow Cu$　　d　$Cu \longrightarrow Cu^{2+} + 2e^-$

問3　3.86×10^3 C

問4　2.24×10^2 mL

解説

問1　この回路に流れたe^-の物質量をe^-_{all}〔mol〕とおくと，

$$e^-_{all}\,[\text{mol}] = \frac{7720\,[\cancel{C}]}{9.65 \times 10^4\,[\cancel{C}/\text{mol}]} = \underline{8.00 \times 10^{-2}}\,[\text{mol}]$$

問2

［電解槽Ⅰ］

右図より，陽極では$H_2O(OH^-)$がe^-を奪われ（酸化され），陰極ではH^+がe^-を受け取る（還元される）。よって，各極板の反応は次式のようになる。

$$\begin{cases} \text{a（陰極）}: 2H^+ + 2e^- \longrightarrow H_2\uparrow \\ \text{b（陽極）}: 2H_2O \longrightarrow O_2\uparrow + 4H^+ + 4e^- \\ \qquad (4OH^- \longrightarrow O_2\uparrow + 2H_2O + 4e^-) \end{cases}$$

［電解槽Ⅱ］

右図より，陽極では極板のCuがe^-を奪われ（酸化され）溶け出し，陰極ではCu^{2+}がe^-を受け取る（還元される）。よって，各極板の反応は次式のようになる。

$$\begin{cases} \text{c（陰極）}: Cu^{2+} + 2e^- \longrightarrow Cu \\ \text{d（陽極）}: Cu \longrightarrow Cu^{2+} + 2e^- \end{cases}$$

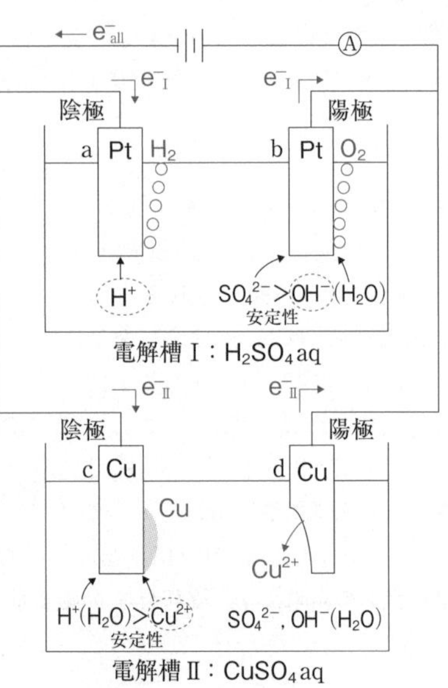

問3　電解槽Ⅱに流れたe^-の物質量をe^-_{II}〔mol〕とおくと，「$Cu^{2+} + 2e^- \longrightarrow 1Cu$」より，

$$e^-_{II} = \frac{1.27〔g〕}{63.5〔g/mol〕} \times 2 = 4.00 \times 10^{-2}〔mol〕$$

よって，電解槽Ⅰに流れたe^-の物質量をe^-_{I}〔mol〕とおくと，

$$e^-_{all} = e^-_{I} + e^-_{II}$$

$$\Leftrightarrow \quad e^-_{I} = e^-_{all} - e^-_{II} = 8.00 \times 10^{-2} - 4.00 \times 10^{-2} = 4.00 \times 10^{-2}〔mol〕$$

以上より，電解槽Ⅰに流れた電気量〔C〕は，

$$9.65 \times 10^4〔C/mol〕\times (4.00 \times 10^{-2})〔mol〕= \underline{3.86 \times 10^3}〔C〕$$

問4　電解槽Ⅰの陽極において，「$2H_2O \longrightarrow 1O_2\uparrow + 4H^+ + 4e^-$」より，**問3**の結果から，

$$4.00 \times 10^{-2}〔mol〕\times \frac{1}{4} \times 22.4〔L/mol〕= 2.24 \times 10^{-1}〔L〕= \underline{2.24 \times 10^2}〔mL〕$$

97 解答

問1　Ⅰ　$2Cl^- \longrightarrow Cl_2 + 2e^-$　　Ⅱ　$2H_2O + 2e^- \longrightarrow H_2 + 2OH^-$

Ⅲ　$2H_2O \longrightarrow O_2 + 4H^+ + 4e^-$　　Ⅳ　$Ag^+ + e^- \longrightarrow Ag$

問2　1.93×10^3 C

問3　64.3分

問4　2.84×10^{-2} L

問5　1

問6　4.00×10 mL

物質の変化（化学）

解説

問1

[NaCl水溶液]

次ページの図より，陽極ではCl^-がe^-を奪われ（酸化され），陰極ではH_2Oがe^-を受け取る（還元される）。よって，各極板の反応は次式のようになる（このとき，電気的なバランスを保つために隔膜を通ってCl^-が陽極室に，Na^+が陰極室に移動する）。

陽極（Ⅰ）：$2Cl^- \longrightarrow Cl_2\uparrow + 2e^-$

陰極（Ⅱ）：$2H_2O + 2e^- \longrightarrow H_2\uparrow + 2OH^-$

（$2H^+ + 2e^- \longrightarrow H_2\uparrow$）

[$AgNO_3$水溶液]

次ページの図より，陽極ではH_2O（OH^-）がe^-を奪われ（酸化され），陰極ではAg^+がe^-を受け取る（還元される）。よって，各極板の反応は次式のようになる。

陽極（Ⅲ）：$2H_2O \longrightarrow O_2\uparrow + 4H^+ + 4e^-$

（$4OH^- \longrightarrow O_2\uparrow + 2H_2O + 4e^-$）

陰極（Ⅳ）：$Ag^+ + e^- \longrightarrow Ag$

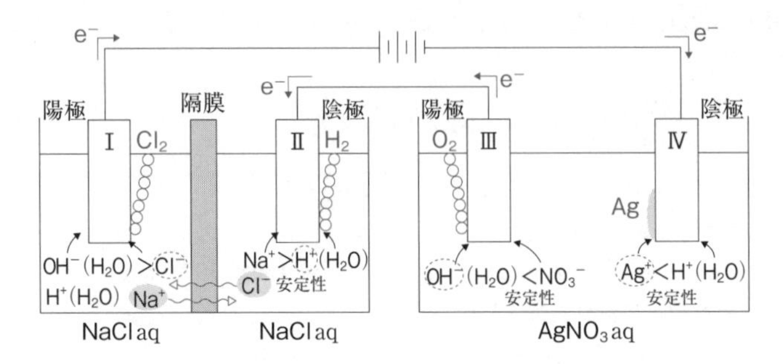

問2　電極IVにおいて，「$Ag^+ + \boxed{1}\, e^- \longrightarrow \boxed{1}\, Ag$」より，流れた$e^-$の物質量〔mol〕は，

$$e^-〔mol〕= Ag〔mol〕= \frac{2.16〔g〕}{108〔g/mol〕} = 0.0200〔mol〕$$

よって，この電気分解に使われた電気量〔C〕は，

$$9.65 \times 10^4〔C/mol〕\times 0.0200〔mol〕= \underline{1.93 \times 10^3}〔C〕$$

問3　電気分解にかかった時間をt〔min〕とおくと，**問2**の結果より，

$$0.500〔A〕\times (t \times 60)〔min〕= 1.93 \times 10^3〔C〕\qquad \therefore\ t = 64.33\cdots \fallingdotseq \underline{64.3}〔min〕$$

問4　電極Iにおいて，「$2Cl^- \longrightarrow \boxed{1}\, Cl_2 \uparrow + \boxed{2}\, e^-$」より，**問2**の結果から発生した$Cl_2$の物質量〔mol〕は，

$$0.0200〔mol〕\times \boxed{\frac{1}{2}} = 0.0100〔mol〕$$

よって，気体の状態方程式より，

$$PV = nRT$$

$$\Leftrightarrow\ V = \frac{nRT}{P} = \frac{0.0100 \times (8.31 \times 10^3) \times 273}{8.00 \times 10^5} = 2.835\cdots \times 10^{-2} \fallingdotseq \underline{2.84 \times 10^{-2}}〔L〕$$

問5　電極IIIにおいて，「$2H_2O \longrightarrow O_2 \uparrow + \boxed{4}\, H^+ + \boxed{4}\, e^-$」より，**問2**の結果から，生成した$H^+$の物質量〔mol〕は，

$$e^-〔mol〕= H^+〔mol〕= 0.0200〔mol〕$$

よって，このときの水素イオン濃度$[H^+]$は，

$$[H^+] = \frac{0.0200〔mol〕}{0.200〔L〕} = 1.00 \times 10^{-1}〔mol/L〕$$

$$\therefore\ pH = -\log[H^+] = -\log(1.00 \times 10^{-1}) = \underline{1}$$

問6　電極IIにおいて，「$2H_2O + \boxed{2}\, e^- \longrightarrow H_2 \uparrow + \boxed{2}\, OH^-$」より，**問2**の結果から，生成した$OH^-$の物質量〔mol〕は，

$$e^-〔mol〕= OH^-〔mol〕= 0.0200〔mol〕$$

よって，必要な1価の酸の溶液の体積をx〔mL〕とおくと，中和の量的関係から，

$$\underbrace{0.500〔mol/L〕\times \frac{x}{1000}〔L〕\times \boxed{1}}_{1価の酸が放出するH^+〔mol〕} = \underbrace{0.0200〔mol〕}_{OH^-〔mol〕} \qquad \therefore\ x = \underline{4.00 \times 10}〔mL〕$$

第 12 章　反応速度

98 解答

ア　3.6×10^{-3}　　イ　5.9×10^{-1}　　ウ　3.7×10^{-1}
エ　-2.2×10^{-1}　　オ　1.8×10^{-3}　　カ　4.8×10^{-1}
キ　3.8×10^{-3}

解説

ア　0(反応開始)～120 秒までに発生した O_2 の物質量〔mol〕は，本問の図より，1.8×10^{-3} mol であることがわかる。よって，「$2\ H_2O_2 \longrightarrow 2H_2O + 1\ O_2$」より，0～120 秒で分解した H_2O_2 の物質量〔mol〕は，

$$1.8 \times 10^{-3}〔mol〕\times 2 = \underline{3.6 \times 10^{-3}}〔mol〕$$

イ　120 秒における過酸化水素のモル濃度〔mol/L〕を $[H_2O_2]_{120}$ とおくと，問アの結果より，

$$[H_2O_2]_{120} = \frac{\overbrace{0.95〔mol/\cancel{L}〕\times \frac{10}{1000}〔\cancel{L}〕}^{0\text{秒のときの}H_2O_2〔mol〕} - \overbrace{3.6 \times 10^{-3}〔mol〕}^{120\text{秒までに反応した}H_2O_2〔mol〕}}{\frac{10}{1000}〔L〕}$$

$$= \underline{5.9 \times 10^{-1}}〔mol/L〕$$

ウ　問ア・イと同様にして，0(反応開始)～240 秒までに発生した O_2 の物質量〔mol〕は，本問の図より，2.9×10^{-3} mol であることがわかる。よって，「$2\ H_2O_2 \longrightarrow 2H_2O + 1\ O_2$」より，0～240 秒で分解した H_2O_2 の物質量〔mol〕は，

$$2.9 \times 10^{-3}〔mol〕\times 2 = 5.8 \times 10^{-3}〔mol〕$$

よって，240 秒における過酸化水素のモル濃度〔mol/L〕を $[H_2O_2]_{240}$ とおくと，

$$[H_2O_2]_{240} = \frac{\overbrace{0.95〔mol/\cancel{L}〕\times \frac{10}{1000}〔\cancel{L}〕}^{0\text{秒のときの}H_2O_2〔mol〕} - \overbrace{5.8 \times 10^{-3}〔mol〕}^{240\text{秒までに反応した}H_2O_2〔mol〕}}{\frac{10}{1000}〔L〕}$$

$$= \underline{3.7 \times 10^{-1}}〔mol/L〕$$

エ　120～240 秒の $[H_2O_2]$ の変化量 $\Delta[H_2O_2]$ は，問イ・ウの結果より，

$$\Delta[H_2O_2] = [H_2O_2]_{240} - [H_2O_2]_{120} = 3.7 \times 10^{-1} - 5.9 \times 10^{-1} = \underline{-2.2 \times 10^{-1}}〔mol/L〕$$

オ ⇒ **重要ポイント** 1°

H_2O_2 分解の反応速度を $\bar{v}_{120-240}$〔mol/(L･s)〕とおくと，問エの結果より，

$$\bar{v}_{120-240} = \left|\frac{\Delta[H_2O_2]}{\Delta t}\right| = \left|\frac{-2.2 \times 10^{-1}〔mol/L〕}{240 - 120〔s〕}\right| = 1.83\cdots \times 10^{-3} \fallingdotseq \underline{1.8 \times 10^{-3}}〔mol/(L･s)〕$$

カ　120～240 秒の $[H_2O_2]$ の平均値を $[\overline{H_2O_2}]_{120-240}$ とおくと，問イ・ウの結果より，

物質の変化(化学)

$$[\overline{H_2O_2}]_{120-240} = \frac{[H_2O_2]_{120} + [H_2O_2]_{240}}{2} = \frac{5.9\times10^{-1} + 3.7\times10^{-1}}{2} = \underline{4.8\times10^{-1}}\,〔mol/L〕$$

キ ⇒ **重要ポイント** 2°

反応速度定数をkとおくと，本問中の反応速度定数の単位が「/s」となっていることから，反応次数は**1**であることがわかる（反応次数をxとおいて，速度式$v = k[H_2O_2]^x$の単位のみに注目すると，「mol/(L・s) = /s × (mol/L)^x」となり，両辺の単位が等しくなるためには$x = 1$とならなければならない）。よって，問オ・カの結果より，

$$\overline{v} = k[\overline{H_2O_2}]^{1}$$

$$\Leftrightarrow\quad k = \frac{\overline{v}}{[\overline{H_2O_2}]} = \frac{1.8\times10^{-3}〔mol/(L\cdot s)〕}{4.8\times10^{-1}〔mol/L〕} = 3.75\times10^{-3} \fallingdotseq \underline{3.8\times10^{-3}}\,〔/s〕$$

重要ポイント

1° 反応速度の算出①～定義式～

反応速度の算出は物質の濃度の変化量をその反応にかかった時間で割ることで求められる。つまり，反応速度は単位時間あたりの物質の濃度の変化量である。例えば，反応物質Aのモル濃度を[A]と表し，時刻t_1のとき$[A]_1$，時刻t_2のとき$[A]_2$になったとしたら，時刻t_1からt_2におけるAの（平均の）反応速度vは次式のように求めることができる（これを定義式という）。

$$v = \left|\frac{\text{Aの濃度の変化量}}{\text{反応時間}}\right| = \left|\frac{[A]_2 - [A]_1}{t_2 - t_1}\right| = \left|\frac{\Delta[A]}{\Delta t}\right|$$

2° 反応速度の算出②～速度式～

ある実験において，反応物質Aのモル濃度[A]と反応速度vは，反応速度定数kを用いると次式で表すことができる（xは反応次数）。

$$v = k[A]^x$$

この反応速度と反応物の濃度の関係式を反応速度式（または速度式）といい，反応速度定数kは反応の種類によって異なり，また，温度や触媒の有無によっても変化する。なお，反応速度式における反応次数（上式ではx）は，反応物の濃度の何乗に比例するかは実験によって求められ，反応式の係数などから単純に決まるものではないことに注意する。

99 解答

問1 ア 反応速度定数（または，速度定数） イ 温度

問2 ウ 2.0×10^3 エ 2 オ 1

問3 2.4×10 mol/(L・s)

解説

問1 ア<u>反応速度定数</u>kはイ<u>温度</u>が一定ならば，一定の値を示す。温度が高くなればkも大きくなる（⇒ P.124）。

問2 エ [B] = 0.10 mol/Lで固定すると，[A]が0.10 → 0.40〔mol/L〕となるとき，vは2.0 → 32

〔mol/(L･s)〕となっているので，$v = k[A]^x[B]^y$ より，

$$\frac{32}{2.0} = \frac{k \times 0.40^x \times 0.10^y}{k \times 0.10^x \times 0.10^y} \Leftrightarrow 4.0^x = 16 \qquad \therefore\ x = \underline{2}$$

オ　[A] = 0.10 で固定すると，[B]が 0.10 → 0.30〔mol/L〕となるとき，v は 2.0 → 6.0〔mol/(L･s)〕となっているので，$v = k[A]^x[B]^y$ より，

$$\frac{6.0}{2.0} = \frac{k \times 0.10^x \times 0.30^y}{k \times 0.10^x \times 0.10^y} \Leftrightarrow 3.0^y = 3.0 \qquad \therefore\ y = \underline{1}$$

ウ　[A] = 0.10 mol/L，[B] = 0.10 mol/L，v = 2.0 mol/(L･s)のとき，エ・オの結果より，

$$v = k[A]^2[B]$$

$$\Leftrightarrow k = \frac{v}{[A]^2[B]} = \frac{2.0}{0.10^2 \times 0.10} = \underline{2.0 \times 10^3}\text{〔}L^2/(mol^2 \cdot s)\text{〕}$$

問3　[A] = 0.20 mol/L，[B] = 0.30 mol/L のときの反応速度 v〔mol/(L･s)〕は，**問2**の結果より，

$$v = 2.0 \times 10^3 [A]^2[B]$$
$$= 2.0 \times 10^3 \times 0.20^2 \times 0.30 = \underline{2.4 \times 10}\text{〔}mol/(L \cdot s)\text{〕}$$

100 解答

問1　(解説参照)

問2　①　$v = k[N_2O_5]$　　②　5.0×10^{-4}　　③　s^{-1}(または，/s)

問3　4110秒

解説

問1　[0 − 600秒]

0 − 600秒における分解速度を $\overline{v}_{0-600}$，そのときの平均濃度を $\overline{[N_2O_5]}_{0-600}$ とおくと，

$$\frac{\overline{v}_{0-600}}{\overline{[N_2O_5]}_{0-600}} = \frac{\left|\dfrac{0.92 \times 10^{-2} - 1.24 \times 10^{-2}}{600 - 0}\right|}{\dfrac{1.24 \times 10^{-2} + 0.92 \times 10^{-2}}{2}} \fallingdotseq 4.93 \times 10^{-4}\text{〔/s〕}$$

[1200 − 1800秒]

1200 − 1800秒における分解速度を $\overline{v}_{1200-1800}$，そのときの平均濃度を $\overline{[N_2O_5]}_{1200-1800}$ とおくと，

$$\frac{\overline{v}_{1200-1800}}{\overline{[N_2O_5]}_{1200-1800}} = \frac{\left|\dfrac{0.50 \times 10^{-2} - 0.68 \times 10^{-2}}{1800 - 1200}\right|}{\dfrac{0.68 \times 10^{-2} + 0.50 \times 10^{-2}}{2}} \fallingdotseq 5.08 \times 10^{-4}\text{〔/s〕}$$

よって，2つの時間間隔 0 − 600秒と 1200 − 1800秒において，N_2O_5 分解速度 $\overline{v}$ を平均の濃度 $\overline{[N_2O_5]}$ で割った値がほぼ一定であることがわかる。

問2　①　**問1**の結果より，

$$\frac{v}{[N_2O_5]} = k(\text{一定})$$

$$\Leftrightarrow \underline{v = k[N_2O_5]}$$

②　**問1**の結果より，2つの時間間隔0 − 600秒と1200 − 1800秒でのkの平均値をとると，

$$k = \frac{4.93 \times 10^{-4} + 5.08 \times 10^{-4}}{2} = 5.00\cdots \times 10^{-4} \fallingdotseq \underline{5.0 \times 10^{-4}}〔s^{-1}〕$$

③　①の結果より，速度式$v = k[N_2O_5]$　⇔　$k = \dfrac{v}{[N_2O_5]}$の単位のみに注目すると，kの単位は，$\dfrac{mol/(L \cdot s)}{mol/L} = \underline{s^{-1}}$と求まる。

問3　右図より，N_2O_5の濃度が，時間0秒での濃度の$\dfrac{1}{8} = \left(\dfrac{1}{2}\right)^3$となるとき，半減期(⇒ P.5)の3回分の時間が経過したことがわかる。

よって，

$$1370 \times 3 = \underline{4110}〔s〕$$

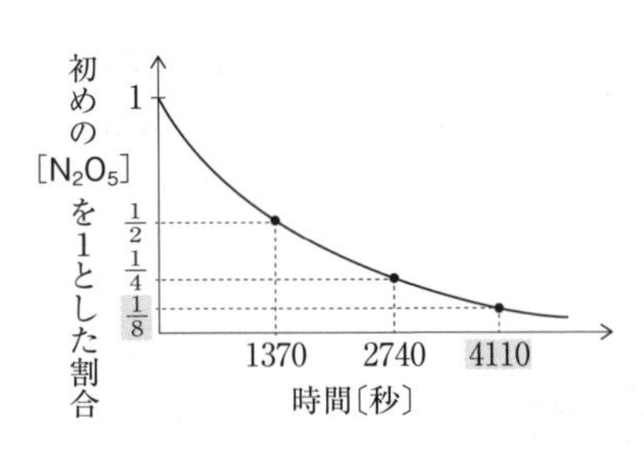

101 解答

問1　(b)　　**問2**　ウ　$-\dfrac{E}{RT}$　　エ　$e^{\frac{E}{2Rx}}$

解説

問1　次式(本問中の式(1))より，速度定数kは$-\dfrac{E}{RT}$(< 0)が大きいとき(0に近づくとき)，つまりEが<u>小さい</u>ほど，またTが<u>大きい</u>ほど大きくなる。

$$k = A \cdot e^{-\frac{E}{RT}} \qquad \cdots\cdots(*)$$

問2　ウ　($*$)式の両辺について，eを底とする対数をとると，

$$\log_e k = \log_e\left(A \cdot e^{-\frac{E}{RT}}\right)$$

$$\Leftrightarrow \log_e k = \log_e A + \log_e e^{-\frac{E}{RT}}$$

$$\Leftrightarrow \log_e k = \underline{-\frac{E}{RT}} + \log_e A$$

エ　(＊)式に$T=x$，$T=2x$を代入したときの速度定数をそれぞれk_x，k_{2x}とおくと，

$$\frac{k_{2x}}{k_x}=\frac{A\cdot e^{-\frac{E}{R\cdot 2x}}}{A\cdot e^{-\frac{E}{R\cdot x}}}=\underline{e^{\frac{E}{2Rx}}}〔倍〕$$

102 解答

問1　①

問2　水は多量に存在しており，水の濃度変化はほとんど起こらないため。

問3　9.8 mL

問4　0.20 mol/L

問5　$0.10\,(V_t-V_0)$〔mol/L〕

問6　1.5×10^{-3} mol/(L·min)

問7　37 %

物質の変化（化学）

解説

問1　反応速度定数は，温度を上げると大きくなる。また，触媒を用いて活性化エネルギーを小さくすることでも反応速度定数は大きくなる(⇒ P.124)。なお，反応速度定数は，反応物質の濃度に影響されないと考えてよい。

問3⇒ 重要ポイント 1°

題意より，反応時間0分に用いたNaOH水溶液は，(触媒として加えていた)塩酸の中和のみに要した。よって，そのときのNaOH水溶液の滴下量V_0〔mL〕は，

$$\underbrace{1.0〔\text{mol/L}〕\times\frac{98}{1000}〔\text{L}〕\times\underset{\text{採取による減少率}}{\frac{5.0〔\text{mL}〕}{100〔\text{mL}〕}}\times\underset{\text{価数}}{1}}_{\text{HCl が放出する H}^+〔\text{mol}〕}=\underbrace{0.50〔\text{mol/L}〕\times\frac{V_0}{1000}〔\text{L}〕\times\underset{\text{価数}}{1}}_{\text{NaOH が放出する OH}^-〔\text{mol}〕}$$

$$\therefore\quad V_0=\underline{9.8}〔\text{mL}〕$$

問4　酢酸エチル$CH_3COOC_2H_5$(分子量88)の初濃度C_0〔mol/L〕は，

$$C_0=\frac{\dfrac{0.90〔\text{g/mL}〕\times2.0〔\text{mL}〕}{88〔\text{g/mol}〕}}{\dfrac{100}{1000}〔\text{L}〕}=0.204\cdots\fallingdotseq\underline{0.20}〔\text{mol/L}〕$$

（分子：g，mol）

問5　
$$\left.\begin{array}{l}1\ CH_3COOC_2H_5+H_2O\longrightarrow 1\ CH_3COOH+C_2H_5OH\\ 1\ CH_3COOH+1\ NaOH\longrightarrow CH_3COONa+H_2O\end{array}\right\}\text{より，}$$

「加水分解された$CH_3COOC_2H_5$〔mol〕＝生じたCH_3COOH〔mol〕＝滴下したNaOH〔mol〕」となる。

（ただし，塩酸と反応した分は除く）

よって，反応開始からt分後までに分解した酢酸エチルの濃度C_t〔mol/L〕は，

$$C_t\,[\text{mol/}\cancel{\text{L}}] \times \frac{5.0}{1000}\,[\cancel{\text{L}}] = 0.50\,[\text{mol/}\cancel{\text{L}}] \times \frac{V_t - V_0}{1000}\,[\cancel{\text{L}}]$$

塩酸の中和に要したNaOH〔mL〕

加水分解された$CH_3COOC_2H_5$〔mol〕　滴下したNaOH〔mol〕

$$\therefore\quad C_t = \underline{0.10(V_t - V_0)}\,[\text{mol/L}]$$

問6⇒ **重要ポイント** 2°

反応時間0分から20分までの酢酸エチルの平均加水分解速度を$\bar{v}_{0-20}$〔mol/(L·min)〕とおくと，定義式から，**問5**の結果より，

$$\bar{v}_{0-20} = \frac{C_t}{\Delta t} = \frac{0.10(\overset{V_{20}}{10.10} - \overset{V_0}{9.8})\,[\text{mol/L}]}{20 - 0\,[\text{min}]}$$

$$= \underline{1.5 \times 10^{-3}}\,[\text{mol/(L·min)}]$$

問7⇒ **重要ポイント** 3°

反応時間0分から60分までの$CH_3COOC_2H_5$の加水分解率〔%〕は，**問5**と同様に考えると，($CH_3COOC_2H_5$から生成したCH_3COOHの中和に要した)NaOHの滴下量の比率〔%〕に等しくなる。よって，

$$\text{加水分解率}\,[\%] = \frac{\overset{V_{60}}{10.56} - \overset{V_0}{9.8}\,[\text{mL}]}{\underset{V_{\text{全量}}}{11.85} - \underset{V_0}{9.8}\,[\text{mL}]} \times 100 = 37.0\cdots \fallingdotseq \underline{37}\,[\%]$$

重要ポイント

1° エステルの加水分解速度の測定原理

エステルの加水分解速度は，酸触媒を用いて加水分解した後に生じるカルボン酸を水酸化ナトリウムNaOH水溶液などの塩基で中和滴定することで求めることができる。

Step1 エステルRCOOR′に，酸触媒として希塩酸を加える。

Step2 一定時間ごとにその混合溶液を測り取り，NaOH水溶液で中和滴定する。このとき，酸触媒であるHClと加水分解で生じたカルボン酸RCOOHの両方が中和される。

Step3 そのNaOH水溶液の滴下量から，エステルの加水分解量を求める。

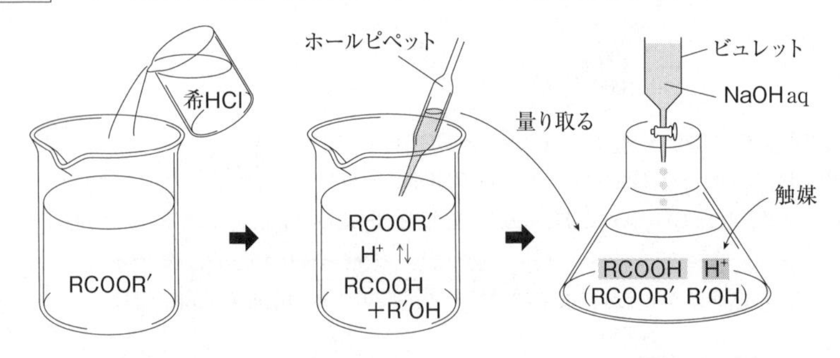

2°　エステルの加水分解速度の算出

Step1　反応時間0のときのNaOHの滴下量(V_0〔mL〕)は，酸触媒として加えたHClの中和に要した量。

Step2　各時刻(t)のNaOH水溶液の滴下量(V_t)からV_0を差し引くことで，RCOOHの中和に要したNaOH水溶液の量を求める。

Step3　中和滴定における関係式(酸が放出するH^+〔mol〕＝塩基が放出するOH^-〔mol〕)から，生じたRCOOHの物質量〔mol〕が求まる。

Step4　加水分解の反応式「1 RCOOR′ ＋ H_2O ⟶ 1 RCOOH ＋ R′OH」の係数から，生じたRCOOHの物質量〔mol〕が加水分解されたエステルRCOOR′の物質量〔mol〕と等しいため，RCOOHの中和に要したNaOHの物質量〔mol〕が加水分解されたRCOOR′の物質量〔mol〕となる。

Step5　定義式により，エステルRCOOR′の加水分解速度を求める。

3°　エステルの加水分解速度の測定原理

ある時刻(t)までに加水分解されたエステルRCOOR′の割合〔%〕を算出する場合，加水分解されたエステルの量を直接求める必要はない。なぜなら，(塩酸の中和に要したNaOH水溶液の滴下量をV_0〔mL〕，ある時刻(t)の混合溶液の中和に用いたNaOH水溶液の滴下量をV_t〔mL〕，加水分解終了時の混合溶液の中和に用いたNaOH水溶液の滴下量を$V_{終了}$〔mL〕とすると)エステルの加水分解反応と中和反応の係数がすべて「1」のため，

「加水分解されたRCOOR′〔mol〕＝生じたRCOOHの中和に用いたNaOH〔mol〕」より，以下の式で加水分解率〔%〕を直接求めることができる。

$$加水分解率〔\%〕 = \frac{加水分解されたRCOOR'〔mol〕}{初めのRCOOR'〔mol〕} \times 100$$

$$= \frac{V_t - V_0〔mL〕}{V_{終了} - V_0〔mL〕} \times 100$$

物質の変化(化学)

第13章 化学平衡

103 解答

問1　A　$a - \frac{1}{2}x$〔mol〕　　B　$2a - x$〔mol〕

問2　$\frac{2x^2V}{(2a-x)^3}$〔L/mol〕

問3　$K = \frac{k_1}{k_2}$

解説 ⇒ 重要ポイント

問1　気体Cがx〔mol〕生成したとき，平衡時における各物質の物質量〔mol〕は，バランスシートより以下のように求まる。

	A	+	2B	⇄	2C	
反応前	a		$2a$		0	(単位：mol)
変化量	$-x \times \frac{1}{2}$		$-x \times \frac{2}{2}$		$+x$	■係数比
平衡時	$a - \frac{1}{2}x$		$2a - x$		x	

問2　問1の結果から，化学平衡の法則より，

$$K = \frac{[C]^2}{[A][B]^2} = \frac{\left(\frac{x}{V}\right)^2}{\left(\frac{a - \frac{1}{2}x}{V}\right) \times \left(\frac{2a - x}{V}\right)^2} = \frac{2x^2V}{(2a-x)^3}\text{〔L/mol〕}$$

単位のみに注目すると $\frac{(\text{mol/L})^2}{\text{mol/L} \times (\text{mol/L})^2} = \frac{1}{\text{mol/L}} = \text{L/mol}$

問3　平衡状態において，正反応v_1と逆反応v_2の速度は等しいので，与式より，

$$k_1[A][B]^2 = k_2[C]^2$$

$$\Leftrightarrow \frac{[C]^2}{[A][B]^2} = \frac{k_1}{k_2} = K$$

重要ポイント 平衡状態と化学平衡の法則(質量作用の法則)

可逆反応において，「正反応の速度」=「逆反応の速度」となり，見かけ上，反応が停止したように見える。これを平衡状態という。

次式の可逆反応において，温度が一定のとき次式が成り立ち，平衡定数Kが存在する。

$$a\text{A} + b\text{B} + \cdots \rightleftarrows p\text{P} + q\text{Q} + \cdots$$　($a,b\cdots$，$p,q\cdots$：係数，A,B…，P,Q…：化学式)

$$\frac{[\text{P}]^p[\text{Q}]^q\cdots}{[\text{A}]^a[\text{B}]^b\cdots} = K\text{〔mol/L〕}^{(p+q\cdots)-(a+b\cdots)}$$

これを化学平衡の法則(または質量作用の法則)という。

104 解答

問1　v_1 (b)　　v_2 (a)　　v_1 と v_2 の関係式　$v_1 = v_2$

問2　64

問3　1.9 mol

問4　平衡定数 (b)

(理由)　温度を上げると，吸熱反応の方向に平衡が移動する。これと対応して[H_2]，[I_2]が大きくなり，[HI]が小さくなるため。

問5　時間 (b)　　生成量 (c)

(理由)　活性化エネルギーが下がり，反応速度は上がるが，平衡定数は変わらないため。

解説

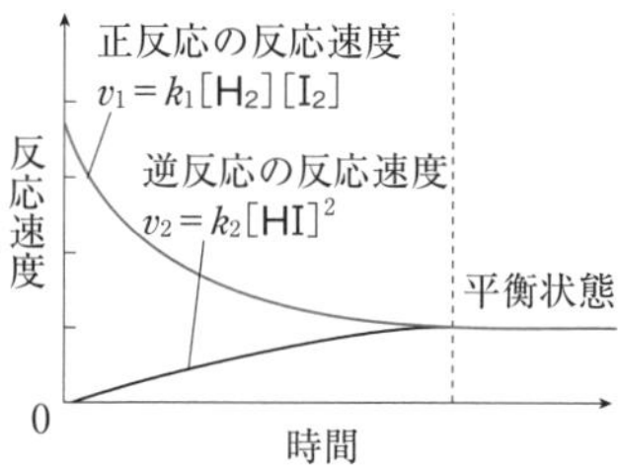

問1　反応が進むにつれて，H_2 と I_2 のモル濃度が小さくなり，正反応の速度 v_1 は徐々に遅くなる。一方，逆反応の速度 v_2 は HI の増加により，徐々に速くなる。また，平衡状態では正反応の速度と逆反応の速度が等しくなるため，$v_1 = v_2$ となる(右図)。

問2　平衡時において HI が 1.60 mol 生成したとき，H_2 と I_2 の物質量〔mol〕は，バランスシートより以下のように求まる。

	H_2	+	I_2	$\rightleftarrows$	2HI	
反応前	1.00		1.00		0	(単位：mol)
変化量	$-1.60 \times \frac{1}{2}$		$-1.60 \times \frac{1}{2}$		$+1.60$	■ 係数比
平衡時	0.200		0.200		1.60	

よって，容積を V〔L〕とおくと，温度 t_1〔℃〕における平衡定数 K は，

$$K = \frac{[HI]^2}{[H_2][I_2]^2} = \frac{\left(\frac{1.60}{V}\right)^2}{\frac{0.200}{V} \times \frac{0.200}{V}} = \underline{64}$$

問3　平衡に至る途中のどの地点からスタートしても，平衡の到達地点は同じである。つまり，途中で加えた物質の量(1.00 mol)は，反応開始時に加えたとしてよい。よって，H_2 の変化量を x〔mol〕としたとき，平衡時の各物質の物質量〔mol〕は，バランスシートより以下のように表すことができる。

	H_2	+	I_2	$\rightleftarrows$	2HI	
反応前	1.00 + 1.00		1.00		0	(単位：mol)
変化量	$-x$		$-x \times 1$		$+x \times 2$	■ 係数比
平衡時	$2.00 - x$		$1.00 - x$		$2x$	

温度は t_1〔℃〕のため，平衡定数 K は**問2**で求めた 64 のままなので，

$$K=\frac{[\mathrm{HI}]^2}{[\mathrm{H_2}][\mathrm{I_2}]}=\frac{\left(\frac{2x}{V}\right)^2}{\left(\frac{2.00-x}{V}\right)\times\left(\frac{1.00-x}{V}\right)}=64$$

$$\Leftrightarrow\ 15x^2-48x+32=0$$

$$\therefore\ x=\frac{24\pm\sqrt{24^2-15\times 32}}{15}=\frac{24\pm 4\sqrt{6}}{15}\fallingdotseq 2.25,\ 0.946$$

ここで，平衡時のI_2の物質量〔mol〕において，$1.00-x>0$であるから，

xの範囲は，$0<x<1.00$となる。

$\therefore\ x=0.946$〔mol〕

以上より，平衡時におけるHIの物質量〔mol〕は，

$2x=2\times 0.946=1.89\cdots\fallingdotseq \underline{1.9}$〔mol〕

問4 ⇒ 重要ポイント

題意より，正反応が発熱のため，温度を上げるとルシャトリエの原理により吸熱反応の方向，つまり逆反応の方向に平衡が移動する。その結果，H_2とI_2のモル濃度$[H_2][I_2]$は大きくなり，HIのモル濃度[HI]は小さくなる。これと対応して，平衡定数$K\left(=\frac{[\mathrm{HI}]^2}{[\mathrm{H_2}][\mathrm{I_2}]}\right)$は小さくなる。

問5 右図のように，触媒は活性化エネルギーを下げて反応速度を大きくさせるが，平衡の移動には関与しない。これは，触媒を用いることにより，正反応と逆反応の速度がともに同じだけ大きくなるため，平衡状態における「正反応の速度＝逆反応の速度」の関係性は変わらないためである。そのため，平衡定数も一定である。

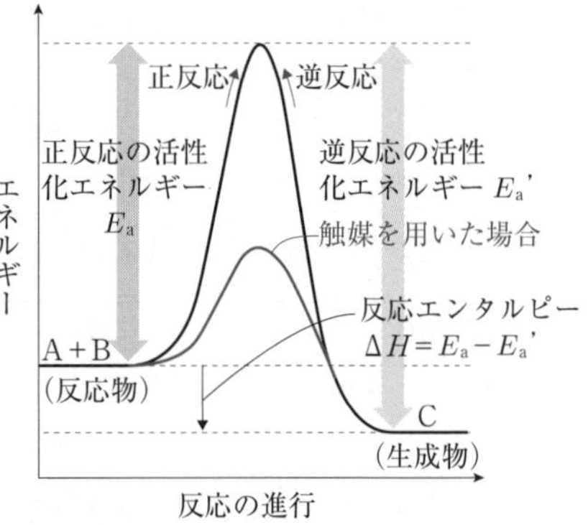

重要ポイント ルシャトリエの原理

ルシャトリエ（フランス）は，1884年に「一般に，可逆反応が平衡状態にあるとき，その条件（濃度，温度，圧力など）を変化させると，条件変化の影響を和らげる方向に反応が進み，新たな平衡状態になる」という法則を発見した。これをルシャトリエの原理（または平衡移動の法則）という。

105 解答

問1 温度を下げると，発熱反応の方向，つまりN_2O_4の生成方向に平衡が移動する。よって，赤褐色のNO_2が減少するため，混合気体の色は薄くなる。

問2 (a) $\frac{4n_0\alpha^2}{(1-\alpha)V_1}$　(b) $(1+\alpha)V_0$〔L〕　(c) $\frac{4\alpha^2}{1-\alpha^2}P$　(d) $K_p=K_cRT$

解説

問 2 (a)　解離度 α を用いると，平衡時における各物質の物質量〔mol〕は，バランスシートより以下のように表すことができる。

	N_2O_4 ⇄	$2NO_2$	㊎	
反応前	n_0	0	n_0	(単位：mol)
変化量	$-n_0\alpha$	$+n_0\alpha\times 2$		係数比
平衡時	$n_0(1-\alpha)$	$2n_0\alpha$	$n_0(1+\alpha)$	

よって，容積が V_1〔L〕のとき，濃度平衡定数 K_c は，

$$K_c=\frac{[NO_2]^2}{[N_2O_4]}=\frac{\left(\dfrac{2n_0\alpha}{V_1}\right)^2}{\dfrac{n_0(1-\alpha)}{V_1}}=\underline{\frac{4n_0\alpha^2}{(1-\alpha)V_1}}\text{〔mol/L〕}$$

(b)　反応前後の混合気体において，気体の状態方程式(変動しない文字を○で囲う)と，(a)のバランスシートから，

$$ⓅV=nⓇⓉ \Leftrightarrow \frac{V}{n}=\frac{RT}{P}=k(\text{一定}) \Leftrightarrow \frac{V_1}{n_1}=\frac{V_2}{n_2}\text{ より，}$$

$$\frac{V_0}{n_0}=\frac{V_1}{n_0(1+\alpha)} \qquad \therefore\ V_1=\underline{(1+\alpha)V_0}\text{〔L〕}$$

(c) ⇒ **重要ポイント** 1°

各気体の分圧は，モル分率 x を用いると，次式のように表される(⇒ P.60)。

$$\begin{cases} P_{N_2O_4}=P_{all}\times x_{N_2O_4}=P\times\dfrac{n_0(1-\alpha)}{n_0(1+\alpha)}=\dfrac{1-\alpha}{1+\alpha}P\text{〔Pa〕} \\ P_{NO_2}=P_{all}\times x_{NO_2}=P\times\dfrac{2n_0\alpha}{n_0(1+\alpha)}=\dfrac{2\alpha}{1+\alpha}P\text{〔Pa〕} \end{cases}$$

よって，圧平衡定数 K_p は，

$$K_p=\frac{{P_{NO_2}}^2}{P_{N_2O_4}}=\frac{\left(\dfrac{2\alpha}{1+\alpha}P\right)^2}{\dfrac{1-\alpha}{1+\alpha}P}=\underline{\frac{4\alpha^2}{1-\alpha^2}P}\text{〔Pa〕}$$

(d) ⇒ **重要ポイント** 2°

$1\,N_2O_4$ ⇄ $2\,NO_2$ より，

$$K_c=K_p(RT)^{1-2} \Leftrightarrow \underline{K_p=K_cRT}$$

重要ポイント

1°　圧平衡定数

気体間の可逆反応では，モル濃度の代わりに分圧を用いて平衡定数を表すことがある。これを圧平衡定数といい，よく K_p で表す。K_p は K_c と同様に，温度が一定であれば一定値を示す。ここで，次式で表される可逆反応を考える。

物質の変化(化学)

$$a_1\mathrm{A}_1 + a_2\mathrm{A}_2 + \cdots \rightleftarrows b_1\mathrm{B}_1 + b_2\mathrm{B}_2 + \cdots$$

また，上式において，各物質の分圧をそれぞれ P_{A_1}，P_{A_2}，・・・，P_{B_1}，P_{B_2}，・・・とすると(ただし，固体で存在していれば分圧は考えない)，圧平衡定数 K_p は，

$$K_\mathrm{p} = \frac{P_{\mathrm{B}_1}{}^{b_1} \cdot P_{\mathrm{B}_2}{}^{b_2} \cdot \cdots}{P_{\mathrm{A}_1}{}^{a_1} \cdot P_{\mathrm{A}_2}{}^{a_2} \cdot \cdots}$$

と表すことができる。

2° 濃度平衡定数 K_c と圧平衡定数 K_p の関係

K_c と K_p の関係を表す式は，次のように気体の状態方程式 $PV = nRT$ を用いてつくることができる。

$$P_\mathrm{X}V = n_\mathrm{X}RT \qquad (\mathrm{X} = \mathrm{A}_1,\ \mathrm{A}_2,\ \cdots,\ \mathrm{B}_1,\ \mathrm{B}_2,\ \cdots)$$

$$\Leftrightarrow\ P_\mathrm{X} = \frac{n_\mathrm{X}}{V}RT$$

$$\Leftrightarrow\ P_\mathrm{X} = [\mathrm{X}]RT \qquad ([\mathrm{X}]：物質\mathrm{X}のモル濃度)$$

ここで，

$$K_\mathrm{p} = \frac{P_{\mathrm{B}_1}{}^{b_1} \cdot P_{\mathrm{B}_2}{}^{b_2} \cdot \cdots}{P_{\mathrm{A}_1}{}^{a_1} \cdot P_{\mathrm{A}_2}{}^{a_2} \cdot \cdots}$$

に代入すると，

$$K_\mathrm{p} = \frac{([\mathrm{B}_1]RT)^{b_1} \cdot ([\mathrm{B}_2]RT)^{b_2} \cdot \cdots}{([\mathrm{A}_1]RT)^{a_1} \cdot ([\mathrm{A}_2]RT)^{a_2} \cdot \cdots}$$

$$\Leftrightarrow\ K_\mathrm{p} = \frac{[\mathrm{B}_1]^{b_1} \cdot [\mathrm{B}_2]^{b_2} \cdot \cdots \cdot (RT)^{b_1 + b_2 + \cdots}}{[\mathrm{A}_1]^{a_1} \cdot [\mathrm{A}_2]^{a_2} \cdot \cdots \cdot (RT)^{a_1 + a_2 + \cdots}}$$

$$\Leftrightarrow\ K_\mathrm{p} = K_\mathrm{c}(RT)^{(b_1 + b_2 + \cdots) - (a_1 + a_2 + \cdots)}$$

$$\Leftrightarrow\ K_\mathrm{c} = K_\mathrm{p}(RT)^{(a_1 + a_2 + \cdots) - (b_1 + b_2 + \cdots)}$$

以上より，K_c と K_p には以下のような関係がある。

$$K_\mathrm{c} = K_\mathrm{p}(RT)^{(左辺の係数和) - (右辺の係数和)}$$

106 解答

問1 $N_2 + 3H_2 \rightleftarrows 2NH_3$

問2 73 %

問3 2.0×10 %

問4 $K_\mathrm{p} = \dfrac{P(\mathrm{NH_3})^2}{P(\mathrm{N_2}) \cdot P(\mathrm{H_2})^3}$

問5 $5.3 \times 10^{-14}\ \mathrm{Pa^{-2}}$

解説

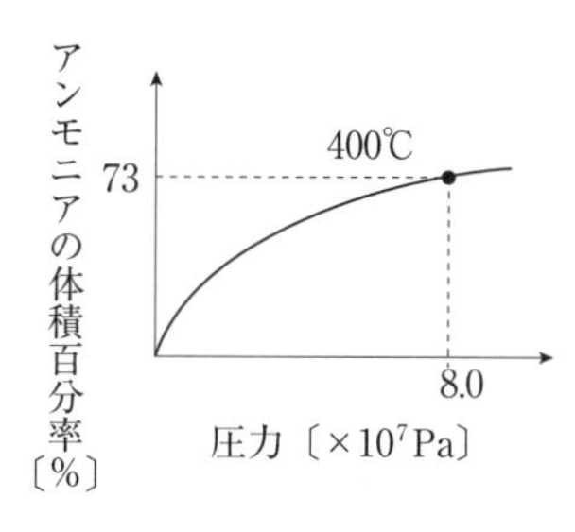

問2　400℃，全圧 8.0×10^7 Pa のとき，右図より，NH_3 の体積百分率は <u>73</u> %と読み取ることができる。なお，(平衡状態にあった反応系に)化学反応式の係数比と同じ物質量比の物質(本問では N_2 と H_2)を反応させると，平衡状態ではそれらの物質は化学反応式の係数比と同じ物質量比で存在するので，N_2 と H_2 は1：3の物質量比で存在することがわかるため，混合気体中の各気体の体積百分率〔%〕は，

$$\begin{cases} N_2：(100 - 73) \times \dfrac{1}{1+3} \fallingdotseq 6.8〔\%〕 \\ H_2：(100 - 73) \times \dfrac{3}{1+3} \fallingdotseq 2.0 \times 10〔\%〕 \end{cases}$$

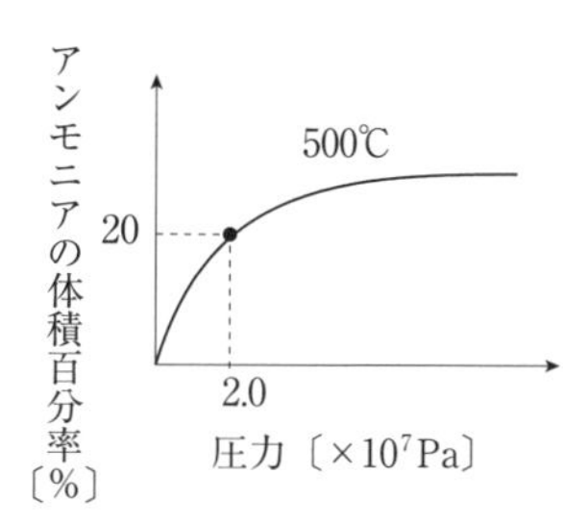

問3　温度と体積を一定のままで反応に関与しないHeを加えても平衡の移動はない。よって，N_2，H_2，NH_3 の分圧の和はHeの混合前でも後でも 2.0×10^7 Pa のままである。よって，500℃，全圧(N_2，H_2，NH_3 の分圧和の)2.0×10^7 Pa のとき，右図より，Heを除く気体中の NH_3 の体積百分率は <u>20</u> %と読み取ることができる。なお，**問2**と同様に平衡状態において N_2 と H_2 は1：3の物質量比で存在するため，混合気体中の各気体の体積百分率〔%〕は，

$$\begin{cases} N_2：(100 - 20) \times \dfrac{1}{1+3} = 2.0 \times 10〔\%〕 \\ H_2：(100 - 20) \times \dfrac{3}{1+3} = 6.0 \times 10〔\%〕 \end{cases}$$

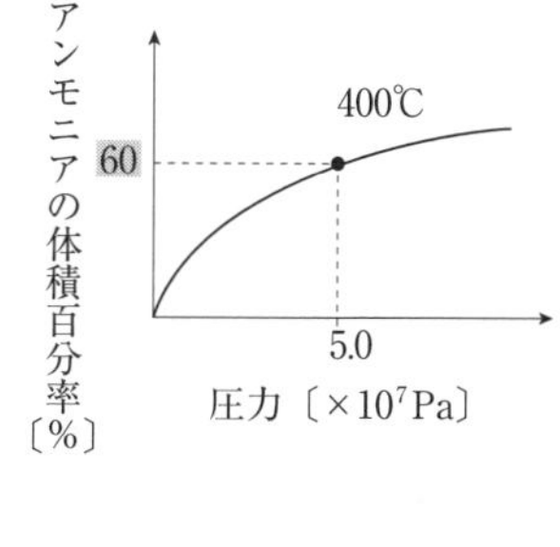

問4，5　400℃，全圧 5.0×10^7 Pa のとき，右図より，NH_3 の体積百分率は 60 %と読み取ることができる。また，**問2**と同様に平衡状態において N_2 と H_2 は1：3の物質量比で存在するため，混合気体中の各気体の体積百分率〔%〕は，

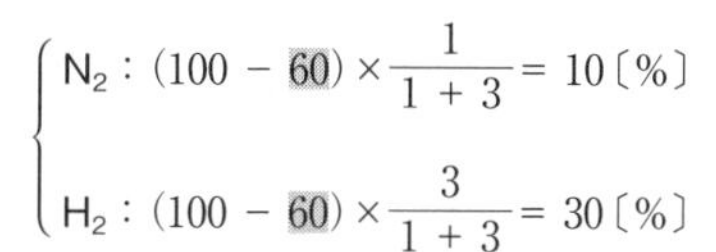

$$\begin{cases} N_2：(100 - 60) \times \dfrac{1}{1+3} = 10〔\%〕 \\ H_2：(100 - 60) \times \dfrac{3}{1+3} = 30〔\%〕 \end{cases}$$

各気体の分圧は，全圧を P_{all}〔Pa〕としてモル分率 x を用いると，次式のように表される(⇒P.60)。

$$\begin{cases} P(N_2) = P_{all} \times x_{N_2} = (5.0 \times 10^7) \times \dfrac{10}{100} = 0.50 \times 10^7 \text{〔Pa〕} \\ P(H_2) = P_{all} \times x_{H_2} = (5.0 \times 10^7) \times \dfrac{30}{100} = 1.5 \times 10^7 \text{〔Pa〕} \\ P(NH_3) = P_{all} \times x_{NH_3} = (5.0 \times 10^7) \times \dfrac{60}{100} = 3.0 \times 10^7 \text{〔Pa〕} \end{cases}$$

よって，圧平衡定数 K_p は，

$$K_p = \frac{P(NH_3)^2}{\underline{P(N_2) \cdot P(H_2)^3}} = \frac{(3.0 \times 10^7)^2}{(0.50 \times 10^7) \times (1.5 \times 10^7)^3}$$

$$= 5.33\cdots \times 10^{-14} \fallingdotseq \underline{5.3 \times 10^{-14}}\text{〔Pa}^{-2}\text{〕}$$

単位だけに注目すると $\dfrac{\cancel{Pa^2}}{Pa \cdot \cancel{Pa^3}} = \dfrac{1}{Pa^2}$

107 解答

問1 4.0

問2 0.87 mol

問3 生成した水を，濃硫酸などの吸収剤を用いて取り除く。（または，生成した酢酸エチルを分離していく。など）

解説

問1 酢酸エチルが 0.80 mol 生成したとき，平衡時における各物質の物質量〔mol〕は，バランスシートより以下のように求まる。

	CH_3COOH +	CH_3CH_2OH $\rightleftarrows$	$CH_3COOCH_2CH_3$ +	H_2O	
反応前	1.6	1.0	0	0	（単位：mol）
変化量	− 0.80	− 0.80	+ 0.80	+ 0.80	
平衡時	0.80	0.20	0.80	0.80	

よって，体積を V〔L〕とおくと，平衡定数 K は，

$$K = \frac{[CH_3COOCH_2CH_3][H_2O]}{[CH_3COOH][CH_3CH_2OH]} = \frac{\dfrac{0.80}{V} \times \dfrac{0.80}{V}}{\dfrac{0.80}{V} \times \dfrac{0.20}{V}} = \underline{4.0}$$

問2 生成する酢酸エチルの物質量を x〔mol〕とおくと，平衡時の各物質の物質量〔mol〕は，バランスシートより以下のように表すことができる。

	CH_3COOH +	CH_3CH_2OH $\rightleftarrows$	$CH_3COOCH_2CH_3$ +	H_2O	
反応前	2.0	1.0	0	0	（単位：mol）
変化量	$-x$	$-x$	$+x$	$+x$	
平衡時	$2.0-x$	$1.0-x$	x	x	

よって，体積をV〔L〕とおくと，平衡定数Kは，

$$K = \frac{[CH_3COOCH_2CH_3][H_2O]}{[CH_3COOH][CH_3CH_2OH]} = \frac{\frac{x}{V} \times \frac{x}{V}}{\left(\frac{2.0 - x}{V}\right) \times \left(\frac{1.0 - x}{V}\right)} = 4.0$$

$$\Leftrightarrow \quad 3x^2 - 12x + 8 = 0$$

$$\therefore \quad x = \frac{6 \pm \sqrt{6^2 - 3 \times 8}}{3} = \frac{6 \pm 2\sqrt{3}}{3} \fallingdotseq 3.13,\ 0.866$$

ここで，平衡時のCH_3CH_2OHの物質量〔mol〕において，$1.0 - x > 0$であるから，xの範囲は，$0 < x < 1.0$となる。

$$\therefore \quad x = 0.866 \fallingdotseq \underline{0.87}\text{〔mol〕}$$

問3　ルシャトリエの原理より，生成したH_2Oを取り除くことで平衡を右に移動させ，酢酸エチルの生成量を増加させることができる。なお，吸収剤には，酸触媒としてのはたらきもある濃硫酸を用いるのが適当である。

物質の変化（化学）

108　解答

問1　c

（理由）　圧力が高いほど平衡は気体分子数が減少する方向に移動する。その結果，メタノールの体積百分率は増加する。

問2　発熱反応

（理由）　温度が上がるとメタノールが減少する方向へ平衡が移動しているため。

問3　(ア)　　**問4**　(イ)　　**問5**　(イ)，(オ)

解説

問1　圧力を増加させると，ルシャトリエの原理により，圧力を下げる方向に平衡が移動する。圧力を下げる方向とは，すなわち気体分子数が減少する方向であり，反応式の(気体分子の)物質の係数和が小さくなる方向である。次式より，係数和が小さくなる反応の方向は右方向であり，その結果，CH_3OHの体積百分率〔%〕は増加する。

$$1\,CO(g) + 2\,H_2(g) \rightleftarrows 1\,CH_3OH(g) \qquad \cdots\cdots(*)$$

以上より，測定している圧力が一番高い，つまりCH_3OHの体積百分率〔%〕が最も大きい20 MPaは曲線cであることがわかる。

問2　温度を高くすると，平衡は吸熱方向に移動する。また，本問中の図において，温度を高くすると，CH_3OHの体積百分率〔%〕が減少，すなわち(*)式の平衡が左に移動したことがわかる。つまり，「吸熱方向＝左方向」となるので，CH_3OHが生成する反応(右方向)は<u>発熱反応</u>である。

問3　**問1**の結果より各曲線は右図のようになる。5 MPa で CH_3OH の体積百分率が 20 ％のとき，本問中の選択肢の温度で最も近いものは(ア)327 ℃である。

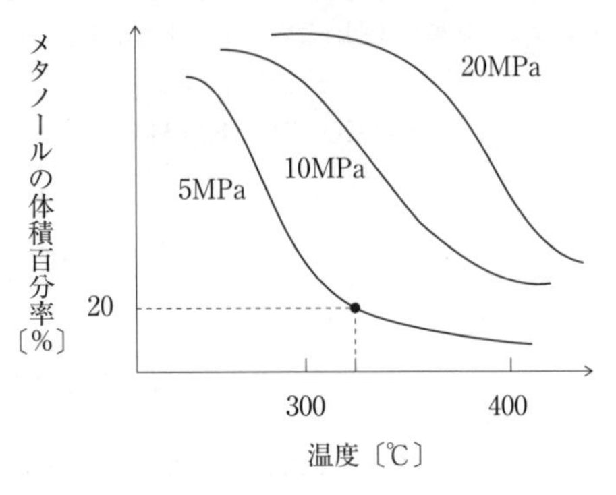

問4　5 MPa から 20 MPa と圧力を 4 倍にしたとき，平衡移動がなければボイルの法則(⇒ P.54)より，体積は $\frac{1}{4}$ となる。

しかし，圧力を上げたことで(＊)式の平衡が気体分子数減少方向に移動するため，20MPa における体積〔L〕は $\frac{1}{4}$ よりさらに小さくなる。よって，質量〔g〕は一定のため，密度〔g / L〕は 4 倍よりも大きくなる。よって，(イ)が正解となる。

問5　触媒は活性化エネルギーを下げて反応速度を大きくさせるが，反応エンタルピーは変化させない。また，平衡の移動には関与しないため，生成物の量にも影響を与えない。

第14章　電離平衡

109 解答

問1　ア　化学平衡(または，質量作用)　イ　イオン積　ウ　増加　エ　減少

問2　定義　$pH = -\log_{10}[H^+]$，$pH = 12$

解説

問1 ⇒ 重要ポイント 1°

ア　H_2O の電離は可逆反応であり，平衡状態では化学平衡の法則(または質量作用の法則)が成り立つ(⇒ P.128)。

ウ　酸は H^+ を放出するため，酸を水に溶かすと水素イオン濃度$[H^+]$は増加する。

エ　$[H^+]$と$[OH^-]$の積が一定であることから，$[H^+]$が増加すると，$[OH^-]$は減少する。

問2　NaOH は強塩基のため，$[NaOH] = [OH^-]$となる。よって，

$$[OH^-] = \frac{\dfrac{0.10\,[g]}{40\,[g/mol]}\ \text{mol}}{0.25\,[L]} = 1.0 \times 10^{-2}\,[mol/L]$$

$$\therefore\ pH = 14 - pOH = 14 - (-\log[OH^-]) = 14 + \log(1.0 \times 10^{-2}) = \underline{12}$$

重要ポイント

1°　水のイオン積

水 H_2O 分子は，次式のようにわずかに電離して水素イオン H^+ と水酸化物イオン OH^- を生じ，平衡状態になる。

$$H_2O \rightleftarrows H^+ + OH^- \qquad K = \frac{[H^+][OH^-]}{[H_2O]}$$

このとき，H_2O の電離における電離定数 K は上式のように表されるが，H_2O の電離はわずかであるため$[H_2O]$は一定値としてよい。そのため，$K[H_2O]$は定数となり，上式を次式のように変形できる。この K_W を水のイオン積という。

$$[H^+][OH^-] = K[H_2O] = K_W$$

この式は，純水だけでなく酸性溶液や塩基性溶液でも成り立ち，温度が一定であれば K_W も一定値を示す(次式)。

$$K_W = [H^+][OH^-] = 1.0 \times 10^{-14}\,[mol/L]^2 \qquad (25\,℃)$$

なお，H_2O の電離の逆反応である $H^+ + OH^- \longrightarrow H_2O$ は中和反応であり，発熱反応である($H^+aq + OH^-aq \longrightarrow H_2O$(液)　$\Delta H = -56\,kJ$)。つまり，H_2O の電離は吸熱反応となるため，温度を上げると $H_2O \rightleftarrows H^+ + OH^-$ の平衡は(ルシャトリエの原理より)右に移動し電離は進む。そのため，温度が高くなるとともに K_W は大きくなる。

物質の変化(化学)

110 解答

問1　あ　$\dfrac{c\alpha^2}{1-\alpha}$　　い　$c\alpha^2$　　う　1.00×10^{-2}　　え　2.24×10^{-1}

問2　(i) 2.00×10^{-1}　　(ii) 3.97

解説

問1　c〔mol/L〕の酢酸 CH_3COOH 水溶液では，電離度を α とすると，平衡状態における各物質の濃度〔mol/L〕は，バランスシートより以下のように表すことができる。

	CH_3COOH	$\rightleftarrows$	CH_3COO^-	+	H^+	
反応前	c		0		0	(単位：mol/L)
変化量	$-c\alpha$		$+c\alpha$		$+c\alpha$	
平衡時	$c(1-\alpha)$		$c\alpha$		$c\alpha$	

これより，酢酸の電離定数 K_a は次式のように表される。

$$K_a = \frac{[CH_3COO^-][H^+]}{[CH_3COOH]} = \frac{c\alpha \times c\alpha}{c(1-\alpha)} = \frac{c\alpha^2}{1-\alpha} \quad \cdots\cdots②$$

ここで α は弱酸の電離度で，$\alpha \ll 1$ より $1-\alpha \fallingdotseq 1$ と近似できるので

$$K_a = \frac{c\alpha^2}{1-\alpha} \fallingdotseq c\alpha^2 \quad \cdots\cdots③$$

［$c = 2.70 \times 10^{-1}$ mol/L のとき］

③式より，

$$\alpha \fallingdotseq \sqrt{\frac{K_a}{c}} = \sqrt{\frac{2.70 \times 10^{-5}}{2.70 \times 10^{-1}}} = 1.00 \times 10^{-2}$$

［$c = 5.40 \times 10^{-4}$ mol/L のとき］

③式より，

$$\alpha \fallingdotseq \sqrt{\frac{K_a}{c}} = \sqrt{\frac{2.70 \times 10^{-5}}{5.40 \times 10^{-4}}} = \sqrt{5} \times 10^{-1} = 2.24 \times 10^{-1}$$

問2 ⇒ 重要ポイント

(i)　②式より，

$$K_a = \frac{c\alpha^2}{1-\alpha}$$

$$\Leftrightarrow \quad c\alpha^2 + K_a\alpha - K_a = 0$$

$$\Leftrightarrow \quad (5.40 \times 10^{-4})\alpha^2 + (2.70 \times 10^{-5})\alpha - 2.70 \times 10^{-5} = 0$$

$$\Leftrightarrow \quad 20\alpha^2 + \alpha - 1 = 0 \quad (\alpha > 0)$$

$$\therefore \quad \alpha = \frac{-1+\sqrt{1^2-4\times 20\times(-1)}}{2 \times 20} = \frac{-1+\sqrt{81}}{40} = 2.00 \times 10^{-1}$$

(ii)　(i)の結果より，

$$[H^+] = c\alpha = (5.40 \times 10^{-4}) \times (2.00 \times 10^{-1}) = 2^2 \times 3^3 \times 10^{-6} \text{〔mo/L〕}$$

$$\therefore \quad pH = -\log[H^+] = -\log(2^2 \times 3^3 \times 10^{-6})$$

$= -(2\log 2 + 3\log 3 + \log 10^{-6}) = -(2 \times 0.301 + 3 \times 0.477 - 6)$

$= 3.967 \fallingdotseq \underline{3.97}$

重要ポイント 弱酸の水溶液における電離度αの近似について

弱酸の水溶液では，たいていは問題文に$\alpha \ll 1$と断り書きがあるなどするので，$1-\alpha \fallingdotseq 1$と近似できる。しかし，実際には$\alpha > 0.05$(程度)のとき$1-\alpha \fallingdotseq 1$の近似ができない(近似することで本来の$\alpha$の値との誤差が大きくなってしまうため)。

⇒　電離定数K_aを含めた次式のようなαについての2次方程式を解くことでαを求める。

例　C〔mol/L〕の弱酸HAの電離度αについて

$$K_a = \frac{[CH_3COO^-][H^+]}{[CH_3COOH]} = \frac{C\alpha \times C\alpha}{C(1-\alpha)} = \frac{C\alpha^2}{1-\alpha}$$

$$\Leftrightarrow \quad C\alpha^2 + K_a\alpha - K_a = 0 \quad (\alpha > 0)$$

$$\therefore \quad \alpha = \frac{-K_a + \sqrt{K_a^2 + 4CK_a}}{2C}$$

111　解答

問1	$K_W = [H^+][OH^-]$	問2	$[H^+] = [NO_3^-] + [OH^-]$
問3	$[H^+]^2 - [NO_3^-][H^+] - K_W = 0$	問4	1.6×10^{-7} mol/L

解説

問2 ⇒ **重要ポイント** 1°

電気的中性の条件より

$$[H^+] \times \underset{価数}{1} = [NO_3^-] \times \underset{価数}{1} + [OH^-] \times \underset{価数}{1}$$

$$\Leftrightarrow \quad \underline{[H^+] = [NO_3^-] + [OH^-]}$$

問3 ⇒ **重要ポイント** 2°

問2の結果より，

$$[H^+] = [NO_3^-] + [OH^-]$$

$$\Leftrightarrow \quad [OH^-] = [H^+] - [NO_3^-]$$

ここで，水のイオン積$K_W = [H^+][OH^-]$より，$[OH^-]$を消去すると，

$$K_W = [H^+]([H^+] - [NO_3^-])$$

$$\Leftrightarrow \quad \underline{[H^+]^2 - [NO_3^-][H^+] - K_W = 0}$$

問4　問3の結果より，

$$[H^+] = \frac{-(-1.00 \times 10^{-7}) \pm \sqrt{(-1.00 \times 10^{-7})^2 - 4 \times 1 \times (-1.00 \times 10^{-14})}}{2 \times 1}$$

$[H^+] > 0$より，

$$[H^+] = \frac{1 + \sqrt{5}}{2} \times 10^{-7} = 1.62 \times 10^{-7} \fallingdotseq \underline{1.6 \times 10^{-7}}〔mol/L〕$$

物質の変化(化学)

重要ポイント

1° 電気的中性の条件式

イオンの溶液中では，その中でどんな反応が起こったとしても電気的には必ず中性である。そのため，陽イオンのグループと陰イオンのグループの濃度間にはこれらについての方程式が成り立つ。

例 CH_3COOH 水溶液へ NaOH を加えた溶液の電気的中性の条件

$$[H^+] \times \underset{価数}{1} + [Na^+] \times \underset{価数}{1} = [CH_3COO^-] \times \underset{価数}{1} + [OH^-] \times \underset{価数}{1}$$

$\Leftrightarrow$ $[H^+] + [Na^+] = [CH_3COO^-] + [OH^-]$（ここでの価数は，イオンの価数のことである。）

2° 強酸 HA 水溶液における水 H_2O の電離による H^+ について

$[H^+]_{HA} > 1 \times 10^{-6}$（程度）のとき，$H_2O$ から電離する $[H^+]_{H_2O}$ を無視することができる。しかし，強酸 HA でも，$(10^{-9} \leqq) C \leqq 10^{-6}$ のときは，H_2O から電離する $[H^+]_{H_2O}$ が無視できなくなるため，近似ができない。

$\Rightarrow$ 溶液中の H^+ の全濃度 $[H^+]_{全}$ を x〔mol/L〕とおき，水のイオン積 K_W を用いて x について，次式のような2次方程式を解く。

例 C〔mol/L〕の強酸 HA から電離する H^+ について

	HA	$\longrightarrow$	H^+	+	A^-	
変化量	$-C$		$+C$		$+C$	（単位：mol/L）

また，電気的中性の条件より，

$$[H^+]_{全} = [A^-] + [OH^-]$$

$$\Leftrightarrow [OH^-] = [H^+]_{全} - [A^-] = x - C$$

ここで，水のイオン積より，

$$[H^+]_{全}[OH^-] = K_W$$

$$\Leftrightarrow x(x - C) = K_W$$

$$\Leftrightarrow x^2 - Cx - K_W = 0 \quad (x = [H^+]_{全} > 0)$$

$$\therefore x = \frac{C + \sqrt{C^2 + 4K_W}}{2}$$

112 解答

0.11 mol/L

解説 ⇒ 重要ポイント

この希硫酸 H_2SO_4 aq のモル濃度を C〔mol/L〕，第2電離で生成した H^+ のモル濃度を x〔mol/L〕，本問の(2)式の電離定数を K とおくと，

［第1電離］

	H_2SO_4	$\longrightarrow$	H^+	+	HSO_4^-	
変化量	$-C$		$+C$		$+C$	（単位：mol/L）

［第 2 電離］

	HSO_4^-	$\rightleftarrows$	H^+	+	SO_4^{2-}	
反応前	C		C		0	（単位：mol/L）
変化量	$-x$		$+x$		$+x$	
平衡時	$C-x$		$C+x$		x	

よって，第 2 電離において，化学平衡の法則より（ここでの$[H^+]$は，第 1 電離・第 2 電離で生じた合計の水素イオン濃度$[H^+]_全$として代入することに注意），

$$K=\frac{[H^+][SO_4^{2-}]}{[HSO_4^-]}=\frac{(C+x)x}{C-x}$$

$$\Leftrightarrow\quad x^2+(C+K)x-CK=0\quad(x>0)$$

$$\therefore\quad x=\frac{-(C+K)+\sqrt{(C+K)^2+4CK}}{2}$$

$$=\frac{-(0.100+1.00\times10^{-2})+\sqrt{(0.100+1.00\times10^{-2})^2+4\times0.100\times(1.00\times10^{-2})}}{2}$$

$$=\frac{-0.11+\sqrt{1.61}\times10^{-1}}{2}=\frac{-0.11+1.26\times10^{-1}}{2}=0.0080\,〔\mathrm{mol/L}〕$$

$$[H^+]_全=C+x=0.10+0.0080=0.1080\fallingdotseq\underline{0.11}\,〔\mathrm{mol/L}〕$$

重要ポイント

2 価の強酸 H_2A 水溶液における$[H^+]$について

題意により，第 1 電離はほぼ完全電離で，第 2 電離のみ電離定数が与えられている問題がほとんどである。そのため，以下の手順で解く。

Step1　電離定数から，2 段目の電離で生じた$[H^+]$を求める（このとき電離定数の式に入れる$[H^+]$は，第 1 電離・第 2 電離で生じた合計の水素イオン濃度$[H^+]_全$を代入しなければならないことに注意）。

Step2　Step1 で求めた 2 段目の電離で生じた$[H^+]$と，1 段目の電離で生じた$[H^+]$をたし合わせる。

113　解答

問 1　$\alpha=\sqrt{\dfrac{K_a}{c}}$

問 2　電離度 α　1.7×10^{-2}　　pH　2.8

問 3　(1)　4.6　　(2)　2.8×10^{-1}　　(3)　4.4　　(4)　緩衝作用

解説

問 1，2　$1-\alpha\fallingdotseq1$ と見なすことができるとき，電離度 α は次式のように求めることができる（**110** 問 1 の **解説** を参照のこと）。

$$\underline{\alpha \fallingdotseq \sqrt{\frac{K_a}{c}}} = \sqrt{\frac{2.8 \times 10^{-5}}{0.10}} = \sqrt{280} \times 10^{-3} = \underline{1.7 \times 10^{-2}}$$

よって,

$$[H^+] = c\alpha = 0.10 \times (1.7 \times 10^{-2}) = 1.7 \times 10^{-3} \text{〔mol/L〕}$$

$$\therefore \quad pH = -\log[H^+] = -\log(1.7 \times 10^{-3})$$

$$= -(\log 1.7 + \log 10^{-3}) = -(0.23 - 3) = 2.77 \fallingdotseq \underline{2.8}$$

問3 (1) この緩衝液中において，題意より以下の近似式が成り立つ。

$[CH_3COOH] \fallingdotseq c_a$, $[CH_3COO^-] \fallingdotseq c_s$

よって，酢酸の電離平衡において，化学平衡の法則より，

$$K_a = \frac{[CH_3COO^-][H^+]}{[CH_3COOH]}$$

$$\Leftrightarrow \quad [H^+] = K_a \frac{[CH_3COOH]}{[CH_3COO^-]} \fallingdotseq K_a \frac{c_a}{c_s} \qquad \cdots\cdots(*)$$

$$= (2.8 \times 10^{-5}) \times \frac{0.10}{0.10} = 28 \times 10^{-6} \text{〔mol/L〕}$$

$$\therefore \quad pH = -\log[H^+] = -\log(28 \times 10^{-6})$$

$$= -(\log 28 + \log 10^{-6}) = -(1.45 - 6) = 4.55 \fallingdotseq \underline{4.6}$$

(2) pH = 4.0，つまり，$[H^+] = 1.0 \times 10^{-4}$〔mol/L〕のとき，(1)の(＊)式から，

$$[H^+] \fallingdotseq K_a \frac{c_a}{c_s}$$

$$\Leftrightarrow \quad 1.0 \times 10^{-4} = (2.8 \times 10^{-5}) \times \frac{c_a}{c_s} \qquad \therefore \quad \frac{c_s}{c_a} = \underline{2.8 \times 10^{-1}}$$

(3)⇒ **重要ポイント**

各物質の物質量〔mol〕は，

$$CH_3COOH : 0.10 \text{〔mol/L〕} \times \frac{200}{1000} \text{〔L〕} = 0.020 \text{〔mol〕}$$

$$CH_3COONa : 0.10 \text{〔mol/L〕} \times \frac{200}{1000} \text{〔L〕} = 0.020 \text{〔mol〕}$$

$$HCl : 0.20 \text{〔mol/L〕} \times \frac{20}{1000} \text{〔L〕} = 0.0040 \text{〔mol〕}$$

よって，この緩衝液に塩酸を加えたとき，次式のような反応が起こり，バランスシートにより平衡時における各物質の物質量〔mol〕は以下のように求まる。

	CH_3COONa	+ HCl ⟶	CH_3COOH	+ $NaCl$	
反応前	0.020	0.0040	0.020	0	（単位：mol）
変化量	−0.0040	−0.0040	+0.0040	+0.0040	
平衡時	0.016	0	0.024	0.0040	

同一体積〔L〕中では「モル濃度〔mol/L〕比＝物質量〔mol〕比」より，

$$[H^+] = K_a \frac{c_a}{c_s} = (2.8 \times 10^{-5}) \times \frac{0.024}{0.016} = 4.2 \times 10^{-5} \text{〔mol/L〕}$$

$$\therefore\ pH = -\log[H^+] = -\log(4.2 \times 10^{-5})$$
$$= -(\log 4.2 + \log 10^{-5}) = -(0.62 - 5) = 4.38 ≒ \underline{4.4}$$

重要ポイント 緩衝作用における pH 計算（緩衝作用のしくみについては **114** の **解説** を参照のこと。）

弱酸とその塩からなる緩衝液の緩衝作用における pH 計算では，以下の手順で$[H^+]$を求めるとよい。

Step1　加える強酸または強塩基の物質量〔mol〕から，バランスシートにより，弱酸とその塩の物質量〔mol〕変化を追う。

Step2　電離定数から導いた近似式$\left([H^+] = K_a \frac{c_a}{c_s}\right)$により，$[H^+]$を求める。

114 解答

ア　緩衝　　1　H_2CO_3　　2　HCO_3^-　　3　$H_2PO_4^-$　　4　HPO_4^{2-}

解説

1，2　次式の可逆反応において，（正反応で）$\underline{H_2CO_3}$がH^+を放出し，（逆反応で）$\underline{HCO_3^-}$がH^+を受け取っている。

$$H_2CO_3 \rightleftarrows H^+ + HCO_3^-$$

ここに，少量の強酸を加えた場合，強酸から放出されたH^+をHCO_3^-が受け取ることで，水素イオン濃度$[H^+]$の大きな変化はない。また，少量の強塩基を加えた場合，強塩基から放出されたOH^-とH_2CO_3が中和反応することで，OH^-による水素イオン濃度$[H^+]$の大きな変化はない。

3，4　次式の可逆反応において，（正反応で）$\underline{H_2PO_4^-}$がH^+を放出し，（逆反応で）$\underline{HPO_4^{2-}}$がH^+を受け取っている。

$$H_2PO_4^- \rightleftarrows H^+ + HPO_4^{2-}$$

ここに，少量の強酸を加えた場合，強酸から放出されたH^+をHPO_4^{2-}が受け取ることで，水素イオン濃度$[H^+]$の大きな変化はない。また，少量の強塩基を加えた場合，強塩基から放出されたOH^-と$H_2PO_4^-$が中和反応することで，OH^-による水素イオン濃度$[H^+]$の大きな変化はない。

115 解答

問1　ア　酸性　　イ　塩基性　　ウ　水素イオン
　　エ　水酸化物イオン　　オ　強塩基　　カ　ナトリウムイオン
　　キ　酢酸イオン　　ク　弱酸　　ケ　酢酸
　　コ　水　　サ　イオン積

問2　塩の加水分解

問3　$CH_3COO^- + H_2O \rightleftarrows CH_3COOH + OH^-$

問4　シ　強　　ス　電離度

問5　$\dfrac{K_W}{K_a}$　　問6　1.0×10^{-9} mol/L

解説

問1　酢酸ナトリウム CH_3COONa は$_{オ}$強塩基である NaOH と弱酸である CH_3COOH との塩であるが，水溶液中で次式のように電離して$_{カ}$ナトリウムイオン Na^+ と$_{キ}$酢酸イオン CH_3COO^- を生じる。

$$CH_3COONa \longrightarrow CH_3COO^- + Na^+$$

ここで，Na^+ は水溶液中の$_{エ}$水酸化物イオン OH^- と反応しない。一方，CH_3COO^- は水の電離によって生じた$_{ウ}$水素イオン H^+ と次式のように反応して$_{ク}$弱酸である$_{ケ}$酢酸 CH_3COOH を生じる。

$$CH_3COO^- + H^+ \longrightarrow CH_3COOH \quad \cdots\cdots⑥$$

この反応が進むため，本問中の②式における$_{コ}$水 H_2O の電離平衡は右に移動し，OH^- が増加する。よって，$_{イ}$塩基性の水溶液となる。

問3　CH_3COONa の加水分解のイオンを含む反応式③は，「イオンを含む反応式②＋イオンを含む反応式⑥」より次式のように表される。

$$CH_3COO^- + H_2O \rightleftarrows CH_3COOH + OH^-$$

問4　Na^+ などのアルカリ金属やアルカリ土類金属のイオンを含む塩基は$_{シ}$強塩基であり，電離する反応の$_{ス}$電離度が大きいので，水溶液中で Na^+ と OH^- が結合することはない。そのため，加水分解反応には無関係である。

問5　本問中の④式の分母と分子に $[H^+]$ をかけると次式のようになる。

$$K_h = \frac{[CH_3COOH][OH^-]}{[CH_3COO^-]} \times \frac{[H^+]}{[H^+]} = \frac{[CH_3COOH]}{[CH_3COO^-][H^+]} \times [OH^-][H^+]$$

$$\Leftrightarrow \quad K_h = \frac{1}{K_a} \times K_W = \frac{K_W}{K_a} \text{〔mol/L〕}$$

問6　CH_3COONa のモル濃度を C_s〔mol/L〕とおくと，CH_3COONa は完全電離するため CH_3COO^- は C_s〔mol/L〕生じる。ここで，加水分解度を h とおくと，バランスシートにより平衡時における各物質のモル濃度〔mol/L〕は以下のように表される。

$$CH_3COO^- + H_2O \rightleftarrows CH_3COOH + OH^-$$

	CH_3COO^-	H_2O	CH_3COOH	OH^-	
反応前	C_s	多量	0	0	(単位：mol/L)
変化量	$-C_sh$	$-C_sh$	$+C_sh$	$+C_sh$	
平衡時	$C_s(1-h)$	多量	C_sh	C_sh	

これより，K_h は次式のように表される。

$$K_h = \frac{[CH_3COOH][OH^-]}{[CH_3COO^-]} = \frac{C_sh \times C_sh}{C_s(1-h)} = \frac{C_sh^2}{1-h}$$

ここで $h \ll 1$ より $1 - h \fallingdotseq 1$ と近似できるので，

$$K_h = \frac{C_sh^2}{1-h} \fallingdotseq C_sh^2 \Leftrightarrow h \fallingdotseq \sqrt{\frac{K_h}{C_s}}$$

よって，**問 5** の結果より，

$$[OH^-] = C_sh = C_s\sqrt{\frac{K_h}{C_s}} = \sqrt{C_sK_h} = \sqrt{C_s\frac{K_W}{K_a}}$$

$$= \sqrt{0.28 \times \frac{1.0 \times 10^{-14}}{2.8 \times 10^{-5}}} = 1.0 \times 10^{-5}\,\text{〔mol/L〕}$$

以上より，水のイオン積から，

$$K_W = [H^+][OH^-]$$

$$\Leftrightarrow [H^+] = \frac{K_W}{[OH^-]} = \frac{1.0 \times 10^{-14}}{1.0 \times 10^{-5}} = \underline{1.0 \times 10^{-9}}\,\text{〔mol/L〕}$$

116 解答

問 1　ア $\dfrac{[NH_4^+][OH^-]}{[NH_3]}$　イ $\dfrac{c\alpha^2}{1-\alpha}$　ウ $c\alpha^2$　エ $\sqrt{cK_b}$

オ $\dfrac{K_W}{\sqrt{cK_b}}$　カ NH_3　キ H_3O^+

問 2　弱酸性

問 3　水酸化物イオンの増加により，ルシャトリエの原理から，式①の平衡は左に移動する。

問 4　$\dfrac{K_W}{K_b}$

問 5　8.8

解説

問 1，2　水溶液中では $[H_2O]$ を一定値と考えてよいので，①式より，

$$K = \frac{[NH_4^+][OH^-]}{[NH_3][H_2O]}$$

$$\Leftrightarrow K[H_2O] = \frac{[NH_4^+][OH^-]}{[NH_3]}$$

$$\Leftrightarrow \quad K_b = \frac{[NH_4^+][OH^-]}{_{ア}\underline{[NH_3]}} \quad \cdots\cdots(*)$$

c〔mol/L〕のアンモニア NH_3 水溶液では，電離度を α としたとき，平衡状態における各物質の濃度〔mol/L〕は，バランスシートより以下のように表すことができる。

	NH_3	+ H_2O	⇄ NH_4^+	+ OH^-	
反応前	c	多量	0	0	（単位：mol/L）
変化量	$-c\alpha$	$-c\alpha$	$+c\alpha$	$+c\alpha$	
平衡時	$c(1-\alpha)$	多量	$c\alpha$	$c\alpha$	

よって，(＊)式より，

$$K_b = \frac{[NH_4^+][OH^-]}{[NH_3]} = \frac{c\alpha \times c\alpha}{c(1-\alpha)} = {}_{イ}\underline{\frac{c\alpha^2}{1-\alpha}} \quad \cdots\cdots②$$

ここで，題意より $\alpha \ll 1$ のため，$1-\alpha \fallingdotseq 1$ と近似できる。

$$K_b = \frac{c\alpha^2}{1-\alpha} \fallingdotseq {}_{ウ}\underline{c\alpha^2} \quad \Leftrightarrow \quad \alpha = \sqrt{\frac{K_b}{c}}$$

よって，

$$[OH^-] = c\alpha = c\sqrt{\frac{K_b}{c}} = {}_{エ}\underline{\sqrt{cK_b}}$$

以上より，水のイオン積より，

$$K_W = [OH^-][H^+]$$

$$\Leftrightarrow \quad [H^+] = \frac{K_W}{[OH^-]} = {}_{オ}\underline{\frac{K_W}{\sqrt{cK_b}}}$$

また，塩化アンモニウム NH_4Cl から電離した NH_4^+ の一部は，次式のように H_2O と反応し，その結果，H_3O^+ が生成するため水溶液は $_{A}$<u>弱酸性</u>を示す。

$$NH_4^+ + H_2O \rightleftarrows {}_{カ}\underline{NH_3} + {}_{キ}\underline{H_3O^+} \quad \cdots\cdots④$$

問3　$NaOH$ から電離する OH^- により，水溶液中の $[OH^-]$ が大きくなる。そのため，ルシャトリエの原理から，次式の平衡は OH^- を減少させる方向，つまり左に移動する。

$$NH_3 + H_2O \rightleftarrows NH_4^+ + OH^-$$

問4　式④の $[H_3O^+]$ を $[H^+]$ に置き換え，分母と分子に $[OH^-]$ をかけると次式のようになる。

$$K_h = \frac{[NH_3][H_3O^+]}{[NH_4^+]} = \frac{[NH_3][H^+]}{[NH_4^+]} \times \frac{[OH^-]}{[OH^-]} = \frac{[NH_3]}{[NH_4^+][OH^-]} \times [H^+][OH^-]$$

$$\Leftrightarrow \quad K_h = \frac{1}{K_b} \times K_W = \underline{\frac{K_W}{K_b}}\text{〔mol/L〕}$$

問5　この緩衝液中において，NH_3 と NH_4^+ の物質量〔mol〕について以下の近似式が成り立つ。

$$n_{NH_3} \fallingdotseq 0.20\text{〔mol/}\cancel{L}\text{〕} \times \frac{100}{1000}\text{〔}\cancel{L}\text{〕} = 0.020\text{〔mol〕}$$

$$n_{NH_4^+} \fallingdotseq 0.20\text{〔mol/}\cancel{L}\text{〕} \times \frac{300}{1000}\text{〔}\cancel{L}\text{〕} = 0.060\text{〔mol〕}$$

よって，同一体積〔L〕中では「モル濃度〔mol/L〕比＝物質量〔mol〕比」より，式①の電離平衡において，

$$K_b = \frac{[NH_4^+][OH^-]}{[NH_3]}$$

$$\Leftrightarrow \quad [OH^-] = K_b \frac{[NH_3]}{[NH_4^+]} = K_b \frac{n_{NH_3}}{n_{NH_4^+}} = (1.8 \times 10^{-5}) \times \frac{0.020}{0.060} = 6.0 \times 10^{-6} \text{〔mol/L〕}$$

$$\therefore \quad pH = 14 - pOH = 14 - (-\log[OH^-]) = 14 + \log(2 \times 3 \times 10^{-6})$$

$$= 14 + (\log 2 + \log 3 + \log 10^{-6}) = 14 + (0.30 + 0.48 - 6) = 8.78 \fallingdotseq \underline{8.8}$$

117 解答

問1　1.00×10^{-20} mol/L

問2　沈殿する金属硫化物　CdS　　Cd^{2+}の濃度　5.00×10^{-8} mol/L

問3　3.30

問4　2.50

解説

問1　各段階の電離平衡における電離定数はそれぞれ次式のように表すことができる。

$$\begin{cases} K_1 = \dfrac{[HS^-][H^+]}{[H_2S]} & \cdots\cdots① \\ K_2 = \dfrac{[S^{2-}][H^+]}{[HS^-]} & \cdots\cdots② \end{cases}$$

ここで，①式×②式より$[HS^-]$を消去すると，

$$K_1 \times K_2 = \frac{[HS^-][H^+]}{[H_2S]} \times \frac{[S^{2-}][H^+]}{[HS^-]}$$

$$\Leftrightarrow \quad K_1K_2 = \frac{[H^+]^2[S^{2-}]}{[H_2S]} \qquad \cdots\cdots③$$

$$\Leftrightarrow \quad [S^{2-}] = K_1K_2 \frac{[H_2S]}{[H^+]^2}$$

題意より$[H_2S] = 1.00 \times 10^{-1}$

$$= (1.00 \times 10^{-7}) \times (1.00 \times 10^{-14}) \times \frac{1.00 \times 10^{-1}}{(1.00 \times 10^{-1})^2} = \underline{1.00 \times 10^{-20}} \text{〔mol/L〕}$$

$pH = 1 \quad \Leftrightarrow \quad [H^+] = 1.00 \times 10^{-1}$

問2⇒ **重要ポイント**

金属イオンの濃度を$[M^{2+}]$とおくと，$pH = 1$における$[S^{2-}]$と$[M^{2+}]$の積（仮の溶解度積として$\widetilde{K_{sp}}$とおく）は，**問1**の結果より，

$$\widetilde{K_{sp}} = [M^{2+}][S^{2-}] = (1.00 \times 10^{-3}) \times (1.00 \times 10^{-20}) = 1.00 \times 10^{-23} \text{〔mol/L〕}^2$$

次図より，$\widetilde{K_{sp}}$の値が実際のK_{sp}の値を超えるのは，CdSのみである。

沈殿生成 ←

ⓢ小	CdS		ZnS	FeS	→ ⓓ大
	5.00×10^{-28}	1.00×10^{-23}	1.00×10^{-22}	4.00×10^{-19}	溶解度積

よって，CdSの沈殿のみ生成する。また，そのときの$[Cd^{2+}]$は，溶解平衡となっているので，

$$[Cd^{2+}][S^{2-}] = 5.00 \times 10^{-28}$$

$$\Leftrightarrow \quad [Cd^{2+}] = \frac{5.00 \times 10^{-28}}{[S^{2-}]} = \frac{5.00 \times 10^{-28}}{1.00 \times 10^{-20}} = \underline{5.00 \times 10^{-8}}\,[\mathrm{mol/L}]$$

問3　FeSが沈殿し始めるとき溶解平衡となるので，そのときの$[S^{2-}]$は，

$$[Fe^{2+}][S^{2-}] = 4.00 \times 10^{-19}$$

$$\Leftrightarrow \quad [S^{2-}] = \frac{4.00 \times 10^{-19}}{[Fe^{2+}]} = \frac{4.00 \times 10^{-19}}{1.00 \times 10^{-3}} = 4.00 \times 10^{-16}\,[\mathrm{mol/L}]$$

よって，このときの$[H^+]$は，③式より，

$$[H^+] = \sqrt{K_1 K_2 \frac{[H_2S]}{[S^{2-}]}}$$

$$= \sqrt{(1.00 \times 10^{-7}) \times (1.00 \times 10^{-14}) \times \frac{1.00 \times 10^{-1}}{4.00 \times 10^{-16}}} = 2^{-1} \times 10^{-3}\,[\mathrm{mol/L}]$$

$$\therefore \quad \mathrm{pH} = -\log[H^+] = -\log(2^{-1} \times 10^{-3})$$

$$= -(-\log 2 + \log 10^{-3}) = -(-0.301 - 3) = 3.301 \fallingdotseq \underline{3.30}$$

問4　溶液中に残っている$[Zn^{2+}]$は，

$$[Zn^{2+}] = (1.00 \times 10^{-4}) \times \frac{100 - 90}{100} = 1.00 \times 10^{-5}\,[\mathrm{mol/L}]$$

よって，溶解平衡となっているので，このときの$[S^{2-}]$は，

$$[Zn^{2+}][S^{2-}] = 1.00 \times 10^{-22}$$

$$\Leftrightarrow \quad [S^{2-}] = \frac{1.00 \times 10^{-22}}{[Zn^{2+}]} = \frac{1.00 \times 10^{-22}}{1.00 \times 10^{-5}} = 1.00 \times 10^{-17}\,[\mathrm{mol/L}]$$

以上より，このときの$[H^+]$は，③式から，

$$[H^+] = \sqrt{K_1 K_2 \frac{[H_2S]}{[S^{2-}]}}$$

$$= \sqrt{(1.00 \times 10^{-7}) \times (1.00 \times 10^{-14}) \times \frac{1.00 \times 10^{-1}}{1.00 \times 10^{-17}}} = 1.00 \times 10^{-2.5}\,[\mathrm{mol/L}]$$

$$\therefore \quad \mathrm{pH} = -\log[H^+] = -\log(1.00 \times 10^{-2.5}) = \underline{2.50}$$

重要ポイント　溶解度積K_{sp}を利用した沈殿生成の判定

難溶性の塩の沈殿が生成するかどうかは，K_{sp}を用いて以下のような手順で求めることができる。

Step1　「$K_{sp} = [M^{2+}][S^{2-}]$」の関係式に，沈殿しないと仮定したときの各物質のイオン濃度を代入して，仮の溶解度積$(\widetilde{K_{sp}})$を求める。

Step2　この$\widetilde{K}_{sp}$の値と実際の溶解度積K_{sp}の値とを大小比較し，以下の場合分けにより硫化物沈殿MSの生成を判断する。

Case1　$\widetilde{K}_{sp} = [M^{2+}][S^{2-}] \leqq K_{sp}$　⇒　MSの沈殿は生じない。

Case2　$\widetilde{K}_{sp} = [M^{2+}][S^{2-}] > K_{sp}$　⇒　その溶液からMSの沈殿が生じる。

118 解答

問1　$2Ag^{+} + CrO_4^{2-} \longrightarrow Ag_2CrO_4$

問2　9.32×10^{-2} mol/L

問3　$Cr_2O_7^{2-}$

解説 ⇒ 重要ポイント

問2　赤褐色のAg_2CrO_4が生成したとき滴定の終点となる。滴定終点までに加えた$AgNO_3$水溶液の体積は23.3 mLのため，NaCl水溶液のモル濃度をx〔mol/L〕とおくと，「1 Ag^{+} + 1 Cl^{-} ⟶ AgCl」より，滴定終点では次式が成り立つ。

$$\underbrace{0.100\,[\text{mol/L}] \times \frac{23.3}{1000}\,[\text{L}]}_{Ag^{+}[\text{mol}]} = \underbrace{x\,[\text{mol/L}] \times \frac{25.0}{1000}\,[\text{L}]}_{Cl^{-}[\text{mol}]}$$

$$\therefore \quad x = \underline{9.32 \times 10^{-2}}\,[\text{mol/L}]$$

問3　CrO_4^{2-}の水溶液は黄色であるが，次式で表される可逆反応において平衡状態となる。このとき，酸性にする(H^{+}を増加させる)と，ルシャトリエの原理により，H^{+}を減少させる方向，つまり平衡が右へ移動する。その結果，橙赤色の$Cr_2O_7^{2-}$が増加する。

$$2CrO_4^{2-}(\text{黄}) + 2H^{+} \rightleftarrows Cr_2O_7^{2-}(\text{橙赤}) + H_2O$$

重要ポイント　モール法のしくみ

NaClのような塩化物イオンCl^{-}を含む溶液を，硝酸銀$AgNO_3$標準溶液で滴定し，沈殿を生成させることで，濃度未知のNaCl水溶液などを定量することができる(この沈殿滴定をモール法という)。ここで指示薬としてK_2CrO_4を加えておく。これは，AgClの溶解度がAg_2CrO_4の溶解度より小さいため，Cl^{-}がほとんどAgClとして沈殿し終わったときに，赤褐色のAg_2CrO_4が沈殿し始めることで，滴定の終点が判断できる。

Step1　Ag^{+}を加えていくと，まずAgClが沈殿する。

Step2　そしてCl^{-}がほとんど沈殿し終わった直後に，Ag_2CrO_4(赤褐)が沈殿し始める(ここを終点とする)。

⇒　これによりNaCl水溶液中の$[Cl^{-}]$(または$AgNO_3$水溶液中の$[Ag^{+}]$)を決定することができる。

物質の変化(化学)

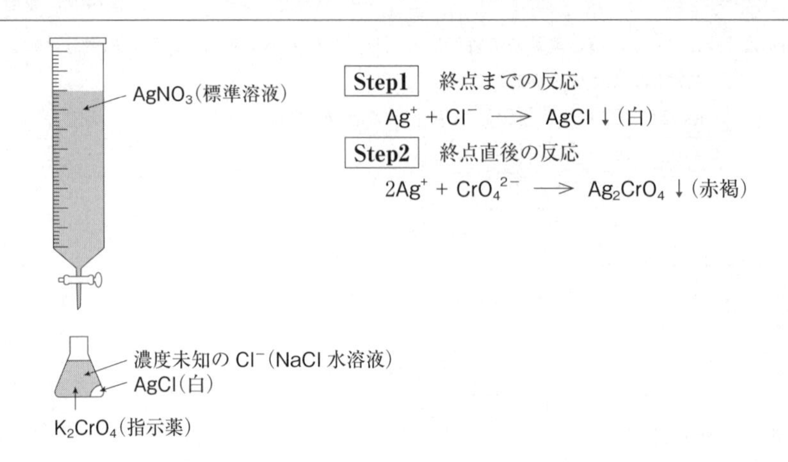

119 解答

問1 5.0×10^{-7} mol

問2 1.0×10^{-2} mol/L

問3 $\dfrac{1.0 \times 10^4}{(x - 2.0 \times 10^{-3})^2}$ $\left(または，\dfrac{1.0 \times 10^6}{(10x - 2.0 \times 10^{-2})^2}\right)$

問4 3.4×10^{-2} mol

問5 硝酸を加えたことでアンモニアが減少し，銀イオン濃度が増加する。その結果，塩化銀の生成方向に平衡が移動するため。

解説

問1 AgClがx〔mol/L〕溶解したとき，次式より，Ag^+とCl^-はx〔mol/L〕存在している。

$$AgCl \longrightarrow Ag^+ + Cl^-$$

変化量 $-x$ $+x$ $+x$ (単位：mol/L)

よって，溶解度積より，

$$K_{sp} = [Ag^+][Cl^-]$$

$$\Leftrightarrow\ 1.00 \times 10^{-10} = x \times x \qquad \therefore\ x = 1.00 \times 10^{-5}\ \text{〔mol/L〕}$$

以上より，この水溶液50 mL中に溶解しているAg^+の物質量〔mol〕は，

$$1.00 \times 10^{-5}\ \text{〔mol/L〕} \times \frac{50}{1000}\ \text{〔L〕} = \underline{5.0 \times 10^{-7}}\ \text{〔mol〕}$$

問2 1.00×10^{-3} molのAgClがすべて溶解したとき，水溶液100 mL中に存在するCl^-も1.00×10^{-3} molである。よって，

$$[Cl^-] = \frac{1.00 \times 10^{-3}\ \text{〔mol〕}}{\dfrac{100}{1000}\ \text{〔L〕}} = \underline{1.0 \times 10^{-2}}\ \text{〔mol/L〕}$$

問3⇒ 重要ポイント

すべての AgCl が溶解した瞬間はちょうど飽和状態となる。よって，そのときの $[Ag^+]$ は，問2の結果から，

$$K_{sp} = [Ag^+][Cl^-]$$

$$[Ag^+] = \frac{K_{sp}}{[Cl^-]} = \frac{1.00 \times 10^{-10}}{1.00 \times 10^{-2}} = 1.00 \times 10^{-8}\,[\text{mol/L}]$$

ここで，電気的中性の条件(⇒ P.140)より，

$$[Ag^+] \times \underset{\text{価数}}{1} + [[Ag(NH_3)_2]^+] \times \underset{\text{価数}}{1} = [Cl^-] \times \underset{\text{価数}}{1}$$

$$\Leftrightarrow\ [Ag^+] + [[Ag(NH_3)_2]^+] = [Cl^-]$$

$$\Leftrightarrow\ (1.00 \times 10^{-8}) + [[Ag(NH_3)_2]^+] = 1.00 \times 10^{-2}$$

$$\therefore\ [[Ag(NH_3)_2]^+] \fallingdotseq 1.00 \times 10^{-2}\,[\text{mol/L}]$$

また，吸収させた NH_3 の全濃度を $[NH_3]_T$ とおくと，物質収支の条件より，

$$[NH_3]_T = [NH_3] + [[Ag(NH_3)_2]^+] \times 2$$

$$\Leftrightarrow\ \frac{x\,[\text{mol}]}{\frac{100}{1000}\,[\text{L}]} = [NH_3] + (1.00 \times 10^{-2}) \times 2$$

$$\therefore\ [NH_3] = 10x - 2.00 \times 10^{-2}\,[\text{mol/L}]$$

よって，

$$K_c = \frac{[[Ag(NH_3)_2]^+]}{[Ag^+][NH_3]^2}$$

$$\Leftrightarrow\ K_c = \frac{1.00 \times 10^{-2}}{(1.00 \times 10^{-8}) \times (10x - 2.00 \times 10^{-2})^2}$$

$$\Leftrightarrow\ K_c = \underline{\frac{1.0 \times 10^{4}}{(x - 2.0 \times 10^{-3})^2}}$$

問4　問3の結果より，

$$K_c = \frac{1.00 \times 10^{4}}{(x - 2.00 \times 10^{-3})^2}$$

$$\Leftrightarrow\ 1.00 \times 10^{7} = \frac{1.00 \times 10^{4}}{(x - 2.00 \times 10^{-3})^2}$$

$$\Leftrightarrow\ (x - 2.00 \times 10^{-3})^2 = \frac{1}{1.00 \times 10^{3}} = 10 \times 10^{-4}$$

$$\Leftrightarrow\ x - 2.00 \times 10^{-3} = \pm\sqrt{10} \times 10^{-2}$$

$$\therefore\ x = 0.0336\cdots \fallingdotseq \underline{3.4 \times 10^{-2}}\,[\text{mol}]\quad (\because\ x > 0)$$

問5　硝酸を加えたことで NH_3 が中和され，次式の平衡が左に移動する。

$$Ag^+ + 2NH_3 \rightleftarrows [Ag(NH_3)_2]^+$$

その結果，Ag^+ が増加する。さらに，Ag^+ の増加により次式の平衡が左に移動し，AgCl の沈殿が増加する。

物質の変化（化学）

$$AgCl \rightleftarrows Ag^{+} + Cl^{-}$$

重要ポイント 物質収支の条件

ある元素の原子に注目すると，その原子の物質量〔mol〕の総和はどんな化学変化が起こっても不変である。そのため，ある元素の原子について方程式を作ることができる。

例　C〔mol〕の H_2S を水に溶かして1Lにしたとき，溶かした H_2S の全モル濃度を $[H_2S]_T$ とおくと，S原子について次式が成り立つ。

$$[H_2S]_T = [H_2S] + [HS^-] + [S^{2-}]$$

$$\Leftrightarrow \quad C = [H_2S] + [HS^-] + [S^{2-}]$$

第15章　金属元素

120 解答

問1　ソルベー(または，アンモニアソーダ)

問2　(i)　A　NH_3　　B　CO_2　　C　$NaHCO_3$

(ii)　$CaO + H_2O \longrightarrow Ca(OH)_2$

問3　4.10×10^2 kg

解説 ⇒ 重要ポイント

問1，2　炭酸ナトリウム Na_2CO_3 の工業的製法をソルベー法，またはアンモニアソーダ法という。Na_2CO_3 はガラス製造などの原料として，重要な物質の一つである。この物質は塩化ナトリウム $NaCl$ と石灰石(主成分は炭酸カルシウム $CaCO_3$)を原料として，以下の手順で製造される。

Step1　飽和塩化ナトリウム $NaCl$ 水溶液に NH_3 と CO_2 を通じる。このとき溶液中には Na^+，Cl^-，NH_4^+，HCO_3^-があり，この中から最も溶解度の小さい $NaHCO_3$ が沈殿する。

$NaCl + NH_3 + CO_2 + H_2O \longrightarrow NaHCO_3 \downarrow + NH_4Cl$　……①

Step2　Step1で生じた $NaHCO_3$ を熱分解して Na_2CO_3 を得る(ここで発生した CO_2 はStep1で再利用)。

$2NaHCO_3 \longrightarrow Na_2CO_3 + CO_2 \uparrow + H_2O$　……②

Step3　Step1で用いる CO_2 を発生させるために，$CaCO_3$ を熱分解する。

$CaCO_3 \longrightarrow CaO + CO_2 \uparrow$　……③

Step4　Step3で生じた CaO に水を加えて $Ca(OH)_2$ をつくる。

$CaO + H_2O \longrightarrow Ca(OH)_2$　……④

Step5　Step1で生じた NH_4Cl にStep4で生じた $Ca(OH)_2$ を加えて加熱すると，弱塩基である NH_3 が遊離する。これをStep1で再利用する。

$2NH_4Cl + Ca(OH)_2 \longrightarrow CaCl_2 + 2NH_3 \uparrow + 2H_2O$　……⑤

なお，本問の(1)式が成り立つために必要な式は④式である。

参考　ソルベー法全体をまとめた反応式である(1)式は，①式×2＋②式＋③式＋④式＋⑤式により作ることができる。

問3　$2NaCl + CaCO_3 \longrightarrow 1Na_2CO_3 + CaCl_2$ より，

Na_2CO_3〔mol〕 $NaCl$〔mol〕

$$\frac{371 \times 10^3\,[\mathrm{g}]}{106\,[\mathrm{g/mol}]} \times 2 \times 58.5\,[\mathrm{g/mol}] = 4.095 \times 10^5\,[\mathrm{g}] \fallingdotseq 4.10 \times 10^2\,[\mathrm{kg}]$$

重要ポイント ソルベー法(アンモニアソーダ法)の全体の流れ

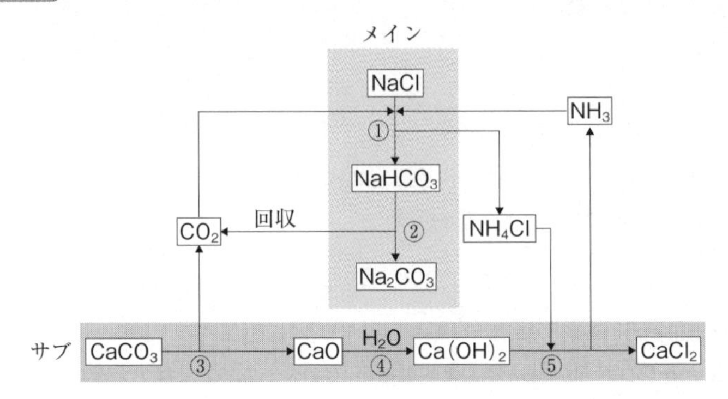

121 解答

問1　(ア)　Mg　(イ)　Ca　(ウ)　Mg

問2　(エ)　$Ca(OH)_2$　(オ)　$CaCO_3$　(カ)　$Ca(HCO_3)_2$　(キ)　$\frac{1}{2}$　(ク)　2

解説

問1 ⇒ **重要ポイント**

(ア)　Caは，次式のように常温の水と反応して水素H_2を発生するが，Mgは常温の水とは反応しない。

$$Ca + 2H_2O \longrightarrow Ca(OH)_2 + H_2 \uparrow$$

(ウ)　Ca^{2+}を含む水溶液にSO_4^{2-}を加えると$CaSO_4$の沈殿が生成するが，Mg^{2+}を含む水溶液にSO_4^{2-}を加えても沈殿は生成しない(つまり，$MgSO_4$の溶解度は$CaSO_4$に比べて大きい)。

問2

(エ)　水酸化カルシウム(エ)$Ca(OH)_2$の水溶液は石灰水とよばれる。なお，$Ca(OH)_2$を消石灰ともいい，消石灰を水で湿らせて塩素Cl_2を吹き込むと，次式のようにさらし粉$CaCl(ClO)\cdot H_2O$が生成する。

$$Ca(OH)_2 + Cl_2 \longrightarrow CaCl(ClO)\cdot H_2O$$

(オ)・(カ)　$Ca(OH)_2$の水溶液である石灰水にCO_2を吹き込むと，白色の炭酸カルシウム(オ)$CaCO_3$が生じ，溶液が白濁する(①)。しかし，CO_2を吹き込み続けると，この$CaCO_3$がCO_2(+H_2O)と反応して炭酸水素カルシウム(カ)$Ca(HCO_3)_2$という水溶性の塩になって白濁が消える(②)。また，この水溶液を加熱すると，②の逆反応が起こり，再び白濁が生じる(③)。

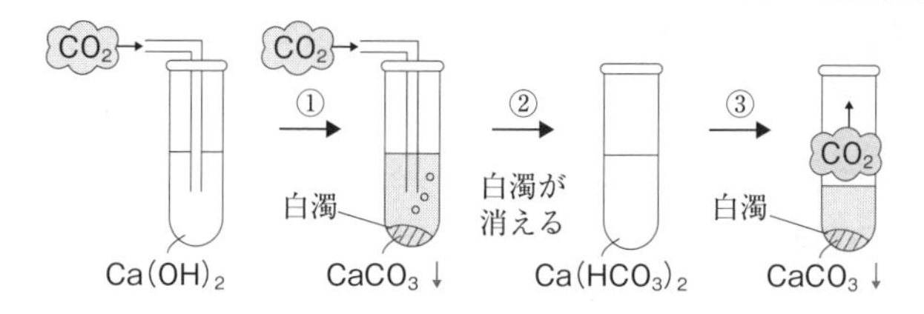

① $Ca(OH)_2 + CO_2 \longrightarrow CaCO_3 \downarrow$(白) $+ H_2O$

② $CaCO_3 + CO_2 + H_2O \longrightarrow Ca(HCO_3)_2$

③ $Ca(HCO_3)_2 \longrightarrow CaCO_3 \downarrow$(白) $+ CO_2 \uparrow + H_2O$

(キ)・(ク) $CaSO_4$ の水和物である $CaSO_4 \cdot 2H_2O$ はセッコウともよばれ，これを加熱すると水和水がとれて半水和物 $CaSO_4 \cdot \frac{1}{2}H_2O$ ができる。これを焼きセッコウといい，水を加え練って放置すると，元のセッコウに戻って固まる。この性質を利用して医療用ギプスや石こう像などに利用されている。

$$CaSO_4 \cdot 2H_2O \underset{\text{硬化}}{\overset{\text{加熱}}{\rightleftarrows}} CaSO_4 \cdot \frac{1}{2}H_2O + \frac{3}{2}H_2O$$

重要ポイント Mg と Ca の違い ～単体・イオンの反応～

	Mg	Ca	Sr	Ba
炎色反応	×	橙	紅	黄緑
H_2O との反応	熱水と反応	冷水と反応		
SO_4^{2-} との反応	なし(沈殿なし)	$CaSO_4 \downarrow$(白)	$SrSO_4 \downarrow$(白)	$BaSO_4 \downarrow$(白)
OH^- との反応	$Mg(OH)_2 \downarrow$(白)	なし(沈殿なし)※	なし(沈殿なし)	なし(沈殿なし)

※　多量に OH^- を加えると $Ca(OH)_2$ の白色沈殿が生じる。

122 解答

問 1　ア　中性子　　イ　同位体　　ウ　両性　　エ　不動態

あ　13　　い　13

問 2　ホウ素　B　　アルミニウム　Al　　ガリウム　Ga

問 3　10.8

問 4　Al^{3+} イオンが Ne と同じ安定な電子配置になっているため。

問 5　$2Al + 6HCl \longrightarrow 2AlCl_3 + 3H_2$

$2Al + 2NaOH + 6H_2O \longrightarrow 2Na[Al(OH)_4] + 3H_2$

解説

問 1　ウ　両性元素とは，単体・酸化物・水酸化物が酸とも(強)塩基とも反応する元素のことで，代表的な両性元素としては Al，Zn，Sn，Pb を覚えておくとよい。

エ　Al，Fe，Ni，Cr などの単体は，酸化力の非常に強い濃硝酸には溶けない。これは，濃硝酸によって酸化され生じた酸化被膜が金属表面をおおってしまい，内部の金属を保護し反応が停止するためである。このようにして化学的に安定になった状態を，不動態という(⇒P.110)。

問3⇒ 15 の 解説 の 重要ポイント 参照のこと

$$\underbrace{10.0 \times \frac{19.9}{100}}_{^{10}B} + \underbrace{11.0 \times \frac{80.1}{100}}_{^{11}B} = 10.80\cdots \fallingdotseq \underline{10.8}$$

問5 [塩酸との反応]

両性元素である Al は H_2 よりもイオン化傾向(⇒P.109)が大きいため，酸と反応すると H_2 を発生しながら溶けて陽イオンになる。これは，イオン化傾向が大きい金属単体が H^+ に e^- を渡す酸化還元反応である(次式)。

$$2Al + 6HCl \longrightarrow 2AlCl_3 + 3H_2\uparrow$$

$$\left(Al + 3H^+ + 3Cl^- \longrightarrow Al^{3+} + 3Cl^- + \frac{3}{2}H_2\right)$$

(Al から $3H^+$ へ $3e^-$)

[水酸化ナトリウム水溶液との反応]

両性元素である Al の単体は，(強)塩基と反応すると H_2 を発生しながら錯イオンになる。反応式は，Al の単体と(酸のように) H_2O を反応させ，いったん水酸化物をつくってから，その後 OH^- と反応させて錯イオンにしていくと書きやすい。

$$2Al + 6H_2O \longrightarrow 2Al(OH)_3 + 3H_2$$

$$+)\ Al(OH)_3 + OH^- \longrightarrow [Al(OH)_4]^- \quad \times 2$$

(Al(OH)$_3$ を消去する)

$$2Al + 2OH^- + 6H_2O \longrightarrow 2[Al(OH)_4]^- + 3H_2$$

$$+)\ 2Na^+ \qquad\qquad 2Na^+$$

$$2Al + 2NaOH + 6H_2O \longrightarrow 2Na[Al(OH)_4] + 3H_2\uparrow$$

123 解答

問1 ア 3 イ Al_2O_3 ウ 陽 エ 陰

問2 二酸化ケイ素 $SiO_2 + 2NaOH \longrightarrow Na_2SiO_3 + H_2O$

焼成 $2Al(OH)_3 \longrightarrow Al_2O_3 + 3H_2O$

問3 酸化アルミニウムを自身の融点より低い温度で溶かすため。

問4 (1) 一酸化炭素 $C + O^{2-} \longrightarrow CO + 2e^-$

二酸化炭素 $C + 2O^{2-} \longrightarrow CO_2 + 4e^-$

(2) 1.2 kg

(3) 2.0×10 mol

(4) 2.2 kg

解説

問1 ⇒ 重要ポイント 1°

問2　酸性酸化物であるSiO_2と塩基であるNaOHの中和反応と考えてよいので，以下のように各々の電離式を書き，陽イオンと陰イオンのペアを入れ替えることで作成するとよい(実際にはSiO_2とH_2Oは直接反応しない)。

$$
\begin{array}{lll}
 & SiO_2 + H_2O\ (\longrightarrow H_2SiO_3) \longrightarrow 2H^+ + SiO_3^{2-} & \\
+) & NaOH \longrightarrow Na^+ + OH^- & \times 2 \\
\hline
 & SiO_2 + 2NaOH + H_2O \longrightarrow Na_2SiO_3 + 2H_2O &
\end{array}
$$

$$\Rightarrow SiO_2 + 2NaOH \longrightarrow Na_2SiO_3 + H_2O$$

問3　アルミナの融点は約2000℃とかなり高い。しかし，氷晶石の融解液には約1000℃で溶ける。

問4　(1)　融解した氷晶石Na_3AlF_6にアルミナAl_2O_3を溶かし電気分解をする。これを溶融塩電解(または融解塩電解)という。次式のように陰極ではAl^{3+}がe^-を受け取りAlの単体が生成する。

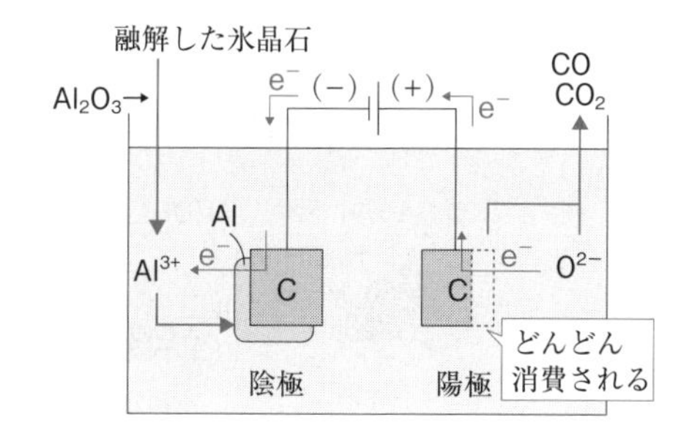

$$Al^{3+} + 3e^- \longrightarrow Al$$

一方，陽極では極物質の炭素がO^{2-}と結合すると同時に酸化されて，COやCO_2となる(次式)。そのため，陽極の炭素は消費されて減少していく。

$$
\begin{cases}
C + O^{2-} \longrightarrow CO \uparrow + 2e^- \\
C + 2O^{2-} \longrightarrow CO_2 \uparrow + 4e^-
\end{cases}
$$

(2)　発生したCOとCO_2の物質量の総和をn〔mol〕とおくと，気体の状態方程式より，

$$PV = nRT$$

$$\Leftrightarrow\ (1.0 \times 10^5) \times 2490 = n \times (8.3 \times 10^3) \times 300 \qquad \therefore\ n = 100〔mol〕$$

また，「発生したCOとCO_2の物質量〔mol〕の総和＝減少したC原子の物質量〔mol〕の総和」より，減少したC原子の質量〔g〕は，

$$12〔g/mol〕\times 100〔mol〕= 1.2 \times 10^3〔g〕= \underline{1.2}〔kg〕$$

(3)　COの物質量をx〔mol〕，CO_2の物質量をy〔mol〕とすると，発生した気体の総物質量〔mol〕と総質量〔g〕について，(2)の結果より，

総物質量　$x + y = 100$　……①

総質量　$28〔g/mol〕\times x〔mol〕+ 44〔g/mol〕\times y〔mol〕= 3.12 \times 10^3〔g〕$

$\Leftrightarrow\ 7x + 11y = 780$　……②

①式，②式より，$\begin{cases} x = 80〔mol〕 \\ y = \underline{20}〔mol〕 \end{cases}$

(4) $C + O^{2-} \longrightarrow$ 1 CO + 2 e^-, $C + 2O^{2-} \longrightarrow$ 1 CO_2 + 4 e^-から，流れたe^-の物質量〔mol〕は，(3)の結果より，

$$80 \times 2 + 20 \times 4 = 240〔mol〕$$

また，陰極における反応は，

$Al^{3+} + 3e^- \longrightarrow 1Al$ なので，

$$240〔\text{mol}〕\times \frac{1}{3}\ (\text{Al〔mol〕}) \times 27〔\text{g/mol}〕= 2160〔\text{g}〕\fallingdotseq \underline{2.2}〔\text{kg}〕$$

重要ポイント

1° アルミナの精製

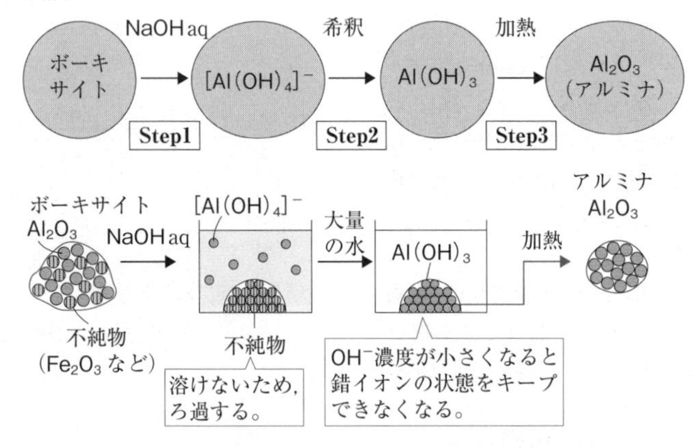

Step1 まず，原料鉱石であるボーキサイト(主成分$Al_2O_3 \cdot H_2O$)をNaOH水溶液に溶かす。このとき，不純物のFe_2O_3などが沈殿するため，それらをろ過して分ける。

Step2 そのろ液を大量の水で薄めていくと，(弱塩基性になるため)水酸化アルミニウム$Al(OH)_3$の白色沈殿が生じる。

Step3 この沈殿を回収し強熱すると純粋な酸化アルミニウム(アルミナ)Al_2O_3が得られる。

124 解答

問1 ア 石灰石　イ 銑鉄　ウ 不動態

問2 $3Fe_2O_3 + CO \longrightarrow 2Fe_3O_4 + CO_2$

問3 2.3×10^{-1} t

問4 化合物名 ヘキサシアニド鉄(Ⅱ)酸カリウム　化学式 $K_4[Fe(CN)_6]$

解説

問1 ⇒ **重要ポイント** 1°

ア 石灰石は，溶鉱炉で次式のように熱分解し，CaOを生じる。このCaOと鉄鉱石中の不純

物(SiO_2など)が反応し，スラグ($CaSiO_3$など)として取り除かれる。

$$CaCO_3 \longrightarrow CaO + CO_2 \uparrow$$

イ　Fe_2O_3は溶鉱炉でCOにより還元されて炭素を比較的多く含んだ銑鉄になる。さらに，転炉で炭素%を減らすと鋼になる。

ウ　不動態についてはP.110を参照のこと。

問3

$$\begin{array}{llr} & 2C + O_2 \longrightarrow 2CO & \times 3 \\ +) & Fe_2O_3 + 3CO \longrightarrow 2Fe + 3CO_2 & \times 2 \\ \hline & 2Fe_2O_3 + 6C + 3O_2 \longrightarrow 4Fe + 6CO_2 & \end{array}$$

より，

$$\frac{1.0 \times 10^6 \,[\text{g}]}{160\,[\text{g/mol}]} \times \frac{6}{2} \times 12\,[\text{g/mol}] = 2.25 \times 10^5\,[\text{g}] \fallingdotseq \underline{2.3 \times 10^{-1}}\,[\text{t}]$$

(Fe_2O_3〔mol〕　C〔mol〕)

問4 ⇒ 重要ポイント 2°

Fe^{3+}と反応して濃青色の沈殿を生じる化合物は，Fe^{2+}を含むヘキサシアニド鉄(Ⅱ)酸カリウム$K_4[Fe(CN)_6]$である。なお，濃青色の沈殿はプルシアンブルーとも呼ばれる。

重要ポイント

1°　製鉄の流れ

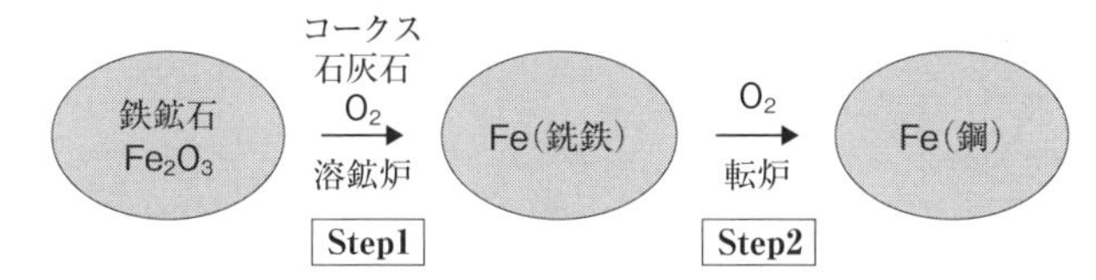

Step1　溶鉱炉

鉄鉱石にコークスCと石灰石$CaCO_3$を混ぜて，下から熱風を送り溶鉱炉の中で強熱していくと，Cから生じたCOが鉄鉱石を還元する(次式)。ここで，炭素%が比較的大きい銑鉄が得られる。銑鉄は硬くてもろい。

$$Fe_2O_3 + 3CO \longrightarrow 2Fe + 3CO_2$$

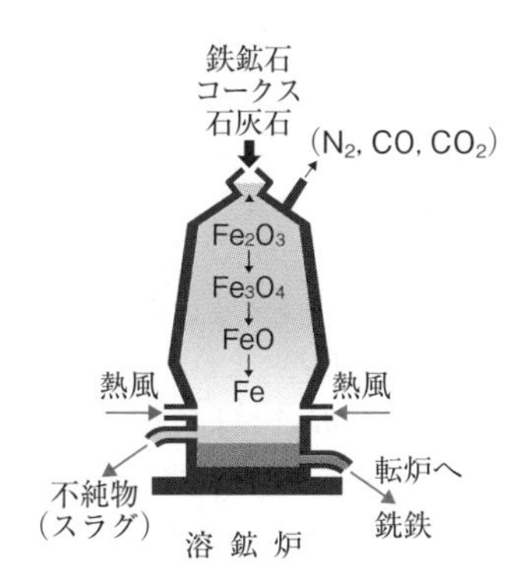

Step2　転炉

銑鉄中炭素%を小さくするために，融解した銑鉄にO_2を吹き込んでいく。そうすると，炭素%が比較的小さい鋼を得ることができる。鋼は硬くて強く，建築材料などに使われている。

2° 鉄(Ⅱ)イオン Fe^{2+} と鉄(Ⅲ)イオン Fe^{3+} の比較

	OH^-	ヘキサシアニド鉄(Ⅱ)酸カリウム $K_4[Fe(CN)_6]$	ヘキサシアニド鉄(Ⅲ)酸カリウム $K_3[Fe(CN)_6]$	チオシアン酸カリウム KSCN
Fe^{2+} 淡緑色	$Fe(OH)_2$↓ 緑白色	(青白色沈殿↓)	濃青色沈殿↓	変化なし
Fe^{3+} 黄褐色	水酸化鉄(Ⅲ)↓ 赤褐色	濃青色沈殿↓	(褐色溶液)	血赤色溶液

125 解答

問1 $Cu_2S + O_2 \longrightarrow 2Cu + SO_2$

問2 陽極 $Cu \longrightarrow Cu^{2+} + 2e^-$ 陰極 $Cu^{2+} + 2e^- \longrightarrow Cu$

問3 (d)

問4 元素X Ag 元素Z Zn

解説 ⇒ 重要ポイント

問1⇒ 重要ポイント 1°

硫化銅(Ⅰ) Cu_2S を酸素と反応させると，粗銅が得られ，二酸化硫黄 SO_2 が生成する。

$$Cu_2S + O_2 \longrightarrow 2Cu + SO_2 \uparrow$$

問2⇒ 重要ポイント 2°

陽極には粗銅を用い，陰極には粗銅を用いる。電気を流すと，陽極では主にCuの溶解反応が起こる(次式)。

$$Cu \longrightarrow Cu^{2+} + 2e^-$$

また，陰極では硫酸銅(Ⅱ) $CuSO_4$ 水溶液中の Cu^{2+} が e^- を受け取り，Cuとなって析出する(次式)。

$$Cu^{2+} + 2e^- \longrightarrow Cu$$

問3 Cuよりもイオン化傾向が小さい金属は $CuSO_4$ 水溶液中では溶けずに単体のまま沈殿する。元素Xが沈殿したことから，Cuと元素Xのイオン化傾向の関係は「Cu＞金属X」である。また，Cuよりもイオン化傾向が大きい金属は $CuSO_4$ 水溶液中でイオンになって溶ける。元素Zが溶解したことから，Cuと元素Zのイオン化傾向の関係は「金属Z＞Cu」である。以上より，元素X，Zおよび銅のイオン化傾向の関係は，「元素Z＞銅＞元素X」である。

問4 元素Xのイオンに塩酸を加えて白色沈殿が生じたことから，この沈殿はAgClであることがわかる。よって，元素Xは銀Agである。元素Zのイオンにアンモニア塩基性下で H_2S をを通じて白色沈殿が生じたことから，この沈殿はZnSであることがわかる。よって，元素Zは亜鉛Znである。(金属イオンの沈殿について詳しくはP.162を参照のこと。)

重要ポイント

1°　粗銅・純銅の製法の流れ

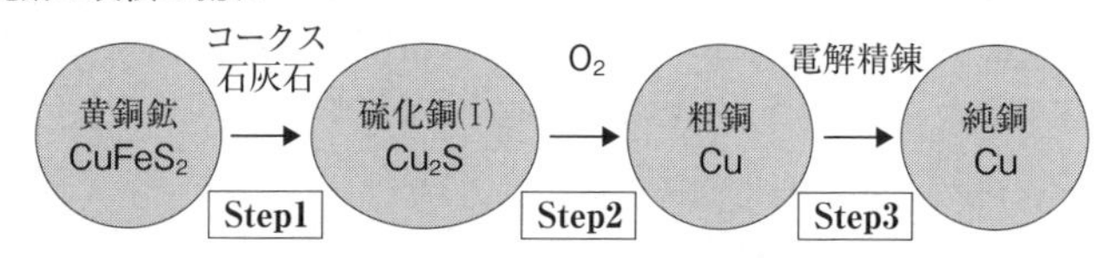

Step1　まず，原料鉱石である黄銅鉱(主成分 $CuFeS_2$)にコークス C と石灰石 $CaCO_3$ を混ぜて溶鉱炉で加熱すると，硫化銅(Ⅰ)Cu_2S が生じる。

Step2　次に，転炉でこの Cu_2S に O_2 を吹き込み加熱すると，不純物を含む粗銅が得られる。

Step3　最後に，粗銅中の不純物(Zn, Fe, Pb, Ag, Au など)を取り除くために，粗銅を陽極に，純銅を陰極にして，硫酸銅(Ⅱ)$CuSO_4$ 水溶液中で電気分解をする(これを電解精錬という)。

2°　銅の電解精錬のしくみ

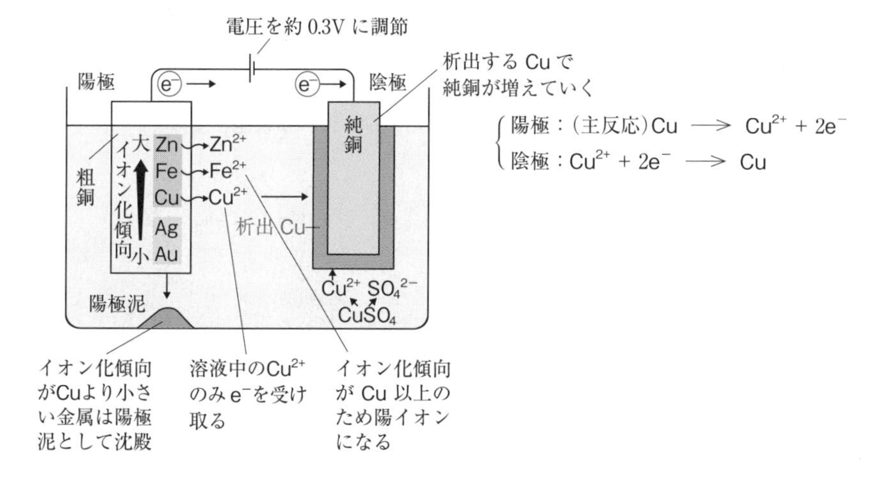

陽極：(主反応)$Cu \longrightarrow Cu^{2+} + 2e^-$
陰極：$Cu^{2+} + 2e^- \longrightarrow Cu$

126　解答

問 1　塩酸

問 2　(A)　$PbCl_2$　(B)　CdS　(C)　ZnS　(D)　$BaCO_3$

問 3　硫化水素 H_2S を追い出すため。

問 4　Mg^{2+}

解説　⇒ 重要ポイント

問 1　工場排水中の金属イオンの中で，Pb^{2+} のみ Cl^- で沈殿させることができるため，初めに加える試薬は塩酸である。

問2～4　各金属イオンは，次図のように分離される。また，煮沸する目的は，(揮発性の酸である)硫化水素 H_2S を追い出すためである。Mg^{2+} は(十分量の NH_3 による) OH^- で $Mg(OH)_2$ として沈殿しうるが，緩衝液($NH_3aq + NH_4Cl$)として pH 上昇を抑えていることや，$Mg(OH)_2$ の溶解度が他の沈殿と比べて小さくないため，Mg^{2+} が最後までろ液に残存する。

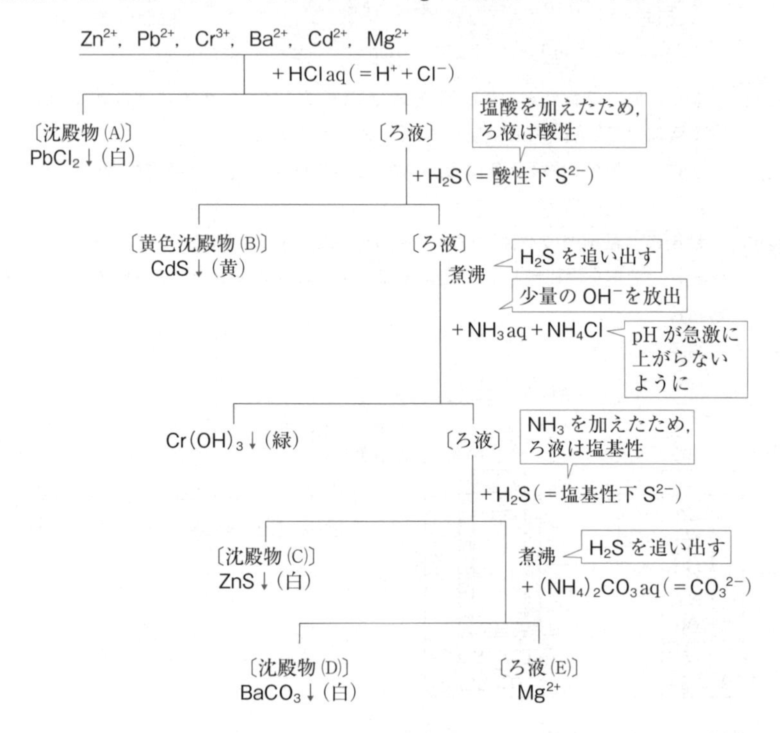

重要ポイント　金属陽イオンの沈殿

陰イオン	金属陽イオン
塩化物イオン Cl^-	Ag^+，Pb^{2+} など
水酸化物イオン OH^-	アルカリ金属，アルカリ土類金属（Ca^{2+}，Ba^{2+} など）以外
硫酸イオン SO_4^{2-}	アルカリ土類金属（Ca^{2+}，Ba^{2+} など），Pb^{2+}
炭酸イオン CO_3^{2-}	アルカリ金属以外（ただし，入試での出題はほとんどアルカリ土類金属（Ca^{2+}，Ba^{2+} など））
クロム酸イオン CrO_4^{2-}	Ag^+，Pb^{2+}，Ba^{2+} など
硫化物イオン S^{2-}	（液性関係なし）イオン化傾向が Sn^{2+} 以下 （中性・塩基性）Zn^{2+}，Fe^{2+}，Ni^{2+} など

127 解答

問1　A　Zn^{2+}　B　Fe^{2+}　C　Al^{3+}　D　Ag^{+}

問2　E　(え)　F　(あ)

問3　(ア)　$Zn(OH)_2 + 2NaOH \longrightarrow Na_2[Zn(OH)_4]$

(イ)　$5Fe^{2+} + MnO_4^- + 8H^+ \longrightarrow 5Fe^{3+} + Mn^{2+} + 4H_2O$

(ウ)　$2Ag^+ + CrO_4^{2-} \longrightarrow Ag_2CrO_4$

解説 ⇒ 重要ポイント

問1

A.　NH_3 水で白色沈殿が生成し，さらに，NH_3 水と NaOH 水溶液それぞれを過剰量加えると沈殿が再溶解したことから，水溶液AにはZn^{2+}が含まれていることがわかる。

B.　NH_3 水(少量の OH^-)で淡緑色沈殿が生成したことから，水溶液BにはFe^{2+}が含まれていることがわかる。

C.　NH_3 水で白色沈殿が生成し，さらに，NaOH 水溶液を過剰量加えると沈殿が再溶解したことから，水溶液Cには両性元素であるAl^{3+}が含まれていることがわかる。

D.　NH_3 水で褐色沈殿が生成し，さらに，NH_3 水を過剰量加えると沈殿が再溶解したことから，水溶液DにはAg^+が含まれていることがわかる。

問2

E.　Zn^{2+} に NH_3 が配位結合してできる錯イオンは，テトラアンミン亜鉛(Ⅱ)イオン$[Zn(NH_3)_4]^{2+}$であり，右図のような正四面体形の構造をしている。

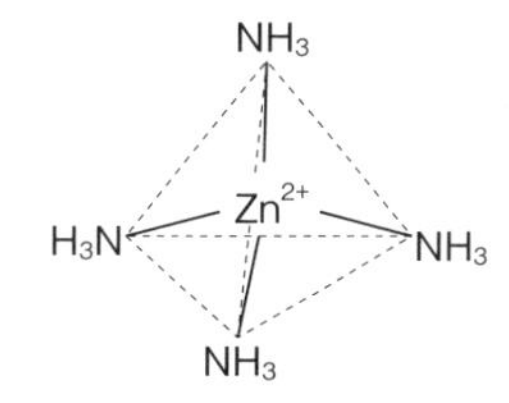

F.　Ag^+ に NH_3 が配位結合してできる錯イオンは，ジアンミン銀(Ⅰ)イオン$[Ag(NH_3)_2]^+$であり，右図のような直線形の構造をしている。

$H_3N-Ag^+-NH_3$

問3

(ア)　水酸化亜鉛 $Zn(OH)_2$ に過剰の NaOH 水溶液を加えると，テトラヒドロキシド亜鉛(Ⅱ)酸ナトリウム $Na_2[Zn(OH)_4]$ を生じる。

$$
\begin{array}{lcll}
 & Zn(OH)_2 + 2OH^- & \longrightarrow & [Zn(OH)_4]^{2-} \\
+) & \phantom{Zn(OH)_2 +{}} 2Na^+ & & 2Na^+ \\
\hline
 & Zn(OH)_2 + 2NaOH & \longrightarrow & Na_2[Zn(OH)_4]
\end{array}
$$

(イ)　この反応は，酸化剤である MnO_4^- と還元剤である Fe^{2+} の酸化還元反応である(作り方の詳細はP.43参照)。

$$
\begin{array}{lll}
 & MnO_4^- + 8H^+ + 5e^- \longrightarrow Mn^{2+} + 4H_2O & \\
+) & Fe^{2+} \longrightarrow Fe^{3+} + e^- & \times 5 \\
\hline
 & MnO_4^- + 5Fe^{2+} + 8H^+ \longrightarrow Mn^{2+} + 5Fe^{3+} + 4H_2O &
\end{array}
$$

重要ポイント 沈殿の再溶解

反応	金属イオン・沈殿	操作・試薬	理由
錯イオン生成	Ag^+	過剰の NH_3 を加える。	$[Ag(NH_3)_2]^+$ が生じる。
	Cu^{2+}		$[Cu(NH_3)_4]^{2+}$ が生じる。
	Zn^{2+}		$[Zn(NH_3)_4]^{2+}$ が生じる。
	両性元素 Al^{3+}	過剰の OH^- を加える。	$[Al(OH)_4]^-$ が生じる。
	両性元素 Zn^{2+}		$[Zn(OH)_4]^{2-}$ が生じる。
中和反応	水酸化物	酸を加える。	中和して塩が生じる。
	炭酸塩	強酸を加える。	弱酸である H_2CO_3 $(CO_2 + H_2O)$ が遊離する。
塩化鉛(Ⅱ) $PbCl_2$		熱水を加える。	溶解度が大きくなる。
炭酸カルシウム $CaCO_3$		水中で CO_2 を通じる。	水溶性の $Ca(HCO_3)_2$ が生じる。

128 解答

問1 A $AgNO_3$　B $Al_2(SO_4)_3$　C $Cu(NO_3)_2$

D $LiBr$　E NH_4NO_3　F $FeCl_3$

問2 $Ag^+ + Br^- \longrightarrow AgBr$

問3 水溶液A　$2Ag^+ + 2NH_3 + H_2O \longrightarrow Ag_2O + 2NH_4^+$

問4 沈殿が生じる反応　$Cu^{2+} + 2NH_3 + 2H_2O \longrightarrow Cu(OH)_2 + 2NH_4^+$

沈殿が溶解する反応　$Cu(OH)_2 + 4NH_3 \longrightarrow [Cu(NH_3)_4]^{2+} + 2OH^-$

問5 $M = \dfrac{a}{2W_{Ag} - W_{Pb}}$

解説

問1 水溶液A～Fにおける実験(ア)～(キ)の結果を振り分けると以下のようになる。

A
- (ア) Cu板上に固体(金属)が析出 → イオン化傾向:Cu＞A中の陽イオン
- (イ) Pb板上に固体(金属)が析出 → イオン化傾向:Pb＞A中の陽イオン
- (エ) Ba^{2+} で沈殿($BaSO_4$)なし → SO_4^{2-} なし
- (カ) NH_3aq で褐色沈殿を生成後，過剰の NH_3aq で再溶解

→ Ag_2O ↓(褐)から $[Ag(NH_3)_2]^+$ へ → Ag^+ あり

以上より，($AgCl$ や $AgBr$ は溶解度が小さいので)硝酸銀 $AgNO_3$ だとわかる。

B
- (エ) Ba^{2+} で白色沈殿($BaSO_4$)が生成 → SO_4^{2-} あり
- (カ) NH_3 水で白色沈殿を生成後，再溶解なし → Ag^+，Zn^{2+}，Cu^{2+} なし
- (キ) NaOHaq で沈殿を生成後，過剰の NaOHaq で再溶解

→ 両性元素のイオン(Al^{3+}，Zn^{2+})あり

以上より，硫酸アルミニウム $Al_2(SO_4)_3$ だとわかる。

C
- (イ)　Pbが溶解　→　イオン化傾向：Pb＞C中の陽イオン
- (ウ)　水溶液A(Ag^+)で沈殿なし　→　Cl^-，Br^-なし
- (エ)　Ba^{2+}で沈殿($BaSO_4$)なし　→　SO_4^{2-}なし
- (カ)　NH_3aqで青白色沈殿を生成後，過剰のNH_3aqで再溶解
　　→　$Cu(OH)_2\downarrow$(青白)から$[Cu(NH_3)_4]^{2+}$(深青)　→　Cu^{2+}あり

以上より，硝酸銅(Ⅱ) $Cu(NO_3)_2$ だとわかる。

D
- (ウ)　水溶液A(Ag^+)で淡黄色沈殿(AgBr)が生成　→　Br^-あり
- (オ)　炎色反応で赤色　→　Li^+あり

以上より，臭化リチウム LiBr だとわかる。

E
- (ウ)　水溶液A(Ag^+)で沈殿なし　→　Cl^-，Br^-なし
- (エ)　Ba^{2+}で沈殿($BaSO_4$)なし　→　SO_4^{2-}なし
- (キ)　強塩基(NaOH aq)で刺激臭　→　弱塩基のNH_3の発生　→　NH_4^+あり

以上より，硝酸アンモニウム NH_4NO_3 だとわかる。

F
- (ウ)　水溶液A(Ag^+)で白色沈殿(AgCl)が生成　→　Cl^-あり
- (カ)　NH_3水で褐色沈殿を生成後，再溶解なし　→　Fe^{3+}あり

以上より，塩化鉄(Ⅲ) $FeCl_3$ だとわかる。

問2　水溶液A中のAg^+と水溶液D中のBr^-が反応して，AgBrの淡黄色沈殿が生成する。

問3　水溶液AにNH_3aqを加えると，次式のようにNH_3によるOH^-でAg^+からAgOHが生じるが，AgOHは不安定なため分解し，Ag_2Oの褐色沈殿になる。

$$NH_3 + H_2O \rightleftarrows NH_4^+ + OH^- \quad \times 2$$
$$Ag^+ + OH^- \longrightarrow AgOH \quad \times 2$$
$$+)\ 2AgOH \longrightarrow Ag_2O + H_2O$$
$$2Ag^+ + 2NH_3 + H_2O \longrightarrow Ag_2O\downarrow(\text{褐}) + 2NH_4^+$$

問4　水溶液CにNH_3aqを加えると，次式のようにNH_3によるOH^-でCu^{2+}から$Cu(OH)_2$の青白色沈殿が生成する。

$$NH_3 + H_2O \rightleftarrows NH_4^+ + OH^- \quad \times 2$$
$$+)\ Cu^{2+} + 2OH^- \longrightarrow Cu(OH)_2$$
$$Cu^{2+} + 2NH_3 + 2H_2O \longrightarrow Cu(OH)_2\downarrow(\text{青白}) + 2NH_4^+$$

さらにNH_3aqを加え続けると，テトラアンミン銅(Ⅱ)イオン$[Cu(NH_3)_4]^{2+}$が生成し，深青色の溶液となる。

$$Cu(OH)_2 + 4NH_3 \longrightarrow [Cu(NH_3)_4]^{2+}(\text{深青}) + 2OH^-$$

問5　鉛板上では，イオン化傾向の大きいPbが溶け出し，イオン化傾向の小さいAgが析出する(次式)。

$$\boxed{1}\,Pb + 2Ag^+ \longrightarrow Pb^{2+} + \boxed{2}\,Ag$$

ここで，溶け出したPbの質量〔g〕は，

$$M\text{〔mol〕} \times W_{Pb}\text{〔g/mol〕} = MW_{Pb}\text{〔g〕}$$

また，M〔mol〕のPbが溶け出したときに析出したAgの質量〔g〕は，

$$M\text{[mol]} \times \underset{}{\overset{\text{Ag[mol]}}{2}} \times W_{\text{Ag}}\text{[g/mol]} = 2MW_{\text{Ag}}\text{[g]}$$

よって，鉛板の質量増加について，

$$a = \underbrace{2MW_{\text{Ag}}}_{\text{増加したAg[g]}} - \underbrace{MW_{\text{Pb}}}_{\text{減少したPb[g]}} \qquad \therefore \ M = \frac{a}{2W_{\text{Ag}} - W_{\text{Pb}}}$$

129 解答

問1 (あ) ジ　(い) アンミン　(う) Ⅱ

問2 正方形型，正四面体型

問3 立体構造名　正方形型

理由　正方形か他の錯イオンの場合，次の図①，②のようにシス形またはトランス形の異性体の存在が考えられる。一方，正四面体型では，図③のように一種類しか存在しないため，シスプラチンは正方形型だと推測される。

①　正方形型　②　正方形型　③　正四面体型

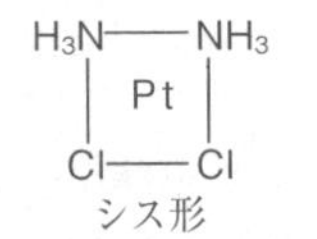

シス形

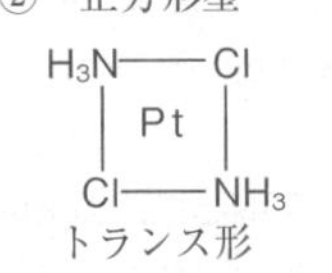

トランス形

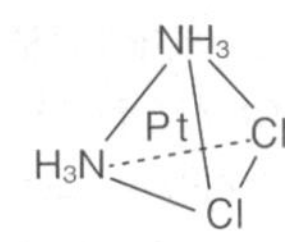

解説

問1 ⇒ 重要ポイント 1°

シスプラチン $Pt(NH_3)_2Cl_2$ は，2つ(ジ)の NH_3(アンミン)と2つ(ジ)の Cl^-(クロリド)が Pt^{2+}(酸化数+2)に配位結合した化合物のため，その正式な名称は「シスジアンミンジクロリド白金(Ⅱ)」となる(Cl^-が2つあり，化合物の電荷は0であるため，白金の価数は+2とわかる)。

問2 ⇒ 重要ポイント 2°

配位数が4のときは，金属イオンを中心として，配位子が正方形の頂点に位置するか，または正四面体の頂点に位置するかのいずれかである。

重要ポイント

1°　錯イオンの命名法

配位数(数詞) → 配位子名 → 金属イオン名(酸化数) → (酸)イオン

1	2	3	4	5	6
モノ	ジ	トリ	テトラ	ペンタ	ヘキサ

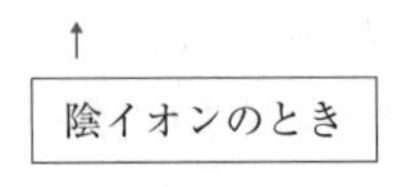

2°　錯イオンの立体構造

配位結合できる数は一般に金属イオンによって決まっていて，その数のことを配位数という。また，その配位数で錯イオンの立体構造はだいたい決まる。

金属イオン	Ag^+	Zn^{2+}	Cu^{2+}	Al^{3+}	Fe^{2+}	Fe^{3+}
配位数	2	4		6		

Ag^+　NH_3　Zn^{2+}　NH_3　Cu^{2+}　NH_3　Fe^{3+}　CN^-

130 解答

問1　ア　磁　　イ　ファイン(または，ニュー)
　　ウ　製錬　　エ　コークス
　　オ　銀　　カ　超伝導(または，超電導)

問2　青銅 (i)　　ステンレス鋼 (e)　　ジュラルミン (g)

問3　ブリキ　スズ　　トタン　亜鉛

問4　ブリキ
　(理由)　鉄はスズよりもイオン化傾向が大きいが，亜鉛よりは小さい。そのため，スズがめっきされているブリキのほうでは，鉄(Ⅱ)イオンが溶け出し，混合水溶液中のヘキサシアニド鉄(Ⅲ)酸イオンと反応して青変した。

解説

問1

ア　粘土や石英，長石などの原料を高温で焼き固めたものを陶磁器といい，焼くときの温度や原料の配合の違いなどによって，土器・陶器・磁器に分かれる。1300～1500℃ほどの高温で焼き固められたものは磁器である。

イ　無機物を高温に熱してつくられた固体材料をセラミックス(窯業製品)という。代表的なセラミックスであるガラスやセメントは，建築材料などとして使われている。また，より純度の高い物質を使ったり，粒子の大きさをそろえたりすることで，従来の粘土や岩石など天然の材料をそのまま使用したセラミックスより，さらに高い性能や新しい機能をもったセラミックスがつくられている。これらのことをファインセラミックス(またはニューセラミックス)という。

ウ，エ　(⇒P.159)。

オ　常温において，電気伝導性が大きい順は，銀Ag＞金Au＞銅Cuである。

問2　2種類以上の金属を融解させて混ぜ合わせた後，凝固させたものを合金という。本問中の選択肢にある成分で作られる合金も合わせて下表にまとめておく。

記号	名称	主元素	添加元素	特徴	用途
(a)	はんだ	Sn	Cu，Pbなど	融点が300℃以下	金属の接合
(b)	ニクロム	Ni	Cr	電気抵抗が大きい	電熱線，ドライヤー
(c)	黄銅(しんちゅう)	Cu	Zn	加工しやすい	楽器，5円硬貨
(d)	ノルディック・ゴールド	Cu	Al，Znなど	加工しやすい	ユーロ硬貨
(e)	ステンレス鋼	Fe	Cr，Niなど	さびにくい	台所用品
(f)	白銅	Cu	Ni	加工しやすい	パイプ，50円硬貨，100円硬貨
(g)	ジュラルミン	Al	Cu，Mgなど	軽くて強い	航空機の機体
(h)	ウッドメタル	Bi	Pb，Snなど	低融点	ハンダ材料，火災安全装置
(i)	青銅（ブロンズ）	Cu	Sn	加工しやすい	美術品，10円硬貨
(j)	KS鋼	Fe	Co，Wなど	磁力をもつ	永久磁石

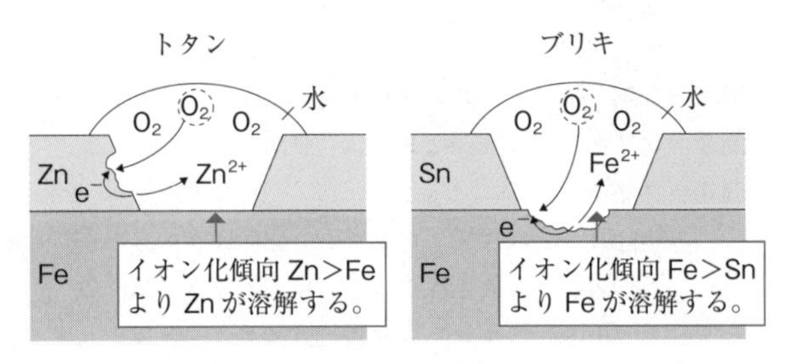

問3，4 Feの表面を亜鉛Znでメッキしたものをトタンといい，スズSnでメッキしたものをブリキという。この2つにFeが露出するまで傷をつけ，水と空気に触れさせておくと，イオン化傾向が Fe ＞ Snのため，ブリキのほうでFe^{2+}が溶け出してくる。このときFe^{2+}が$[Fe(CN)_6]^{3-}$と反応して濃青色の沈殿が生成する(⇒ P.160)。一方，トタンのほうでは，イオン化傾向がZn ＞ Feのため，FeではなくZnのほうがZn^{2+}として溶け出してくる。

第16章　非金属元素

131 解答

問1　ア　単体　イ　共有　ウ　同素体　エ　オゾン　オ　ケイ素
カ　L　キ　4　ク　有機溶媒　ケ　炭酸　コ　昇華

問2　(a)　灰黒色　(b)　よく伝える　(c)　無色　(d)　通さない
(e)　軽い　(f)　0.04　(g)　弱い酸性

問3　①　$CH_4 + 2O_2 \longrightarrow CO_2 + 2H_2O$
②　$CaCO_3 + 2HCl \longrightarrow CaCl_2 + CO_2 + H_2O$
③　$Ca(OH)_2 + CO_2 \longrightarrow CaCO_3 + H_2O$
④　$CaCO_3 + CO_2 + H_2O \longrightarrow Ca(HCO_3)_2$

問4　装置の名称　ふたまた試験管(または，キップの装置)　捕集方法　下方置換法

解説

問1，2　1種類の元素からなる物質を$_ア$単体といい，同じ元素からなる単体で，見かけや性質が異なるものを互いに$_ウ$同素体という。ダイヤモンド，黒鉛，フラーレンはともに炭素の同素体である。

名称	ダイヤモンド	黒鉛(グラファイト)	フラーレン
化学式	C(組成式)	C(組成式)	C_{60}，C_{70}など(分子式)
構造			
特徴	C原子が正四面体の頂点方向に$_イ$共有結合した$_{(c)}$無色の共有結合の結晶。	C原子が$_イ$共有結合で正六角形をつくり，それが平面上につらなっている。その層が分子間力で積み重なった$_{(a)}$灰黒色の結晶。	C原子がサッカーボール状の分子(C_{60})となり，分子結晶をつくっている。
性質	・非常に硬く，融点も高い。 ・電気を$_{(d)}$通さない。	・もろくはがれやすい。 ・金属のような光沢がある。 ・電気を$_{(b)}$よく伝える。	・C_{80}などもある。 ・ナノテクノロジーに利用されている。

また，C原子は$_カ$L殻に$_キ$4個の価電子をもっており，原子価(共有結合に用いられる不対電子の数)は4である。そのため，価電子1個(原子価は1)のH原子4個と共有結合し，メタンCH_4をつくる。CH_4は無極性分子(⇒ P.10)のため，極性溶媒である水には溶けにくいが，無極性溶媒であるベンゼンなどの$_ク$有機溶媒にはよく溶ける(⇒ P.81)。

二酸化炭素 CO_2 は空気中に体積で0.03～(f)0.04％ほど含まれており，水に溶けてヶ炭酸 H_2CO_3 となり，これがわずかに電離して H^+ を放出し(g)弱い酸性を示す(次式)。

$$H_2CO_3 \rightleftarrows HCO_3^- + H^+$$

また，CO_2 の固体はドライアイスと呼ばれ，大気圧下で昇華し，そのコ昇華点が－79℃と低いので，常温で昇華し，そのときに多量の熱(昇華熱)を奪うため冷却剤などに用いられる。

問3

② 弱酸由来の塩である炭酸カルシウム $CaCO_3$ に強酸である塩酸を加えると，弱酸である H_2CO_3 が遊離し，それが分解して CO_2 が発生する(⇒ P.30)。

$$CaCO_3 + 2HCl \longrightarrow CaCl_2 + CO_2\uparrow + H_2O$$
$$(H_2CO_3)$$

③，④ 石灰水($Ca(OH)_2$ 水溶液)に CO_2 を吹き込むと，$CaCO_3$ の白色沈殿が生じるが，さらに吹き込み続けると，水溶性の炭酸水素カルシウム $Ca(HCO_3)_2$ が生成し，沈殿は溶けて無色透明な溶液となる。

$$Ca(OH)_2 + CO_2 \longrightarrow CaCO_3\downarrow(白) + H_2O$$
$$CaCO_3 + CO_2 + H_2O \longrightarrow Ca(HCO_3)_2$$

問4 固体である $CaCO_3$ と液体である塩酸を反応させて CO_2 を発生させるときには，加熱が不要なので簡易的にはふたまた試験管を用いる(次図)。ふたまた試験管は，図1のように右に傾けると液体が移動し，固体と接触して気体が発生する。そして，気体の発生を止めたいときは，図2のようにストッパーがないほうを下に傾けると，固体はストッパーにひっかかり，液体のみが移動して分離されて反応が止まる。

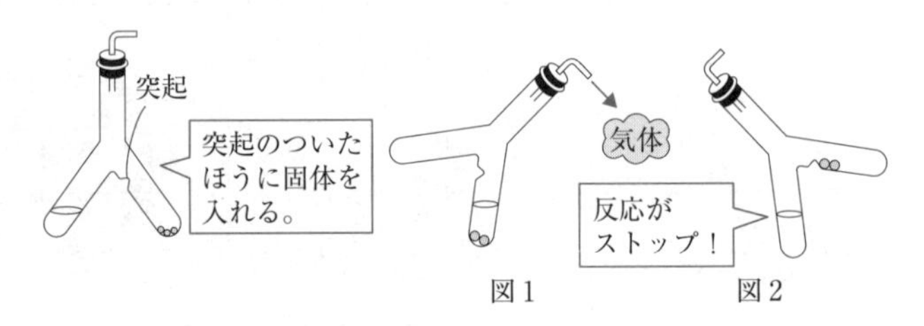

また，三角フラスコ＋滴下ろうと(左下図)やキップの装置(右下図)を用いても発生させることができる。

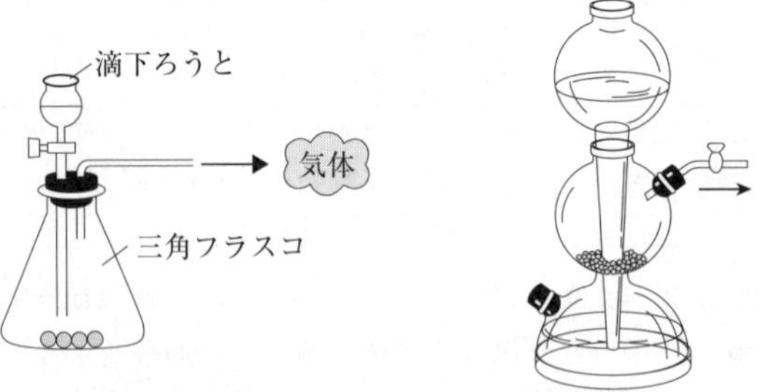

なお，CO_2 は水に少し溶け，空気よりも重いため，下方置換法で捕集する(⇒ P.182)。

132 解答

問1　(ア)　$SiO_2 + 2C \longrightarrow Si + 2CO$

　　(イ)　$SiO_2 + 6HF \longrightarrow H_2SiF_6 + 2H_2O$

　　(ウ)　$SiO_2 + 2NaOH \longrightarrow Na_2SiO_3 + H_2O$

問2　HCl　$Na_2SiO_3 + 2HCl \longrightarrow 2NaCl + H_2SiO_3$

問3　多孔質であり，親水性の基(－OH)を多数もつこと。

解説 ⇒ 重要ポイント

問1

(ア)　ケイ素(シリコン)Siの単体は天然には存在しないため，ケイ砂(主成分SiO_2)をコークスCとともに強熱し粗製のSiを得て(次式)，これを精製することで純度の高いSiをつくっている。

$SiO_2 + 2C \longrightarrow Si + 2CO\uparrow$(高温で反応させるため，$CO_2$ではなくCOが発生する。)

(イ)　SiO_2はフッ化水素酸と反応してヘキサフルオロケイ酸H_2SiF_6となり溶解する。

$SiO_2 + 6HF \longrightarrow H_2SiF_6 + 2H_2O$

※　上記の反応が起こってしまうため，フッ化水素酸は主成分がSiO_2のガラスびんに保存できない。

(ウ)　次式のように，酸性酸化物であるSiO_2に塩基であるNaOHを加えて融解させると，ケイ酸ナトリウムNa_2SiO_3が生成する(作成方法はP.157を参照)。

$SiO_2 + 2NaOH \longrightarrow Na_2SiO_3 + H_2O$(中和反応のように考えて式をつくればよい。)

問2　弱酸由来の塩であるNa_2SiO_3に，強酸である塩酸を加えると，弱酸であるケイ酸H_2SiO_3(化合物A)が遊離する(⇒ P.30)。

$$\underset{\text{弱酸由来の塩}}{Na_2SiO_3} + \underset{\text{強酸}}{2HCl} \longrightarrow \underset{\text{強酸由来の塩}}{2NaCl} + \underset{\text{弱酸}}{H_2SiO_3}$$

問3　重要ポイントを参照のこと。

重要ポイント　シリカゲルの工業的製法の流れ

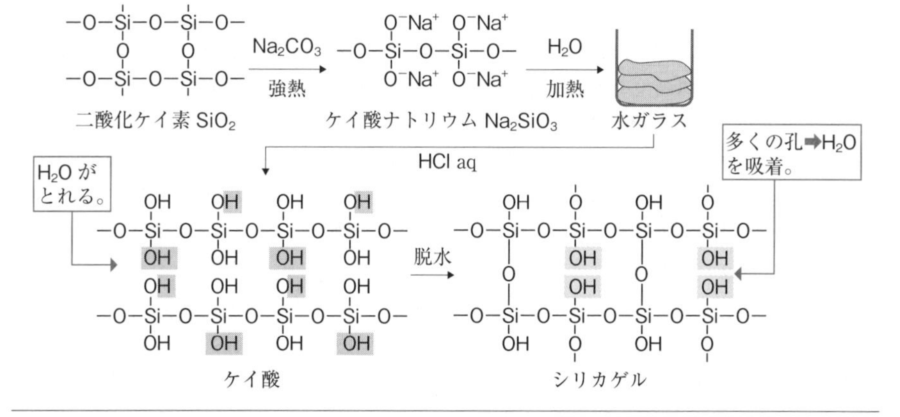

133 解答

問1 ア オストワルト　イ アンモニア　ウ 一酸化窒素
エ 二酸化窒素　オ 温水(または，水)　カ，キ 熱，光(順不同)
ク 酸化力　ケ ハーバー・ボッシュ　コ 窒素
サ 水素　シ 78(78～80であれば可)
ス 酸素　セ ノックス

問2 $NH_3 + 2O_2 \longrightarrow HNO_3 + H_2O$

問3 白金

問4 $Cu + 4HNO_3 \longrightarrow Cu(NO_3)_2 + 2NO_2 + 2H_2O$

問5 不動態

問6 $N_2 + 3H_2 \rightleftarrows 2NH_3$

問7 $2NH_3 + CO_2 \longrightarrow (NH_2)_2CO + H_2O$

問8 2.24×10^2 L

解説

問1～3，5⇒ 重要ポイント

硝酸HNO_3は工業的に以下の3段階の反応で合成する。これを$_ア$オストワルト法という。

Step1 まず，白金Ptを触媒として$_イ$アンモニアNH_3を酸化して$_ウ$一酸化窒素NOにする。

$4NH_3 + 5O_2 \longrightarrow 4NO + 6H_2O$ ……①

Step2 次に，そのNOを室温で空気中のO_2で酸化して$_エ$二酸化窒素NO_2にする。

$2NO + O_2 \longrightarrow 2NO_2$ ……②

Step3 最後に，このNO_2を$_オ$温水(または水)に吸収させてHNO_3とする(ここで発生するNOはStep2で再利用される)。

$3NO_2 + H_2O \longrightarrow 2HNO_3 + NO\uparrow$ ……③

$\left\{①式 + (②式 \times 3 + ③式 \times 2)\right\} \times \frac{1}{4}$より，

$NH_3 + 2O_2 \longrightarrow HNO_3 + H_2O$

濃硝酸は強い$_ク$酸化力をもち，銀Agや銅Cuと反応するが，鉄FeやニッケルNiと反応させると，金属の表面にち密な酸化被膜を生じ，$_{問5}$不動態(⇒ P.110)となって反応が停止する。

また，NH_3は，四酸化三鉄Fe_3O_4を主成分とする触媒を用いて，$_コ$窒素N_2と$_サ$水素H_2から直接合成される(詳しくは問6 解説 を参照のこと)。これを$_ケ$ハーバー・ボッシュ法(またはハーバー法)という。なお，N_2は乾燥空気の体積の$_シ$78～80％を占めており，$_ス$酸素O_2と同じく，液体空気を分留(⇒ P.3)することで得られる。N_2は常温では化学的に安定であるが，高温のような特殊な条件下で酸化されると，大気汚染物質である$_セ$ノックスNO_x(窒素酸化物の総称)と呼ばれる物質が生成する。

問4 濃硝酸は強い酸化力をもち，次式のようにCuが溶解し，NO_2が発生する(次式)。

$$
\begin{array}{llll}
\text{還元剤} & Cu & \longrightarrow & Cu^{2+} + 2e^- \\
\text{酸化剤} & +)\ HNO_3 + H^+ + e^- & \longrightarrow & NO_2 + H_2O \quad \times 2 \\
\hline
 & Cu + 2HNO_3 + 2H^+ & \longrightarrow & Cu^{2+} + 2NO_2 + 2H_2O \\
 & +)\ \qquad\qquad 2NO_3^- & & 2NO_3^- \\
\hline
 & Cu \ + \ 4HNO_3 & \longrightarrow & Cu(NO_3)_2 + 2NO_2\uparrow + 2H_2O
\end{array}
$$

問6　ハーバー法において，NH_3は鉄の酸化物(主成分Fe_3O_4)を触媒として，高温高圧下で窒素と水素を反応させることで得られる(次式)。

$$N_2 + 3H_2 \rightleftarrows 2NH_3$$

この反応は可逆反応で，高圧にすることで気体の分子が減る方向，つまり反応式の係数和が小さい右辺に平衡が移動する(⇒ P.130)。また，この反応は発熱反応のため，温度を上げると平衡が左(吸熱方向)に移動してしまいNH_3の生成量が減ってしまう。しかし，温度を下げ過ぎると，今度は反応速度が遅くなってしまう。そのため，ある程度高温にして反応速度を一定以上にし，平衡に早く到達させ，生成したNH_3を液化して反応系から取り除くことで(平衡を右に移動させ)収率を上げている。

問7　尿素$(NH_2)_2CO$は，工業的には高温・高圧下でCO_2とNH_3を反応させることで得られる(次式)。

$$2NH_3 + CO_2 \longrightarrow (NH_2)_2CO + H_2O$$

$$
\begin{array}{ccccc}
 & H & O & H & \\
 & | & \| & | & \\
H- & N & C & N & -H \\
 & | & \| & | & \\
 & H & O & H &
\end{array}
\longrightarrow
\begin{array}{c}
H-N-C-N-H \\
\ \ \ \ |\ \ \ \ \|\ \ \ \ | \\
\ \ \ \ H\ \ \ O\ \ \ H
\end{array}
+ H_2O
$$

問8　必要なNH_3の0℃，1.013×10^5Paでの体積をx〔L〕とおくと，**問2**の結果より，

$\boxed{1}NH_3 + 2O_2 \longrightarrow \boxed{1}HNO_3 + H_2O$から，

$$\frac{1.00 \times 10^3\,[\text{g}] \times \dfrac{63.0}{100}}{63\,[\text{g/mol}]} \times 22.4\,[\text{L/mol}] = \underline{2.24 \times 10^2}\,[\text{L}]$$

（HNO_3〔g〕，HNO_3〔mol〕＝NH_3〔mol〕）

重要ポイント　オストワルト法の全体の流れ

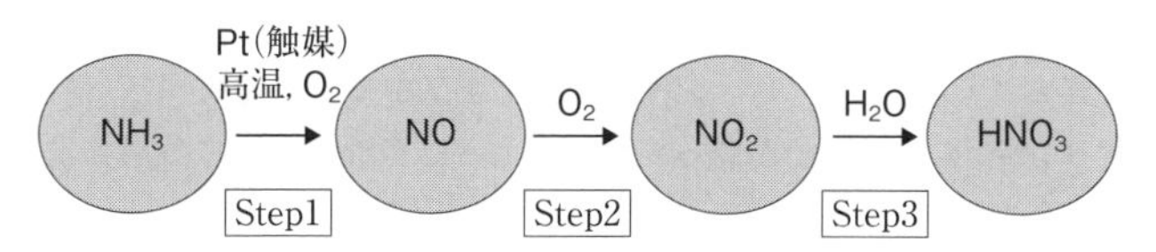

134 解答

問1 (ア) 十酸化四リン(または，五酸化二リン)

(イ) 還元　(ウ) 黄リン　(エ) 赤リン

(オ) 水　(カ) リン酸　(キ) 窒素　(ク) カリウム

問2 (A) $4P + 5O_2 \longrightarrow P_4O_{10}$(または，$P_4 + 5O_2 \longrightarrow P_4O_{10}$)

(B) $P_4O_{10} + 6H_2O \longrightarrow 4H_3PO_4$

(C) $Ca_3(PO_4)_2 + 2H_2SO_4 \longrightarrow Ca(H_2PO_4)_2 + 2CaSO_4$

問3 (a) 2　(b) 6　(c) 10

(d) 1　(e) 6　(f) 10

問4 オキソ酸(または，酸素酸)，H_2SO_4，硫酸(または，HNO_3，硝酸など)

問5

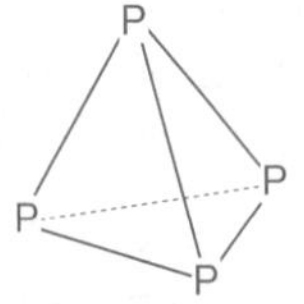

解説 ⇒ 重要ポイント

問1～4 リンPを空気中で燃焼すると，次式のように$_ア$十酸化四リンP_4O_{10}になる。

$$4P + 5O_2 \longrightarrow P_4O_{10} \quad \cdots\cdots(A)$$

また，P_4O_{10}を水に加え加熱すると，次式のように$_{問4}$オキソ酸である$_カ$リン酸H_3PO_4が生成する。

$$P_4O_{10} + 6H_2O \longrightarrow 4H_3PO_4 \quad \cdots\cdots(B)$$

また，リン酸カルシウム$Ca_3(PO_4)_2$とケイ砂(二酸化ケイ素)SiO_2が反応すると，十酸化四リンとP_4O_{10}とケイ酸カルシウム$CaSiO_3$が生じる(次式)。

$$2Ca_3(PO_4)_2 + 6SiO_2 \longrightarrow P_4O_{10} + 6CaSiO_3 \quad \cdots\cdots①$$

このP_4O_{10}がコークスCによって$_イ$還元されて$_ウ$黄リンP_4の蒸気が得られる(次式)。

$$P_4O_{10} + 10C \longrightarrow P_4\uparrow + 10CO\uparrow \quad \cdots\cdots②$$

このP_4の蒸気を水中で冷却して固体として得る(COは水に溶けず固体にもならないため，ここで分離できる)。よって，①式+②式より，

$$2Ca_3(PO_4)_2 + 6SiO_2 + 10C \longrightarrow P_4 + 6CaSiO_3 + 10CO$$

この反応で得られる黄リンP_4は，毒性が強く，空気中で自然発火するため$_オ$水中に保存する。また，黄リンP_4を空気(O_2)を断って加熱すると，毒性のない空気中で安定な$_エ$赤リンP(組成式)が得られる。

問5 黄リンP_4は正四面体形をとっている。一方，赤リンPは無定形の高分子である。

重要ポイント オキソ酸

分子中にヒドロキシ基－OHをもつ酸のことをオキソ酸(または酸素酸)という。一般に，非金属元素の酸化物に水を作用させるとオキソ酸が生じる(次式)。なお，オキソ酸の名称は慣用名で

覚えておく。

非金属酸化物＋　水　⟶　オキソ酸

例　CO_2　＋　H_2O　⟶　H_2CO_3

[代表的なオキソ酸の構造]（→：配位結合）

過塩素酸 $HClO_4$　硫酸 H_2SO_4　硝酸 HNO_3　リン酸 H_3PO_4　炭酸 H_2CO_3

O←Cl(→O)(→O)−OH　HO−S(→O)(→O)−OH　O←N(=O)−OH　HO−P(→O)(−OH)−OH　O=C(−OH)−OH

[液性]

水に溶けると水素イオン H^+ を放出するから酸性を示す。しかし，オキソ酸によって酸性の強弱は異なる。これは，中心原子の酸化数が大きければ大きいほど酸として強く働くためである。HNO_3・H_2SO_4・$HClO_4$ は強酸で，それ以外のオキソ酸は弱酸と覚えておくとい。

[オキソ酸の酸としての強さ]

強 ⟵ 弱

15 族	$HNO_3 \gg HNO_2$
16 族	$H_2SO_4 \gg H_2SO_3$
17 族	$HClO_4 \gg HClO_3 > HClO_2 > HClO$

135 解答

問 1　ア　2　　イ　H_2O_2（または，過酸化水素）　ウ　紫外線　エ　オゾンホール

問 2　酸性酸化物　CO_2，SO_3　塩基性酸化物　Na_2O，CaO　両性酸化物　Al_2O_3

問 3　0.16 L

問 4　色　青紫色（または，青色）　反応式　$O_3 + 2KI + H_2O \longrightarrow O_2 + I_2 + 2KOH$

問 5　$NO + O_3 \longrightarrow NO_2 + O_2$

解説

問 1

(イ)　酸化マンガン(Ⅳ) MnO_2 を触媒として過酸化水素 H_2O_2 水を分解させると酸素 O_2 が発生する。

$$2H_2O_2 \longrightarrow O_2\uparrow + 2H_2O$$

また，酸化マンガン(Ⅳ) MnO_2 を触媒として塩素酸カリウム $KClO_3$ を加熱し分解させても O_2 が発生する（次式）。

$$2KClO_3 \longrightarrow 3O_2\uparrow + 2KCl$$

(ウ)　酸素 O_2 に紫外線を当てるか酸素中で無声放電をすると，次式のようにオゾン O_3 が生成する。

$$3O_2 \rightleftarrows 2O_3$$

問 2 ⇒ 重要ポイント

[酸性酸化物]

一般に，非金属元素の酸化物が酸性酸化物である。ここで，CO_2 と SO_3 は次式のように水と反応するとそれぞれオキソ酸になる。

$$CO_2 + H_2O \longrightarrow H_2CO_3 \qquad SO_3 + H_2O \longrightarrow H_2SO_4$$

[塩基性酸化物]

一般に，金属元素の酸化物が塩基性酸化物である。ここで，Na_2O と CaO は次式のように水と反応するとそれぞれ水酸化物になる。

$$Na_2O + H_2O \longrightarrow 2NaOH \qquad CaO + H_2O \longrightarrow Ca(OH)_2$$

[両性酸化物]

両性元素を含み，酸とも(強)塩基とも反応する酸化物を両性酸化物という。ここで，Al_2O_3 は次式のように塩酸とも水酸化ナトリウム水溶液とも反応する。

$$Al_2O_3 + 6HCl \longrightarrow 2AlCl_3 + 3H_2O$$

$$Al_2O_3 + 2NaOH + 3H_2O \longrightarrow 2Na[Al(OH)_4]$$

問3　生成したオゾンの0℃，1.013×10^5 Paでの体積をx〔L〕とおくと，

	$3O_2 \rightleftarrows 2O_3$		㊎	
反応前	1.0	0	1.0	（単位：L）
変化量	$-\frac{3}{2}x$	$+x$		
反応後	$1.0-\frac{3}{2}x$	x	$1.0-\frac{1}{2}x$	

よって，反応前後における混合気体の体積減少率〔%〕について，

$$\frac{\frac{1}{2}x\,[\mathrm{L}]}{1.0\,[\mathrm{L}]} \times 100 = 8.0\,[\%] \qquad \therefore \quad x = \underline{0.16}\,[\mathrm{L}]$$

問4　オゾン O_3 によりヨウ化カリウムデンプン紙中の I^- が酸化されてヨウ素 I_2 が生じる(次式)。その結果，I_2 とデンプンが反応して<u>青紫</u>色になる(これをヨウ素デンプン反応という)。

$$\begin{array}{llcl} & \text{酸化剤} \quad O_3 + 2H^+ + 2e^- & \longrightarrow & O_2 + H_2O \\ +) & \text{還元剤} \quad 2I^- & \longrightarrow & I_2 + 2e^- \\ \hline & O_3 + 2I^- + 2H^+ & \longrightarrow & O_2 + I_2 + H_2O \\ +) & \quad 2K^+ \quad 2OH^- & & \quad 2K^+ \quad 2OH^- \\ \hline & O_3 + 2KI + H_2O & \longrightarrow & O_2 + I_2 + 2KOH \end{array}$$

問5　一酸化窒素NOは酸化されやすい気体のため，酸化力の強いオゾン O_3 にすぐに酸化されて二酸化窒素 NO_2 になる(次式)。その結果，NOによりオゾン層の O_3 が減少してしまう。

$$NO + O_3 \longrightarrow NO_2 + O_2$$

重要ポイント 酸化物

[酸性酸化物]

酸性酸化物とは，O原子と非金属元素の原子が共有結合した分子。また，H_2O と反応してオ

キソ酸(⇒ P.174-175)が生じる(共有結合の結晶であるSiO_2は除く)。そのため，水に溶けて酸性を示すものが多い(COやNOなどの一酸化物は除く)。代表的な酸性酸化物を以下の表にまとめておく。

14族	15族	16族	17族
二酸化炭素 CO_2	二酸化窒素 NO_2	二酸化硫黄 SO_2	七酸化二塩素 Cl_2O_7
二酸化ケイ素 SiO_2	十酸化四リン P_4O_{10}	三酸化硫黄 SO_3	

[塩基性酸化物]

塩基性酸化物とは，O原子と金属元素の原子がイオン結合した化合物。H_2Oと反応して水酸化物を生じるものがある(MgO，Fe_2O_3，CuO，Ag_2Oなどの難溶性のものが多い)。代表的な塩基性酸化物を以下の表にまとめておく。

1族	2族	遷移元素
Li_2O	MgO	Fe_2O_3，Fe_3O_4
Na_2O	CaO	Cu_2O，CuO
K_2O	BaO	Ag_2O

[両性酸化物]

両性酸化物とは，周期表上の金属元素と非金属元素の境界付近に存在する両性元素(主にAl，Zn，Sn，Pb)の酸化物。酸とも(強)塩基とも反応する。

無機物質

136 解答

問1　ア　発煙　　イ　接触

問2　i)　$C_2H_5OH \longrightarrow C_2H_4 + H_2O$

ii)　$NaCl + H_2SO_4 \longrightarrow NaHSO_4 + HCl$

iii)　$C + 2H_2SO_4 \longrightarrow CO_2 + 2SO_2 + 2H_2O$

iv)　$FeS + H_2SO_4 \longrightarrow FeSO_4 + H_2S$

問3　濃硫酸に水を加えていくと多量の熱が急激に発生し，水が突沸して硫酸が飛び散り，危険である。そのため，水をかき混ぜながら濃硫酸を少しずつ加えていく。

問4　54.3L

解説

問1，4⇒ 重要ポイント

硫酸H_2SO_4は，工業的には以下の3段階の反応で合成する。この製法を$_イ$接触法という。

Step1　まず，単体の硫黄Sまたは黄鉄鉱(主成分FeS_2)を燃焼させて二酸化硫黄SO_2をつくる。

$S + O_2 \longrightarrow SO_2$

(または $4FeS_2 + 11O_2 \longrightarrow 2Fe_2O_3 + 8SO_2$)　　……①

Step2 次に，そのSO_2を酸化バナジウム(V)を触媒として空気中のO_2で酸化してSO_3にする。

$$2SO_2 + O_2 \xrightarrow{加熱} 2SO_3 \quad \cdots\cdots ②$$

Step3 最後に，このSO₃をいったん濃硫酸に吸収させ$_ア$発煙硫酸とし，これを希硫酸に加えて徐々に濃くしていくことで濃硫酸にしていく(SO_3と水が直接反応すると，激しく発熱して硫酸が霧状になってしまい，回収が困難になってしまう。そのため，いったんSO_3を濃硫酸に接触させ，その濃硫酸中のH_2SO_4とともにSO_3を発煙硫酸(ピロ硫酸$H_2S_2O_7$)として，これを希硫酸に加えていく。そうすることで，激しい発熱をともなわずに希硫酸中でH_2SO_4が増えていき，濃硫酸を得ることができる)。

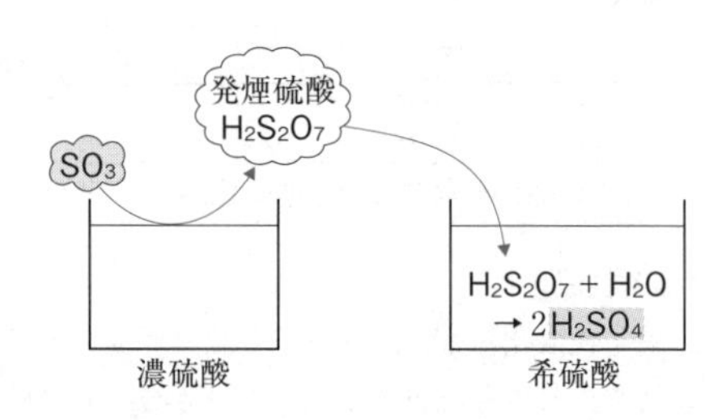

$$SO_3 + H_2O \longrightarrow H_2SO_4 \quad \cdots\cdots ③$$

よって，全行程の反応を1つの反応式にまとめると，

(①式+②式×4)+③式×8より

$$4FeS_2 + 15O_2 + 8H_2O \longrightarrow 8H_2SO_4 + 2Fe_2O_3$$

以上より，得られる濃硫酸(98.0 %)の体積をx〔L〕= $1.00 \times 10^3 x$〔cm³〕とおくと，

$$FeS_2〔mol〕: H_2SO_4〔mol〕= 4 : 8$$

$$\Leftrightarrow \frac{60.0 \times 10^3〔g〕}{120〔g/mol〕} : \frac{1.84〔g/cm^3〕\times 1.00 \times 10^3 x〔cm^3〕\times \frac{98.0}{100}}{98.0〔g/mol〕} = 4 : 8$$

(濃硫酸〔g〕 H_2SO_4〔g〕)

$$\therefore \quad x = 54.34\cdots \fallingdotseq_{問4} \underline{54.3}〔L〕$$

※ 実際は全行程の反応式を1つにまとめなくても，S原子1つからH_2SO_4は1分子しか生じないため，FeS_2との係数比は1:2になることがわかる(これで比例式を作成した方が簡単)。

$$1\,FeS_2 \to\to\to 2\,H_2SO_4$$

問2

i) エタノールC_2H_5OHを濃硫酸とともに170℃に加熱すると，C_2H_5OHからH_2Oが奪われエチレンC_2H_4が発生する。このとき濃硫酸は触媒として働いているため，反応式に書き入れない。

$$C_2H_5OH \longrightarrow C_2H_4\uparrow + H_2O$$

ii) 塩化ナトリウムNaClに濃硫酸を加えて加熱すると，濃硫酸は不揮発性のため，揮発性の酸である塩化水素HClが発生する。

$$NaCl + H_2SO_4 \longrightarrow NaHSO_4 + HCl\uparrow$$

iii) 熱濃硫酸は強い酸化力をもち，次式のようにCを酸化し，CO_2とSO_2を発生させる。

還元剤 $C + 2H_2O \longrightarrow CO_2 + 4H^+ + 4e^-$

+) 酸化剤 $H_2SO_4 + 2H^+ + 2e^- \longrightarrow SO_2 + 2H_2O$ ×2

$$C + 2H_2SO_4 \longrightarrow CO_2\uparrow + 2SO_2\uparrow + 2H_2O$$

iv）弱酸由来の塩である硫化鉄（Ⅱ）FeSに強酸である希硫酸を加えると，次式のように弱酸である硫化水素H_2Sが遊離し，強酸由来の塩である硫酸鉄（Ⅱ）$FeSO_4$が生じる（⇒ P.30）。

$$FeS + H_2SO_4 \longrightarrow FeSO_4 + H_2S\uparrow$$

弱酸由来の塩　強酸　強酸由来の塩　弱酸

重要ポイント 接触法の流れ

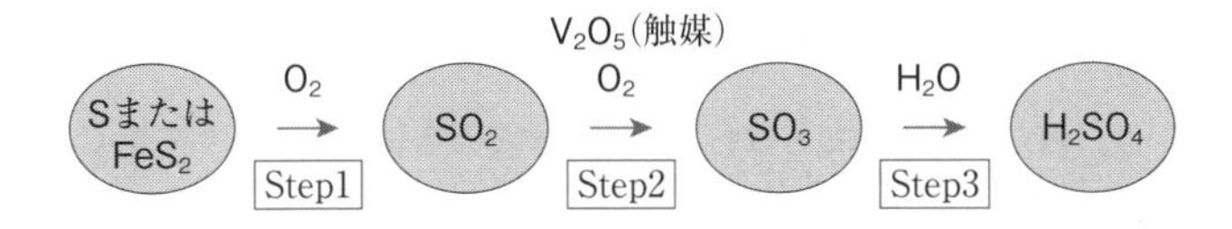

137 解答

問1　ア　7　　イ　ネオン　　ウ　閉殻

　　　エ　フッ化水素　　オ　+7

問2　①　$2F_2 + 2H_2O \longrightarrow 4HF + O_2$

　　　②　$Cl_2 + 2HBr \longrightarrow 2HCl + Br_2$

　　　③　$I_2 + H_2S \longrightarrow S + 2HI$

解説

問1

ア～ウ　フッ素は17族に属し価電子は$_ア$7個である。ハロゲンは電子1個を受け取り1価の陰イオンになりやすい。フッ化物イオンF^-の電子配置は，原子番号が一番近い貴ガスである$_イ$ネオン$_{10}Ne$と同じ電子配置であり，この電子配置は$_ウ$閉殻構造（⇒ P.6）となるので非常に安定である。

エ　フッ化水素HFは水溶液中で互いに水素結合を形成して安定化するため，電離しにくい（電離度が小さい）。そのため，ハロゲン化水素酸の中で唯一弱酸である。なお，ハロゲン化水素酸の強さは以下のようになる（HF以外のハロゲン化水素は，電離後の陰イオンが大きいものほど水和したときの安定度が大きいため，電離度が大きく酸として強くなる）。

$$HF \ll HCl < HBr < HI$$

弱酸（HF）　強酸（HCl，HBr，HI）

オ　七酸化二塩素Cl_2O_7は酸性酸化物であり，水と反応するとオキソ酸（⇒ P.174-175）である過塩素酸$HClO_4$を生じる（次式）。

$$Cl_2O_7 + H_2O \longrightarrow 2HClO_4$$

$$(+1) + x + (-2) \times 4 = 0 \qquad \therefore\ x = +7$$

問2⇒ 重要ポイント

①　フッ素は非常に酸化力が強く，H_2O中のO原子を酸化するので，酸素O_2が発生する。

　酸化剤　$F_2 + 2e^- \longrightarrow 2F^-$　　$\times 2$

$$+)\ 還元剤\quad 2H_2O \longrightarrow O_2 + 4H^+ + 4e^-$$

$$2F_2 + 2H_2O \longrightarrow 4F^- + 4H^+ + O_2$$

$$\Rightarrow\ 2F_2 + 2H_2O \longrightarrow 4HF + O_2\uparrow$$

② 酸化力が$Cl_2 > Br_2$であるため，Cl_2がHBrから電離したBr^-のe^-を奪い，赤褐色のBr_2が遊離する。

$$Cl_2 + 2HBr \longrightarrow 2HCl + Br_2(赤褐)$$

$(H^+ + Br^{\ominus})\ (H^+ + Cl^-)$

e^-

③ ヨウ素I_2は，強力な還元剤であるH_2Sと反応するときは酸化剤として働く。

$$還元剤\quad H_2S \longrightarrow S + 2H^+ + 2e^-$$

$$+)\ 酸化剤\quad I_2 + 2e^- \longrightarrow 2I^-$$

$$I_2 + H_2S \longrightarrow S\downarrow(黄白) + 2HI$$

重要ポイント ハロゲン単体の酸化力

酸化力とはe^-を奪う力である。ハロゲン単体の場合，電気陰性度(⇒ P.10)の大小で考えることができる。電気陰性度は周期表の右上(貴ガスは除く)にある元素のほうが大きいため，17族のハロゲンを同族(縦の列)で比較すると，酸化力($X_2 + 2e^- \rightarrow 2X^-$)は次のように原子番号が小さい(周期表の上)ほど強くなる。

㊎強 ⟸ 弱

$$F_2 > Cl_2 > Br_2 > I_2$$

ここで，ハロゲン単体とハロゲン化物イオンの反応において，ハロゲン単体は自身の酸化力より相手の酸化力が弱いハロゲン化物イオンであれば電子e^-を奪うことができる。しかし，自身の酸化力より相手の(単体としての)酸化力が強いハロゲン化物イオンだと，e^-を奪うことができず反応は起こらない。

酸化力 $X_2 > Y_2$の場合　$X_2 + 2Y^- \rightleftarrows 2X^- + Y_2$（右向きのみ進行し，逆向きは×）

$2e^-$　　$2e^-$（×）

138 解答

問1　ア　NO　　イ　SO_2　　ウ　HCl　　エ　Cl_2
　　　オ　O_2　　カ　NH_3

問2　イ，ウ，エ，カ　　問3　カ

解説

問1

ア　希硝酸は強い酸化力をもつので，次式のようにCuが溶解し，一酸化窒素NOが発生する。

$$還元剤\quad Cu \longrightarrow Cu^{2+} + 2e^- \qquad \times 3$$

$$+)\ 酸化剤\quad HNO_3 + 3H^+ + 3e^- \longrightarrow NO + 2H_2O \qquad \times 2$$

$$3Cu + 2HNO_3 + 6H^+ \longrightarrow 3Cu^{2+} + 2NO + 4H_2O$$

$$+)\qquad 6NO_3^- \qquad 6NO_3^-$$

$$3Cu + 8HNO_3 \longrightarrow 3Cu(NO_3)_2 + 2NO\uparrow + 4H_2O$$

イ　濃硫酸は強い酸化力をもち，次式のようにCuが溶解し，二酸化硫黄$\underline{SO_2}$が発生する。

$$\begin{array}{llcl} & 還元剤\ Cu & \longrightarrow & Cu^{2+} + 2e^- \\ +) & 酸化剤\ H_2SO_4 + 2H^+ + 2e^- & \longrightarrow & SO_2 + 2H_2O \\ \hline & Cu + H_2SO_4 + 2H^+ & \longrightarrow & Cu^{2+} + SO_2 + 2H_2O \\ +) & SO_4^{2-} & & SO_4^{2-} \\ \hline & Cu + 2H_2SO_4 & \longrightarrow & CuSO_2 + SO_2\uparrow + 2H_2O \end{array}$$

ウ　塩化ナトリウムNaClに濃硫酸を加えて加熱すると，濃硫酸は不揮発性のため，揮発性の酸である塩化水素$\underline{HCl}$が発生する。

$$NaCl + H_2SO_4 \longrightarrow NaHSO_4 + HCl\uparrow$$

エ　酸化マンガン(Ⅳ)MnO_2は酸性下で酸化力をもち，濃塩酸中のCl^-を酸化し，塩素$\underline{Cl_2}$が発生する。

$$\begin{array}{llcl} & 酸化剤\ MnO_2 + 4H^+ + 2e^- & \longrightarrow & Mn^{2+} + 2H_2O \\ +) & 還元剤\ 2Cl^- & \longrightarrow & Cl_2 + 2e^- \\ \hline & MnO_2 + 2Cl^- + 4H^+ & \longrightarrow & Mn^{2+} + Cl_2 + 2H_2O \\ +) & 2Cl^- & & 2Cl^- \\ \hline & MnO_2 + 4HCl & \longrightarrow & MnCl_2 + Cl_2\uparrow + 2H_2O \end{array}$$

オ　酸化マンガン(Ⅳ)MnO_2を触媒として過酸化水素H_2O_2水を分解させると酸素$\underline{O_2}$が発生する。

$$2H_2O_2 \longrightarrow O_2\uparrow + 2H_2O$$

カ　弱塩基由来の塩である塩化アンモニウムNH_4Clに強塩基である水酸化カリウムKOHの水溶液を加えて加熱すると，次式のように弱塩基であるアンモニア$\underline{NH_3}$が遊離し，強塩基由来の塩である塩化カリウムKClが生じる(⇒ P.30)。

$$\underset{弱塩基由来の塩}{NH_4Cl} + \underset{強塩基}{KOH} \longrightarrow \underset{強塩基由来の塩}{KCl} + \underset{弱塩基}{NH_3}\uparrow + H_2O$$

問2⇒ **重要ポイント** 1°

気体の捕集において水上置換が好ましくないのは，水に溶ける気体，つまり酸性気体と塩基性気体である(中性気体は水に溶けない)。よって，酸性気体であるSO_2，HCl，Cl_2と塩基性気体のNH_3は水上置換が好ましくない気体である。

問3⇒ **重要ポイント** 2°

塩化カルシウム$CaCl_2$は中性の乾燥剤であるが，NH_3と反応してしまう($CaCl_2 \cdot 8NH_3$をつくる)ため，NH_3の乾燥には使用できない。

重要ポイント

1°　気体の捕集

気体の捕集方法は次の2段階で決定する。結果的に，捕集方法は気体の液性で決まることになる。

Step1　水に溶けるか溶けないか

溶けない ⇒ 水上置換法 ⇒ 中性気体(H_2, N_2, O_2, O_3, CO, NO)
溶ける ⇒ Step2 へ

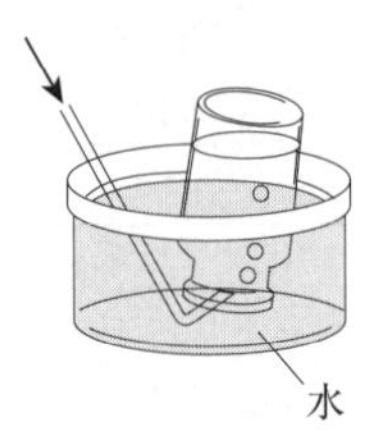

Step2　空気より重いか軽いか

軽い ⇒ 上方置換法 ⇒ 塩基性気体(NH_3 のみ)
重い ⇒ 下方置換法 ⇒ 酸性気体(Cl_2, CO_2, NO_2, SO_2, H_2S, HCl)

空気の組成を N_2 80%, O_2 20% とすると，
空気の平均分子量 $\overline{M}$ は以下のようになる。

$$\overline{M} = 28 \times \frac{80}{100} + 32 \times \frac{20}{100} = 28.8$$

この値より捕集気体の分子量が大きいければ空気より重く，小さければ空気より軽い。

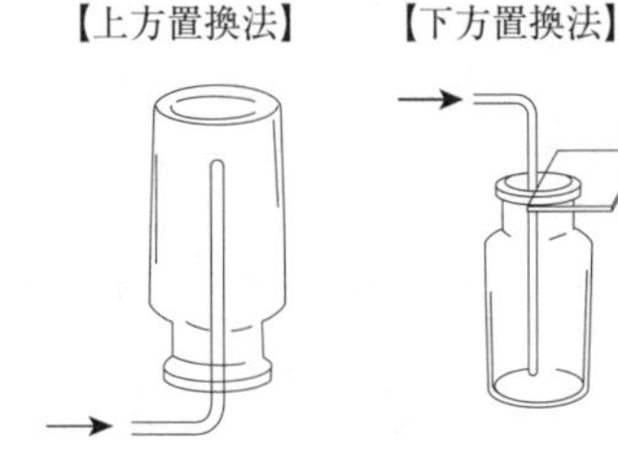

2°　気体の乾燥

気体を発生させる際，捕集目的の気体と一緒に水蒸気が混じって出てきてしまうことがある。そのため，混じっている水蒸気を取り除くために乾燥剤を用いる。しかし，捕集する目的の気体と乾燥剤が反応しないように注意しなければならない。つまり，乾燥剤は水蒸気だけを吸収し，目的の気体と反応しない組合せを選ばなければならない。基本的には，捕集目的の気体と乾燥剤が中和反応しない組合せで乾燥剤を選ぶと覚えておく。たとえば，酸性気体の乾燥では塩基性の乾燥剤であるソーダ石灰は用いることができない。なお，例外として，「H_2S の乾燥に濃硫酸は不適」，「NH_3 の乾燥に塩化カルシウムは不適」は覚えておくとよい。

乾燥剤＼乾燥する気体		酸性気体	塩基性気体(NH_3)	中性気体
酸性	P_4O_{10}(固)	○	×	○
	濃硫酸 H_2SO_4(液)	○ (H_2S は酸化還元反応を起こすので×)		
塩基性	ソーダ石灰 (CaO + NaOH)	×	○	○
中性	塩化カルシウム $CaCl_2$	○	× (NH_3 と $CaCl_2 \cdot 8NH_3$ という化合物を作ってしまう)	○

第 17 章　脂肪族化合物

139　解答

問１　(A)　CH_3-CH_3　(B)　CH_2Cl-CH_2Cl　(C)　$CH_2=CHCl$　(D)　$\text{-[}CH_2-CH_2\text{]-}_n$

(E)　$CH_3-CH_2(-OH)$　(F)　$CH{\equiv}CH$　(G)　$CH_3-C(=O)-H$　(H)　$CH_3-C(=O)-CH_3$

(I)　$CH_2=CH-O-C(=O)-CH_3$　(J)　$CH_3-C(=O)-OH$　(K)　$(CH_3COO)_2Ca$

問２　①（d）　②（e）　③（c）　④（a）

問３　金属　銀　　反応名　銀鏡反応

問４　黄色結晶の名称　ヨードホルム　　反応名　ヨードホルム反応

問５　氷酢酸

解説

問１，２　本問の反応経路図を完成させると，以下のようになる。

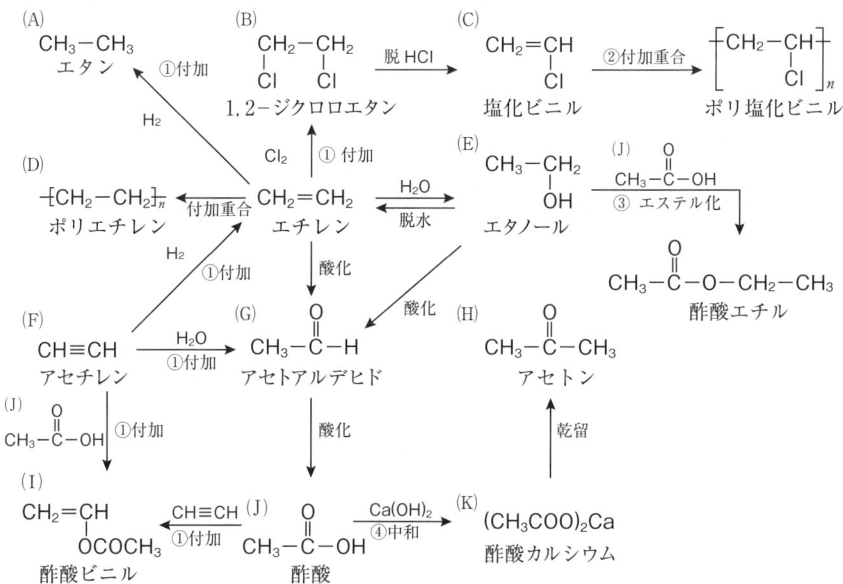

問３ ⇒ **重要ポイント**

　アンモニア性硝酸銀 $AgNO_3$ 水溶液に，還元性をもつアルデヒド R−CHO を加えて加熱すると，次図のように銀 Ag が試験管の内壁に析出して鏡のようになる。これを銀鏡反応という。

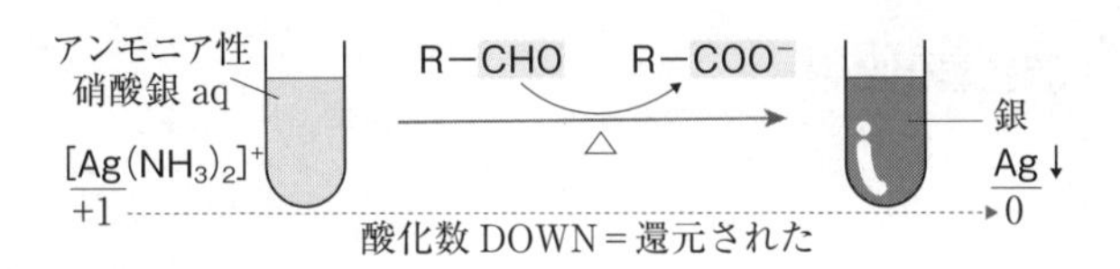

参考　銀鏡反応のイオン反応式の作成法

還元剤　　$R-CHO + H_2O \longrightarrow R-COOH + 2H^+ + 2e^-$

酸化剤　+)　$[Ag(NH_3)_2]^+ + e^- \longrightarrow Ag + 2NH_3$　　$\times 2$

$R-CHO + 2[Ag(NH_3)_2]^+ + H_2O \longrightarrow R-COOH + 2Ag + 2H^+ + 4NH_3$

$\Rightarrow R-CHO + 2[Ag(NH_3)_2]^+ + H_2O \longrightarrow R-COONH_4 + 2Ag + 2NH_4^+ + NH_3$

問4　アセチル基 CH_3CO-や（酸化されてアセチル基を生じる）$CH_3CH(OH)-$をもつ化合物に，ヨウ素 I_2 と NaOH 水溶液を加えて加熱すると，ヨードホルム CHI_3 の黄色沈殿が生じる。これをヨードホルム反応という（反応式の作成は P.196 を参照）。

$R-CH(OH)-CH_3$ or $R-CO-CH_3$ $\xrightarrow[\triangle]{I_2,\ NaOHaq}$ R−COONa　ヨードホルム CHI_3（黄）↓

重要ポイント　ホルミル基（アルデヒド基）の検出

フェーリング液（水酸化ナトリウムと酒石酸ナトリウムカリウムの混合溶液に硫酸銅(II)水溶液を加えたもの）に，還元性をもつアルデヒド R−CHO を加えて加熱すると，次図のように酸化銅(I) Cu_2O の赤色沈殿が生じる。これをフェーリング液の還元反応という。

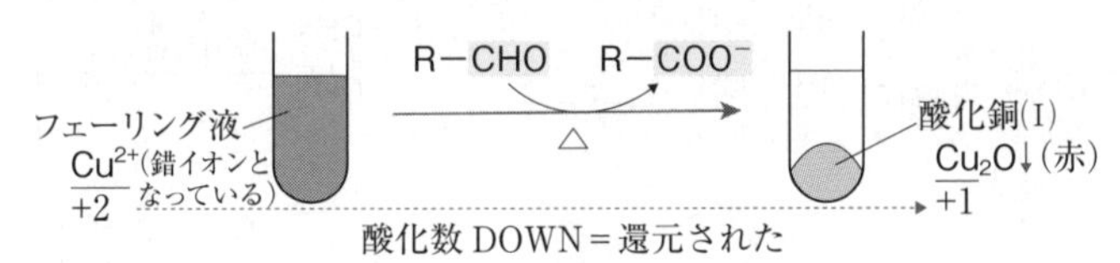

［電子 e^- を含む化学反応式の作成法］

還元剤　　$R-CHO + H_2O \longrightarrow R-COOH + 2H^+ + 2e^-$

酸化剤　+)　$2Cu^{2+} + H_2O + 2e^- \longrightarrow Cu_2O + 2H^+$

$R-CHO + 2Cu^{2+} + 2H_2O \longrightarrow R-COOH + Cu_2O + 4H^+$

+)　$5OH^-$　　OH^-　　$4OH^-$

$\Rightarrow R-CHO + 2Cu^{2+} + 2H_2O + 5OH^- \longrightarrow R-COO^- + Cu_2O + 5H_2O$

$\Rightarrow R-CHO + 2Cu^{2+} + 5OH^- \longrightarrow R-COO^- + Cu_2O\downarrow$（赤）$+ 3H_2O$

140 解答

問1　(ア)　プロピン

問2

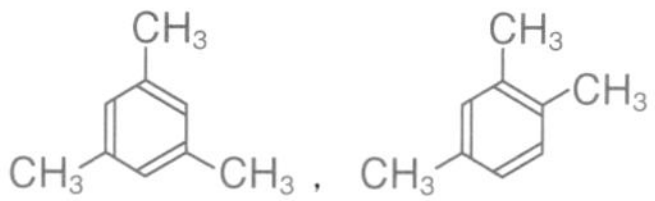

CH_3 / CH_3 / CH_3 （1,3,5-トリメチルベンゼン），CH_3 / CH_3 / CH_3 （1,2,4-トリメチルベンゼン）

問3　$CH_3-\overset{O}{\overset{\|}{C}}-CH_3$，$CH_3-CH_2-\overset{O}{\overset{\|}{C}}-H$

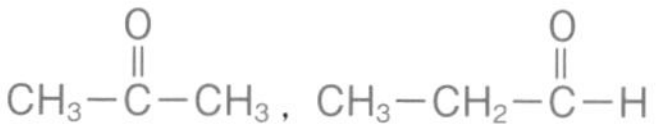

問4　A　$CH_2Cl-CHCl-CH_3$　　B　$CCl_3-CCl_2-CCl_3$

解説 ⇒ 重要ポイント

問1　C原子間の不飽和結合(C=CやC≡C)が多いほど，つまり，C原子に対してH原子の数が少ないほど不完全燃焼を起こしてすすを出しやすい。よって，プロピンC_3H_4，プロペン(プロピレン)C_3H_6，プロパンC_3H_8の中で，燃焼させた際に最も多くのすすが出るのはプロピンである。

問2⇒ 重要ポイント 1°

プロピンC_3H_4をFe触媒存在下に高温で加熱すると，以下のように3分子が重合する。

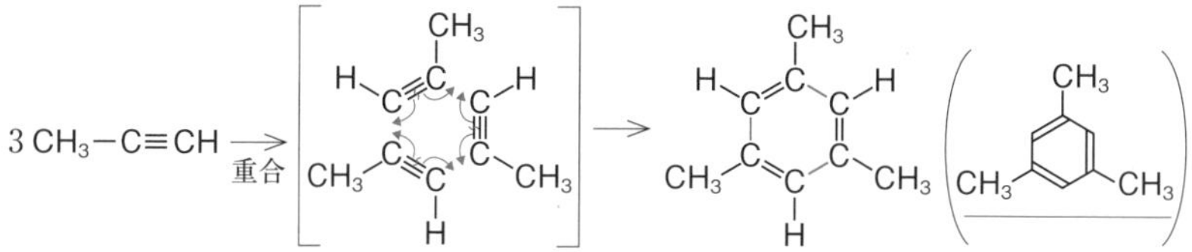

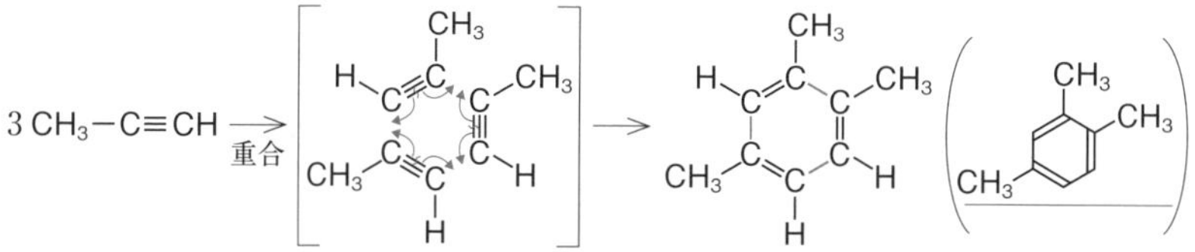

$$3\,CH_3-C\equiv CH \xrightarrow{\text{重合}} \left[\begin{array}{c} CH_3 \\ H\diagdown C\equiv C \diagup C\diagdown H \\ C \quad\quad C \\ CH_3\diagup C\equiv C\diagdown CH_3 \\ H \end{array}\right] \rightarrow \begin{array}{c} CH_3 \\ H\diagdown C=C\diagup C\diagdown H \\ CH_3\diagup C=C\diagdown CH_3 \\ H \end{array} \left(\begin{array}{c} CH_3 \\ CH_3 \quad CH_3 \end{array} \right)$$

$$3\,CH_3-C\equiv CH \xrightarrow{\text{重合}} \left[\begin{array}{c} CH_3 \\ H\diagdown C\equiv C \diagup C\diagdown CH_3 \\ C \quad\quad C \\ CH_3\diagup C\equiv C\diagdown H \\ H \end{array}\right] \rightarrow \begin{array}{c} CH_3 \\ H\diagdown C=C\diagup C\diagdown CH_3 \\ CH_3\diagup C=C\diagdown H \\ H \end{array} \left(\begin{array}{c} CH_3 \quad CH_3 \\ CH_3 \end{array} \right)$$

問3⇒ 重要ポイント 2°・3°

プロピン$CH_3-C\equiv CH$に水を付加させると，次式のように2種類の化合物が生じるが，それぞれは不安定な化合物のため，さらに比較的安定なカルボニル化合物に変化する(ケト－エノール互変異性)。

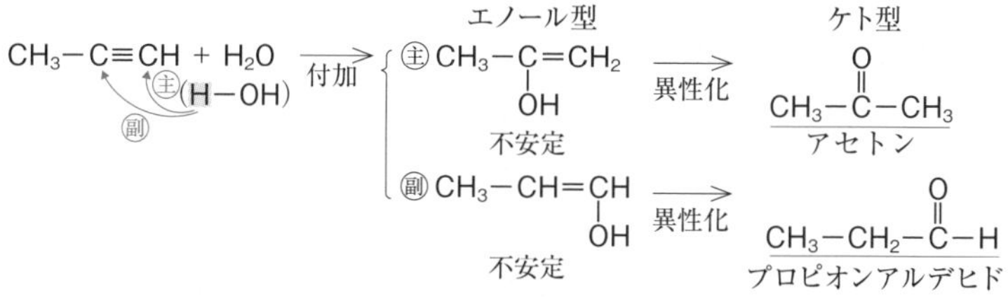

		エノール型		ケト型
$CH_3-C\equiv CH + H_2O$ (H−OH)	付加 →	(主) $CH_3-\underset{OH}{\underset{\mid}{C}}=CH_2$ 不安定	異性化 →	$CH_3-\overset{O}{\overset{\|}{C}}-CH_3$ アセトン
		(副) $CH_3-CH=\underset{OH}{\underset{\mid}{CH}}$ 不安定	異性化 →	$CH_3-CH_2-\overset{O}{\overset{\|}{C}}-H$ プロピオンアルデヒド

有機化合物

問 4 ⇒ 重要ポイント 4°

プロペン(プロピレン)にCl_2を作用させると，Cl_2がC=Cに付加する。さらに，紫外線照射下で充分量のCl_2を作用させると置換反応が起こり，最終的に化合物AのH原子がすべてCl原子に置き換わる。

$$CH_3-CH=CH_2 \xrightarrow[\text{付加}]{Cl_2} \underset{Ⓐ}{CH_3-\underset{Cl}{\underset{|}{CH}}-\underset{Cl}{\underset{|}{CH_2}}} \xrightarrow[\text{置換}]{Cl_2,\ \text{紫外線}} \underset{Ⓑ}{CCl_3-CCl_2-CCl_3}$$

重要ポイント

1° アルキンの重合

例えば，Feなどの触媒を用いてアセチレンC_2H_2を約500℃ほどで加熱すると，3分子が重合してベンゼンC_6H_6が生じる。

$$3\,CH\equiv CH \longrightarrow [\ \ ] \longrightarrow C_6H_6$$

3 CH≡CH（アセチレン）→［3分子のH−C≡C−Hが環状に配置］→ ベンゼン

2° マルコフニコフ則

プロペン(プロピレン)のようにな左右非対称のアルケンに，HX型の分子(HClやH_2O etc.)が付加するとき，H原子は主として水素が多く結合している方のC原子に結合し，Xはもう一方のC原子に結合する(主生成物と副生成物あり)。これをマルコフニコフ則という。

$$CH_3-CH=CH_2 + H_2O\ (H-OH) \longrightarrow \begin{cases} ㊟\ CH_3-\underset{OH}{\underset{|}{CH}}-CH_3 \quad \text{2−プロパノール} \\ ㊙\ CH_3-CH_2-\underset{OH}{\underset{|}{CH_2}} \quad \text{1−プロパノール} \end{cases}$$

（主：HがCH_2側に結合，副：HがCH側に結合）

3° ケト－エノール互変異性

例えば，アセチレンC_2H_2に硫酸水銀(II) $HgSO_4$を触媒としてH_2Oを付加させると，中間生成物であるビニルアルコールを経てアセトアルデヒドが生じる。ビニルアルコールのようにC=Cに直接−OHが結合しているもの(エノール型)は非常に不安定で，すぐに異性体であるアセトアルデヒド(ケト型)に変わる(この現象を互変異性という)。

$$H-C\equiv C-H + H_2O\ (H\text{-}OH) \xrightarrow{\text{付加}} \underset{\text{ビニルアルコール（エノール型）}}{CH_2=CH-OH} \xrightarrow{\text{異性化}} \underset{\text{アセトアルデヒド（ケト型）}}{CH_3-CHO}$$

4°　アルカンの置換反応

アルカンに光を当てながら塩素 Cl_2(や臭素 Br_2)を反応させると，H原子がCl原子と置き換わる。これを置換反応という。Cl原子の置換によって塩素化合物ができる反応を塩素化(クロロ化)，Br原子の置換によって臭素化合物ができる反応を臭素化(ブロモ化)といい，一般にハロゲン化合物ができる反応をハロゲン化という。例えば，CH_4 に充分量の Cl_2 を混合して光や紫外線を照射すると，次図のように CH_4 のH原子が次々にCl原子に置き換わって，複数種類の塩素化合物が生じる。

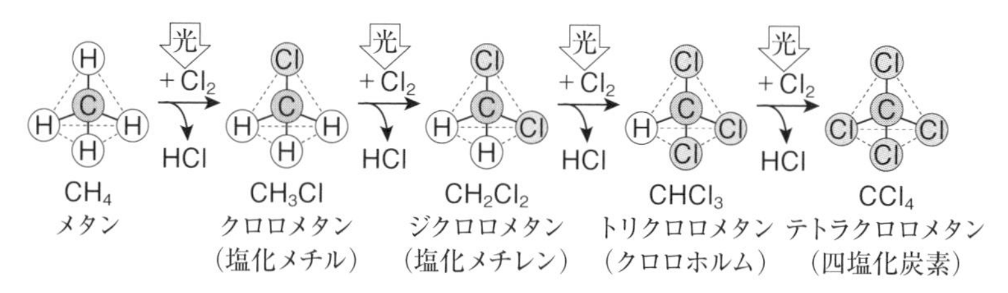

141 解答

問1　ア　エチル　　イ　シス　　ウ　トランス

エ　シス－トランス(または，幾何)

問2

$CH_3-CH_2-CH_2-CH=CH_2$，$CH_3-CH_2-CH=CH-CH_3$，$CH_3-CH=C(CH_3)-CH_3$，

$CH_2=CH-CH(CH_3)-CH_3$，　$CH_3-CH_2-C(CH_3)=CH_2$，　2種類

問3　$CH_3-CH_2-CH(OH)-CH_3$　　**問4**　C_8H_{16}

解説 ⇒ 重要ポイント

問1　3－ヘキセンは以下のように，2個の$_ア$エチル基$-CH_2CH_3$がC=Cをはさんで同じ側にある$_イ$シス形と，反対側にある$_ウ$トランス形の2つの$_エ$シス－トランス異性体(幾何異性体)が存在する。

$CH_3-CH_2(H)C=C(H)CH_2-CH_3$
シス－3－ヘキセン

$CH_3-CH_2(H)C=C(CH_2-CH_3)H$
トランス－3－ヘキセン

問2　C骨格のみで考えると，炭素数5のアルケンには以下の5種類の構造異性体が存在する。ここに H_2 を付加させると2種類のアルカンが生成する。

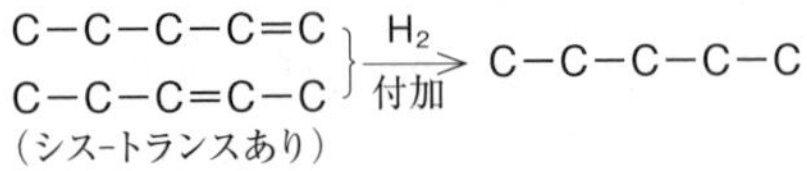

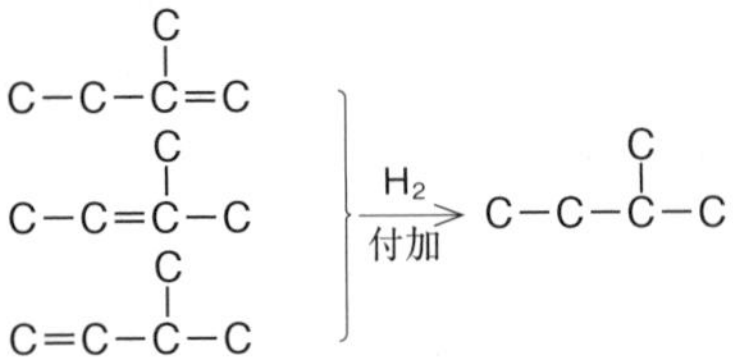

C−C−C−C=C
C−C−C=C−C（シス-トランスあり）
$\xrightarrow[\text{付加}]{H_2}$ C−C−C−C−C

C−C−C(C)=C
C−C=C(C)−C
C=C−C(C)−C
$\xrightarrow[\text{付加}]{H_2}$ C−C−C(C)−C

問3　C骨格のみで考えると，炭素数4のアルケンには以下の3種類の構造異性体が存在する。ここにH_2Oを付加させると4種類のアルコールが生成する。この中で不斉炭素原子(C^*)をもつものは2－ブタノールである。

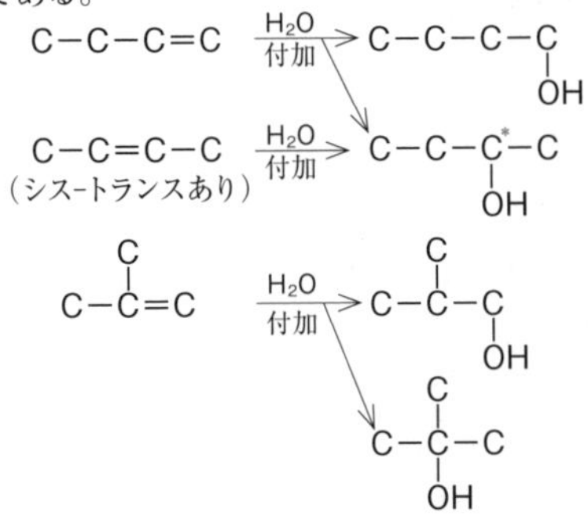

C−C−C=C $\xrightarrow[\text{付加}]{H_2O}$ C−C−C−C(OH)，C−C−C*(OH)−C

C−C=C−C（シス-トランスあり） $\xrightarrow[\text{付加}]{H_2O}$ C−C−C*(OH)−C

C−C(C)=C $\xrightarrow[\text{付加}]{H_2O}$ C−C(C)−C(OH)，C−C(C)(OH)−C

問4　アルケンBの分子式をC_nH_{2n}とおくと，これと炭素数6のアルカン(分子式C_6H_{14})の完全燃焼の反応式は次式のようになる。

$$\begin{cases} C_nH_{2n} + \dfrac{3n}{2}O_2 \longrightarrow nCO_2 + nH_2O \\ C_6H_{14} + \dfrac{19}{2}O_2 \longrightarrow 6CO_2 + 7H_2O \end{cases}$$

ここで，完全燃焼に必要な酸素の総物質量〔mol〕について，

$$0.30\,〔\mathrm{mol}〕\times\frac{3n}{2} + 0.20\,〔\mathrm{mol}〕\times\frac{19}{2} = 5.5\,〔\mathrm{mol}〕\qquad \therefore n = 8$$

以上より，アルカンBの分子式は$\underline{C_8H_{16}}$となる。

重要ポイント　シス－トランス異性体(幾何異性体)

鎖状分子内にある炭素－炭素間の単結合C−Cは回転できるが，二重結合C=Cは回転しにくく常温では固定されるために異性体が生じることがある。これを幾何異性体という。この異性体は (a)(b)C=C(c)(d) において，a≠bかつc≠dのときに生じる。大きな基(実際にはC=Cに直接結合している原子の原子番号が大きいもの)が同じ側についているものをシス形，反対側についている

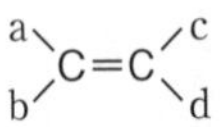

ものをトランス形という。

142 解答

問1　ア　酸化銅(II)，試料の不完全燃焼を防ぐ酸化剤として働く。

イ　塩化カルシウム，水蒸気を吸収する。

ウ　ソーダ石灰，二酸化炭素を吸収する。

問2　C_4H_8

問3　A　$CH_3-CH=CH-CH_3$　　B　$CH_3-CH_2-CH=CH_2$

C　$CH_3-C(CH_3)=CH_2$　　D　$CH_3-CH_2-CH(OH)-CH_3$

E　$CH_3-C(CH_3)(OH)-CH_3$　　F　$CH_3-C(=O)-H$　　G　$H-C(=O)-H$

H　$CH_3-CH_2-C(=O)-H$　　I　$CH_3-C(=O)-CH_3$

問4　F

問5　a 1　b 1　c 1　d 1　e 2　f 1

g 1　h 2　i 1　j 2　k 4　l 4

m 1　n 4　o 2

反応式　$2H_2C=CH_2 + O_2 \longrightarrow 2CH_3CHO$

解説

問1 ⇒ 重要ポイント 1°

ア　有機化合物を燃焼させると，不完全燃焼を起こし，COが発生することがある。COは中性気体であり，ソーダ石灰管には吸収されず，C原子の正確な定量が行えない。そのため，次式のように発生したCOを，酸化剤である酸化銅(II) CuOでCO_2に酸化する。

$$CO + CuO \longrightarrow CO_2 + Cu$$

イ　発生した水蒸気H_2Oは，(中性の)乾燥剤である塩化カルシウム$CaCl_2$に吸収させる。

ウ　発生した二酸化炭素CO_2は酸性気体のため，塩基性物質であるソーダ石灰(NaOHとCaOの混合物)に吸収させる。

問2　炭化水素A～Cの分子式をC_mH_nとおくと，完全燃焼したときの反応式は次式のように表される(O_2の係数xは省略する)。

$$C_mH_n + xO_2 \longrightarrow mCO_2 + \frac{n}{2}H_2O$$

よって，発生した物質の質量〔g〕から，

$$\begin{cases} CO_2 : 5.0 \times 10^{-4}〔mol〕\times m \times 44〔g/mol〕= 88.0 \times 10^{-3}〔g〕 & \therefore m = 4 \\ H_2O : 5.0 \times 10^{-4}〔mol〕\times \frac{n}{2} \times 18〔g/mol〕= 36.0 \times 10^{-3}〔g〕 & \therefore n = 8 \end{cases}$$

以上より，分子式はC_4H_8となる。

有機化合物

問3⇒ 重要ポイント 2°

C_4H_8 の不飽和度Iuは，$Iu = \frac{(2\times4+2)-8}{2} = 1$

よって，C=Cを1つもつことがわかる(環を1つもつ可能性もあるが，化合物A～Cはすべてオゾン分解されるため，C=Cをもつことがわかる)。

ここで，C_4H_8(アルケン)の構造異性体は，以下の3種類となり，オゾン分解により得られる化合物も合わせて記す(一部のH原子は省略)。

C=C−C−C →(O) H_2C=O(ホルムアルデヒド) + O=C(H)−C−C(プロピオンアルデヒド)

C−C=C−C(シス−トランスあり) →(O) C−C(H)=O(アセトアルデヒド) + O=C(H)−C(アセトアルデヒド)

C=C(C)−C →(O) H_2O=C(ホルムアルデヒド) + O=C(C)−C(アセトン)

ここで，化合物Aからの生成物は1種類(化合物F)のみのため，化合物AとFは以下の構造に決まる(化合物Fはエチレン $CH_2=CH_2$ の酸化で得られることからもアセトアルデヒドだとわかる)。

Ⓐ $CH_3-CH=CH-CH_3$ →(O) Ⓕ 2 $CH_3-C(=O)-H$

また，化合物AとBに H_2O を付加させると化合物Dが共通して得られたことから，化合物AとBは同一の炭素骨格をもつことがわかる。よって，(化合物Aの炭素骨格が直鎖状なので)化合物Bの構造は以下のように決まる。さらに，Bのオゾン分解において，化合物Cと共通して得られた化合物Gはホルムアルデヒドとわかり，その結果，化合物Hはプロピオンアルデヒドと決まる。

Ⓑ $CH_2=CH-CH_2-CH_3$ →(O) Ⓖ $H-C(=O)-H$(ホルムアルデヒド) + Ⓗ $CH_3-CH_2-C(=O)-H$(プロピオンアルデヒド)

以上より，化合物Cの構造は以下のように決まる(化合物Gがホルムアルデヒドであり，化合物Iがクメン法により得られるアセトンであることから決まる)。

Ⓒ $CH_2=C(CH_3)-CH_3$ →(O) Ⓖ $H-C(=O)-H$(ホルムアルデヒド) + Ⓘ $CH_3-C(=O)-CH_3$(アセトン)

ここで，化合物A～CにH_2Oを付加させると，以下のようなアルコールが生成する。化合物AとBから共通して得られる化合物D，酸化剤と反応しない化合物Eは第3級アルコールであるため以下の構造に決まる。

Ⓐ $CH_3-CH=CH-CH_3$ $\xrightarrow[付加]{H_2O}$ Ⓓ $CH_3-CH_2-CH(OH)-CH_3$

Ⓑ $CH_3-CH_2-CH=CH_2$ $\xrightarrow[付加]{H_2O}$ $CH_3-CH_2-CH(OH)-CH_3$ / $CH_3-CH_2-CH_2-CH_2(OH)$

Ⓒ $CH_3-C(CH_3)=CH_2$ $\xrightarrow[付加]{H_2O}$ Ⓔ $CH_3-C(CH_3)(OH)-CH_3$ / $CH_3-CH(CH_3)-CH_2(OH)$

問4　アセチル基CH_3CO-や(酸化されてアセチル基を生じる)$CH_3CH(OH)-$をもつ化合物にはヨードホルム反応に陽性である(⇒P.184)。また，ホルミル基(アルデヒド基)$-C(=O)-H$をもつ化合物は，銀鏡反応に陽性である。よって，化合物Fは，これらの反応両方に陽性である。

Ⓕ $CH_3-C(=O)-H$

問5　各段階の化学反応式の係数を決定すると以下のようになる(ある物質の係数を「1」とおいて，両辺の原子数を合わせていくとよい)。

$H_2C=CH_2 + H_2O + PdCl_2 \longrightarrow CH_3-CHO + 2HCl + Pd$　…①

$Pd + 2CuCl_2 \longrightarrow PdCl_2 + 2CuCl$　…②

$4CuCl + 4HCl + O_2 \longrightarrow 4CuCl_2 + 2H_2O$　…③

また，$PdCl_2$と$CuCl_2$は触媒のため，これらを消去して1つの反応式にまとめると，①式×2＋②式×2＋③式より，次式のようになる。

$2H_2C=CH_2 + O_2 \longrightarrow 2CH_3CHO$

重要ポイント

1°　元素の定量分析

C，H，Oからなるある有機化合物について，以下の手順でC原子とH原子の定量を行う。

Step1　精製した試料(有機化合物)の質量を測り，O_2により燃焼させる。

Step2　そこで生じたH_2Oを$CaCl_2$に，CO_2をソーダ石灰にそれぞれ吸収させ，増加した質量によりH_2OとCO_2の生成量を求める。

Step3　H原子とC原子の質量を算出し，試料の差からO原子の質量を求める。

Step4　各原子の質量を原子量で割って比(つまりモル比)をとると組成比が求まる。これにより，組成式(構成元素の原子を最も簡単な整数比で表したもの)が決定できる。

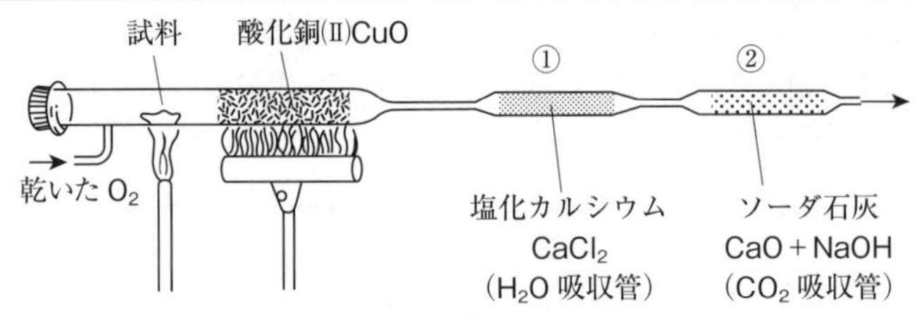

なお，$CaCl_2$ 管とソーダ石灰管を逆につないではならない。なぜなら，ソーダ石灰管が先に設置されていると，ソーダ石灰は塩基性の乾燥剤としても知られるように CO_2 と H_2O の両方を吸収してしまい，C 原子と H 原子を別々に定量できなくなってしまうためである。

2°　不飽和度(Iu)

有機化合物中の不飽和結合や環状構造の数を示す数値を不飽和度といい，よく Iu(Index of Unsaturation)で表す。$C_xH_yO_z$ において，不飽和度 Iu は次式のように求めることができる。

$$\mathrm{Iu} = \frac{(2x+2)-y}{2}$$

不飽和度(Iu)	使用例	考えられる構造・物質
Iu＝0	(鎖状ですべて単結合)	O 原子：なし…アルカン O 原子：1個…アルコール or エーテル
Iu＝1	C=C 1個	アルケン
	C=O 1個	O 原子：1個…アルデヒド or ケトン O 原子：2個…カルボン酸 or エステル
	環1個	シクロアルカン
Iu＝2	C≡C 1個	アルキン
	C=C 2個	アルカジエン
	C=O 2個	O 原子：4個…2価カルボン酸 or ジエステル
Iu＝4	C=C 3個 かつ 環1個	ベンゼン環(芳香族)

143 解答

問1　ア　水素　　イ　脱水
　　ウ　ヒドロキシ基　　エ　ヨードホルム

問2　C　C_4H_8O　　D　C_2H_4O

問3　C　$CH_3-CH_2-C(=O)-CH_3$　　D　$CH_3-C(=O)-H$，アセトアルデヒド

問4　$H_3C(H)C=C(CH_2-CH_3)(CH_3)$（H₃C と CH₂−CH₃ が同じ側），$H(H_3C)C=C(CH_2-CH_3)(CH_3)$（H と CH₂−CH₃ が同じ側）

問5　$CH_3-CH_2-\overset{*}{C}H(CH_3)-\overset{*}{C}H(OH)-CH_3$

解説

問1　金属Naで発生する気体は$_{ア}$水素H_2である。これより，化合物Aは$_{ウ}$ヒドロキシ基$-OH$をもつことがわかる。また，$-OH$をもつ物質に濃硫酸を加えて加熱すると$_{イ}$脱水反応を起こす。化合物Aが脱水して化合物Bになり，さらに化合物Bがオゾン分解によって化合物CとDに分解される反応の流れは以下のようになる(化合物Xの分子量をM_Xとおき，不斉炭素原子をもつことがわかっている場合には＊を付記する)。

$$\underset{(M_A=102)}{A^*} \xrightarrow[\text{脱水}]{H_2O} \underset{(M_B=84)}{B} \xrightarrow[\text{オゾン分解}]{1)O_3\ 2)Zn} \underset{(M_C=72)}{C} + \underset{(M_D=44)}{D}$$

また，化合物C，DはI_2とNaOH水溶液を加えて黄色結晶が生じる$_{エ}$ヨードホルム反応(⇒P.184)を示したことがわかる。

問2，3⇒ 重要ポイント

［化合物Cについて］

分子量($M_C = 72$)と各元素の質量%から，分子式は以下のように求まる。

$$\text{C原子}：\frac{72\times\frac{66.7}{100}}{12} \fallingdotseq 4〔個〕$$

$$\text{H原子}：\frac{72\times\frac{11.2}{100}}{1} \fallingdotseq 8〔個〕$$

$$\text{O原子}：\frac{72\times\frac{100-(66.7+11.2)}{100}}{16} \fallingdotseq 1〔個〕$$

よって，分子式はC_4H_8Oとなる。

ここで，化合物Cはオゾン分解により生成した物質であるため，カルボニル基$C=O$をもち，ヨードホルム反応を示したことからアセチル基CH_3CO-をもつことがわかる。また，フェーリング液による還元反応を示さなかったことから，ホルミル基(アルデヒド基)$-CHO$をもたないことがわかる。以上より，化合物Cは以下の構造に決まる。

Ⓒ
```
         O
         ‖
CH3 ― C ― CH2 ― CH3
```

［化合物Dについて］

分子量($M_D = 44$)と各元素の質量%から，分子式は以下のように求まる

$$\text{C原子}：\frac{44\times\frac{54.5}{100}}{12} \fallingdotseq 2〔個〕$$

$$\text{H原子}：\frac{44\times\frac{9.1}{100}}{1} \fallingdotseq 4〔個〕$$

$$\text{O原子}：\frac{44\times\frac{100-(54.5+9.1)}{100}}{16} \fallingdotseq 1〔個〕$$

よって，分子式はC_2H_4Oとなる。

ここで，化合物Dはオゾン分解により生成した物質であるため，カルボニル基$C=O$をもち，ヨードホルム反応を示したことからアセチル基CH_3CO-をもつことがわかる。また，フェーリ

有機化合物

ング液による還元反応も示したためホルミル基 $-CHO$ をもつことがわかる。以上より，化合物Dは以下の構造に決まる。

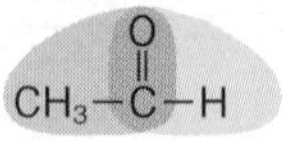

Ⓓ
$$\begin{array}{c} \quad\;\; O \\ \quad\;\; \| \\ CH_3-C-H \end{array}$$

問4　化合物CとDのカルボニル基 $C=O$ 部分を $C=C$ としてつなぐと化合物Bになる。

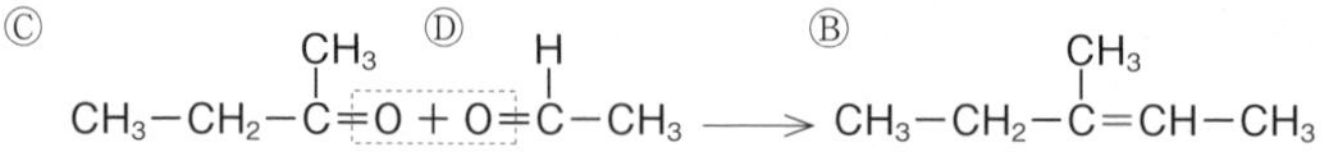

Ⓒ Ⓓ Ⓑ
$$\begin{array}{c} CH_3 \quad\quad H \\ | \quad\quad\quad | \\ CH_3-CH_2-C=O + O=C-CH_3 \end{array} \longrightarrow \begin{array}{c} CH_3 \\ | \\ CH_3-CH_2-C=CH-CH_3 \end{array}$$

また，化合物Bには以下の2つのシス－トランス異性体が存在する。

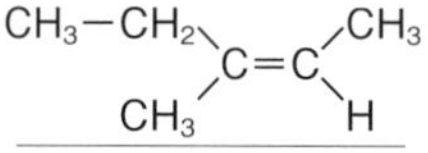

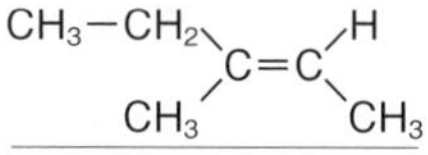

$$\begin{array}{c} CH_3-CH_2 \quad\quad CH_3 \\ \quad\quad\quad\; C=C \\ \quad CH_3 \quad\quad\quad\;\; H \end{array} \qquad \begin{array}{c} CH_3-CH_2 \quad\quad H \\ \quad\quad\quad\; C=C \\ \quad CH_3 \quad\quad\quad\;\; CH_3 \end{array}$$

問5　化合物Aを脱水すると化合物Bになることから，化合物Bに H_2O を付加したアルコールが化合物Aである。化合物Bに H_2O を付加したアルコールは2種類考えられるが，化合物Aは不斉炭素原子 C^* をもつため，化合物Aは以下の構造に決まる。

Ⓑ
$$\begin{array}{c} CH_3 \\ | \\ CH_3-CH_2-C=CH-CH_3 \end{array} \xrightarrow{H_2O} \begin{cases} Ⓐ \begin{array}{c} CH_3 \\ | \\ CH_3-CH_2-\overset{*}{C}H-\overset{*}{C}H-CH_3 \\ | \\ OH \end{array} \\ \begin{array}{c} CH_3 \\ | \\ CH_3-CH_2-C-CH_2-CH_3 \\ | \\ OH \end{array} \end{cases}$$

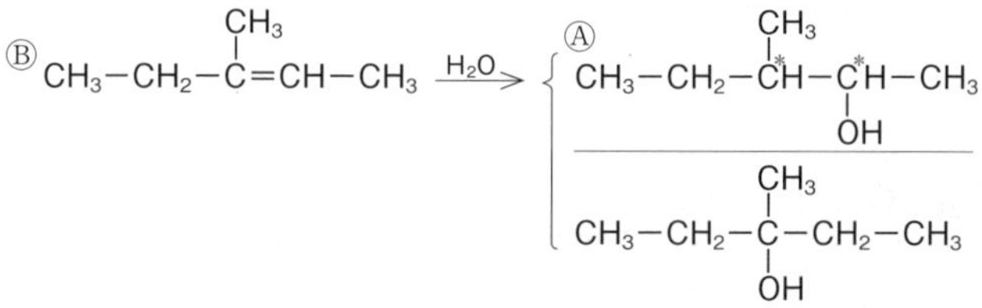

重要ポイント 分子式の算出 ～分子量と各元素の質量％が与えられている場合～

与えられた(あるいは求めた)分子量に，各元素の質量％をかけて，その値をそれぞれの原子量で割ることで，分子式中に含まれる各元素の原子数を直接求めることができる(つまり，組成式を求めるプロセスを省いて，直接分子式を導くことができる)。

144 解答

問1

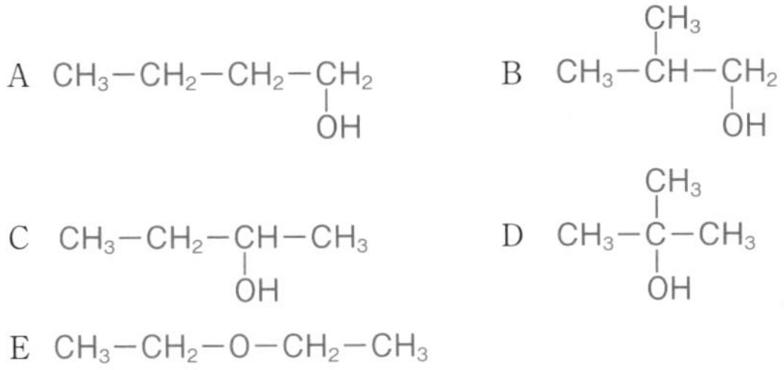

A $CH_3-CH_2-CH_2-CH_2(OH)$

B $CH_3-CH(CH_3)-CH_2(OH)$

C $CH_3-CH_2-CH(OH)-CH_3$

D $CH_3-C(CH_3)(OH)-CH_3$

E $CH_3-CH_2-O-CH_2-CH_3$

問2

F $CH_3-C(CH_3)=CH_2$ $\xrightarrow{HCl}$ $CH_3-C^+(CH_3)-CH_3$ ⟶ G $CH_3-C(CH_3)(Cl)-CH_3$

$\longrightarrow$ $CH_3-CH(CH_3)-C^+H_2$ ⟶ H $CH_3-CH(CH_3)-CH_2(Cl)$

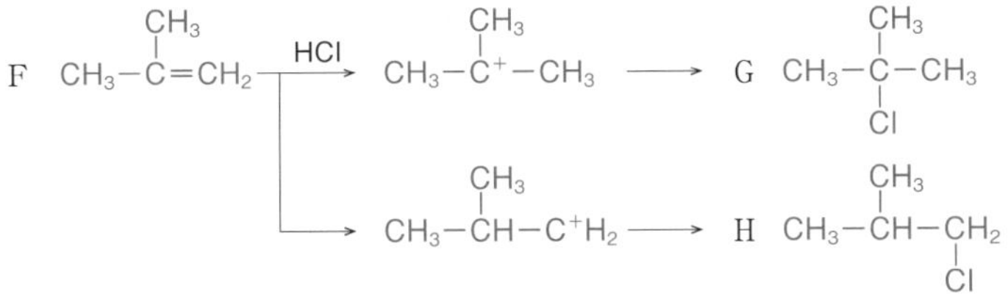

理由　化合物Gが生成する過程で生じる陽イオン中間体が，Hが生成する過程で生じるそれよりも比較的安定だから。

問3　$CH_3-CH_2-CH(OH)-CH_3+4I_2+6NaOH$

$\longrightarrow CH_3-CH_2-C(=O)-ONa+CHI_3+5NaI+5H_2O$

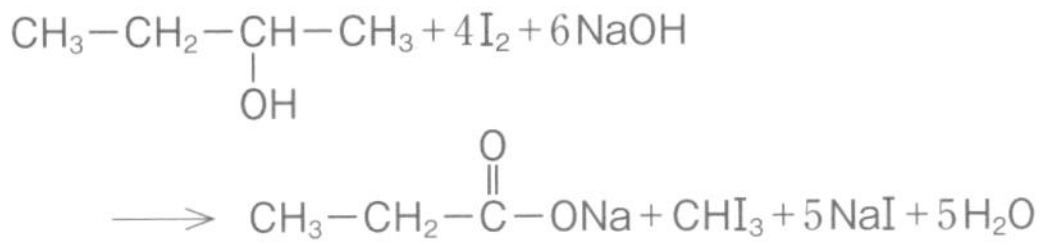

問4　C

問5　エーテル結合

解説

問1 ⇒ 重要ポイント 1°

$C_4H_{10}O$ の不飽和度 Iu は，$Iu=\dfrac{(2\times4+2)-10}{2}=0$

よって，分子は鎖状であり，すべて単結合(飽和)でかつO原子を1個もつため，ヒドロキシ基−OHを1つもつアルコール，またはエーテル結合C−O−Cを1つもつエーテルであることがわかる(つまり，Iu=0でO原子を1個もつならば，必ず鎖状飽和のアルコールまたはエーテルである)。以上より，$C_4H_{10}O$ には以下の7種類の構造異性体がある(H原子の一部を省略し，不斉炭素原子には＊を付記する)。

［アルコール］

C−C−C−C(OH)

C−C−C*(OH)−C

C−C(C)−C(OH)

C−C(C)(OH)−C

［エーテル］

C−C−C−O−C

C−C−O−C−C

C−C(C)−O−C

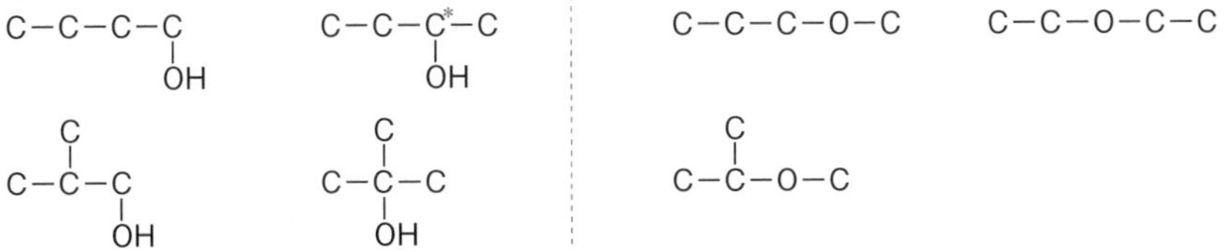

ここで，各実験の結果及び，その結果から考察できることを以下にまとめる。

［実験1］　化合物A～Dが金属Naと反応したことから，化合物A～Dは−OHをもつことがわかる。また，化合物Eは(−OHをもたないため)エーテルであることがわかる。

［実験2］　化合物A～Dにおいて，沸点がA＞B＞C＞Dの順であることから，化合物Aは鎖状の第1級アルコール，化合物Bは枝分かれのある第1級アルコール，化合物Cは第2級アルコール，化合物Dは第3級アルコールとわかる。以上より，化合物A～Dは以下の構造に決まる。

Ⓐ $CH_3-CH_2-CH_2-CH_2OH$

Ⓑ $CH_3-CH(CH_3)-CH_2OH$

Ⓒ $CH_3-CH_2-\overset{*}{C}H(OH)-CH_3$

Ⓓ $CH_3-C(CH_3)(OH)-CH_3$

［実験3］　エタノールに濃硫酸を加え130～140℃で加熱すると，ジエチルエーテルが得られる。これが化合物Eである。

$$C_2H_5-OH + HO-C_2H_5 \xrightarrow[130\sim140℃]{濃 H_2SO_4} \underset{Ⓔ}{C_2H_5-O-C_2H_5} + H_2O$$

［実験4］　化合物Dに濃硫酸を加えて加熱すると脱水し，アルケンである化合物Fが生じる(Fは臭素水を脱色する)。

$$\underset{Ⓓ}{CH_3-C(CH_3)(OH)-CH_2H} \xrightarrow[加熱]{濃 H_2SO_4} \underset{Ⓕ}{CH_3-C(CH_3)=CH_2} + H_2O$$

問2⇒ 重要ポイント 2°

次図のように，化合物FにHClが付加するときは，まずH^+がC原子に付加する。さらにその陽イオン中間体のプラスに帯電したC原子(C^+)にCl^-が付加して反応が完了する。つまり，この反応過程で生じる陽イオン中間体の安定性によって生成量が異なってくる。Gが生成する過程で生じる陽イオン中間体が，Hが生成する過程で生じるそれよりも安定のため，Gが主生成物となる(このように，付加反応において，主生成物と副生成物が決まる法則をマルコフニコフ則という)。

Ⓕ $CH_3-C(CH_3)=CH_2$ ＋ H^+

(主) $\rightarrow CH_3-C^+(CH_3)-CH_3 \xrightarrow{Cl^-} $ Ⓖ $CH_3-CCl(CH_3)-CH_3$

(副) $\rightarrow CH_3-CH(CH_3)-C^+H_2 \xrightarrow{Cl^-} $ Ⓗ $CH_3-CH(CH_3)-CH_2Cl$

問3　$CH_3CH(OH)-$をもつ化合物Cがヨードホルム反応を示す。化学反応式は以下のように3段階の反応を1つにまとめていく。

Step1　I_2 によるアルコールの酸化

$$CH_3-CH_2-\underset{\displaystyle OH}{\underset{|}{CH}}-CH_3 \longrightarrow CH_3-CH_2-\overset{\displaystyle O}{\overset{\|}{C}}-CH_3 + 2H^+ + 2e^-$$

$$+)\quad I_2 + 2e^- \longrightarrow 2I^-$$

$$CH_3-CH_2-\underset{\displaystyle OH}{\underset{|}{CH}}-CH_3 + I_2 \longrightarrow CH_3-CH_2-\overset{\displaystyle O}{\overset{\|}{C}}-CH_3 + 2HI \quad \cdots①$$

Step2　I_2 による置換反応

$$CH_3-CH_2-\overset{\displaystyle O}{\overset{\|}{C}}-CH_3 + 3I_2 \longrightarrow CH_3-CH_2-\overset{\displaystyle O}{\overset{\|}{C}}-CI_3 + 3HI \cdots②$$

Step3　NaOH による加水分解と中和

$$CH_3-CH_2-\overset{\displaystyle O}{\overset{\|}{C}}-CI_3 + NaOH \longrightarrow CH_3-CH_2-\overset{\displaystyle O}{\overset{\|}{C}}-ONa + CHI_3 \cdots③$$

よって，①式＋②式＋③式より，

$$CH_3-CH_2-\underset{\displaystyle OH}{\underset{|}{CH}}-CH_3 + 4I_2 + NaOH \longrightarrow CH_3-CH_2-\overset{\displaystyle O}{\overset{\|}{C}}-ONa + CHI_3 + 5HI$$

ここで，生成した HI は NaOH に中和されるため，上式の両辺に 5NaOH を加えると，

$$CH_3-CH_2-\underset{\displaystyle OH}{\underset{|}{CH}}-CH_3 + 4I_2 + 6NaOH$$

$$\longrightarrow CH_3-CH_2-\overset{\displaystyle O}{\overset{\|}{C}}-ONa + CHI_3\downarrow(\text{黄}) + 5NaI + 5H_2O$$

有機化合物

重要ポイント

1°　$C_4H_{10}O$ の沸点

分子間力が強いと沸点は高い。そのため，沸点が有機化合物の構造を絞り込む手がかりとなる（以下は $C_4H_{10}O$ の異性体を決めていくためのフローチャート）。

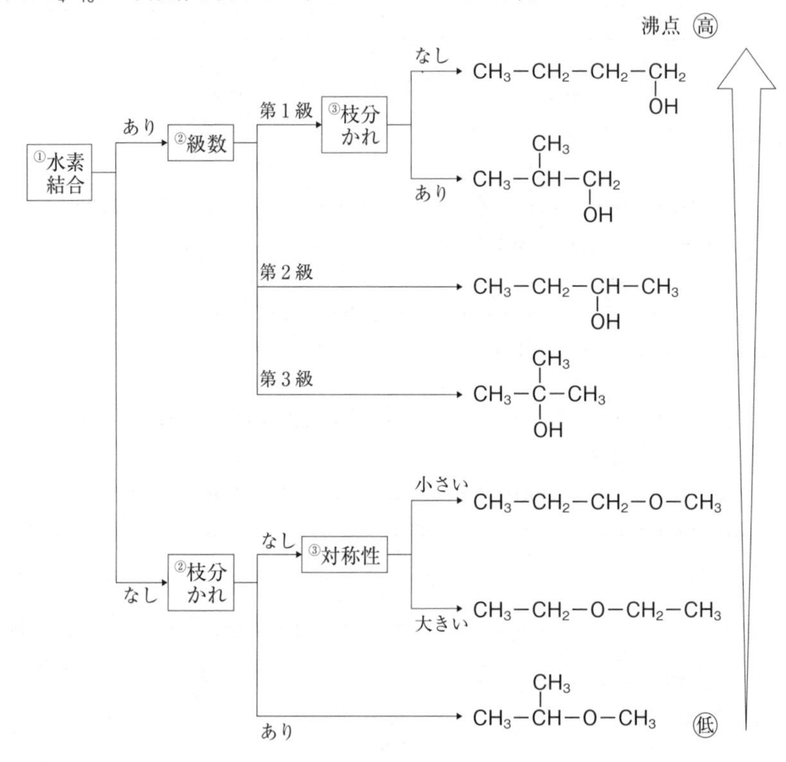

2°　マルコフニコフ則

左右非対称のアルケンにHX型の分子（HClや H_2O etc.）が付加するとき，H原子は主として水素が多く結合している方の炭素に結合し，Xはもう一方の炭素に結合する（主生成物と副生成物がある）。

145 解答

問 1

A　$CH_3-CH_2-CH_2-CH_2-CH_2-OH$

B　$CH_3-CH_2-CH_2-\overset{*}{C}H(OH)-CH_3$

C　$CH_3-CH_2-CH(OH)-CH_2-CH_3$

D　$CH_3-CH_2-\overset{*}{C}H(CH_3)-CH_2(OH)$

E　$CH_3-CH_2-C(CH_3)(OH)-CH_3$

F　$CH_3-\overset{*}{C}H(OH)-CH(CH_3)-CH_3$

問 2　0.15 L　　**問 3**　銀鏡反応，ホルミル基（アルデヒド基）

問 4

$CH_3-CH_2(H)C=C(H)CH_3$（CH_3-CH_2 と CH_3 が同じ側），

$CH_3-CH_2(H)C=C(CH_3)H$（CH_3-CH_2 と CH_3 が反対側），

$CH_3-CH_2-CH_2(H)C=CH_2$

問 5

シクロペンタン（CH_2 5 個の五員環），

メチルシクロブタン（$H_2C-CH(CH_3)$，H_2C-CH_2 の四員環），

1,1-ジメチルシクロプロパン（$C(CH_3)_2$，H_2C-CH_2 の三員環），

エチルシクロプロパン（$CH-CH_2-CH_3$，H_2C-CH_2 の三員環），

1,2-ジメチルシクロプロパン（$CH-CH_3$，$H_2C-CH-CH_3$ の三員環）

問 6

$CH_3-CH_2-\overset{*}{C}(CH_3)(OH)-CH_2Cl$，

$CH_3-\overset{*}{C}H(Cl)-C(CH_3)(OH)-CH_3$

解説 ⇒ 重要ポイント

問 1　$C_5H_{12}O$ の不飽和度Iuは，$Iu=\dfrac{(2\times5+2)-12}{2}=0$

よって，分子は鎖状でありすべて単結合（飽和）でかつ O 原子を 1 個もつため，ヒドロキシ基 $-OH$ を 1 つもつアルコール，またはエーテル結合 $C-O-C$ を 1 つもつエーテルであることがわかる。ここで，以下のように考えると，$C_5H_{12}O$ には 14 種類の構造異性体が考えられる。（↑は $-OH$ の結合箇所で，○の中の数字は級数を表す。⇣はエーテル結合の O 原子が入る箇所である。H 原子の一部を省略し，不斉炭素原子をもつときには＊を付記する。）

C−C−C⇣C⇣C（↑：②，＊②，①）

C⇣C⇣C(C)⇣*C（↑：①，＊②，③，＊①）

C−C(C)(C)⇣C（↑：①）

ここで，化合物 A～F に関する実験結果及び，その結果から考察できることを化合物ごとに振り分けると以下のようになる。

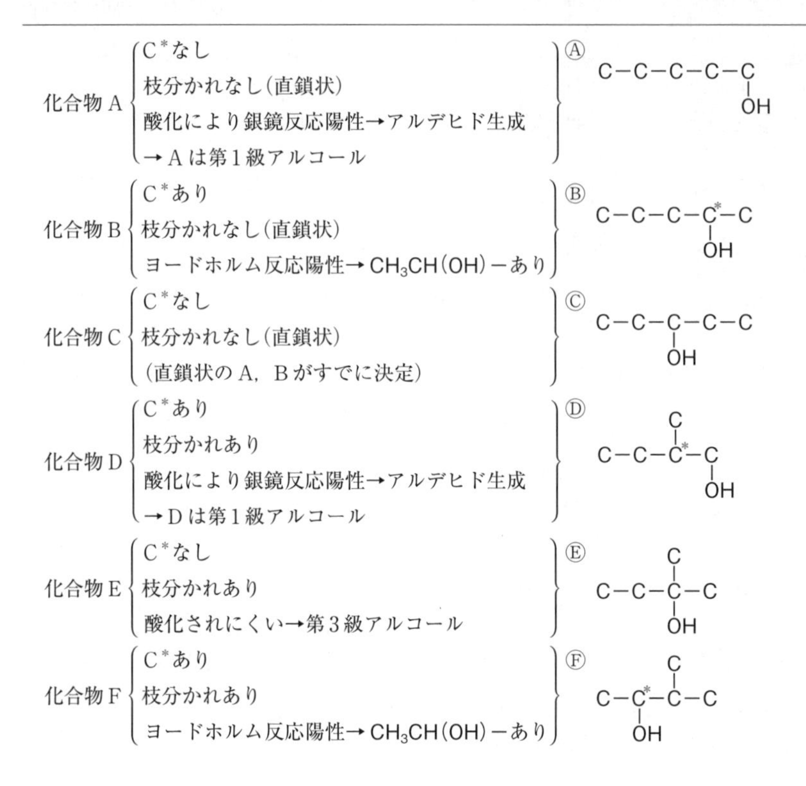

化合物A
C*なし
枝分かれなし(直鎖状)
酸化により銀鏡反応陽性→アルデヒド生成
→Aは第1級アルコール
Ⓐ C−C−C−C−C OH
化合物B
C*あり
枝分かれなし(直鎖状)
ヨードホルム反応陽性→CH3CH(OH)−あり
Ⓑ C−C−C−C*−C OH
化合物C
C*なし
枝分かれなし(直鎖状)
(直鎖状のA，Bがすでに決定)
Ⓒ C−C−C−C−C OH
化合物D
C*あり
枝分かれあり
酸化により銀鏡反応陽性→アルデヒド生成
→Dは第1級アルコール
Ⓓ C C−C−C*−C OH
化合物E
C*なし
枝分かれあり
酸化されにくい→第3級アルコール
Ⓔ C C−C−C−C OH
化合物F
C*あり
枝分かれあり
ヨードホルム反応陽性→CH3CH(OH)−あり
Ⓕ C C−C*−C−C OH

問2　化合物Aと金属Naの反応は次式で表される。

$$2C_5H_{11}OH + 2Na \longrightarrow 2C_5H_{11}ONa + 1H_2\uparrow$$

ここで，化合物Aは(金属Naの物質量〔mol〕に対して)過剰量あることに注意すると，

$$\underbrace{\frac{0.30〔g〕}{23〔g/mol〕}}_{Na〔mol〕}\times\frac{1}{2}\times 22.4〔L/mol〕= 0.146\cdots \fallingdotseq \underline{0.15}〔L〕$$

（Na〔mol〕　H_2〔mol〕）

問3　P.184参照のこと

問4　化合物Bを脱水すると，次式のように2種類の構造異性体が生じる。さらに，そのうちの1つにはシス-トランス異性体が存在する。

C−C−C−C(OH)−C $\xrightarrow{-H_2O}$ { C−C−C−C=C ／ C−C−C=C−C (シス-トランスあり) }

C−C−C=C−C (シス-トランスあり) → { (C−C)(H)C=C(C)(H)　(シス形) ／ (C−C)(H)C=C(H)(C)　(トランス形) }

重要ポイント　アルコールの酸化反応

アルコールは硫酸酸性下で二クロム酸カリウム $K_2Cr_2O_7$ 水溶液や過マンガン酸カリウム

$KMnO_4$ 水溶液を作用させると酸化されるものがある。ただし，この酸化反応は，アルコールの級数によって生成物の種類が変わってくる。それを以下にまとめておく。

［第1級アルコール］　H原子が2個取れてアルデヒドになり，さらにO原子が1個入ってカルボン酸にまでなる。

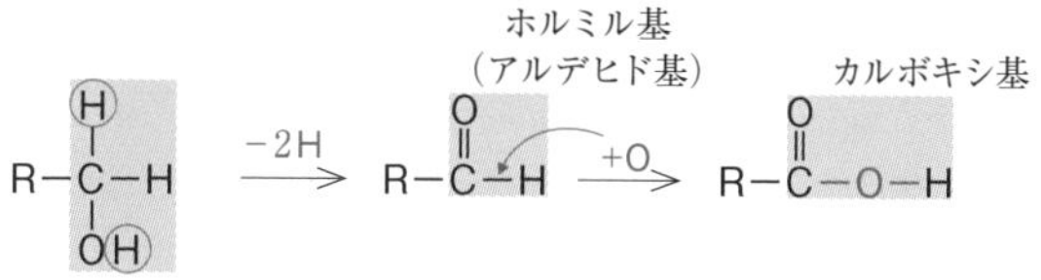

$$R-CH_2-OH \xrightarrow{-2H} R-CHO \xrightarrow{+O} R-COOH$$

第1級アルコール　→　アルデヒド（ホルミル基（アルデヒド基））　→　カルボン酸（カルボキシ基）

［第2級アルコール］　H原子が2個取れてケトンになる。

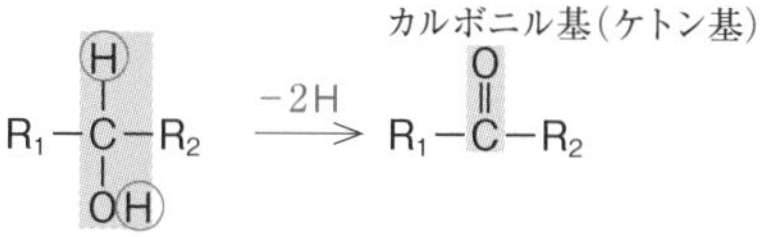

$$R_1-CH(OH)-R_2 \xrightarrow{-2H} R_1-CO-R_2$$

第2級アルコール　→　ケトン（カルボニル基(ケトン基)）

［第3級アルコール］　酸化されにくい。

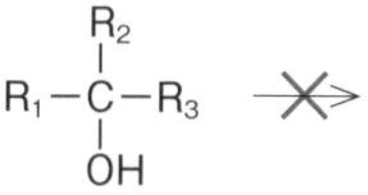

$$R_1-C(R_2)(OH)-R_3 \not\rightarrow$$

第3級アルコール

146 解答

問1　触媒

問2　炭酸水素ナトリウム水溶液を加え，気体の発生がなくなったら，上層をスポイトで取り出す。

問3　水の混入によりエステルが分解する方向に平衡が偏り，合成はできるが，A君に比べてB君のエステルの生成量は少ない。

問4　$CH_3COOH + C_2H_5OH \rightleftarrows CH_3COOC_2H_5 + H_2O$

問5　ア　CH_3COO^-　イ　C_2H_5OH　ウ　CH_3COOH

問6　下線(1)(2)で起こった反応を1つの式にまとめると次のようになり，**問4**における反応式の逆反応であることがわかる。

$CH_3COOC_2H_5 + H_2O \longrightarrow CH_3COOH + C_2H_5OH$

解説

問2，4　酢酸 CH_3COOH とエタノール C_2H_5OH がエステル化する反応は可逆反応のため，未反応の酢酸が生成したエステルに混入している(未反応のエタノールは水に溶けやすい)。

$$CH_3COOH + C_2H_5OH \rightleftarrows CH_3COOC_2H_5 + H_2O \quad \cdots(*)$$

そのため，炭酸水素ナトリウム $NaHCO_3$ 水溶液を加えることで，酢酸 CH_3COOH を中和し塩にする(次式)。塩は水溶性であり，酢酸エチル $CH_3COOC_2H_5$ は水に難溶のため，エステルのみ上層に分離する。この上層をスポイトで取り出す。

$CH_3COOH + NaHCO_3 \longrightarrow CH_3COONa + CO_2\uparrow + H_2O$

問3 「$CH_3COOH + C_2H_5OH \rightleftarrows CH_3COOC_2H_5 + H_2O$」の反応において，多量の H_2O が混入すると，(ルシャトリエの原理により)平衡が左に移動し，$CH_3COOC_2H_5$ の生成量が減少する。

問5 まず，本問の下線(1)では，次式のように OH^- により $CH_3COOC_2H_5$ が加水分解(けん化)される。

$CH_3COOC_2H_5 + OH^- \longrightarrow CH_3COO^- + C_2H_5OH$ …①

下線(2)では，上で生成した酢酸イオン CH_3COO^- が硫酸 H_2SO_4 から放出された H^+ を受け取り，次式のように酢酸 CH_3COOH にもどる。

$CH_3COO^- + H^+ \longrightarrow CH_3COOH$ …②

問6 ①式+②式より，CH_3COO^- を消去すると，

$CH_3COOC_2H_5 + OH^- + H^+ \longrightarrow CH_3COOH + C_2H_5OH$

$\Rightarrow$ $CH_3COOC_2H_5 + H_2O \longrightarrow CH_3COOH + C_2H_5OH$

よって，(＊)式の逆反応であることがわかる。

147 解答

問1

A $CH_3-COO-CH_2CH_3$　B $H-COO-CH(CH_3)-CH_3$

C CH_3CH_2-OH　D CH_3-COOH　E CH_3-CHO

F $(CH_3-CO)_2O$（CH_3-CO と CH_3-CO が O で結合）　G $CH_3-CO-CH_3$　H $H-COOH$　I $CH_3-CH(OH)-CH_3$

問2 [ア]水酸化ナトリウム　[イ]ヨウ素　構造式 $H-CI_3$（$H-C(I)(I)-I$）　反応名 ヨードホルム反応

問3 銀鏡反応

問4 アセトアルデヒド

問5 化合物名　ジエチルエーテル

反応式　$2CH_3CH_2-OH \longrightarrow CH_3CH_2-O-CH_2CH_3 + H_2O$

解説

問1〜3 $C_4H_8O_2$ の不飽和度 Iu は，$Iu = \dfrac{(2\times4+2)-8}{2} = 1$

よって，分子内には二重結合を1つまたは環状構造を1つ含む。また，化合物 A，B はともに加水分解されることから，分子式よりエステル結合 $-COO-$ を1つもつことがわかる。以上より，$R-COO-R'$ における R と R′ の C 原子の割り振りを考えると，$C_4H_8O_2$ のエステルには以

下の4種類の構造異性体がある(H原子の一部は省略)。

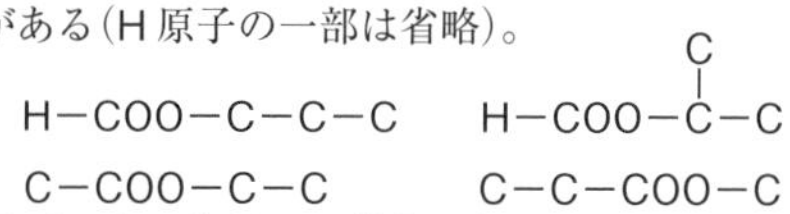

$$H-COO-C-C-C \qquad H-COO-\underset{}{\overset{C}{\overset{|}{C}}}-C$$

$$C-COO-C-C \qquad C-C-COO-C$$

ここで，各実験の結果及び，その結果から考察できることを以下にまとめる。

［実験1］ 化合物A ⟶ 化合物C＋化合物D

［実験2］ 化合物Cに濃硫酸を加えて約160℃で加熱するとエチレン $CH_2=CH_2$ が得られたことから，化合物Cはエタノール CH_3CH_2-OH であることがわかる。よって，化合物Cを酸化して得られる化合物E及びDは以下の構造に決まる。

$$\underset{\text{エタノール}}{\overset{Ⓒ}{CH_3-CH_2-OH}} \xrightarrow{(O)} \underset{\text{アセトアルデヒド}}{\overset{Ⓔ}{CH_3-\overset{\overset{O}{\|}}{C}-H}} \xrightarrow{(O)} \overset{Ⓓ}{CH_3-\overset{\overset{O}{\|}}{C}-OH}$$

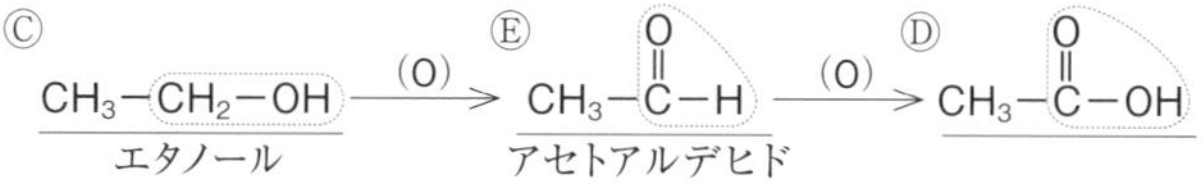

以上より，化合物CとDを脱水縮合したものが化合物Aなので，化合物Aは以下の構造に決まる。

$$\overset{Ⓓ}{CH_3-\overset{\overset{O}{\|}}{C}-OH} + \overset{Ⓒ}{H-O-CH_2CH_3} \longrightarrow \overset{Ⓐ}{CH_3-\overset{\overset{O}{\|}}{C}-O-CH_2CH_3} + H_2O$$

［実験3］ 実験2より，化合物Dは酢酸 CH_3COOH であり，これを十酸化四リン(脱水剤)で加熱すると，脱水して酸無水物である無水酢酸(化合物F)が生じる。

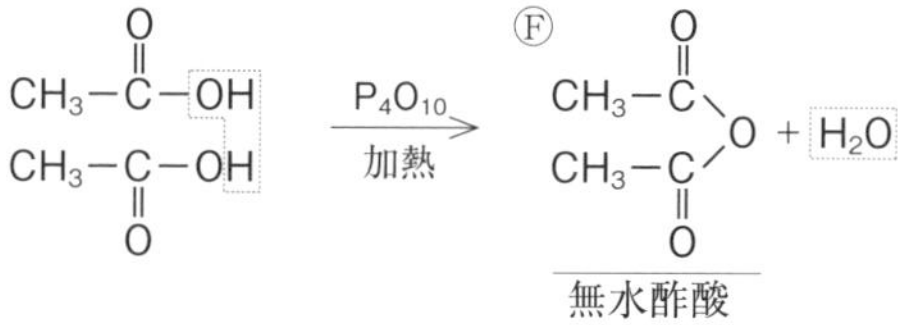

$$\begin{matrix} CH_3-\overset{\overset{O}{\|}}{C}-OH \\ CH_3-\underset{\underset{O}{\|}}{C}-OH \end{matrix} \xrightarrow[\text{加熱}]{P_4O_{10}} \underset{\text{無水酢酸}}{\overset{Ⓕ}{\begin{matrix} CH_3-\overset{\overset{O}{\|}}{C} \\ CH_3-\underset{\underset{O}{\|}}{C} \end{matrix}\!\!>O}} + H_2O$$

また，化合物Dのカルシウム塩である酢酸カルシウムを熱分解すると，アセトン(化合物G)と炭酸カルシウムが生じる(次式)。

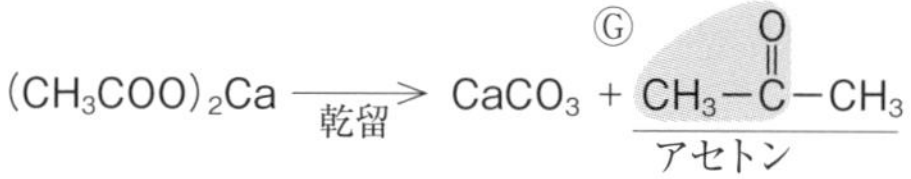

$$(CH_3COO)_2Ca \xrightarrow[\text{乾留}]{} CaCO_3 + \underset{\text{アセトン}}{\overset{Ⓖ}{CH_3-\overset{\overset{O}{\|}}{C}-CH_3}}$$

アセトン(化合物G)はアセチル基 CH_3CO- をもっているので，ア水酸化ナトリウムNaOH水溶液とイヨウ素 I_2 を加えて加熱すると，ヨードホルム問2 CHI_3 の黄色沈殿が生じる。これを問2ヨードホルム反応という(⇒P.184)。

［実験5］ 化合物B ⟶ 化合物H＋化合物I

ここで，化合物Hは問3銀鏡反応を示すためホルミル基(アルデヒド基) $-CHO$ をもつことがわかる。よって，化合物Hは $-CHO$ をもつカルボン酸，つまりギ酸と決まる。

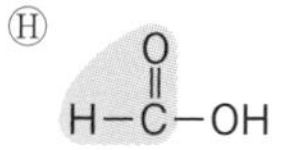

$$\overset{Ⓗ}{H-\overset{\overset{O}{\|}}{C}-OH}$$

［実験6］ 化合物Iを酸化するとアセトン(化合物G)が得られたことから，化合物Iは2－プロパノールであることがわかる(次式)。

Ⓘ $CH_3-CH-CH_3$ (OH on CH) 2-プロパノール $\xrightarrow{(O)}$ Ⓖ $CH_3-C(=O)-CH_3$ アセトン

以上より，化合物HとIを脱水縮合したものが化合物Bなので，化合物Bは以下の構造に決まる。

$$\text{Ⓗ } H-C(=O)-OH + \text{Ⓘ } H-O-CH(CH_3)-CH_3 \longrightarrow \text{Ⓑ } H-C(=O)-O-CH(CH_3)-CH_3 + H_2O$$

問4　C～Iのうち，Hと同様に還元性を示すものは，ホルミル基(アルデヒド基)$-CHO$をもつ化合物Eである。

$$\text{Ⓔ } CH_3-C(=O)-H$$

問5　エタノール(化合物C)に濃硫酸を加えて約130℃で加熱すると，分子間脱水が起こりジエチルエーテルが生じる(次式)。

$$\begin{matrix} CH_3CH_2-OH \\ CH_3CH_2-OH \end{matrix} \xrightarrow[130℃]{\text{濃硫酸}} CH_3CH_2-O-CH_2CH_3 + H_2O$$

ジエチルエーテル

148　解答

問1　反応式　$CH_3-CH_2-CH_2-COOH + CH_3-OH \longrightarrow CH_3-CH_2-CH_2-COO-CH_3 + H_2O$

硫酸の働き　エステル化反応の触媒

問2　反応式　$2C_5H_{10}O_2 + 13O_2 \longrightarrow 10CO_2 + 10H_2O$　酸素の体積　1.46×10^{-1} L

問3

A　$CH_3-C(=O)-O-CH_2-CH_2-CH_3$

カルボン酸B　酢酸　アルコールC　1-プロパノール

問4　$CH_3-CH(OH)-CH_3$　　$CH_3-CH_2-O-CH_3$

問5

$$(CH_3-C(=O))_2O$$

問6　ホルミル基(アルデヒド基)

解説 ⇒ 重要ポイント

問1　酪酸とメタノールは次式のようにエステル化し，酪酸メチルになる。なお，このときの硫酸は，エステル化反応の触媒として働いている。

$$CH_3-CH_2-CH_2-\overset{\overset{\displaystyle O}{\|}}{C}-OH + H-O-CH_3 \xrightarrow{H_2SO_4} CH_3-CH_2-CH_2-\overset{\overset{\displaystyle O}{\|}}{C}-O-CH_3 + H_2O$$

問 2　酪酸メチル $C_5H_{10}O_2$ の完全燃焼の反応は次式で表される。

$$2C_5H_{10}O_2 + 13O_2 \longrightarrow 10CO_2 + 10H_2O$$

よって，酪酸メチル 1.02×10^{-1} g の完全燃焼に必要な O_2 の体積〔L〕(標準状態)は，

$$\underbrace{\frac{1.02 \times 10^{-1}\text{〔g〕}}{102\text{〔g/mol〕}}}_{C_5H_{10}O_2\text{〔mol〕}} \times \frac{13}{2} \times 22.4\text{〔L/mol〕} = 0.1456 \fallingdotseq \underline{1.46 \times 10^{-1}\text{〔L〕}}$$

（O_2〔mol〕）

問 3，5 ⇒ **重要ポイント**

化合物 A の加水分解反応は次式で表される。

$$Ⓐ\,C_5H_{10}O_2 + H_2O \longrightarrow \text{化合物 B} + Ⓒ\,C_3H_8O$$

ここで，各元素の原子保存則より，カルボン酸 B の分子式は，

(カルボン酸 B の分子式) $= (C_5H_{10}O_2 + H_2O) - C_3H_8O = C_2H_4O_2$

以上より，カルボン酸 B は酢酸 CH_3COOH と決まる。

また，酢酸(カルボン酸 B)に十酸化四リン(脱水剤)を加えて加熱すると，次式のように酸無水物である無水酢酸(化合物 D)が生じる。

$$Ⓑ\ 2\,CH_3-\overset{\overset{\displaystyle O}{\|}}{C}-OH \xrightarrow[\text{加熱}]{P_4O_{10}} Ⓓ\ (CH_3-\overset{\overset{\displaystyle O}{\|}}{C})_2O + H_2O$$

無水酢酸

また，アルコール C(分子式 C_3H_8O)を酸化してできた化合物 E は，還元性をもつためアルデヒドであることがわかる(これをさらに酸化するとカルボン酸になる)。よって，酸化してアルデヒドを生じるアルコール C は第 1 級アルコールであり，分子式から1－プロパノールと決まる。

$$Ⓒ\ CH_3-CH_2-CH_2-OH$$

以上より，化合物 A は以下の構造に決まる。

$$Ⓑ\ CH_3-\overset{\overset{\displaystyle O}{\|}}{C}-OH + Ⓒ\ H-O-CH_2-CH_2-CH_3 \longrightarrow Ⓐ\ \underline{CH_3-\overset{\overset{\displaystyle O}{\|}}{C}-O-CH_2-CH_2-CH_3} + H_2O$$

問 4　1－プロパノールには，2－プロパノールとエチルメチルエーテルの 2 種類の構造異性体がある。

$$CH_3-\underset{\underset{\displaystyle OH}{|}}{CH}-CH_3 \qquad CH_3-CH_2-O-CH_3$$

2－プロパノール　　エチルメチルエーテル

重要ポイント 原子保存則による分子式の決定

原子保存則とは,「化学反応の前後では,原子の種類とその数は変わらない」という法則で,次式のように考える。

(左辺の各元素の原子それぞれの総数)=(右辺の各元素の原子それぞれの総数)

この関係式を用いることで,反応式中におけるある1つの未知の物質の分子式を,反応に関与する他の物質の分子式から求めることができる。

149 解答

問1 ア グリセリン イ リパーゼ ウ 高級脂肪酸のナトリウム塩
エ ミセル オ 乳化

問2 $(RCOO)_3C_3H_5 + 3NaOH \longrightarrow 3RCOONa + C_3H_8O_3$

問3 (A)

解説

問1

油脂とは,3価アルコールであるアグリセリンに高級脂肪酸がエステル結合したトリグリセリドであり,生体内においてイリパーゼにより加水分解される。また,油脂にNaOH水溶液を加えて熱すると加水分解が起こりグリセリンとウ高級脂肪酸のナトリウム塩が得られる(この反応をけん化という)。この高級脂肪酸のナトリウム塩はセッケンともよばれ,一定濃度以上のセッケン水中ではエミセルと呼ばれるコロイド粒子が形成される。このセッケン水に少量の油を入れ,激しくかき混ぜると油が水の中に分散する。この現象をオ乳化という。

問2 油脂にNaOH水溶液を加えて加熱すると,けん化されセッケンが生成する。このとき,油脂1mol中にエステル結合$-COO-$が3mol含まれているため,必要なNaOHの物質量も3molであることに注意する。

$$\begin{array}{l} R-COO-CH_2 \\ \qquad\quad | \\ R-COO-CH \\ \qquad\quad | \\ R-COO-CH_2 \end{array} + 3NaOH \xrightarrow[\text{加熱}]{} 3R-COONa + \begin{array}{l} CH_2-OH \\ | \\ CH-OH \\ | \\ CH_2-OH \end{array}$$

油脂　　　　セッケン　　　　グリセリン

問3

セッケンは,左下図のように水と分離しやすい疎水性(親油性)部分と,水となじみやすい親水性部分の両方からできている。そのため,セッケンを水に溶かすと,セッケンの脂肪酸イオンが疎水性部分を内側に,親水性部分を外側に向けて集合しコロイドになり,水中に分散する。これをミセルといって,負に帯電したコロイドである(右下図)。ここに少量の油を入れるとセッケンの脂肪酸イオンが,疎水性(親油性)部分を油滴に向けて油滴を取り囲み,水中に分散させる。これを表しているモデルは図(A)である。

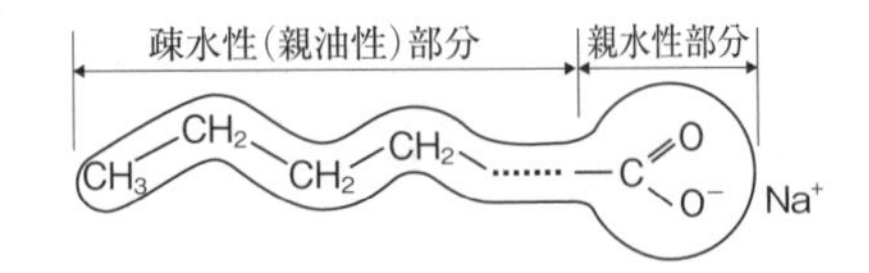

150 解答

問1　880

問2　水層に溶解している脂肪酸のナトリウム塩から脂肪酸分子を遊離させ，有機溶媒層に移すため。

問3　5 個　　　**問4**　$C_{17}H_{35}COOH$

問5

A　$CH_3-(CH_2)_7-CH=CH-(CH_2)_7-COOH$

B　$CH_3-(CH_2)_4-CH=CH-CH_2-CH=CH-(CH_2)_7-COOH$ または

$CH_3-(CH_2)_4-CH=CH-(CH_2)_7-CH=CH-CH_2-COOH$

問6

$CH_2-O-CO-(CH_2)_7-CH=CH-(CH_2)_7-CH_3$
$\overset{*}{C}H-O-CO-(CH_2)_7-CH=CH-CH_2-CH=CH-(CH_2)_4-CH_3$
$CH_2-O-CO-(CH_2)_7-CH=CH-CH_2-CH=CH-(CH_2)_4-CH_3$,

$CH_2-O-CO-(CH_2)_7-CH=CH-(CH_2)_7-CH_3$
$\overset{*}{C}H-O-CO-CH_2-CH=CH-(CH_2)_7-CH=CH-(CH_2)_4-CH_3$
$CH_2-O-CO-CH_2-CH=CH-(CH_2)_7-CH=CH-(CH_2)_4-CH_3$

問7　油脂 X の構成脂肪酸はシス形の炭素間二重結合を持ち，炭化水素基が折れ曲がり，結晶化しにくくなるため。

解説 ⇒ 重要ポイント 1°

問1　油脂のけん化「$1(RCOO)_3C_3H_5 + 3NaOH \longrightarrow 3RCOONa + C_3H_8O_3$」において，油脂 X の分子量を M_X とおくと，

油脂 X〔mol〕: NaOH〔mol〕= 1 : 3

$$\Leftrightarrow \frac{13.2\text{〔g〕}}{M_X\text{〔g/mol〕}} : 2.00\text{〔mol/L〕} \times \frac{22.5}{1000}\text{〔L〕} = 1 : 3 \qquad \therefore M_X = \underline{880}$$

問2　けん化をすると高級脂肪酸はナトリウム塩となって水層に溶けている。それを有機溶媒で抽出するために，強酸である塩酸を加え，高級脂肪酸の分子 R−COOH にする(次式)。

$R-COONa + HCl \longrightarrow R-COOH + NaCl$

問3　油脂 X 1 分子中に含まれている C=C を n〔個〕とおくと，水素 H_2 の付加反応は次式のように表される(C=C 1 個に H_2 は 1 分子付加する)。

1 油脂 X + $nH_2 \longrightarrow$ 油脂 Y

よって，**問1** の結果より，

油脂 X〔mol〕: H_2〔mol〕= 1 : n

$$\Leftrightarrow \frac{4.40\text{〔g〕}}{880\text{〔g/mol〕}} : \frac{560 \times 10^{-3}\text{〔L〕}}{22.4\text{〔L/mol〕}} = 1 : n \qquad \therefore n = \underline{5}\text{〔個〕}$$

問4　油脂 Y は，油脂 X(880)に H_2(分子量 2)が 5 分子付加して生じる油脂のため，油脂 Y の分子量 M_Y は，

$M_Y = 880 + 2 \times 5 = 890$

ここで，油脂 Y の加水分解反応は次式で表される(強塩基(OH^-)でけん化した後，強酸(H^+)

有機化合物

で処理するとH_2Oで加水分解したことと同じと考えることができる)。

$$\text{油脂Y} + 3H_2O \longrightarrow 3\text{脂肪酸D} + C_3H_8O_3\text{(グリセリン)}$$

分子量　890　+ 3 × 18　=　　3 × M_D + 92

よって，脂肪酸Dの分子量M_Dは，質量保存の法則より，

$$M_D = \{(890 + 3 \times 18) - 92\} \times \frac{1}{3} = 284$$

また，(H_2を完全に付加させた油脂Yから生じた脂肪酸のため)脂肪酸Dは飽和脂肪酸であり，C原子数をmとおくと，示性式は$C_mH_{2m+1}COOH$とおくことができる。よって，

$$C_mH_{2m+1}COOH = 284 \qquad \therefore m = 17$$

以上より，脂肪酸Dの示性式は$\underline{C_{17}H_{35}COOH}$となる(これは，元素分析値より求めた組成式$C_9H_{18}O$から得られる分子式$(C_9H_{18}O)_2$=$C_{18}H_{36}O_2$と一致する)。

問5　題意より，油脂X 1分子中に脂肪酸Aは**1**つ，脂肪酸Bは**2**つ含まれている(物質量比で**1**:**2**)。また，**問3**の結果より，油脂X 1分子中にC=Cは5個あるため，C=Cは脂肪酸A 1分子中に1個，脂肪酸B 1分子中に2個含まれていることがわかる(C=C：1 × **1** + 2 × **2** = 5)。

ここで，実験Ⅲにおいて，生成物が1価カルボン酸となるのは末端の炭化水素基部分であり，化合物E(C原子数9)，F(C原子数：6)が脂肪酸の末端由来である。また，脂肪酸Aは(C=C 1つを含むため)分解生成物は2種類となり，C原子数が合計18になるためには，脂肪酸Aから得られた分解生成物は化合物E(C原子数9)と化合物H(C原子数9)と決まる。以上より，脂肪酸Aは以下の構造に決まる。

Ⓔ　　　　　　OH　Ⓗ　OH　　　　　　　　　Ⓐ

$$CH_3-(CH_2)_7-\overset{OH}{\overset{|}{C}}=O + O=\overset{OH}{\overset{|}{C}}-(CH_2)_7-COOH \longrightarrow CH_3-(CH_2)_7-CH=CH-(CH_2)_7-COOH$$

また，脂肪酸Bからの分解生成物は化合物F(C原子数：6)，G(C原子数：3)，H(C原子数：9)であり，化合物Fが末端であるため，脂肪酸Bは以下の2種類(F − G − HまたはF − H − G)の構造が考えられる。

Ⓕ　　　Ⓖ　　　Ⓗ

$$CH_3-(CH_2)_4-\overset{OH}{\overset{|}{C}}=O + O=\overset{OH}{\overset{|}{C}}-CH_2-\overset{OH}{\overset{|}{C}}=O + O=\overset{OH}{\overset{|}{C}}-(CH_2)_7-COOH$$

Ⓑ

$$\longrightarrow CH_3-(CH_2)_4-CH=CH-CH_2-CH=CH-(CH_2)_7-COOH$$

Ⓕ　　　Ⓗ　　　Ⓖ

$$CH_3-(CH_2)_4-\overset{OH}{\overset{|}{C}}=O + O=\overset{OH}{\overset{|}{C}}-(CH_2)_7-\overset{OH}{\overset{|}{C}}=O + O=\overset{OH}{\overset{|}{C}}-CH_2-COOH$$

Ⓑ

$$\longrightarrow CH_3-(CH_2)_4-CH=CH-(CH_2)_7-CH=CH-CH_2-COOH$$

なお，脂肪酸A 1分子中にC=C 3個，脂肪酸B 1分子中にC=C 1個含まれている場合(C=C：3 × 1 + 1 × 2 = 5)も考えられるが，カルボン酸E，F，G，Hが物質量比1：2：2：3で生じない。

問6　油脂Xが不斉炭素原子(C*)をもつ場合，脂肪酸A，Bの配置は以下の構造のようになる(脂肪酸は簡略化して表記)。なお，**問5**の結果より，脂肪酸Bには2種類の構造が考えられる

ため，油脂 X も 2 種類の構造が考えられる。

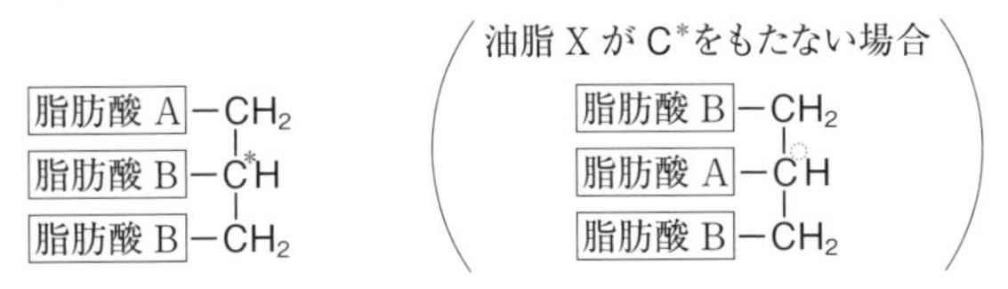

問 7 ⇒ **重要ポイント**

油脂を構成する脂肪酸の C=C はシス形であり，炭化水素基が折れ曲がった構造になる。そのため，(C=C をもった)不飽和脂肪酸を多く含む油脂は炭素鎖が規則正しく配列しにくく，結晶化が妨げられて融点は低くなる。

重要ポイント　1°　油脂の構造決定の概略

油脂は高級脂肪酸 3 分子がグリセリン 1 分子にエステル結合しているトリグリセリドであるため，おおよその分子構造は決まっている。よって，油脂の構造決定は，以下の 2 つの視点で考える。

視点 1　油脂に含まれる高級脂肪酸(モノカルボン酸)の構造(種類)を決定する。

視点 2　脂肪酸 3 分子が，グリセリンのどの位置に結合しているかを決定する。

[視点 1 について]

出題される高級脂肪酸はほとんどが直鎖状のものである(ふつう設問に断り書きがある)。つまり，C 原子数も重要だが，本問のように C=C が「どの位置」に「いくつ」あるかを特定することが重要。以下に代表的な高級脂肪酸を記す。

※　頻出の高級脂肪酸

飽和脂肪酸	$C_{15}H_{31}COOH$	パルミチン酸
飽和脂肪酸	$C_{17}H_{35}COOH$	ステアリン酸
	↓ − 2H	
C=C　×1	$C_{17}H_{33}COOH$	オレイン酸
	↓ − 2H	
C=C　×2	$C_{17}H_{31}COOH$	リノール酸
	↓ − 2H	
C=C　×3	$C_{17}H_{29}COOH$	リノレン酸

① C=C の数

⇒水素 H_2 やヨウ素 I_2 の付加した量から算出する(分子量の算出につながることが多い)。このとき，脂肪酸の種類が特定されることもある。

② C=C の位置

⇒アルケンの構造決定と同じように酸化分解し，生じたカルボニル化合物(カルボン酸も含む)を構造決定することで，二重結合の位置が決まる。ただし，飽和脂肪酸(パル

有機化合物

ミチン酸やステアリン酸)であればC=Cをもたないため酸化分解はされない。また，含まれるC=Cの個数で生成物の数が変わってくることにも注意が必要。

［視点2について］

3つの脂肪酸がグリセリンのどの−OHにエステル結合しているかで構造が異なる。多くの問題では，不斉炭素原子(C*)の有無で決まる(問題によっては異性体の数を求めてくることもある)。

2° 油脂の分類

油脂は，常温で液体の脂肪油と常温で固体の脂肪に分類される。油脂に含まれる脂肪酸に，C原子間の二重結合をもつ不飽和脂肪酸が多く含まれていると，分子の形が不揃いになり固まりにくい，つまり固体になりにくい脂肪油になる。また，脂肪油の中で特に二重結合が多いものは，空気中で酸化されて固まりやすい。このような固まりやすい脂肪油を乾性油といい，固まりにくい脂肪油を不乾性油という。

分類	常温・常圧の状態	炭化水素基		特徴
		C原子数	C=C数	
脂肪油	液体	↓	↑	植物油に多い
脂肪	固体			動物油に多い

→ 乾性油：空気中の酸素で酸化され固まりやすい。
　 不乾性油：固まりにくい。

第18章　芳香族化合物

151 解答

問1　(左から順に)　3，－360

問2　－206 kJ/mol

問3　実際のベンゼン(図2)への水素付加の反応エンタルピーの方が，仮想的なベンゼン(図1)への水素付加よりも154kJ/molだけ絶対値として小さい。

解説

問1　題意より，シクロヘキセン C_6H_{10}(C＝Cを1つ含む)に H_2 を1分子付加させてシクロヘキサン C_6H_{12} を得るとき，その反応の反応エンタルピーが－120kJ/molであるため，本問の図1の物質(C＝Cを3つ含む)に H_2 を3分子付加させてシクロヘキサン C_6H_{12} を得る反応の反応エンタルピーは，－120〔kJ/mol〕× 3＝－360〔kJ/mol〕となる。よって，この反応の化学反応式に反応エンタルピーを書き加えた式は，

(液) + $\underline{3}H_2$(気) ⟶ C_6H_{12}(液)　$\Delta H = \underline{-360}$kJ

問2　実際のベンゼン C_6H_6(図2)に H_2 を3分子付加させてシクロヘキサン C_6H_{12} を得る反応の反応エンタルピーを x〔kJ/mol〕とおくと，その反応は以下の化学反応式に反応エンタルピーを書き加えた式で表される。

(液) + $3H_2$(気) ⟶ C_6H_{12}(液)　$\Delta H = x$〔kJ〕　…(＊)

また，本問で与えられた式を以下に記す。

(液) + $7.5O_2$(気) ⟶ $6CO_2$(気) + $3H_2O$(液)　$\Delta H = -3268$ kJ　…(式2)

C_6H_{12}(液) + $9O_2$(気) ⟶ $6CO_2$(気) + $6H_2O$(液)　$\Delta H = -3920$ kJ　…(式3)

H_2(気) + $0.5O_2$(気) ⟶ H_2O(液)　$\Delta H = -286$ kJ　…(式4)

ここで，(＊)式＝(式2)＋(式4)×3－(式3)

⇔　$x = (-3268) + (-286 \times 3) - (-3920) = \underline{-206}$〔kJ〕

別解　(反応エンタルピー)＝(左辺物質の燃焼エンタルピーの総和)－(右辺物質の燃焼エンタルピーの総和)より，

$x = \{(-3268) + (-286 \times 3)\} - (-3920) = \underline{-206}$〔kJ〕

問3　問1と問2の結果より，(式1)と(＊)式のそれぞれのH_2付加の反応の反応エンタルピーを用いると，次のような図を作成できる。よって，この図より，反応エンタルピーのエネルギー差は次式で求めることできる。

$(-360)-(-206)=-154$〔kJ/mol〕

よって，仮想的なベンゼン(図2)よりも実際のベンゼンの方がH_2付加の反応エンタルピーが154kJ/molだけ絶対値として小さい。

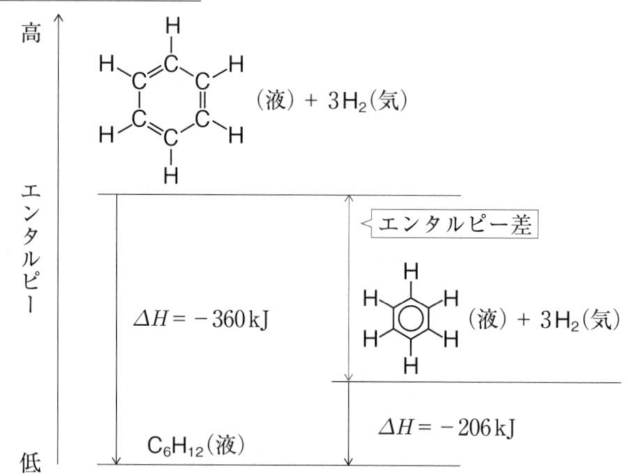

152 解答

問1　(1)

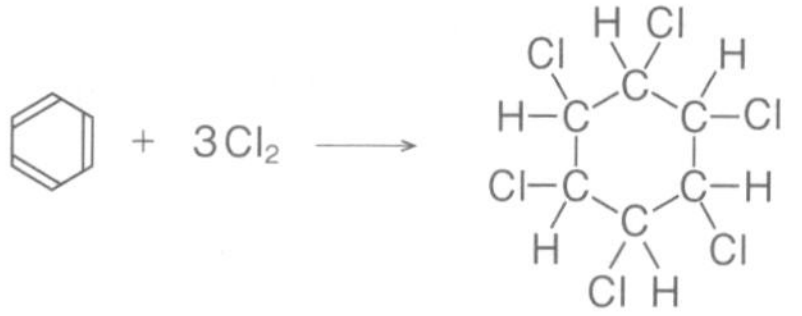

+ $3Cl_2$ ⟶

(2)

+ Cl_2 ⟶ —Cl + HCl

問2　2つの試薬びんに炭酸水素ナトリウム水溶液を加えたとき，気体の発生が見られる方が，弱酸遊離反応によって二酸化炭素を生じる安息香酸であると判断できる。

(または，各物質に水とエーテルをそれぞれ加えたとき，水に溶ける方が安息香酸ナトリウムで，エーテルに溶ける方が安息香酸である。)

解説

問1　(1)　ベンゼンC_6H_6に紫外線(または光)を照射しながら塩素Cl_2を作用させると，付加反応が起こり，1, 2, 3, 4, 5, 6−ヘキサクロロシクロヘキサン(ベンゼンヘキサクロリド，BHC) $C_6H_6Cl_6$が生じる(次式)。

$$C_6H_6 + 3Cl_2\ (Cl-Cl) \xrightarrow{\text{紫外線}} C_6H_6Cl_6$$

(2)　ベンゼン C_6H_6 に鉄 Fe 触媒を用いて塩素 Cl_2 を作用させると，置換反応が起こり，クロロベンゼン C_6H_5Cl と塩化水素 HCl が生じる(次式)。

$$C_6H_5-H + Cl-Cl \xrightarrow{Fe} C_6H_5-Cl + HCl$$

問2⇒ 重要ポイント

安息香酸に炭酸水素ナトリウム $NaHCO_3$ 水溶液を加えると，安息香酸より弱い酸である炭酸 H_2CO_3 が遊離して二酸化炭素 CO_2 が発生する(次式)。一方，安息香酸ナトリウムではこの反応は起こらない。よって，2つの試薬びんに $NaHCO_3$ 水溶液を加えて気体の発生が見られた方が安息香酸であると判断できる。

$$C_6H_5-COOH + NaHCO_3 \longrightarrow C_6H_5-COONa + CO_2\uparrow + H_2O\ (H_2CO_3)$$

より強い酸　弱い酸由来の塩　より強い酸由来の塩　弱い酸

別解　安息香酸ナトリウムは水溶性の塩であるため，次式のように電離し，水に溶ける。

$$C_6H_5-COONa \longrightarrow C_6H_5-COO^- + Na^+$$

一方，安息香酸は水に溶けにくく，エーテルにはよく溶ける。

重要ポイント 酸の強さ

代表的な酸を，強さの順に並べたものを以下に記す。

$$HCl,\ H_2SO_4 > R-SO_3H > R-COOH > H_2CO_3\ (CO_2+H_2O) > C_6H_5-OH$$

スルホン酸　カルボン酸　フェノール(類)

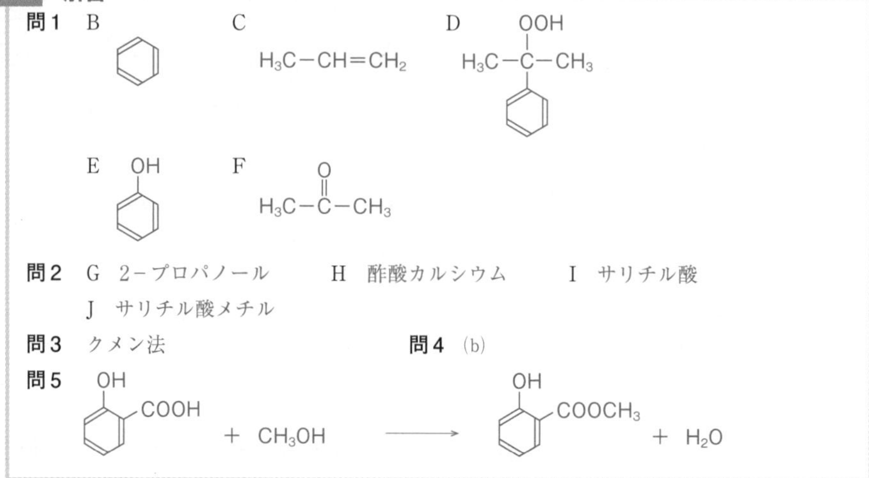

問1 B　C $H_3C-CH=CH_2$　D　E　F

問2 G 2−プロパノール　H 酢酸カルシウム　I サリチル酸
J サリチル酸メチル

問3 クメン法　問4 (b)

問5 $+ CH_3OH \longrightarrow$ $+ H_2O$

解説

問1，2 本問の反応経路図を完成させると，以下のようになる。

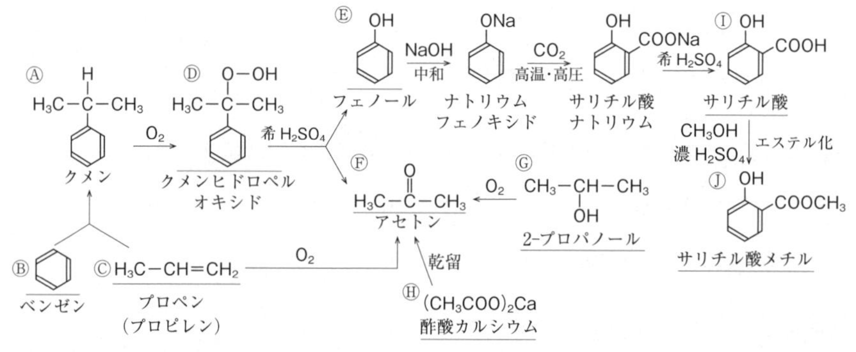

問3 ベンゼン(化合物B)とプロペン(化合物C)からフェノール(化合物E)とアセトン(化合物F)を合成する方法をクメン法という。

問4 フェノール類は塩化鉄(Ⅲ)$FeCl_3$水溶液で青～赤紫色を呈する。本問の(a)～(c)の中でベンゼン環に直接−OHが結合していない，つまりフェノール類ではないものは(b)のベンジルアルコールであり，この物質が$FeCl_3$水溶液で呈色反応を示さない。

(a) CH_3, OH　*o*−クレゾール

(b) CH_2-OH　ベンジルアルコール

(c) OH　1−ナフトール

問5 サリチル酸(化合物I)にメタノールと濃硫酸を加えて加熱すると，エステル化してサリチル酸メチルが生成する。

Ⓘ サリチル酸 + メタノール $\xrightarrow[\text{エステル化}]{\text{濃硫酸}}$ Ⓙ サリチル酸メチル + H_2O

$$C_6H_4(OH)CO\text{-}OH + H\text{-}O\text{-}CH_3 \longrightarrow C_6H_4(OH)CO\text{-}O\text{-}CH_3 + H_2O$$

154 解答

問1　A　ニトロベンゼン　　B　アニリン

問2　(a) $C_6H_6 + HNO_3 \longrightarrow C_6H_5\text{-}NO_2 + H_2O$

(b) $2C_6H_5\text{-}NO_2 + 3Sn + 14HCl \longrightarrow 2C_6H_5\text{-}NH_3Cl + 3SnCl_4 + 4H_2O$

(c) $C_6H_5\text{-}NH_3Cl + NaOH \longrightarrow C_6H_5\text{-}NH_2 + NaCl + H_2O$

(d) $C_6H_5\text{-}NH_2 + (CH_3CO)_2O \longrightarrow C_6H_5\text{-}NH\text{-}CO\text{-}CH_3 + CH_3COOH$

問3　ニトロベンゼンのニトロ基を還元する還元剤として働いている。

問4　6.7 g

解説

問1　本問の反応経路図を完成させると，以下のようになる。

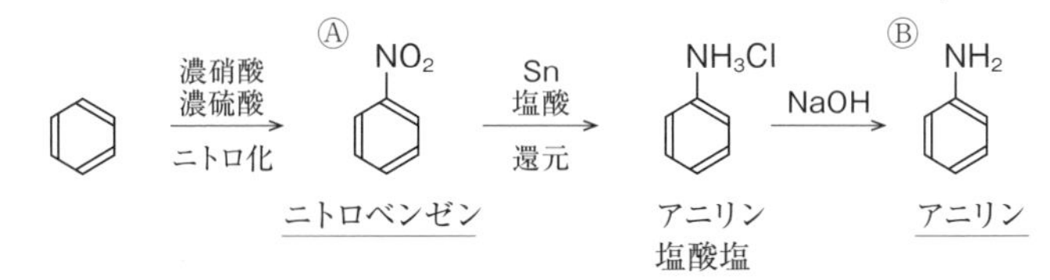

問2，3　(a)ベンゼンを濃硝酸と濃硫酸を用いてニトロ化するとニトロベンゼン（化合物A）が得られる。

$$C_6H_5\text{-}(H + HO\text{-})NO_2 \xrightarrow{\text{濃硫酸}} C_6H_5\text{-}NO_2 + H_2O$$

ベンゼン　濃硝酸　ニトロベンゼン

(b)ニトロベンゼンに塩酸とスズSnを作用させると，Snがニトロベンゼンのニトロ基を還元する還元剤として働く（塩酸中のため，アニリンは塩酸塩として生成する）。

酸化剤　$C_6H_5\text{-}NO_2 + 7H^+ + 6e^- \longrightarrow C_6H_5\text{-}NH_3^+ + 2H_2O$　×2

+) 還元剤　$Sn \longrightarrow Sn^{4+} + 4e^-$　×3

$2C_6H_5\text{-}NO_2 + 3Sn + 14H^+ \longrightarrow 2C_6H_5\text{-}NH_3^+ + 3Sn^{4+} + 4H_2O$

+)　　$14Cl^-$　　$2Cl^-$　　$12Cl^-$

$$2\,C_6H_5\text{-}NO_2 + 3Sn + 14HCl \longrightarrow 2\,C_6H_5\text{-}NH_3Cl + 3SnCl_4 + 4H_2O$$

(c)弱塩基由来の塩であるアニリン塩酸塩に強塩基である水酸化ナトリウム NaOH 水溶液を加えると，弱塩基であるアニリン(化合物 B)が遊離する。

$$C_6H_5\text{-}NH_3Cl + NaOH \longrightarrow C_6H_5\text{-}NH_2 + H_2O + NaCl$$

弱塩基由来の塩　強塩基　弱塩基　強塩基由来の塩

(d)アニリン(化合物 B)に無水酢酸を作用させると，アニリンのアミノ基$-NH_2$がアセチル化され，アセトアニリドと酢酸 CH_3COOH が生成する。

$$C_6H_5\text{-}NH\text{-}H + O(COCH_3)_2 \xrightarrow{\text{アセチル化}} C_6H_5\text{-}NH\text{-}CO\text{-}CH_3 + CH_3COOH$$

アセトアニリド

問4　ベンゼン(密度 0.88g/cm³)10mL から得られるアセトアリニドの質量〔g〕は，

$$\frac{0.88\text{〔g/cm}^3\text{〕}\times 10\text{〔cm}^3\text{〕}}{78\text{〔g/mol〕}} \times \frac{91}{100} \times \frac{80}{100} \times \frac{60}{100} \times 135\text{〔g/mol〕}$$

$$=6.65\cdots \fallingdotseq \underline{6.7}\text{〔g〕}$$

155 解答

問1　ア　濃硝酸　　イ　濃硫酸

　　ウ　ベンゼンスルホン酸

問2　還元剤として働く　　**問3**　③，④

問4　エ　$C_6H_5\text{-}N^+\equiv NCl^-$　　オ　(2-ナフチル)-ONa

問5　$\alpha = 1.0 \times 10^{-4}$，$[OH^-] = 5.0 \times 10^{-6}$〔mol/L〕

解説

問1　ベンゼンをニトロ化するときに用いる試薬は，ア濃硝酸とイ濃硫酸である(この混合溶液を混酸という)。また，ベンゼンにイ濃硫酸を加えて加熱すると，次式のようにウベンゼンスルホン酸が生じる。

$$C_6H_5\text{-}H + HO\text{-}SO_3H \longrightarrow C_6H_5\text{-}SO_3H + H_2O$$

ベンゼンスルホン酸

問2　154 問2(b) 解説 を参照のこと。

問3　①(正)アニリンは空気中の O_2 によって酸化されて，褐色の物質を生じる。

②(正)アニリンにさらし粉 $CaCl(ClO)\cdot H_2O$ の水溶液を加えると，アニリンは ClO^- に酸

化されて赤紫色の物質を生じる。

③(誤)塩化鉄(Ⅲ) $FeCl_3$ 水溶液で青紫色～赤紫色を呈するのは，フェノール類である。

④(誤)ヨードホルム反応を示すのは，アセチル基 CH_3CO- または $CH_3CH(OH)-$ をもつ化合物である。

⑤(正)アニリンに二クロム酸カリウム $K_2Cr_2O_7$ 水溶液を加えると，アニリンは $Cr_2O_7^{2-}$ に酸化されて黒色の物質(これをアニリンブラックという)を生じる。

問4⇒ **重要ポイント**

アニリンに亜硝酸ナトリウム $NaNO_2$ と希塩酸を加えて5℃以下で反応させると，塩化ベンゼンジアゾニウムが生じる。また，スダンⅠの構造において，塩化ベンゼンジアゾニウム由来のアゾ基 $-N{=}N-$ が結合している部分は，(2位にある) $-OH$ とベンゼン環を2つもつ化合物，つまり2−ナフトール由来であると推測できる。よって，スダンⅠを合成するためには，塩化ベンゼンジアゾニウムと2−ナフトールのNa塩をカップリングする。

NH_2
アニリン
HCl
$NaNO_2$
ジアゾ化
㊤ $N^+{\equiv}NCl^-$
塩化ベンゼンジアゾニウム
㊥ ONa
カップリング
OH
$-N{=}N-$
+ NaCl
スダンⅠ
(オイルオレンジ)

問5　アニリン $C_6H_5NH_2$ は水に溶けにくいが，わずかに溶けたアニリンの水溶液中では次式で表される平衡状態にある。

$$C_6H_5NH_2 + H_2O \rightleftarrows C_6H_5NH_3^+ + OH^-$$

水溶液中では $[H_2O]$ を一定値と考えてよいので，上式より，

$$K = \frac{[C_6H_5NH_3^+][OH^-]}{[C_6H_5NH_2][H_2O]}$$

$$\Leftrightarrow K[H_2O] = \frac{[C_6H_5NH_3^+][OH^-]}{[C_6H_5NH_2]}$$

$$\Leftrightarrow K_b = \frac{[C_6H_5NH_3^+][OH^-]}{[C_6H_5NH_2]} \cdots (*)$$

c〔mol/L〕のアニリン $C_6H_5NH_2$ 水溶液では，電離度を α としたとき，平衡状態における各成分の濃度〔mol/L〕は，バランスシートより以下のように表すことができる。

	$C_6H_5NH_2$	+ H_2O ⇄	$C_6H_5NH_3^+$	+ OH^-	
反応前	c	多量	0	0	(単位：mol/L)
変化量	$-c\alpha$	$-c\alpha$	$+c\alpha$	$+c\alpha$	
平衡時	$c(1-\alpha)$	多量	$c\alpha$	$c\alpha$	

よって，(*)式より，

$$K_b = \frac{[C_6H_5NH_3^+][OH^-]}{[C_6H_5NH_2]} = \frac{c\alpha \times c\alpha}{c(1-\alpha)} = \frac{c\alpha^2}{1-\alpha}$$

ここで，題意より $\alpha \ll 1$ のため，$1-\alpha \fallingdotseq 1$ と近似できる。

$$K_b = \frac{c\alpha^2}{1-\alpha} \fallingdotseq c\alpha^2$$

$$\Leftrightarrow \quad \alpha = \sqrt{\frac{K_b}{c}} = \sqrt{\frac{5.0\times10^{-10}}{5.0\times10^{-2}}} = \underline{1.0\times10^{-4}}$$

よって，

$$[OH^-] = c\alpha = (5.0\times10^{-2})\times(1.0\times10^{-4}) = \underline{5.0\times10^{-6}}\,〔mol/L〕$$

重要ポイント (ジアゾ)カップリング

例えば，$-N^+{\equiv}N$ 基をもつ塩化ベンゼンジアゾニウムの水溶液にナトリウムフェノキシドの水溶液を加えると，アゾ化合物(アゾ基$-N{=}N-$をもつ化合物)の一種である赤橙色のp-ヒドロキシアゾベンゼン(p-フェニルアゾフェノール)が生成する(次式)。このような反応をカップリング(ジアゾカップリング)という。アゾ化合物は染料に使われることが多く，これをアゾ染料という。

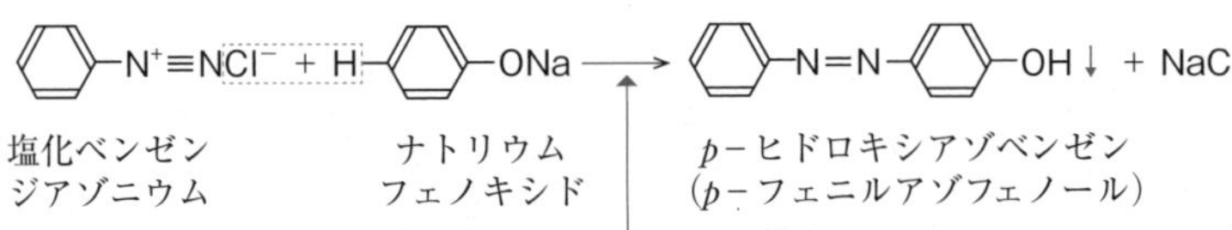

実際には弱酸遊離反応が起こり脱離した
H^+と$C_6H_5-O^-$が反応してC_6H_5-OHとなる。

156 解答

問1

A　$C_6H_5-NH_3Cl$

B　$C_6H_5-NH_2$

C　$C_6H_5-COONa$

D　C_6H_5-COOH

E　C_6H_5-ONa

F　C_6H_5-OH

問2　(1)　エタノールやメタノールは水溶性のため，水に難溶の有機化合物は抽出できない。

(2)　CO_2

解説 ⇒ **重要ポイント**

問1　実験操作1～6により，各化合物を分離すると，以下のようになる。

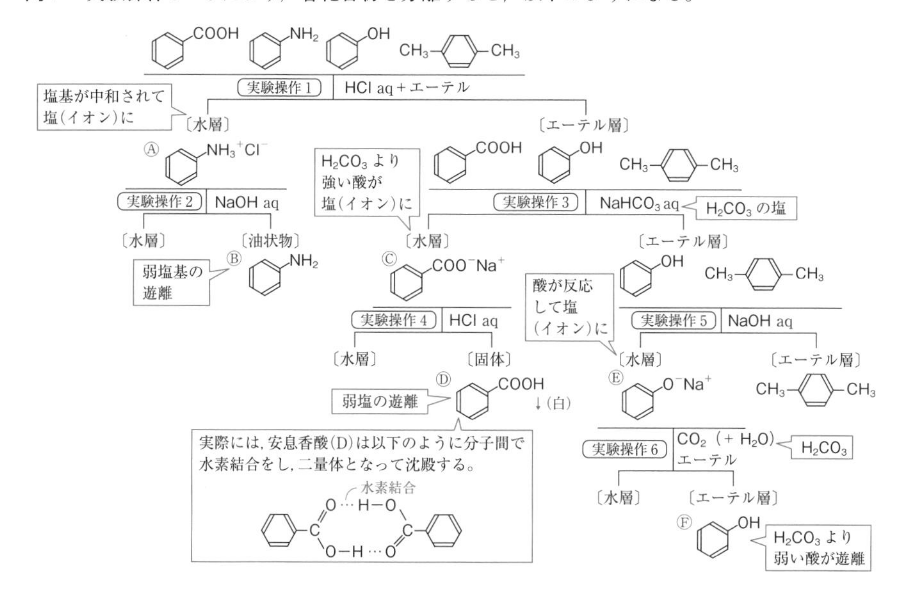

問2　(1)エタノールやメタノールは水溶性の有機溶媒である。そのため，水に溶けない芳香族化合物などを水層から有機溶媒層に抽出して分離することはできない。なお，水溶性の有機溶媒としてアセトンなどがある。

(2)炭酸水素ナトリウム$NaHCO_3$水溶液を加えると，炭酸H_2CO_3よりも強い酸である安息香酸が反応して，炭酸H_2CO_3が遊離するため，二酸化炭素CO_2が発生する。

$$C_6H_5\text{-}COOH + NaHCO_3 \longrightarrow C_6H_5\text{-}COONa + CO_2\uparrow + H_2O\ (H_2CO_3)$$

より強い酸　　弱い酸由来の塩　　より強い酸由来の塩　　弱い酸

重要ポイント　芳香族化合物の分離

[有機化合物の溶解性]

有機化合物は，基本的には極性が小さいエーテル(ジエチルエーテル)などの有機溶媒にはよく溶ける。しかし，極性溶媒である水に有機化合物が溶けるかどうかは炭化水素基などの疎水性部分と，$-OH$や$-COOH$のバランスで決まる。たとえば，$-OH$を1つもつ場合，炭化水素基のC原子が3個程度までなら水に自由に溶ける。また，一般的にベンゼン環をもつ芳香族化合物は非常に水に溶けにくい。しかし，中和反応などにより塩(イオン性)になると水に溶けるようになる。

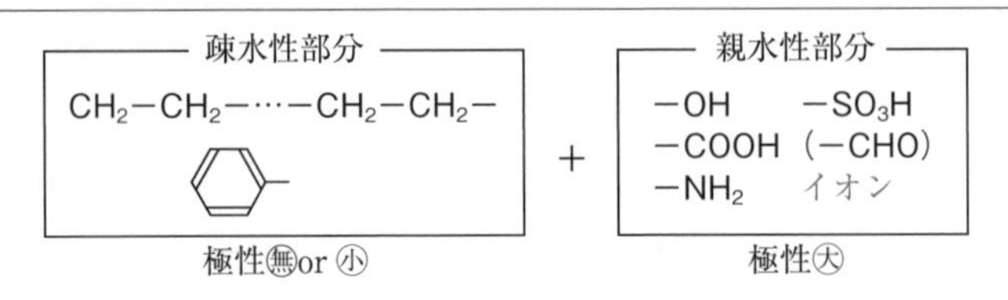

そのため，有機化合物を分離する際は，酸塩基反応を利用して水に溶ける状態(イオン状態)と水に溶けない状態つまりエーテルに溶ける状態(分子状態)に，意図的に変えていくことで段階的に分離していく。

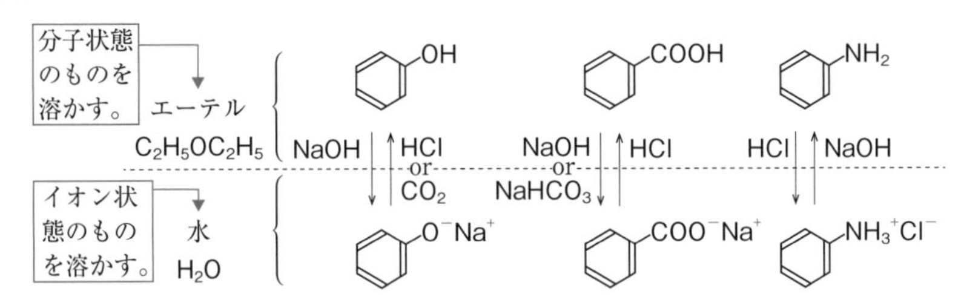

[抽出の手順]

芳香族化合物を抽出(⇒P.4)していく際には，分液ろうとと呼ばれる器具を用いる。芳香族化合物の混合されたエーテル溶液に，酸や塩基の水溶液を加え，目的の物質を塩(イオン性)にして，水層に溶かし込んで分離する。

Step1　数種類の有機化合物を含むエーテル溶液に，試薬(例 塩酸)を加えてよく振った後，しばらく静置するとエーテル層(上層)と水層(下層)に分かれる。

Step2　コックを回し水層(下層)のみを抜き取り，エーテル層は残す。

Step3　Step1とは異なる試薬(例 NaOH 水溶液)を入れ，よく振った後，しばらく静置するとエーテル層(上層)と水層(下層)に分かれる。

Step4　すべての化合物が分離できるまでStep1〜Step3のような操作を繰り返す(中性物質が混合している場合，抽出では分離できないため，沸点の違いを利用した分留(⇒P.3)などで分離する)。

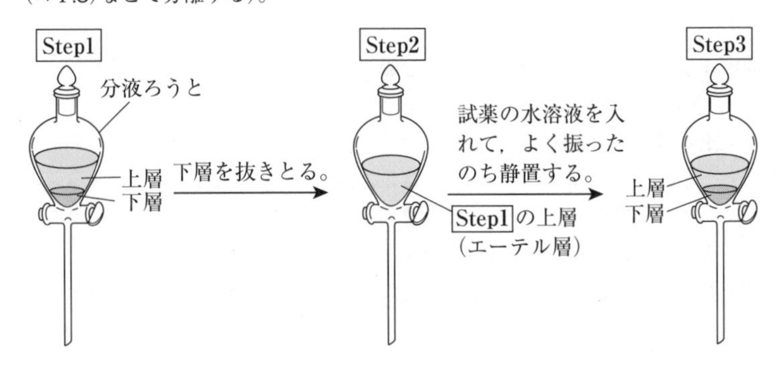

157 解答

問1　A　CH_3 OH　　B　CH_3 OH　　C　$O-CH_3$　　D　CH_3 OH　　E　CH_2-OH

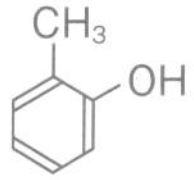

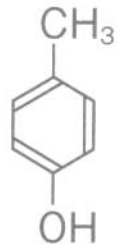

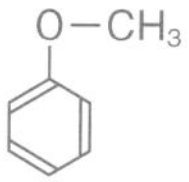

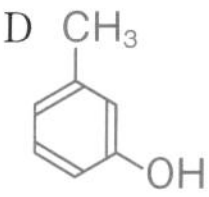

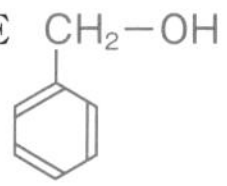

問2　水酸化ナトリウム水溶液を加えると均一な溶液になる物質がA，B，Dである。

問3　ヒドロキシ基をもたないCは分子間で水素結合を形成せず，分子間力も弱いため。

問4　金属ナトリウムを加えたとき気体の発生がない物質がCである。

問5　F　サリチル酸　　G　サリチル酸メチル

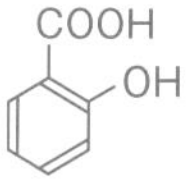

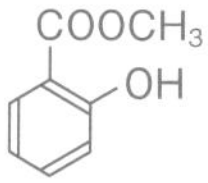

COOH OH　　$COOCH_3$ OH

解説

問1，3　C_7H_8O の不飽和度Iuは，$Iu=\frac{(2\times7+2)-8}{2}=4$

ここで，題意と分子式より化合物Ⓐはベンゼン環を1つ含む。そのため，不飽和度4はそのベンゼン環1つにすべて含まれ，あとはすべて鎖式単結合のみである(⇒P.192)。よって，側鎖はすべて単結合(鎖式飽和)でかつO原子を1個もつため，ヒドロキシ基−OHを1つもつアルコールかフェノール類，またはエーテル結合C−O−Cを1つもつエーテルであることがわかる(つまり，Iu=4で芳香族かつO原子を1個もつならば，必ずアルコール，フェノール類，またはエーテルである)。以上より，C_7H_8O には以下のアルコール1種，フェノール類3種，エーテル1種の計5種類の構造異性体がある(H原子の一部省略)。

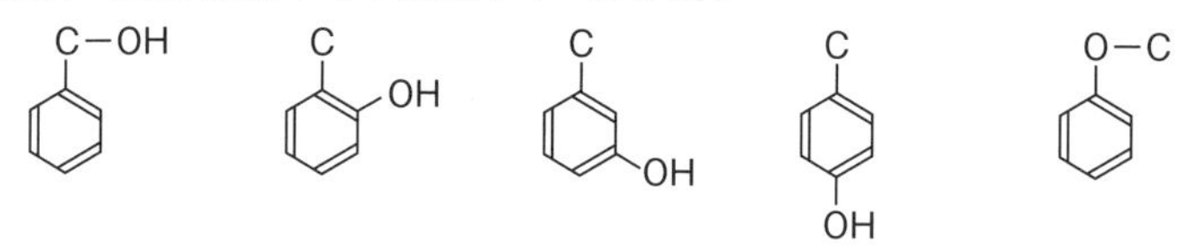

ここで，各実験の結果及び，その結果から推定できることを以下にまとめる。

［実験1］　化合物A，B，Dが $FeCl_3$ 水溶液で呈色したことから，これらはフェノール性−OHをもつことがわかる。また，$FeCl_3$ 水溶液で呈色しなかった化合物C，Eはフェノール性−OHをもたない，つまりアルコールまたはエーテルであることがわかる。

［実験2］　化合物A〜Eの中で，最も沸点が低いものが化合物Cであることから，化合物Cは(分子の極性が小さく分子間で水素結合を形成できない)エーテルであると決まる。

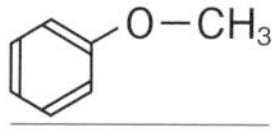

Ⓒ　$O-CH_3$

［実験3］　化合物A，B，Dにおけるベンゼン環のH原子1個をCl原子に置換した化合物がBからは2種類生成することから，次図より化合物Bは p−クレゾールと決まる(Cl原子の置換箇所を点線の矢印で記した)。なお，化合物A，Dは o−クレゾールまたは m−クレゾー

ルである。

CH_3 OH　CH_3 OH　Ⓑ CH_3 OH

o－クレゾール　m－クレゾール　p－クレゾール

［実験4］　化合物A(o－クレゾールまたはm－クレゾール)から合成される化合物Gは消炎剤として用いられていることから，化合物Gはサリチル酸メチルであり，化合物Aはo－クレゾールと決まる(化合物Aから化合物Gまでの合成経路を次図に示す)。

Ⓐ CH_3 OH $\xrightarrow[\text{アセチル化}]{(CH_3CO)_2O}$ CH_3 $OCOCH_3$ $\xrightarrow[\text{酸化}]{}$ $COOH$ $OCOCH_3$ $\xrightarrow[\text{加水分解}]{H^+}$ Ⓕ $COOH$ OH

サリチル酸

CH_3OH 濃硫酸 ↓ エステル化

Ⓖ $COOCH_3$ OH

サリチル酸メチル

よって，化合物Dはm－クレゾールと決まり，化合物Eはベンジルアルコールである。

Ⓓ CH_3 OH　Ⓔ CH_2-OH

問2　化合物A，B，Dはフェノール類のため弱酸であり，NaOH水溶液に溶解する(中和反応が起こり，塩になる)。一方で，化合物C，Eは中性物質のため，NaOH水溶液には溶解せず分離する。化合物A(o－クレゾール)とNaOH水溶液の反応を以下に示す。

Ⓐ CH_3 OH + NaOH ⟶ CH_3 O^-Na^+ + H_2O

問4　化合物C以外の物質は$-OH$をもつため，金属Naを加えることで気体(H_2)が発生する。これにより，区別することができる。

問5　問1の［実験4］の結果より，化合物Fはサリチル酸であり，化合物Fに濃硫酸の存在下でメタノールを作用させると，エステル化が起こり，サリチル酸メチルが生じる。

Ⓕ O $-C-OH + H-O-CH_3$ OH メタノール $\xrightarrow[\text{エステル化}]{\text{濃硫酸}}$ Ⓖ O $-C-O-CH_3$ OH + H_2O

サリチル酸　サリチル酸メチル

158 解答

問1

A　(ベンゼン環)$-CH_2CH_2OH$

B　(ベンゼン環)$-CH(OH)-CH_3$

C　(ベンゼン環 オルト位に)$-CH_3$，$-CH_2OH$

D　(ベンゼン環)$-CH_2-CHO$

E　(ベンゼン環)$-COCH_3$

F　(ベンゼン環 オルト位に)$-CH_3$，$-CHO$

G　(ベンゼン環)$-CH=CH_2$

H　(ベンゼン環 オルト位に)$-COOH$，$-COOH$

I　(ベンゼン環 オルト位に)$-CO-O-CO-$

問2　B　　**問3**　ポリスチレン

問4　記号　B　構造式

$$H-\overset{\displaystyle I}{\underset{\displaystyle I}{C}}-I$$

解説

問1～3⇒ 重要ポイント

$C_8H_{10}O$ の不飽和度 Iu は，$Iu = \frac{(2\times8+2)-10}{2} = 4$

ここで，題意と分子式より化合物 A，B，C はベンゼン環を1つ含む。そのため，不飽和度4はそのベンゼン環1つにすべて含まれ，あとはすべて鎖式で単結合のみである(⇒P.192)。よって，側鎖はすべて単結合(鎖式飽和)でかつ O 原子を1個もつため，ヒドロキシ基－OH を1つもつアルコールかフェノール類，またはエーテル結合 C－O－C を1つもつエーテルであることがわかる。以上より，$C_8H_{10}O$ には以下のアルコール(㊫→：「→」は－OH の結合箇所で，○の中の数字は級数を表す)5種，フェノール類(㋫→：「→」は－OH の結合箇所)9種，エーテル(⇢：－O－の挿入箇所)5種の計19種類の構造異性体がある(H 原子の一部省略，不斉炭素原子をもつときには＊を付記している)。

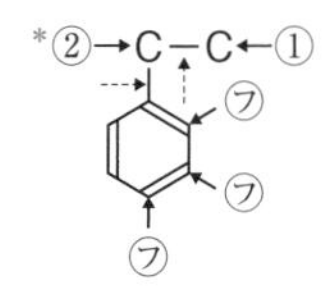

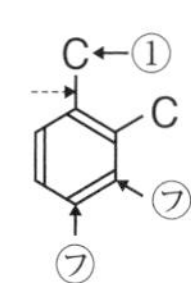

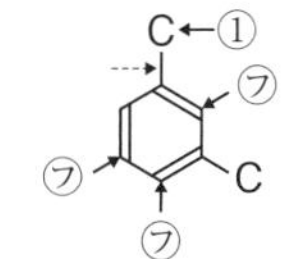

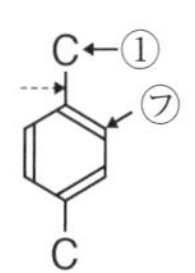

ここで，各実験の結果及び，その結果から推定できることを以下にまとめる。

1)，2) 化合物 A～C は金属 Na と反応したことから，－OH をもつことがわかる。また，$FeCl_3$ 水溶液で呈色しなかったことからフェノール性－OH をもたないことがわかる。よって，化合物 A～C はアルコールである。

有機化合物

3)～5)[化合物Aについて]

化合物Aを酸化して生じる化合物Dは銀鏡反応を示したことから，化合物Dはアルデヒドであり，化合物Aは第1級アルコールであることがわかる。また，化合物AとBの脱水生成物が同一化合物であることから，化合物AとBの炭素骨格は同一であることがわかる。ここで，同一の炭素骨格でアルコールの異性体が2種類以上あるものはアルキル基の一置換体のみ。以上より，化合物A，Dは以下の構造に決まる(化合物Bを決定してから，化合物Aを決めても良い)。

Ⓐ $C_6H_5-CH_2-CH_2-OH$ —(O)→ Ⓓ $C_6H_5-CH_2-CHO$

[化合物B]

化合物Bを酸化して生じる化合物Eは銀鏡反応を示さなかったことから，化合物Eはケトンであり，化合物Bが第2級アルコールであることがわかる。以上より，化合物B，Eは以下の構造に決まる。なお，化合物問2Bは不斉炭素原子(C*)をもつ。

Ⓑ $HO-C^{*}H(C_6H_5)-CH_3$ —(O)→ Ⓔ $O=C(C_6H_5)-CH_3$

また，化合物A，Bを濃硫酸により(分子内)脱水して生じた化合物Gはスチレンであり，スチレンを付加重合させて得られる高分子化合物はポリスチレンである。

Ⓐ $C_6H_5-CH_2-CH_2-OH$
Ⓑ $HO-CH(C_6H_5)-CH_3$
—濃硫酸 加熱→ Ⓖ $C_6H_5-CH=CH_2$ スチレン —付加重合→ $[-CH(C_6H_5)-CH_2-]_n$ 問3ポリスチレン

3)，6)，7)[化合物Cについて]

化合物Cを酸化して生じる化合物Fは銀鏡反応を示したことから，化合物Fはアルデヒドであり，化合物Cが第1級アルコールであることがわかる。また，化合物C，Fを十分に酸化して生じる化合物Hはカルボン酸であり，この化合物Hが加熱により脱水して化合物I(酸無水物)を生じたことから，化合物Hは(オルト体の)フタル酸であり，化合物Iは無水フタル酸であることがわかる。以上より，化合物C，Fは以下の構造に決まる。

Ⓒ $C_6H_4(CH_2-OH)(CH_3)$ —(O)→ Ⓕ $C_6H_4(CHO)(CH_3)$ —(O)→ Ⓗ $C_6H_4(COOH)_2$ フタル酸 —$-H_2O$ 加熱→ Ⓘ $C_6H_4(CO)_2O$ 無水フタル酸

(Ⓒ —(O)→ Ⓗ)

問4　ヨウ素I_2とNaOH水溶液を加えて加熱すると，黄色のヨードホルムCHI_3の沈殿が生じる化合物は，$CH_3CH(OH)-$をもつ化合物Bである。

Ⓑ

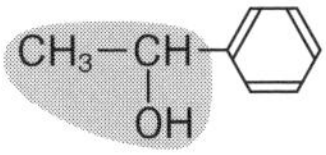

$CH_3-CH(OH)-C_6H_5$

重要ポイント キシレンの酸化

キシレンの o－，m－および p－体をそれぞれ十分に酸化すると，メチル基$-CH_3$がカルボキシ基$-COOH$になり，それぞれフタル酸，イソフタル酸，テレフタル酸になる。さらに加熱を続けると，フタル酸のみ分子内脱水して無水フタル酸になる。この反応が起こるか起こらないかで，o－体を他の2種類の異性体(m－体，p－体)と区別することができる。

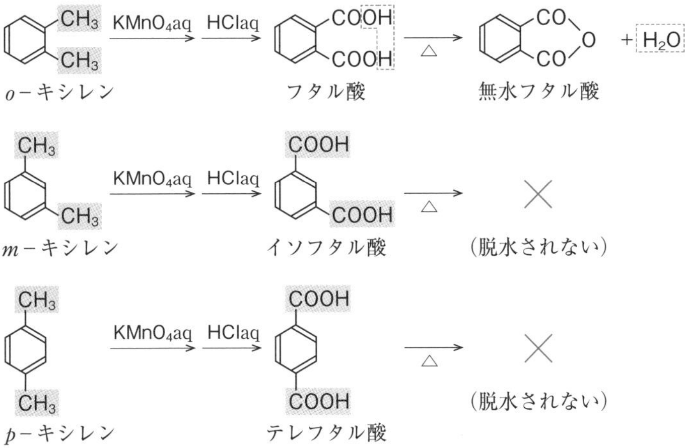

o－キシレン $\xrightarrow{KMnO_4aq}\xrightarrow{HClaq}$ フタル酸 $\xrightarrow{\triangle}$ 無水フタル酸 $+ H_2O$

m－キシレン $\xrightarrow{KMnO_4aq}\xrightarrow{HClaq}$ イソフタル酸 $\xrightarrow{\triangle}$ ×（脱水されない）

p－キシレン $\xrightarrow{KMnO_4aq}\xrightarrow{HClaq}$ テレフタル酸 $\xrightarrow{\triangle}$ ×（脱水されない）

159 解答

問1 $C_{12}H_{14}O_2$

問2 (a) $R-C(=O)-O-CH_3$　(b) $(CH_3)_2C=C(R)H$

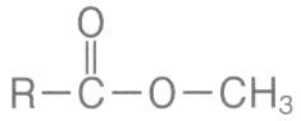

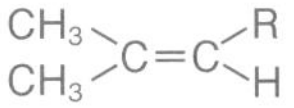

問3
A　$C_6H_4(CH=C(CH_3)_2)(COOCH_3)$（o-位）
B　$C_6H_4(CH=C(CH_3)_2)(COOH)$（o-位）
C　$C_6H_4(CHO)(COOH)$（o-位）
D　$C_6H_4(COOH)_2$（o-位）
E　無水フタル酸 $C_6H_4(CO)_2O$

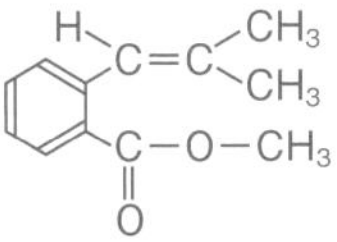

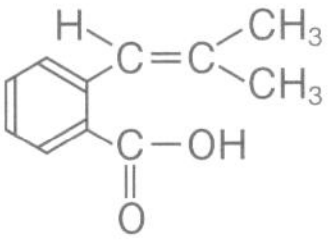

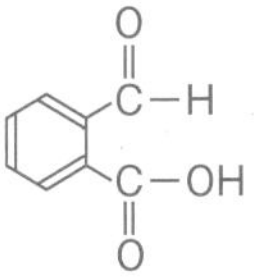

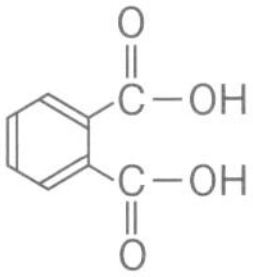

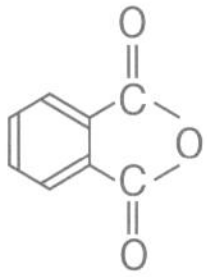

解説

問1　Aの分子量($M_A = 190$)と各元素の質量%から，Aの分子式は以下のように求まる。

C原子：$\dfrac{190\times\dfrac{75.8}{100}}{12}\fallingdotseq 12$〔個〕

H原子：$\dfrac{190\times\dfrac{7.4}{100}}{1}\fallingdotseq 14$〔個〕

O原子：$\dfrac{190\times\dfrac{16.8}{100}}{16}\fallingdotseq 2$〔個〕

よって，分子式は $\underline{C_{12}H_{14}O_2}$ となる。

問2，3　Ⓐ $C_{12}H_{14}O_2$ の不飽和度Iuは，$Iu=\dfrac{(2\times12+2)-14}{2}=6$

ここで，Aは芳香族化合物であり，(ベンゼン環以外の炭素原子も含むので)ベンゼン環を1つ含む。そのため，不飽和度6のうち4はそのベンゼン環1つに含まれる。また，Br_2 水を脱色し，酸により加水分解されることから，C=C 1つ(不飽和度1)と−COO−1つ(不飽和度1)をもつことがわかる。ここで，Aの加水分解反応は次式で表される。

Ⓐ $C_{12}H_{14}O_2 + H_2O \longrightarrow$ 化合物B $+ CH_3OH$（メタノール）

ここで，Bはエステルの加水分解反応生成物で弱酸性を示すから，カルボン酸である。よって，カルボン酸Bの分子式は，原子保存則より，

(カルボン酸Bの分子式) = (Ⓐ $C_{12}H_{14}O_2 + H_2O) - CH_3OH = C_{11}H_{12}O_2$

また，オゾン分解において，C=Cを1つ含む場合，このC=Cが切断されて「C=O + O=C」となるため，反応後はO原子が2個増えることになる。よって，カルボン酸Bのオゾン分解反応は次式で表される。

Ⓑ $C_{11}H_{12}O_2 + 2O \longrightarrow CH_3COCH_3$（アセトン）$+$ 化合物C

ここで，原子保存則より，Cの分子式は，

(Cの分子式) = (Ⓑ $C_{11}H_{12}O_2 + 2O) - CH_3COCH_3 = C_8H_6O_3$

また，Ⓒ $C_8H_6O_3$ の不飽和度Iuは，$Iu=\dfrac{(2\times8+2)-6}{2}=6$

ここで，Cは(炭素原子数から)ベンゼン環を1つ含み，不飽和度6のうち4はそのベンゼン環1つに含まれる。また，Cはカルボン酸B由来の−COOH(不飽和度1)を1つもち，また，銀鏡反応をすることから−CHO(不飽和度1)を1つもつことがわかる。さらに，Cを酸化して得られるD(カルボン酸)を加熱すると，分子内脱水してE(酸無水物)を生じたことから，Dは(オルト体の)フタル酸であり，Eは無水フタル酸であることがわかる。以上より，C〜Eは以下の構造に決まる。

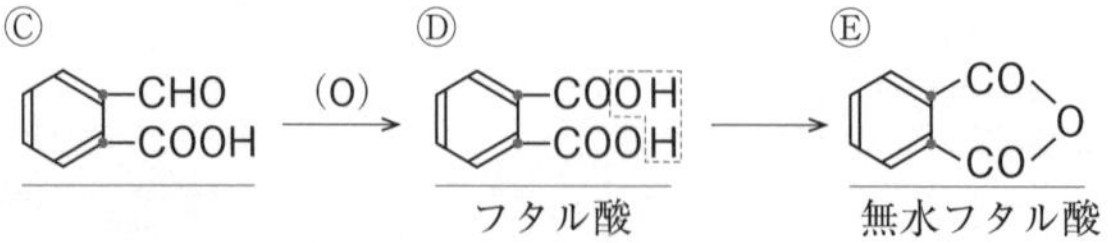

よって，Bは，Cのホルミル基(アルデヒド基)−CHOの部分にアセトンのカルボニル基C=O

を C=C としてつなげた構造である(次図)。

Ⓒ (2-formylbenzoic acid: $C_6H_4(CH=O)(COOH)$) + $O=C(CH_3)-CH_3$ (アセトン) ⟶ Ⓑ $C_6H_4(CH=C(CH_3)-CH_3)(COOH)$

以上より, A は B のカルボキシ基 $-COOH$ とメタノールをエステル化した構造である(次図)。

Ⓑ $C_6H_4(CH=C(CH_3)-CH_3)(C(=O)-OH)$ + $H-O-CH_3$ (メタノール) ⟶ Ⓐ $C_6H_4(CH=C(CH_3)-CH_3)(C(=O)-O-CH_3)$ + H_2O

160 解答

問 1　あ　C_5H_6O　　い　164　　う　$C_{10}H_{12}O_2$

問 2　$C_6H_4(COOH)_2$ ⟶ $C_6H_4(CO)_2O$ + H_2O

問 3　C　$C_6H_4(CH_3)(CH_2-OH)$　　D　$C_6H_4(CH_3)(COOH)$

問 4　$C_6H_4(CH_3)(CH_2-O-C(=O)-CH_3)$　　問 5　$HO-C_6H_4-COOH$

問 6

$CH_3-CH_2-C(=O)-O-C_6H_4-CH_3$ + 2NaOH

⟶ $CH_3-CH_2-C(=O)-ONa$ + $CH_3-C_6H_4-ONa$ + H_2O

解説

問 1　あ　生じた CO_2 と H_2O の質量から，この有機化合物中 8.2 mg 中の各元素の質量は以下のように求められる。

C 原子：$22.0\times\dfrac{12}{44}=6.0$〔mg〕

H 原子：$5.4\times\dfrac{2}{18}=0.6$〔mg〕

O 原子：$8.2-(6.0+0.6)=1.6$〔mg〕

ここで，この化合物の組成式を $C_xH_yO_z$ とおくと，組成比$(x:y:z)$＝物質量(モル)比より

$$x:y:z=\frac{6.0}{12}:\frac{0.6}{1}:\frac{1.6}{16}=0.5:0.6:0.1=5:6:1$$

以上より，組成式(実験式)は C_5H_6O(82)となる。

い　化合物 A をベンゼンに溶かした溶液の凝固点降下度(⇒P.90-91)を ΔT_f〔K〕，モル凝固点降下を K_f〔K・kg/mol〕，質量モル濃度を m〔mol/kg〕，化合物 A の分子量を M_A とおくと，

$\Delta T_f = K_f m$

$$\Leftrightarrow \quad 2.56 = 5.12 \times \frac{\dfrac{410 \times 10^{-3}\text{〔g〕}}{M_A\text{〔g/mol〕}}\ \text{mol}}{\dfrac{5.00}{1000}\text{〔kg〕}} \qquad \therefore M_A = \underline{164}$$

う　あ，いの結果より，

分子量＝(組成式量)×n

$\Leftrightarrow 164 = 82n \quad \therefore n=2$　　よって，分子式は$(C_5H_6O)_2$＝$\underline{C_{10}H_{12}O_2}$となる。

問2～4　Ⓐ$C_{10}H_{12}O_2$の不飽和度Iuは，$Iu = \dfrac{(2\times10+2)-12}{2} = 5$

ここで，Aは芳香族エステルであり，(炭素原子数から)ベンゼン環を1つ含む。そのため，不飽和度5のうち4はそのベンゼン環1つに含まれる。また，NaOH水溶液によりけん化されることから，－COO－(不飽和度1)を1つもつことがわかる(それ以外の部分の構造は鎖式飽和)。ここで，化合物Aのけん化によって生じた化合物C以外の物質を化合物Xとおくと，

Ⓐ$C_{10}H_{12}O_2 + H_2O \longrightarrow$ 化合物C ＋ 化合物X

［化合物Cについて］

化合物C(二置換体)を弱く酸化して得られる化合物D(分子式$C_8H_8O_2$)は，化合物Cから得られたから二置換体であり，また，酸性物質であることから－COOHをもつ。よって，Dは以下の構造に決まる(以下より，化合物Eがo－体であることから，化合物Dもo－体であることがわかる)。

Ⓓ　(ベンゼン環)－COOH，－CH_3

また，化合物C(二置換体)を$KMnO_4$で酸化して得られる化合物Eを加熱すると，酸無水物である化合物F(分子式$C_8H_4O_3$)を生じたことから，化合物Eは(o－体の)フタル酸であり，化合物Fは無水フタル酸であることがわかる。以上より，化合物E，Fは以下の構造に決まる。

Ⓔ　(ベンゼン環)－COOH，－COOH　⟶　Ⓕ　(ベンゼン環)＜CO－O－CO＞ ＋ H_2O

フタル酸　　　　無水フタル酸

よって，化合物Cは，酸化するとo－体の1価カルボン酸Dになることから，第1級アルコールである以下の構造に決まる。

Ⓒ　(ベンゼン環)－CH_3，－CH_2－OH

ここで，化合物Xの分子式は，原子保存則より，

(化合物Xの分子式)＝(Ⓐ$C_{10}H_{12}O_2 + H_2O$)－Ⓒ$C_8H_{10}O$＝$C_2H_4O_2$

エステルの加水分解で生じた化合物Cがアルコールであるから，化合物Xは鎖式飽和のカルボン酸である。よって，Xは分子式から酢酸CH_3COOHと決まる。以上より，化合物Aは以下の

構造に決まる。

Ⓐ 化合物X由来　化合物C由来

$CH_3-C(=O)-O-CH_2-$(ベンゼン環, オルト位にCH_3)

問5　芳香族Bは，化合物Aの異性体(Iuも同じ)であり，NaOH水溶液でけん化されるため，ベンゼン環を1つ，−COO−を1つもつことがわかる(それ以外の部分の構造は鎖式飽和)。

[化合物Gについて]

化合物Gは$FeCl_3$水溶液により呈色したことからフェノール性−OHをもつことがわかる。また，ベンゼン環上のH原子1つのCl置換において，2種類の異性体を生じたことから，化合物Gは次図のようにフェノール類の二置換体(p−体)であることがわかる(▒▒は−OH以外の未定の原子団が入る箇所であり，⇢はCl原子の置換する位置を表し，(　　)内はo，m−体の場合には異性体が4種類存在することを表している)。

Ⓖ C_6H_5O ｛ (▒▒とOHがパラ位のベンゼン環)　((▒▒とOHがオルト位のベンゼン環)　(▒▒とOHがメタ位のベンゼン環))

また，化合物Gの分子量(108)より，上図で判明している部分構造C_6H_5Oの式量(93)を用いると，▒▒に入る部分構造の式量が，108 − 93＝15となる。よって，化合物Gのベンゼン環についた▒▒は，メチル基$-CH_3$(15)とわかる。以上より，化合物Gと，その酸化生成物である化合物H(分子量138)は以下の構造に決まる。

Ⓖ (CH_3とOHがパラ位のベンゼン環) —(O)→ Ⓗ (COOHとOHがパラ位のベンゼン環)

参考　実際はフェノール性−OHも酸化される可能性がある(今回は分子量(138)から判断)

また，化合物Bのけん化によって生じた化合物G以外の物質を化合物Y(分子量M_Y)とおくと，

	Ⓑ$C_{10}H_{12}O_2$	+ H_2O	⟶ 化合物G	+ 化合物Y
分子量	164	18	108	M_Y

質量保存の法則より，

$$M_Y = (164 + 18) - 108 = 74$$

エステルの加水分解で生じた化合物Gがフェノール類であるから，化合物Yは鎖式飽和のカルボン酸である。よって，Yの分子式を$C_nH_{2n}O_2$とおくと，

$$C_nH_{2n}O_2 = 74 \qquad \therefore n = 3$$

分子式$C_3H_6O_2$より，化合物Yはプロピオン酸CH_3-CH_2-COOHである。以上より，化合物Bは以下の構造に決まる。

Ⓑ $CH_3-CH_2-C(=O)-O-C_6H_4-CH_3$ (パラ位)

化合物Y由来　化合物G由来

問6　化合物Bをけん化すると，化合物Gと化合物Yがそれぞれ酸性の官能基を1つずつもっているため，NaOHの係数が2になることに注意する(次式)。

Ⓑ

$$CH_3-CH_2-\overset{\overset{O}{\|}}{C}-O-\langle\bigcirc\rangle-CH_3 + 2NaOH \longrightarrow CH_3-CH_2-\overset{\overset{O}{\|}}{C}-ONa + CH_3-\langle\bigcirc\rangle-ONa + H_2O$$

161 解答

問1

HC=CH　CH₂−CH₂ / HC=CH　C　CH₂−CH₂ (spiro)

$$HC{=}CH,\ HC{=}CH \text{ (five-membered ring) }-C-\ CH_2-CH_2,\ CH_2-CH_2$$

問2

$$HC-CH_2,\ HC-CH_2 \text{ (ring with } HC{=}CH\text{) } -C-\ CH_2-CH,\ CH_2-CH \text{ (ring with } CH{=}CH\text{)}$$

問3

$$HC{=}CH,\ H_2C-CH_2 \text{ (ring) } -C-\ CH{=}CH,\ CH_2-CH_2$$

(または，$HC{=}CH,\ H_2C-CH_2$ (ring) $-C-\ CH_2-CH_2,\ CH{=}CH$)

解説

C_9H_{12}の不飽和度Iuは，$Iu = \dfrac{(2\times9+2)-12}{2} = 4$

ここで，化合物群Pに属する化合物は五員環(Iu = 1)を2つもつため，残りのIu = 2はC=C 2つに含まれる(C=C=C 1つやC≡C 1つでもIu = 2が含まれるが，実際には五員環内のC=C=CやC≡Cは構造上不安定である)。よって，本問の図1の炭素骨格で，かつC=C 2つを含む構造を考える。

問1　H原子の数が互いに異なる2種類の五員環，つまり，2つのC=Cが片方の五員環にすべて含まれる場合である(それぞれの五員環にC=Cが1つずつ含まれていると，五員環に含まれるH原子の数が等しくなってしまう)。以上より，次の構造が考えられる。

$$HC{=}CH,\ HC{=}CH \text{ (ring) } -C-\ CH_2-CH_2,\ CH_2-CH_2$$

問2　以下の構造をもつ化合物のH原子を1つだけ塩素原子に置き換えると，鏡像異性体を含め[　]内の3種類の異性体が生じる。

$$HC-CH_2,\ HC-CH_2 \text{ (ring, } HC{=}CH) -C-\ CH_2-CH,\ CH_2-CH \text{ (ring, } CH{=}CH)$$

[Cl−C−CH₂, H−C−CH₂ (C=C) −C− CH₂−CH, CH₂−CH　　H Cl, HC−C*, HC−CH₂ −C− CH₂−CH, CH₂−CH]

不斉炭素原子(C*)を1個もつため，光学異性体が存在する。

問3　鏡像異性体が存在する化合物は，以下の構造である(不斉炭素原子には＊を付記する)。

$$HC{=}CH,\ H_2C-CH_2 \text{ (ring) } -C^*-\ CH{=}CH,\ CH_2-CH_2$$

(または　$HC{=}CH,\ H_2C-CH_2$ (ring) $-C^*-\ CH_2-CH_2,\ CH{=}CH$)

162 解答

問1 A $C_6H_5-NH-CO-CH_2-CH_3$（ベンゼン環－N(H)－C(=O)－CH_2-CH_3）　B $C_6H_5-NH_2$（ベンゼン環－NH_2）

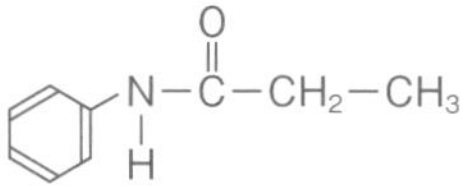

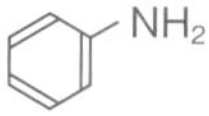

C $CH_3-CH_2-C(=O)-OH$　D $CH_3-CH_2-CH_2-OH$

問2 $C_6H_5-NH_3Cl + NaOH \longrightarrow C_6H_5-NH_2 + NaCl + H_2O$，31mg

問3 F $CH_3-CH_2-O-CH_3$，エチルメチルエーテル

G $CH_3-C(=O)-CH_3$，アセトン

問4 F，E，D

問5 H $CH_3-CH(CH_3)-O-CH(CH_3)-CH_3$　I $CH_2=CH-CH_3$

解説

問1，3 Ⓐ$C_9H_{11}NO$の不飽和度Iuは，$Iu = \dfrac{(2\times9+2+1)-11}{2} = 5$

ここで，(加水分解生成物の化合物Bが芳香族化合物のため) 化合物Aは芳香族化合物であり，不飽和度5のうち4はそのベンゼン環1つに含まれる。また，加水分解されることから，(O原子が1個だけなのでエステル結合ではなく) アミド結合－NHCO－(不飽和度1)を1つもつことがわかる(それ以外の部分の構造は鎖式飽和)。ここで，各実験の結果及び，その結果から推定できることを以下にまとめる。

①化合物A 1molを加水分解すると，化合物Bと化合物Cが1molずつ得られたことから，この加水分解反応は次式で表される。

Ⓐ$C_9H_{11}NO + H_2O \longrightarrow$ 化合物B + 化合物C

②化合物Bは，ニトロベンゼンの還元で得られ，さらし粉溶液で呈色したことからもアニリン$C_6H_5NH_2$とわかる。

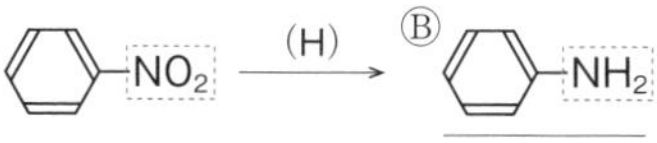

$C_6H_5-NO_2 \xrightarrow{(H)}$ Ⓑ$C_6H_5-NH_2$

ニトロベンゼン　　アニリン

なお，化合物Cの分子式は，原子保存則より，

(化合物Cの分子式)＝(Ⓐ$C_9H_{11}NO + H_2O$)－Ⓑ$C_6H_7N = C_3H_6O_2$

よって，(アミドの加水分解から生じた化合物Bが$-NH_2$をもっているため)化合物Cはカルボン酸であり，分子式からプロピオン酸CH_3-CH_2-COOHと決まる。

以上より，化合物Aは以下の構造に決まる。

Ⓑ Ⓒ Ⓐ

$$\text{C}_6\text{H}_5\text{-N(H)-H} + \text{HO-C(=O)-CH}_2\text{-CH}_3 \underset{加水分解}{\overset{脱水}{\rightleftarrows}} \text{C}_6\text{H}_5\text{-N(H)-C(=O)-CH}_2\text{-CH}_3 + H_2O$$

③化合物D(アルコール)を酸化することで化合物C(プロピオン酸)が得られることから，化合物Dは1－プロパノールと決まる。

Ⓓ Ⓒ

$$CH_3-CH_2-CH_2(OH) \xrightarrow{(O)} CH_3-CH_2-C(=O)-H \xrightarrow{(O)} CH_3-CH_2-C(=O)-OH$$

1－プロパノール　プロピオンアルデヒド　プロピオン酸

④化合物D(1－プロパノール)の異性体には，－OHをもつ2－プロパノールとC－O－Cをもつエチルメチルエーテルがある。化合物Eは金属Naと反応してH_2を発生させるが，化合物FはH_2の発生がなかったことから化合物Eは－OHをもつ2－プロパノール，化合物Fは－OHをもたないエチルメチルエーテル$CH_3-CH_2-O-CH_3$と決まる。なお，化合物E(2－プロパノール)を酸化すると得られる化合物Gはアセトンである(次式)。

Ⓔ Ⓖ

$$CH_3-CH(OH)-CH_3 \xrightarrow{(O)} CH_3-C(=O)-CH_3$$

2－プロパノール　アセトン

問2　ニトロベンゼンにスズSnと濃塩酸を加えて加熱すると，アニリン塩酸塩が生じる。このアニリン塩酸塩溶液にNaOH水溶液を加えると，弱塩基であるアニリンが遊離する(⇒P.215-216)。次図より，理論上はニトロベンゼン1molからアニリン1molが生成する。

$$\text{C}_6\text{H}_5\text{-NO}_2 \xrightarrow[還元]{Sn,\ 濃塩酸} \text{C}_6\text{H}_5\text{-NH}_3\text{Cl} \xrightarrow{NaOHaq} \text{C}_6\text{H}_5\text{-NH}_2$$

ニトロベンゼン　アニリン塩酸塩　アニリン

よって，反応率が82％のとき，ニトロベンゼン50mgから得られるアニリンの質量〔mg〕は，

ニトロベンゼン〔mol〕＝アニリン〔mol〕

$$\frac{50\times10^{-3}〔g〕\times\frac{82}{100}}{123〔g/mol〕}\times 93〔g/mol〕= 31\times10^{-3}〔g〕= 31〔mg〕$$

問4　異性体D，E，Fのうち最も沸点が低いのは，－OHをもたず分子の極性が小さく分子間で水素結合を形成しない化合物F(エチルメチルエーテル)である。また，第1級アルコールと第2級アルコールでは，第1級アルコールのほうが沸点が高い(詳しくはP.198を参照のこと)。よって，化合物D(1－プロパノール)の方が化合物E(2－プロパノール)に比べ沸点は高くなる。以上より，沸点が低い順に並べると以下のようになる。

Ⓕ Ⓔ Ⓓ

$$CH_3-CH_2-O-CH_3 < CH_3-CH(OH)-CH_3 < CH_3-CH_2-CH_2(OH)$$

問5　化合物E(2−プロパノール)に濃硫酸を加えて比較的低い温度で加熱すると分子間脱水が起こり，次式のようにエーテルである化合物Hが生じる(酸化剤にも還元剤にも反応しないことからもわかる)。

$$CH_3-\underset{\large CH_3}{\overset{|}{CH}}-OH + HO-\underset{\large CH_3}{\overset{|}{CH}}-CH_3 \xrightarrow[\text{加熱(低)}]{\text{濃硫酸}} \text{Ⓗ}\ CH_3-\underset{\large CH_3}{\overset{|}{CH}}-O-\underset{\large CH_3}{\overset{|}{CH}}-CH_3 + H_2O$$

(各CH の上にCH₃が結合)

また，高温で加熱すると分子内脱水が起こり，次式のようにアルケンである化合物I(プロペン)が生じる。プロペン(プロピレン)を付加重合することでポリプロペン(ポリプロピレン)が得られる。

$$CH_3-\underset{OH}{\underset{|}{CH}}-CH_3 \xrightarrow[\text{加熱(高)}]{\text{濃硫酸}} \text{Ⓘ}\ CH_2{=}CH-CH_3 \xrightarrow{\text{付加重合}} \left[CH_2-\underset{CH_3}{\underset{|}{CH}}\right]_n$$

プロペン(プロピレン)　　ポリプロペン(ポリプロピレン)

163　解答

問1　ア　還元　イ　赤(または赤褐色)　ウ　二酸化炭素　エ　水　(ウ，エは順不同)

問2　Cu_2O

問3　$C_6H_{12}O_6 \longrightarrow 2C_2H_5OH + 2CO_2$

解説

問1，2　ア　グルコース分子は，結晶中ではC原子5個とO原子1個が環状につながったα−グルコースとよばれる六員環構造をしている。これを水に溶かすと，異性体であるβ−グルコースと開環した鎖状グルコースの3種類の平衡状態になる(次図)。

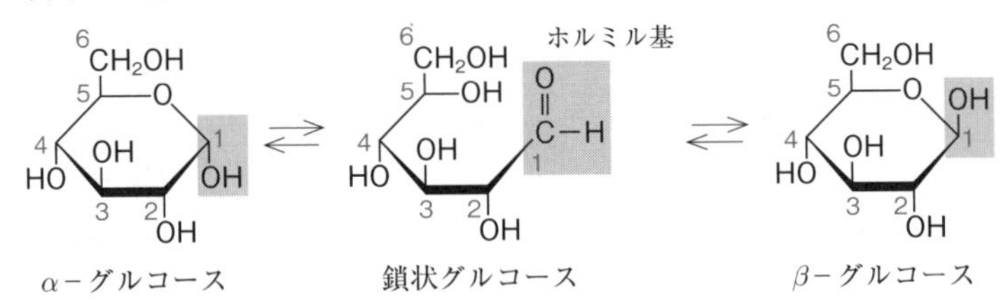

α−グルコース　　鎖状グルコース　　β−グルコース

イ　上図の鎖状グルコースは，1位のC原子のところで開環しており，ホルミル基−CHOをもっている。そのため，グルコース溶液は還元性を示し，フェーリング液を加えると酸化銅(Ⅰ)Cu_2Oの赤色沈殿が生じる(⇒P.184)。

ウ，エ　グルコース$C_6H_{12}O_6$はO_2により，最終的に$_ウ$二酸化炭素CO_2と$_エ$水H_2Oになる(次式)。生物は，この反応により生じるエネルギーを利用して生命活動をしている。

$$C_6H_{12}O_6 + 6O_2 \longrightarrow 6CO_2 + 6H_2O$$

問3　グルコースなどの単糖類は，酵母菌中のチマーゼという酵素群の働きにより，発酵されてエタノールC_2H_5OHと二酸化炭素CO_2になる(次式)。これをアルコール発酵という。

$$C_6H_{12}O_6 \longrightarrow 2C_2H_5OH + 2CO_2\uparrow$$

164 解答

問1

(b)

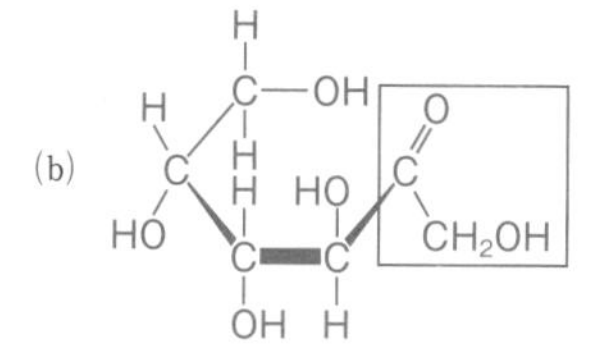

(c)

問2　ア　$C_6H_{12}O_6$　　イ　ホルミル(アルデヒド)　　ウ　ヒドロキシ

問3　銀鏡反応，Ag，銀が析出する。

フェーリング液の還元，Cu，赤色沈殿が生じる。

解説

問1　単糖類は，グルコース(ブドウ糖)のように水溶液中でホルミル基をもつアルドースと，フルクトース(果糖)のようにカルボニル基(ケトン基)をもつケトースに分類できる。また，フルクトースはホルミル基をもたないが(構造変化により)還元性を示す部位をもつ(次図の　　)。つまり，アルドースとケトースは，還元性を示す部位の構造で分類したものである。

カルボニル基

六員環構造　　鎖状構造　　五員環構造

問2 ⇒ 重要ポイント

単糖類であるグルコースとガラクトースはともに単糖類であるため，分子式は$_{ア}$$C_6H_{12}O_6$で表される。水溶液中では開環して$_{イ}$ホルミル(アルデヒド)基 −CHO を生じるので，還元性を示す。また，1分子中に親水性の官能基である$_{ウ}$ヒドロキシ基 −OH を5個もつため，水に溶けやすい。なお，ガラクトースはグルコースの4位の −OH の向きが異なる単糖類である。

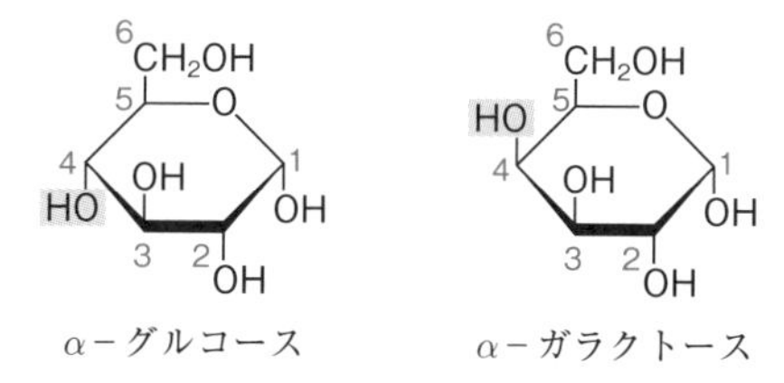

α−グルコース　　α−ガラクトース

問3　還元性を検出する試験方法として，銀鏡反応とフェーリング液の還元反応がある(⇒P.184)。

重要ポイント　糖類

分子式 $C_m(H_2O)_n$ で表される物質を糖類といい，炭水化物ともいう(ただし，ホルムアルデヒド HCHO(分子式：CH_2O)や乳酸 $CH_3CH(OH)COOH$(分子式：$C_3H_6O_3$)は糖類には含めない)。

糖類は三大栄養素の1つでもあり，生物はこれを利用して生命活動を行っている。また，糖類を大きく分類すると，それ以上加水分解できない単糖類(分子式：$C_6H_{12}O_6$)と，その単糖類が2つ結合した二糖類(分子式：$C_{12}H_{22}O_{11}$)，多数の単糖類が結合した多糖類(分子式:$(C_6H_{10}O_5)_n$)に分類される。なお，$H\text{-}(C_6H_{10}O_5)_n\text{-}OH$($n$ = 2～10)をオリゴ糖という。

165 解答

問1 (ア) グルコース，フルクトース　(イ) マルトース，ラクトース
(ウ) スクロース，セロビオース

問2 Cu_2O

解説 ⇒ 重要ポイント

問1，2 以下のように単糖類と二糖類に分ける。

単糖類…グルコース，フルクトース
二糖類…マルトース，スクロース(還元性×)，ラクトース，セロビオース

また，1％水溶液ということは，(分子量は二糖類が単糖類の約2倍のため)モル濃度は単糖類が二糖類の約2倍であることに注意する。

ここで，各実験の結果及び，その結果から推定できることを以下にまとめる。

[実験1]

溶液(ア)，(イ)，(ウ)のフェーリング液の還元反応における酸化銅(Ⅰ)Cu_2Oの赤色沈殿の質量比が2:1:0.5であったことから，還元性をもつ糖が2:1:0.5の物質量比で含まれていることがわかる。よって，(モル濃度が大きい)単糖類どうしの組合せが，沈殿生成量が最も多く，スクロースには還元性がなく沈殿生成がないことから，溶液(ア)，(イ)，(ウ)は以下の3つのケースが考えられる(■■は現時点で確定している糖)。

Case1
(ア) グルコース＋フルクトース
(イ) マルトース＋ラクトース
(ウ) スクロース＋セロビオース

Case2
(ア) グルコース＋フルクトース
(イ) ラクトース＋セロビオース
(ウ) スクロース＋マルトース

Case3
(ア) グルコース＋フルクトース
(イ) セロビオース＋マルトース
(ウ) スクロース＋ラクトース

[実験2]

溶液(ウ)において，フェーリング液の還元反応で生じるCu_2O沈殿の量が増加したことから，溶液(ウ)に含まれる糖がインベルターゼにより加水分解され，還元性をもつ糖が増加したことがわかる。つまり，溶液(ウ)にはスクロースが含まれている(これは実験1からも明らか)。

［実験3］

溶液(イ)において，フェーリング液の還元反応で生じるCu_2O沈殿の量が増加したことから，溶液(イ)に含まれる糖がマルターゼにより加水分解され，還元性をもつ糖が増加したことがわかる。つまり，溶液(イ)にはマルトースが含まれており，実験1の**Case1**または**Case3**のいずれかである。

［実験4］

溶液(ア)，(イ)，(ウ)における糖を希硫酸で加水分解した結果，各溶液から2種類の単糖が生じたことから，**Case3**の可能性はなくなる。（**Case3**において溶液(イ)のセロビオースとマルトースをそれぞれ加水分解しても生成する単糖はグルコース1種類のみである。また，溶液(ウ)のスクロースとラクトースをそれぞれ加水分解すると，生成する単糖はグルコース，フルクトース，ガラクトースの3種類になる。）よって，糖の組合せは**Case1**になる（**Case1**の溶液(イ)の2種類の二糖を加水分解すると，マルトースからはグルコースのみ，ラクトースからはグルコースとガラクトースが生じ，2種類の単糖が得られる）。

重要ポイント　二糖類の還元性

単糖類のC原子に結合した−OH−どうしからH_2Oがとれてできたエーテル結合C−O−Cをグリコシド結合という。マルトースやセロビオースは片方のグルコース単位の1位のC原子のところで開環できるため還元性を示す。しかし，次図のように，スクロースは開環に必要なC原子のところでグリコシド結合をつくっているため，開環できず還元性を示さない。

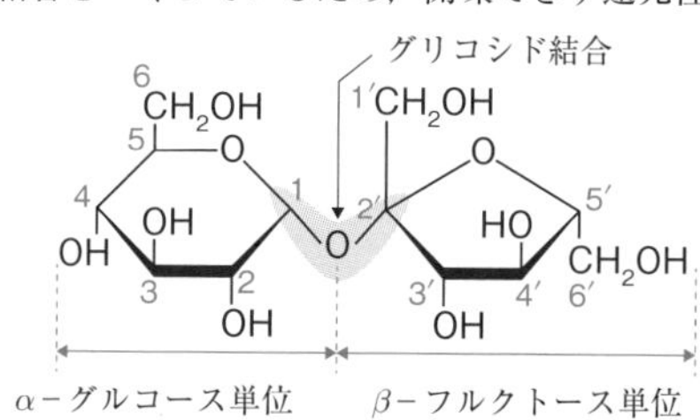

166　解答

問1　H_2O

問2　活性化エネルギー

問3　ウ　1.30×10^{-5}　エ　2.60×10^{-3}　オ　2.60×10^{-3}　カ　4.33×10^{-6}
キ　7.66×10^{-3}　ク　5.06×10^{-3}　ケ　6.36×10^{-3}　コ　6.81×10^{-4}
サ　13.3

解説

問1　スクロースはインベルターゼを作用させると，グルコースとフルクトースに加水分解される（次式）。

$$\underset{\text{スクロース}}{C_{12}H_{22}O_{11}} + {}_{ア}\underline{H_2O} \xrightarrow{\text{インベルターゼ}} \underset{\text{グルコース}}{C_6H_{12}O_6} + \underset{\text{フルクトース}}{C_6H_{12}O_6}$$

問2　インベルターゼなどの酵素は触媒作用があり，$_{イ}$活性化エネルギーを小さくすることで反応速度を大きくする(⇒P.124)。

問3　ウ，エ　グルコース $C_6H_{12}O_6$(分子量180)2.34 mg の物質量〔mol〕は，

$$\frac{2.34\times10^{-3}〔\text{g}〕}{180〔\text{g/mol}〕}={}_{ウ}\underline{1.30\times10^{-5}}〔\text{mol}〕$$

また，題意より，反応後の溶液の体積は5 cm^3(＝5 mL)のままなので，グルコースのモル濃度〔mol/L〕は，

$$\frac{1.30\times10^{-5}〔\text{mol}〕}{\frac{5.00}{1000}〔\text{L}〕}={}_{エ}\underline{2.60\times10^{-3}}〔\text{mol/L}〕$$

オ　**問1**の反応式より，「生成したグルコース〔mol〕＝反応したスクロース〔mol〕」であり，同一溶液中なので，「物質量〔mol〕比＝モル濃度〔mol/L〕比」から「生成したグルコース〔mol/L〕＝反応したスクロース〔mol/L〕」となる。よって，スクロースのモル濃度の変化量の絶対値 $|\Delta[C_{12}H_{22}O_{11}]|$ は，エの結果より，

$$|\Delta[C_{12}H_{22}O_{11}]|=|\Delta[C_6H_{12}O_6]|={}_{オ}\underline{2.60\times10^{-3}}〔\text{mol/L}〕$$

カ　スクロースの分解の反応速度 v〔mol/(L・s)〕は，オの結果から，定義式(⇒P.122)より，

$$v=\frac{|\Delta[C_{12}H_{22}O_{11}]|}{\Delta t}=\frac{2.60\times10^{-3}〔\text{mol/L}〕}{10\times60〔\text{s}〕}=4.333\cdots\times10^{-6}$$

$$\fallingdotseq{}_{カ}\underline{4.33\times10^{-6}}〔\text{mol/(L・s)}〕$$

キ～ケ　反応前のスクロースのモル濃度は，

$$\frac{\dfrac{13.1\times10^{-3}〔\text{g}〕}{342〔\text{g/mol}〕}\ (\text{mol})}{\dfrac{5.00}{1000}〔\text{L}〕}=7.660\cdots\times10^{-3}\fallingdotseq{}_{キ}\underline{7.66\times10^{-3}}〔\text{mol/L}〕$$

また，10分反応後のスクロースのモル濃度は，オの結果より，

$$\underbrace{7.660\times10^{-3}}_{\text{反応前}}-\underbrace{2.60\times10^{-3}}_{\text{10分後までの反応量}}=5.060\times10^{-3}={}_{ク}\underline{5.06\times10^{-3}}〔\text{mol/L}〕$$

よって，0～10分間のスクロースのモル濃度 $[C_{12}H_{22}O_{11}]$ の平均値は，

$$[C_{12}H_{22}O_{11}]=\frac{7.660\times10^{-3}+5.060\times10^{-3}}{2}={}_{ケ}\underline{6.36\times10^{-3}}〔\text{mol/L}〕$$

コ　反応速度定数を k とおくと，本問中の反応速度定数 k の単位が「/s」となっていることから，反応次数は 1 であることがわかる(反応次数を x とおいて，速度式 $v=k[C_{12}H_{22}O_{11}]^x$ の単位のみに注目すると，「mol/(L・s)＝/s×(mol/L)^x」となり，両辺の単位がそろうためには $x=1$ とならなければならない)。よって，カ・ケの結果より，

$$v=k[C_{12}H_{22}O_{11}]^1$$

$$\Leftrightarrow\quad k=\frac{v}{[C_{12}H_{22}O_{11}]}=\frac{4.33\times10^{-6}〔\text{mol/(L・s)}〕}{6.36\times10^{-3}〔\text{mol/L}〕}=6.808\cdots\times10^{-4}\fallingdotseq\underline{6.81\times10^{-4}}〔/\text{s}〕$$

サ　スクロース，グルコース，フルクトースの総質量において，増加したのは加水分解に使わ

れたH_2Oの質量分のみである。よって，**問1**の反応式より，「反応した$C_{12}H_{22}O_{11}$〔mol〕＝反応したH_2O〔mol〕」より，使われたH_2Oの質量〔mg〕は，ウの結果より，

$$18.0〔g/\cancel{mol}〕\times 1.30\times 10^{-5}〔\cancel{mol}〕= 2.34\times 10^{-4}〔g〕= 2.34\times 10^{-1}〔mg〕$$

以上より，スクロース，グルコース，フルクトースの総質量〔mg〕は，質量保存則から，

$$\underbrace{13.1}_{\text{初めのスクロース}} + \underbrace{2.34\times 10^{-1}}_{\text{使われた}H_2O} = 13.33\cdots \fallingdotseq \underline{13.3}〔mg〕$$

167 解答

問1　ア　α－アミノ酸　　イ　必須アミノ酸　　ウ　双性　　エ　等電点

問2　グリシンは不斉炭素原子をもたないため。

問3

```
      H
      |
   H－C－COO⁻
      |
     NH3⁺
```

問4　塩基性　　理由）塩基性にすることで陰イオンの存在割合が大きくなるから。

解説

問1　ア　分子中にアミノ基$-NH_2$とカルボキシ基$-COOH$の両方をもつものをアミノ酸という。また，この2つの官能基が同一のC原子に結合しているものを<u>α－アミノ酸</u>という。なお，$-COOH$が結合しているC原子から順にα，β，γ，…と名付けていき，$-NH_2$が結合しているC原子のギリシャ文字を頭につけて命名している。

$$\cdots - {}^{\delta}C - {}^{\gamma}C - {}^{\beta}C - {}^{\alpha}C - COOH$$

（矢印：アミノ基$-NH_2$の結合箇所）

イ　タンパク質を構成しているアミノ酸は約20種類で，すべてα－アミノ酸である。このうち生体内で合成されないアミノ酸を<u>必須アミノ酸</u>といい，ヒトの必須アミノ酸はフェニルアラニン，メチオニン，リシン，バリン，ロイシン，イソロイシン，トリプトファン，トレオニン，ヒスチジン(幼児のみ)である(特に，フェニルアラニン，メチオニン，リシンを覚えておくとよい)。

ウ　アミノ酸は$-NH_2$と$-COOH$を両方もつため，酸と塩基の両方の性質を示す。これを双性(または両性)という。そのため，アミノ酸は結晶中や水中では$-COOH$が$-NH_2$にH^+を渡して陰イオン状態の$-COO^-$と陽イオン状態の$-NH_3^+$が同一物質中に同時に存在する。このようなイオンを双性イオンという。なお，アミノ酸はイオン状態で結晶をつくっているため，他の有機化合物に比べて融点が高く，有機溶媒よりも水に溶けやすいものが多い。

$$\underset{\text{陽イオン}}{R-CH(NH_3^+)-COOH} \underset{H^+}{\overset{OH^-}{\rightleftarrows}} \underset{\text{双性イオン}}{R-CH(NH_3^+)-COO^-} \underset{H^+}{\overset{OH^-}{\rightleftarrows}} \underset{\text{陰イオン}}{R-CH(NH_2)-COO^-}$$

有機化合物

エ　アミノ酸の水溶液中では双性イオン・陽イオン・陰イオンが平衡状態になっている。また，アミノ酸の水溶液を酸性にしてpHを小さくしていくと双性イオンの$-COO^-$がH^+を受け取り陽イオンになっていくが，逆に塩基性にしてpHを大きくしていくと，OH^-に$-NH_3^+$のH^+が奪われ陰イオンになっていく。つまり，pHを変えることでそれぞれのイオンの存在割合は変わる。これらのイオンの混合物の電荷が全体として0となるときのpHを等電点という。等電点は，中性アミノ酸であれば中性付近(およそpH6)，酸性アミノ酸では酸性側，塩基性アミノ酸であれば塩基性側となる。

問2　グリシンは側鎖$-R$が$-H$のため，次図のように，中心のC原子が不斉炭素原子にならない。そのため，鏡像異性体が生じない。

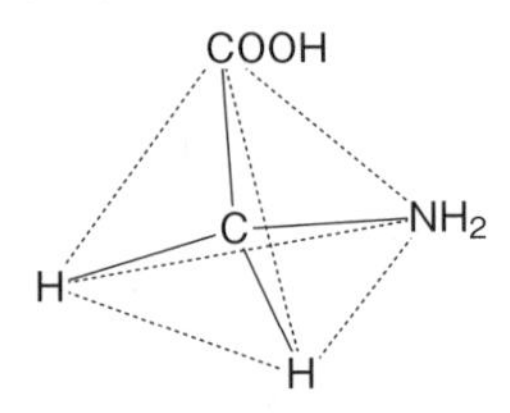

問4 ⇒ 重要ポイント

等電点がほぼ中性であるアミノ酸は中性アミノ酸である。中性アミノ酸は中性付近ではほとんどが双性イオンとなり平衡混合物の電荷の偏りが小さいため，電圧をかけても移動しない。そこで，このアミノ酸水溶液のpHを大きくしていくと(OH^-を加えていくと)陰イオンの存在割合が大きくなるので，陽極に移動させることができる。

重要ポイント 電気泳動のしくみ

等電点では，アミノ酸のほとんどは双性イオンになっていて(正負の電荷がつり合っているため)，電圧をかけても移動しない。しかし，pHが等電点よりも小さいときはアミノ酸の多くが陽イオンとなっているため，その水溶液に電圧をかけると陰極側に移動する。一方，pHが等電点よりも大きいときはアミノ酸の多くが陰イオンとなっているため，陽極側に移動する。このような現象や操作を電気泳動という(次図)。

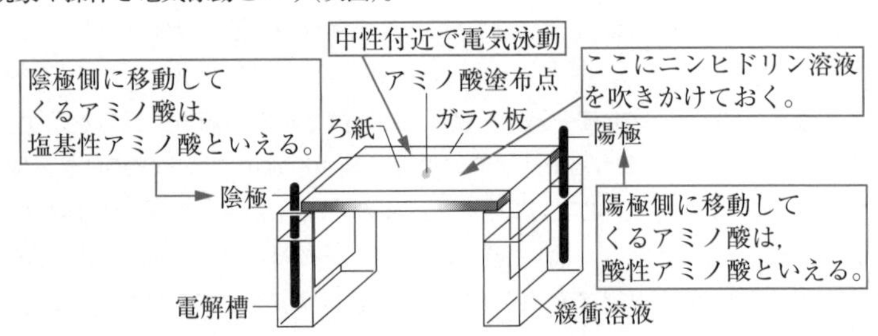

168　解答

問1　ア　ニンヒドリン　　イ　アミノ　　ウ　双　　エ　平衡

問2　pH = 1.34のとき　0.91　　pH = 3.34のとき　0.091

問3　5.97

問4　1）E　　2）D，F

解説

問1　ア，イ　アミノ酸に薄いニンヒドリン水溶液を加えて温めると，赤紫色を呈する。これを$_{ア}$ニンヒドリン反応といい，$_{イ}$アミノ基$-NH_2$が存在することで起こる反応である。

問2

$$A^+ \rightleftarrows B^{\pm} + H^+$$

（イオン状態を明確にするため，アルファベット部分に電荷を付記している。）

上式の平衡状態において，化学平衡の法則（⇒P.128）より，

$$K_1 = \frac{[B^{\pm}][H^+]}{[A^+]} \quad \cdots\cdots ①$$

$$\Leftrightarrow \quad [B^{\pm}] = \frac{K_1}{[H^+]}[A^+]$$

（酸性下のため，陰イオン（C^-）の存在比，つまり第2電離は無視できる。）

［pH = 1.34のとき］

A^+の存在比は，

$$\frac{[A^+]}{[A^+]+[B^{\pm}]+\underset{ムシ}{[C^-]}} \fallingdotseq \frac{[A^+]}{[A^+]+[B^{\pm}]} = \frac{[A^+]}{[A^+]+\dfrac{K_1}{[H^+]}[A^+]}$$

分母分子を$[A^+]$で割る。

$$= \frac{1}{1+\dfrac{K_1}{[H^+]}} = \frac{1}{1+\dfrac{1.00\times10^{-2.34}}{1.00\times10^{-1.34}}} = \frac{10}{11} = 0.909\cdots \fallingdotseq \underline{0.91}$$

［pH = 3.34のとき］

A^+の存在比は，pH = 1.34のときと同様に，

$$\frac{[A^+]}{[A^+]+[B^{\pm}]+\underset{ムシ}{[C^-]}} = \frac{1}{1+\dfrac{K_1}{[H^+]}} = \frac{1}{1+\dfrac{1.00\times10^{-2.34}}{1.00\times10^{-3.34}}} = \frac{1}{11} = 0.0909\cdots \fallingdotseq \underline{0.091}$$

参考　厳密には，イオン存在比は以下のようにして求める（次式はA^+の存在比を求める場合）。

$$A^+ \rightleftarrows B^{\pm} + H^+ \qquad K_1 = \frac{[B^{\pm}][H^+]}{[A^+]} \quad \cdots\cdots ①$$

$$B^{\pm} \rightleftarrows C^- + H^+ \qquad K_2 = \frac{[C^-][H^+]}{[B^{\pm}]} \quad \cdots\cdots ②$$

ここで，①式×②式より，

$$K_1K_2 = \frac{[\cancel{B^{\pm}}][H^+]}{[A^+]} \times \frac{[C^-][H^+]}{[\cancel{B^{\pm}}]} = [H^+]^2\frac{[C^-]}{[A^+]} \quad \cdots\cdots(*)$$

$$\Leftrightarrow \quad [C^-] = \frac{K_1K_2}{[H^+]^2}[A^+]$$

よって，イオンの総量は次式のように表される。

$$[A^+] + [B^{\pm}] + [C^-] = [A^+] + \frac{K_1}{[H^+]}[A^+] + \frac{K_1K_2}{[H^+]^2}[A^+]$$

$$= [A^+]\left(1 + \frac{K_1}{[H^+]} + \frac{K_1K_2}{[H^+]^2}\right)$$

よって，A^+の存在比は，次式で表される。

$$\frac{[A^+]}{[A^+]+[B^{\pm}]+[B^-]} = \frac{[A^+]}{[A^+]\left(1 + \frac{K_1}{[H^+]} + \frac{K_1K_2}{[H^+]^2}\right)} = \frac{[H^+]^2}{[H^+]^2 + K_1[H^+] + K_1K_2}$$

問3　イオン構造A^+とC^-の存在比が等しいときのpH，つまりグリシンの等電点は，上の参考の(＊)式において，$[A^+]=[C^-]$となるときなので，

$$K_1K_2 = [H^+]^2\frac{[\cancel{C^-}]}{[\cancel{A^+}]} = [H^+]^2$$

$$\Leftrightarrow \quad [H^+] = \sqrt{K_1K_2} \text{〔mol/L〕}$$

$$\therefore \quad pH = -\log\sqrt{K_1K_2} = \frac{1}{2}(-\log K_1 - \log K_2) = \frac{1}{2}(2.34 + 9.60) = \underline{5.97}$$

問4　陽イオン交換樹脂(⇒P.268)に吸着される物質は正に帯電した(1分子中の＋の数が－より多い)もの。つまり，正に帯電していなければ，(陽イオン交換樹脂に吸着されず)流出してくる。ここで，各pHにおけるそれぞれの物質のイオン状態と流出するものについて以下に示す($-CONH_2$は塩基性を示さない(H^+を受け取らない)ことに注意する)。

pH＝2.0
- D　$H_3N^+-CH_2-COOH$
- $\underline{E}$　$CH_3CO-NH-CH_2-COOH$　⇒　①の流出液へ
- F　$H_3N^+-CH(CH_3)-COOH$
- G　$H_3N^+-CH_2-COOCH_3$
- H　$H_3N^+-CH_2-CONH_2$

pH＝7.0
- $\underline{D}$　$H_3N^+-CH_2-COO^-$　⇒　②の流出液へ
- $\underline{F}$　$H_3N^+-CH(CH_3)-COO^-$　⇒　②の流出液へ
- G　$H_3N^+-CH_2-COOCH_3$
- H　$H_3N^+-CH_2-CONH_2$

強塩基性
- G　$H_2N-CH_2-COOCH_3$　⇒　流出
- H　$H_2N-CH_2-CONH_2$　⇒　流出

解答

問1　1　CH_3　　2　H

問2　A　COOH／H／C／CH_3／NH_2（立体表示）　　B　COOH／H─┼─NH_2／CH_3

問3　X　$H_2N-C(H)(H)-C(=O)-N(H)-C(CH_3)(H)-C(=O)-O-CH_3$

Y　$H_2N-C(H)(H)-C(=O)-N(H)-C(CH_3)(H)-C(=O)-OH$

Z　$H_2N-C(CH_3)(H)-C(=O)-N(H)-C(H)(H)-C(=O)-OH$

問4　(ウ)，(オ)

解説

問1　本問の図1において，表現A，Bにおける原子または原子団の対応関係（　　枠が対応している箇所）は，題意より以下のようになっている。

図1　グリシンの立体表示

よって，上図と同様にすると，L－アラニンは以下のように表すことができる。

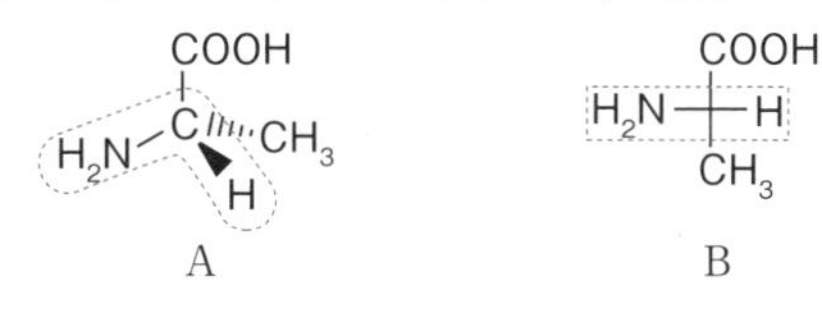

図2　L－アラニンの立体表示

問2　鏡像異性体の関係にあるD体とL体は重なり合わない。そのため，次図のようにL体の原子または原子団を1回だけ入れ替えるとD体となる。

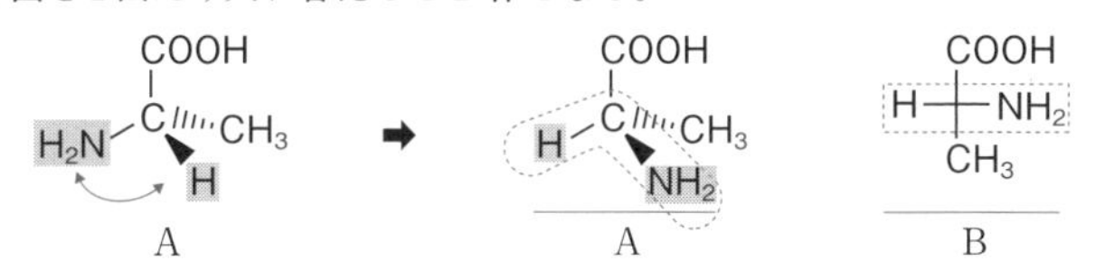

L－アラニンの立体表示　　　　D－アラニンの立体表示

問3　操作(1)において，アラニンAlaに酸触媒を用いてメタノールCH_3OHを作用させると，エステル化が起こり，次式のようにWが生じる。

$$H_2N-CH(CH_3)-CO-OH + H-O-CH_3 \xrightarrow[\text{エステル化}]{H^+} H_2N-CH(CH_3)-CO-O-CH_3 + H_2O$$

（生成物：Ⓦ）

操作(2)において，このWとグリシンGlyを脱水縮合させると，Glyの$-COOH$とWの$-NH_2$で脱水し，次式のようにXが生じる。

$$\underset{\text{Gly}}{H_2N-CH_2-CO-OH} + \underset{\text{Ⓦ}}{H-NH-CH(CH_3)-CO-O-CH_3} \xrightarrow[\text{縮合}]{-H_2O} \underset{\text{Ⓧ}}{H_2N-CH_2-CO-NH-CH(CH_3)-CO-O-CH_3}$$

操作(3)において，XにNaOHを作用させ中和すると，エステル結合$-COO-$が加水分解（けん化）され，次式のようにジペプチドY（とメタノール）が生じる。

$$\underset{\text{Ⓧ}}{H_2N-CH_2-CO-NH-CH(CH_3)-CO-O-CH_3} \xrightarrow[\text{けん化}]{\text{NaOH aq}} \xrightarrow{\text{中和}} \underset{\text{Ⓨ}}{\underbrace{H_2N-CH_2-CO}_{\text{Gly 由来}}-\underbrace{NH-CH(CH_3)-CO-OH}_{\text{Ala 由来}}} + CH_3OH$$

操作(4)において，AlaとGlyから得られるジペプチドには，Glyの$-COOH$とAlaの$-NH_2$で脱水縮合したもの（ジペプチドY）以外に，次式のようにAlaの$-COOH$とGlyの$-NH_2$で脱水縮合したジペプチドZがある。

$$\underset{\text{Ala}}{H_2N-CH(CH_3)-CO-OH} + \underset{\text{Gly}}{H-NH-CH_2-CO-OH} \xrightarrow[\text{縮合}]{-H_2O} \underset{\text{Ⓩ}}{\underbrace{H_2N-CH(CH_3)-CO}_{\text{Ala 由来}}-\underbrace{NH-CH_2-CO-OH}_{\text{Gly 由来}}}$$

問4　ジペプチドYとジペプチドZは，構造異性体の関係（分子式は同じだが原子の結合の仕方や順序が異なる）にある。よって，本問の選択肢の中では，以下の2つが構造異性体の関係にある。

(ウ)　CH_3-CH_2-OH（エタノール）　CH_3-O-CH_3（ジメチルエーテル）

(オ)　o－キシレン（ベンゼン環の隣り合う位置にCH_3が2つ）　p－キシレン（ベンゼン環の向かい合う位置にCH_3が2つ）

なお，(ア)のL－アラニンとD－アラニンは鏡像異性体の関係，(イ)のシス－2－ブテンとトランス－2ブテンはシス－トランス異性体の関係，(エ)のプロパンC_3H_8とブタンC_4H_{10}はともにC_nH_{2n+2}で表される同族体の関係（一般式が同じ）にある。

170 解答

問1 組成式　$C_5H_{10}N_2O_3$　　分子式　$C_5H_{10}N_2O_3$

問2 B　$C_2H_5NO_2$　　C　$C_3H_7NO_2$

問3

```
    H  O     CH3                     CH3 O      H
    |  ||    |                       |   ||     |
H2N-C--C--N--C--COOH            H2N--C---C--N--C--COOH
    |     |  |                       |      |  |
    H     H  H                       H      H  H
```

解説

問1　ジペプチドAの分子量(M = 146)と各原子の質量%から，分子式は以下のように求まる。

$$\text{C原子}:\frac{146\times\frac{41.1}{100}}{12}\fallingdotseq 5〔\text{個}〕$$

$$\text{H原子}:\frac{146\times\frac{6.8}{100}}{1}\fallingdotseq 10〔\text{個}〕$$

$$\text{N原子}:\frac{146\times\frac{19.2}{100}}{14}\fallingdotseq 2〔\text{個}〕$$

$$\text{O原子}:\frac{146\times\frac{100-(41.1+6.8+19.2)}{100}}{16}\fallingdotseq 3〔\text{個}〕$$

よって，分子式は$C_5H_{10}N_2O_3$となる。（組成式も$C_5H_{10}N_2O_3$となる。）

問2　α－アミノ酸Bには鏡像異性体が存在しないことから，α－アミノ酸Bはグリシン Gly と決まる。ここで，ジペプチドAの加水分解反応は次式で表される。

$$\text{Ⓐ}C_5H_{10}N_2O_3 + H_2O \longrightarrow \text{Ⓑ}\underset{\text{Gly}}{\underline{C_2H_5NO_2}} + \boxed{\text{アミノ酸C}}$$

ここで，アミノ酸Cの分子式は，原子保存則より，

$$(\text{アミノ酸Cの分子式}) = (\text{Ⓐ}C_5H_{10}N_2O_3 + H_2O) - \text{Ⓑ}C_2H_5NO_2 = \underline{C_3H_7NO_2}$$

問3　分子式$C_3H_7NO_2$で表されるα－アミノ酸はアラニン Ala である。よって，ジペプチドAは Gly と Ala の順列で考えると，Gly － Ala または Ala － Gly の可能性がある。

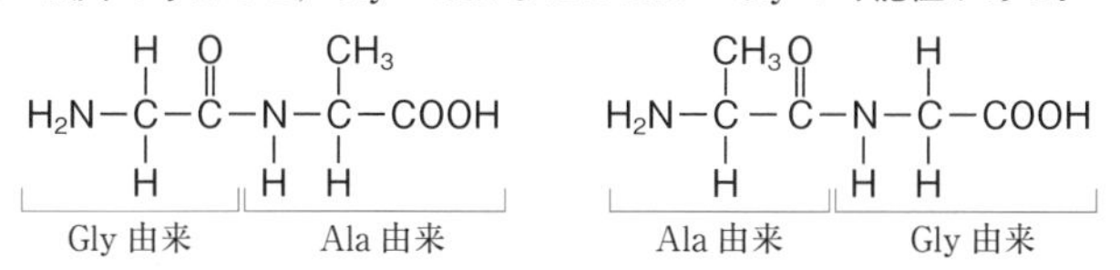

171 解答

問1 A
$$H_2N-CH(CH_3)-C(=O)-N(H)-CH_2-COOH$$

C $H_2N-CH(CH_3)-COOH$　　D $H_2N-CH_2-C(=O)-O-CH_3$

E $H_2N-CH_2-COONa$　　F H_2N-CH_2-COOH

問2 C　　**問3** 1.78 g

解説

問1　操作1において，ジペプチドAとメタノールのエステル化反応は次式で表される。

$$\boxed{\text{ジペプチドA}} + CH_3OH \longrightarrow \boxed{\text{化合物B}} + H_2O$$

分子量　$M_A(\leqq 150)$ ＋ 32　　M_B ＋ 18

よって，化合物Bの分子量 M_B は，質量保存の法則より，

$$M_B = (M_A + 32) - 18 \qquad \therefore\ M_B \leqq 164$$

また，操作2において，酵素を用いて化合物Bのペプチド結合のみを加水分解する反応は次式で表される。

$$\boxed{\text{化合物B}} + H_2O \longrightarrow \boxed{\alpha-\text{アミノ酸C}} + \boxed{\text{化合物D}}$$

分子量　$M_B(\leqq 164) + 18 = M_C + M_D$

また，題意より $M_C = M_D$ なので，α－アミノ酸Cの分子量 M_C は，質量保存の法則より，

$$M_B(\leqq 164) + 18 = 2M_C \qquad \therefore\ M_C(= M_D) \leqq 91$$

ここで，操作3において，化合物DをNaOH水溶液でけん化後，中和すると α－アミノ酸Fが得られたことから，化合物Dは α－アミノ酸の－COOHが－$COOCH_3$ となったエステルであり，操作2の結果より，これが $M_D \leqq 91$ となるためには，α－アミノ酸F（$M_F \leqq 91 + 18 - 32$ より $M_F \leqq 77$）はグリシンGly（分子量75）であり，（エステル化された）化合物Dの分子量は $M_D = 75 + 32 - 18 = 89$ となる。よって，$M_D = M_C = 89$ となり，α－アミノ酸CはアラニンAlaと決まる。以上より，ジペプチドAに関する操作(1)～(3)は次図のようになる。

Ⓐ $H_2N-CH(CH_3)-C(=O)-N(H)-CH_2-COOH$（Ala由来｜Gly由来）
$\xrightarrow[\text{エステル化}]{CH_3OH}$ Ⓑ $H_2N-CH(CH_3)-C(=O)-N(H)-CH_2-COOCH_3$

$\xrightarrow[\text{加水分解}]{\text{酵素}}$ Ⓒ $H_2N-C^{*}H(CH_3)-COOH$ ＋ Ⓓ $H_2N-CH_2-COOCH_3$

NaOHaq ↓ けん化

Ⓔ $H_2N-CH_2-COONa + CH_3OH$

HClaq ↓ 中和

Ⓕ H_2N-CH_2-COOH

問2　光学異性体が存在するのは，不斉炭素原子をもつα－アミノ酸C(Ala)である。

問3　トリペプチドGをメタノールでエステル化し，ペプチド結合のみを加水分解して得られた物質がC，Dのみだったことから，トリペプチドGはAlaとGlyがAla－Ala－Glyの順につながったものであり，(ジペプチドと同様に)Glyの－COOHがエステル化されたと考えられる。よって，トリペプチドGの一連の反応は以下のように表される。

$$\underset{Ⓖ}{1\cdot \text{Ala}\overset{(-CONH-)}{-}\text{Ala}-\text{Gly}} \xrightarrow[\text{エステル化}]{CH_3OH} \text{Ala}+\text{Ala}+\text{Gly}\overset{(-COO-)}{-}CH_3 \xrightarrow{2H_2O} 2\ \underset{Ⓒ}{\text{Ala}} + \underset{Ⓓ}{\text{Gly}-CH_3}$$

よって，トリペプチドG 1molからAla(化合物C) 2molが生じることがわかるので，トリペプチドG 2.17gから生じるAlaの質量〔g〕は，

$$\underbrace{\frac{2.17\text{〔g〕}}{\underset{\text{Ala}}{89}+\underset{\text{Ala}}{89}+\underset{\text{Gly}}{75}-\underbrace{2\times 18}_{\text{脱水}}\text{〔g/mol〕}}}_{\text{トリペプチドG〔mol〕}}\times 2 \times 89\text{〔g/mol〕} = 1.78\text{〔g〕}$$

(Ala〔mol〕)

172 解答

問1　ア　アセチル　　イ　エステル　　ウ　ペニシリン　　エ　選択毒性
　　オ　耐性菌　　カ　ビタミン

問2　①（ベンゼン環に $-C(=O)-OH$ と $-O-C(=O)-CH_3$ がオルト位に結合した構造）　②（ベンゼン環に $-C(=O)-O-CH_3$ と $-OH$ がオルト位に結合した構造）

問3　(b)

解説 ⇒ 重要ポイント

問1，2　ア　サリチル酸に無水酢酸$(CH_3CO)_2O$を作用させると，次式のようにアセチル化が起こり，アセチルサリチル酸が生じる。

サリチル酸 + 無水酢酸 → アセチルサリチル酸 + CH_3COOH

イ　サリチル酸にメタノールCH_3OHと濃硫酸を作用させると，次式のようにエステル化反応が起こり，サリチル酸メチルが生じる。

サリチル酸 + メタノール $H-O-CH_3$ $\xrightarrow[\text{エステル化}]{\text{濃硫酸}}$ サリチル酸メチル + H_2O

問3　原因療法薬のサルファ剤は化学療法剤として用いられている物質で，(b)のスルファニルアミドの誘導体である。サルファ剤（スルファミン剤）は大腸菌やサルモネラ菌などの細菌の発育を阻害する。なお，(a)は対症療法薬のアセトアミノフェンで，解熱鎮痛剤として用いられている。(e)は原因療法薬のペニシリンで，代表的な抗生物質（ある微生物によってつくられ，他の微生物の発育を妨げるもので，ブドウ球菌や肺炎菌の細胞壁の合成を阻害する）である。

重要ポイント　医薬品の分類

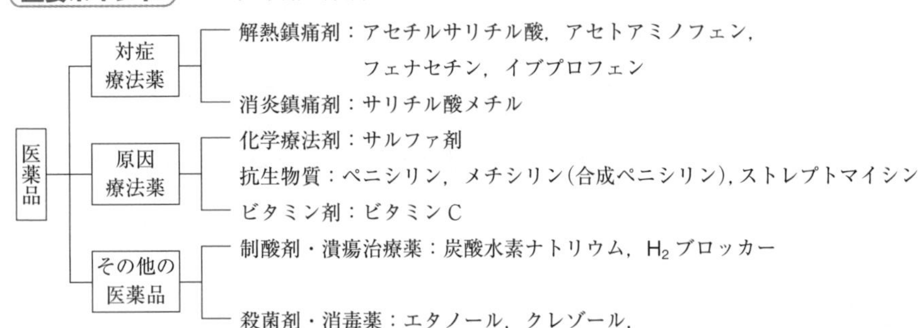

173 解答

問1

$$C_6H_4(OH)COOH + (CH_3CO)_2O \longrightarrow C_6H_4(OCOCH_3)COOH + CH_3COOH$$

問2　(e)

問3

$$2\,C_6H_5OH + 2NaNO_3 + 2H_2SO_4 \longrightarrow o\text{-}C_6H_4(OH)NO_2 + p\text{-}C_6H_4(OH)NO_2 + 2NaHSO_4 + 2H_2O$$

問4　スズ（または，鉄）

問5

$$HO\text{-}C_6H_4\text{-}NH\text{-}CO\text{-}CH_3$$

問6

$$(CH_3)_2CH\text{-}CH_2\text{-}C_6H_4\text{-}CH(CH_3)COOH \quad (\text{2つの鏡像異性体})$$

問7　$C_{13}H_{18}O_2$　　**問8**　塩化カルシウム管　0.79 g　　ソーダ石灰管　2.8 g

解説

問1

サリチル酸 + 無水酢酸 ⟶ アセチルサリチル酸 + CH_3COOH

（サリチル酸 $C_6H_4(COOH)(O{-}H)$ + 無水酢酸 $(CH_3CO)_2O$ → アセチルサリチル酸 $C_6H_4(COOH)(O{-}CO{-}CH_3)$ + CH_3COOH）

問2　(a)　誤り。アセチルサリチル酸はフェノール性−OHがアセチル化されているため，$FeCl_3$水溶液に加えても呈色しない。

(b)　誤り。アセチルサリチル酸はBr_2(赤褐色)による付加反応や置換反応を受けにくい。

(c)　誤り。アセチルサリチル酸はヨードホルム反応陽性部位であるアセチル基CH_3CO−をもつが，アセチル基に(電気陰性度が大きい)O原子が隣接しているため，(CH_3−へのヨウ素置換が起こりにくく)ヨードホルムCHI_3は生じない(⇒P.184)。

(d)　誤り。アセチルサリチル酸はホルミル基(アルデヒド基)−CHOをもたないため，銀鏡反応を示さない。

(e)　正しい。アセチルサリチル酸はNaOH水溶液により加水分解(けん化)され，サリチル酸ナトリウムを生じる(水溶液中では電離している)。

問3〜5　アセトアミノフェンは次図のように合成される(ベンゼン→ニトロベンゼン→アニリン→アセトアニリドの反応を思い出すとよい)。

フェノール $\xrightarrow[\text{ニトロ化}]{NaNO_3,\ 希硫酸}$ *p*−ニトロフェノール + *o*−ニトロフェノール

p−ニトロフェノール $\xrightarrow{塩酸,\ Sn\ (還元)}$ $\xrightarrow{中和}$ *p*−アミノフェノール ($HO{-}C_6H_4{-}NH_2$)

$HO{-}C_6H_4{-}NH_2$ $\xrightarrow[\text{アセチル化}]{(CH_3CO)_2O}$ $HO{-}C_6H_4{-}NH{-}CO{-}CH_3$ アセトアミノフェン

なお，下線部②の反応の化学反応式は以下のように作成する。

$$\text{C}_6\text{H}_5\text{OH} + NO_3^- + H^+ \longrightarrow o\text{-}C_6H_4(OH)NO_2 + H_2O$$

$$\text{C}_6\text{H}_5\text{OH} + NO_3^- + H^+ \longrightarrow p\text{-}C_6H_4(OH)NO_2 + H_2O$$

+)

$$2\,\text{C}_6\text{H}_5\text{OH} + 2NO_3^- + 2H^+ \longrightarrow o\text{-}C_6H_4(OH)NO_2 + p\text{-}C_6H_4(OH)NO_2 + 2H_2O$$

+) $+2Na^+ \quad 2HSO_4^-$ $\qquad$ $2Na^+ 2HSO_4^-$

電離のしやすさは「H_2SO_4の第1電離 > HNO_3 > H_2SO_4の第2電離」のため，NO_3^-の存在下ではH_2SO_4はHSO_4^-までしか進まない。

$$2\,\text{C}_6\text{H}_5\text{OH} + 2NaNO_3 + 2H_2SO_4 \longrightarrow o\text{-}C_6H_4(OH)NO_2 + p\text{-}C_6H_4(OH)NO_2 + 2NaHSO_4 + 2H_2O$$

問6　一対の鏡像異性体は互いに重なり合わない。そのため，次図のように一方の原子または原子団を1回だけ入れ替えると他方の鏡像異性体となる。

問7，8　与えられた構造式よりイブプロフェンの分子式は$\underline{C_{13}H_{18}O_2}$(＝206)となる。よって，イブプロフェンの完全燃焼の反応は次式で表される。

$$C_{13}H_{18}O_2 + \frac{33}{2}O_2 \rightarrow \boxed{13}\,CO_2 + \boxed{9}\,H_2O$$

ここで，塩化カルシウム管に吸収されるのは水蒸気H_2Oである。よって，その質量〔g〕は，

$$\underbrace{\frac{1.0\,[\text{g}]}{206\,[\text{g/mol}]}}_{C_{13}H_{18}O_2\,[\text{mol}]} \times \underbrace{\boxed{9}}_{H_2O\,[\text{mol}]} \times 18\,[\text{g/mol}] = 0.786\cdots \fallingdotseq \underline{0.79}\,[\text{g}]$$

また，ソーダ石灰管に吸収されるのは二酸化炭素CO_2である。よって，その質量[g]は，

$$\underbrace{\frac{1.0\,[\text{g}]}{206\,[\text{g/mol}]}}_{C_{13}H_{18}O_2\,[\text{mol}]} \times \underbrace{\boxed{13}}_{CO_2\,[\text{mol}]} \times 44\,[\text{g/mol}] = 2.77\cdots \fallingdotseq \underline{2.8}\,[\text{g}]$$

174 解答

問1　ア　顔料　　イ　アゾ

問2　（Ⅰ）(2)　　（Ⅱ）(1)　　（Ⅲ）(4)　　（Ⅳ）(3)

解説 ⇒ **重要ポイント**

問1　(ア)　色素は染料と顔料に分けられる。染料とは，水や有機溶媒に溶け，繊維に強く結びつき（これを染着という），洗濯・日光・摩擦などによって簡単に取り除かれない色素のこと。一方，顔料とは溶媒に溶けず，繊維に染着しない色素のこと。

(イ)　合成染料とは石炭や石油などを原料として化学的に合成される染料。代表的な合成染料として分子中にアゾ基 $-N=N-$ をもつアゾ染料がある（⇒ P.218）。

問2　**重要ポイント** 参照のこと。

重要ポイント

色素の分類を以下にまとめておく。

- 色素
  - 顔料…絵の具，ペンキ，印刷インキなど。
  - 染料
    - 天然染料…植物染料，動物染料，鉱物染料など
    - 合成染料
      - 直接染料…水溶性で，主に分子間力で繊維と結合。
      - 分散染料…水に不溶で，界面活性剤で分散させて染色する。
      - 媒染染料…あらかじめ金属塩溶液で繊維を処理し，染色する。
      - 建染め染料…水に不溶だが，塩基性還元液で処理することで水溶性にし，その後空気酸化して発色させる。
      - 酸性染料・塩基性染料…水溶性で，主にイオン結合で繊維に結合。

175 解答

問1　分子量　128　　分子式　$C_{10}H_8$

問2　ア　置換　　イ　アルカリ融解　　ウ　ニトロ化　　エ　還元　　オ　ジアゾ化
　　カ　カップリング

問3　(1)E，アニリン　　(2)B，ナフタレンスルホン酸　　(3)D，ニトロベンゼン
　　(4)C，2－ナフトール　　(5)A，ナフタレン

問4

$$C_6H_5-NH_3Cl + NaNO_2 + HCl \longrightarrow C_6H_5-N_2Cl + NaCl + 2H_2O$$

問5

$$C_6H_5-N_2Cl + H_2O \longrightarrow C_6H_5-OH + N_2 + HCl$$

問6

$$C_6H_5-N=N-C_{10}H_6(OH)$$

（1-フェニルアゾ-2-ナフトール：ナフタレン環の N 結合炭素の隣に HO）

有機化合物

解説

問1，2，6　化合物Aの分子量をM_Aとおくと，

$$\Delta T_f = K_f m$$

$$\Leftrightarrow \quad 1.00 = 5.12 \times \frac{\frac{2.50[\text{g}]}{M_A[\text{g/mol}]}}{0.100[\text{kg}]} \qquad \therefore \quad M_A = {}_{問1}\underline{128}$$

化合物Aの分子式をC_mH_nとおくと，$M_A = 128$より，

$$C_mH_n = 128$$

$$\Leftrightarrow \quad 12m + n = 128$$

$$\Leftrightarrow \quad n = 128 - 12m$$

ここで，化合物Aは芳香族化合物(Iu ≧ 4)のためC原子数は6以上であることから，上式を満たすmとnの組合せは，$m = 10$，$n = 8$となる($0 \leqq n \leqq 2m + 2$も満たす必要がある)。よって，化合物Aは分子式$_{問1}\underline{C_{10}H_8}$のナフタレンである。以上より，化合物Aから化合物Cまでの合成経路は次図のようになる。

ナフタレン →(濃硫酸，ア置換（スルホン化）)→ 2-ナフタレンスルホン酸(SO_3H) →(NaOH(固)，イアルカリ融解)→ ONa →(HClaq)→ OH　2−ナフトール

また，ベンゼンから化合物Fまでの合成経路は次図のようになる。

ベンゼン →(濃硫酸・濃硝酸，ウニトロ化)→ Ⓓ NO_2 ニトロベンゼン →(Sn・塩酸，エ還元)→(NaOHaq)→ Ⓔ NH_2 アニリン →(希塩酸・$NaNO_2$，オジアゾ化)→ Ⓕ N_2Cl 塩化ベンゼンジアゾニウム

化合物Fと化合物Cのナトリウム塩を反応させると，以下の構造をもつ化合物Gが得られる。

Ⓕ $C_6H_5-N^+\equiv NCl^-$ + H−(Cのナトリウム塩，NaO−) →(カカップリング)→ Ⓖ $C_6H_5-N=N-$(HO−) + NaCl

問6 1−フェニルアゾ−2−ナフトール

問3　(1)　さらし粉で赤紫色を呈するのは化合物<u>E</u>(<u>アニリン</u>)である。

(2)　水溶液が強酸性を示すのは，スルホ基$-SO_3H$をもつ化合物<u>B</u>(<u>ナフタレンスルホン酸</u>)である。

(3)　淡黄色で水より重い液体は化合物<u>D</u>(<u>ニトロベンゼン</u>)である。

(4)　$FeCl_3$水溶液で呈色するのは，フェノール性−OHをもつ化合物<u>C</u>(<u>2−ナフトール</u>)である。

(5)　無色の固体で昇華性をもつのは化合物<u>A</u>(<u>ナフタレン</u>)である。

問5　化合物F(塩化ベンゼンジアゾニウム)は不安定なため，水溶液を加熱すると加水分解し，窒素N_2の発生をともないながらフェノールが生じる。

$$C_6H_5-N^+\equiv N\,Cl^- + H_2O \;(H \wr OH) \longrightarrow C_6H_5-OH + N_2\uparrow + HCl$$

第20章 合成高分子化合物

176 解答

問1 9.25×10^{-5} K

理由） 高分子化合物は分子量が大きく凝固点降下度は非常に小さくなるため，温度変化を正確に測定することは困難である。

問2 分子量 1.1×10^{5}　重合度 1.0×10^{3}

解説

問1 この合成高分子化合物の水溶液の凝固点降下度を ΔT_f とすると（⇒P.90-91），

$$\Delta T_f = K_f m$$

$$= 1.85 \times \frac{\frac{0.100\,[\text{g}]}{20000\,[\text{g/mol}]}\ \text{mol}}{0.100\,[\text{kg}]} = \underline{9.25 \times 10^{-5}}\,[\text{K}]$$

問2 この合成高分子化合物の分子量を M とおくと，ファントホッフの法則より（⇒P.92），

$$\Pi V = \frac{w}{M} RT$$

$$\Leftrightarrow \quad 50 \times \frac{200}{1000} = \frac{0.45}{M} \times (8.3 \times 10^3) \times (20 + 273)$$

$$\therefore \quad M = 1.09 \cdots \times 10^5 \fallingdotseq \underline{1.1 \times 10^5}$$

よって，このポリスチレンの重合度 n は，

$$(C_8H_8)_n = 1.09 \times 10^5$$

$$\Leftrightarrow \quad 104n = 1.09 \times 10^5 \qquad \therefore \quad n = 1.04 \cdots \times 10^5 \fallingdotseq \underline{1.0 \times 10^3}$$

177 解答

5.9×10^4（グラフは解説参照）

解説

本問の表1の C〔g/L〕と Π〔Pa〕の値から，$\frac{\Pi}{C}$ の値（有効数字3桁）は以下の表のようになる。

C〔g/L〕	3.00	6.00	9.00	12.0
Π〔Pa〕	135	290	465	660
Π/C〔Pa･L/g〕	45.0	48.3	51.7	55.0

よって，C と $\frac{\Pi}{C}$ の関係は以下のグラフで表される。

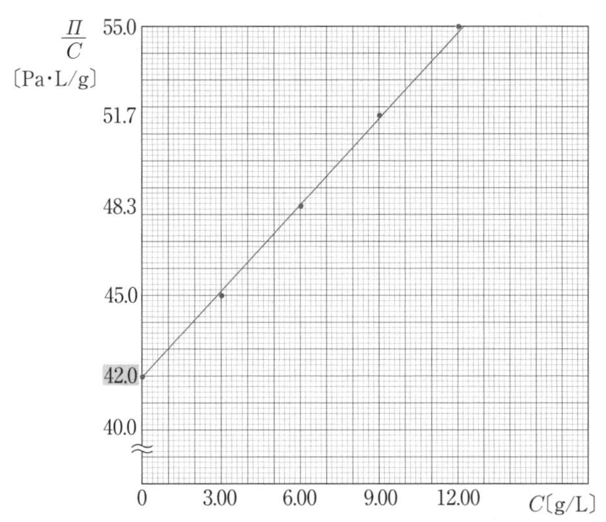

上のグラフから $C \to 0$ のとき，$\frac{\Pi}{C} \to$ 42.0 と読み取ることができる。以上より，

$$\frac{\Pi}{C} = \frac{RT}{M}(1 + AC)$$

$$\Leftrightarrow \quad 42.0 = \frac{(8.31 \times 10^3) \times 300}{M}(1 + A \times 0) \qquad \therefore \quad M = 5.93\cdots \times 10^4 \fallingdotseq \underline{5.9 \times 10^4}$$

178 解答

問1　①　縮合重合　　②　付加重合

問2　ア　アミド　　イ　ペプチド

問3　動物繊維に比べ吸湿性に乏しいが，摩耗や薬品に強い。

問4　$n\,H_2N-(CH_2)_6-NH_2 + n\,ClCO-(CH_2)_4-COCl$

$$\longrightarrow \left[NH-(CH_2)_6-NHCO-(CH_2)_4-CO \right]_n + 2n\,HCl$$

問5　HCl を中和してナイロン66の生成方向に平衡を移動させ，収率を上げるため。

問6　ヘキサメチレンジアミンやアジピン酸ジクロリドは毒性があるため，皮膚に付けたり，蒸気などを吸わないようにする。

問7　反応液が分離して二層に分かれ，その境界面にナイロン66の薄い膜が生じる。

問8　1.85 g

問9　1.77×10^2

解説

問1　重要ポイント　1°

問2　タンパク質におけるアミノ酸どうしの$_ア$アミド結合 −NHCO− を$_イ$ペプチド結合という。

問3　親水性の −NHCO− の割合が動物繊維内に比べ，ナイロン 66 分子内の方が少ないので，水を吸う性質，つまり吸湿性に乏しくなる。また，官能基が少なく，摩耗や薬品に強くなる。

問4　ヘキサメチレンジアミンとアジピン酸ジクロリドから HCl が取れ，縮合重合によりナイロン 66 が生じる。

$$\cdots + n\,\mathrm{H{-}N(H){-}(CH_2)_6{-}N(H){-}H} + n\,\mathrm{Cl{-}C(=O){-}(CH_2)_4{-}C(=O){-}Cl} + \cdots$$

ヘキサメチレンジアミン　　アジピン酸ジクロリド

$$\rightleftarrows \left[\mathrm{N(H){-}(CH_2)_6{-}N(H){-}C(=O){-}(CH_2)_4{-}C(=O)}\right]_n + 2n\,\mathrm{HCl}$$

ナイロン 66

問5　**問4**の反応は可逆的であるため，生じた HCl を NaOH 水溶液で中和することで平衡が右に移動し，ナイロン 66 の収率が上がる。

問6　解答のもの以外に，「ヘキサンは引火性のため火気のないところで扱う」や「水酸化ナトリウムはタンパク質を侵すため，皮膚や粘膜につけないように気をつける」なども可。

問7　**重要ポイント** 2°

A 液(ヘキサメチレンジアミン溶液)と B 液(アジピン酸ジクロリドのヘキサン溶液)は互いに混じり合わない。そのため，混合すると二層に分離する。その境界面にナイロン 66 の薄い膜が生じるので，これをピンセットで引き上げ，試験管に巻きとっていく。

問8　ヘキサメチレンジアミンとアジピン酸ジクロリドの物質量〔mol〕は以下のように求まる。

$$\mathrm{H_2N{-}(CH_2)_6{-}NH_2}:\ \frac{1.00〔\mathrm{g}〕}{116〔\mathrm{g/mol}〕} \fallingdotseq 8.620 \times 10^{-3}〔\mathrm{mol}〕$$

$$\mathrm{ClCO{-}(CH_2)_4{-}COCl}:\ \frac{1.50〔\mathrm{g}〕}{183〔\mathrm{g/mol}〕} \fallingdotseq 8.196 \times 10^{-3}〔\mathrm{mol}〕$$

よって，ヘキサメチレンジアミンが過剰なので，**問4**の反応式の係数より，

ナイロン 66〔mol〕

$$8.196 \times 10^{-3}〔\mathrm{mol}〕 \times \frac{1}{n} \times 226n〔\mathrm{g/mol}〕 = 1.852\cdots \fallingdotseq \underline{1.85}〔\mathrm{g}〕$$

問9　ナイロン 66 の 1 分子中に $-\mathrm{NH_2}$ は 1 つある。つまり，ナイロン 66〔mol〕= $-\mathrm{NH_2}$〔mol〕となるので，このナイロン 66 のモル質量〔g/mol〕は，

$$\frac{100〔\mathrm{g}〕}{2.50 \times 10^{-3}〔\mathrm{mol}〕} = 4.00 \times 10^4〔\mathrm{g/mol}〕$$

よって，このナイロン 66 の重合度を n とすると，分子量について

$$226n = 4.00 \times 10^4 \qquad \therefore\ n = 1.769\cdots \times 10^2 \fallingdotseq \underline{1.77 \times 10^2}$$

重要ポイント

1°　重合反応の種類

［付加重合］

二重結合や三重結合などの不飽和結合をもつ単量体が連続的に付加反応する重合。

［縮合重合］

単量体の分子間から H_2O などの簡単な分子がとれて結合する反応（縮合反応）による重合。

［開環重合］

環状構造をもつ単量体が環を開きながら結合する重合。

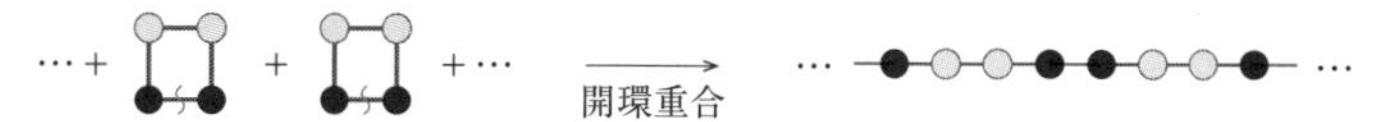

2°　ナイロン 66 の合成実験の流れ

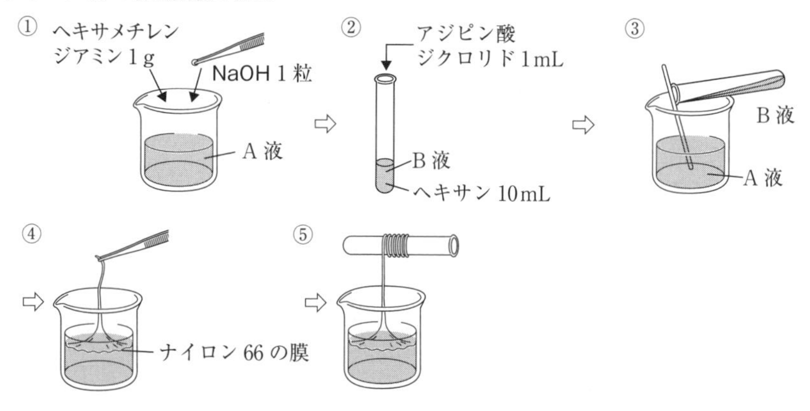

179　解答

問 1　(ア)　硫酸水銀（Ⅱ）　(イ)　触媒　(ウ)　付加　(エ)　加水分解（または，けん化）

問 2　$2CH_2=CH_2 + O_2 \longrightarrow 2CH_3CHO$

問 3　$CH_2=CH_2 + Cl_2 \longrightarrow CH_2ClCH_2Cl$

$CH_2ClCH_2Cl \longrightarrow CH_2=CHCl + HCl$

問 4　$CH\equiv CH + CH_3COOH \longrightarrow CH_2=CHOCOCH_3$

問 5　ビニルアルコールは不安定で，直ちにアセトアルデヒドに変化してしまうため。

問 6　アセタール化することで親水性のヒドロキシ基が少なくなるため，水との親和性は小さくなる。

問 7　57 %

解説

問1 (ア) 硫酸水銀(Ⅱ)$HgSO_4$を触媒に用いて，アセチレン$CH \equiv CH$に水H_2Oを付加させると，不安定なビニルアルコール$CH_2=CH-OH$を経て，アセトアルデヒドCH_3-CHOが生じる(⇒P.186)。

(イ) 塩化パラジウム(Ⅱ)$PdCl_2$と塩化銅(Ⅱ)$CuCl_2$を触媒に用いて，エチレン$CH_2=CH_2$を酸素O_2で酸化するとアセトアルデヒドCH_3-CHOを得ることができる(⇒P.183)。

(ウ) 例えば，エチレン$CH_2=CH_2$を付加重合(⇒P.257)させるとポリエチレンが得られる(次式)。

$$\cdots + \underset{\text{エチレン}}{CH_2=CH_2 + CH_2=CH_2} + \cdots \longrightarrow \underset{\text{ポリエチレン}}{\cdots -CH_2-CH_2-CH_2-CH_2- \cdots}$$

(エ) 酢酸ビニルからビニロンを合成する反応経路を以下に示す。

$$\underset{\text{酢酸ビニル}}{n\,CH_2=\underset{\displaystyle OCOCH_3}{CH}} \xrightarrow{\text{付加重合}} \underset{\text{ポリ酢酸ビニル}}{\left[CH_2-\underset{\displaystyle OCOCH_3}{CH} \right]_n} \xrightarrow[\text{(けん化)}]{\text{塩基}\ \text{加水分解}} \underset{\text{ポリビニルアルコール}}{\left[CH_2-\underset{\displaystyle OH}{CH} \right]_n}$$

ポリビニルアルコール →(Na_2SO_4aq 紡糸) 繊維 →(乾燥) →($HCHO\,aq$ アセタール化)

$$\underset{\text{ビニロン}}{\cdots -CH_2-\underset{\displaystyle OH}{CH}-CH_2-\underset{\displaystyle O-CH_2-}{CH}-CH_2-\underset{\displaystyle O}{CH}-CH_2- \cdots}$$

問3 エチレンから塩化ビニルを合成する反応経路を以下に示す。

$$\underset{\text{エチレン}}{CH_2=CH_2} + Cl_2 \xrightarrow{\text{付加}} \underset{\text{1,2-ジクロロエタン}}{\underset{\displaystyle Cl}{CH_2}-\underset{\displaystyle Cl}{CH_2}} \xrightarrow[\text{加熱}]{\text{触媒}} \underset{\text{塩化ビニル}}{CH_2=\underset{\displaystyle Cl}{CH}} + HCl$$

問4 アセチレンに酢酸を付加させると酢酸ビニルを生じる。

$$H-C\equiv C-H + CH_3COOH \xrightarrow{\text{付加}} \underset{\text{酢酸ビニル}}{\begin{matrix} H \\ H \end{matrix}\!\!>C=C<\!\!\begin{matrix} H \\ O-\overset{\displaystyle O}{\overset{\|}{C}}-CH_3 \end{matrix}}$$

$$\left(CH_3-\overset{\displaystyle O}{\overset{\|}{C}}-O \nmid H \right)$$

問5 ビニルアルコールは分子内に$>C=\overset{|}{C}-OH$をもつエノール形のため，不安定で$-\overset{\displaystyle H}{\overset{|}{\underset{|}{C}}}-\overset{\displaystyle O}{\overset{\|}{C}}-$(ケト形)に変化してしまう(⇒P.186)。

問6 ポリビニルアルコールは水溶性だが，親水性のヒドロキシ基$-OH$の一部をアセタール化することで疎水性の$-O-CH_2-O-$に変えると，水との親和性は小さくなる。それにより，適度な吸湿性をもつ繊維になる。

問7 ポリビニルアルコールの$-OH$のうち40％がアセタール化された場合，ビニロンは以下の構造で表される。

$$\underset{\text{ポリビニルアルコール}}{\left[CH_2-\underset{\displaystyle OH}{CH} \right]_n} \xrightarrow[\text{アセタール化}]{HCHO\,aq} \underset{\text{ビニロン}}{\left[CH_2-\underset{\displaystyle OH}{CH} \right]_{n \times \frac{100-40}{100}} \overbrace{\left[CH_2-\underset{\displaystyle O-CH_2-}{CH}-CH_2-\underset{\displaystyle O}{CH} \right]}^{\text{2単位分}}_{n \times \frac{40}{100} \times \frac{1}{2}}}$$

ここで，アセタール化は次図のように起こるため，繰り返し2単位あたりにC原子1つ分(＝12)増加したことになる。

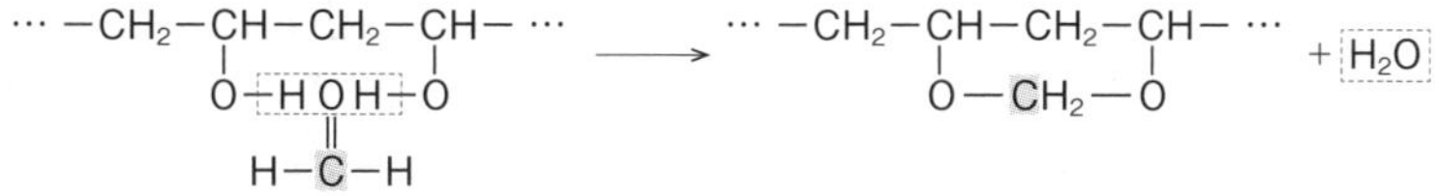

$$\cdots-CH_2-\underset{\underset{O-H}{|}}{CH}-CH_2-\underset{\underset{H-O}{|}}{CH}-\cdots \quad (+\ H-\overset{\|}{C}(=O)-H) \longrightarrow \cdots-CH_2-\underset{|}{CH}-CH_2-\underset{|}{CH}-\cdots\ (O-CH_2-O) + H_2O$$

つまり，$-OH$の40％がアセタール化されたときの式量の増加量は，

$$12\times\left(n\times\frac{40}{100}\times\frac{1}{2}\right)=2.4n$$

よって，ビニロン中のC原子の質量パーセント〔％〕は，

ポリビニルアルコール中

$$\frac{12\times2\times n\ +2.4n}{44n\ +2.4n}\times100=56.8\cdots\fallingdotseq\underline{57}〔\%〕$$

180 解答

問1 A

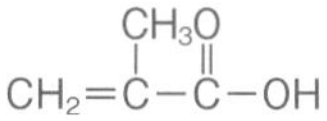

$CH_2=C(CH_3)-C(=O)-OH$

B

四員環：$CH(CH_3)^*$ に CH_2 と $C=O$ が結合し，CH_2 と $C=O$ が O で結ばれた環状構造（$CH_3-\overset{*}{C}H$，CH_2，$C=O$，O）

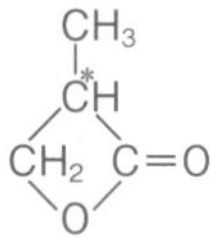

C

$CH_2=CH-C(=O)-O-CH_3$

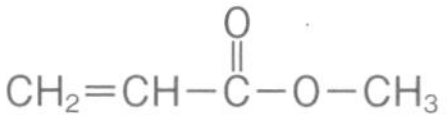

D

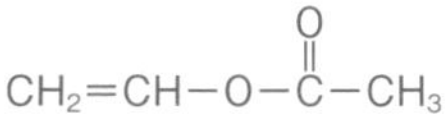

$CH_2=CH-O-C(=O)-CH_3$

問2 I

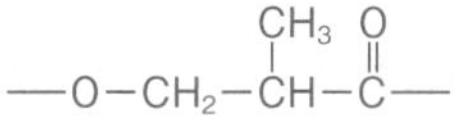

$-O-CH_2-CH(CH_3)-C(=O)-$

L

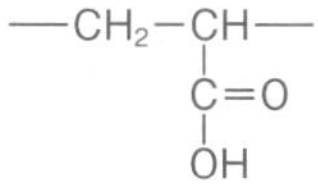

$-CH_2-CH(C(=O)OH)-$

M

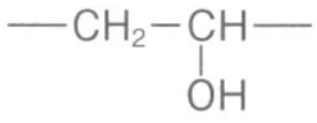

$-CH_2-CH(OH)-$

問3 E

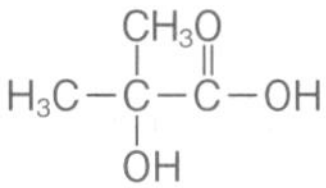

$H_3C-C(CH_3)(OH)-C(=O)-OH$

G

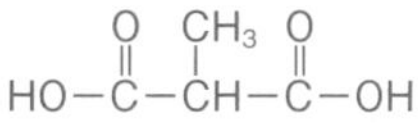

$HO-C(=O)-CH(CH_3)-C(=O)-OH$

N

$CH_2=CH-C(=O)-OH$

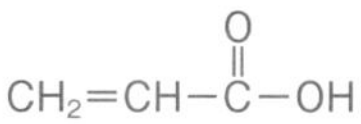

解説

問1〜3　$C_4H_6O_2$の不飽和度Iuは，$Iu=\dfrac{(2\times4+2)-6}{2}=2$

よって，Iu＝2の割り振りは以下の3パターンである。

パターン1　二重結合(Iu＝1)2つ

パターン2　二重結合(Iu＝1)1つ＆環状構造(Iu＝1)1つ

パターン3　環状構造(Iu＝1)2つ

パターン4　三重結合(Iu＝2)1つ

[化合物Aについて]

Aは酸性を示すことから－COOH(Iu＝1)を1つもち，H_2が付加することからC＝C(Iu＝1)を1つもつことがわかる(上の パターン1)。また，AにH_2Oを付加させて生じたEは(酸化されないため)第3級アルコールであり，不斉炭素原子(C*)をもたないことから，化合物A，E，F，G，Hは以下の構造に決まる。

Ⓐ $CH_2=C(CH_3)-COOH$ —(H_2O 付加)→ Ⓔ $CH_3-C(CH_3)(OH)-COOH$ —(O)✕→
Ⓐ ↓付加重合 $[-CH_2-C(CH_3)(COOH)-]_n$
Ⓕ $CH_2(OH)-C^*H(CH_3)-COOH$ —(O)→ Ⓖ $HOOC-CH(CH_3)-COOH$ (不斉炭素原子なし)

[化合物Bについて]

Bは－COO－(Iu＝1)を1つもち，H_2が付加しなかったことから環状構造(Iu＝1)を1つもつことがわかる(上の パターン2)。また，Bの開環重合でIが得られ，Iを加水分解するとFが得られることから，化合物B，Iは以下の構造に決まる。

Ⓑ (環状エステル：$C^*H(CH_3)$, CH_2, $C=O$, O) —開環重合→ Ⓘ $[-O-CH_2-CH(CH_3)-C(=O)-]_n$ —(NaOHaq けん化)→ —(HClaq 中和)→ Ⓕ $CH_2(OH)-C^*H(CH_3)-COOH$

[化合物Cについて]

Cは－COO－(Iu＝1)を1つもち，H_2が付加することからC＝C(Iu＝1)を1つもつことがわかる(上の パターン1)。また，Cを重合して得られたJを加水分解して得られたL(酸性の官能基をもつためカルボン酸)は，Nを重合しても得ることができるため，C，J，L，Nは以下の構造に決まる。

Ⓒ $CH_2=CH-COOCH_3$ —付加重合→ Ⓙ $[-CH_2-CH(COOCH_3)-]_n$ —(NaOHaq けん化)→ —(HClaq 中和)→ Ⓛ $[-CH_2-CH(COOH)-]_n$
Ⓝ $CH_2=CH-COOH$ —付加重合→ Ⓛ

[化合物Dについて]

Dは－COO－(Iu＝1)を1つもち，H_2が付加することからC＝C(Iu＝1)を1つもつことがわかる(上の パターン1)。また，Dを重合して得られたKを加水分解して得られたMも，HCHOで処理するとビニロンが得られることから，Kはポリ酢酸ビニルと決まる。よって，Mはポリビニルアルコールと決まる(ポリビニルアルコールは単量体であるビニルアルコールが不安定なため，ビニルアルコールの付加重合により直接合成することはできない)。

Ⓓ $CH_2=CH(OCOCH_3)$ ⟶ Ⓚ $\left[CH_2-CH(OCOCH_3) \right]_n$ ポリ酢酸ビニル $\xrightarrow[\text{けん化}]{NaOH\,aq}$ $\xrightarrow[\text{中和}]{HCl\,aq}$ Ⓜ $\left[CH_2-CH(OH) \right]_n$ ポリビニルアルコール

$CH_2=CH(OH)$ ビニルアルコール —付加重合 ✕→ ポリビニルアルコール

181 解答

問 1　a　付加　　b　熱硬化　　c　縮合

問 2　イ，エ，カ

問 3　オ，キ

解説

問 1 ⇒ 重要ポイント 1°

a　一般に，熱可塑性樹脂は鎖状構造をもつ高分子化合物で，付加重合で合成されるものが多い。代表的な熱可塑性樹脂は，ビニル基 $CH_2=CH-$ をもつ化合物を付加重合して得られる高分子である。

$$n\,CH_2=CH(X) \xrightarrow{\text{付加重合}} \left[CH_2-CH(X) \right]_n$$

b，c　一般に，b 熱硬化性樹脂は三次元的な立体網目構造をもつ高分子化合物で，c 縮合重合や付加縮合で合成されるものが多い。この樹脂は，加熱することにより重合が進むため硬くなる。

問 2 ⇒ 重要ポイント 2°

イ　フッ素樹脂(テフロン)は，テトラフルオロエチレン $CF_2=CF_2$ を付加重合することで合成される(次式)。

$$n\,CF_2=CF_2 \xrightarrow{\text{付加重合}} \left[CF_2-CF_2 \right]_n$$

フッ素樹脂(テフロン)

エ　ポリスチレンは，スチレンを付加重合することで合成される(次式)。

$$n\,CH_2=CH(C_6H_5) \xrightarrow{\text{付加重合}} \left[CH_2-CH(C_6H_5) \right]_n$$

スチレン　　　ポリスチレン

カ　ポリエチレンは，エチレンを付加重合することで合成される(次式)。

$$n\,CH_2=CH_2 \xrightarrow{\text{付加重合}} \left[CH_2-CH_2 \right]_n$$

エチレン　　　ポリエチレン

高分子化合物

問3 オ　アミノ樹脂とは，アミノ基をもつ化合物とホルムアルデヒド HCHO を付加縮合（付加反応と縮合反応が繰り返される重合）させてつくった樹脂。代表的なアミノ樹脂に，尿素 $CO(NH_2)_2$ を原料とした尿素樹脂（またはユリア樹脂）やメラミン $C_3N_3(NH_2)_3$ を原料としたメラミン樹脂がある。

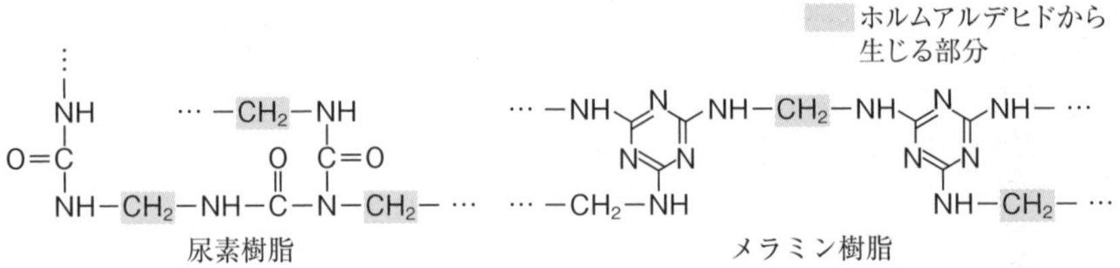

（網かけ）ホルムアルデヒドから生じる部分

尿素樹脂　　　メラミン樹脂

キ　フェノール樹脂（またはベークライト）とは，酸や塩基を触媒としてフェノールとホルムアルデヒド HCHO を付加縮合させてつくった熱硬化性樹脂。以下にフェノール樹脂の合成経路を示す。

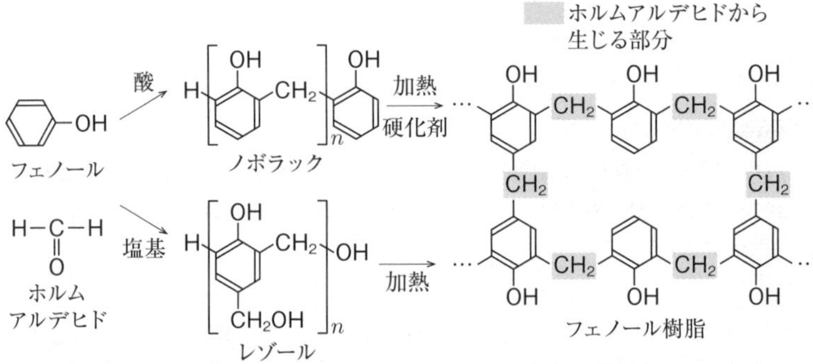

（網かけ）ホルムアルデヒドから生じる部分

フェノール　＋　ホルムアルデヒド　—酸→　ノボラック　—加熱・硬化剤→　フェノール樹脂

フェノール　＋　ホルムアルデヒド　—塩基→　レゾール　—加熱→　フェノール樹脂

参考　その他の熱硬化性樹脂

ア　エポキシ樹脂とは，ビスフェノール類とエピクロロヒドリンを縮合重合させてつくったエポキシ環 CH_2-CH-（O で架橋）をもつ熱硬化性樹脂。

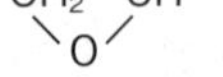

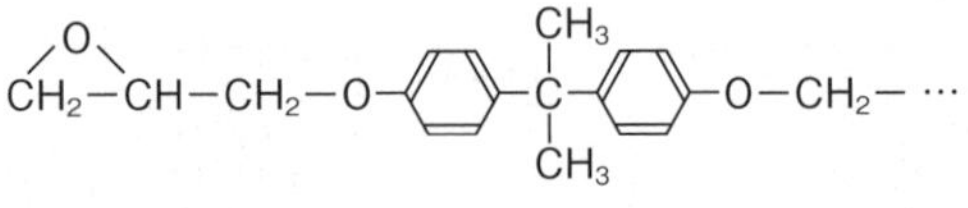

ウ　シリコーン樹脂（またはケイ素樹脂）は，ジクロロジメチルシラン $(CH_3)_2SiCl_2$ やトリクロロメチルシラン CH_3SiCl_3 を水 H_2O と反応させて生じるシラノール類を縮合重合させてつくられる熱硬化性樹脂。立体網目構造をした無機高分子である。

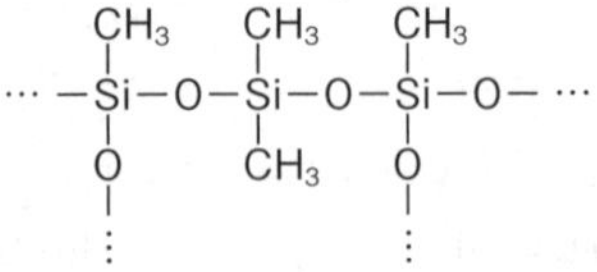

重要ポイント

1°　樹脂の分類

樹脂の分類を以下にまとめておく。

樹脂
- 天然樹脂…松ヤニなど
- 合成樹脂…石油を原料として，熱や圧力を加えることによって目的の形にできる（プラスチック）性質をもつ高分子
  - 熱可塑性樹脂…熱を加えると軟らかくなり，冷やすと硬くなる。
  - 熱硬化性樹脂…熱を加えるとより硬くなる。

2°　代表的な熱可塑性樹脂

代表的な熱可塑性樹脂とその用途を下の表にまとめる。

名称（略称）	単量体（原料）	特徴・用途
ポリエチレン (PE)	エチレン $CH_2=CH_2$	包装材料，フィルム，容器，チューブ，袋
ポリプロピレン (PP)	プロピレン $CH_2=CH-CH_3$	パイプ，容器，日用雑貨，袋
スチロール樹脂 (PS)	スチレン $CH_2=CH-C_6H_5$	容器，断熱材，包装材料，絶縁材料，緩衝材
塩化ビニル樹脂 (PVC)	塩化ビニル $CH_2=CH-Cl$	板，シート，パイプ，容器
酢酸ビニル樹脂 (PVAc)	酢酸ビニル $CH_2=CH(OCOCH_3)$	チューインガム，接着剤，乳化剤，塗料，ビニロンの原料
メタクリル樹脂 (PMMA)	メタクリル酸メチル $CH_2=C(CH_3)COOCH_3$	風防ガラス，照明器具のカバー，水槽
塩化ビニリデン樹脂 (PVDC)	塩化ビニリデン $CH_2=CCl_2$	包装材料，食品用ラップ
フッ素樹脂 (PTFE)	テトラフルオロエチレン $CF_2=CF_2$	フライパンやアイロンのコーティング材料

182 解答

問1 ア モノマー(または，単量体) イ 重合 ウ 重合度 エ 付加重合
オ 縮合重合

問2 $(M_1+M_2-36)n$(または，$(M_1+M_2-36)n+18$)

問3

$$\left[\begin{array}{c}\mathrm{O}\\ \|\\ -\mathrm{C}-\end{array}\!\!-\!\!\bigcirc\!\!-\!\!\begin{array}{c}\mathrm{O}\\ \|\\ \mathrm{C}\end{array}-\mathrm{O}-(\mathrm{CH_2})_2-\mathrm{O}-\right]_n$$

問4 触媒

問5 反応速度 大きくなる 活性化エネルギー 小さくなる
反応熱(反応エンタルピー) 変わらない

問6 熱可塑性樹脂

問7 鎖状構造

問8 6.0×10^{17}

問9 結晶領域と非結晶領域があるため。

解説

問1 高分子化合物は，$_ア$モノマー(または単量体)が$_イ$重合(反応)により多数結合した物質で，得られた高分子化合物をポリマー(または重合体)という。高分子化合物の繰り返しの数を$_ウ$重合度という。また，重合反応はポリエチレンやポリプロピレンなどを合成する際の$_エ$付加重合やH_2Oなどの小さな分子がとれて結合が形成される$_オ$縮合重合に分類される(⇒P.257)。

問2 分子量M_1とM_2の2種類の分子をそれぞれX_1，X_2とおき，X_1とX_2を1：1の物質量比で縮合重合させて得られる高分子化合物$\left[X_1-X_2\right]_n$の分子量をMとおくと，この反応は次式で表される。

$$nX_1+nX_2 \longrightarrow \left[X_1-X_2\right]_n + 2n\,H_2O$$

分子量 $$nM_1+nM_2 = M + 2n\times18$$

よって，高分子化合物$\left[X_1-X_2\right]_n$の分子量Mは，質量保存の法則より，

$$M=(nM_1+nM_2)-2n\times18=\underline{(M_1+M_2-36)n}$$

別解 高分子化合物の末端を加味する場合

この高分子化合物$H\!\left[X_1-X_2\right]_n\!OH$の分子量$M$は，

$$nX_1+nX_2 \longrightarrow H\!\left[X_1-X_2\right]_n\!OH + (2n-1)H_2O$$

分子量 $$nM_1+nM_2 = M + (2n-1)\times18$$

よって，高分子化合物$H\!\left[X_1-X_2\right]_n\!OH$の分子量$M$は，質量保存の法則より，

$$M=(nM_1+nM_2)-(2n-1)\times18=\underline{(M_1+M_2-36)n+18}$$

問3 テレフタル酸とエチレングリコールを縮合重合すると，次式のようにポリエチレンテレフタラート(略称：PET)が生じる。

$$\cdots + \text{HO}-\overset{\overset{\text{O}}{\|}}{\text{C}}-\text{C}_6\text{H}_4-\overset{\overset{\text{O}}{\|}}{\text{C}}-\text{OH} + \text{H}-\text{O}-(\text{CH}_2)_2-\text{O}-\text{H} + \cdots$$

テレフタル酸（n）　エチレングリコール（n）

$$\xrightarrow{\text{縮合重合}} \left[\overset{\overset{\text{O}}{\|}}{\text{C}}-\text{C}_6\text{H}_4-\overset{\overset{\text{O}}{\|}}{\text{C}}-\text{O}-(\text{CH}_2)_2-\text{O}\right]_n + 2n\,\text{H}_2\text{O}$$

ポリエチレンテレフタラート(PET)

問4, 5　触媒を用いると，一般に，活性化エネルギーが小さくなり反応速度は大きくなる(触媒の中には活性化エネルギーを大きくして反応速度を小さくするものもある)。触媒自身は反応の前後で変化はせず，反応熱(反応エンタルピー)は変わらない。

問6, 7　181 問1 **解説** 参照

問8

$$\underbrace{\frac{1.0\,[\text{g}]}{1.0\times10^{6}\,[\text{g/mol}]}}_{\text{ポリエチレン[mol]}}\times 6.0\times10^{23}\,[/\text{mol}] = \underline{6.0\times10^{17}}$$

問9　高分子化合物は非常に細長い分子であり，しかも分子量にばらつきがありその形や長さはまちまちなので，規則正しく配列するのが難しい。そのため，分子が規則正しく配列した部分(結晶領域)と不規則に配列した部分(非結晶領域)ができ(次図)，結晶領域では分子間力が強いため硬くなるが，非結晶領域では分子間力が弱いため軟らかくなる。さらに，高分子化合物の性質は，それぞれの領域の割合によっても大きく変わってくる。このように非結晶構造をもつ高分子化合物は，一定の密度を示さず，また，加熱すると一定の融点を示さず徐々に軟化していって，広い温度範囲を経て粘性のある液体になっていく(高分子化合物は一定の融点をもたないため，軟らかくなり変形し始める点(軟化点)を融点の代わりに用いている)。

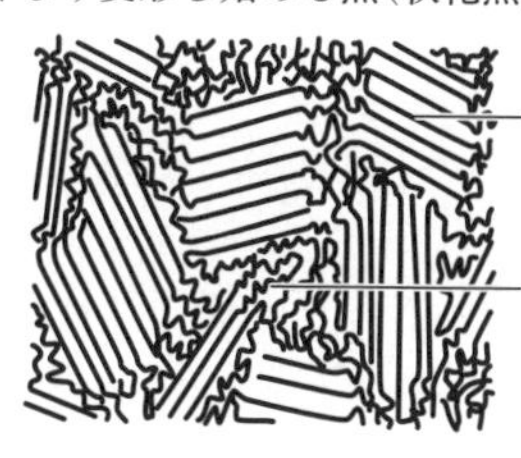

高分子化合物

183 解答

問1 B

$$\mathrm{HO-\underset{H}{\overset{CH_3}{C}}-\overset{O}{\overset{\|}{C}}-O-Na}$$

D

$$\mathrm{CH_3-CH\!\left<\begin{matrix}\overset{O}{\overset{\|}{C}}-O\\ O-\underset{\|}{\underset{O}{C}}\end{matrix}\right>CH-CH_3}$$

問2

$$\mathrm{HO-C(CH_3)(H)-COOH}\quad\text{(鏡像異性体 2 種)}$$

問3

$$n\ \mathrm{HO-\underset{H}{\overset{CH_3}{C}}-\overset{O}{\overset{\|}{C}}-OH} \longrightarrow \mathrm{H\!\left[O-\underset{H}{\overset{CH_3}{C}}-\overset{O}{\overset{\|}{C}}\right]_{n}\!OH} + (n-1)\mathrm{H_2O}$$

解説

問1 化合物Aから化合物Cまでの反応の反応経路を以下に示す。

$$\text{Ⓐ}\ \mathrm{H\!\left[O-\underset{H}{\overset{CH_3}{C}}-\overset{O}{\overset{\|}{C}}\right]_{n}\!OH}\ \xrightarrow[\text{けん化}]{\mathrm{NaOH\,aq}}\ \text{Ⓑ}\ \mathrm{HO-\underset{H}{\overset{CH_3}{C}}-\overset{O}{\overset{\|}{C}}-ONa}\ \xrightarrow{\mathrm{H^+}}\ \text{Ⓒ}\ \mathrm{HO-\underset{H}{\overset{CH_3}{C^*}}-\overset{O}{\overset{\|}{C}}-OH}$$

ポリ乳酸　乳酸ナトリウム　乳酸

（乳酸 → ポリ乳酸：縮合重合）

また，化合物Cから化合物Dへの合成経路を以下に示す。

Ⓒ（乳酸2分子：C−OH と H−O，O−H と HO−C の間で脱水）$\xrightarrow[\text{縮合}]{-2\mathrm{H_2O}}$ Ⓓ

$$\mathrm{CH_3-CH\!\left<\begin{matrix}\overset{O}{\overset{\|}{C}}-O\\ O-\underset{\|}{\underset{O}{C}}\end{matrix}\right>CH-CH_3}\ \xrightarrow{\text{開環重合}}\ \text{Ⓐ}\ \mathrm{H\!\left[O-\underset{H}{\overset{CH_3}{C}}-\overset{O}{\overset{\|}{C}}\right]_{n}\!OH}$$

問2 169 問2 解説 参照

$$\mathrm{HO-C^*(CH_3)(H)-COOH}\quad\text{(H と COOH の位置を入れ替えた鏡像異性体)}$$

問3 化合物C(乳酸)の−COOHと−OHから繰り返し脱水縮合(縮合重合)することで化合物A

(ポリ乳酸)が生じる。なお，本問に与えられた化合物Aの構造式では，末端のH原子と$-OH$が記載されているため，それに合わせて化学反応式をつくると，脱水するH_2Oの係数は$n-1$になることに注意する。

Ⓒ $n\,HO-CH(CH_3)-CO-OH$ —縮合重合→ Ⓐ $H-[O-CH(CH_3)-CO]_n-OH + (n-1)H_2O$

184 解答

問1　ア　モノマー(または，単量体)　イ　縮合重合　ウ　ナイロン66
　エ　付加重合

問2　120.3 g

問3　32 g

問4　(1)　酸性下　$CH_2(NH_3^+)-COOH$　　塩基性下　$CH_2(NH_2)-COO^-$

(2)　酸性下では陽イオン状態なので陽イオン交換樹脂に吸着されるが，塩基性下では陰イオン状態になるため流れ出す。

解説 ⇒ 重要ポイント

問1　178 解説 参照

問2　スチレンC_8H_8(＝104)とp-ジビニルベンゼン$C_{10}H_{10}$(＝130)を物質量比(モル比)8：1で混合，つまり，スチレンの$\frac{1}{8}$の物質量のp-ジビニルベンゼン分だけ質量が増加することになる。よって，

スチレン〔mol〕　p-ジビニルベンゼン〔mol〕

$$\underbrace{104\,[g]}_{スチレン} + \underbrace{\frac{104\,[g]}{104\,[g/mol]}\times\frac{1}{8}\times 130\,[g/mol]}_{p\text{-}ジビニルベンゼン} = 120.25 \fallingdotseq \underline{120.3}\,[g]$$

問3　スチレン構造部分がスルホン化されるとき，スチレン単位1つのベンゼン環上の$-H$(＝1)1つが$-SO_3H$(＝81)1つに置き換わる。つまり，式量はスチレン単位1つあたりSO_3(＝80)の分だけ増加する。

全スチレン〔mol〕　スルホン化されたスチレン〔mol〕

$$\frac{104\,[g]}{104\,[g/mol]}\times\frac{40}{100}\times 80\,[g/mol] = \underline{32}\,[g]$$

問4　(1)グリシンGlyは水に溶け，次式のような電離平衡の状態となる(⇒P.239)。

$$CH_2(NH_3^+)-COOH \underset{H^+}{\overset{OH^-}{\rightleftarrows}} CH_2(NH_3^+)-COO^- \underset{H^+}{\overset{OH^-}{\rightleftarrows}} CH_2(NH_2)-COO^-$$

酸性下 ←――――→ 塩基性下

高分子化合物

(2) (1)より，グリシンは酸性下では陽イオン状態のため，陽イオン交換樹脂に吸着される。しかし，pHが大きくなり塩基性下になると陰イオン状態になるため，陽イオン交換樹脂からはずれ流出してしまう。なお，陽イオン交換樹脂ではスルホ基 $-SO_3H$ が電離して H^+ を放出し，溶液中の陽イオンと置き換わる(逆に Na^+ などの陽イオンがくっついた樹脂に H^+ を多く含む溶液を加えると元に戻る)。

重要ポイント イオン交換樹脂の合成

スチレンに(少量の)p-ジビニルベンゼンを加えて共重合(2種類以上の単量体で付加重合すること)させてつくった高分子化合物中のベンゼン環に，特定の官能基を導入して合成する。次図にその合成経路を示す。

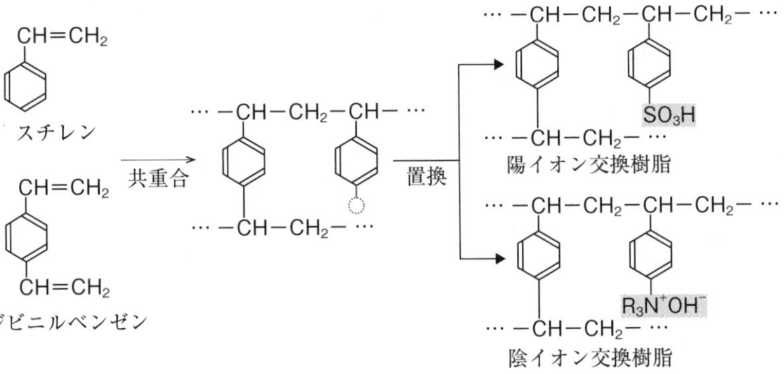

CH=CH₂ スチレン
CH=CH₂ CH=CH₂ p-ジビニルベンゼン
共重合 → ⋯ −CH−CH₂−CH− ⋯ / ⋯ −CH−CH₂− ⋯
置換 → ⋯ −CH−CH₂−CH−CH₂− ⋯ SO_3H ⋯ −CH−CH₂− ⋯ 陽イオン交換樹脂
⋯ −CH−CH₂−CH−CH₂− ⋯ $R_3N^+OH^-$ ⋯ −CH−CH₂− ⋯ 陰イオン交換樹脂

185 解答

1.00×10^2 個

解説 ⇒ 重要ポイント

スチレン−ブタジエンゴム1分子中のスチレンと1,3-ブタジエンの重合度をそれぞれ x，y とおくと，H_2 の付加反応は次式のように表される(H_2 は1,3-ブタジエン由来の C=C に付加する)。

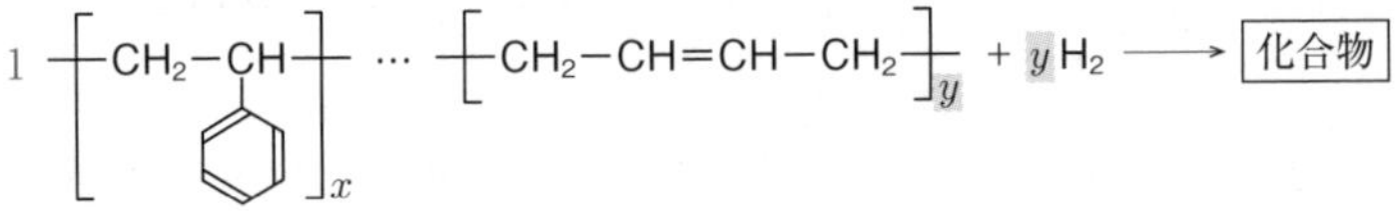

$$1\ \left[CH_2-CH(C_6H_5) \right]_x \cdots \left[CH_2-CH=CH-CH_2 \right]_y + y\,H_2 \longrightarrow \boxed{化合物}$$

よって，次式が成り立つ。

[分子量について]

$$104x + 54y = 3.74 \times 10^4 \qquad \cdots ①$$

[H_2 の付加量について]

ゴム〔mol〕　C=C〔mol〕= 付加した H_2〔mol〕

$$\frac{18.7\,[\text{g}]}{3.74 \times 10^4\,[\text{g/mol}]} \times y = \frac{5.60\,[\text{L}]}{22.4\,[\text{L/mol}]} \qquad \cdots\cdots ②$$

①式，②式から $\begin{cases} x = \underline{1.00 \times 10^2} \\ y = 5.00 \times 10^2 \end{cases}$

重要ポイント スチレン－ブタジエンゴムの合成

スチレンと 1, 3－ブタジエンを共重合(⇒ P.268)させると，次式のようにスチレン－ブタジエンゴム(略称 SBR)ができる。

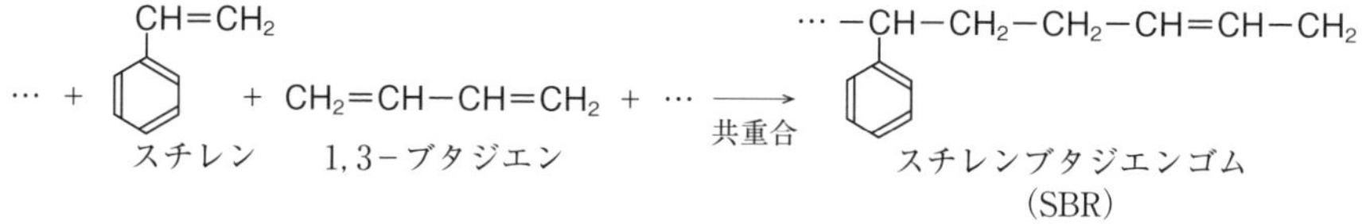

$$\cdots + \underset{\text{スチレン}}{C_6H_5\text{-}CH{=}CH_2} + \underset{\text{1, 3－ブタジエン}}{CH_2{=}CH{-}CH{=}CH_2} + \cdots \xrightarrow{\text{共重合}} \underset{\text{スチレンブタジエンゴム (SBR)}}{\cdots -CH(C_6H_5)-CH_2-CH_2-CH{=}CH-CH_2}$$

186 解答

問 1　シス

問 2

a) $\left[\, -CH_2-C(CH_3){=}CH-CH_2- \,\right]_n$ （H_3C と H がシス形：H_3C/CH_2 が一方の C に，H/CH_2 がもう一方の C に結合）

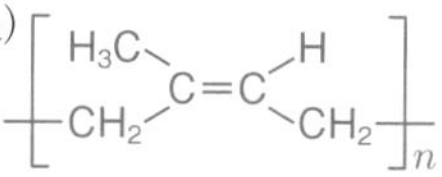

b) $\left[\, -CH_2-CH{=}CH-CH_2- \,\right]_n$

c) $\left[\, -CH_2-C(Cl){=}CH-CH_2- \,\right]_n$

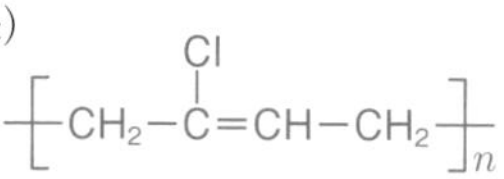

d) $\left[\, -CH_2-CH{=}CH-CH_2- \,\right]_n \left[\, -CH(C_6H_5)-CH_2- \,\right]_m$

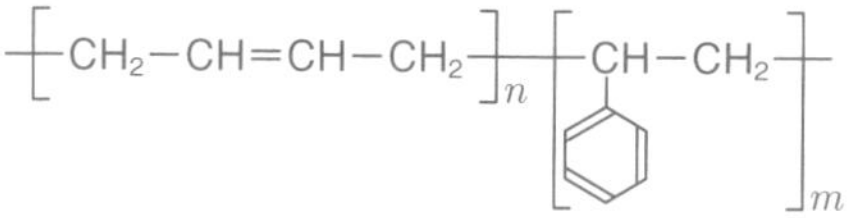

問 3　500

問 4　硫黄を加えることで，鎖状のゴム分子どうしが硫黄原子による架橋構造によりつながるため。

解説

問 1　天然ゴム(ポリイソプレン)は，シス形のイソプレンが付加重合した構造である。天然ゴムを乾留(空気を断って加熱分解すること)するとイソプレンが生じる。

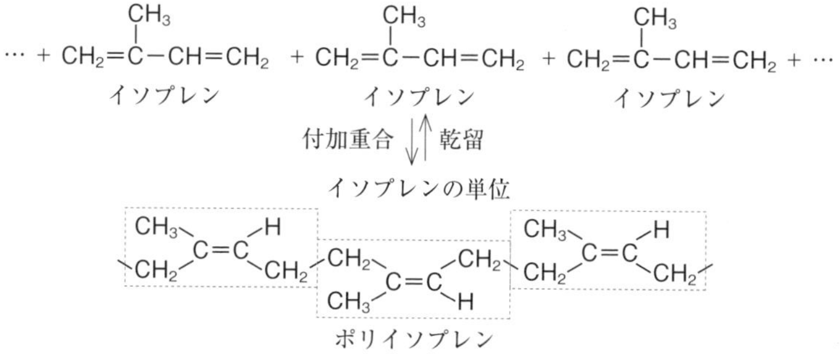

$$\cdots + \underset{\text{イソプレン}}{CH_2{=}C(CH_3){-}CH{=}CH_2} + \underset{\text{イソプレン}}{CH_2{=}C(CH_3){-}CH{=}CH_2} + \underset{\text{イソプレン}}{CH_2{=}C(CH_3){-}CH{=}CH_2} + \cdots$$

付加重合 ↓↑ 乾留

イソプレンの単位

$$\cdots -CH_2-C(CH_3){=}CH-CH_2-CH_2-C(CH_3){=}CH-CH_2-CH_2-C(CH_3){=}CH-CH_2- \cdots$$

ポリイソプレン

問 2 ⇒ **重要ポイント**

a)　**問 1** を参照

b)　1, 3-ブタジエン C_4H_6 を付加重合させると，生ゴム(ポリイソプレン)に構造の似たブタジエンゴムができる(次式)。

$$n\,CH_2{=}CH{-}CH{=}CH_2 \xrightarrow{\text{付加重合}} \left[CH_2{-}CH{=}CH{-}CH_2\right]_n$$

1,3−ブタジエン　　　ブタジエンゴム（ポリブタジエン）

c)　クロロプレン C_4H_5Cl を付加重合させるとクロロプレンゴム(ポリクロロプレン)ができる。

$$n\,CH_2{=}CH{-}\underset{\displaystyle Cl}{\underset{|}{C}}{=}CH_2 \xrightarrow{\text{付加重合}} \left[CH_2{-}CH{=}\underset{\displaystyle Cl}{\underset{|}{C}}{-}CH_2\right]_n$$

クロロプレン　　　クロロプレンゴム(ポリクロロプレン)

d)　185 **重要ポイント** 参照

問3　スチレン−ブタジエンゴム1分子中における，スチレン単位の重合度を n とおくと，このスチレン−ブタジエンゴムは以下のような構造で表される。

$$\left[CH_2{-}\underset{\displaystyle C_6H_5}{\underset{|}{CH}}\right]_n \cdots \left[CH_2{-}CH{=}CH{-}CH_2\right]_{3n}$$

よって，分子量について次式が成り立つ。

$$104\,n + 54 \times 3n = 133000 \qquad \therefore \quad n = \underline{500}$$

問4　ゴムなどに5〜8％の硫黄粉末を加えて加熱すると，鎖状構造をした分子どうしがS原子により所々で橋を架けたような構造(架橋構造)になる。これにより，弾性や耐薬品性が高くなり化学的にも機械的にも強くなる。この操作を加硫といい，天然ゴムを使った輪ゴムの製造などにこれを利用している。また，天然ゴムに対して30〜40％の硫黄を加えて長時間加熱すると，黒色の硬いエボナイトというものになる。

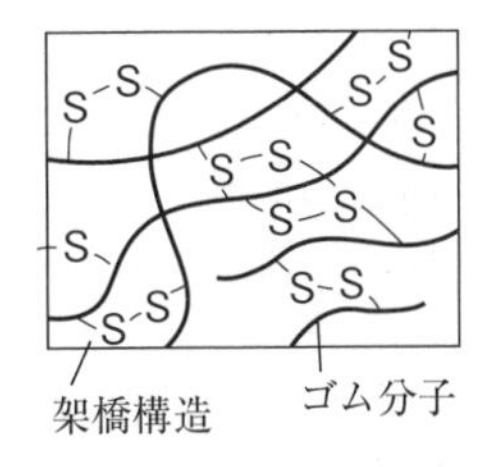

重要ポイント 代表的な合成ゴム

分類	名称（略称）	原料（単量体）	用途
ジエン系ゴム	ブタジエンゴム (BR)	$CH_2{=}CH{-}CH{=}CH_2$ 1,3−ブタジエン	タイヤ，ホース，ゴルフボール
	クロロプレンゴム (CR)	$CH_2{=}CH{-}C(Cl){=}CH_2$ クロロプレン	ベルト，電線被覆材，ウェットスーツ
	スチレン−ブタジエンゴム (SBR)	$CH_2{=}CH{-}C_6H_5$ スチレン　$CH_2{=}CH{-}CH{=}CH_2$ 1,3−ブタジエン	タイヤ，ホース，工業用品
	アクリロニトリル−ブタジエンゴム (NBR)	$CH_2{=}CH{-}CN$ アクリロニトリル　$CH_2{=}CH{-}CH{=}CH_2$ 1,3−ブタジエン	ホース，接着剤，燃料タンク

オレフィン系	ブチルゴム (IIR)	$CH_2{=}C(CH_3){-}CH_3$ イソブテン $CH_2{=}CH{-}C(CH_3){=}CH_2$ イソプレン	接着剤，防振剤，電線被覆材
オレフィン系	アクリルゴム (ANM)	$CH_2{=}CH{-}COO{-}R$ アクリル酸エステル $CH_2{=}CH{-}CN$ アクリロニトリル	ホース，ガスケット
シリコーンゴム		$CH_3{-}SiCl_2{-}CH_3$ ジクロロジメチルシラン	ホース，チューブ，医療材料，電気絶縁体

187　解答

問1　①　規則的で高密度　②　不規則で低密度　③　シス　④　トランス
⑤　直線的に伸びた

問2　折れ曲がった分子構造に比べ直線的に伸びた分子構造では，分子間相互作用が大きい。そのため，直線的に伸びた分子構造の方が分子間力は強く，硬くなると考えられる。

問3　高分子どうしを架橋し，三次元的な立体網目構造にする。

問4　(う)

理由）伸びたゴム糸を加熱すると分子の熱運動が激しくなる。そのため，引っ張られて伸びた形状になっていた分子が元の折れ曲がった状態に戻ろうとし，ゴム糸は縮むと考えられる。

解説

問1　①，②　鎖状の高分子化合物には，分子の配列が①規則的で高密度な結晶部分と，②不規則的で低密度の非結晶部分(無定形部分)がある(⇒ P.265)。

③，④　天然ゴム中のイソプレン単位は③シス形であるため(⇒ P.269)，もう一方のグッタペルカは④トランス形と推測できる。

⑤　**問2**の解説参照

問2　天然ゴム中のポリイソプレン単位はシス形のため，分子は折れ曲がった(丸まった)構造をしている。そのため，この分子が引っ張られると伸びた分子構造になるが，引っ張るのをやめると(力がかからなくなると)また元の折れ曲がった(丸まった)構造に戻る。この性質がゴム弾性をもたらす。一方，直線的に伸びた構造の分子の場合は，分子間相互作用が大きい。そのため，折れ曲がった分子どうしに比べ分子間力が強くなり硬くなると考えられる。

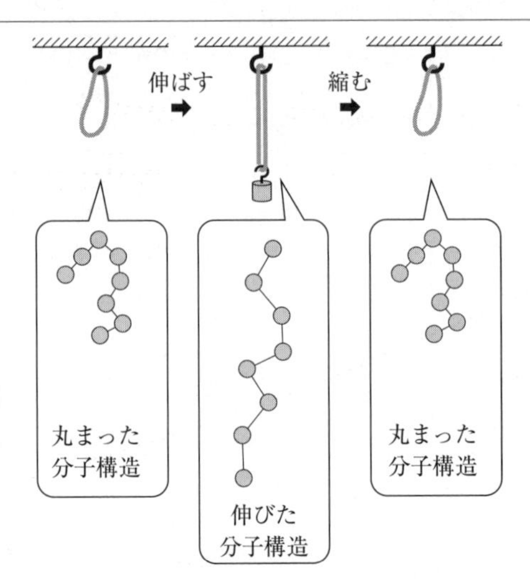

問3　**問2**より，分子間相互作用を大きくすれば硬くなると考えられるので，分子間距離を短くする，または分子どうしをつなげればよい。そのため，分子どうしを架橋し，熱硬化性樹脂(⇒P.261)のように三次元的な立体網目構造にする。

第21章　多糖類・タンパク質

188 解答

問1　ア　平衡　　イ　ホルミル(アルデヒド)

問2　D　アミロース　　E　アミロペクチン　　F　エタノール

問3　B　　C

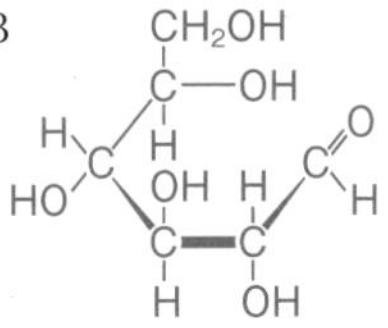

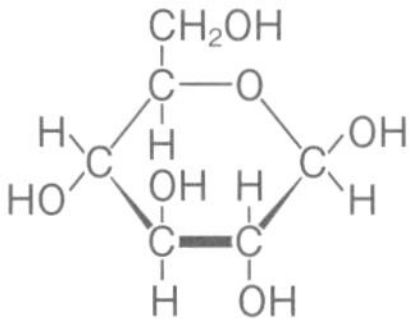

問4　$C_6H_{12}O_6 \longrightarrow 2C_2H_5OH + 2CO_2$

問5　デンプンは，Aの縮合重合体で枝分かれを含むらせん構造をもつ。一方，セルロースは，Cの縮合重合体で枝分かれのない直線構造をもつ。

反応名　ヨウ素デンプン反応

問6　3.50×10^3

問7　2.30×10^2 g

解説

問1，3　163 の 解説 を参照のこと

問2

デンプンは多数のα－グルコース分子が脱水縮合した構造からなる。デンプンには，直鎖状構造の$_{D}$アミロースと，6位のC原子で枝分かれした構造をもつ$_{E}$アミロペクチンがある。ともに分子内のヒドロキシ基どうしの水素結合によりらせん構造を形成している。なお，デンプンは冷水には溶けにくいが，熱水には溶けてコロイド溶液になる。

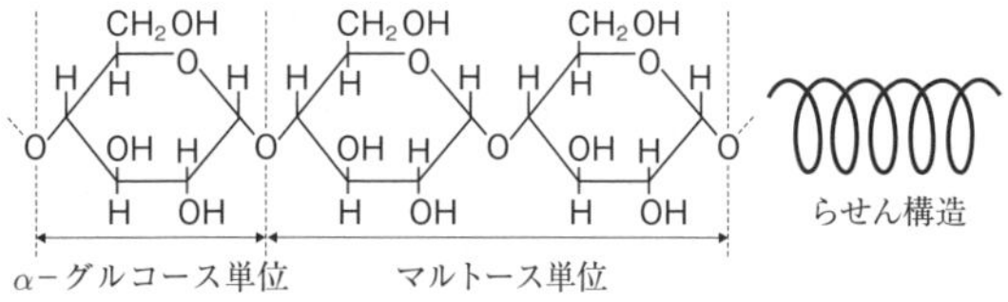

α－グルコース単位　マルトース単位　らせん構造

アミロース

枝分かれ　らせん構造

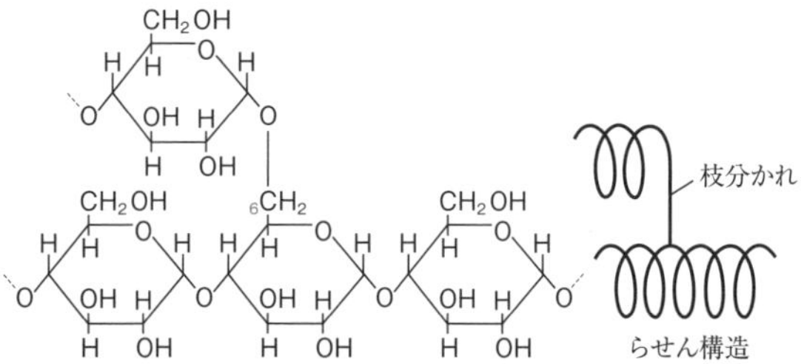

アミロペクチン

問4，7　重合度nのセルロース1molを完全に加水分解すると，n〔mol〕のグルコースが生じる（次式）。

$$1(C_6H_{10}O_5)_n + nH_2O \longrightarrow nC_6H_{12}O_6 \quad \cdots ①$$

さらに，グルコースは，チマーゼという酵素群により，アルコール発酵によりエタノールC_2H_5OHと二酸化炭素CO_2になる（次式）。

$$\underset{問4}{\underline{1C_6H_{12}O_6 \longrightarrow 2C_2H_5OH + 2CO_2\uparrow}} \quad \cdots ②$$

よって，①式，②式より，セルロース1molからエタノールは$2n$〔mol〕生じる。以上より，セルロース405gから生じるエタノールの質量〔g〕は，

$$\underbrace{\frac{405〔g〕}{162n〔g/mol〕}}_{(C_6H_{10}O_5)_n〔mol〕} \times \underbrace{2n}_{C_2H_5OH〔mol〕} \times 46〔g/mol〕 = \underset{問7}{\underline{2.30 \times 10^2}}〔g〕$$

問5　デンプンは，単糖類や二糖類とは異なり還元性がない（⇒P.234）。しかし，ヨウ素溶液（ヨウ素ヨウ化カリウム水溶液）を加えると，青や青紫色になる。この反応をヨウ素デンプン反応といい，このときヨウ素I_2がデンプンのらせん構造の中に入ることにより発色する（次図）。なお，加熱するとらせん構造がほぐれてI_2が外れてしまうため，色は消えてしまう。

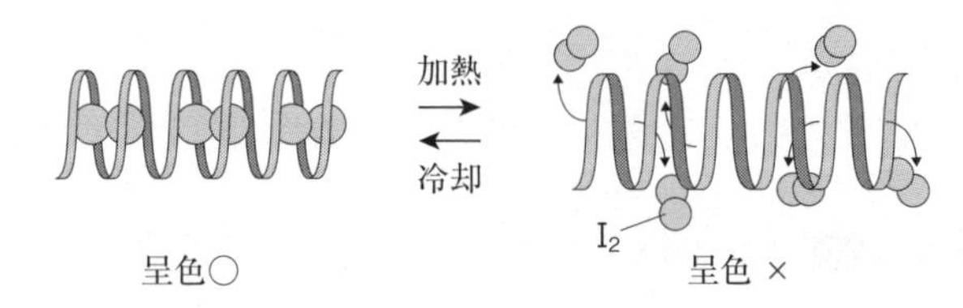

一方，セルロースは多数のβ－グルコースが脱水縮合した構造からなる。植物の細胞壁の主成分でもある。また，セルロースは，デンプンとは異なり，直線状の構造をしているため，ヨウ素デンプン反応は起こらない。なお，セルロースは分子間で水素結合を形成し，水には溶けにくい。

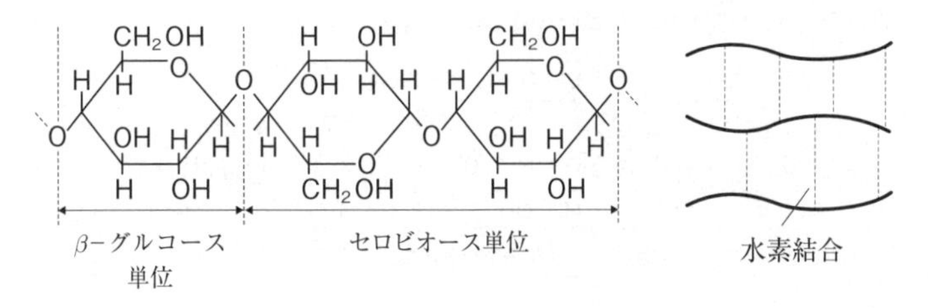

問6　重合度nのセルロース$(C_6H_{10}O_5)_n$の分子量が5.67×10^5なので，

$$(C_6H_{10}O_5)_n = 5.67 \times 10^5$$

$$\Leftrightarrow \quad 162n = 5.67 \times 10^5 \qquad \therefore n = \underline{3.50 \times 10^3}$$

189 解答

66.7 %

解説 ⇒ 重要ポイント

セルロースがエステル化されるとき，グルコース単位の$-OH$（＝17）が$-ONO_2$（＝62）に置き換わる。つまり，式量は$-OH$ 1つあたり 62 − 17＝45 だけ増加する。よって，エステル化された$-OH$の割合をx〔%〕とおくと，$-OH$の一部がエステル化されたニトロセルロースは次式のように表すことができる（グルコース単位1つあたりに$-OH$は3つあるため，セルロースの示性式は$[C_6H_7O_2(OH)_3]_n$と表すことができる）。

$$1[C_6H_7O_2(OH)_3]_n \xrightarrow[\text{エステル化}]{\text{濃硝酸}\ \text{濃硫酸}} 1[C_6H_7O_2(OH)_{3\times\frac{100-x}{100}}(ONO_2)_{3\times\frac{x}{100}}]_n$$

分子量　$162n$　　　$\left(162 + 45 \times 3 \times \dfrac{x}{100}\right)n$

上式より，セルロースとニトロセルロースの物質量〔mol〕は等しい。よって，

$$\underbrace{\frac{18.0\,[\text{g}]}{162n\,[\text{g/mol}]}}_{\text{セルロース〔mol〕}} = \underbrace{\frac{28.0\,[\text{g}]}{\left(162+45\times3\times\dfrac{x}{100}\right)n\,[\text{g/mol}]}}_{\text{ニトロセルロース〔mol〕}} \qquad \therefore x = 66.66\cdots \fallingdotseq \underline{66.7}\,[\%]$$

重要ポイント トリニトロセルロースの合成

セルロース（綿やパルプなど）に濃硝酸と濃硫酸の混合溶液（混酸）を作用させると，グルコース単位の$-OH$が反応して硝酸エステルであるニトロセルロース（すべての$-OH$が反応したらトリニトロセルロース）が生じる。

$$[C_6H_7O_2(OH)_3]_n + 3nHNO_3 \longrightarrow [C_6H_7O_2(ONO_2)_3]_n + 3nH_2O$$

セルロース　　　トリニトロセルロース

セルロースの構造式（CH_2OH，OH，OH，$[\ ]_n$） $\xrightarrow[\text{エステル化}]{\text{濃硝酸}\ \text{濃硫酸}}$ トリニトロセルロースの構造式（CH_2ONO_2，ONO_2，ONO_2，$[\ ]_n$）

参考　広義でのエステル

エステルとは，広い意味では酸のH原子を炭化水素基Rで置換したものである。これまで主に扱ってきたエステルは，カルボン酸$R'-COOH$のH原子をRで置換したカルボン酸エステル$R'-COO-R$である。しかし，ニトロセルロースのように，硝酸HNO_3（一般的にはオキソ酸）のH原子をRで置換したものも広義でエステルであり，硝酸エステル$R-ONO_2$という。

$$R-O-H + HO-NO_2 \longrightarrow R-O-NO_2 + H_2O$$

190 解答

問1 (a)：(b)：(c)＝1：18：1

問2 20 個

問3 グルコースの個数 2.50×10^3 個　枝分かれの個数 1.25×10^2 個

解説

本問の図1のアミロペクチン中の$-OH$をすべて$-OCH_3$にし，そのあと加水分解すると，化合物(a)〜(c)が得られる（次図）。ここで，化合物(a)は$-OCH_3$を4つもつことから末端部分由来であることがわかる。一方，化合物(c)は$-OCH_3$を2つしかもたないことから枝分かれ部分由来であることがわかる（通常の1, 4−グリコシド結合のみをしていたグルコース単位は，$-OCH_3$が3つなので化合物(b)になる）。

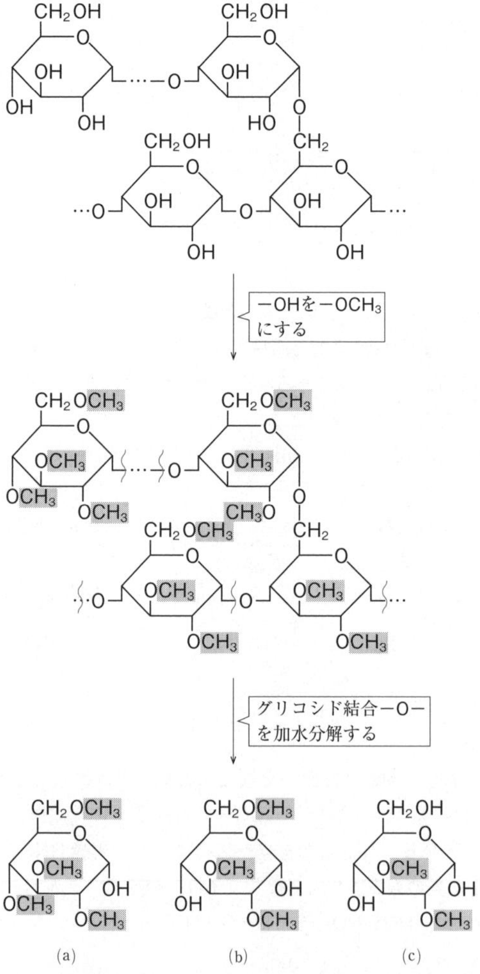

$-OH$を$-OCH_3$にする

グリコシド結合$-O-$を加水分解する

(a)　(b)　(c)

問1　得られた化合物(a)～(c)の質量より，化合物(a)～(c)の物質量〔mol〕比は，

$$(a):(b):(c)=\frac{0.145〔g〕}{236〔g/mol〕}:\frac{2.398〔g〕}{222〔g/mol〕}:\frac{0.128〔g〕}{208〔g/mol〕}$$

$$\fallingdotseq 6.14\times10^{-4}:1.08\times10^{-2}:6.15\times10^{-4}$$

$$\fallingdotseq \underline{1:18:1}$$

1番小さい値で全体を割る。

問2　枝分かれ部分由来の化合物は(c)であるため，生成した化合物(c)の割合の分だけ枝分かれが含まれていたことになる。よって，**問1**の結果より，このアミロペクチンには

グルコース単位 1 + 18 + 1 = 20〔個〕中，枝分かれが1個含まれている。
(a)　(b)　(c)

問3　このデンプンの重合度を n とおくと，

$$(C_6H_{10}O_5)_n=4.05\times10^5$$

$$\Leftrightarrow\quad 162n=4.05\times10^5\qquad \therefore n=\underline{2.50\times10^3}$$

また，枝分かれの個数は，**問2**の結果より，

$$(2.50\times10^3)\times\frac{1}{20}=\underline{1.25\times10^2}〔個〕$$

191　解答

問1　a　α－アミノ酸　　b　単純タンパク質　　c　複合タンパク質　　d　変性
問2　③，④
問3　①α－ヘリックス　②β－シート
問4　ジスルフィド結合

解説

問1a　多数のα－アミノ酸(⇒P.239)が縮合重合した構造をもつ物質をタンパク質という。これには，多数のアミド結合－CO－NH－が含まれるが，このアミノ酸がつくるアミド結合を特にペプチド結合といい，タンパク質をポリペプチドともいう。なお，α－アミノ酸2つが縮合した構造をもつものをジペプチド，3つが縮合重合した構造をもつものをトリペプチドという。

$$H_2N-CH(R_1)-C(=O)-OH\quad H-N(H)-CH(R_2)-C(=O)-OH\quad H-N(H)-CH(R_3)-C(=O)-OH\cdots\cdots$$

⇩ 縮合してポリペプチド

$$H_2N-CH(R_1)-C(=O)-N(H)-CH(R_2)-C(=O)-N(H)-CH(R_3)-C(=O)-N(H)-\cdots\cdots\quad -C(=O)-OH$$

ペプチド結合

b，c ⇒ 重要ポイント 1°

タンパク質を構成成分で分類すると，b単純タンパク質とc複合タンパク質に分けることができる。

d　タンパク質に熱を与えたり，酸・塩基，極性の大きい有機溶媒(アセトン，エタノールなど)，重金属(Ag^+，Cu^{2+}，Pb^{2+}など)などを加えると凝固したり沈殿したりする。さらに，生理活性(生体内の分子活性)をもつタンパク質はその働きを失ってしまうこともある。これをタンパク質の変性という。この変性はペプチド結合が切れるわけではなく，水素結合などが切れて立体構造が変化するために起こる。

問2　重要ポイント 1°を参照のこと。

問3　重要ポイント 2°を参照のこと。

問4　システインの側鎖は$-CH_2-SH$のため，次図のようにシステインの側鎖間でH原子が脱離し，ジスルフィド結合$-S-S-$が形成される。

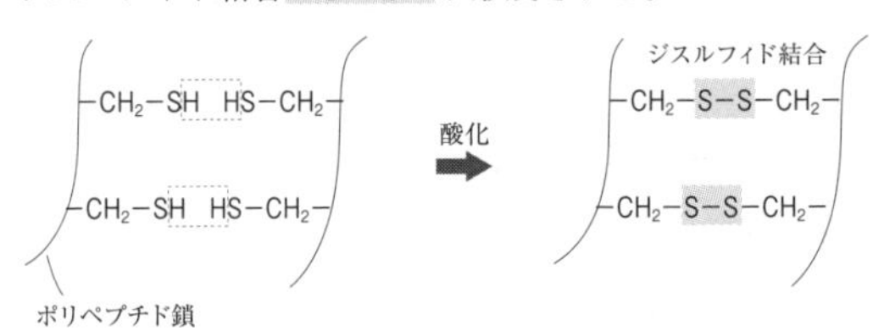

重要ポイント 1°　タンパク質の分類

分類1　構成成分による分類

単純タンパク質：加水分解したときにα−アミノ酸のみを生じるもの。

例　アルブミン　グロブリン　ケラチン　コラーゲン　フィブロイン　インスリン

複合タンパク質：加水分解したときにα−アミノ酸以外に糖類・脂質・核酸・リン酸・色素なども生じるもの。

例　ヘモグロビン　カゼイン　クロロフィル

分類2　形状による分類

球状タンパク質：球状のタンパク質で，一般に水や酸・塩基・塩の水溶液に溶けやすい。

例　アルブミン　グロブリン　アミラーゼ　ヘモグロビン

繊維状タンパク質：繊維状のタンパク質で，一般に水に溶けにくい。

例　コラーゲン　フィブロイン　ケラチン

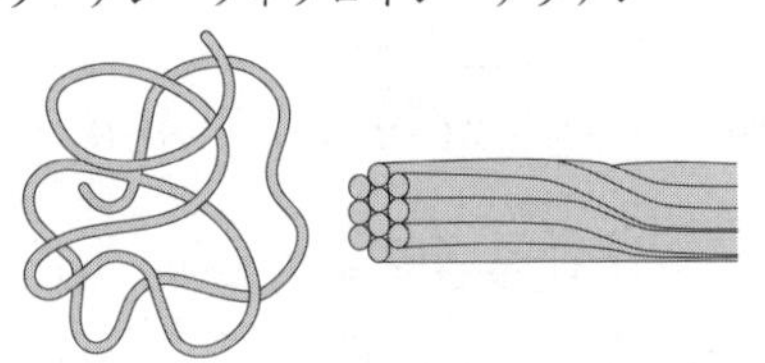

球状タンパク質　　繊維状タンパク質

2°　タンパク質の高次構造

タンパク質の立体構造をまとめてタンパク質の高次構造ともいう。

一次構造：アミノ酸の配列順序のこと。

二次構造：鎖状のタンパク質がらせん構造になるα−ヘリックス，ジグザグに並んだ波状構造になるβ−シートがある。

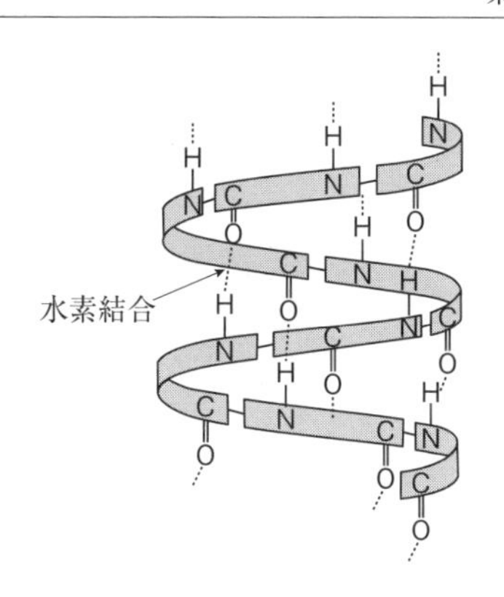

三次構造：αーヘリックスや βーシートがさらに折り重なった複雑な立体構造のこと。また構成アミノ酸の官能基（ーCOOH，ーOH，$-NH_2$ など）間の水素結合，イオン結合，ジスルフィド結合ーSーSーやファンデルワールス力で複雑な立体構造が形成される。

四次構造：三次構造を形成したポリペプチド鎖がいくつか集合し，相互作用し安定な立体構造を形成している。三次構造にはない複雑な働きができ，さらにその生理作用を効果的にコントロールできる。

192 解答

問1　279

問2　H_2N-CH_2-COOH

解説

問1　次式より，トリペプチド1分子中にーCOOHが 1 つ含まれている（つまり1価の酸として働く）とき，このーCOOHがエタノールとエステル化してー$COOC_2H_5$ となり，分子量が 29 － 1＝28.0 増加する（もし，このトリペプチド1分子中にーCOOHが2つ含まれていたら，分子量は56.0増加することになる）。よって，このトリペプチドの分子量を M とおくと，中和の量的関係（⇒P.28）から次式が成り立つ。

$$\underbrace{\frac{1.395\,[\text{g}]}{M\,[\text{g/mol}]} \times \underset{\text{価数}}{1}}_{\text{トリペプチドが放出する } H^+ [\text{mol}]} = \underbrace{0.200\,[\text{mol/L}] \times \frac{25.0}{1000}\,[\text{L}] \times \underset{\text{価数}}{1}}_{\text{NaOH が放出する } OH^- [\text{mol}]}$$

$$\therefore M = \underline{279}$$

問2　トリペプチドを加水分解して生じるフェニルアラニンPhe以外のもう一つのアミノ酸をXとおくと，この加水分解反応は，題意より次式で表される（トリペプチド1分子中にはーNHCOーは2つあるため，H_2O の係数は2であることに注意する）。

$$\boxed{\text{トリペプチド}} + 2H_2O \longrightarrow \text{Phe} + 2\text{X}$$

分子量　$279 + 2 \times 18 = 165 + 2M_X$

高分子化合物

よって，**問1**の結果より，質量保存の法則から，

$$279 + 2 \times 18 = 165 + 2M_X \qquad \therefore M_X = 75$$

以上より，分子量75のα－アミノ酸はグリシンGlyである。

193 解答

問1 (a) ビウレット反応　(b) キサントプロテイン反応

問2 A ベンゼン環　B ニトロ　C 黒　D アミノ酸

E 硫黄　F ペプチド　G グリシン

H 鏡像(または，光学)　I L　J 酸　K 塩基

問3 2.5×10^2 mg

問4 4.0 %

問5 6.2×10^4

問6 フェニルアラニン，チロシン，トリプトファンの中から2つ

解説

問1，2　タンパク質溶液にNaOH水溶液を加えて塩基性にし，そこに$CuSO_4$水溶液を加えると赤紫色を示す。これを(a)ビウレット反応といって，トリペプチド以上からなるペプチドに反応する。なお，ビウレット反応は，次図のようにトリペプチド(以上)の2ヶ所のペプチド結合がCu^{2+}に配位結合して錯体が生じるために赤紫色に呈色する。

$$\cdots-\underset{}{\overset{H}{N}}-\overset{R_1}{CH}-\overset{O}{\overset{\|}{C}}-\overset{H}{N}-\overset{R_2}{CH}-\overset{O}{\overset{\|}{C}}-\overset{H}{N}-\overset{R_3}{CH}-\overset{O}{\overset{\|}{C}}-\cdots$$

（2つのNの非共有電子対 → Cu^{2+}）

(b)ベンゼン環をもつアミノ酸を含むタンパク質に濃硝酸を加えて加熱すると，その$_A$ベンゼン環が$_B$ニトロ化されて黄色を呈する。これを冷却して，さらにアンモニア水を加えると橙黄色になる。この反応を(b)キサントプロテイン反応という。

また，構成$_D$アミノ酸に$_E$硫黄S原子が含まれている場合，その溶液にNaOH水溶液と酢酸鉛(II)$(CH_3COO)_2Pb$水溶液を加えると，硫化鉛(II)PbSの$_C$黒色沈殿が生じる。

タンパク質は，多数のアミノ酸が$_F$ペプチド結合で結合した鎖状の高分子化合物であり，$_G$グリシン以外のα－アミノ酸には$_H$鏡像異性体(または光学異性体)が存在するが，天然には$_I$L型が存在する。アミノ酸水溶液を$_J$酸性にすると，双性イオンの$-COO^-$がH^+を受け取り$-COOH$に変わり$-NH_3^+$が残って陽イオンとなり，$_K$塩基性にすると，双性イオンの$-NH_3^+$がOH^-によりに$-NH_2$に変わり$-COO^-$が残って陰イオンとなる(⇒P.239)。

問3　Xから発生したアンモニアNH_3の物質量をx〔mol〕とおくと，今回の滴定では次のような線分図における関係がある(詳しくは32の重要ポイントを参照のこと)。

塩基：NH_3，x〔mol〕　NaOH aq，1.0 mol/L，$\frac{42}{1000}$ L

酸：H_2SO_4 aq，0.50 mol/L，$\frac{60}{1000}$ L

よって，上の線分図から次式が成り立つ。

$$\underbrace{0.50\,[\text{mol/L}] \times \frac{60}{1000}\,[\text{L}] \times \boxed{2}}_{\text{H}_2\text{SO}_4\text{が放出する H}^+\,[\text{mol}]\ (\boxed{2}\ \text{価数})} = \underbrace{x\,[\text{mol}] \times \boxed{1}}_{\text{NH}_3\text{が受け取る H}^+\,[\text{mol}]\ (\boxed{1}\ \text{価数})} + \underbrace{1.0\,[\text{mol/L}] \times \frac{42}{1000}\,[\text{L}] \times \boxed{1}}_{\text{NaOH が放出する OH}^-\,[\text{mol}]\ (\boxed{1}\ \text{価数})}$$

$$x = 1.8 \times 10^{-2}\,[\text{mol}]$$

ここで，このXに含まれていたN原子の物質量〔mol〕と，発生したNH_3の物質量〔mol〕は等しいため，Xの水溶液40mLに含まれていたN原子の質量は，

$$1.8 \times 10^{-2}\,[\text{mol}] \times 14\,[\text{g/mol}] = 0.252\,[\text{g}] \fallingdotseq \underline{2.5 \times 10^2}\,[\text{mg}]$$

問4　Xの水溶液におけるXの割合〔%〕は，**問3**の結果より，

$$\frac{\text{X}\,[\text{g}]}{\text{水溶液}\,[\text{g}]} \times 100 = \frac{0.252\,[\text{g}] \times \dfrac{100}{15}}{1.05\,[\text{g/cm}^3] \times 40\,[\text{cm}^3]} \times 100 = \underline{4.0}\,[\%]$$

問5　Xの分子量をMとおくと，ファントホッフの法則(⇒P.92)より，

$$\Pi V = nRT$$

$$\Leftrightarrow \quad \Pi V = \frac{w}{M}RT$$

$$\Leftrightarrow \quad M = \frac{wRT}{\Pi V} = \frac{0.25 \times (8.3 \times 10^3) \times (30 + 273)}{505 \times \dfrac{20}{1000}} = 6.22\cdots \times 10^4 \fallingdotseq \underline{6.2 \times 10^4}$$

問6　キサントプロテイン反応で呈色するのは，側鎖にベンゼン環を有するアミノ酸であるから，α－アミノ酸のうちでは以下のものがある。

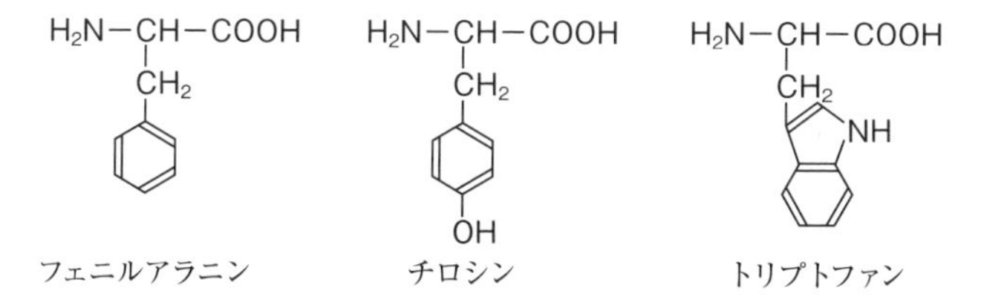

194 解答

問1　イ　加水分解　　ロ　等電点　　ハ　大き(または，高)

問2　硫化鉛(Ⅱ)

問3　A　フェニルアラニン　　B　アスパラギン酸　　C　グルタミン酸
　　D　システイン　　E　グリシン

問4

HO−C(=O)−CH(−NH₂)−CH₂−CH₂−C(=O)−NH−CH(−CH₂−SH)−C(=O)−NH−CH₂−C(=O)−OH

解説

問1～4

［アスパルテームについて］

アミノ酸Aの側鎖の式量は165 − 74(−CH(NH$_2$)COOH)＝91であり，ベンゼン環をもつため，側鎖が−CH$_2$−⬡のAフェニルアラニンPheと決まる。また，アミノ酸Bの側鎖の式量は133 − 74(−CH(NH$_2$)COOH)＝59であり，カルボキシ基を側鎖に1つもつので，側鎖は−CH$_2$−COOHと決まり，これはBアスパラギン酸Aspである。アミノ酸A(Phe)は中性アミノ酸のためロ等電点は中性付近にあり，アミノ酸B(Asp)は酸性アミノ酸のため等電点は酸性側にある(⇒P.240)。そのため，アミノ酸Aの等電点(pH)はアミノ酸Bの等電点(pH)よりもハ大きい。

［グルタチオンについて］

アミノ酸Cは，アミノ酸B(Asp)と同様にカルボキシ基を2つもつ酸性アミノ酸であるから，Cグルタミン酸Gluと決まる。また，アミノ酸Dは，酢酸鉛(Ⅱ)$(CH_3COO)_2Pb$水溶液で問2硫化鉛(Ⅱ)PbSの黒色沈殿が生じたことから，S原子を含むシステインCys(分子式$C_3H_7NO_2S$)またはメチオニンMet(分子式$C_5H_{11}NO_2S$)のいずれかである。ここで，以下の2つに場合分けしてアミノ酸Eの分子式を考える。

Case1　アミノ酸Dがシステインの場合

グルタチオンの加水分解反応は次式で表される。

$C_{10}H_{17}N_3O_6S + 2H_2O \rightarrow$ Ⓒ$C_5H_9NO_4$ + Ⓓ$C_3H_7NO_2S$ + アミノ酸E

よって，アミノ酸Eの分子式は，原子保存則より，

(アミノ酸Eの分子式)＝($C_{10}H_{17}N_3O_6S + 2H_2O$) − (Ⓒ$C_5H_9NO_4$ + Ⓓ$C_3H_7NO_2S$)＝$C_2H_5NO_2$

Case2　アミノ酸Dがメチオニンの場合

グルタチオンの加水分解反応は次式で表される。

$C_{10}H_{17}N_3O_6S + 2H_2O \rightarrow$ Ⓒ$C_5H_9NO_4$ + Ⓓ$C_5H_{11}NO_2S$ + アミノ酸E

よって，アミノ酸Eの分子式は，原子保存則より，

(アミノ酸Eの分子式)＝($C_{10}H_{17}N_3O_6S + 2H_2O$) − (Ⓒ$C_5H_9NO_4$ + Ⓓ$C_5H_{11}NO_2S$)＝HNO_2

以上より，アミノ酸D, Eの組合せは，DシステインCysとEグリシンGly(分子式$C_2H_5NO_2$)と決まる。なお，グルタチオンは酸化されると2量体になり，2量体を還元することにより元の形に戻ることからも，グルタチオン中にCysが含まれることが予想できる。つまり，Cys由来の側鎖部分の−SHがジスルフィド結合を形成し得るためと判断してもよい。題意より，アミノ酸C(Glu)由来の側鎖部分の−COOHがアミノ酸D(Cys)の−NH$_2$とペプチド結合し，さらに，アミノ酸D(Cys)の−COOHはアミノ酸E(Gly)の−NH$_2$とペプチド結合することから，グルタチオンは以下の構造と決まる。

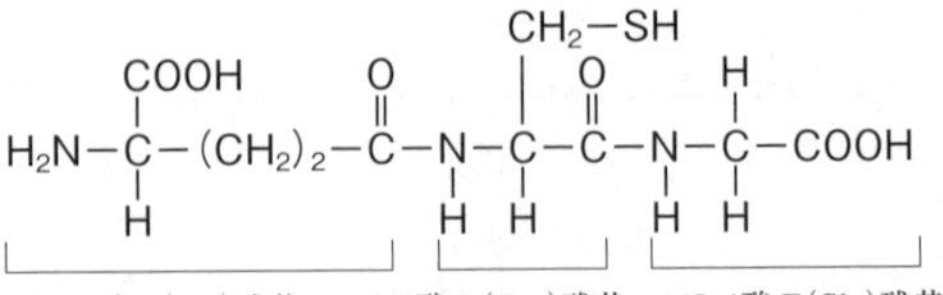

195 解答

2番目　Lys　　7番目　Phe　　10番目　Leu

解説

(a) 11個のアミノ酸からなるペプチドAの加水分解において，4個のアミノ酸からなるペプチド2つと3個(＝11－4×2)のアミノ酸からなるペプチド1つが生じるのは，N末端から「4－4－3」・「4－3－4」・「3－4－4」の3パターンである。しかし，芳香族アミノ酸(TyrまたはPhe)のカルボキシ基側(右側)で切断した場合，切断したペプチド結合の左側のアミノ酸はTyrまたはPheでなければならない。よって，以下の2パターンは不適。

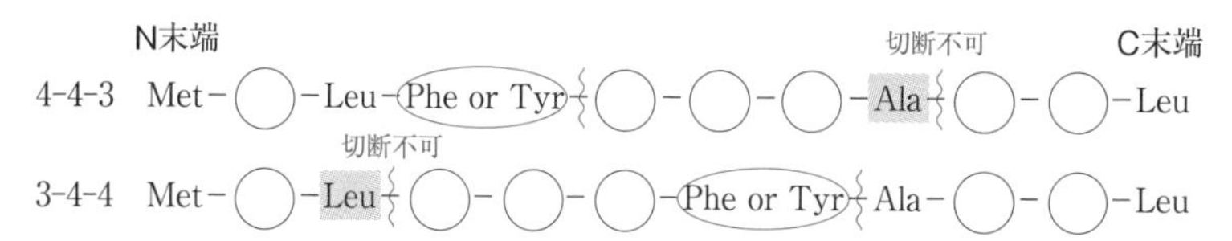

よって，ペプチドAは以下のように切断されたことがわかる。

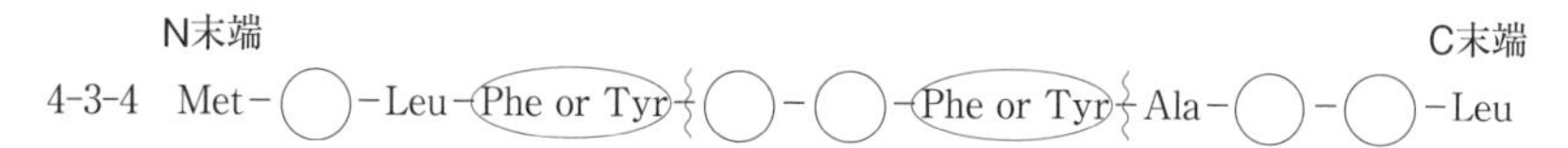

(b) ニンヒドリンと反応する官能基はアミノ基$-NH_2$であり，側鎖に$-NH_2$をもつのはリシンLys(側鎖：$-(CH_2)_4-NH_2$)である。よって，2，6，9番目に位置するアミノ酸はLysである。この時点でペプチドAは以下のような配列になる。

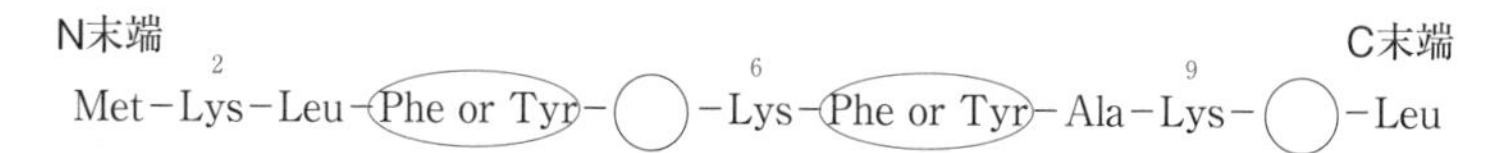

(c) 側鎖中で弱酸性を示す官能基は，カルボキシ基$-COOH$またはフェノール性ヒドロキシ基 $-C_6H_4-OH$ である。ここで，これまでに4番目に位置するアミノ酸はPheまたはTyrであることがわかっていたが，弱酸性を示すTyr(側鎖：$-CH_2-C_6H_4-OH$)と決まり，(表1よりともに1つずつしか含まれていないので)7番目に位置するアミノ酸はPhe(側鎖：$-CH_2-C_6H_5$)と決まる。そのため，5番目に位置するアミノ酸はGlu(側鎖：$-(CH_2)_2-COOH$)と決まる。この時点でペプチドAは以下のような配列になる。

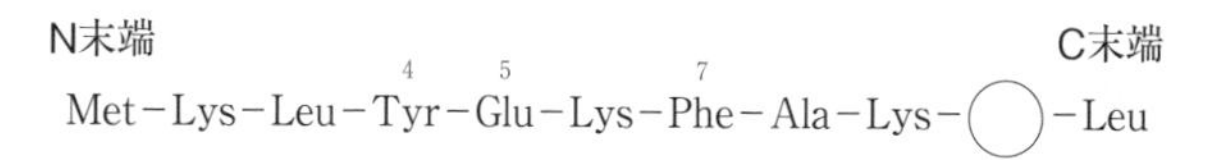

また，表1よりペプチドAにLeuは3個含まれるため，10番目に位置するアミノ酸は残りのLeuと決まり，ペプチドAの配列は以下のように確定できる。

N末端　　　　　　　　　　　　　　　　　C末端

Met－Lys－Leu－Tyr－Glu－Lys－Phe－Ala－Lys－Leu(10)－Leu

第22章　生命の化学

196 解答

問1　ア　触媒　イ　活性化エネルギー　ウ　反応エンタルピー　エ　タンパク質
　オ　還元性　カ　大きく　キ　最適　ク　失活(または，変性)　ケ　最適pH
　コ　基質特異性

問2　転化糖

問3　フェーリング液の還元反応　原理）フェーリング液中のCu^{2+}が還元されて酸化銅(I)の赤色沈殿が生成する。

　または，

　銀鏡反応　原理)アンモニア性硝酸銀水溶液中の$[Ag(NH_3)_2]^+$が還元されて，容器の内壁に銀の単体が析出する。

問4　ペプシンは胃酸中に多く含まれ，pH約2の酸性下の胃の中で高い活性を示す。

解説 ⇒ 重要ポイント

問1，2　ア～エ　酵素は，主に$_{エ}$タンパク質からなる$_{ア}$触媒で，化学反応の$_{イ}$活性化エネルギーを下げて反応速度を大きくする。ただし，酵素は触媒なので，反応の前後でそれ自身は変化せず，$_{ウ}$反応エンタルピーには影響を与えない。

　オ　スクロースは，α－グルコースとβ－フルクトースが脱水縮合した構造をもつ二糖であり，開環できないため$_{オ}$還元性を示さない。しかし，インベルターゼを用いてスクロースを加水分解すると，グルコースとフルクトースの混合物になる。これを$_{問2}$転化糖という。

　カ～ケ　一般に，反応速度は温度が高くなるほど$_{カ}$大きくなるが，インベルターゼは酵素のため$_{キ}$最適温度がある。しかし，温度を高くしすぎると酵素が変性(⇒P.278)してしまい働かなくなっていまう。これを酵素の$_{ク}$失活という。また，酵素には最も高い活性を示すpHがある。これを$_{ケ}$最適pHという。

　コ　酵素は特定の基質とだけ反応する。これを酵素の$_{コ}$基質特異性という。

問3　スクロースを加水分解して生じた転化糖は，グルコースとフルクトースの混合物のため還元性を示す。よって，フェーリング液の還元反応，または銀鏡反応により還元性の有無を調べればよい(⇒P.183-184)。

問4　重要ポイントを参照のこと

重要ポイント　酵素の性質

[基質特異性]

　酵素の反応は立体構造がとても重要で，酵素は酵素の活性を示す構造部分と立体的に結合できる構造をもつもののみにしか触媒作用を示さない。この酵素の活性を示す部位を活性部位(または活性中心)といい，その活性部位に結合する反応相手を基質といい，特定の基質とだけ反応することを基質特異性という。これはよく，鍵と鍵穴の関係にたとえられる。つまり，ある特定の形をしている鍵(酵素)のみでしか，鍵穴(基質)に差し込んで扉を開くことができない。たとえば，マルターゼ(⇒P.237)はマルトースとのみ結合するが，スクロースなど他の二糖類には作用しない。

[最適 pH]

酵素や基質は，pH が変化することで立体構造が変わってしまうことがある。つまり，酵素が高い活性を示すためには適切な pH が必要であり，これを酵素の最適 pH という。たとえば，唾(だ)液に含まれるアミラーゼは pH 7 ぐらい，胃液中に含まれるペプシンは pH 2 ぐらい，膵液に含まれるトリプシンは pH 8 ぐらいで活性が最も高い(右図)。

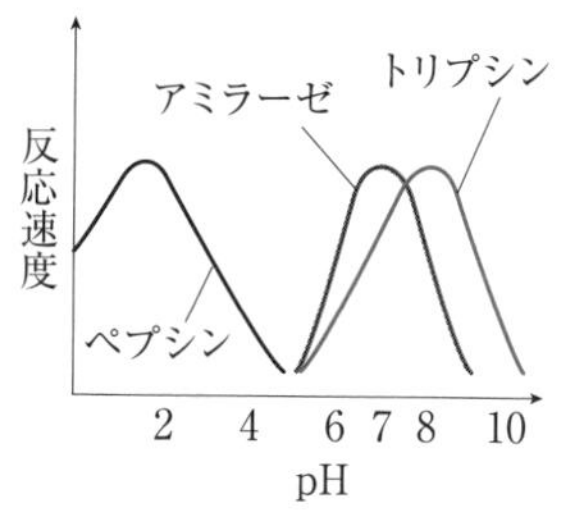

[最適温度]

タンパク質は，熱を加えたりすると(水素結合などが切れて)立体構造が変化し，固まってしまう。つまり，主にタンパク質からできている酵素は，温度が高すぎると立体構造が崩れて働かなくなってしまう。そのため，多くの酵素は生体の温度に近い 35～40 ℃で最も高い活性を示す(反応速度が最も大きくなる)ことが多い。この酵素が最もよく働く温度を最適温度といい，高温にするほど反応速度が大きくなる一般の化学反応とは大きく異なる(右図)。

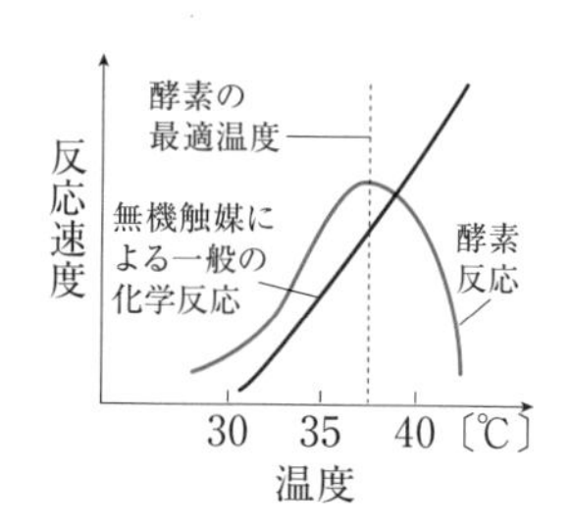

[酵素の失活]

上述したように，酵素が触媒作用を示すためには立体構造が極めて重要である。つまり，酵素の立体構造が変わってしまうと，活性部位の形も変わって基質と結合することができなくなってしまう(右図)。

これを酵素の失活といって，主にタンパク質の加熱による変性と pH 変化による変性や構造変化が原因となる。

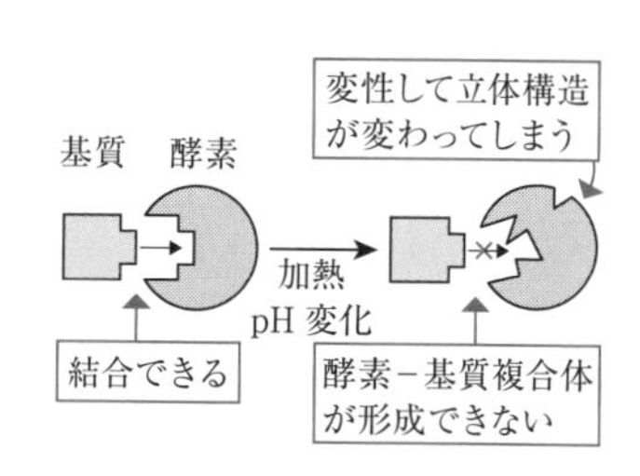

197 **解答**

問1　鍵と鍵穴の関係

問2　活性部位

問3　3.0×10 %

問4　8.0×10 %

問5　3.6×10^{-5} mol

解説

問1　**196** **重要ポイント**を参照のこと。

問2　B が A の活性部位に結合することで A の酵素活性が失われる。一方，C が A に結合しても酵素活性はなくならないことから，C は A の活性部位以外の部位に結合したと考えられる。

問3　A，B の物質量〔mol〕は以下のようになる。

$$\begin{cases} A : \dfrac{3.5\times10^{-3}〔\cancel{g}〕}{3.5\times10^{4}〔\cancel{g}/mol〕} = 1.0 \times 10^{-7}〔mol〕 \\ B : \dfrac{4.5\times10^{-3}〔\cancel{g}〕}{1.5\times10^{5}〔\cancel{g}/mol〕} = 0.30 \times 10^{-7}〔mol〕 \end{cases}$$

よって，以下のような線分図で考えると，

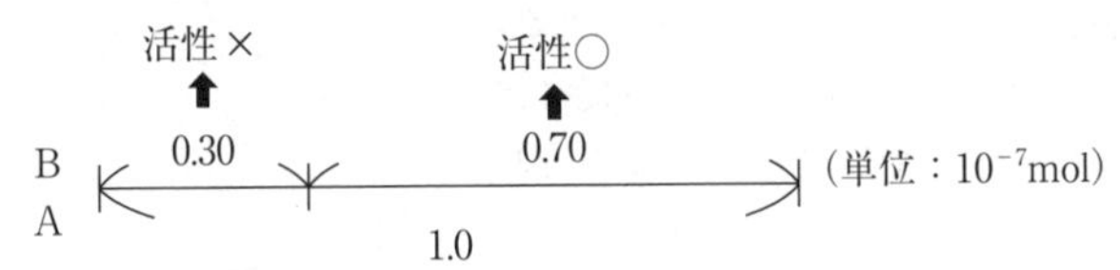

以上より，Aの失われた酵素活性の割合〔%〕は，

$$\frac{0.30\times10^{-7}〔mol〕}{1.0\times10^{-7}〔mol〕}\times 100 = \underline{3.0 \times 10}〔\%〕$$

問4　Cの物質量は，

$$C : \frac{12.8\times10^{-3}〔\cancel{g}〕}{1.6\times10^{5}〔\cancel{g}/mol〕} = 0.80 \times 10^{-7}〔mol〕$$

よって，題意より，BよりもCのほうがAに優先的に結合するため，以下のような線分図で考えると，

活性○　　活性×（B 0.30 のうち 0.20 結合するため）

C　0.80　0.20　(単位：10^{-7}mol)

A　1.0

以上より，Aの酵素活性の割合〔%〕は，

$$\frac{0.80\times10^{-7}〔mol〕}{1.0\times10^{-7}〔mol〕}\times 100 = \underline{8.0 \times 10}〔\%〕$$

問5　基質に対するAの活性は，題意より 1.3×10^{-6}〔mol/(mg・分)〕と表すことができるので，**問4**の結果より，

$$1.3\times10^{-6}〔mol/(\cancel{mg}・\cancel{分})〕\times \underbrace{3.5〔\cancel{mg}〕\times\frac{8.0\times10}{100}}_{活性があるA〔mg〕}\times 10〔\cancel{分}〕 = 3.64 \times 10^{-5} \fallingdotseq \underline{3.6 \times 10^{-5}}〔mol〕$$

198 解答

問1　ア　活性化　　イ　補酵素　　ウ　過酸化水素　　エ　基質特異性　　オ　活性部位

問2　アミラーゼ　6～8　　ペプシン　1～2

問3　変性して立体構造が変わってしまうため。

問4

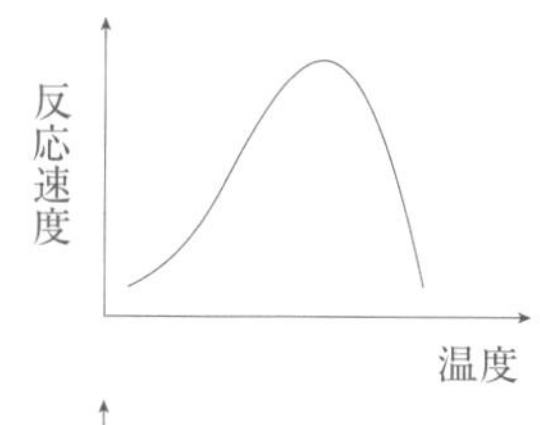

問5

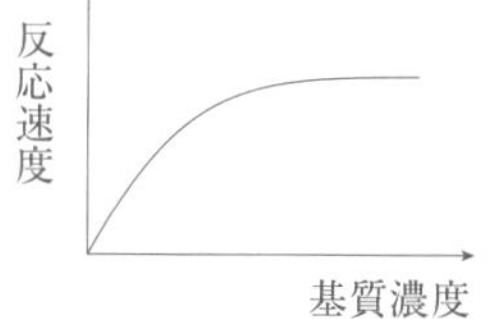

解説

問1⇒ 重要ポイント 1°

イ　酵素が働く際に，酵素と併せて金属イオンや低分子物質などが基質に結合して初めて起こる反応がある。このような酵素の働きを助ける低分子量の有機化合物を補酵素(コエンザイム)という。補酵素の多くはビタミン(糖類，タンパク質，脂質，ミネラル以外の栄養素)として知られている。

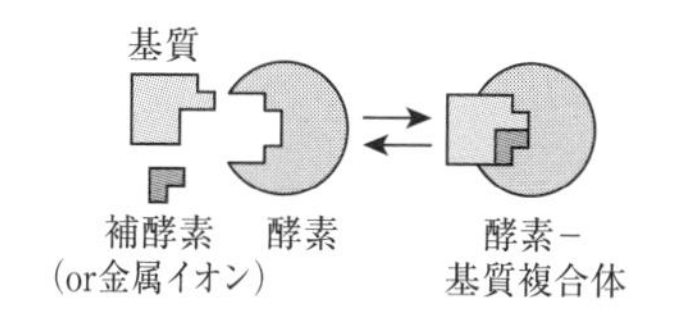

ウ　酸化還元酵素の一つであるカタラーゼは，次式のように過酸化水素 H_2O_2 の分解反応を触媒する。

$$2H_2O \xrightarrow{\text{カタラーゼ}} O_2 + 2H_2O$$

エ　酵素は基質特異性(⇒P.284)をもつが，この他にも，基質を特定の物質にしか変化させないという反応特異性がある。例えば，アミラーゼはデンプンをマルトースまでしか加水分解せず，グルコースまで分解することはない。

問2～4　196 の 重要ポイント 参照のこと。

問5⇒ 重要ポイント 2°

一般に，反応物質の濃度を上げれば反応速度 v は大きくなる。そのため，一定の酵素濃度[E]が基質濃度[S]に比べて大きいときは，[S]の上昇とともに v も大きくなる。しかし，一定の[E]に対して[S]が大きくなると，ほとんどの酵素は酵素－基質複合体(E・S)となり，v は最大値 v_{max} で一定になる。

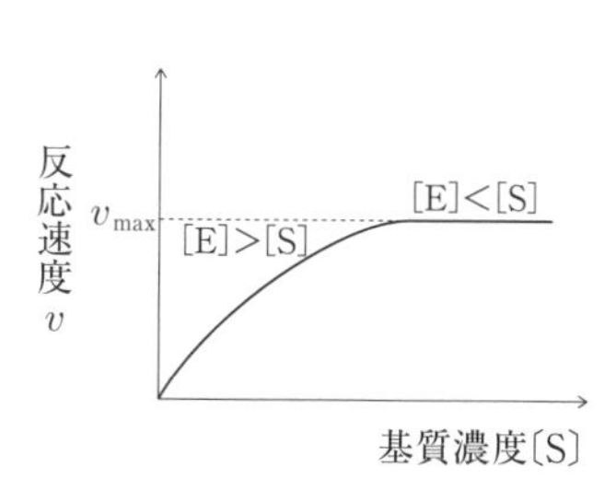

重要ポイント

1° 代表的な酵素の分類とその働き

酵素を大きく分類すると，以下の6種類に分類することができる（加水分解酵素を中心に覚えればよい）。

分類	名称		触媒する反応や働き
酸化還元酵素 （オキシドレダクターゼ）	カタラーゼ		$2H_2O_2 \rightarrow 2H_2O + O_2$
	デヒドロゲナーゼ		H原子を奪って酸化する。
転位酵素 （トランスフェラーゼ）	ホスホリラーゼ		リン酸化する。 過リン酸分解する。
加水分解酵素 （ヒドロラーゼ）	アミラーゼ		デンプン→マルトース
	マルターゼ		マルトース→グルコース
	インベルターゼ （スクラーゼ）		スクロース→転化糖 （グルコース＋フルクトース）
	セルラーゼ		セルロース→セロビオース
	セロビアーゼ		セロビオース→グルコース
	ラクターゼ		ラクトース→グルコース＋ガラクトース
	プロテアーゼ	ペプシン	タンパク質→ペプチド，アミノ酸
		トリプシン	
	ペプチダーゼ		ペプチド→アミノ酸
	リパーゼ		油脂→高級脂肪酸＋モノグリセリド
	ATPアーゼ		ATPのリン酸結合を加水分解。
脱離酵素 （リアーゼ）	脱炭酸酵素 （デカルボキシラーゼ）		カルボン酸RCOOHから二酸化炭素CO_2を脱離させる。
異性化酵素 （イソメラーゼ）	シス－トランス異性化酵素		シス体とトランス体を相互変換する。
合成酵素 （リガーゼ）	DNAリガーゼ		DNAの合成を行う。

2° 酵素-基質複合体

酵素(E)の活性部位は，基質(S)の特定の部位に結合する。この2つが結合したものを酵素－基質複合体(E・S)といい，この複合体ができることで反応が素早く進行し，生成物(P)ができる。これは酵素－基質複合体の形成により，反応の活性化エネルギーが低下するためである（右図）。

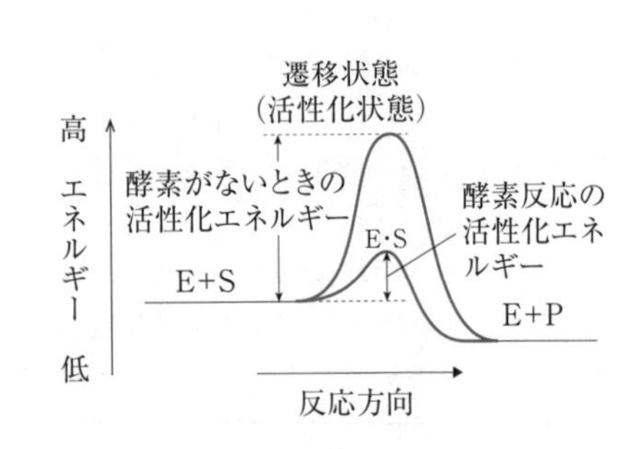

199 解答

問1　ア　デオキシリボース　　イ　リボース
　　ウ　二重らせん　　エ　水素

問2　(e)

解説

問1　ア，イ　200の重要ポイントを参照のこと。

ウ，エ　DNAはポリヌクレオチド鎖どうしが$_{エ}$水素結合により塩基対を形成し，$_{ウ}$二重らせん構造をとっている。なお，RNAは1本鎖として存在している。

問2　本問の(b)はグアニンG，(c)はチミンT，(d)はシトシンC，(e)はウラシルUである。DNAにおいては(a)のアデニンAと(c)のチミンTが2本の水素結合により塩基対を形成する。一方，RNAではチミンTがないため，次図のように(e)のウラシルUと水素結合を形成する((c)と似た構造である(e)を選べばよい)。

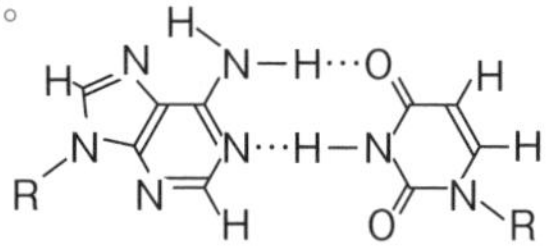

(a)アデニンA　(e)ウラシルU

なお，DNAとRNAはともに(b)のグアニンGと(d)のシトシンCとの間で，次図のように一塩基あたり3本の水素結合を形成する。

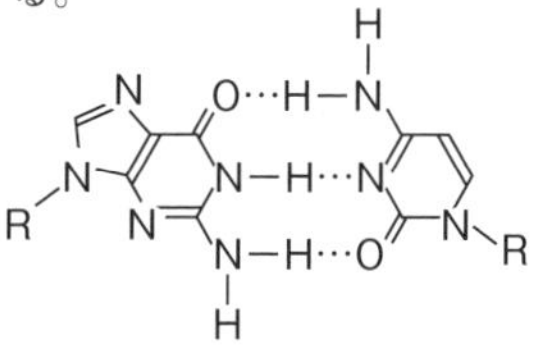

(b)グアニンG　(d)シトシンC

200 解答

問1　1 デオキシリボース　2 リン酸　3 ヌクレオチド　4 ポリヌクレオチド　5 二重らせん　6 アデニン　7 チミン　8 水素　9 グアニン　10 シトシン　11 複製　12 伝令RNA(または，mRNA)　13 転写　14 リボソームRNA(または，rRNA)　15 コドン　16 運搬RNA(または，転位RNA，tRNA)　17 ペプチド　18 翻訳　19 酵素　20 リパーゼ
(1と2，6と7，9と10は順不同。また，6・7と9・10の組合せも順不同。)

問2　塩基は4種類であり，2つの塩基の並ぶ順序では16通りしかなく，20種類のアミノ酸に対応できないため，翻訳に支障をきたす。

解説 ⇒ 重要ポイント

問1　[DNAの複製]

生物が細胞分裂するとき，以下の手順でDNAは正確に$_{11}$複製されていく。

Step1 複製される2本鎖のDNAがほどける。

Step2 ほどけたポリヌクレオチド鎖(親鎖)を鋳型として，相補的な塩基(AとT，GとC)を配列させて新たなポリヌクレオチド鎖(娘鎖)を合成する(なお，新しい鎖を構成する2本の鎖の片方は元の親鎖由来のためこのようなDNAの複製を半保存的複製という)。

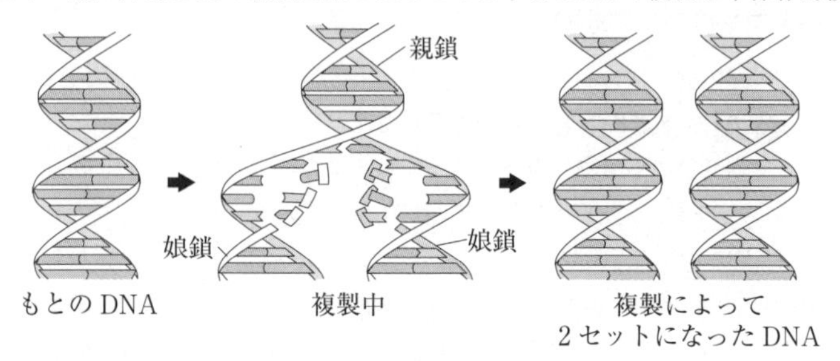

［タンパク質の合成］

DNAはその保存している遺伝情報から，以下の手順でRNAと協同してタンパク質を合成する。

Step1 まず，核の中でDNAの二重らせんの一部がほどけていく。

Step2 このほどけかけているDNAの塩基配列を，12 伝令RNA(mRNA)が写し取っていく(これを13 転写という)。

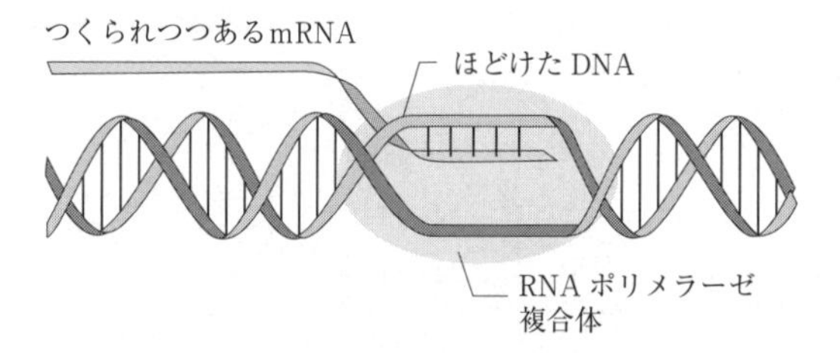

Step3 次に，伝令RNA(mRNA)が14 リボソームRNA(rRNA)からなるリボソームに付着して複合体をつくる。

Step4 そこに，3つの塩基配列(これを15 コドンという)に対応したアミノ酸を16 運搬RNA(tRNA)が運んできて，アミノ酸が次々と17 ペプチド結合でつながっていく(これを18 翻訳という)。

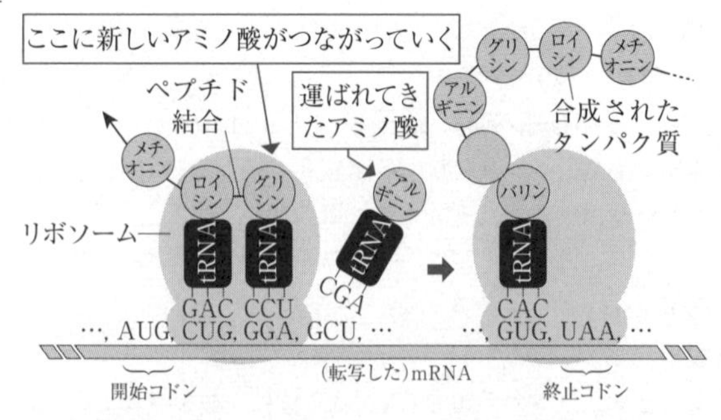

問2　DNA，RNA ともに塩基は 4 種類であり，2 つの塩基の並ぶ順序は $2^4 = 16$ 通りとなる。タンパク質を構成するアミノ酸は 20 種類のため，2 つの塩基ではこれらのアミノ酸に対応できない。

重要ポイント 核酸の構成

<table>
<tr><td colspan="3" rowspan="2"></td><td colspan="3">核酸</td></tr>
<tr><td>デオキシリボ核酸(DNA)</td><td colspan="2">リボ核酸(RNA)</td></tr>
<tr><td rowspan="4">ヌクレオチド</td><td rowspan="3">ヌクレオシド</td><td>五炭糖
(ペントース)</td><td> 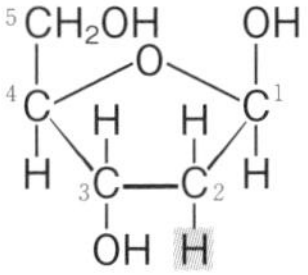デオキシリボース($C_5H_{10}O_4$)</td><td colspan="2"> 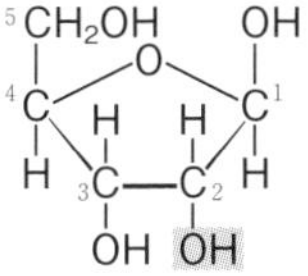リボース($C_5H_{10}O_5$)</td></tr>
<tr><td rowspan="2">塩基</td><td> 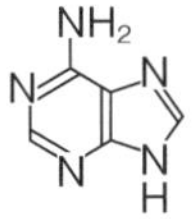アデニン(A) 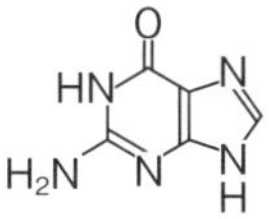</td><td>グアニン(G) 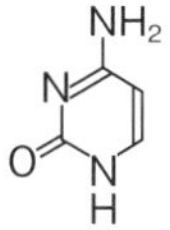</td><td>シトシン(C)</td></tr>
<tr><td> 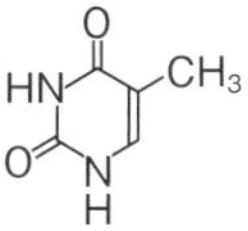チミン(T)</td><td colspan="2"> 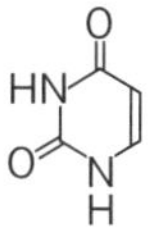ウラシル(U)</td></tr>
<tr><td colspan="2">リン酸</td><td colspan="3"> 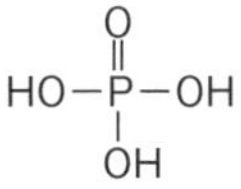(または) 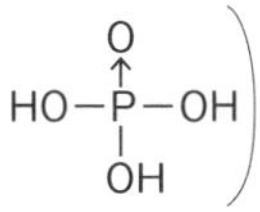
H_3PO_4</td></tr>
</table>

201 解答

問1　ア　五炭糖(または，ペントース)　　イ　RNA　　ウ　デオキシリボース
　　　エ　リボース　　オ　二重らせん

問2　A アデニン　　G グアニン　　T チミン　　C シトシン

問3　G 20 %　　T 30 %　　C 20 %

問4　1.2×10^9

解説 ⇒ **重要ポイント**

問1，2　**200** の **重要ポイント** を参照のこと。

問3　DNA において，A と T の部分で塩基対を形成するため，二重らせん構造における A と T

の物質量〔mol〕は等しい。よって，TはAと同じ30％含まれる。また，DNAはGとCの部分でも塩基対を形成するため，GとCの物質量〔mol〕は等しい。よって，GとCの合計は，$100-(30+30)=40$〔％〕なので，GとCはそれぞれ，20％である。

問4　この二重らせんDNAは2.0×10^6塩基対から構成されているので，二重らせん1組あたりに含まれる塩基の総数は，$(2.0\times10^6)\times2=4.0\times10^6$〔個〕となる。よって，この二重らせんDNA1mol組あたりに含まれるAを含むヌクレオチド単位の質量〔g〕は，

DNA1組中のA〔個〕　DNA1mol組中のA〔個〕　DNA1mol組中のAを含むヌクレオチド単位〔mol〕

$$A:\frac{4.0\times10^6〔個〕\times\frac{30}{100}\times(6.0\times10^{23})}{6.0\times10^{23}〔個/mol〕}\times300〔g/mol〕=3.60\times10^8〔g〕$$

同様にして，G，T，Cを含むヌクレオチド単位のそれぞれの質量〔g〕は，

DNA1組中のG〔個〕　DNA1mol組中のG〔個〕　DNA1mol組中のGを含むヌクレオチド単位〔mol〕

$$G:\frac{4.0\times10^6〔個〕\times\frac{20}{100}\times(6.0\times10^{23})}{6.0\times10^{23}〔個/mol〕}\times320〔g/mol〕=2.56\times10^8〔g〕$$

DNA1組中のT〔個〕　DNA1mol組中のT〔個〕　DNA1mol組中のTを含むヌクレオチド単位〔mol〕

$$T:\frac{4.0\times10^6〔個〕\times\frac{30}{100}\times(6.0\times10^{23})}{6.0\times10^{23}〔個/mol〕}\times290〔g/mol〕=3.48\times10^8〔g〕$$

DNA1組中のC〔個〕　DNA1mol組中のC〔個〕　DNA1mol組中のCを含むヌクレオチド単位〔mol〕

$$C:\frac{4.0\times10^6〔個〕\times\frac{20}{100}\times(6.0\times10^{23})}{6.0\times10^{23}〔個/mol〕}\times280〔g/mol〕=2.24\times10^8〔g〕$$

以上より，この二重らせんDNA1mol組あたりの質量〔g〕，つまり分子量は，

$$\underbrace{3.60\times10^8}_{A含有}+\underbrace{2.56\times10^8}_{G含有}+\underbrace{3.48\times10^8}_{T含有}+\underbrace{2.24\times10^8}_{C含有}=1.18\cdots\times10^9\fallingdotseq\underline{1.2\times10^9}$$

重要ポイント　ヌクレオチドの構造

核酸の単量体(モノマー)はヌクレオチドとよばれるもので，このヌクレオチドは五炭糖(ペントース)・塩基・リン酸からなり，五炭糖と有機塩基の部分をヌクレオシドという。次図は，塩基をアデニン(A)としたヌクレオチドである。ヌクレオチドは，五炭糖の3位のC原子に結合している$-OH$とリン酸の$-OH$で縮合重合した構造をもつ高分子(ポリマー)なので，核酸をポリヌクレオチドともいう。

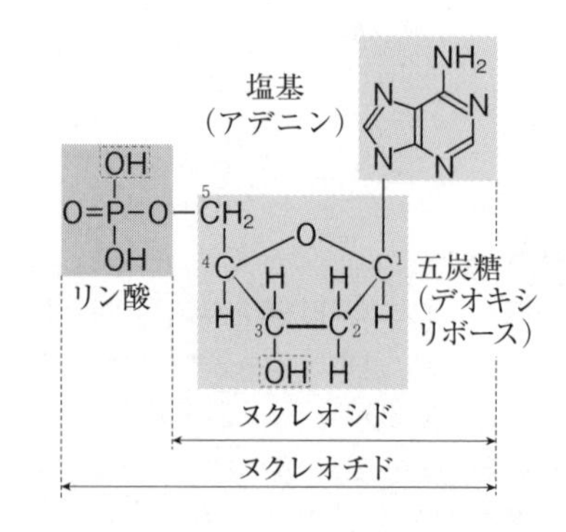

202 解答

問 1　(ア)　デオキシリボース　(ウ)　ヒドロキシ基
(エ)　水素原子　(オ)　リボ核酸
(カ)　デオキシリボ核酸　(キ)　二重らせん
(ク)　チミン　(ケ)　シトシン

問 2　(イ)　$C_5H_{10}O_4$

問 3　(1)　24 通り　(2)　UCAGAACAUCGA

解説 ⇒ 重要ポイント

問 1，2　200 の 重要ポイント を参照のこと。

問 3　(1) 4 つの塩基の並ぶ順序は，$4! = 4 \times 3 \times 2 \times 1 = 24$〔通り〕ある。

(2) RNA にチミン(T)はなく，アデニン(A)と対になる塩基はウラシル(U)であることに注意すると，RNA の塩基配列は以下のようになる。

DNA の塩基配列　AGTCTTGTAGCT
RNA の塩基配列　UCAGAACAUCGA

高分子化合物

付録　元素の周期表

典型元素
遷移元素
族
周期
1 2 3 4 5 6 7 8 9
1 H 水素 1.008
3 Li リチウム 6.941
4 Be ベリリウム 9.012
原子番号
元素記号
元素名
原子量(12C=12)
(　)内の数字は最も安定な同位体の質量数
単体の状態
常温で固体
常温で液体
常温で気体
11 Na ナトリウム 22.99
12 Mg マグネシウム 24.31
19 K カリウム 39.10
20 Ca カルシウム 40.08
21 Sc スカンジウム 44.96
22 Ti チタン 47.87
23 V バナジウム 50.94
24 Cr クロム 52.00
25 Mn マンガン 54.94
26 Fe 鉄 55.85
27 Co コバルト 58.93
37 Rb ルビジウム 85.47
38 Sr ストロンチウム 87.62
39 Y イットリウム 88.91
40 Zr ジルコニウム 91.22
41 Nb ニオブ 92.91
42 Mo モリブデン 95.95
43 Tc テクネチウム (99)
44 Ru ルテニウム 101.1
45 Rh ロジウム 102.9
55 Cs セシウム 132.9
56 Ba バリウム 137.3
ランタノイド 57〜71
72 Hf ハフニウム 178.5
73 Ta タンタル 180.9
74 W タングステン 183.8
75 Re レニウム 186.2
76 Os オスミウム 190.2
77 Ir イリジウム 192.2
87 Fr フランシウム (223)
88 Ra ラジウム (226)
アクチノイド 89〜103
104 Rf ラザホージウム (267)
105 Db ドブニウム (268)
106 Sg シーボーギウム (271)
107 Bh ボーリウム (272)
108 Hs ハッシウム (277)
109 Mt マイトネリウム (276)
アルカリ金属元素（H以外）
アルカリ土類金属元素
ランタノイド
57 La ランタン 138.9
58 Ce セリウム 140.1
59 Pr プラセオジム 140.9
60 Nd ネオジム 144.2
61 Pm プロメチウム (145)
62 Sm サマリウム 150.4
アクチノイド
89 Ac アクチニウム (227)
90 Th トリウム 232.0
91 Pa プロトアクチニウム 231.0
92 U ウラン 238.0
93 Np ネプツニウム (237)
94 Pu プルトニウム (239)

典型元素（13〜18族）

周期＼族	10	11	12	13	14	15	16	17	18
1									2 He ヘリウム 4.003
2				5 B ホウ素 10.81	6 C 炭素 12.01	7 N 窒素 14.01	8 O 酸素 16.00	9 F フッ素 19.00	10 Ne ネオン 20.18
3				13 Al アルミニウム 26.98	14 Si ケイ素 28.09	15 P リン 30.97	16 S 硫黄 32.07	17 Cl 塩素 35.45	18 Ar アルゴン 39.95
4	28 Ni ニッケル 58.69	29 Cu 銅 63.55	30 Zn 亜鉛 65.38	31 Ga ガリウム 69.72	32 Ge ゲルマニウム 72.63	33 As ヒ素 74.92	34 Se セレン 78.97	35 Br 臭素 79.90	36 Kr クリプトン 83.80
5	46 Pd パラジウム 106.4	47 Ag 銀 107.9	48 Cd カドミウム 112.4	49 In インジウム 114.8	50 Sn スズ 118.7	51 Sb アンチモン 121.8	52 Te テルル 127.6	53 I ヨウ素 126.9	54 Xe キセノン 131.3
6	78 Pt 白金 195.1	79 Au 金 197.0	80 Hg 水銀 200.6	81 Tl タリウム 204.4	82 Pb 鉛 207.2	83 Bi ビスマス 209.0	84 Po ポロニウム (210)	85 At アスタチン (210)	86 Rn ラドン (222)
7	110 Ds ダームスタチウム (281)	111 Rg レントゲニウム (280)	112 Cn コペルニシウム (285)	113 Nh ニホニウム (278)	114 Fl フレロビウム (289)	115 Mc モスコビウム (289)	116 Lv リバモリウム (293)	117 Ts テネシン (293)	118 Og オガネソン (224)

非金属元素
金属元素

17族：ハロゲン元素
18族：貴ガス元素

63 Eu ユウロピウム 152.0	64 Gd ガドリニウム 157.3	65 Tb テルビウム 158.9	66 Dy ジスプロシウム 162.5	67 Ho ホルミウム 164.9	68 Er エルビウム 167.3	69 Tm ツリウム 168.9	70 Yb イッテルビウム 173.0	71 Lu ルテチウム 175.0
95 Am アメリシウム (243)	96 Cm キュリウム (247)	97 Bk バークリウム (247)	98 Cf カリホルニウム (252)	99 Es アインスタイニウム (252)	100 Fm フェルミウム (257)	101 Md メンデレビウム (258)	102 No ノーベリウム (259)	103 Lr ローレンシウム (262)

国公立標準問題集 CanPass 化学基礎＋化学〈改訂版〉

著　　者	犬　塚　壮　志
校　　閲	三　門　恒　雄
発　行　者	山　﨑　良　子
印刷・製本	三美印刷株式会社
発　行　所	駿台文庫株式会社

〒101-0062　東京都千代田区神田駿河台1-7-4
小畑ビル内
TEL. 編集 03(5259)3302
販売 03(5259)3301
《①－504pp.》

落丁・乱丁がございましたら，送料小社負担にてお取替えいたします。
ISBN978-4-7961-1662-6　Printed in Japan

駿台文庫 Webサイト
https://www.sundaibunko.jp